普通高等教育"十一五"国家级规划教材

电子系统设计

（第五版）

何小艇　主编

ZHEJIANG UNIVERSITY PRESS
浙江大学出版社

图书在版编目（CIP）数据

电子系统设计／何小艇主编．—5版．—杭州：浙江大学出版社，2015.11(2022.2重印)

ISBN 978-7-308-15379-9

Ⅰ．①电…　Ⅱ．①何…　Ⅲ．①电子系统—系统设计—高等学校—教材　Ⅳ．①TN02

中国版本图书馆CIP数据核字（2015）第281489号

内容简介

本书是面向21世纪课程教材，同时也是浙江省高等教育重点建设教材之一，又是普通高等教育“十一五”国家级规划教材。

本书以电子系统设计方法为主线，以数字系统、模拟系统、智能系统（以微处理器为核心的数模混合系统）三大系统的设计原理、方法并结合实例为主题展开，同时简要地介绍了电力电子系统。全书特别注重理论与实际的结合，并注重实用性。

本书可作高等学校工科电子工程类、信息工程类、电子技术类、电气工程类、自动控制类以及机电工程类专业本科生的教材，也可供有关工程技术人员作为学习电子系统设计的参考书，同时可作为全国大学生电子设计竞赛的培训教材及参考书。

电子系统设计

何小艇　主编

责任编辑　王元新

责任校对　陈慧慧　王文舟　丁佳雯

封面设计　刘依群

出版发行　浙江大学出版社

（杭州市天目山路148号　邮政编码310007）

（网址：http://www.zjupress.com）

排　　版　杭州青翊图文设计有限公司

印　　刷　浙江新华数码印务有限公司

开　　本　787mm×1092mm　1/16

印　　张　28.5

字　　数　711千

版 印 次　2015年11月第5版　2022年2月第2次印刷

书　　号　ISBN 978-7-308-15379-9

定　　价　49.00元

编　者

何小艇　童乃文　陈邦媛

李式巨　阮秉涛　潘再平

金心宇　张　昱

第四版前言

这本《电子系统设计》是国家“十一五”规划教材，它是在2004年8月出版的面向21世纪课程教材《电子系统设计》(第三版)基础上重新编写出版的。这本新编的“十一五”规划出版的《电子系统设计》与以前出版的第三版《电子系统设计》有着一系列重大差别。这是因为当前的电子系统设计领域的内容比起十年前而言有了新的发展。它表现在：①单片机系统及嵌入式系统已成为大多数电子系统不可或缺的基本组成；②众多的设计与模拟软件为人们打开了设计的大门；③功能强大、高集成度的功能模块电路日新月异；④可编程逻辑器件已被广泛用为电子系统的常用器件；⑤电力电子系统业已成为应用电子系统的重要方面。在这种环境下，人们设计电子系统的方法与以前有着很大差别。人们不再过多地埋头于应用传统的中小规模电路的设计中，而是优先考虑使用单片机最小系统作为待设计电子系统的核心部分。更多地选用适当的大规模功能模块电路构成电子系统，以提高产品性能、加快设计进程、减少设计时间；重视使用可编程逻辑器件；重视使用各种类型的软件，加速系统设计的进程。

因此，当前电子系统设计最基本的设计过程就是：根据设计要求，设计者自行构成可以完成设计要求的全机方框图。然后对这个方框图进行论证与分析，从而得到一个可供实现设计任务的总体方框图。对于一个不太复杂的电子系统而言，下一步就是尽量选用合适的功能模块电路(功能与指标)以实现总体方框图的每一个方框。接下去就是根据各个功能模块电路不同的接口要求，逐步加入必要的辅助电路，并计算必需的外接元件。最后画出全机电路图。经过软硬件实现以后，最后进行调试。根据这个基本情况，本书应该提供给本科教学读者哪些基本内容呢？我们认为应该是：

1. 根据设计要求设计不同类型小型电子系统的基本方法。
2. 单片机最小系统及嵌入式微处理器在电子系统中的应用。
3. 各个领域有代表性、常用的功能模块电路及其使用方法。
4. 典型的接口电路及外接元件的计算方法。
5. 常用的软件使用方法及可编程逻辑器件的应用方法。

6. 系统的软硬件的实现及调试检测方法。

本书编写的特点是在学生掌握专业基础课程“模拟电路”(低频、高频)、“脉冲与数字电路”、“单片机与微机原理及应用”的基础上，教给学生小型电子系统的设计方法和概念。全书特别注意了通过实例的引导，培养学生的独立设计能力及创新精神。本书不是一本单纯的实践性环节的指导书，它是一本在理论指导下的设计方法指导书，特别注意与当前电子行业发展紧密结合，注意实用性。因此本书又可作为电子设计竞赛的培训参考教材。

全书共分七章：

第1章　电子系统设计基本概念：智能型与非智能型电子系统的组成、特点。现代电子系统的设计方法及工具。

第2章　数字系统设计：数字系统的基本结构及一般设计方法；数字系统设计的描述方法(流程图、MDS图)；数据子系统及控制子系统的设计与实现；非智能型数字系统设计举例；可编程逻辑器件的应用。

第3章　模拟系统设计：模拟系统的基本结构及一般设计方法；低频模拟系统主要单元电路介绍；低频模拟系统设计举例(数控稳压电源、音响放大系统)；高频模拟系统设计举例(锁相环系统、通信系统)。

第4章　电力电子系统设计：小功率电力电子系统中常用元器件介绍；小功率电力电子系统设计举例。

第5章　以微处理器为核心的智能型电子系统的设计：以单片机最小系统为核心的智能型电子系统的设计方法与设计举例；以嵌入式微处理器为核心的智能型电子系统的设计方法与设计举例。

第6章　电子系统综合设计举例：各种实用信号源的设计；数据采集系统的设计。

第7章　电子系统的实现：电子系统的布局、布线；印刷电路板的设计；电子系统的硬件及软件的装配与调试以及抗干扰设计；设计报告与总结的编写。

本书在章节安排上仍采用模块式结构。同一内容采用不同方法加以介绍，以加强对比性。不同要求、不同层次的读者可以挑选必需的内容，而跳过的章节并不会影响全书的学习。本书内容力求新颖、翔实，便于阅读，具有指导性。在利用本书作教材时建议应精讲(主要介绍设计方法及一些关键内容)，多练(组织必要的专题讨论、实际设计一个系统并实现)，注重自学。条件允许时，要求人人(组成团队)独立完成一个系统的设计、组装、调试、总结全过程，贯彻理论联系实际的原则才能真正学到手。为了方便，本书还提供了若干实用性很强、不同内容、不同难度的设计题供选用。

应该指出的是，随着时代的发展，电子系统越来越复杂，要求越来越高。没有设计自动化软件的帮助，人们将无法实现预定的设计要求。因此，可以毫不夸张地讲，电子设计自动化是现代电子系统设计的基本手段，是走向市场、走向社会、走向国际的基本技能。不会使用电子设计自动化工具就无法适应电子与信息社会对电子系统设计人员的要求。但是我们应该认识到，设计自动化软件并不可能全部代替人们的设计工作。一个崭新的系统必须经过设计师们不断地反复探索、研究、论证、创新后才可能构成它的结构框图。然后，人们才可能利用设计自动化软件来实现这个结构框图。所以说人的知识、能力、创新精神永远是设计工作的动力与源泉。本书主要面向本科教学层次，因此有关众多的设计自动化软件不可能一一涉及。有关知识将在研究生教学层次中介绍。

参加本书编写的共八人。陈邦媛主要负责数字系统及高频模拟系统设计；童乃文主要负责低频模拟系统设计；阮秉涛主要负责单片机系统设计；李式巨主要负责嵌入式系统及总体设计；潘再平负责电力电子系统设计；张昱负责部分例题的设计与实现；金心宇负责电子系统设计题选；何小艇主要负责全书策划，审、定稿并与阮秉涛共同编写电子系统实现。本书承蒙北京大学沈伯弘教授、上海交通大学宋文涛教授审阅并提出许多宝贵意见，在此表示衷心的感谢。浙江大学信息与电子工程系陈文正高级工程师对本书的编写在电子系统实现方面作了热心指导，在此一并感谢。

由于编者水平有限，书中肯定会有不少缺点和错误，恳请广大读者予以批评指正。

编　者

2007年12月于杭州玉泉浙江大学

目　录

第1章

电子系统设计基本概念

1.1 电子系统设计概念

电子系统是由电子部件按照一定的规律组成的有组织的、有序的且满足一定功能的整体。电子系统的概念是相对的，若电子部件是小系统，则整体是由小系统所组成的大电子系统。电子系统是相对于环境或其他系统而存在的，电子系统可以和环境或其他系统组成更大的巨系统。为了满足系统功能的要求，电子系统一般包括模拟子系统、数字子系统和微处理机子系统。模拟子系统包括传感、高低频放大、模/数变换、数/模变换以及执行机构等；数字子系统具有信息处理、决策、控制等功能；对于软硬结合的电子系统而言，它的信息处理、决策与控制部分大多可由含有CPU的微处理器的电子系统来实现。

现代电子设计的基本特征是：设计者在系统开发软件的支持下，在现场可直接根据系统要求定义和修改其功能。它是基于电子设计自动化EDA(Electronic Design Automation)技术和在系统可编程ISP(In-System Programmable)技术，并以大规模集成电路现场可编程门阵列FPGA(Field Programmable Gate Array)/复杂可编程逻辑器件CPLD(Complex Programmable Logic Device)和可编程自动化控制PAC(Programmable Automatic Control)器件为物质基础。EDA技术打破了软硬件之间的最后屏障，ISP技术使“硬件”一词变得不合时宜。系统设计师将用新的思路来发掘硬件设备的潜力，而不受产品是否已交付使用的限制。FPGA/CPLD和PAC器件，将超大规模集成电路VLSI(Very Large Scale Integrated Circuit)的优点和可编程器件的设计灵活、制作及上市快速等长处融合为一体。

电子设计的内容非常广泛，包括电子元器件设计、电子电路(分立元件电路和集成电路)设计、电子系统(硬件系统和软件系统)设计等。电子系统设计的基本内容包括分析方案中的关键技术、初步确定设计方案、落实各环节具体电路的实现方法、计算出它们的参数、画出总体电路图、试验样机的制作与调试等。

自然界的物理量绝大多数都是模拟量。一个应用系统首先通过传感器感知这些物理模拟量，然后将模拟量转换成数字量。有关模拟子系统的设计应在系统设计的同时，根据模拟信号的特点，采用数据流法对模拟子系统的结构进行安排。因为在一个电子系统中，一般占主要部分的是数字子系统，模拟子系统只在信号的输入、输出等局部电路中起主要作用，而且总是根据模拟信号的流向及对模拟信号的要求安排模拟子系统的各个环节。设计人员可用方框图及技术指标来描述模拟子系统，然后再用硬件实现。但由于模拟集成电路的集成度较低、品种不齐、覆盖面不广，以致个别电路还必须用小规模电路或是分立元件来实现。因此模拟子系统的方框图中最后应落实到硬件可以实现的层次，而不只限于集成电路。由于数字量具有再生性，抗干扰性能强，便于传输、处理和交换，因而用数字方法设计的系统无论在质量、精度、可靠性，还是成本方面都比用模拟方法设计的系统优越。

电子系统的数字实现技术又可分为用硬件实现和借助计算机（或单片机、信号处理芯片）用软件实现。一个实用的电子系统设计总是将电子技术的基本内容与多专业方向相结合，涉及多门课程、多个学科，既有电子工程类；又有通信工程类，既有自动控制类，又有计算机类。在计算机类学科中，既涉及计算机硬件知识，又有软件知识。在软件方面，既有 EDA 软件的使用，又有电子、计算机、通信、控制等学科算法工具。因此对于从事电子系统设计的人员而言需要有系统工程学的知识。

从电子系统的类型来讲，电子系统又可分为智能型与非智能型两种。

智能意味着理智和才能或智慧和能力，其中理智、智慧是内在的特性与功能，而才能、能力是外在的行为与表现，智能基于信息，智能寓于系统。广义智能是多种类、多层次、多阶段、多模式、多特征、多范畴的。关于智能型电子系统的定义，至今还没见到过一个简单明确的权威论述。虽然如此，我们仍可参照人类活动规律，找出智能型所应具有的特点，从而得出必要的结论。智能型的特点包括：①必须有记忆力，如果没有记忆力则根本不可能由此及彼地、全面地进行分析；②具有学习能力并便于学习各种知识，而且这些知识可运用于实践；③易于接收信息、命令；④具有分析、判断和决策能力；⑤可以控制或执行所作出的决定。

只有由带有 CPU 的微处理器配以必要的外围电路从而构成的软硬结合的电子系统才具有智能型的特点。首先它有存储单元及输入/输出接口，可以接收并记忆信息、数据、命令以及输出并控制决策的执行。其次它善于并且便于学习，只要将合适的软件装入系统，人们不必改动系统结构就可使它具有某种新功能。有了记忆能力，它就可以进行必需的分析、判断，完成一些决策，从而具有智能型的特点。因此我们把以微处理器为核心的软硬结合的电子系统称为智能型电子系统。

非智能型电子系统应该是那些功能简单或功能固定的电子系统，例如，简单的巡回检测报警系统等。对照以上特点，显然纯硬件的电子系统是不可能被划在智能型范围内的。它的最大弱点是硬件与功能是一一对应的，增加一个功能必须增加一组硬件，改变功能必须改变电路结构。所以纯硬件结构不具有便于学习的功能，因此它不具有智能型的特点。但纯硬件结构具有快速、简洁、可靠、价廉等优点，而被广泛应用于特定场合。根据电子系统的不同功能，大致分为以下几种，举例如下：

①测控系统　大到航天器的飞行轨道控制系统，小到自动照相机快门系统以及工业生产控制等。

②测量系统　电量及非电量的精密测量。

③数据处理系统　如语音、图像、雷达信息处理等。

④通信系统　数字通信、微波通信，蜂窝通信、卫星通信等。

⑤计算机系统　计算机本身就是一个电子系统，可以单机工作也可以多机联网。

⑥智能家居系统　智能家居系统由家庭综合服务器将家庭中各种各样的智能信息化家电通过家庭总线技术连接在一起。智能家居系统实现了家务劳动和家庭服务信息的自动化。

⑦智能交通系统　智能交通系统ITS(Intelligent Transportation System)是一种先进的运输管理模式。ITS将先进的计算机处理技术、信息技术、数据通信传输技术、自动控制技术、人工智能及电子技术等有效地综合运用于交通运输管理体系中,使车辆和道路交通智能化,以实现安全快速的道路交通环境,从而达到缓解道路交通拥堵、减少交通事故、改善道路交通环境、节约交通能源、减轻驾驶疲劳等功能。

⑧智能楼宇系统　智能楼宇系统是用计算机、通信、网络、传感器、摄像等技术,把原来建筑中各自功能独立、分散的设备装置进行整体设计,将其集中、统一地控制起来,形成一个智能管理系统。这种智能大厦除了用传统建筑工程完成建筑结构设施以外,还包括智能建筑系统的三要素:楼宇自动化系统、楼宇通信网络系统和办公自动化系统。

以上列举了众多的电子系统,它们的功能不同、规模不同、使用场合不同,因此对它们的要求也不同,从而衡量这些系统的指标也是不同的。衡量电子系统的性能指标可能有功能、工作范围、容量、精度、灵敏度、稳定性、可靠性、响应速度和使用场合、工作环境、供电方式、功耗、体积重量等。对不同系统而言,系统指标要求不同,例如:对航天器中的轨道控制系统,动态工作范围、精度、响应速度、可靠性、体积重量、功耗、工作环境等则必须重点考虑;对通信系统,则应重视容量、灵敏度、稳定性、使用场合等;对家电系统,主要考虑功能、稳定性、可靠性、成本及价格等,而对供电方式、精度、响应速度等指标则不作过多考虑。系统设计人员应根据系统类型、功能要求、指标要求,细化出每个待设计的子系统的技术指标以便进行设计。在细化过程中必须注意符合国家标准或部颁标准,必要时还应符合国际标准,以便产品走向世界。在细化中应该注意系统的档次定位恰当技术含量适合、符合发展潮流、性价比高,以满足市场需求。根据待设计的电子系统的特点以及使用的技术层次,可将电子系统设计分成三种类型:

①新系统开发设计　开拓、研制一个崭新的电子系统,所用的部分技术、电路、器件有待于同期开发。它属于创新、开拓、科研型的设计类型。

②新产品开发型设计　利用现有成熟技术、电路及器件,开发出满足市场需求的新产品、新设备。它属于开发型的设计类型。

③新技术应用型开发设计　介于以上两种类型之间,将新技术、新器件应用于电子系统的开发,将电子系统的性能提高到一个新的档次。

1.2　电子系统设计方法

电子系统设计牵涉的范围非常广,而且涉及的技术层次也大不相同。设计电子系统,首先要审题,明确电子系统应用的场合,明确电子系统的技术指标。根据指标,了解当前技术可能实现的性能情况,进行方案论证。同一个项目,可以有不同的方案,根据不同方案的特点,从性价比、可行性等方面选择最优方案。其次要进行电路设计、电路实现、装配调试、系统测试、总结报告、文档整理等工作。这样的综合性的设计要求设计者有系统工程学的概念,如果不经过方案论证直接进入电路设计或不经过电路设计直接进入电路实现，到最后出现问题再从头来，既费时，又费财力、物力和人力。在其他子系统设计中也同样存在类似问题。譬如在进行软件设计的时候，对于一个大型软件系统，如果不按照软件工程学的方法，也会出现同样的问题。

1.2.1 自底向上设计方法

早期的电子系统设计采用的是分立元件，之后的设计则是将大量中、小规模集成电路器件焊接在电路板上。电子系统设计集中在基本单元电路的设计和基本器件的选用上。例如一个模拟子系统可涉及如集成运算放大器、数据放大器、可编程数据放大器、跨导型放大器（电压/电流转换器）、隔离放大器、A/D 转换器、D/A 转换器和取样/保持（S/H）电路、传感器电路的设计。基本器件的选用如晶体管、基本运算放大器、电压比较器、A/D 转换器、D/A 转换器、传感器（光电传感器、超声传感器、金属探测传感器、红外传感器等）的选用，在此基础上构成初级电子系统。20 世纪 70 年代，出现第一代电子设计自动化 EDA 工具。人们开始将系统设计过程中高度重复性的复杂劳动，如绘图、布线工作用二维图形编辑与分析的计算机辅助设计 CAD(Computer Aided Design)工具代替，使电子电路设计和印制板布线工艺实现了自动化。20 世纪 80 年代出现了第二代 EDA 系统，常称为计算机辅助工程 CAE (Computer Aided Engineering)系统。可以用少数几种通用的标准芯片实现电子系统，电子系统设计进入到计算机辅助工程 CAE 阶段。此时的设计工具（软件）大部分是遵循由原理图出发的所谓自底向上的设计方法，用基本单元逐步构造出高层模块，如图 1-1 所示。首先确定设计方案，并选择能实现该方案的合适元器件，然后根据元器件手工设计电路原理图。接着进行第一次仿真，其中包括数字电路的逻辑模拟、故障分析等。其作用是在元件模型库的支持下检验设计方案在功能方面的正确性。仿真通过后，根据原理图产生的电气连接网络表进行 PCB 板的自动布局布线。在制作 PCB 之前，还可以进行 PCB 后分析，并将分析结果反馈回电路图，进行第二次仿真，称之为后仿真，其作用是检验 PCB 板在实际工作环境中的可行性。

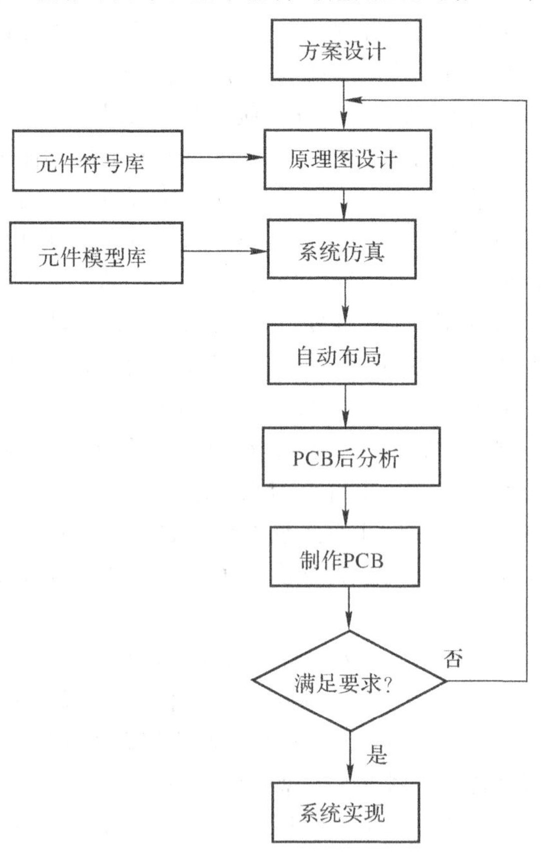

图 1-1 电子系统设计自底向上设计方法流程

还应该明确的是，以上全部设计过程都是手工设计过程（可编程器件及专用集成电路实现除外），这也是目前小系统常用的设计方法。对初学者及简单用户来讲是有实用价值的，它是电子系统设计的基础知识。

应该说明的是，以上的系统设计过程实际上是非智能型系统硬件的设计过程。一个智能型电子系统应包括软件和硬件两部分，同时还应有模拟子系统部分。对于一个智能型电子系统而言，在设计开始时就应该有一个软件和硬件分工的安排，然后再分别进行硬件系统设计和软件设计。

1.2.2　自顶向下设计方法

20世纪60年代开始，数字集成电路迅猛发展，经历了小规模、中规模、大规模和超大规模集成电路几个发展过程。20世纪90年代以后，由于新的EDA工具不断出现，使设计者可以利用可编程逻辑器件PLD(Programmable Logic Device)直接设计出所需要的专用集成电路ASIC(Application Specific Integrated Circuit)。从而使电子系统的设计产生了革命性的变革，形成了一套"自顶向下"的设计思想，其设计方法如图1-2所示。

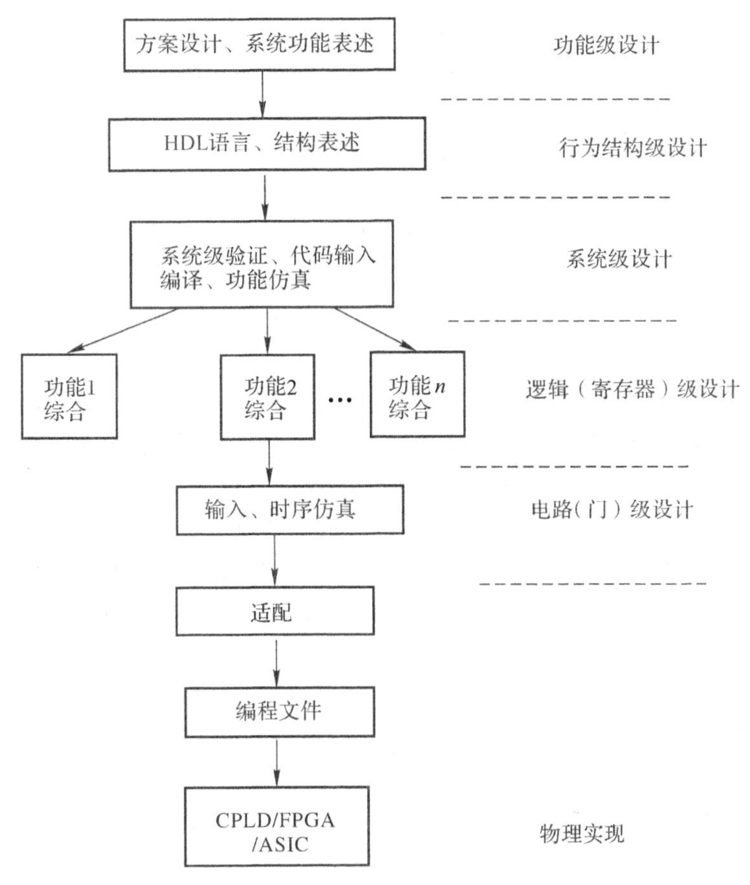

图1-2　自顶向下的设计方法流程

基于系统功能的EDA设计方法第一步从系统方案设计入手，在顶层进行系统功能划分。第二步用超大规模集成电路硬件描述语言VHDL (VHSIC Hardware Description Language)、

Verilog HDL 等硬件描述语言对高层次的系统行为进行描述，这是行为结构设计。第三步通过编译器形成标准的 VHDL 文件，并在系统级验证系统功能的设计正确性。第四步是逻辑设计。用逻辑综合优化工具生成具体的门级逻辑电路的网络表，这是将高层次的描述转化为硬件电路的关键。第五步涉及电路设计。利用产生的网络表进行适配前的时序仿真。最后是系统的物理实现，可以使用 CPLD、FPGA 或专用集成电路 ASIC。

功能级设计确定该电子系统的功能、性能，对系统功能进行表述，它以系统设计要求或系统说明书方式提供。

行为结构级设计根据功能级的要求将系统分解成几个接口清晰、功能明确的子系统，根据功能级的要求，将各个子系统构成功能级系统总体方框图。每一个子系统都是一个功能相对单一的子系统，例如：存储器系统、数据处理系统、输入/输出系统等。行为结构级根据设计要求及指标规定每个子系统的输出和输入以及行为。

系统级将子系统的功能用 MATLAB、LabVIEW、SystemView 等系统设计工具进行验证，并对构成的功能级系统总体方框图的功能进行验证。

逻辑设计是将验证后的子系统转换成逻辑图电路。将子系统的每一个小方框都落实到通用中大规模集成电路层次。同时规定一些关键器件的指标以保证该子系统的性能指标的实现。通常把这个层次概括为寄存器级。对于一个初级的电子系统设计人员而言，构成了寄存器级方框图就等于初步完成了系统设计的理论部分。

电路设计包括设计输入和仿真两个部分。目前，EDA 技术使得电路设计输入方便了许多。例如可以利用原理图输入方法，它是利用软件系统提供的元器件库及各种符号和连线画出原理图，从而形成原理图输入文件。还可用 VHDL 硬件描述语言的输入方法，它利用文本方式描述设计。这种输入方式，因具有设计与工艺的无关性、语言的公开和宽范围的描述能力以及便于组织大规模系统的设计，已成为当前设计的主体。

还应该说明的是，自顶而下的设计方法是一个不断求精、逐步细化、分解的过程，但并不是单方向的。在下一级的构成及设计过程中可能会发现上一级的问题或不足，从而必须反过来对上一级的构成及设计加以修正。所以自顶而下的设计过程是一个不断反复修正的过程，最后制订出可行的方案。完成了理论设计后，下一步的工作就是根据框图及要求，采购器件、设计印刷电路板、装配、调试。如果在调试中发生问题还要修改部分设计及更换器件，以保证性能合乎要求。最后还应完成必需的设计报告、测试报告及各种文档资料整理，从而完整地结束系统的设计过程。

1.2.3 数模混合电子系统和模拟电子系统的设计方法

当前的 EDA 工具主要集中应用在数字电路的设计工具方面，远比模拟电路的 EDA 工具多。由于模拟集成电路 EDA 工具开发难度大，而市场的需求又不小。故 20 世纪 90 年代以来 EDA 工具厂商都比较重视数模混合电路和混合层次的设计开发，近几年主要的 EDA 工具均已扩充了此功能。

数模混合电子系统设计的两项关键技术：一是混合信号和混合级别的仿真技术，其前提是必须解决混合电路的设计描述；二是混合信号和混合层次的管理调度方法。

对数字系统的描述已有两种标准语言：VHDL和Verilog HDL。VHDL语言的模拟和混合信号扩展部分称作VHDL-AMS，它继承了原数字系统VHDL语言的特点，于1998年获得通过。此外，微波电路设计的MHDL标准也在制定之中。

为解决混合信号和混合层次的管理调度问题，需要开发一种可交互和开放的框架，由它支持混合信号的调度与模块的设计管理系统。混合设计工具建立了各种仿真工具接入的背板技术，以便让多种仿真工具用于混合信号和混合级别的设计验证。后端混合电路设计的布图工具实际上是一种编译器，它能与混合信号仿真工具和网表输入的符号版图生成紧密配合，完成单元图形的压缩、实时电气规则检查(ERC)、标准单元的自动布局与布线(P&R)和模块生成。

目前，数模混合设计的EDA工具能处理混有DSP核、ASIC宏单元、滤波器、A/D与D/A模块和VCO在内的各种混合级别的设计。数模混合系统芯片一般属于最新类型的片上系统SoC(System on Chip)。EDA专业软件厂商在数模混合设计EDA工具上占有一定优势。如：Mentor Graphics的Mixsim环境、Cadence的Analog Artist设计系统和Protel DXP等。模拟电子系统设计工具的研究从20世纪60年代就开始了。最著名的基于Windows环境的仿真分析软件工具为PSpice、Multisim等，特别适合模拟系统和混合系统的设计与仿真分析。借助于模拟软件，设计者可根据电路的结构和元器件参数，输入原理图或输入文本文件，不仅可以对模拟电子线路进行不同输入状态的时间响应、频率响应、噪声和其他性能的分析优化，自动进行电路检查，生成网表，还可以分析数模混合电路。根据模拟软件的仿真功能和诸多数学运算，如直流扫描、交流分析、噪声分析、温度分析等仿真功能以及基本的数学运算和函数运算，设计者只需在所要观察的节点放置电压(电流)探针，就可以在仿真结果图中观察其情况，方便地修改电路结构及参数，进行多种设计方案的比较和优选，从而选择最佳的设计方案。借助于模拟软件，设计者还可以进行传统方法难以进行或无法进行的容差分析、灵敏度分析、最坏情况分析、温度特性分析等。既可以省去在实验板上做繁杂的试验，又可以节省购买实验元器件的费用，缩短了开发周期。它为电路设计者提供了一个创造性的工作环境，设计者有更多的时间和机会更充分地发挥其聪明才智，使电子线路设计实现优化。

1.2.4 电子系统设计自动化EDA

电子系统设计自动化技术就是以计算机为工具，在EDA软件平台上以硬件描述语言为手段进行系统逻辑描述设计，完成整个设计过程中的逻辑编译、逻辑化简、逻辑分割、逻辑布局布线、逻辑仿真以及对特定目标芯片的适配编译、逻辑映射和编程下载等工作。设计者的工作仅限于利用软件的方式，即利用硬件描述语言来完成对系统硬件功能的描述。可编程的专用集成电路ASIC是从20世纪70年代开始起步的器件，由于具有可编程性和设计的方便性，在电子系统的设计中被广泛应用。在EDA工具的帮助下就可以得到最后的设计结果。尽管目标系统是硬件，但整个设计和修改过程如同完成软件设计一样方便和高效。在过去令人难以置信的事，今天已成为平常之事，一台计算机、一套EDA软件和一片CPLD或FPGA芯片，就能在家中完成大规模集成电路和数字系统的设计。

当今，芯片的复杂程度越来越高，数万门以至数十万门的电路设计的需求越来越多。单是依靠原理图输入方式已不堪承受，采用硬件描述语言 HDL(Hardware Description Language)的设计方式就应运而生。设计工作从功能级开始，EDA 向设计的高层次发展。出现了第三代 EDA 系统，其特点是高层次设计的自动化 HLDA(High Level Design Automation)。在第三代 EDA 系统中，引入了硬件描述语言、行为综合和逻辑综合工具，采用较高的抽象层次进行设计，并按层次式方法进行管理，极大地提高了复杂设计的能力，设计所需的周期也大幅度缩短。因而第三代 EDA 系统迅速得到了推广应用。

1.3 EDA 设计流程

第三代 EDA 设计流程包括：设计输入、行为模拟(仿真)、设计综合、器件适配、时序校验(仿真)，然后下载到可编程逻辑器件 PLD(Programmable Logic Device)/FPGA 器件中或制造 ASIC 芯片。

1.3.1 EDA 设计输入

构思设计的最重要手段是 EDA 输入工具，用文字和图形作为设计信息的载体，并连接后续的各种 EDA 工具。设计的输入(描述)方法主要有：早期 CAE 采用的线路图(Schematic)输入法、20 世纪 80 年代末以后广泛采用的是硬件描述语言(HDL)输入法以及层次简图输入法。

(1) 线路图输入法

线路图输入法即原理电路图输入法，是早期的 CAE 主要采用的、传统的设计输入法，现在依然大量使用。它用符号和连线建立一种网络表，网络表是连接后续设计工具的重要手段。此法适于自底向上的板级系统的集成设计。其优点是直观和非编程，缺点是不适于用 EDA 工具综合设计。当处理 1000 个以上的逻辑单元符号时，这种方法就很难考虑到电路性能参数的各个方面。

(2) 硬件描述语言输入法

20 世纪 80 年代末 EDA 设计大量采用自动逻辑综合工具，设计输入转向以各种 HDL 为主的编程输入方式。硬件描述语言是一种用形式化方法(算法语言)来描述电子电路和设计电子系统的语言。它可以使电子系统设计者利用这种语言来描述自己的设计思想和电子系统的行为，并建立模型，然后利用 EDA 工具进行仿真，自动综合到门级电路，再用 ASIC 或 PLD/FPGA 实现其功能。利用硬件描述语言，可以方便地设计大型的电子系统。目前，有两种语言成为 IEEE 标准语言：VHDL 和 Verilog HDL。用 HDL 描述设计的优点是：它们更接近用自然语言描述系统的行为，在设计过程中文字载体更适于传递和修改设计信息，并可以建立独立于工艺的设计，此外还便于保存和重新设计。不便之处是设计师必须学会编程。

(3) 层次简图输入法

层次简图输入法是图形化免编程式的设计输入法，它使得用惯线路图的设计师仍然在他们熟悉的符号与图形环境下进行设计而不必编程。设计师可用他们最方便和熟悉的设计方式(框图、状态图、真值表和文字)构思设计，然后由 EDA 工具自动生成综合工具所需的 VHDL

(或其他 HDL)描述。大型电子系统的设计,可采用层次简图方法,自顶向下划分模块并画出各层简图,直至最底层的由元器件组成的分电路图为止。一般专业 EDA 厂商的 EDA 工具都具有这种输入方法,如:ALTA Group of Cadence 的 SPW 软件工具、View-Logic 的 View Design Manager 和 Protel DXP 等。

1.3.2　EDA 设计综合

设计综合是对不同层次和不同形式的设计描述进行转换,自动综合工具帮助设计师自动地完成这种转换。在综合过程中设计者的任务是把各种设计要求作为一种约束条件,加给综合器,综合器按照指定的工艺库作映射转换。综合器通过各种综合算法,以具体的工艺背景实现高层目标所规定的优化设计。通过综合工具进行设计,可将电子系统的高层行为描述转换到低层硬件描述和确定的物理实现,使设计人员无须直接面对低层电路,不必了解具体的逻辑器件,从而把精力集中到系统行为建模和算法设计上。

设计综合工具按层次分为:行为级综合、寄存器传输(RTL)级综合、逻辑综合、版图综合、测试综合。其中行为级综合包括行为级系统级综合和算法级综合。

(1) 行为级综合

系统级综合工具将完成硬件设计的自然语言描述向机器语言和算法描述的转换。它主要解决将用户的设计要求转化为设计规范(技术指标),划分出设计的软件及硬件的结构、指标对设计资源的折中和跟踪。算法级综合工具能将数据流中的部分算法描述转换为 RTL 级的描述,它将为硬件资源选择一种合适的 RTL 级的结构。上述系统级综合和算法级综合是行为级综合的具体化,因为它们的目标函数是使系统的行为功能最佳。RTL 级以上的设计被称为高层次电子设计,因为它们为系统与电路选择了一种合适的结构。

目前,高层次综合主要是指从算法级的行为描述转换到实现它的 RTL 级结构描述的综合。

(2) 版图综合

选定 RTL 结构之后,逻辑综合完成电路级的设计,进入门级设计。版图综合是由门级和电路级的逻辑描述向物理版图描述的转换。版图综合要完成包括布局与布线的面积、速度和功率的三个维度的优化,是各种综合级别中最难以实现的。版图综合用于实现 ASIC 芯片,如果用 PLD/FPGA 实现数字系统,无需版图综合。

(3) 测试综合

测试综合贯穿于设计过程的始终。在测试综合中自动测试图形生成(ATPG)时,产生的高覆盖率测试代码和关键路径的时序分析,为电路与系统的高层次设计提供了一种无冲突的自动测试方案。测试综合提供了这种设计验证和对测试结果进行预测的有效手段。它是以设计结果的性能为目标的综合方法,以电路的时序、功耗、电磁辐射和负载能力等性能指标为综合对象,是保证电子系统设计结果稳定、可靠工作的必要条件。

1.3.3 EDA设计仿真

仿真是整个电子设计过程中，花费时间和资源最多的环节，可占整个设计时间的80%。仿真主要分两个阶段进行：设计前期的系统级仿真（功能仿真）和在综合与布局布线后的门级仿真。系统仿真要求进行系统建模，而系统模型的准确程度、复杂程度和迭代深度都直接影响仿真结果和仿真费用。

仿真的循环过程是：输入模型—仿真—分析—修改模型—重新仿真。系统级仿真验证系统功能的有效性，门级仿真验证电路性能和测试精度。仿真的任务是：验证设计功能的有效性、测试设计的精度、处理各种折中和保证设计的交接。以事件为基础的仿真方法是IC功能设计的归一化测试工具；以时钟周期为基础的仿真方法是IC性能设计的归一化测试工具。

对仿真工具的基本要求是精确性、调试和诊断出错的能力、持续力、支持的抽象级别和数据率。其中，错误的精确定位一直是仿真工具最重要的性能指标。在各抽象层次上都要用到仿真器，但最重要的是系统级仿真，这将提高整个设计效率并避免设计的延误。

1.4 可编程逻辑器件PLD

PLD是用简单的逻辑结构来完成任何复杂的逻辑运算及存储功能的器件。按结构划分，其发展经历了PAL、GAL、FPGA、CPLD，以及最新的片上系统SoC几个阶段。由于PLD/FPGA器件的灵活性，其设计技术已经成为通信、工业控制、仪器仪表、航空航天、医疗仪器、国防等领域广受欢迎的实用化技术，成为即时实现科研试验、样机试制和小批量产品的最佳解决方案。

国外VLSI厂商纷纷推出各种系列的大规模和超大规模FPGA和CPLD产品。FPGA与CPLD都是可编程逻辑器件，它们是在PAL、GAL等逻辑器件的基础上发展起来的。与PAL、GAL等相比较，FPGA/CPLD规模比较大，适合于时序、组合等逻辑电路应用场合，它可以替代几十甚至上百块通用IC芯片的设计。这样的FPGA/CPLD实际上就是一个子系统部件，这种芯片具有可编程性和实现方案容易改动的特点。由于芯片内部硬件连接关系的描述可以存放在只读存储器ROM（Read Only Memory）、可编程只读存储器PROM（Programmable Read-Only Memory）或可擦写的可编程只读存储器EPROM（Erasable Programmable Read Only Memory）中，因而在可编程门阵列芯片及外围电路保持不动的情况下，换一块存储器芯片，就能实现一种新的功能。经过几十年的发展，许多公司都开发了多种类型的可编程逻辑器件。比较典型的就是Xilinx公司的FPGA器件系列和Altera公司的CPLD器件系列，它们开发较早，占据了较大的市场。

PLD按信号分为数字型、模拟型和混合型三种，其中数字型最为成熟。模拟型正在发展的是电可编程模拟电路EPAC（Electrically Programmable Analog Circuit）和现场可编程模拟阵列FPAA（Field Programmable Analog Array）。混合型一般集成于SoC中。后两种类型均在近几年才发展起来，它们借用了数字型的主要技术，但目前其种类还不太丰富。根据编程实现的技术机理不同，PLD又可分为基于反熔丝技术的PLD器件、基于EPROM的PLD器件、基于电可擦除可编程只读存储器EEPROM(Electrically Erasable Programmable ROM)和基于FLASH的PLD器件、基于静态存储器SRAM(Static RAM)的PLD器件。基于反熔丝技术的PLD器件只能编程一次，编程后不能修改。其优点是集成度、工作频率和可靠性都很高，适用于电磁辐射干扰较强的恶劣环境。

基于EEPROM和FLASH存储器的PLD器件，能够重复编程100～10000次，系统掉电后编程信息也不会丢失。编程方法分为在编程器上编程和用下载电缆方式编程。用下载电缆编程的器件，需要先将器件装焊在PCB上，称为在系统编程(ISP)方式，调试和维修都很方便，可以设置加密位、节能方式和电压源等工作条件。此类器件适用可重复现场编程的场合，特别适于系统调试、开发、研制样机等方面的应用。

基于SRAM技术的FPGA器件，编程数据存储于器件的RAM区中，使之具有用户设计的功能。在系统不加电时，编程数据存储于EPROM、FLASH、硬盘或软盘中。系统加电时将这些编程数据即时写入可编程器件，从而实现板级或系统级的动态分配。这种方式称为在线重构(ICR或ISR)方式。用其构成的数字系统，资源可重定位、重组合，从而达到动态组合新系统的效果。

1.4.1　PLD器件的发展

随着半导体工艺从微米发展到现在的深亚微米水平，PLD的集成度也从几十门发展到几十万门乃至几百万门，工作速度也达几百兆赫兹以上。单片系统集成SoC芯片代表了IC发展的方向，它能结合数字和模拟技术，将各种I/O转换器件、存储器、MPU和DSP等集成在同一封装内，成为系统级芯片。PLD/FPGA器件厂商都针对本公司的器件开发了配套EDA软件，用户使用这些工具软件进行设计、模拟，并把设计结果编程到相应的器件中去。提供给用户的输入(设计描述)手段，包括语言输入、布尔表达式、真值表等，还有易为用户接受的简图和原理图方式。

最早的典型PLD器件为TTL工艺的PAL，出现于20世纪70年代末。1984年，Altera公司采用CMOS工艺的EPROM技术研制了首块可擦写的PLD——EPLD。1985年，Lattice公司用CMOS工艺的EEPROM技术研制出电可擦除的PLD——GAL(通用阵列逻辑)。同年，Xilinx公司首次推出了现场可编程门阵列(FPGA)。1991年，Lattice公司发明了具有在系统可编程(ISP)技术的大规模集成电路产品系列ispLSI。1995年，Altera公司推出了具有在电路重构(ICR)功能的嵌入SRAM的FPGA的FLEX10K系列。1996年，Lattice公司推出了"子块化"的PLD。1999年，Altera公司推出了最新的产品APEX系列(EP20K系列)。2000年，Xilinx公司推出了最新的产品Virtex-E系列，代表当前最先进的可编程系统芯片(SOPC)。

不同公司及其不同产品系列的PLD器件结构不同，具体设计方法不同，应用范围也有所不同。主要的PLD厂商有：Altera、Xilinx、Lattice、AMD、Philips、Motorola、Atmel、Actel、Cypress和QuickLogic等。这里仅简要介绍三种最具代表性的最新型可编程片上系统SOPC(System on Programmable Chip)。

(1)Altera公司的APEX系列

Altera公司最新的产品APEX系列(EP20K系列),属于典型的SOPC型。其门阵列数从10万门到150万门(最高系统门阵列数超过250万门),时钟频率可高达622 MHz,有专门设计的MultiCore体系结构,集查询表逻辑、乘积项逻辑和嵌入式存储器于一体,并完全符合64位、66MHz的PCI规范。用户可利用Altera的第四代PLD开发平台——Quartus,使用其提供的各种IP核和AMPP宏功能,快速地设计出数百万门的单片系统。

EP20K1500E是2000年下半年新推出的此系列中的最先进品种。采用0.18μm工艺,主要用于开发先进的通信装置,如3层路由器和开关、宽带CDMA、基带信号处理、ATM蜂窝处理、交通管理、Terabit路由器、开关结构和企业存储网络设备。

Altera还有自己的一套完整的软件包MAX+plus Ⅱ,运行在PC机Windows环境下,可接受逻辑图或HDL(Altera HDL或VHDL)设计输入,也可接受其他EDA工具产生的逻辑图输入。

(2)Xilinx公司的Virtex-E系列

Xilinx的最新产品系列是Virtex-E。它首次将FPGA结构引入原本由ASIC结构垄断的市场和应用领域,率先采用智能IP技术,用于高性能可预言、可记数内核,允许将可预测内核用于IP。配置的Xilinx Active Interconnect技术(第四代路由技术),可扩展IP块之间的可预测性,并大大提高系统性能,简化千万门级芯片设计中的内核执行流程,缩短置放和路由时间。

XCV3200E是2000年下半年新推出的此系列中的最先进品种。采用0.15μm工艺,有300万系统门,是业界密度最高的FPGA。同时,Xilinx还推出业界首枚16兆位和8兆位FPGA配置PROM。

Xilinx公司提供的EDA工具有多种,可与第三方相连接的就有著名公司Cadence、Mentor、Valid、Viewlogic、OrCAD和Protel等的产品。这些工具有运行于PC机上的,也有运行于工作站上的。设计者通过VHDL描述或电路图输入,经模拟后用软件自动转成Xilinx网表(XNF文件),然后进行自动布局布线,经优化后生成二进制文件(Bit文件)。该文件写入EPROM中可对FPGA器件初始化。器件初始化后还可将连接及布局信息重新提取出来,进行电路同步模拟,以保证电路时序正确。根据时序要求,可对FPGA进行人机交互式布局布线。

(3)Motorola公司的MPAA 020

MPAA 020是现场可编程模拟阵列(FPAA),用于开发模拟电子系统。它由基于开关电容技术的专门可编程模拟单元组成,编程数据存放在每个单元的SRAM中,可以无数次地编程和重新编程所要实现的电路功能。此芯片支持各种模拟信号处理功能,如数据转换、线性信号处理、滤波和非线性功能等。

MPAA 020芯片被安装在一个开发板上,此电路板提供了诸如时钟信号发生器、电压源和I/O口等。它通过串行口与PC机连接,以下载编程数据。设计支持软件为Easy Analog,设计过程完全抽象为系统级设计,使用户能非常迅速地设计出样机,在数月内就可将产品推向市场。

1.4.2 PLD设计综合

PLD设计综合的目标函数有别于ASIC设计综合的目标函数,PLD设计综合通常是要考虑已经存在的物理结构。如果说综合的任务在为描述数字系统的行为找一种满足约束条件和目标函数的结构，那么，这种行为是系统与电路的输入到输出的映射关系，而结构是组成系统的各部件（或单元）及其互连关系（如网表格式描述）。最终，结构必须映射到物理设计。对具体的PLD器件，它的设计单元已经给定（如Xilinx的CLB），系统的资源尺寸已经确定。因此必须以这些条件为前提，选定设计综合的目标函数，以便在充分利用这些PLD芯片内资源的同时，尽可能地减少互连延迟。

设计综合的目的绝不是引导设计者去刻意地追求一种最优的设计结构，而是希望把设计者的精力从繁杂的版图设计和分析中，转到设计前期的算法开发和功能验证中去。这是因为系统与电路的集成复杂程度加大，设计者几乎不可能直接面向版图做设计。PLD免除了版图设计的工作。在选用了具体的PLD器件后进行设计综合，是采用了自底向上的设计方法。也可以在不指明何种PLD器件的情况下进行编译和综合，然后再选用具体器件厂商的开发工具进行后几步的开发工作，给用户提供了方便。许多EDA专业公司的工具软件提供了这种功能。

1.5　片上系统设计中的新概念

集成电路的设计规模正由超大规模集成VLSI、甚大规模集成ULSI(Ultra Large Scale Integrated Circuits)向极大规模集成GSI (Giga-Scale Integrated Circuits)的方向发展。现在ULSI和GSI技术使集成电路的面积进一步减小，并获得更高的集成度。集成电路制造技术的迅速发展，芯片集成度的飞速提高，使集成电路的设计进入片上系统SoC时代。越来越多的功能甚至是一个完整的系统都能够被嵌入到单个芯片之中。这样，以前需要由一块电路板实现的系统，现在只需要单个芯片就可以完成。

SoC设计带来了一些设计的新概念，主要表现在以下几点：

SoC设计中多个设计目标的协调统一的概念。SoC设计中，整个系统中各个部件都有自己的设计目标。例如：数字电路部分关心速度指标；存储器设计注重设计密度以期获得更大容量；混合信号电路则重点考虑兼容性问题；模拟电路设计追求设计精度；I/O部分更多考虑信号灵敏度、电路尺寸和功耗等。

SoC设计中软/硬件协同设计的概念。其主要包括SoC系统软硬件划分方法，系统方案说明，系统功能分析、设计、模拟等的协同技术，接口综合技术等内容。协同设计方法是指硬件和软件的协同设计与协同验证。在进行SoC设计时，首先定义系统需求和功能，并将它们分配到硬件和软件（内含的微处理器的指令集）两部分之中，然后分别独立进行硬件设计和软件设计，最后再集成到一起进行整体测试。

SoC设计的IP核(Intelligence Property Core)重复利用的概念。IP核也称虚拟元件(Virtual Component)，它是一些预先创建的知识产权功能模块，可以很容易地纳入系统级集成电路中。对这些模块的重复利用可以缩短开发时间，减少设计工作量，提高产品开发的成功率。有两种IP核：IP模块和兆功能核。兆功能核又分为软核、固核和硬核。把可综合的、实现后电路结构总门数在5000门以上的HDL描述的模型称之为软核；用HDL建模和综合后生成的网表称为固核；与某种半导体工艺相吻合的、已经编译成布局布线的电路结构称为硬核。利用硬核进行设计的成功把握相对大一些。

IP 核的重用方法与两个重要因素密切相关:一是 IP 核供应商的能力;二是 IP 核的格式。IP 核的市场在不断扩大,IP 核的知识产权交易和设计复用将是 EDA 设计的关键。大型电子系统应该从大的模块,如 CPU 核、DSP 核以及基于宏单元的阵列 CBA 等开始设计。

SoC 设计的片内通信概念,重点考虑如何克服互连线的信号传输瓶颈与传输质量等电性能问题。

SoC 设计的系统软硬协同测试与验证的概念。SoC 设计不仅要解决由于系统复杂性高、性能优化目标多、系统规模庞大等因素给系统测试与验证带来的困难,同时要解决软硬协同测试与验证的新问题。协同验证方法弥补了硬件设计和软件设计流程之间的空隙。它是系统级集成设计的核心。通过建立虚拟样机环境来生成虚拟样品,以便对硬件和软件能否在一起正常工作进行验证。也就是说,在设计阶段可以用验证方法提前解决原来在系统集成和测试时用仿真方法才能解决的问题。

协同验证工具保持软/硬仿真器之间同步工作,同时也减少了硬件仿真所要处理的事务。软/硬件协同验证工具是迈向真正的系统集成的关键,它能把软件和硬件仿真作业安排在最佳环境中进行,使软件和硬件设计人员在分别设计时都能看到整个系统的行为。

形式验证法,采用数学演绎论证法来检查和确保寄存器传输级 RTL 描述与较低级(门级和晶体管级)物理实现之间的功能等效性。形式验证工具为用户提供连续性的论证方法,以保证 RTL 模型与逻辑门之间的功能等效性,并确保任何模块之间以及 RTL 模型与逻辑门之间一一对应。借助于高级语言描述与手工设计逻辑块行为相结合的验证和确认方法,可以加快芯片的设计。

其他还有模拟与混合信号电路系统综合设计概念,重点考虑 A/D、D/A 的转换问题。而在系统集成方面,主要涉及基于平台、基于核(Core)、基于综合三种不同的系统集成技术。

1.6 EDA 设计工具和环境

在设计电子系统时,EDA 设计工具是不可缺少的。每一套 EDA 工具不仅是一个设计的辅助工具,更是一种设计技术和方法的集中体现。它结合了微电子技术、计算机技术、电路基本理论和工程设计方法论等多方面的技术和方法,为设计人员提供了一整套设计解决方案。

大型的专业 EDA 工具主要运行于小型机和 CAD 工作站的 UNIX 环境下(如著名的 Cadence 公司的 EDA 软件),以缩短反复的仿真过程所需的大量机时,满足设计周期的要求,适合大型的复杂电子系统的设计。但由于整套开发系统的费用很高,限制了它的普及应用。然而 20 世纪 90 年代后随着微机性能的飞跃发展,EDA 工具逐渐全面移植到微机的 Windows 平台上。

1.6.1 EDA 设计语言与软件

传统电子设计工具所面向的目标元件可以是分立元件,也可以是各种集成电路。现代电子设计自动化 EDA 工具(软件)所面向的目标元件一般是 ASIC、CPLD、FPGA 等。EDA 的关键技术之一是要求用形式化的方法来描述系统(目前主要是指数字系统)的硬件电路,即用所谓的硬件描述语言来描述硬件电路。EDA 设计的常用硬件描述语言有 VHDL、Verilog HDL、ABEL HDL 三种。一般硬件描述语言可以在三个层次上进行电路描述,其层次由高到低依次可分为行为级、RTL 级和门电路级。

VHDL 语言是一种高级描述语言,适用电路高级建模,通常更适合行为级和 RTL 级的描述。VHDL 语言源程序的综合通常要经过行为级—RTL 级—门电路级的转化。VHDL 经过多年的发展已成为现代 EDA 领域的首选硬件设计语言,而且目前流行的 EDA 工具软件全部支持 VHDL。除了作为电子系统设计的主选硬件描述语言外,VHDL 在 EDA 领域的学术交流、电子设计的存档、程序模块的移植、ASIC 设计源程序的交付、IP 核的应用方面担任着不可缺少的角色。显然,VHDL 已成为软硬件工程师们的共同语言,成为现代电子工程和电子设计领域中的"世界语"。Verilog 起源于集成电路的设计;ABEL 来源于可编程逻辑器件的设计。

目前比较流行的、主流厂家的 EDA 软件工具有:ALTERA 公司的 MAX+plusⅡ、QuartusⅡ, Lattice 公司的 Lattice Diamond、ispLEVER Classic;Xilinx 公司的 Foundation、ISE 等。PLD 器件厂商一般提供配套的开发其器件的 EDA 工具,这些工具主要运行于微机 Windows 平台上,并且提供了与专业 EDA 工具的接口。用户在开发大型的复杂电子系统时,可将这两种 EDA 工具结合使用。主要的 EDA 工具,如:Cadence、Workview、Protel DXP 等,可采用简图输入法进行设计,也支持标准 HDL 语言(VHDL 和 Verilog HDL)的描述输入。

在微机上 Windows 环境下,首推的专业 EDA 工具是 Protel 公司的专业 EDA 软件,其最新的版本是 Protel DXP。Protel 开创了 Client/Server EDA 软件体系结构,代表了当今桌面 EDA 软件的发展方向。

Protel DXP 能实现从电学概念设计到输出物理生产数据,以及这之间的所有分析、验证和设计数据管理。它共分 5 个模块,分别是:原理图设计、PCB 设计(包含信号完整性分析)、自动布线器、原理图混合信号仿真(主要用嵌入的 SPICE3f5)、PLD 设计。Protel DXP 以其友好的用户环境和独特先进的设计管理和协作技术(PDM),足以支持任何大型电子系统的团队设计。它全面支持国际化设计,有多种智能化导向器;原理图(Schematic)与 PCB 同步设计,实现动态双向更新,确保设计的完整性;具有 PCB 信号完整性分析,解决电磁兼容性/电磁干扰性(EMC/EMI)难题;独特的三维显示可以在制版之前看到装配后的效果;与硬件无关的 PLD 设计,支持用 CUPL 语言和原理图设计 PLD,生成标准的 JED 下载文件;具有强大的 CAM 处理和输出功能;拥有良好的兼容性,众多的第三方工具接口;采用团队设计新概念,支持网络浮动 License,在 Windows 网络操作系统下,可实现大规模电子系统的团队设计,对设计的电子系统的规模没有限制;卓越的性能/价格比,使其具有可与 CAD 工作站大型 EDA 软件相抗衡的能力。

1.6.2　仿真工具

MATLAB 起源于矩阵实验,工业中主要用于信号级的仿真。它把数值计算和可视化环境集成到一起，非常直观，而且提供了大量的函数，使其越来越受到人们的喜爱。它除了传统的交互式编程之外，还提供了大量的 MATLAB 配套工具箱，有优化工具箱（Optimization Toolbox）、信号处理工具箱（Signal Processing Toolbox）、神经网络工具箱（Neural Network Toolbox）、控制系统工具箱（Control System Toolbox）等。此外，它还提供了与其他语言的接口（C、FORTRAN 等），使得其功能日益强大。它在机械零件设计、动力学与振动、控制系统、流体力学、热传导、优化和工程统计、通信仿真、数字图像处理、神经网络分析与设计、模糊控制等领域中都有重要应用。

1.6.3 印刷电路板 PCB 软件

印刷电路板 PCB(Printed Circuit Board)设计软件有 Protel、OrCAD 等。Protel 在我国应用最广，早期的 Protel 主要作为印刷版自动布线工具使用。现在的 Protel 包含了原理图绘制、电子线路仿真、PCB 设计、可编程逻辑设计等功能。

OrCAD 是一个大型的电子电路 EDA 软件包，包括原理图设计、印制板设计、VST、PLD Tools 等软件包。OrCAD 公司在 FPGA、CPLD、模拟和混合电路、PCB 等领域为电子公司提供了全方位的解决方案。

1.7 总 结

本章将当前的电子系统设计概况作了一个比较全面的介绍，使读者对这个领域有了一个初步的了解。下面将不同层次的电子系统设计方法作一个总结，希望对读者今后的工作与学习有所裨益。

设计电子系统，首先要审题，明确电子系统应用的场合及系统的技术指标。根据指标，了解当前技术可能实现的性能情况，进行方案论证。同一个项目，可以有不同的方案，根据不同方案的特点，从性价比、可行性等方面选择最优方案。

任何一个电子系统的设计始于用户对它的要求。用户初始提出的设计要求可能并不十分明确，甚至有些地方还有矛盾及混淆。设计者在开始设计之前务必与用户进行讨论与磋商，最后获得一个完整的、合理的无二义的技术要求，它以系统设计要求或系统说明书方式提供。根据这个要求，设计者建立数学模型，经系统仿真工具确定算法，然后将算法语言转化为满足技术要求的电子系统的框图，这一步完全依赖于设计者的知识与能力，是最具有创新的工作。

有了满足技术要求的电子系统的总体框图，设计者下一步应选择合适的自动化设计软件，利用软件所提供的功能及语言，从功能级开始到行为结构级、系统级、逻辑级直到物理实现为止。最后进行真正的系统实际指标与功能测试及设计报告的编写。这就是目前电子系统设计的从顶向下的设计方法。上面两步在学校里主要是在科研及研究生范围内进行。

如果待设计的电子系统没有那么复杂，系统级的每一个方框明显的为一个功能相对单一的子系统，或一些常用的功能电路以及常用的模块电路。此时，设计者不再需要建立数学模型去仿真，可按照自己的理解和掌握的知识构成初步的总体方框图，并将设计要求分解到各个子方框，直接构成一个作为设计基础的待设计电子系统的方框图。其中每一个子方框可能就是一个功能单一的子系统，例如单片机最小系统、传感器系统等；或是一个功能明确的功能电路，例如传感器电路、数据采样电路等；甚至可能就是一片专用集成电路，例如锁相环电路。接着就是细化每一个子方框，选定合乎指标要求的模块电路，计算相应的外接元件或查阅厂商说明及推荐的实例，组成电路。进而得到系统总的电路原理图。然后根据原理图绘制印制电路板图，选取电子元器件，安装待设计的电子系统。最后进行实际检查测试。这样的设计过程就是先由上而下地构成总体方框图，再由下而上地设计系统电路图并最后实现之。当然这就有可能要冒失败的风险。若待使用的功能电路相当复杂，或系统用可编程器件进行实现，这些功能电路或可编程器件的使用前需要专用开发工具开发，然后把它们嵌入到系统进行联试。

如果待设计的电子系统是一个指标要求严格，而规模不大的电子电路。通常，这类电路出现在模拟电路中。此时，前面介绍的自动化设计软件就不再适用了，而应该采用 VHDL 语言的模拟和混合信号扩展部分称作 VHDL-AMS 的仿真软件、Multisim 软件等。利用仿真软件进行模拟仿真，调整电路结构与元件参数，以达到设计要求，这样可以事半功倍。

后两种电子系统的设计工作主要在本科生中进行。本书主要面对本科生层次的教学以及为全国大学生电子设计竞赛提供参考。

参考文献

[1] 何小艇. 电子系统设计[M]. 3 版. 杭州：浙江大学出版社，2004.

[2] Modo R. Best practice FPGA deign for ASIC migration[J]. Electron Eng，1998(2).

[3] Miller Warren. et al. New FPGA architecture challenges CPLDs [J]. Electron Eng，1998(5).

[4] Carter William S. Field Programmable gate arrays[J]. Printed Circuit Des，1998(6).

[5] Wirthin Michael J. et al. Improving functional density using run-time circuit reconfiguration[J]. IEEE Tram VLSI Sys，1998(6)：247－256.

[6] IEEE Standard VHDL language Reference Manual [M]. IEEE Std, 1993，1076.

[7] Keating M. Bricaud P. 片上系统——可重用设计方法学[M]. 3 版. 北京：电子工业出版社，2004.

[8] Rabaey J M，Chandrakasan A，Nikolic B. 数字集成电路——电路、系统与设计[M]. 2 版. 北京：电子工业出版社，2004.

[9] Henkel J，Ernst R. An Approach to Automated Hardware/Software Partitioning Using a Flexible Granularity that is Driven by High-Level Estimation Techniques[J]. Very Large Scale Integration(VLSI) Systems，2001(9)：273－289.

第2章

数字系统设计

2.1 概　述

什么是数字系统？它的基本组成如何？设计数字系统的方法有哪些？如何应用这些方法进行设计？这些就是这一章要讨论的问题。

数字系统是一个能完成一系列复杂操作的逻辑单元。它可以是一台数字计算机、一个自动控制系统、一个数据采集系统，或者是日常生活中用的电子秤，也可以是一个更大系统中的一个子系统。例如一个三相变压器的温度监控系统就是一个典型的数字系统。它的工作过程是这样的：由传感器测得浸在油内的变压器的温度，用模数转换器或电压频率变换器将此模拟温度值转换为数字信号，再将此数字温度值与设定的各极限温度值相比较后，决定应采取的控制措施，如显示、开关风机、报警、跳闸等。还可以对它提出测量精度的要求、测量可靠性的要求、测量灵敏度的要求、存储信息的要求以及系统故障自诊断能力的要求等，这就构成了一个比较复杂的、温度监控任务的数字系统。

谈到数字系统设计，首先要找到描述数字系统的方法。在数字电路课程中我们已学会了用逻辑表达式、真值表、卡诺图、状态图等工具来描述并设计数字电路。在这一章里我们将进一步介绍两种描述数字系统操作功能的方法，即用流程图和描述语言来描述数字系统功能，然后将这些描述转变为 MDS 图来设计数字系统。

用逻辑图、状态图、流程图等工具来描述数字系统的方法称之为系统模型描述法。这种方法适用于相对简单的系统，这种系统的输入、输出变量以及系统的状态都比较少，所需要的寄存器也比较少。但是当系统的输入、输出变量增多，状态也很多时，就很难用系统模型法来描述，这时多采用描述语言法，并称该描述语言表达的算法为系统的算法模型。对数字系统的描述可以在不同的层次上进行，即可分为系统功能级、行为处理器级、寄存器传输级、逻辑级（门级）和电路器件（晶体管级）级五个层次，除系统功能级外，数字系统的四个层次上的描述内容如表 2-1 所示。

表 2-1　不同层次上的设计描述和对象

层次名	行为描述	结构描述
行为处理级	性能指标 流程图 算法	处理器 控制器 存储器、总线等
寄存器传输级	寄存器传输方程 算法	ALU、数据选择器 寄存器、存储器等
逻辑级(门级)	逻辑方程 时序状态	门 触发器
电路器件级(晶体管级)	微分方程 函数	晶体管 连线

有了描述数字系统的工具,就可以讨论数字系统的设计方法了。设计一个大系统,必须从高层次的系统级入手,先进行总体方案框图的构成与分析论证、功能描述,再进行任务和指标分配,然后逐步细化得出详细设计方案,最终得出完整的电路。这就是自上而下的设计方法。这种设计方法将主要的精力放在系统级的设计上,并尽可能采用各种 EDA 软件,对系统进行综合、优化、验证以及测试,以保证在整个系统的电路制作完成之前对系统的全貌有一个预见,在设计阶段就可以把握住系统的最终外部特性及性能指标,从而大大节约了人力和物力。

2.1.1　数字系统的基本组成

我们所设计的数字系统一般只限于同步时序系统,所执行的操作是由时钟控制分组按序进行的。一般的数字系统可划分为受控器和控制器两大部分,受控器又称为数据子系统或信息处理单元,控制器又称为控制子系统。数字系统的方框图如图 2-1 所示。

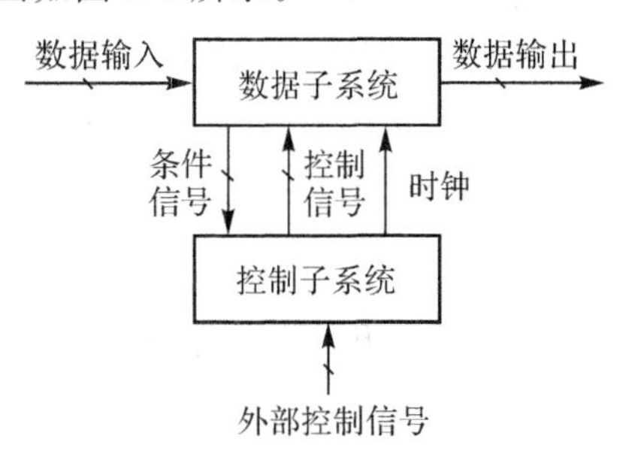

图 2-1　数字系统方框

数据子系统主要完成数据的采集、存储、运算处理和传输,它主要由存储器、运算器、数据选择器等部件组成。它与外界进行数据交换,而它所有的存取、运算等操作都是在控制子系统发出的控制信号下进行的。它与控制子系统之间的联系是:接收由控制子系统来的控制信号,同时将自己的操作进程作为条件信号输出给控制子系统。数据子系统是根据待完成的系统功能的算法得出的。

控制子系统是执行算法的核心,它必须具有记忆能力,因此是一个时序系统。它由一些组合逻辑电路和触发器等元件组成,一般带有一个系统时钟。它的输入是外部控制信号和由数据子系统来的条件信号。控制子系统按照设计方案中选定的算法程序,按序地进行状态转换。它以与每个状态以及有关条件对应的输出作为控制信号去控制数据子系统的操作顺序。控制子系统是根据系统功能及数据子系统的要求而设计出来的。

关于异步时序系统的设计以及由两个以上同步时序系统构成的异步时序系统的设计这里不再讨论。

2.1.2 设计数字系统的基本步骤

自上而下的设计数字系统的基本步骤可以归纳为以下几点：

(1)明确设计要求

拿到一个设计任务，首先要对它进行消化理解，将设计要求罗列成条，每一条都应是无二义的。这一步是明确待设计系统的逻辑功能及性能指标。在明确了设计要求之后，应能画出系统的简单示意方框图，标明输入输出信号及必要的指标。

(2)确定系统方案

明确了设计要求之后，就要确定实现系统功能的原理和方法，这一步是最具创造性的工作。同一功能可能有不同的实现方案，而方案的优劣直接关系到系统的质量及性价比，因此要反复比较与权衡。常用方框图、流程图或描述语言来描述系统方案。一般从两个方面来描述系统方案：一是画出系统方框图，二是画出说明系统操作过程及原理的详细流程图或用描述语言写出的算法。在系统结构图中应明确系统与外界的信息交换，列出系统的输入输出信号及各块之间应交换的信息。如有需要与可能还应画出必要的时序波形图。

(3)受控器的设计

根据系统结构与方案，选择合适的器件构成受控器的电原理图。根据设计要求可能还要对此电原理图进行时序设计，最后得到实用的受控器电原理图，并确定各种变量(控制变量，输出变量)的名称、功能及格式。

(4)控制器的设计

根据描述系统方案的模型导出系统状态转换图，按照规则及受控器的要求选择电路构成控制器，必要时也要进行时序设计，最后得到实用的控制器电原理图。然后再将控制器和受控器电路合在一起，从而得到整个系统的电原理图。

在整个设计过程中应尽可能多地利用 EDA 软件，及时地进行逻辑仿真、优化，以保证设计工作优质快速地完成。

下面按照数字系统设计步骤的顺序，通过例题，展开本章的内容。

2.2 明确设计要求

一般的设计任务是比较笼统的，设计人员开始设计时必须对它进行消化理解，把设计任务明确地分析归纳成若干条无二义的设计要求，这是明确设计要求的过程。

例 2.1 设计一个十字路口交通灯控制系统。

面对这样的一个系统设计任务，设计者会提出许多问题：十字路口车辆行驶的规则如何？道路有多宽？允许几车道行驶？控制灯有几种？通行和禁止的时间是多少，要显示否？有无行人穿行指示？有无联网要求？

回答了以上问题，就具体化了设计要求，也就明确了待设计系统的逻辑功能。假设我们的回答如下：

①道路足够宽，有六车道，并且只有汽车，没有自行车行驶。车辆直行时不允许车辆左拐行驶，但右拐可以同时进行，必须设有专门的左拐时间。

②针对上述的通行规则，车辆控制灯有直行(↑)、左拐(←)和右拐(→)三个绿色指示灯以及一个红色指示灯。红色指示灯亮表示全部禁止。

③车辆通行时间为 40 秒，由各方向设置的倒计时显示器显示，向司机提示该状态所剩余的时间。

④本系统适合于车多人少的情况，行人过马路需提出申请，并且只在车辆直行时才响应行人的请求，行人在申请得到响应后方可穿越，穿越时间为 60 秒。

⑤警察有权可以随时指定系统停在某个状态，确保某个方向的车辆畅通。

⑥暂不考虑联网要求。

明确了系统的设计要求后，可以得出系统的功能示意框图，图中应标明系统的输入、输出及简单的控制关系。十字路口交通灯控制系统的功能示意框图如图 2-2 所示，我们还可以画出各路口的指示灯面板图，如图 2-3 所示。

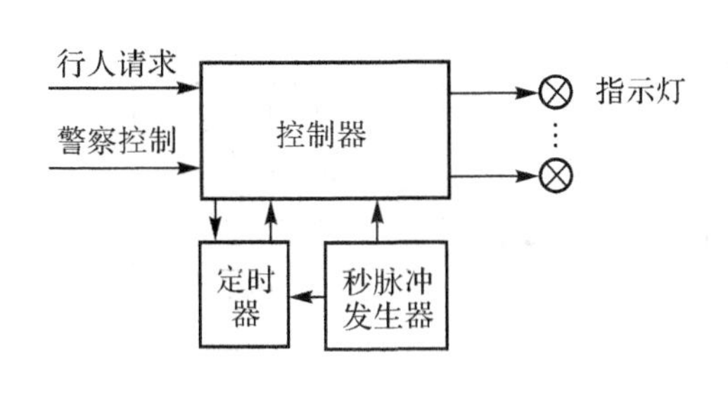

图 2-2　交通灯控制系统

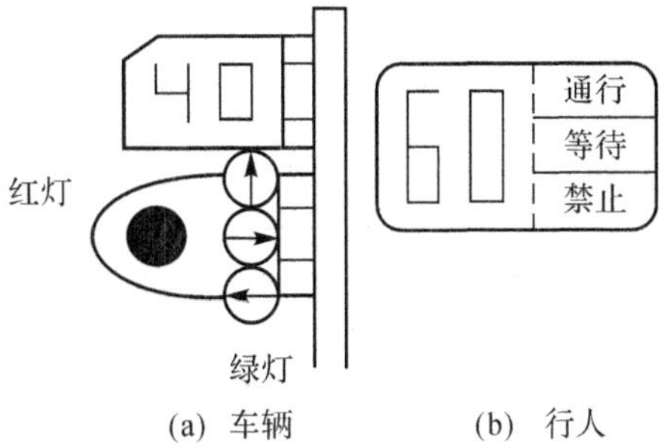

40
红灯
绿灯
60
通行
等待
禁止

(a) 车辆　(b) 行人

图 2-3　指示灯面板

例 2.2　设计一个二进制除法器。

此设计任务虽然比较明确，但我们还必须从以下几个方面进一步明确设计要求：被除数和除数的位数？有无符号位？数据线结构如何？操作过程如何？

经过分析所作出的决策是：被除数是 $2N$ 位，除数是 N 位；无符号位；数据线为 $2N$ 位，输入、输出数据线分开。

设有一个 START(启动)信号，此信号输入后，开始送入被除数、除数，进行运算，运算结束后有一个 DONE(完成)信号输出，再输出商和余数。经过以上分析，明确了输入、输出信号和简单的控制关系，可画出二进制除法器的功能框图，如图 2-4 所示。

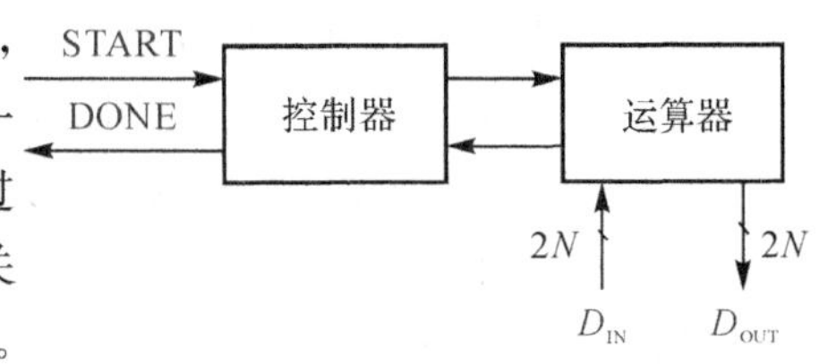

图 2-4　二进制除法器功能

通过以上两例，我们对明确设计要求的过程有了一个感性认识，它是对系统的设计要求进一步认识与深化的过程。可能还有若干细化指标有待设计人员根据要求及个人理解作出进一步明确和补充。在这个过程中有时还需要和原设计要求提出者进一步磋商研究。通过这个过程得到的列成条文的设计要求是以后设计的依据。当然在以后的设计中可能还会对以上条文作一些调整，但这些设计要求是系统设计的基础。

2.3 确定系统方案

确定系统方案就是找出实现上述设计要求的方法，也可称为确定实现系统逻辑功能的算法。在确定系统方案的过程中应有意识地把系统分为控制和受控两大部分。确定系统方案的唯一依据是系统的设计要求。我们可以从寻找系统的算法流程及总体方框图两方面着手。先画出简单的流程图，再将简单的流程图逐步细化为描述系统操作的详细流程图。在细化流程图的同时一起构思总体方框图。

流程图所用的符号类似于软件设计中的符号，共有三种：用方框表示系统的操作，称为工作块；用菱形表示判断并产生分支；用上面有两条横杠的方框表示条件操作，称为条件块。

例 2.3 确定十字路口交通灯控制系统的系统方案。

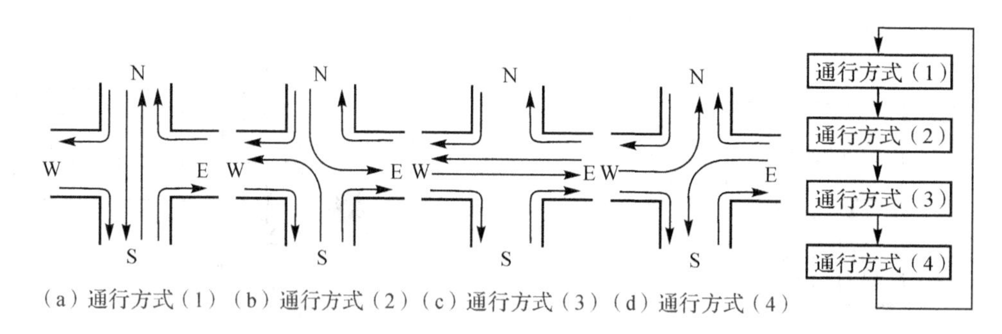

图 2-5 通行方式示意

由于设计要求中规定车辆直行时不允许各路车辆左拐通行，必须另设左拐时间。因此可以设置以下四种车辆通行方式(见图 2-5)：(a)南北向的直行和各路右拐；(b)南北向的左拐和各路右拐；(c)东西向直行和各路右拐；(d)东西向的左拐和各路右拐。这四种通行方式在控制器的控制下按顺序转换，每个状态持续时间为 40 秒。

设计要求中规定的行人请求及警察控制可以认为是上述四个状态转换时产生的条件分支，由控制器接受请求并判断是否响应。我们可以画出总体方框图以及简单的流程图，分别如图 2-6 和图 2-7 所示。由于警察控制的优先级最高，所以流程图中应首先判断警察的控制。总体方框图中尽量将受控器与控制器分开，并将控制器与受控器之间的信号交换也标注在总体方框图上。本例中，各路口指示灯及行人指示灯是受控部分，由于各指示灯要持续一定时间，所以用 D 触发器来激励。

这个简单流程图还不是系统可实施的方案，我们还会问，什么时候响应行人请求？响应时车辆通行情况如何？行人的请求及警察的控制结束后回到什么状态？每个状态需要输出哪些信号？哪些是同步的？哪些是异步的？对此，我们进一步作如下规定：

①东西(南北)车辆直行时，在该状态的前 20 秒内，可以响应东西(南北)向穿越的行人，但不响应南北(东西)穿越的请求。如果该状态持续时间超过 20 秒，就不再响应相应的行人请求。而且每个状态最多只响应一次行人请求，否则其他方向的车辆等待的时间会太长。

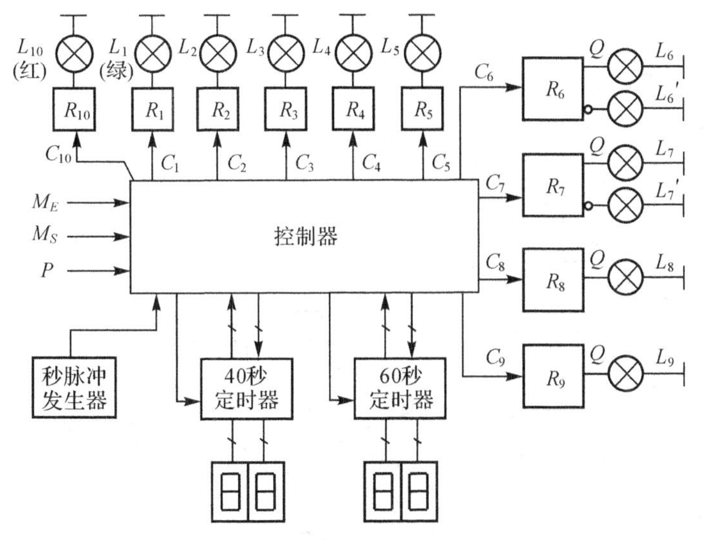

图 2-6　交通灯控制系统总体设计

②在车辆左拐时不响应行人的穿越请求。

③响应行人穿越请求时，各路右拐禁止。各路口的车辆行驶时间指示——40 秒定时器不显示，转为显示行人穿越时间指示——60 秒定时器。

④响应行人穿越请求结束后转到相应的下一个状态。

⑤对警察的控制请求不论处于什么状态应立即响应。处于警察控制状态时，各路口的时间指示器均不显示，因为警察的控制时间是不定的。响应警察控制请求结束后转到初始状态。

⑥考虑到为让已进入十字路口的车辆通过，当现态向次态转移和响应警察控制请求时，有一个 2 秒钟的各路口禁行，各路口只有红灯亮。然后转到相应的下一个状态或警察要求的状态。

这样就可将简单的流程图逐步细化，得到如图 2-8 所示的详细流程图（为使流程图简单明了，2 秒钟的各路口禁止状态先省略。设计时可先按基本要求设计，然后将此功能加上）。图中输出信号 C_i（$i=1\sim9$）的含义请见图 2-6。

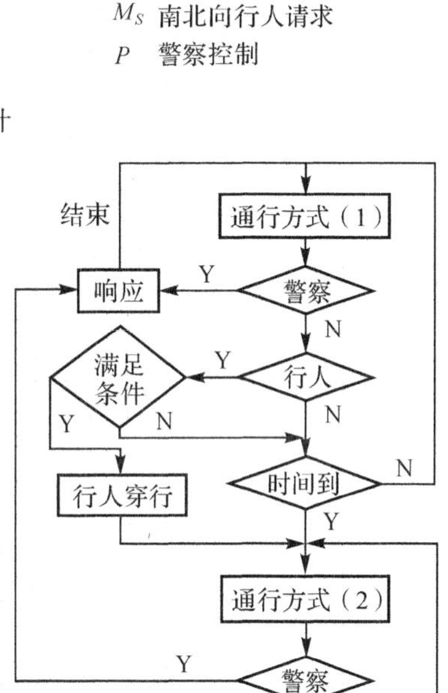

图 2-7　交通灯控制系统简单流程

在详细流程图中，方框为工作块，工作块内写上该状态的操作，工作块外侧注明该状态对应的输出信号，也即为完成工作块内的操作所需的控制信号。有的操作必须满足一定的条件才能执行，我们称之为条件操作。用有两条横杠的方框表示条件块（注意，条件块不是工作块），把条件操作写在条件块内。为完成这些操作所需的输出称为条件输出，把条件输出写在条件块的外侧。

由以上分析可以看出，确定系统方案的成果是我们得到了两张图：一是总体方框图，在这

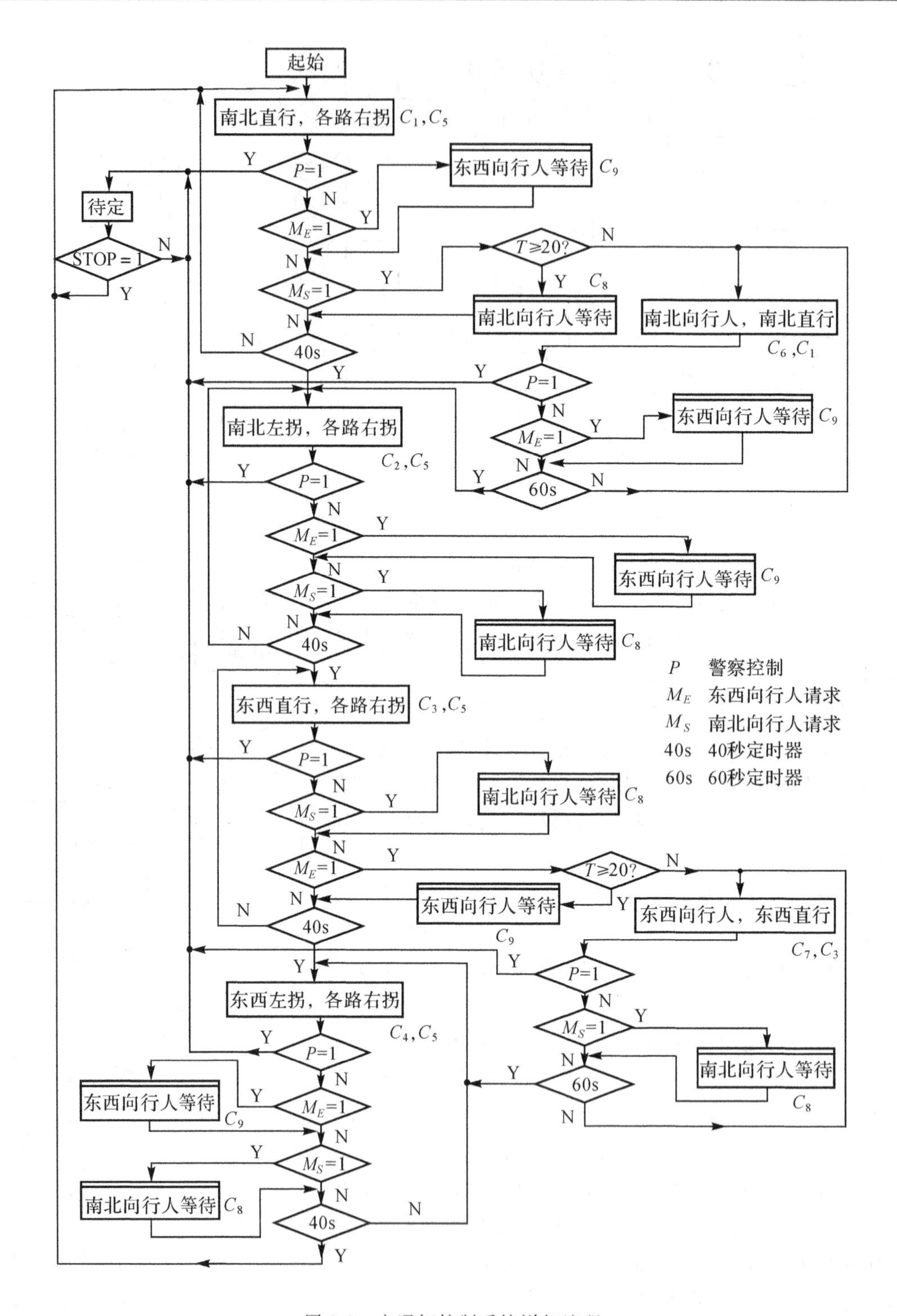

图 2-8 交通灯控制系统详细流程

个方框图中，系统的控制部分与受控部分已经分开。虽然控制部分现在还是一个笼统的方框，但受控部分已可以画出它的主要模块。第二张图是详细流程图，此图是我们实现设计要求的具体算法，也是我们设计控制子系统的依据。画图时应注意流程图中的各种信号与方框图中的信号相符合，并按要求在流程图中写出各种信号和条件。此外，对于比较复杂的数字系统，在确定系统方案后还可能要画第三张图，这就是系统的时序图。系统时序图有助于我们理清系统各模块之间的时序关系，加深对系统工作过程的理解，它也是我们进一步消化设计要求的一个环节。但这不是必需的一步，因为有些复杂系统的时序一开始很难画出。

例 2.4　确定二进制除法器的系统方案（设被除数为 $2N$ 位，除数为 N 位）。

确定二进制除法器的方案，实际上就是要确定完成二进制除法器运算的算法。让我们看一下二进制除法 $(1011)_2 \div (11)_2 = (11)_2$ 的笔算过程，如图 2-9 所示。

```
       0 0 1 1
11 ) 1 0 1 1
       0
       1 0
       0 0
       1 0 1
         1 1
         1 0 1
           1 1
           1 0
```

图 2-9　二进制除法笔算算法（$N=2$）

由图可知，①除法运算实际上是从被除数中反复减去除数。减的原则是：从被除数的最高位开始，将被除数与除数比较且相减。当够减时，减去除数，商为 1；不够减时，减去 0 且商也为 0。除法运算过程就是不断地作右移——减法操作。②商的位数与被除数的位数相同，余数的位数与除数相同。由此可以得出，除法器应有一个 $2N$ 位的寄存器存放被除数；为了便于商的逐位置入，用一个 $2N$ 位的移位寄存器存放商；由于减法过程中除数不断向右移，所以对于 N 位除数来说需要一个 $2N$ 位移位寄存器来存放；一个 N 位寄存器放余数，另外还需一个 $2N$ 位减法器。

如果我们将除数右移改为被除数左移，仍进行二进制数 $(1011)_2 \div (11)_2$ 的除法。可将除法运算的过程重新示于图 2-10。

操作	借位	被除数		商	
初始化、置数	0	000	1011	0000	
左移	0	001	0110	000?	
相减		11			
	1	110	0110	000**0**	商为零
相加		11			
	0	001	0110		
左移	0	010	1100	00**0**?	
相减		11			
	1	111	1100	00**00**	商为零
相加		11			
	0	010	1100		
左移	0	101	1000	0**00**?	
相减		11			
	0	010	1000	0**001**	商为 1
左移	0	101	0000	**001**?	
相减		11			
	0	010	0000	**0011**	商为 1
		余数		商	

图 2-10　改进的二进制除法算法（$N=2$）

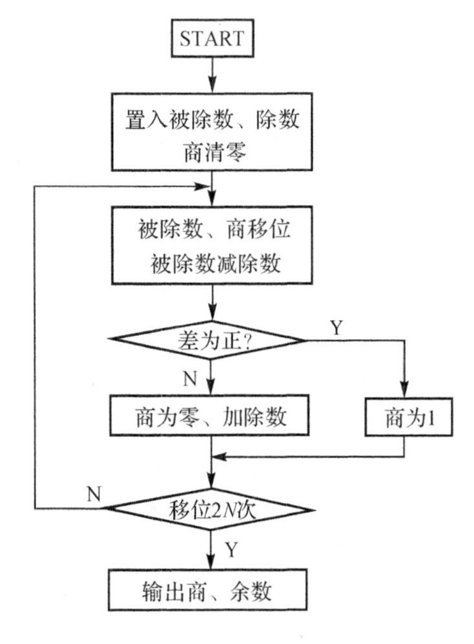

图 2-11　二进制除法器详细流程

在此算法中，除数存放在 N 位($N-1,0$)寄存器中，并作为减法器的一个输入数。被除数存放在 $3N+1$ 位($3N,0$)的左移移位寄存器中。初始化时将 $2N$ 位被除数置入此移位寄存器的低 $2N$ 位($2N-1,0$)中，高 $N+1$ 位($3N,2N$)置零，此高 $N+1$ 位中的值作为减法器的另一个输入数。减法器为 $N+1$ 位。商放在 $2N$ 位左移移位寄存器中，初始化时置 0。除法开始时先将被除数及商均左移 1 位，然后作减法运算。减法器的差置回被除数寄存器的高 $N+1$ 位($3N,2N$)中。商则置于商寄存器的最低位中。取商的原则是如果差为正数，则商为 1；如果差是负数，则商为 0，同时应向被除数中回加除数。进行 $2N$ 次移位及相减操作之后，在被除数寄存器的高 $N+1$ 位中留下的值就是余数(只输出低 N 位)。

根据此算法，可以画出二进制除法器的详细流程和总体方框，分别如图 2-11 和图 2-12所示。在确定除法器方案的过程中，我们已将系统划分为控制器与被控制器(数据子系统)两部分，数据子系统应包括寄存器和运算器两个部件。控制子系统按算法要求顺序向数据子系统发出置数、移位和加减等各种操作命令。

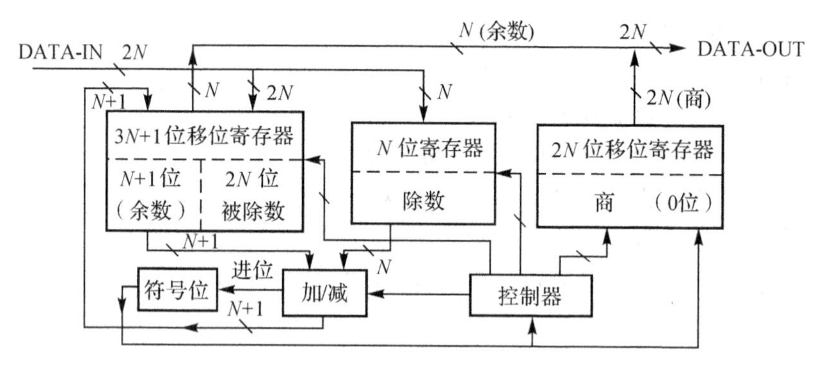

图 2-12　二进制除法器总体方框

2.4　受控器(数据子系统)硬件设计

总体方案确定后，受控器部分(即数据子系统部分)的形式已基本确定了，接下来的工作就是要选择合适的器件，画出这部分的电原理图，标明所需的控制信号及相应的输出信号，从而完成受控器的硬件设计任务。如果待设计的任务有一定的速度要求，在完成以上设计后，还必须进行时序设计，即检查所设计的电路能否满足速度要求。若不能满足，则必须更换器件，甚至更换电路形式，直到完成要求为止。在时序设计中还需要画出实际电路关键部位的实际时序波形，以保证设计的可靠性。

下面继续完成上述两例的数据子系统部分的电路设计。

例 2.5　十字路口交通灯控制系统受控器设计。

从详细流程图中可以看出，该系统的功能是按既定的要求将各路口的指示灯适时地点亮和熄灭。因此，该受控器(数据子系统)共有三部分电路：一是秒脉冲发生器，输出秒脉冲作为系统时钟；二是十字路口的 40 秒减法定时器及显示器，行人横道线处的 60 秒减法定时器及显示器；三是各路口指示灯及行人穿行指示灯。受控器电路如图 2-13 所示(指示灯电路只画一个做代表)。

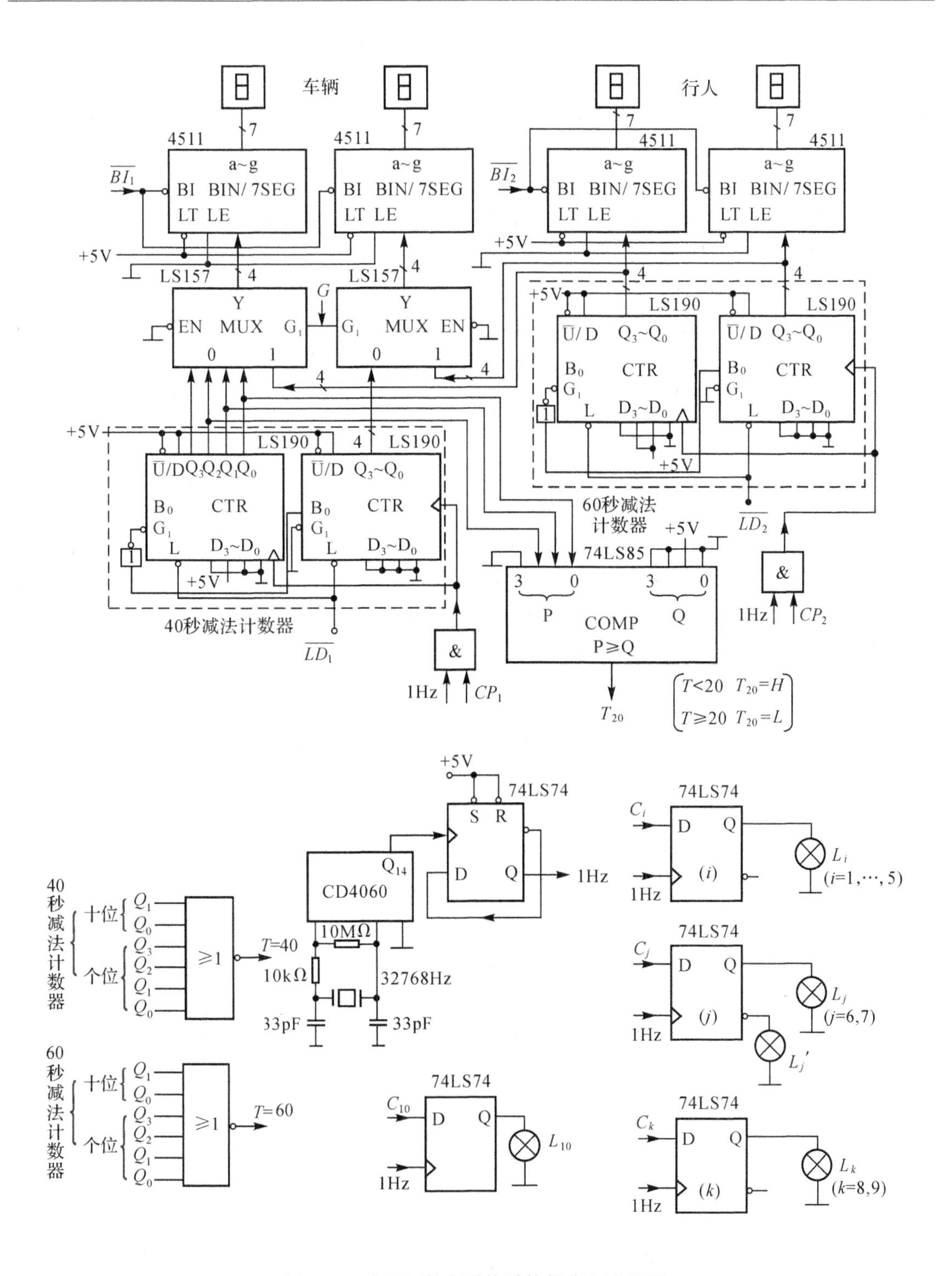

图 2-13 交通灯控制系统受控部分电路原理

选用 CD4060 及 32768Hz 晶体作秒脉冲发生器。采用 BCD 同步加/减计数器 74LS190 作 40 秒和 60 秒定时器，用 CD4511 作译码驱动器，采用共阴数码管显示。根据设计要求，规定两个定时器在进入需要显示的状态时，首先进行置数，然后进行计数。在不需要显示的状态均关闭时钟。由于响应行人穿越请求后，车辆通行时间改为由行人穿越时间 60 秒定时器控制，因此用一块数据选择器 74LS157 对车辆通行时间的显示进行选择，其选择信号为 G。

根据设计要求规定，只有在车辆直行状态的前 20 秒内响应行人请求，因此，该数据子系统还应有 20 秒指示信号 T_{20} 输出。

该受控器送给控制器的条件信号有：40 秒指示 $T=40$，60 秒指示 $T=60$，如图 2-13 所示。它们分别来自 40 秒减法计数器 74LS190 和 60 秒减法计数器 74LS190 的输出组合。输出的条件信号还有来自比较器 74LS85 输出的 20 秒指示信号 T_{20}（当 $T<20$ 秒时，$T_{20}=H$）。

受控器所需的控制信号有：40 秒定时器（减法计数器）的时钟控制信号 CP_1 和置数信号 $\overline{LD_1}$；60 秒定时器（减法计数器）的时钟控制信号 CP_2 和置数信号 $\overline{LD_2}$；40 秒定时显示的消隐信号 $\overline{BI_1}$ 和 60 秒定时显示的消隐信号 $\overline{BI_2}$。数据选择器 74LS157 的选择信号 G。受控器所需的控制信号还有各路口指示灯的控制信号：C_1—— 南北直行灯控制；C_2—— 南北左拐灯控制；C_3—— 东西直行灯控制；C_4—— 东西左拐灯控制；C_5—— 各路右拐灯控制；C_6—— 南北向行人通行灯控制；C_7—— 东西向行人通行灯控制；C_8—— 南北向行人等待灯控制；C_9—— 东西向行人等待灯控制；C_{10}—— 各路口均禁止的红灯控制信号。

例 2.6　二进制除法器受控器设计。

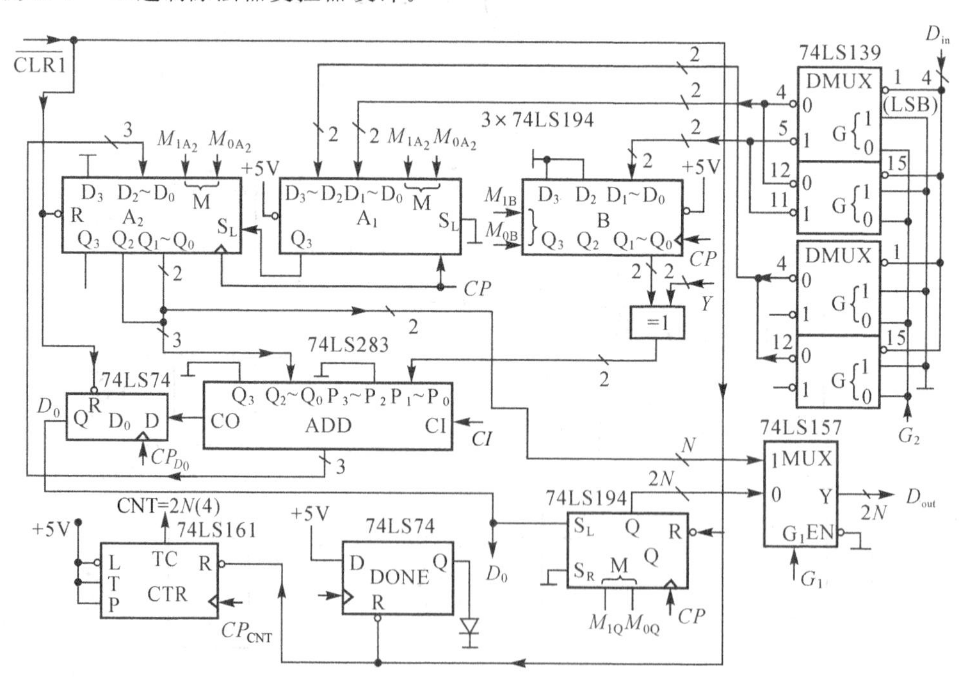

图 2-14　二进制除法器受控器（数据子系统）电路原理

二进制除法器受控器电路如图 2-14 所示，取 $N=2$。

被除数寄存器 A_2，A_1—— 4 位双向移位寄存器 74LS194 × 2。低位移位寄存器 A_1 用来初始存放 $2N$ 位被除数，高位移位寄存器 A_2 中的低 3 位是减法器的一个输入端。

除数寄存器 B——74LS194。

商寄存器 Q——74LS194。

加法器 ADD——4 位加法器 74LS283。

数据分配器 DMUX—— 双 2 线 /4 线译码器 74LS139 × 2，用来分时输入除数和被除数。

数据选择器 MUX—— 四 2 选 1 数据选择器 74LS157，用来分时输出商和余数。

进位寄存器 D_o——D 触发器 $\frac{1}{2}$ × 74LS74。

异或门 —— 四异或门 74LS86，用来控制做加法或减法。

计数器 CTR——4 位二进制同步计数器 74LS161A，用于记录移位次数。

DONE 寄存器 —— $\frac{1}{2}$ × 74LS74，指示运算结束。

数据子系统中所有模块所需的控制信号详见表 2-2。数据子系统输出的条件信号是进位位 D_o 和计数值 $CNT = 2N$。

表 2-2　二进制除法器控制器输出信号

寄存器 / 状态	移位寄存器 A_2	移位寄存器 A_1	移位寄存器 B	移位寄存器 Q	进位寄存器 D_o	计数器 CTR	异或门输入 Y	加法器 C_1(ADD)	MUX G_1	DMUX G_2	DONE 寄存器
S_0											
S_1			$M_{1B}=1$ $M_{0B}=1$							1	
S_2	$\overline{CLR1}=0$	$M_{1A_1}=1$ $M_{0A_1}=1$	$M_{1B}=0$ $M_{0B}=0$	$\overline{CLR1}=0$	$\overline{CLR1}=0$	$\overline{CLR1}=0$				0	$\overline{CLR1}=0$
S_3	$M_{1A_2}=1$ $M_{0A_2}=0$	$M_{1A_1}=1$ $M_{0A_1}=0$	$M_{1B}=0$ $M_{0B}=0$	$M_{1Q}=0$ $M_{0Q}=0$		CP_{CNT}	1	1			
S_4	$M_{1A_2}=1$ $M_{0A_2}=1$	$M_{1A_1}=0$ $M_{0A_1}=0$	$M_{1B}=0$ $M_{0B}=0$	$M_{1Q}=0$ $M_{0Q}=0$	CP_{D_o}		1	1			
S_5	$M_{1A_2}=0$ $M_{0A_2}=0$	同上	同上	同上							
S_6	$M_{1A_2}=0$ $M_{0A_2}=0$	同上	同上	$M_{1Q}=1$ $M_{0Q}=0$			0	0			
S_7	$M_{1A_2}=1$ $M_{0A_2}=1$	同上	同上	$M_{1Q}=1$ $M_{0Q}=0$			0	0			
S_8	$M_{1A_2}=0$ $M_{0A_2}=0$	同上	同上	$M_{1Q}=0$ $M_{0Q}=0$					0		CP_{DONE}
S_9	同上	同上	同上	同上					1		

2.5　控制器设计

有了系统的流程图或算法和设计好了的系统的数据子系统，接下来是设计系统的控制子系统。控制子系统是实现流程图所描述的方案或算法的核心，是数据子系统执行各种操作的指挥，因此控制子系统是一个时序电路，常用的工具是 MDS 图。下面首先介绍 MDS 图的构成，在后面小节再介绍控制器的实现。

2.5.1　MDS 图

2.5.1.1　MDS 图的定义

MDS(Mnemonic Documented State Diagrams)图是用助记符号表示的状态图，类似于过去学过的状态图，但由于它利用符号和表达式来表示状态的转换条件和输出，因此它比通常的状态图更有一般性。图 2-15 是一个 MDS 图的例子，我们用此例来说明 MDS 图的一些规定：

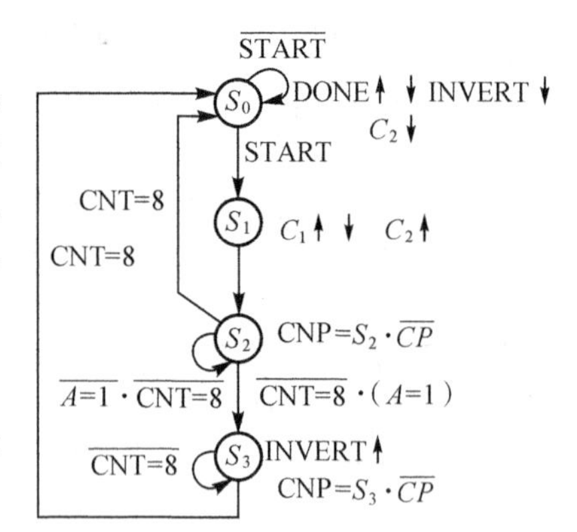

图 2-15　MDS 图例

①用 (S_i) 表示状态 S_i。

②用带箭头的定向线表示状态的转移，(S_i)→(S_j) 表示状态 S_i 无条件转移到状态 S_j。

③状态转移条件写在定向线旁，(S_i) $\xrightarrow{E}$ (S_j) 表示状态 S_i 只有在条件 E 满足时才转移到状态 S_j，条件 E 可以是一个简单的变量，也可以是一个复杂的表达式，例如图中某个条件

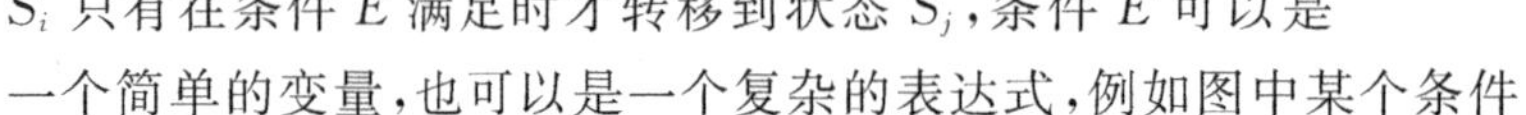

$$E=\overline{A=1} \cdot \overline{\text{CNT}=8}$$

④输出写在状态的圆圈外，向上↑表示有效，向下↓表示无效。如 Z↑表示进入状态 S_i 输出 Z 有效，Z↓表示进入状态 S_i 输出 Z 无效，Z↑↓表示进入状态 S_i 输出 Z 有效，出了状态 S_i 输出 Z 无效(MDS 图中并没有说明是高电平有效还是低电平有效，这要由具体电路确定)。

⑤条件输出表示为状态与条件的乘积，也写在状态圈外，如 $Z=S_i \cdot E$，表示进入状态 S_i 且条件 E 满足时输出 Z 有效，条件 E 可以是一个简单的变量也可以是一个复杂的表达式。

⑥ (S_i^*) $\xrightarrow{X}$ (S_j) 表示变量 X 是异步的，状态 S_i 只有在异步输入 X 作用下才转换到状态 S_j。

2.5.1.2　MDS 图与流程图

系统的 MDS 图可以从系统的流程图导出。数字系统的详细流程图表明了系统的操作内容与顺序，可以从数字系统的详细流程图看到系统的数据子系统的运算操作过程。把它转换到 MDS 图时，又得到了系统的控制子系统的状态转换过程，从而可利用它来设计系统的控制器。由详细流程图导出 MDS 图的原则是：

①流程图中的工作块对应了 MDS 图中的一个状态。当流程图的工作块内有两个不能同时进行的操作时，应将此工作块分成 MDS 图的两个状态，而且这两个状态是无条件转换的。

②把为实现工作块内的操作所需要的控制信号和工作块的输出写在 MDS 图的状态圈旁，它们对应了控制器在该状态时必须有的输出信号。

③流程图的判别块对应了 MDS 图的分支，把判别条件写在 MDS 图的状态转移线旁。

④流程图中的条件块对应了 MDS 图的条件输出。应该注意：条件块不是 MDS 图中的状态，把条件输出和条件操作所需的控制信号写在 MDS 图的相应状态圈旁，并注上此条件输出的表达式。

图 2-16—图 2-18 中所举的例子说明了以上四个原则，图 2-18 中的时序图特别强调了条件输出 SHIFT 的持续时间。

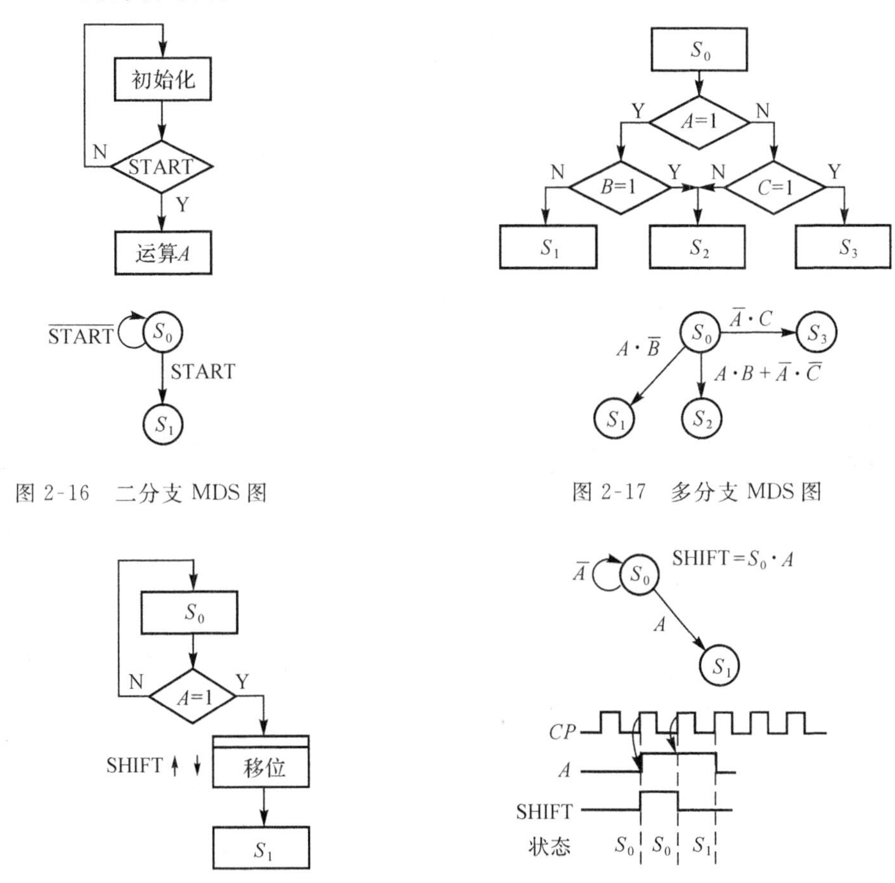

图 2-16　二分支 MDS 图

图 2-17　多分支 MDS 图

图 2-18　MDS 图中的条件输出

⑤在详细流程图中的某一分支上出现了两个彼此独立的、与系统时钟无关的异步变量时，如图 2-19(a)所示，如果两个异步变量 A、C 持续的时间非常短，那么从状态 S_0 转移到状态 S_2 的概率就非常小。为使所设计的电路能捕获到这两个异步变量，通常要重新组织流程图，即要定义一个新的状态，使在每个状态的分支上只有一个异步变量，如图 2-19(b)所示，最后可用图 2-19(c)的 MDS 图表示。

有了以上基础，就可以从图 2-8 所示的交通灯控制系统详细流程图导出它的 MDS 图，如图 2-20 所示，各个状态的输出信号如附表所示。

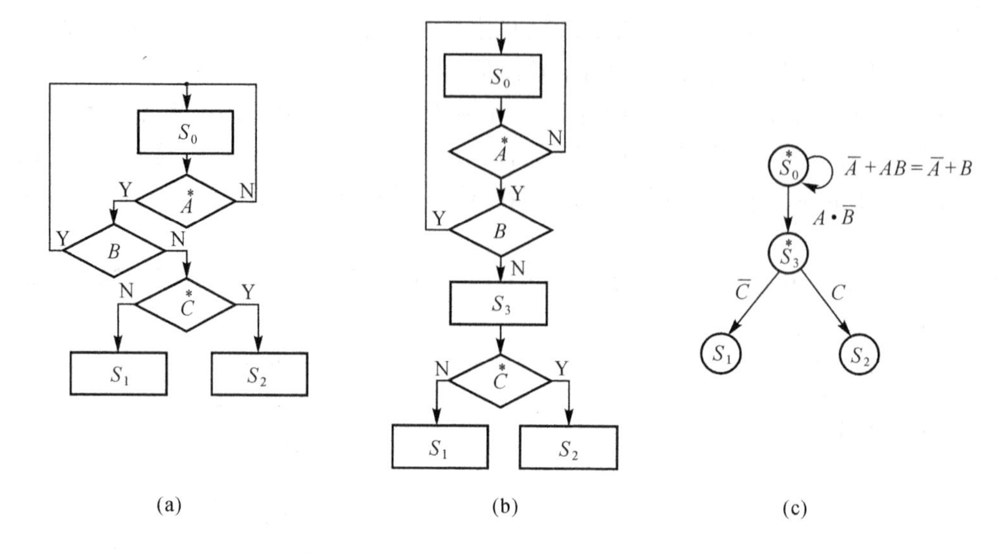

图 2-19　含有异步变量的流程图与 MDS 图

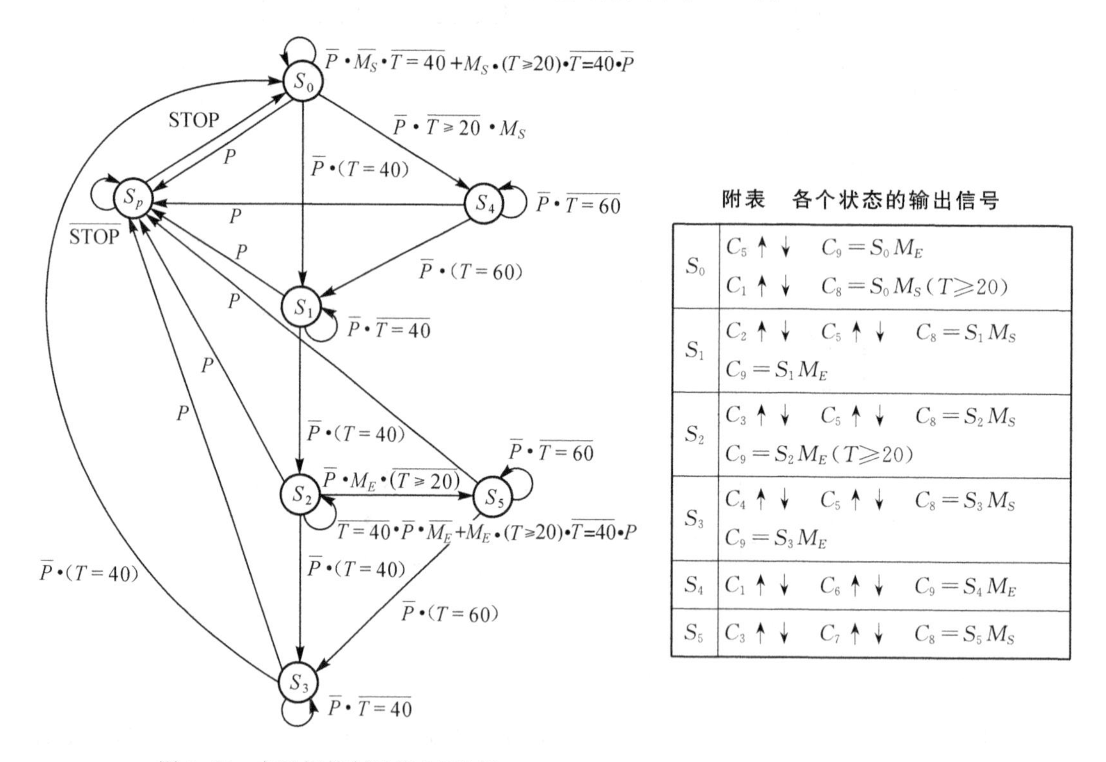

附表　各个状态的输出信号

状态	输出信号
S_0	C_5 ↑ ↓　$C_9=S_0M_E$ C_1 ↑ ↓　$C_8=S_0M_S(T\geqslant 20)$
S_1	C_2 ↑ ↓　C_5 ↑ ↓　$C_8=S_1M_S$ $C_9=S_1M_E$
S_2	C_3 ↑ ↓　C_5 ↑ ↓　$C_8=S_2M_S$ $C_9=S_2M_E(T\geqslant 20)$
S_3	C_4 ↑ ↓　C_5 ↑ ↓　$C_8=S_3M_S$ $C_9=S_3M_E$
S_4	C_1 ↑ ↓　C_6 ↑ ↓　$C_9=S_4M_E$
S_5	C_3 ↑ ↓　C_7 ↑ ↓　$C_8=S_5M_S$

图 2-20　交通灯控制系统 MDS 图

例 2.7　建立二进制除法器的 MDS 图。

已得到二进制除法器的算法流程图，如图 2-11 所示。从已设计好的数据子系统来看，此数据子系统有以下几个特点：①输入数据线是 $2N$ 位，参与运算的被除数是 $2N$ 位，除数是 N 位，因此被除数和除数必须分时输入；②输出数据线是 $2N$ 位，商是 $2N$ 位，余数是 N 位，因此也必须分时输出；③被除数与除数每次相减得出的进位 CO 寄存在寄存器 D_0 中。

根据第一个原则，将流程图中的第一个工作块分成MDS图的两个状态，因为向寄存器A_1置被除数和对寄存器B置除数必须分两个时钟周期，对商和余数的处理也相同。（注：本例为在MDS图的状态圈内写上对应该状态数据子系统的操作，因此将圆形的状态图改为方形）。根据第三个原则，流程图中的判别框"差为正?"对应了MDS图的条件分支，将分支条件写在MDS图的状态转移线旁。流程图中判别差为正或负是根据相减后存入寄存器D_o的值来确定的。还需要提醒的是，由于数据子系统中减法是用补码相加的方法实现，因此进位位$D_o=1$表示差为正。为确保加法器的进位位CO的确已存入寄存器D_o，在此MDS图中增添了一个等待的空操作。现得到二进制除法器的MDS图如图2-21所示。可将MDS图的每个状态框编上状态变量名$S_0\sim S_9$，并标注在每个状态框的左上角，同时把每个状态必需输出给数据子系统的控制信号列于表2-2。

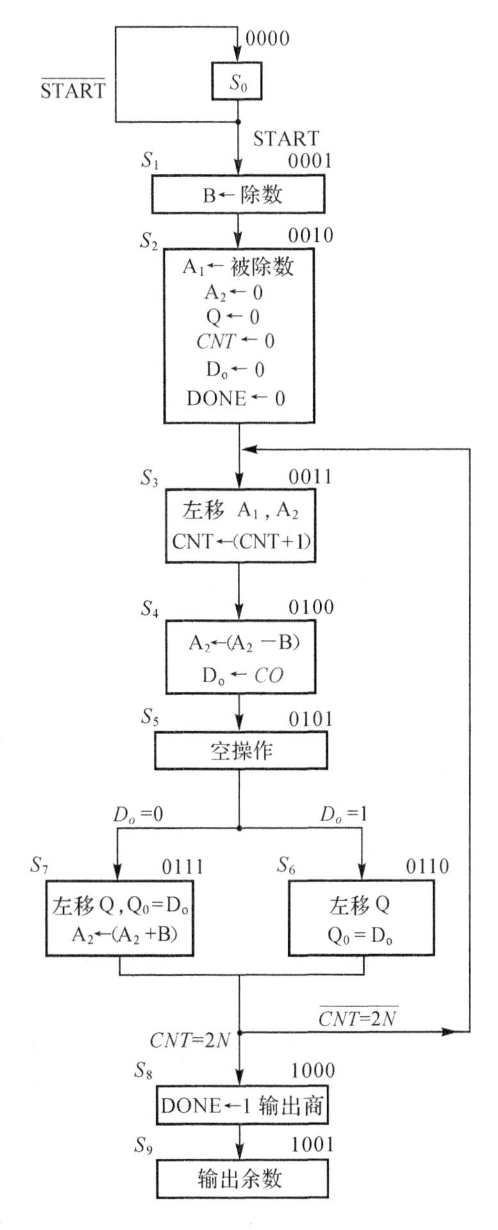

图2-21　二进制除法器MDS图

2.5.2　控制器的硬件实现

有了系统的MDS图，就可以设计数字系统的控制器了。这一小节先介绍控制子系统的硬件实现，2.5.3小节再介绍它的微程序实现。

控制器是一个同步时序电路，它由状态寄存器和组合电路组成，基本结构如图2-22所示。常用的状态寄存器是计数器、移位寄存器以及D(JK)触发器等。当用计数器和移位寄存器作状态寄存器时，应该进行状态编码。用D(JK)触发器时，状态可以编码，也可以一个状态分配一个触发器。组合电路可以用门电路及组合模块电路，如数据选择器、译码器、编码器等。当控制器是由模块电路构成时，称其为控制器的硬件实现。

下面举例说明如何由已得到的系统的MDS图设计控制器。

例2.8　某数字系统的MDS图如图2-23所示，R和A为输入信号，$C_i(i=0,1,2,3)$为输出信号，设计它的控制器电路。

可以用采用D触发器作为状态寄存器，用两种方法来实现与此MDS图对应的控制器：一是当状态比较多时，可采用状态编码方式，以减少触发器的数目；二是当状态比较少时，可采用一个触发器对应一个状态的方式。

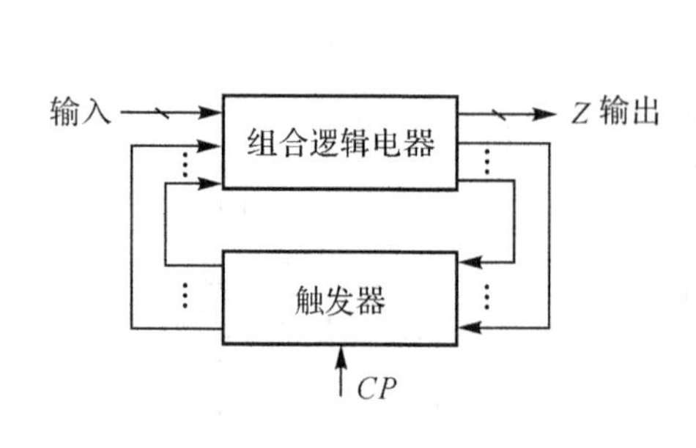

图 2-22 控制器结构图

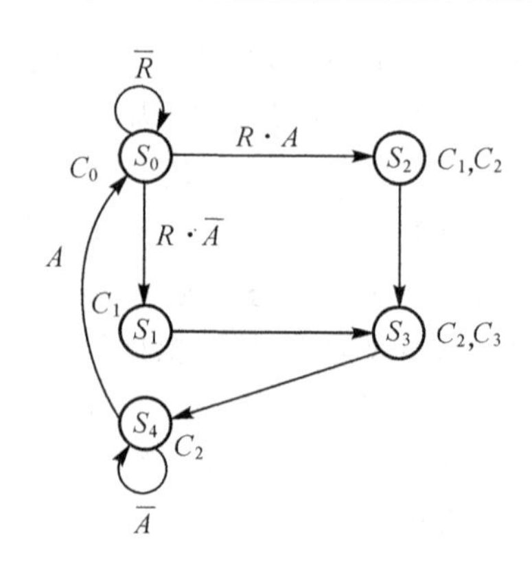

图 2-23 某数字系统 MDS 图

(1)状态编码方式

采用 3 个 D 触发器及二进制编码($Q_2Q_1Q_0$),则可列出状态转换表,如表 2-3 所示。

表 2-3 状态转换表

次态 / 现态		输入(RA) 00	01	11	10	控制信号	
S_0	0 0 0	0 0 0	0 0 0	0 1 0	0 0 1	C_0	
S_1	0 0 1	0 1 1	0 1 1	0 1 1	0 1 1	C_1	
S_2	0 1 0	0 1 1	0 1 1	0 1 1	0 1 1	C_1	C_2
S_3	0 1 1	1 0 0	1 0 0	1 0 0	1 0 0	C_2	C_3
S_4	1 0 0	1 0 0	0 0 0	0 0 0	1 0 0	C_2	

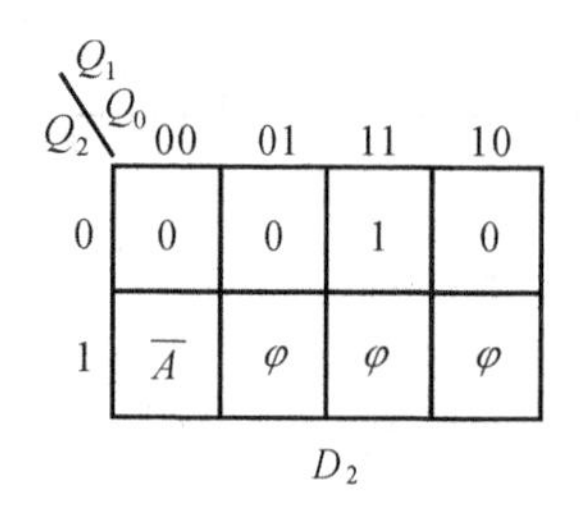

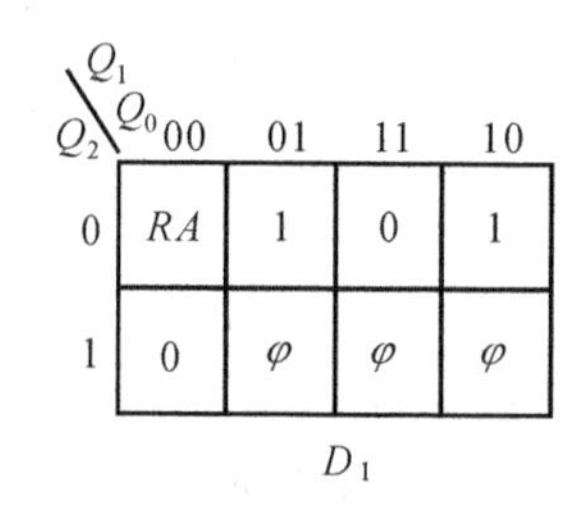

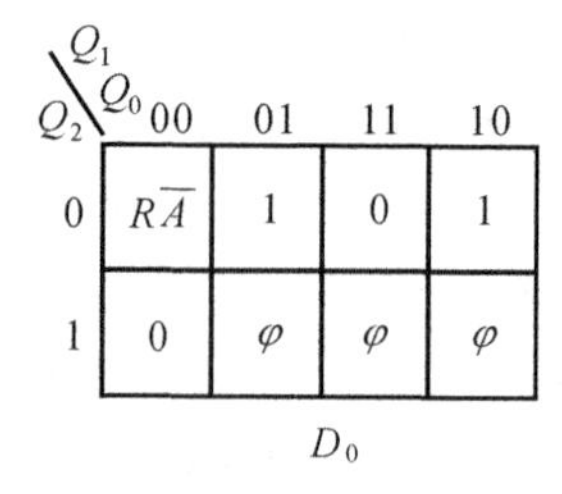

图 2-24 激励函数的卡诺图

画出激励函数的卡诺图,如图 2-24 所示,写出函数表达式:

$$D_2=\overline{A}Q_2+Q_1Q_0 \qquad D_1=S_0RA+Q_1\oplus Q_0 \qquad D_0=S_0R\overline{A}+Q_1\oplus Q_0$$

输出函数表达式:

$$C_0=S_0 \qquad C_1=S_1+S_2 \qquad C_2=S_2+S_3+S_4 \qquad C_3=S_3$$

画出控制器的电路原理图,如图 2-25 所示。

(2)一个 D 触发器对应一个状态的方式

当采用一个 D 触发器对应一个状态时,硬件电路与 MDS 图相对应。在图 2-26 中给出了对应于 MDS 图的两种状态转换方式的硬件实现。在图 2-26(a)中,状态 S_i 无条件转移到状

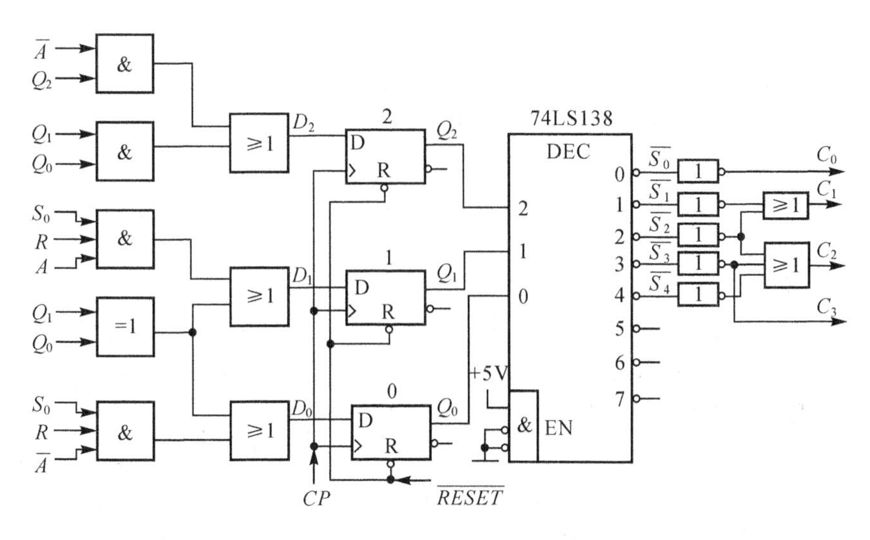

图 2-25　采用状态编码方式时图 2-23 所示的 MDS 图的控制器电路图

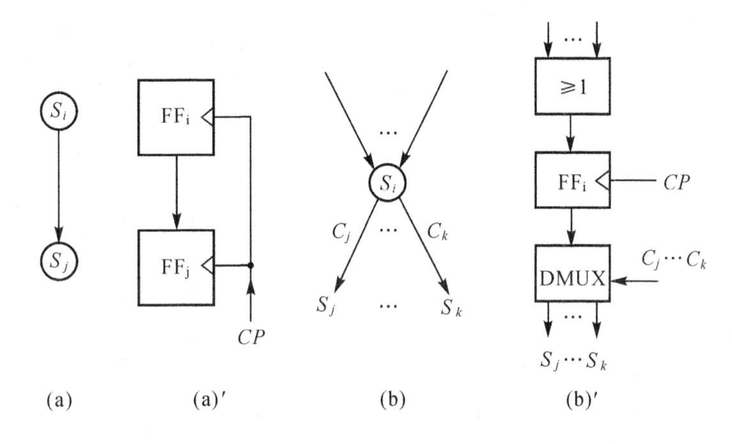

图 2-26　一个 D 触发器对应一个状态的方法

态 S_j，其硬件实现如图 2-26(a)′所示。图 2-26(b)状态的转移取决于不同的条件，可用或门和数据分配器来控制，其硬件实现如图 2-26(b)′所示。

根据上述方法，图 2-23 所示的 MDS 图可用图 2-27 所示的硬件电路来实现。

采用一个 D 触发器对应一个状态的方法时，由于不需要对状态编码，使得硬件电路与算法之间的关系变得直截了当，设计也更方便。而且每个 D 触发器的输出直接对应了控制器的无条件输出。但这里应该注意的问题是：应正确地对控制电路进行初始化。

初始化的含义是利用外部方法使控制器的初始态只有一个状态触发器的输出为 1，其他均为零，然后再转入正常转换。否则如果加电后出现两个触发器输出为 1，电路就会变得混乱。初始化可以利用 D 触发器的复位端和预置端。如选用具有复位和预置功能的双 D 触发器 74LS74，在图 2-27 中可将 $\overline{RESET}$ 信号接到触发器 S_0 的异步预置端和其他触发器的复位端，从而保证了用 $\overline{RESET}$ 信号初始化时，系统必定处于 S_0 状态。

例 2.9　交通灯控制系统控制器设计。

分析交通灯控制系统的MDS图(见图2-20),它共有七个状态,其中最常用的是车辆通行的$S_0 \sim S_3$四个状态,其次是行人请求的S_4和S_5这两个状态,而警察控制的S_P状态是极少发生的,并且S_P并不是一个独立状态,实际上它只不过是由警察指定$S_0 \sim S_5$中的某一个状态持续了警察规定的时间。由于S_P的这个特点,我们分两步来进行设计。第一步先设计系统在$S_0 \sim S_5$中转换,第二步根据异步信号P使状态在$S_0 \sim S_5$中进行强行切换。

第一步,选用可预置的十进制同步加/减计数器74LS192作为状态计数器。首先按照次态编码尽量为现态编码加一的原则进行状态编码,图2-20所示的MDS图的状态编码如表2-4所示。

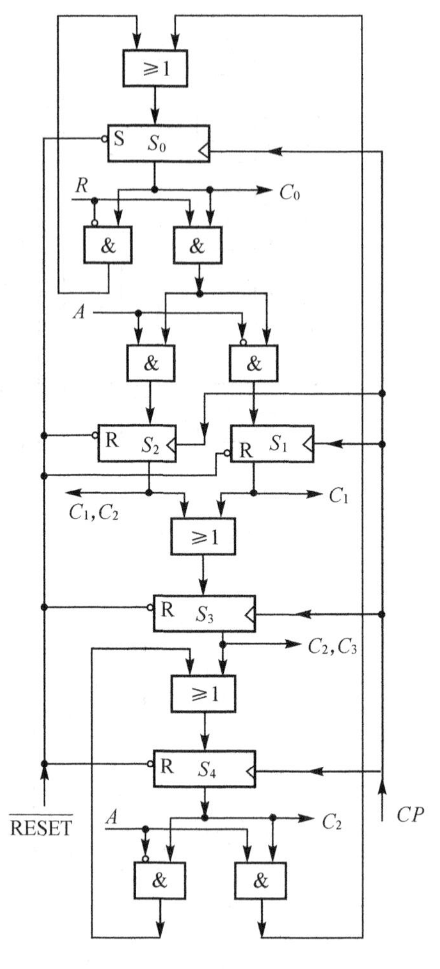

图2-27　采用一个D触发器对应一个状态方式时图2-23所示的MDS图的控制器电原理图

表2-4　交通灯控制器状态编码表

状态	编码		
	Q_2	Q_1	Q_0
S_0	0	0	0
S_1	0	0	1
S_2	0	1	0
S_3	0	1	1
S_4	1	0	0
S_5	1	0	1

74LS192的清零及置数是异步的,与时钟无关。而计数是同步的,它有两个时钟CP_U和CP_D,分别为加计数和减计数时钟,当利用一个时钟进行加或减计数时,另一个时钟必须保持高电平。根据MDS图和编码表可填写74LS192操作表,如表2-5所示。

表2-5　74LS192操作表

Q_2 \\ Q_1Q_0	00	01	11	10
0	T=40 加计数 M_ST_{20}置数	T=40 加计数	T=40 清零	T=40 加计数 M_ET_{20}置数
1	T=60 置数	T=60 置数	φ	φ

注:由图2-13知,当$T<20$s时,$T_{20}=H$;当$T\geqslant 20$s时,$T_{20}=L$,T_{20}高电平有效。

根据操作表可得74LS192的功能控制端$\overline{LD}$,CR及CP_U的函数表达式及置数表(见表2-6)。

表 2-6　74LS192 置数表

现态	D_2	D_1	D_0
S_0	1	0	0
S_2	1	0	1
S_4	0	0	1
S_5	0	1	1

$$CP_U=(T=40)$$
$$CR=S_3\cdot(T=40)$$
$$\overline{LD}=\overline{S_0M_ST_{20}+S_2M_ET_{20}+S_4(T=60)+S_5(T=60)}$$

由表 2-6 可得各数据端表达式：

$$D_2=S_0+S_2$$
$$D_1=S_5$$
$$D_0=S_2+S_4+S_5$$

至此，除了在各状态转换时要求各路口均禁止 2s 外，已可以画出十字路口交通灯控制系统控制器在常规工作时的电路图了(见图 2-29)。至于各个状态应有的输出信号将放在最后一起分析。

第二步考虑警察控制的情况。警察控制信号为 P，其所要求的状态是 $S_0\sim S_5$ 中的任意一个。可以把此交通灯控制系统分为正常控制和警察控制两个模式。用六个开关表示警察设置的六个状态，选用一个 8 线/3 线优先编码器 74LS148 将对应的开关状态转换为相应的状态编码。选用一个四 2 选 1 数据选择器 74LS157，用来从正常控制和警察控制两者中选择一个，选择信号为 P(见图 2-29)。

由于规定在警察控制时各路口的时间指示关闭，因此可用信号 P 来关闭 40 秒定时器和 60 秒定时器的时钟以及译码器 CD4511 的消隐端$\overline{BI}$。

设计要求中还规定，当警察控制请求信号 P 撤销后，自动回到初始状态 S_0，为此，可用信号 P 使状态计数器 74LS192 清零和使 40 秒定时器置数。

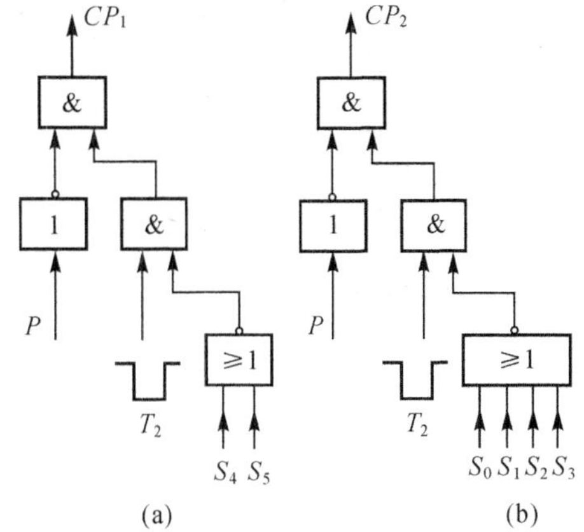

图 2-28　40 秒减法计数器及 60 秒减法计数器秒脉冲控制电路

最后来实现状态转换时要求各路口均禁止 2s，各路口指示灯全为红灯的要求：选用一个 4D 触发器 74LS175 作为状态寄存器，74LS161 作为 2 秒钟计时器。在状态转换时，延时2s再将次态存入 74LS175。同时将现态、次态一齐送入比较器 74LS85，在比较器 $P=Q$ 输出端产生一个 2 秒负脉冲 T_2 去控制各路口灯(见图 2-29)。

下面分析数据子系统所需的控制信号。

40 秒定时器所需的控制信号：40 秒定时器的秒脉冲在行人通行时及警察控制时关闭，且在状态转换的 2s 内也关闭，其控制电路可用图 2-28(a)实现，

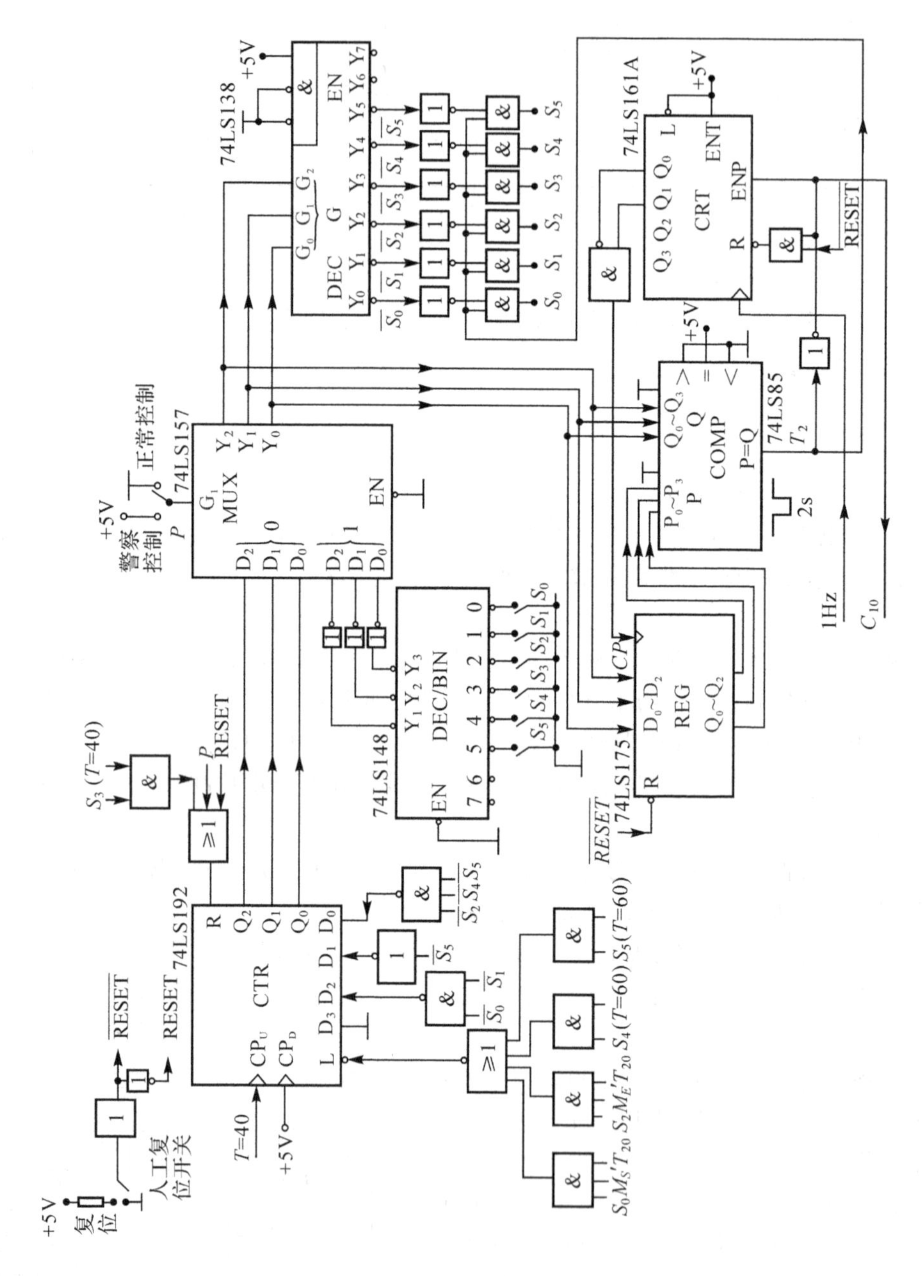

图2-29 交通灯控制系统控制子系统主要部分电路原理

电路所产生的 CP_1 即为关闭秒脉冲的控制信号。40 秒定时器在警察控制及 2 秒钟红灯时不显示，所以译码器 CD4511 的消隐端 $\overline{BI_1}=\overline{P+T_2}$。40 秒定时器的置数端

$$\overline{LD_1}=\overline{(T=40)+(T=60)+P}$$

车辆行驶时间显示器的显示选择信号 $G=\overline{CP_1}$。

60 秒定时器所需的控制信号：60 秒定时器的秒脉冲在非行人通行及警察控制时均关闭，在状态转换的 2 秒钟内也关闭，其控制电路如图 2-28(b)所示。电路产生的 CP_2 即为关闭秒脉冲的控制信号，60 秒显示的消隐信号为 $\overline{BI_2}=\overline{P+\overline{T_2}+CP_1}$。

60 秒定时器的置数端

$$\overline{LD_2}=\overline{(S_0M_S'T_{20}+S_2M_E'T_{20})\overline{P}}$$

数据子系统中的各个灯的控制信号与控制器的状态有关，其对应关系是：

南北直行灯控制信号 $C_1=S_0+S_4$

南北左拐灯控制信号 $C_2=S_1$

东西直行灯控制信号 $C_3=S_2+S_5$

东西左拐灯控制信号 $C_4=S_3$

各路右拐灯控制信号 $C_5=S_0+S_1+S_2+S_3$

南北向行人通行灯控制信号 $C_6=S_4$

东西向行人通行灯控制信号 $C_7=S_5$

南北向行人等待灯控制信号 $C_8=S_0M_S'\overline{T_{20}}+(S_1+S_2+S_3+S_5)M_S'$

东西向行人等待灯控制信号 $C_9=S_2M_E'\overline{T_{20}}+(S_0+S_1+S_3+S_4)M_E'$

各路口均禁止的红灯控制信号 $C_{10}=\overline{T_2}$

需要注意的是，行人请求开关 M_S 和 M_E 只是产生短暂的脉冲，当请求没有被响应时，等待灯信号 C_8(或 C_9)应一直持续到请求被响应。因此需要设计一个行人请求自锁电路，将脉冲 $M_S(M_E)$ 转变为高电平 $M_S'(M_E')$，如图 2-30 所示。只要有 $M_S(M_E)$ 请求，而且没有被响应，自锁电路一直使 $M_S'(M_E')$ 为高电平。等待这次请求被响应的结束信号 $S_4\cdot(T=60)$(或 $S_5\cdot(T=60)$)来到后，才使 D 触发器清零，然后又接受新的行人请求。

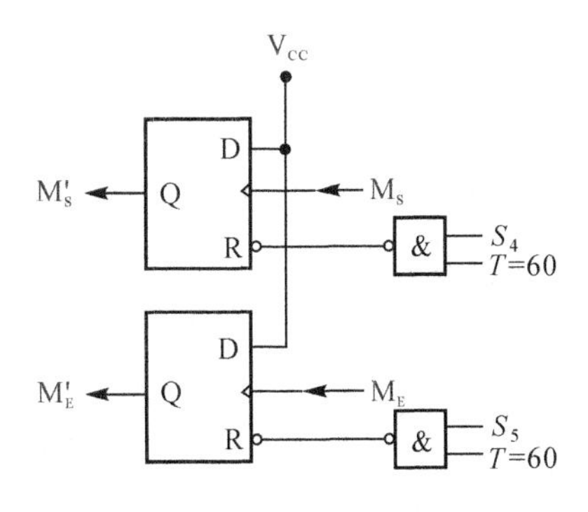

图 2-30　行人请求自锁电路

至此，十字路口交通灯控制系统的设计全部完成，可画出控制子系统主要部分电路原理图，如图 2-29 所示。当然这个系统并不一定完善，也可能有些不完全切合实际要求的地方，但从这个例子可以看到从明确设计要求、确定系统方案、画出详细流程图、设计数据子系统到用 MDS 图设计控制子系统的完整过程，为今后的设计打下一个基础。从这个例子还应认识到，对于一个比较复杂的系统，可以先抓住主要部分，然后再逐步完善。例如在开始时把警察控制放一下，先设计最常规的情况，而且也暂时不考虑各状态转换时要求的 2 秒钟禁止。如果一上来就全面考虑，势必增加许多状态，使问题复杂化。

例 2.10　设计二进制除法器的控制电路。

根据二进制除法器的 MDS 图(见图 2-21),可知其控制器共有 10 个状态。故选用 4 位二进制计数器 74LS161,作为状态寄存器。

首先按次态编码尽可能为现态编码加 1(计数状态)的原则进行状态编码,编码值示于 MDS 图的各状态右上角。由状态编码及 MDS 图中的状态转换条件和规则,列出 74LS161 的操作表,如图 2-31 所示。

Q_3Q_2 \ Q_1Q_0	00	01	11	10
00	*S=1 计数 S=0 保持	计数	计数	计数
01	计数	D_0=1 计数 D_0=0 置数	CNT=2N 计数 $\overline{CNT=2N}$ 置数	置数
11	φ	φ	φ	φ
10	计数	计数	φ	清零

*S=START

图 2-31 74LS161 操作表

Q_3Q_2 \ Q_1Q_0	00	01	11	10
00	1	1	1	1
01	1	D_0	CNT=2N	0
11	φ	φ	φ	φ
10	1	1	φ	φ

$\overline{\text{LOAD}}$

Q_3Q_2 \ Q_1Q_0	00	01	11	10
00	S	1	1	1
01	1	1	1	1
11	φ	φ	φ	φ
10	1	1	φ	φ

ENP

图 2-32 $\overline{\text{LOAD}}$,ENP 卡诺图

按照 74LS161 的操作表,填写计数器功能控制端 ENP,$\overline{\text{LOAD}}$的卡诺图如图 2-32 所示。列出计数器 74LS161 的置数表如表 2-7 所示,从此置数表可以得到计数器置数端 $D_3' \sim D_0'$的函数表达式如下:

$$D_3' = S_6(CNT=2N)$$

$$D_2' = S_5\overline{D_0}$$

$$D_1' = D_0' = (S_7+S_6)(\overline{CNT=2N}) + S_5\,\overline{D_0}$$

选用两个数据选择器 74LS150 来分别实现在不同状态时对 ENP 和$\overline{\text{LOAD}}$的要求。数据选择器的控制端是计数器的输出 $Q_3 \sim Q_0$。

表 2-7 74LS161 置数表

现态	条件	置数			
		D_3'	D_2'	D_1'	D_0'
S_5	$D_0=0$	0	1	1	1
S_6	$\overline{CNT=2N}$	0	0	1	1
S_6	$CNT=2N$	1	0	0	0
S_7	$\overline{CNT=2N}$	0	0	1	1

用门电路实现 74LS161 置数端 $D_3'\sim D_0'$ 的函数表达式。用译码器 74LS154 将 74LS161 的输出译码为相应的 10 个状态，每个状态对应的输出函数可根据二进制除法器控制器输出信号一览表（表 2-2）构成相应的组合电路（略）。本例题系统时钟电路略。

最后可画出二进制除法器的控制器电原理图，如图 2-33 所示。

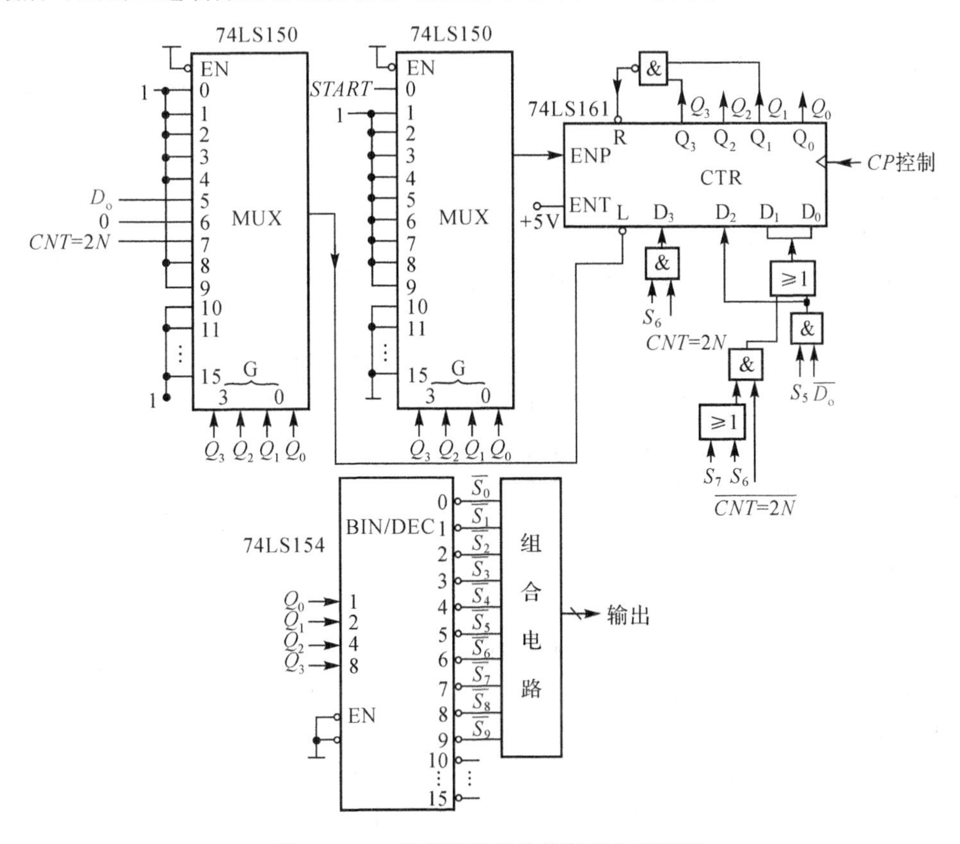

图 2-33　二进制除法器的控制器电原理图

为了让数据子系统的操作在各控制信号稳定后再进行，将数据子系统中的各移位寄存器的时钟 CP 均取系统时钟的下降边为有效边，比控制器的时钟有效边滞后半拍。

本例由于没有提出运算速度要求，因此整个系统均采用一般的 74LS 系列，也没有专门设计系统时钟电路，否则应在器件选择、系统时钟电路设计以及时序问题几方面给予足够重视。

2.5.3　控制子系统的微程序设计

前面已经介绍了在得到数字系统的 MDS 图后，用触发器、计数器、移位寄存器等电路加上组合电路来实现控制器的方法。但如果系统很复杂，系统的 MDS 图中的状态数目很多，输入、输出变量很多，对于这种情况，常采用本节介绍的微程序控制器。

2.5.3.1　微程序控制器典型结构

什么是控制器的微程序实现呢？简单地说，就是把控制子系统中每一个状态要输出的控制信号以及该状态的转移去向按一定的格式编写成条文，称其为微指令，将它们保存在存储器，例如在 ROM、EPROM 中，称此存储器为控制存储器 CS(Control Store)。运行时，按预定的要求逐条取出这些微指令，从而实现控制过程。由于 ROM 的容量可以做得很大，因此系统可以做得很复杂。与用硬件方法实现控制器相比，微程序法设计起来比较规范，可以模块化，便于二次集成，而且适用于任何算法，也便于修改，因此非常灵活。但它最大的缺点是速度较慢，因为它从一个状态到另一个状态的转换需要经过取指、译码等一系列过程，而且这其中还受到 ROM 速度的约束。

微程序控制器主要由控制存储器 CS、微地址产生器和微控制器三大部分组成，如图 2-34 所示。在运行时，按照微地址产生器产生的当前地址取出存储在微程序存储器 CS 中的微指令，并将它存入一个专门寄存当前微指令的寄存器 MIR(Micro Instruction Register)中，MIR 将一部分指令送入译码器译出控制信号，输出到数据子系统；另一部分作为转移地址信息送入微地址产生器，还有一部分作为微控制信号送入微控制器。

微地址产生器产生下一条应执行的微指令在控制存储器 CS 中的地址，并将它送入微地址寄存器 CSAR(CS Address Register)中，此地址可以是顺序的，也可以转移到某一个特定的值，这些都由当前的条件以及按照预先编制的算法计算出来的。

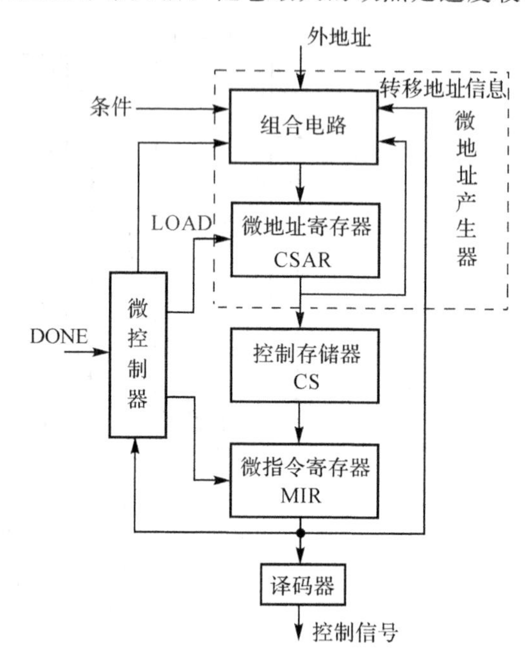

图 2-34　微程序控制器典型结构

微控制器是微程序控制器的控制器，比如它产生局部时钟，控制各寄存器的操作，接收数据子系统送来的 DONE 或 START 信号，决定微程序控制器的开启或终止等。

一般说来，控制存储器 CS 中每一个字对应了 MDS 图中的一个状态，它存放的是一条微指令，这些微指令的内容分为两个部分：一部分存放的是控制器在该状态输出的控制信号，称其为微命令段；另一部分存放的是激励函数，其作用是决定下一条微指令的地址，也就是说它决定了微程序的流向，因此把这一段微指令称为后续微地址段，它取决于 MDS 图中状态的转移。后续微地址段还可以细分，有关内容后面再介绍。在一些复杂的微程序控制器中，微指令中还可以有存放第三部分诸如操作时间、工作方式等信息。控制器的微程序设计过程和设计技巧就是如何编制这些微命令段的格式，如何实现后续微地址的各种变化方式以及整个微程序的结构控制。

2.5.3.2　微命令段(控制场)的编制格式

微程序中对应控制器的输出控制信号的字段称为微命令段，它的编制方式一般有以下几种。

(1)水平格式

水平格式即是控制存储器 CS 字中的一位对应一个控制信号，有输出时填写 1，否则为 0。因此控制子系统有多少控制信号输出，ROM 就需要有多少位来表示它，如图 2-35(a)所示。以水平格式编制的微命令所提供控制信号的速度很快，因为它不需要译码等中间环节，而且它可以使所有的控制信号同时有效,这些都是它的优点。但是水平格式的控制场需要的 ROM 位数很多,这是它的缺点。在许多系统中,并不是每一个状态都需要输出所有的控制信号,而往往是一个状态只有少数几个控制信号有效并需要输出的,而绝大多数是无效的。因此用水平格式编制控制场就造成了控制信号存储区的浪费。

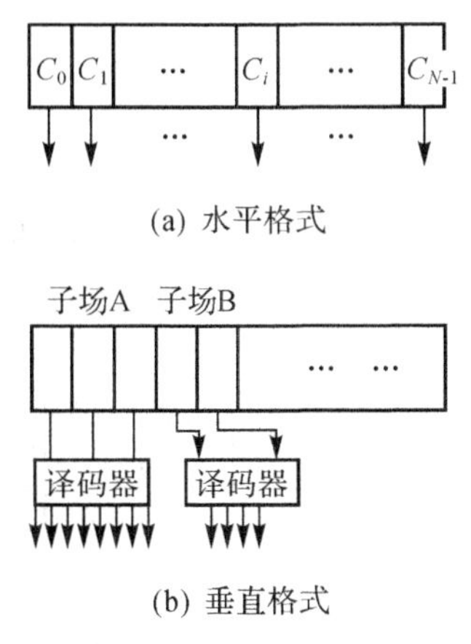

图 2-35　微命令段的编制格式

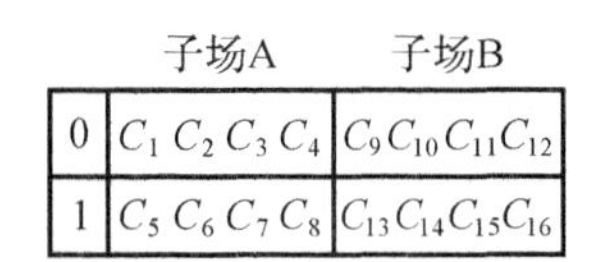

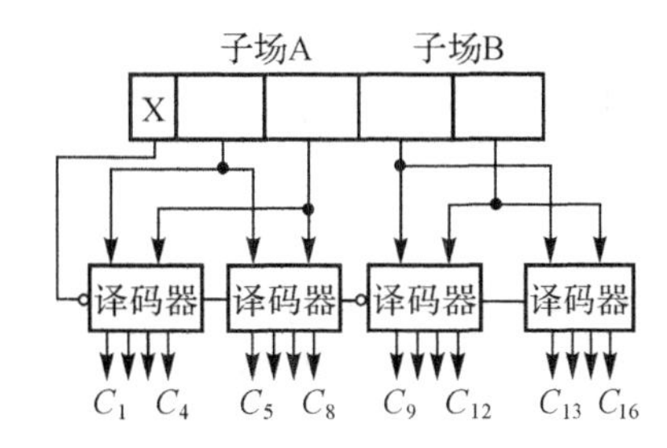

图 2-36　带有模式控制位的编制格式

(2)垂直格式

垂直格式又称为把控制信号打成包或编码。把微指令中的控制场分成若干个子场,把不在同时有效的几个控制信号用编码的方式编在同一个子场内,对应每一个状态,只在该控制子场中填入该状态有效的控制信号的编码,然后通过译码器译码并输出。与水平格式相比,垂直格式可以大大缩减 ROM 的容量,如图 2-35(b)所示。为了进一步缩减 ROM 的容量,在垂直格式中还可以增加一个模式控制位,用此模式位作为译码器的使能信号,如图 2-36 所示。

(3)二级存储

在设计控制器时,常常会碰到这样的情况,即每次都要输出许多控制信号,而且这些信号又经常是重复输出,变化的式样不是很多,这时我们就可以采用二级存储法来编制微命令段,其结构形式如图 2-37 所示。

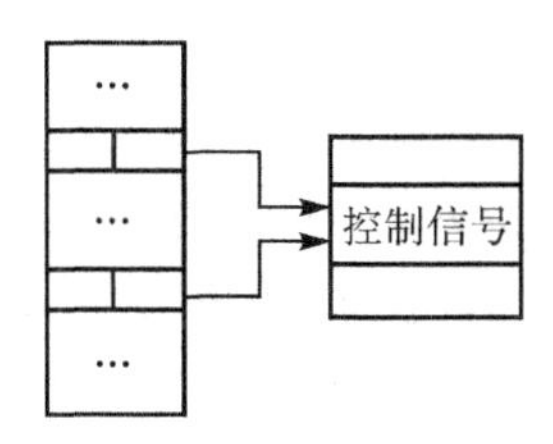

图 2-37　二级存储

二级存储法采用两个存储器,在第二级存储器中,存放了每次需要输出的控制信号。由于每次需要输出的控制信号较多,但变化的式样不多,因此该存储器是一个字少位多的存储器。第一级存储器存放的是微程序,它的字数对应了微程序的指令数,而它的内容是该条指令需要输出的控制信号在第二级存储器中的地址。由于第二级存储器的字数很少,它的地址数就很小,因此第一级存储器是一个字多位少的存储器。

用这样的方式存储控制信号,可以大大缩减 ROM 的容量。

以上介绍了三种微命令段的编制格式,其中心就是如何减少对 ROM 容量的需求,同时保证足够的操作速度和可行的时序。随着半导体存储器生产水平的发展,大容量 ROM 的获得已不成问题,因此人们考虑的出发点似乎应该更加侧重于操作速度、时序以及简化设计和结构。

2.5.3.3 微程序流的控制

我们设计的数字系统是一个按序系统,微程序控制器有序地执行每一条指令,完成相应的操作。在分析了微指令中的微命令段的编写格式后,下一步要讨论的是微程序的流向,也就是微地址产生器如何根据当前的微指令及一些相应的条件来确定下一条微指令的地址。后续微地址产生的方法有许多种,下面简单加以介绍。

(1)微地址产生器的通用结构

微程序流的执行方法可以有许多种,如顺序的、条件转移或无条件转移、循环或子程序调用等,因此控制方法也是多样的,这些方法集中到一点,即是如何设计图 2-34 所示的微程序控制器中的微地址产生器。

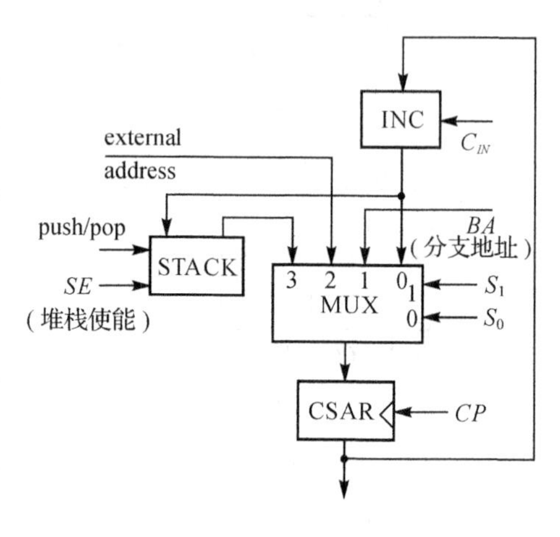

图 2-38 微地址产生器通用结构

微地址产生器的通用结构图如图 2-38 所示。它由存储当前地址的微地址寄存器 CSAR、地址加 1 产生器 INC、数据选择器 MUX、地址堆栈寄存器 STACK 等组成。每一模块的控制信号如图 2-38 所示。假设将被执行的下一条微指令的地址取决于条件 L(由外部或数据子系统来的条件),根据是否满足条件 L 选择不同的后续地址。下面先介绍几种简单的微地址流设计方法,然后通过后面的设计例题说明通用方法。

(2)直接寻址法

直接寻址法将 MDS 图中的状态变量和所有的输入变量作为 ROM 的地址变量,直接寻找相应微指令存放的地址。下面举一个直接寻址的例子。

例 2.11 用直接寻址法实现如图 2-39所示的 MDS 图的某数字系统的微程序控制器。

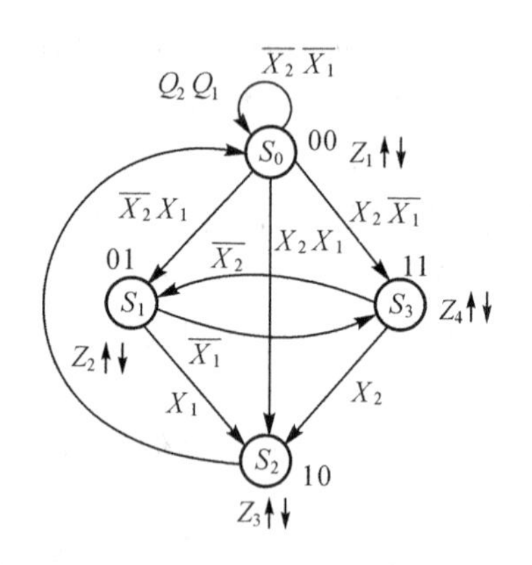

图 2-39 例 2.11 的 MDS 图

①确定状态变量,进行状态编码

该 MDS 图共有四个状态,用两个状态变量 Q_2,Q_1 表示,状态编码如图所示,采用两个 D 触发器作为状态地址寄存器。微程序控制器的基本结构如图 2-40 所示,ROM 作为控制存储器 CS。

②确定 ROM 的容量

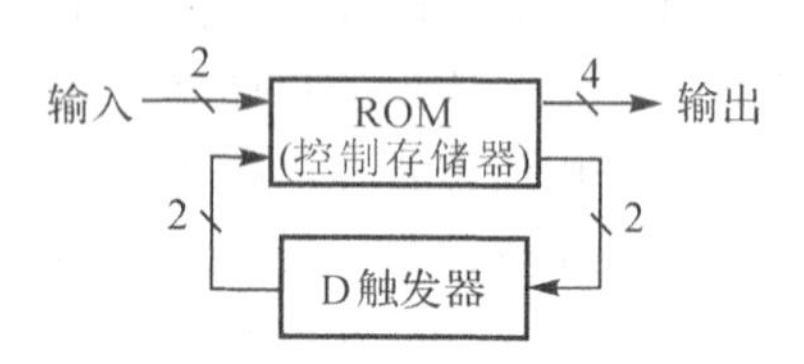

图 2-40 微程序控制器基本结构

本例中,有两个状态变量 Q_2,Q_1,两个输入变量 X_2,X_1,用这四个变量作为 ROM 的地址变量,4 个变量共有 2^4 种组合,因此需要 $2^4=16$ 个字的 ROM。ROM 的每个字需要有 6 位,其中 4 位表示输出的控制信号 Z_1,Z_2,Z_3,Z_4,而另两位作为地址寄存器(D 触发器)的激励信号(后续地址)输出。

③填写 ROM 内容

如表 2-8 所示，4 列表示地址，6 列表示 ROM 存储内容，分别填上地址变量和内容变量名。地址按每次加 1 的方式排列好，然后根据 MDS 图填写表格内容。

表 2-8　例 2.11 的微指令表

次序	地址				内容					
	Q_2	Q_1	X_2	X_1	Z_1	Z_2	Z_3	Z_4	D_2	D_1
0	0	0	0	0	1	0	0	0	0	0
1	0	0	0	1	1	0	0	0	0	1
2	0	0	1	0	1	0	0	0	1	1
3	0	0	1	1	1	0	0	0	1	0
4	0	1	0	0	0	1	0	0	1	1
5	0	1	0	1	0	1	0	0	1	0
6	0	1	1	0	0	1	0	0	1	1
7	0	1	1	1	0	1	0	0	1	0
8	1	0	0	0	0	0	1	0	0	0
9	1	0	0	1	0	0	1	0	0	0
10	1	0	1	0	0	0	1	0	0	0
11	1	0	1	1	0	0	1	0	0	0
12	1	1	0	0	0	0	0	1	0	1
13	1	1	0	1	0	0	0	1	0	1
14	1	1	1	0	0	0	0	1	1	0
15	1	1	1	1	0	0	0	1	1	0

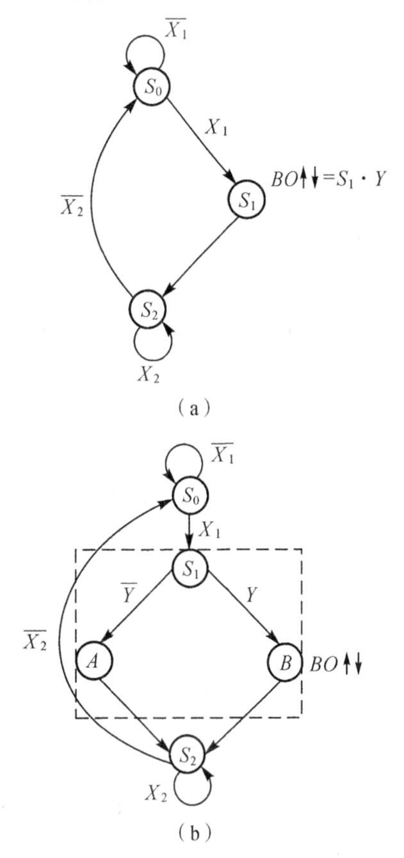

图 2-41　转化为无条件输出

在这个例子中，每个状态都没有条件输出，因而是莫尔型数字系统。如果某一状态有条件输出，那么在微程序中如何处理呢？方法有两种：一是可以把 MDS 图转化为无条件输出的莫尔型。如图 2-41(a)所示的 MDS 图中，状态 S_1 有一条件输出 $BO = S_1 \cdot Y$。为将此条件输出转化为无条件输出，在状态 S_1 后增加两个状态 A 和 B，而以条件 Y 作为转化为 A 或 B 的测试变量，变化后的 MDS 图如图 2-41(b)所示。状态 A 和 B 均无条件转移到 S_2，输出 BO 只在状态 B 时有效，而在状态 A 时无效。转化后的 MDS 图与原图比较，整个系统的节拍多了一个时钟周期。第二种方法是先把此输出当作无条件输出处理，设计好微程序控制器后，再将对应的 ROM 位和要求的条件相与，构成真正的输出。

直接寻址法有两个优点：一是非常直观，后续地址可以直接用触发器的激励信号 D_2 和 D_1 表示。二是由于将输入信号直接作为地址，一个状态无论有多少个条件分支转移，均可以直接实现，用不着采取任何其他措施。如状态 S_0 有两个输入 X_2，X_1，共有 4 个条件分支，在 ROM 中刚好用 4 个字表示。如果一个系统有 N 个输入，有 K 个状态，状态编码为 P 位，$P = \log_2 K$，有 M 位输出，那么直接寻址法所需的 ROM 容量为 $2^{(N+P)} \times (M+P)$，即有 2^{N+P} 个字，每个字有$(M+P)$位。但是直接寻址法的优点也正造成了它的缺点。在很多情况下，一个状态的转移往往只取决于一个条件，甚至是无条件转移。一个有 N 个输入信号的系统，这 N 个输入信号的组合，可有 2^N 个不同的字，而对于某一个无条件转移的状态来说，ROM 中的这 2^N 字是完全相同的。如例中的 S_2 状态对应的第 8,9,10,11 这 4 个字是完全一样的。当 N 较大时，2^N就是一个很大的数，这就造成了 ROM 容量的极大的浪费。

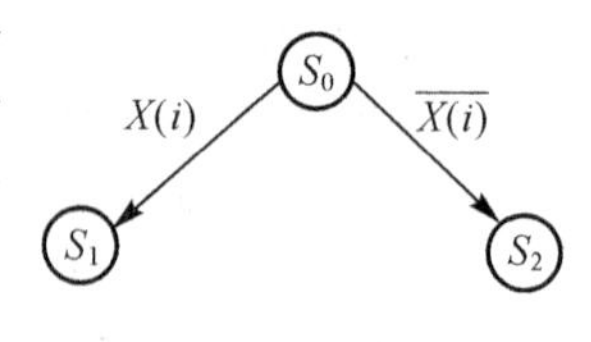

图 2-42 二分支图

在许多数字系统中，尽管有很多输入变量，但是系统某一状态的转移往往只和一个输入变量有关。如图 2-42 所示，当 $X(i)=1$ 时，$S_0 \to S_1$，当 $X(i) = 0$ 时，$S_0 \to S_2$，即是一个二分支的 MDS 图，这时可以用下面介绍的另一种微程序实现法。

(3)单测试双地址法

这里的单测试指的是决定状态转移的变量只有一个。单测试双地址法与直接寻址法的不同在于，它仅把状态变量作为地址变量，而把决定状态转移的测试变量——输入信号作为指令的内容写入 ROM，我们把指令的这部分叫做测试变量段。同时又把后续地址段分为两部分，一部分写入当测试变量为 1 时，现状态的转移去向，另一部分写入当测试变量为 0 时，现状态的转移去向，因此后续地址段的总位数是状态变量数的两倍。单测试双地址的微指令格式如表 2-9 所示，一条微指令分为微命令段、测试变量段和后续地址段三大部分。

表 2-9 单测试双地址微指令表格式

微命令段	测试变量段	后续微地址段	
控制信号	$X(i)$	$X(i)=1$ 的后续地址	$X(i)=0$ 的后续地址

如果系统的某一状态不符合单测试的条件，而是由几个变量共同决定它的转移方向，我们总可以用增加状态的方法将它转化为单测试的 MDS 图。在单测试双地址法中，由于每个状态只对应一个字，此时已不存在多余的相同的字，因此可以大大缩减 ROM 的容量。对于 N 个测试变量的系统，微指令的测试变量段是否需要给每个变量留出一位来表示这 N 个测试变量呢？回答是不需要的。因为每个状态只与一个测试变量有关，而一条指令对应一个状态，那么在该指令上只需写上与它有关的测试变量即可。因此可以把这 N 个测试变量用 L 位的编码来表示，$L = \log_2 N$，以进一步缩减 ROM 的容量。实现单测试双地址法需要有相应的硬件保证。首先要将 L 位的测试变量编码与测试变量对应起来，可选用 N 选一的数据选择器，将 L 位的编码作为选择器的控制端，以选择相应的测试变量。其次要决定现状态究竟转向两个后续地址的哪一个，因此又要用多个(取决于后续地址的位数)二选一数据选择器，根据测试变量$X(i)$是 0 还是 1，选出两个后续地址中的一个。

例 2.12 设计 MDS 图如图 2-43 所示的微程序控制器。

①状态编码

编码如图示，用两个 D 触发器实现。

②确定 ROM 的容量

此 MDS 图只有 4 个状态，因此 ROM 只需 4 个字。系统共有 2 个测试变量 X_2，X_1 决定状态的转移，因此指令中的测试变量段只要 1 位，用 L 表示。当 $L = 1$ 时表示 X_2，当 $L = 0$

时表示 X_1，而无条件转移可用 φ 表示，L 是 0 是 1 均可。系统有 4 个输出控制变量、2 个状态变量，因此 ROM 需要 $1+4+2\times2=9$ 位。所需 ROM 的总容量为 4×9。

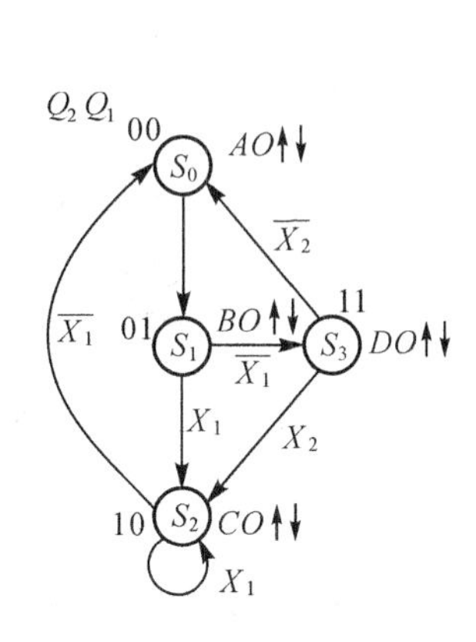

图 2-43　例 2.12 的 MDS 图

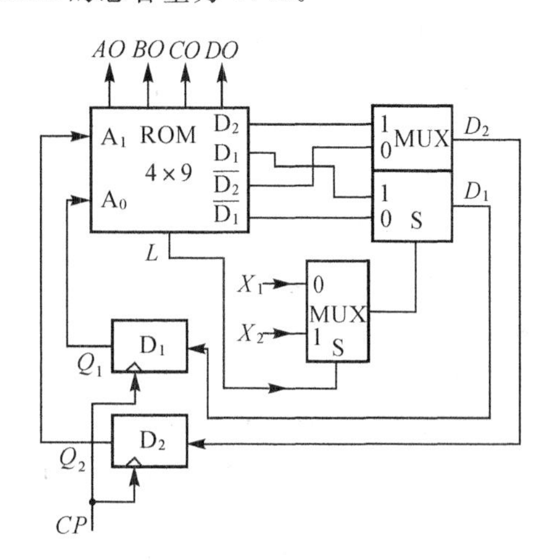

图 2-44　例 2.12 的电路图

③填写 ROM 的内容

ROM 内容如表 2-10 所示。

表 2-10　例 2.12 的单测试双地址微指令表

次序	地址		输出				测试变量	后续地址			
	Q_2	Q_1	AO	BO	CO	DO	L	D_2	D_1	$\overline{D_2}$	$\overline{D}_1$
0	0	0	1	0	0	0	φ	0	1	0	1
1	0	1	0	1	0	0	0	1	0	1	1
2	1	0	0	0	1	0	0	1	0	0	0
3	1	1	0	0	0	1	1	1	0	0	0

④硬件电路

硬件电路如图 2-44 所示。

(4)单测试单地址法

在单测试双地址的微程序中，将二分支的现状态的两个去向均填入表中，这显得有点多余。如果以这样的方式进行状态编码，即现状态的两个分支，一个设置成现状态编码加 1，另一个任意，那么在微指令的后续地址中，只需标注上那个任意转移的后续地址即可，现状态加 1 的去向就不必标注了。但是为了说明是当测试变量为 1 时现状态加 1 还是当测试变量为 0 时现状态加 1，在指令中必须增加一个标志位，这样就构成了微程序的单测试单地址实现法。其指令格式如表 2-11 所示。

表 2-11　单测试单地址微指令表格式

输出变量	测试变量	标志位	转移地址

当然，在用单测试单地址法实现微程序时，硬件电路应作相应的保证，这时已不能用 D 触

发器来记忆状态，因为要有能自动加 1 的记忆元件，这就是计数器。当状态转换对应于状态编码加 1 时，计数器计数。当状态转换对应的是转移到某一任意值时，计数器置数。计数器的置数控制端 LOAD 的电平是由测试变量的值与标志位共同决定的。

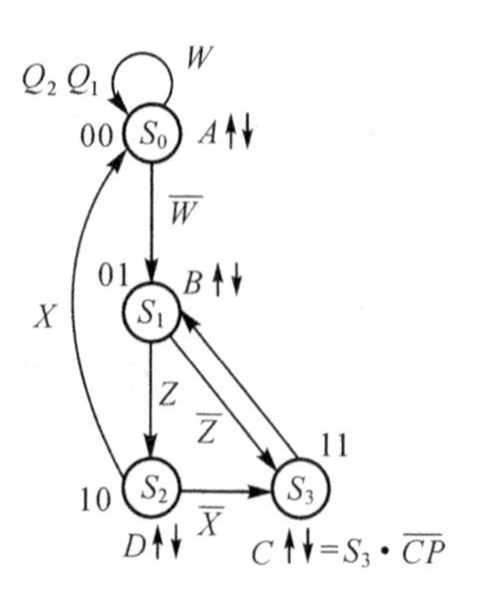

图 2-45　例 2.13 的 MDS 图

例 2.13　用单测试单地址法实现 MDS 图如图 2-45 所示的微程序控制器。

①状态编码

按照现状态的两个转移状态一个为现状态编码加 1，另一个为任意的原则，我们可以把 S_0，S_1，S_2，S_3 这 4 个状态编码如下：S_0—0 0，S_1—0 1，S_2—1 0，S_3—1 1。

②确定 ROM 的容量

共有 4 个状态，所以 ROM 需 4 个字。共有 3 个测试变量 X，Z，W，加上状态 S_3 转移到状态 S_1 为无条件转移，相当于一共有 4 个测试变量。注意此处无条件转移不能像单测试双地址那样把测试变量表示为 φ，因为这里需要相应的硬件电路保证。指令中用 2 位编码 L_2L_1 表示测试变量，$L_2L_1=00$ 为无条件，$L_2L_1=01$ 为 X，$L_2L_1=10$ 为 Z，$L_2L_1=11$ 为 W。标志位 YNBIT 为 1 位，输出共 4 位，转移地址为 2 位，ROM 的容量为 $4\times(4+2+2+1)=4\times9$。

③填写微指令

在填写单测试单地址的微指令时最需要注意的是标志位的填写。而标志位的填写是与硬件电路有关的。如果用标志位 YNBIT＝1 表示测试变量 $X(i)$ 为 1 时计数器计数，测试变量 $X(i)$ 为 0 时计数器置数；而用 YNBIT＝0 表示测试变量 $X(i)$ 为 0 时计数器计数，测试变量 $X(i)$ 为 1 时计数器置数；同时根据一般计数器的 $\overline{\text{LOAD}}$ 均是低电平有效，可以画出相应的卡诺图如图 2-46 所示。因此有 $\overline{\text{LOAD}}=X(i)\cdot\text{YNBIT}+\overline{X(i)}\cdot\overline{\text{YNBIT}}$，对应的电路如图 2-47 所示。ROM 的内容如表 2-12 所示。

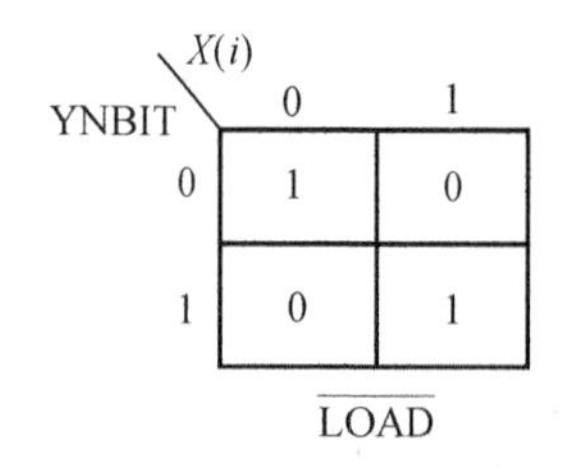

图 2-46　$\overline{\text{LOAD}}$ 卡诺图

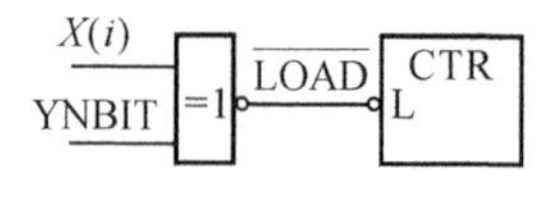

图 2-47　实现电路

表 2-12　例 2.13 的单测试单地址微指令表

次序	地址		输出变量				测试变量		标志位	后续地址	
	Q_2	Q_1	A	B	C	D	L_2	L_1	YNBIT	D_2	D_1
0	0	0	1	0	0	0	1	1	0	0	0
1	0	1	0	1	0	0	1	0	1	1	1
2	1	0	0	0	0	1	0	1	0	0	0
3	1	1	0	0	1	0	0	0	1	0	1

在填表时需要注意的是，状态 $S_3(Q_2\ Q_1=11)$ 无条件 $(L_2\ L_1=0\ 0)$ 转移到状态 $S_1(Q_2\ Q_1=0\ 1)$，在标志位中我们填上了 $YNBIT=1$，因此为了保证在状态 S_3 时计数器置数，对应于 $L_2\ L_1=0\ 0$ 的 $X(i)$ 的电平应为 0（参见硬件电路）。由此可看出，由于无条件测试时也必须有固定的电平，因此单测试单地址不能像单测试双地址那样，无条件转移时测试变量用 φ 表示。

④硬件电路

硬件电路如图 2-48 所示。

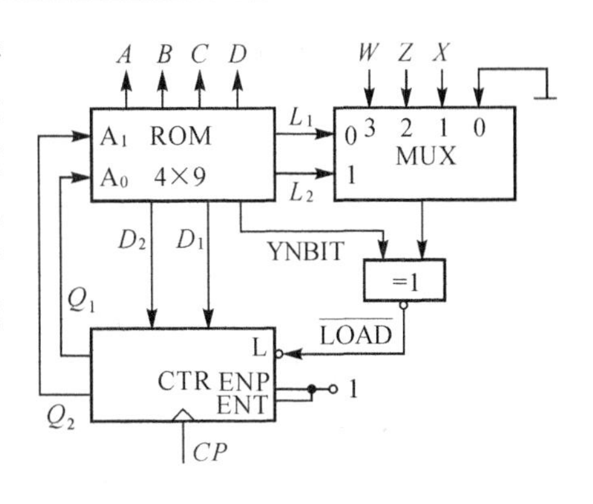

图 2-48　例 2.13 的电路图

还可用另一种方法来实现单测试单地址法。由于每个状态只与一个测试变量有关，则可以采用一个数据选择器，用现态作为其控制信号，选出决定转移的那个测试变量，然后由现态和测试变量共同作为 ROM 的地址变量，这样对于一个状态只需要两个字就可以实现它的两个转移，也可以大大缩减 ROM 的容量，请看例 2.14。

例 2.14　用单测试单地址法实现图 2-49 所示的 MDS 图的微程序控制器。

指令内容和电路图见表 2-13 和图 2-50 所示。

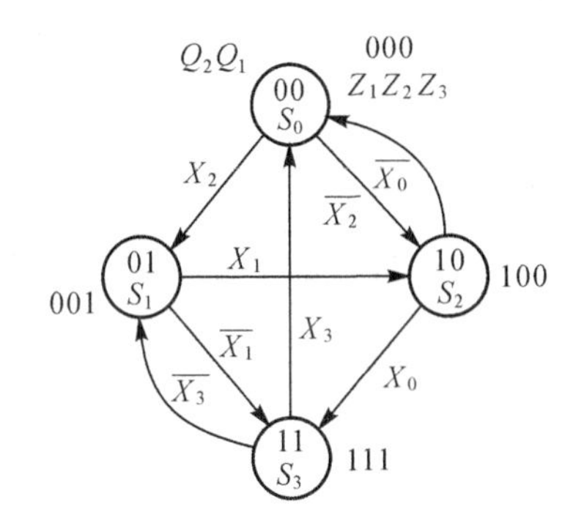

图 2-49　例 2.14 的 MDS 图

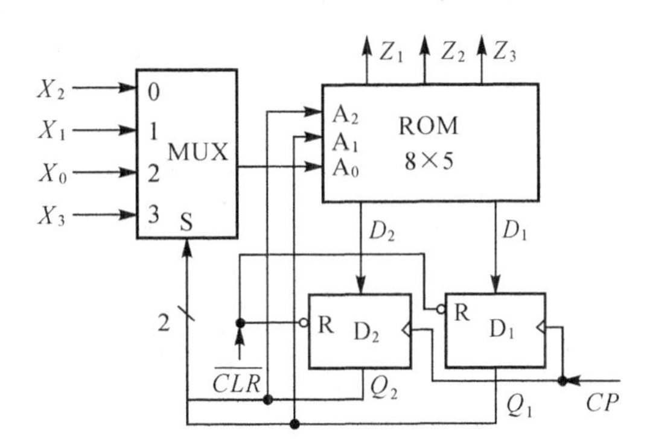

图 2-50　例 2.14 的电路图

表 2-13　例 2.14 的单测试单地址微指令表

次序	ROM 地址			ROM 内容				
	A_2	A_1	A_0	输出变量			后续地址	
	Q_2	Q_1	$X(i)$	Z_1	Z_2	Z_3	D_2	D_1
0	0	0	0	0	0	0	1	0
1	0	0	1	0	0	0	0	1
2	0	1	0	0	0	1	1	1
3	0	1	1	0	0	1	1	0
4	1	0	0	1	0	0	0	0
5	1	0	1	1	0	0	1	1
6	1	1	0	1	1	1	0	1
7	1	1	1	1	1	1	0	0

在有的情况下如果状态多而测试变量少，也可以采用例 2.15 所示的方法。

例 2.15 用单测试单地址法实现图 2-51 所示的 MDS 图的微程序控制器。

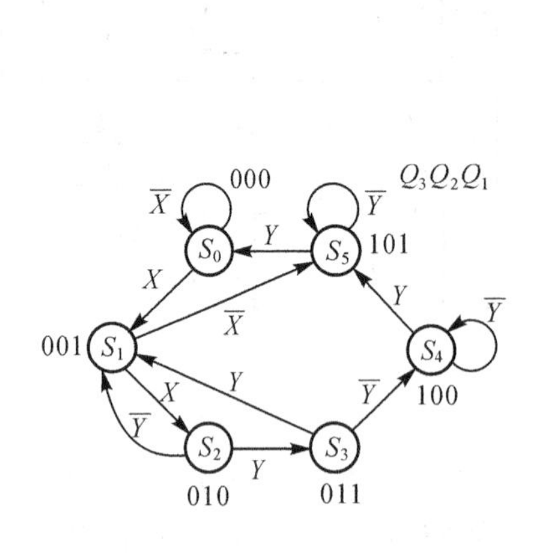

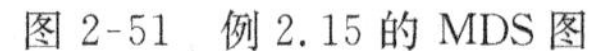
图 2-51 例 2.15 的 MDS 图

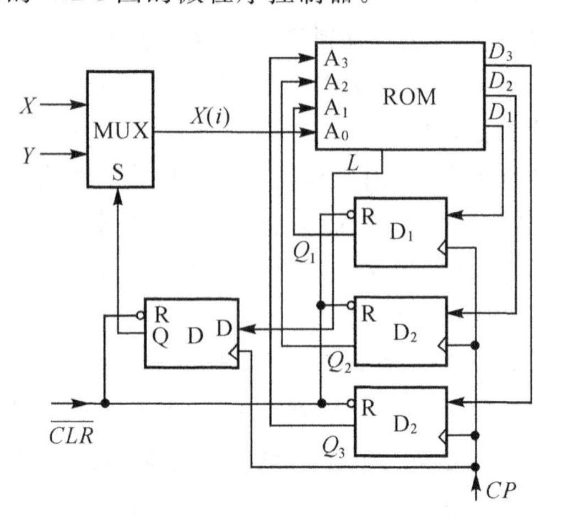

图 2-52 例 2.15 的电路图

此例由于状态多而测试变量少，用例 2.14 的方法时，数据选择器输入端的变量大多一样。此时可以采用在 ROM 中留出一位 L 表示次态测试变量的编码，并用此位作数据选择器的控制端，详见表 2-14 和图 2-52。应该注意，由于电路中增加了一个 D 触发器，以它的输出作为数据选择器的选择变量，因此 L 应该是次态的测试变量。

表 2-14 例 2.15 的微指令表($L=0$ 为 X, $L=1$ 为 Y)

次序	现态	ROM 地址				ROM 内容				
		A_3	A_2	A_1	A_0	次态测试变量编码	转移地址			输出变量
		Q_3	Q_2	Q_1	$X(i)$	L	D_3	D_2	D_1	
0	S_0	0	0	0	0	0	0	0	0	略
1	S_0	0	0	0	1	0	0	0	1	
2	S_1	0	0	1	0	1	1	0	1	
3	S_1	0	0	1	1	1	0	1	0	
4	S_2	0	1	0	0	0	0	0	1	
5	S_2	0	1	0	1	1	0	1	1	
6	S_3	0	1	1	0	1	1	0	0	
7	S_3	0	1	1	1	0	0	0	1	
8	S_4	1	0	0	0	1	1	0	0	
9	S_4	1	0	0	1	1	1	0	1	
10	S_5	1	0	1	0	1	1	0	1	
11	S_5	1	0	1	1	0	0	0	0	

2.5.3.4 定时段

在有的微指令中还有定时段，用以指示执行该条微指令所需的时钟周期。在该条微指令操作完成以前，微地址的值不变。其结构简图如图 2-53 所示。在此图中，当 TF=1 时，表示该操作一个时钟周期可以完成。时钟 CP 可以使微地址寄存器 CSAR 和微指令寄存器 MIR

置入下一条微指令的新地址和新指令。当定时段 TF＝0 时，表示此操作在一个时钟周期内不能完成，只有当数据子系统送入操作完成信号 OPReady 后，CSAR 及 MIR 才可置入新内容。

采用微程序设计的控制子系统实例将在 2.6 节中介绍。

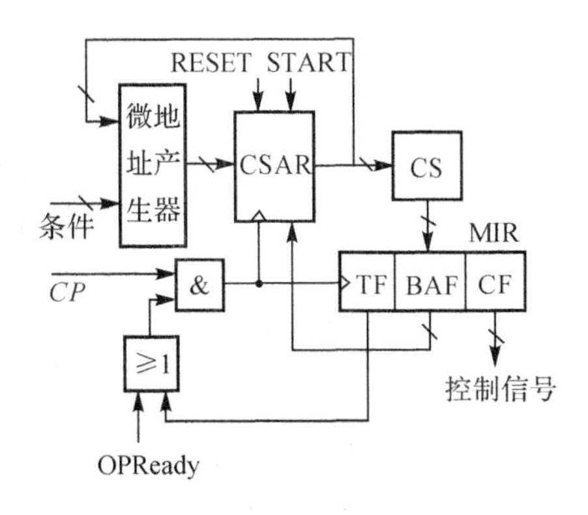

图 2-53　带有定时段的微地址产生器结构图

2.6　数字系统设计举例

2.6.1　出租车计价器的设计

2.6.1.1　明确设计要求

可以通过围绕计价器提出各种问题来消化理解设计要求，并把设计要求罗列成条。为了适当地简化内容，下面的设计要求作了某些简化，没有严格按照实用要求来设定。

（1）里程计费

①顾客上车后即显示起步价 8 元，行车距离小于等于 5 千米时车费为起步价。

②里程价为每千米 1.8 元，当行车距离大于 5 千米后每增加 0.5 千米，车费增加 0.9 元，小于 0.5 千米不计。

（2）计误时费

车辆行驶过程中遇到堵车或需要等人，称为误时状态，误时 10 秒后开始计误时。误时价为每分钟 0.6 元，要求开始计误时后，每误时 10 秒钟车费增加误时价 0.1 元，误时小于 10 秒不计价。总车费为里程费与误时费之和。

（3）面板显示

①时间显示　显示时、分、秒，可手工切换或自动切换分别显示实际北京时间和误时时间，有校正实际时间按钮，误时时间人工不能修改。自动切换是指当有误时时自动切换到显示误时时间，让乘客看到累计的误时时间。

②计费显示　显示里程费与误时费总和，显示器为 4 位，价格上限为 999.9 元。

（4）计价器的工作程序

无乘客时，空车标牌亮，计价器显示为零，误时累计为零，显示北京时间。乘客上车后，司机按下空车标牌，计价器显示起步价，然后运行。当乘客要求下车时，停车，计价器保持并显示车费总额，误时计时器保持总误时时间并可由人工选择显示。乘客下车后，司机翻上空车标牌，所有的数据清零，恢复初态。

根据以上设计要求，可以画出出租车计价器的面板图如图 2-54 所示。

2.6.1.2　确定系统方案

出租车计价器数字系统完成的总功能是计价。为完成计价，又可分为几个子功能：①判断行程是否大于 5 千米；②大于 5 千米后，判断行程是到达 0.5 千米；③判断是否误时，累计误时

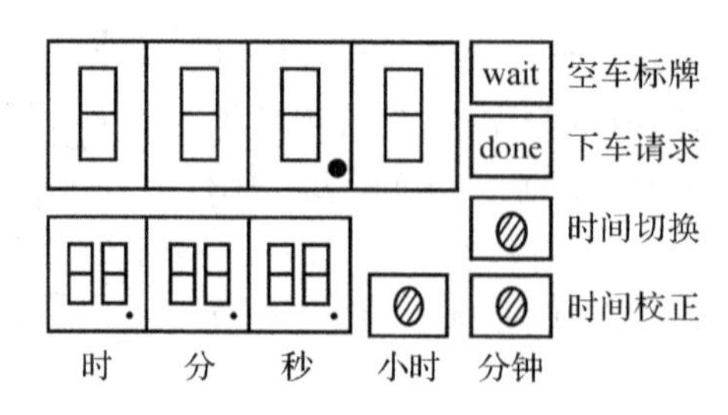

图 2-54　出租车计价器面板图

时间;④累计金额并显示。因此,可以将整个计价器分为以下几个模块:系统时钟模块、里程传感模块、计时与时间显示模块、误时模块、计价与显示模块。下面根据设计要求对各模块提出要求:

①系统时钟模块　产生 1Hz 的系统时钟脉冲。

②里程传感模块　用霍尔器件产生里程脉冲,并要有表示 0.5 千米及 5 千米的信号脉冲。

③计时与时间显示模块　六位数码管分别显示时、分、秒,有校时按钮以及显示北京时间和误时时间的切换功能。

④误时模块　产生误时标志信号以及 10 秒误时脉冲。

⑤计价与显示模块　应具备里程费和误时费的累计功能,并显示两费之和。

根据系统方案可画出系统总体方框图,如图 2-55 所示。

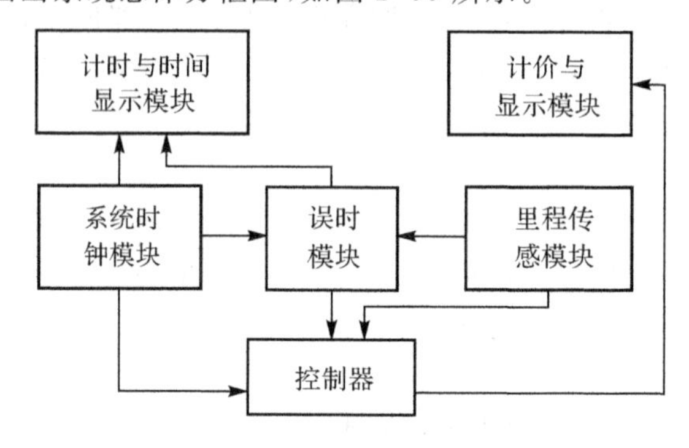

图 2-55　出租车计价器总体方框图

以上五个模块实际上是出租车计价器的数据子系统,各个模块的数据信号在系统中的流动受控制子系统控制。可用流程图来描述系统的操作过程,出租车计价器的流程图如图 2-56(a)所示。

2.6.1.3　设计数据子系统

设计数据子系统就是选择合适的器件以实现上述各模块电路。

(1)系统时钟模块(图 2-57)

器件　CD4060——14 位二进制异步计数器(带振荡器);

74LS74——双上升沿 D 触发器;

石英晶体 32768Hz。

用 CD4060 和石英晶体构成振荡器并分频 2^{14},再经 74LS74 二分频输出秒脉冲,模块输出 1Hz 的秒脉冲信号,记为 1 秒脉冲。

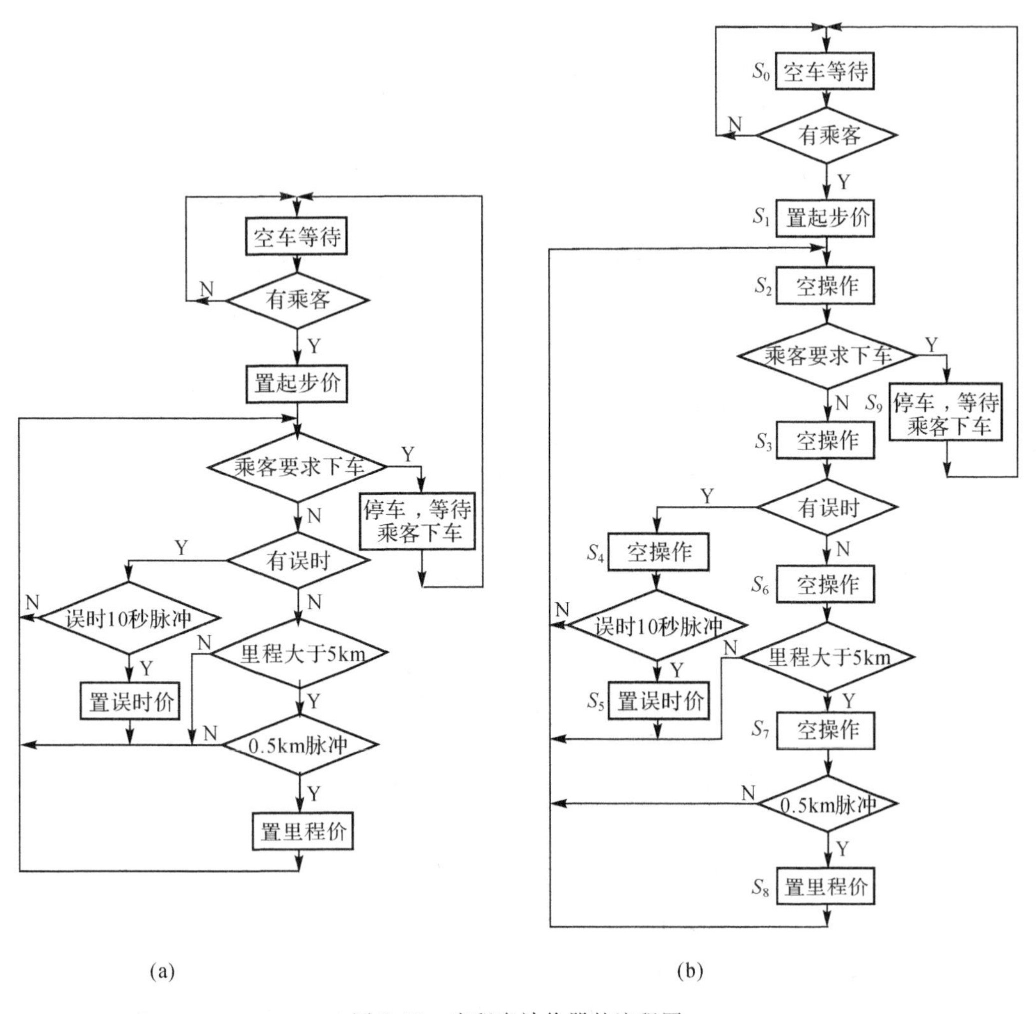

图 2-56　出租车计价器的流程图

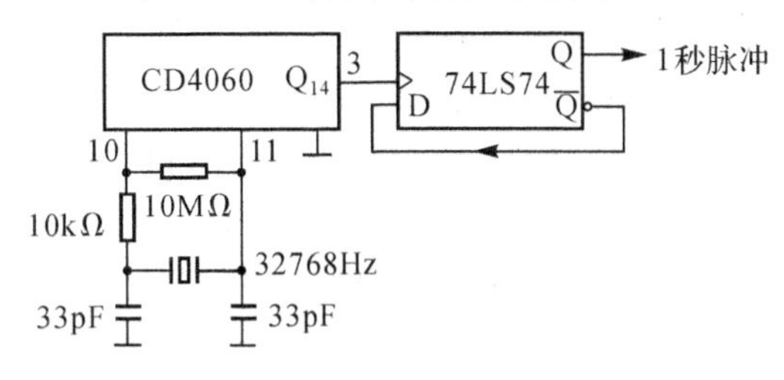

图 2-57　系统时钟模块电路图

(2)里程传感模块(图 2-58)

器件　6848——霍尔传感器;

CD4040——12 位二进制异步计数器;

74LS279——四 RS 锁存器;

74LS123——双可重复触发的单稳态多谐振荡器;

74LS160——十进制同步计数器(异步清零);

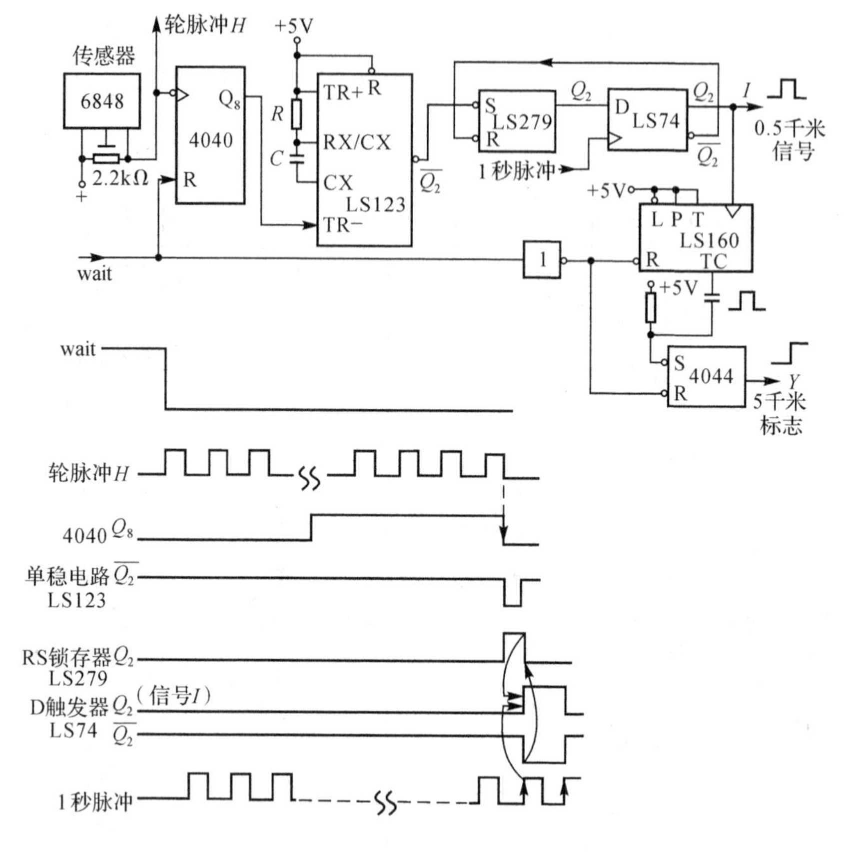

图 2-58 里程传感模块电路图及波形图

74LS74——双上升沿 D 触发器；

CD4044——四或非门 RS 锁存器。

霍尔器件 6848 安装在轮子上，轮子每转一圈产生一个脉冲，此脉冲作为车辆行驶信号，称为轮脉冲，记为 H。设轮子周长约为 2m，信号 H 经 4040 进行 256 分频后得到表示 0.5 千米的信号方波。为将这个信号同步化(异步信号的同步化问题请参见 2.6.4 节)，将它送入单稳态多谐振荡器 74LS123，恰当选择 74LS123 的外接电阻 R 和 C，得到持续时间约为 100ms 的负脉冲信号，此异步信号再经 RS 锁存器 74LS279 和 D 触发器 74LS74 同步，得到与秒脉冲同步的持续时间为 1s 的高电平，记为 0.5 千米信号 I。将0.5千米信号 I 作为 CP 送入模 10 计数器 LS160，将此计数器的进位经微分后加到 RS 触发器(4044)的 S 端，由 RS 触发器得到 5 千米标志 Y(高电平有效)。

模块输入 1 秒脉冲，wait(空车标牌，翻下为低电平)。

模块输出 轮脉冲 H，0.5 千米信号 I，5 千米标志 Y(高电平有效)。

(3)误时模块(图 2-59)

器件 74LS160——十进制同步计数器(异步清零)；

74LS279——四 RS 锁存器；

74LS74——双上升沿 D 触发器。

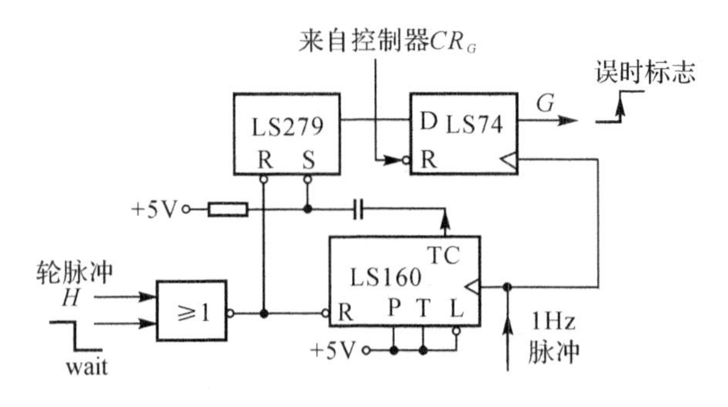

图 2-59　误时模块电路图

用传感器输出的轮脉冲 H 作为十进制计数器 74LS160 的清零脉冲。1Hz 脉冲作为 74LS160 的时钟 CP。如果在 10s 内轮脉冲 H 没有到来，则 74LS160 产生进位，此信号经 74LS279 和 74LS74 变为高电平，即为误时标志信号 G，将 G 加到计时电路使误时计数器计时。如果车子开动，由于 H 不断清零，则计数器 74LS160 无法产生进位信号，G 信号保持低电平。

模块输入　1Hz 脉冲，轮脉冲 H，wait。

模块输出　误时标志 G（高电平有效）。

（4）计时与时间显示模块（图 2-60）

器件　74LS160——十进制同步计数器；

74LS48——七段译码器/驱动器（BCD 输入，有上拉电阻）；

74LS157——四 2 选 1 数据选择器。

在此模块中，北京时间和误时时间分别用两套计数器。北京时间计时器一直不停地工作，且有校时按钮。误时计数器是在误时标志 G 的控制下计数。累计 10s 产生 1 个误时 10 秒脉冲 X。显示内容由 74LS157 选择，其选择控制信号为误时标志 G。当出现误时计费时，自动显示误时时间，否则显示北京时间。同时也设置了人工显示切换按钮，以备乘客查询误时时间。

模块输入　误时标志 G，1 秒脉冲，wait。

模块输出　误时 10 秒脉冲 X。

（5）计价与显示模块（图 2-61）

器件　74LS175——四 D 上升沿触发器（有公共清零端）；

CD4560——BCD 加法器；

74LS48——七段译码器/驱动器。

用 BCD 加法器 4560 和 4D 触发器 74LS175 构成累加器，其中最低位为小数累加器，次低位为个位累加器。根据表 2-15 可以得出各累加器的输入值，如图 2-61 所示。

表 2-15

Z_1Z_0	内容	数值
00	起步价	8 元
01	里程价	0.9 元
10	空	
11	误时价	0.1 元

模块输入　控制信号 Z_1 Z_0，4D 触发器 74LS175 时钟信号 CP_{175}，wait，1 秒脉冲。

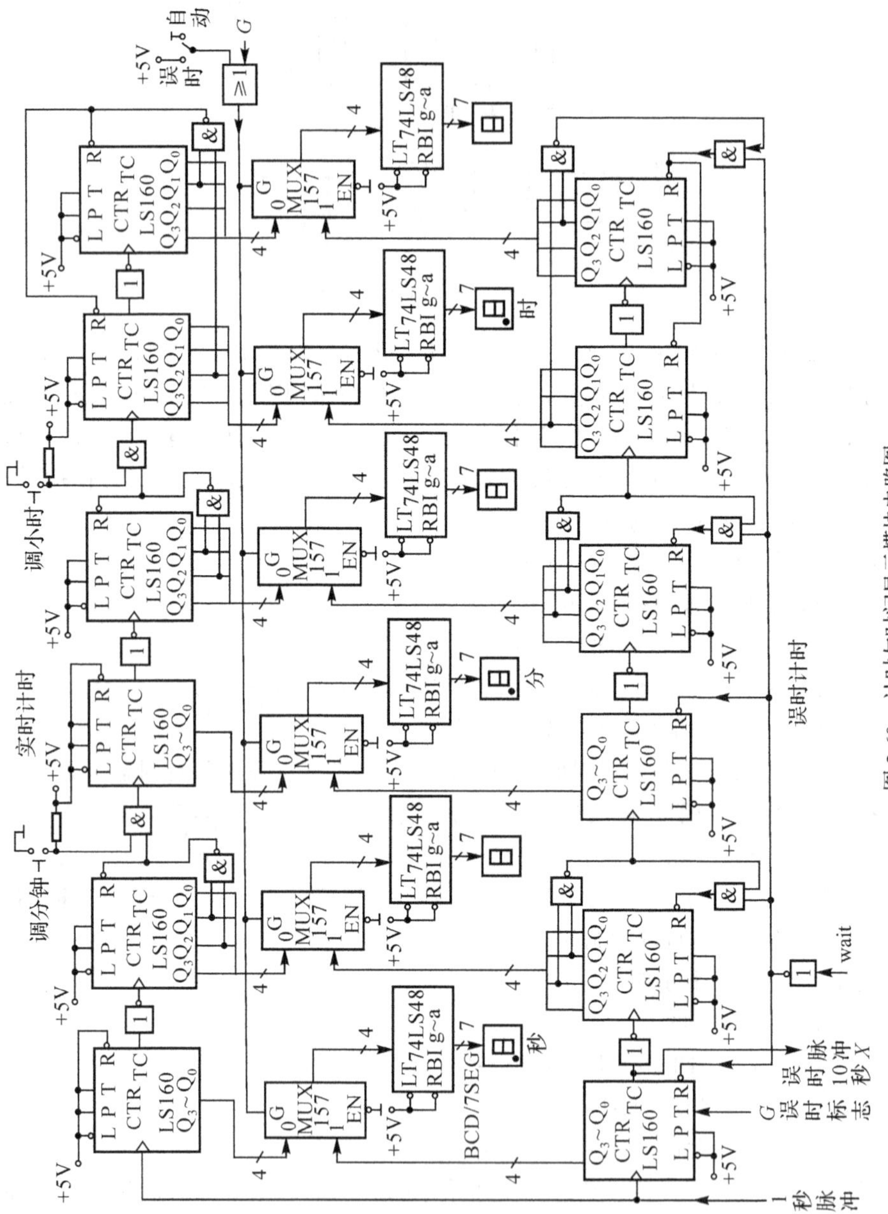

图 2-60 计时与时间显示模块电路图

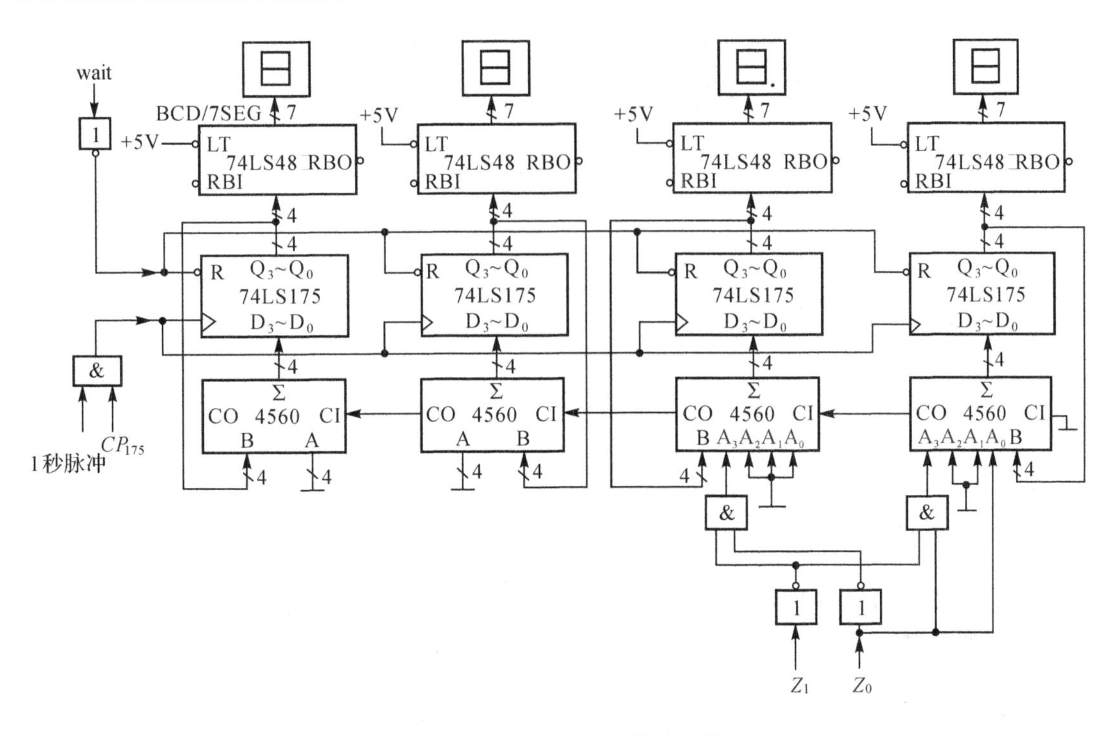

图 2-61　计价与显示模块电路

2.6.1.4　设计控制子系统

有了系统流程图和数据子系统，接下来工作是设计控制子系统。首先将流程图转化为 MDS 图。流程图中工作块的内容表示的是数据子系统的操作，它对应 MDS 图中的一个状态。为了使控制子系统的设计比较简单，应尽量使状态的转移只取决于一个条件。为此，可以在流程图中增添几个空操作，见图 2-56(b)示。流程图中的判别块表示的是数据子系统输出的条件信号，它们是 0.5 千米信号 I、5 千米标志 Y、误时标志 G 和误时 10 秒脉冲信号 X，于是可画出 MDS 图如图 2-62 所示，并在每个状态旁边注明对应于该状态为完成数据子系统的操作所需的控制信号，它们是控制信号 Z_1、Z_0 和累加器 74LS175 的时钟信号 CP_{175}。

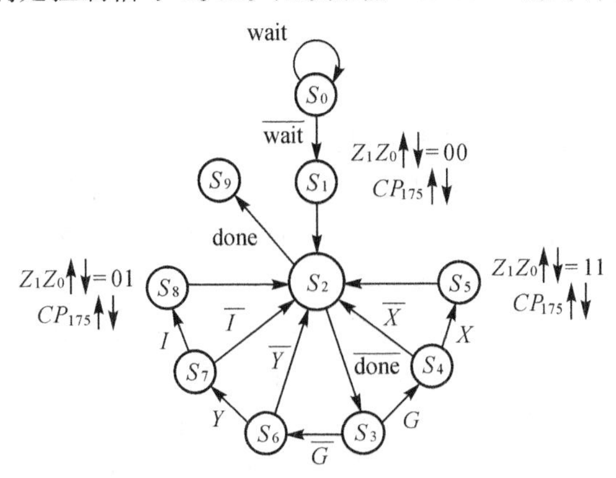

图 2-62　出租车计价器的 MDS

用硬件实现控制器。采用计数器 74LS161 作为状态寄存器，状态编码 $Q_3Q_2Q_1Q_0$ 与状态

S_i 的标号 i 相同，列出 74LS161 的操作表和置数表，分别如表 2-16、表 2-17 所示。

表 2-16　74LS161 操作表

Q_3Q_2 \ Q_1Q_0	00	01	11	10
00	$\overline{\text{wait}}$ 计数 wait 保持	计数	G 计数 $\overline{G}$ 置数	done 置数 $\overline{\text{done}}$ 计数
01	X 计数 $\overline{X}$ 置数	置数	I 计数 $\overline{I}$ 置数	Y 计数 $\overline{Y}$ 置数
11	φ	φ	φ	φ
10	置数	保持	φ	φ

表 2-17　74LS161 置数表

现态 S	D_3	D_2	D_1	D_0
S_2	1	0	0	1
S_3	0	1	1	0
S_4	0	0	1	0
S_5	0	0	1	0
S_6	0	0	1	0
S_7	0	0	1	0
S_8	0	0	1	0

由表 2-17 可得置数端逻辑表达式如下：

$$D_3 = S_2 \qquad D_2 = S_3 \qquad D_1 = \overline{S}_2 \qquad D_0 = S_2$$

状态寄存器 74LS161 的输出 $Q_3 \sim Q_0$ 由 4/16 线译码器 74LS154 转换为对应的状态变量，控制子系统的电路图如图 2-63 所示，数据子系统所需的控制信号 Z_1，Z_0，CP_{175} 也标在图上。

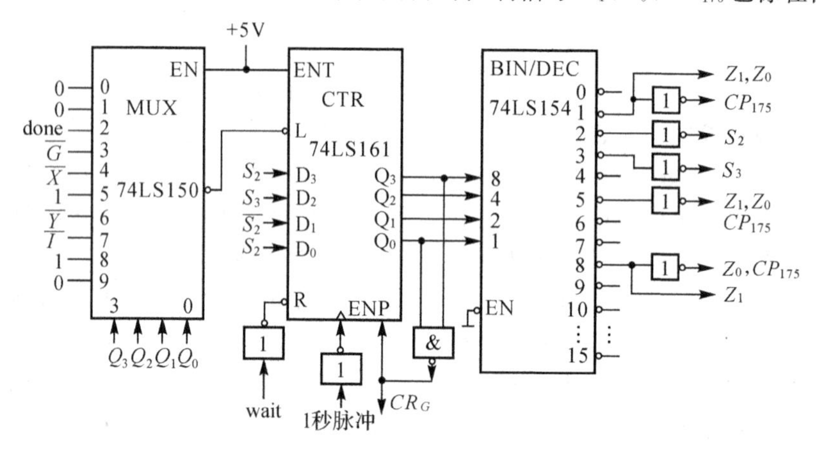

图 2-63　出租车计价器控制器电路

2.6.1.5　功能检查

至此出租汽车计价器基本上设计好了，应该再全面地检查一下所设计的系统是否还有问题。可以发现还有一些细节问题没有处理好，主要是在启动和停车时。根据设计要求，在乘客请求下车时停车。但在空车标志翻上以前，与本乘客有关的内容都应该保持，供乘客检查。乘客下车后，空车标牌翻上，所有内容清零，只显示北京时间，等待新乘客。为了达到此要求，可以把系统算法中的最后一个状态设置为保持状态，74LS161 的控制信号 ENP ＝ 0（见控制器电路图 2-63）。在此状态计费寄存器 74LS175 中的总车费应保持，误时计数器的总误时时间应保持。为了保持误时时间，必须 G ＝ 0（见图 2-60）。但由误时模块可知，当车一停，G 的值为 1，使误时计时器又计时。为此，为了保持原误时时间，必须对误时模块的 D 触发器 74LS74 清零，此清零信号 CR_G 可用控制器的状态计数器 74LS161 的控制信号 ENP（见图 2-63）。乘客下车后，司机翻上空车标牌，即 wait＝1，清零。

此外，由于数据子系统输出的条件信号均与 1 秒脉冲同步。为保证控制器能正确地检测到这些信号，控制器时钟采用 1 秒脉冲的下降沿，延迟半个周期。而计价与显示模块中的寄存器 74LS175 的存数脉冲用 CP_{175} 和 1 秒脉冲相与，比控制信号又延迟半个周期如图 2-61 所示，以保证整个系统稳定可靠工作。

余下的工作是将数据子系统和控制子系统的电路合在一起，得到出租车计价器完整的电原理图，此工作留给读者自己完成。应该指出，本例可能还有不完善或错误的地方，请读者进一步改进。

2.6.2　堆栈处理器的设计

堆栈处理器应能完成两个基本功能：与外部数据线的数据交换符合堆栈要求（先进后出）；对存储的数据能进行算术运算。（器件的工作速度暂不考虑）

2.6.2.1　明确设计要求

围绕着要实现的两个功能，分析堆栈处理器应该具有哪些输入和输出信号，明确设计要求。

（1）从堆栈角度考虑

①堆栈的指示信号　堆栈其实是一个能随机存取数据的存储器，它符合先进后出的原则。作为一个存储器，除工作速度外，它的首要指标是容量，设其字数为 aa，每个字 N 位。表征存取字位置的指示信号是地址，在堆栈中称为指针 SP。

当指针处于栈顶时，SP＝0，对应满栈，应有满栈指示信号 FULL＝ 1。当堆栈空时，指针 SP＝aa，应有空栈指示信号 EMPTY＝ 1。同时规定指针 SP 始终指向操作之前栈内有内容的位置（见图 2-64）。

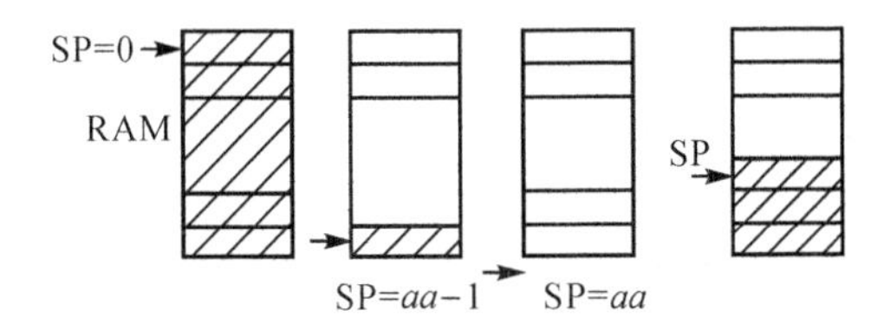

图 2-64　堆栈处理器指针

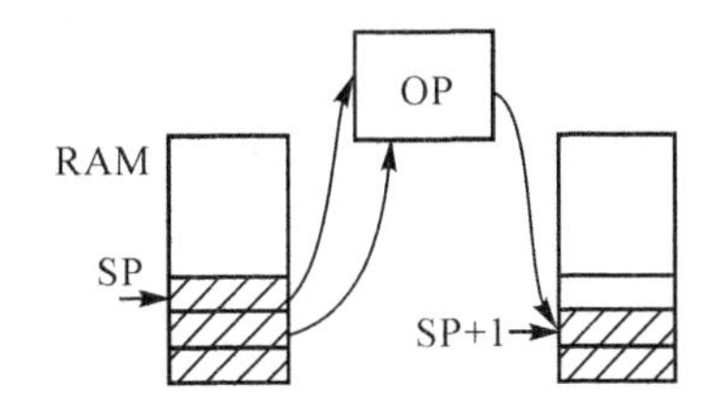

图 2-65　堆栈处理器的运算

②堆栈的操作　作为堆栈它的操作只有两项，入栈 PUSH 和出栈 POP。入栈操作 PUSH 后指针 SP←(SP－1)，出栈操作 POP 后指针 SP←(SP＋1)。若 FULL＝1，不能入栈(PUSH)，若 EMPTY＝1，不能出栈(POP)。

（2）从算术运算功能考虑

首先应有进行算术运算的指示信号，即输入信号 ADD，SUB，MUL 和 DIV。由于不同的运算所需的时间不同，因此必须有一个启动信号 START 和一个完成信号 READY。堆栈中两个数据进行算术运算的过程如图 2-65 所示。地址分别为 SP 和 SP＋1 的两个数据送入运算器进行运算，运算后将结果送入地址为 SP＋1 的字中。

当堆栈只有一个字时，不能进行算术运算，因此必须有一个 ONE 指示。当指针处于栈底时，SP＝ aa－1，这时堆栈只有一个字，应有指示信号 ONE＝ 1。

(3)功能方框图

由以上分析可以得到堆栈处理器的功能方框图如图 2-66 所示。图中所标注的信号是该堆栈处理器和外界应有的交换信号。

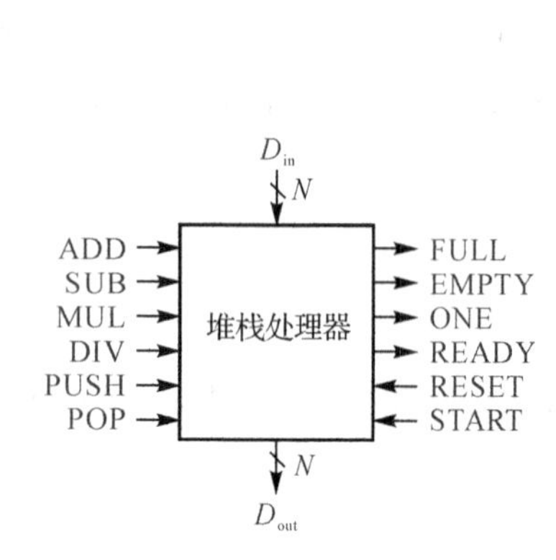

图 2-66　堆栈处理器功能方框图

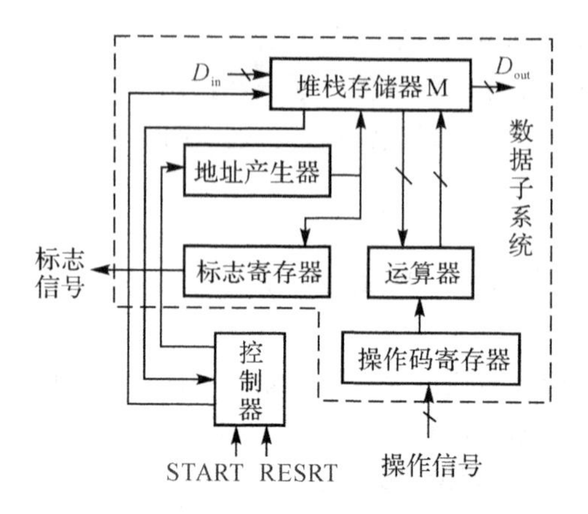

图 2-67　堆栈处理器结构方框图

2.6.2.2　确定系统方案

由于本系统操作时的判断条件较多,用流程图描述时会有很多分支,显得很杂乱,因此在此采用高级语言将堆栈处理器对数据的操作方案进行描述。其中,// 表示"同时进行",/表示"条件选择",左箭头←表示赋值,右箭头→表示语句转移,而 push、pop、op 对应三个不同的子程序操作名,* … * 表示注释。

```
STACKP : {inputs: DIN  type integer ,
                  PUSH,POP,ADD,SUB,MUL,DIV,
                  START,RESET  type boolean ;
          outputs: DOUT  type integer ,
                  READY,EMPTY,ONE,FULL  type boolean ;
          local objects :STACK  type integer-vector,
                  one-empty-slot,two-elements  type boolean }

init : initialize  FULL、EMPTY and ONE ;
wait : if  START  then
         begin
           READY←0 //→push  if  PUSH /→pop  if  POP
             /→op  if ( ADD or SUB or MUL or DIV )
         end
         else→wait ;

         * if  STACK  is  full ( FULL =1),do  not  request  PUSH *
push : SP←SP−1 // STACK( SP−1)←DIN // EMPTY←0
     // if  one-empty-slot  then  FULL←1// if  ONE  then  ONE←0
     // if  EMPTY  then  ONE←1 //READY←1 //→wait ;
```

```
      * if  STACK  is  empty (EMPTY = 1), do  not  request  POP *
pop : DOUT←STACK ( SP) // SP←SP + 1 // FULL←0
    // if  ONE  then  EMPTY←1 // ONE←0
    // if  two-elements  then  ONE←1 // READY←1 //→wait ;

      * if  STACK  is  empty  or  with  one  element ,do  not  request
      ADD、SUB、MUL or DIV *
op : STACK(SP+1)←[STACK (SP) < op> STACK ( SP+ 1)] // SP←SP+ 1
    // FULL←0 // if  two-elements  then  ONE←1 // READY←1 //→wait ;
end  STACKP
```

高级语言对数字系统的描述不涉及具体实现和具体器件，属于行为处理级的描述语言。但根据此描述可以得到如图 2-67 所示的堆栈处理器结构方框图。在此结构图中，将堆栈处理器分为数据子系统和控制子系统两大部分，下面分别设计数据子系统和控制子系统。

2.6.2.3　数据子系统设计

数据子系统包括对数据的存储、运算、传输以及和控制子系统之间的条件和控制信号交换几大部分。下面就从这几个方面来设计数据子系统，找出各部分的模块电路和它们之间的联系。

(1)堆栈存储器

用一块容量为 $aa \times N$ 的随机存取存储器 RAM 作为堆栈存储器，相应的地址产生器的输出即为指针 SP。由于对 RAM 数据的存取必须先对地址操作，然后再对数据操作，这样速度较慢。在计算机中一般都用两个高速寄存器直接和总线进行数据交换，RAM 则作为后备，其结构如图 2-68 所示。寄存器 A，B 和 RAM 共同组成了堆栈存储器。堆栈处理器的工作过程规定如下：

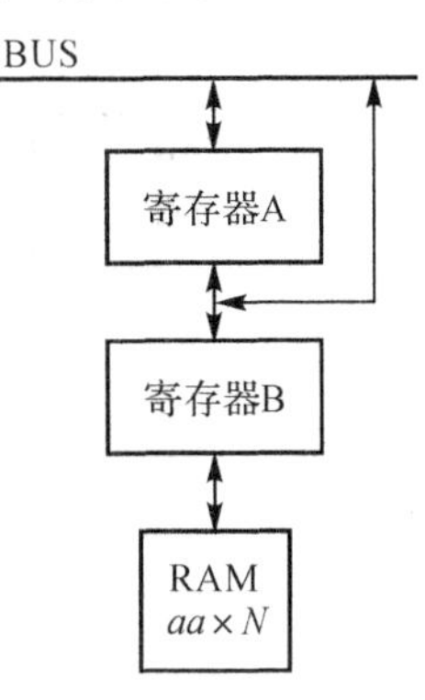

图 2-68　堆栈存储器结构

①进栈(PUSH)操作，分三种情况(见图 2-69)：

(a)A，B 均空：B←D_{in}。

(b)A 空 B 满：A←D_{in}。

(c)A，B 均满：RAM←B，B←A，A←D_{in}。

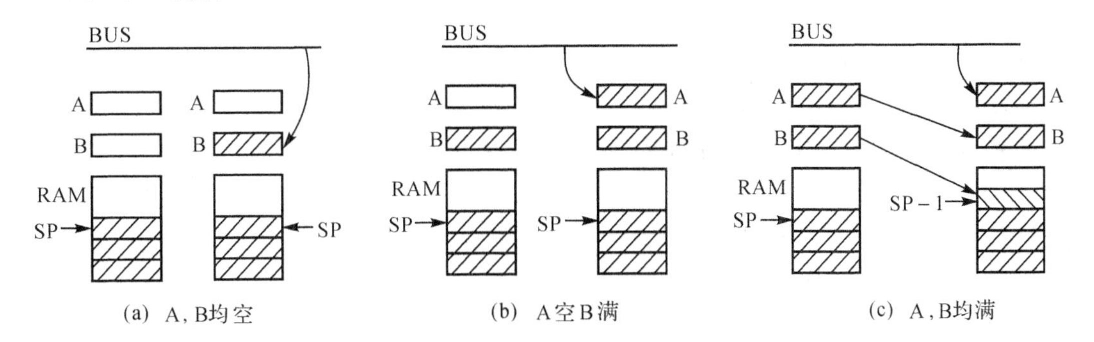

图 2-69　堆栈处理器的进栈操作

②出栈(POP)操作，分三种情况(见图 2-70)：

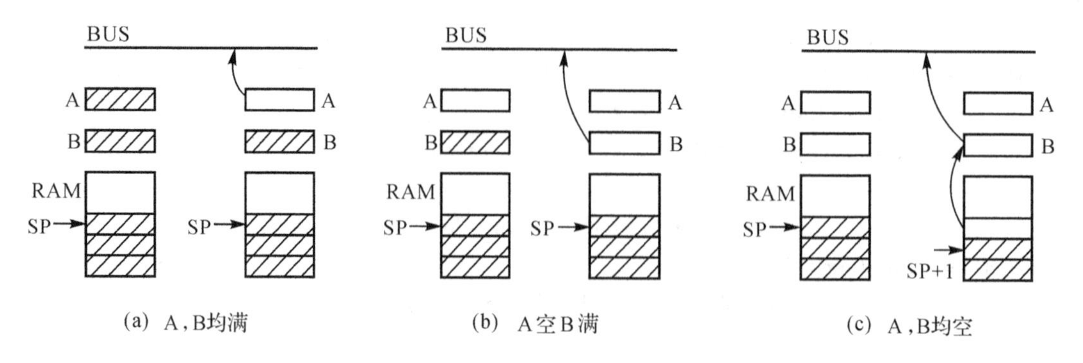

(a) A,B均满 (b) A空B满 (c) A,B均空

图 2-70 堆栈处理器的出栈操作

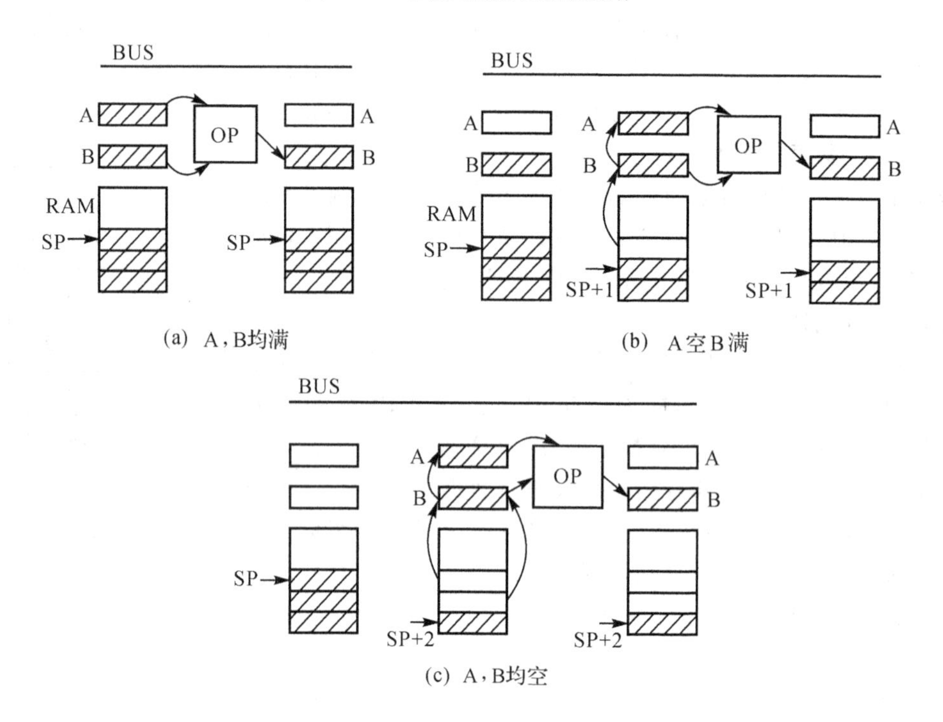

(a) A,B均满 (b) A空B满

(c) A,B均空

图 2-71 堆栈处理器的运算操作

(a)A,B 均满：D_{out}←A。

(b)A 空 B 满：D_{out}←B。

(c)A,B 均空：B←RAM，D_{out}←B。

③算术运算(OP)操作，分三种情况(见图 2-71)：

(a)A,B 均满：B←[A (OP) B]。

(b)A 空 B 满：A←B，B←RAM，B←[A (OP) B]。

(c)A,B 均空：B←RAM，A←B，B←RAM，B←[A (OP) B]。

从以上规定的操作可以看出堆栈处理器的结构特点：

※ 只有寄存器 A,B 直接和外部总线进行数据交换，RAM 只和寄存器 B 进行数据交换。

※ 必须设有标志信号 FA 和 FB，当寄存器 A 满时 $FA=1$，当寄存器 B 满时 $FB=1$。

※ 寄存器 A 是堆栈存储器的栈顶，寄存器 B 是次栈顶，B 不能在 A 之前先空。

将堆栈处理器的存储器和寄存器归纳如下：

①RAM。对存储器 RAM 可以从以下几个方面进行描述：

※ 容量　若选用 aa = 1024 个字，每个字为 16 位的 RAM，记为 M(1024,16)。

※ 地址　地址产生器 MA，其输出值 v[MA]即为指针 SP，记为 SP = v [MA]；

当满栈时，FULL = 1 , SP = v [MA] = 0 ；

栈内只有一个字时，ONE = 1 , SP = v [MA] = 1023 = aa－1；

当空栈时，EMPTY = 1，SP = v [MA] = 1024 = aa。

由于要置入 SP=1024，所以地址线应有 11 位；对地址产生器的操作有加 1(*INC*(MA))，减 1(*DEC*(MA))和置数 v [MA] =1024(初始化)。

※ 操作　读 RAM 的操作是：B←M (v [MA]) ；将 RAM 中地址为 v[MA]的字置入寄存器 B。

写 RAM 的操作是：M (v [MA])←B ；将寄存器 B 中的内容存入地址为 v [MA]的 RAM 的字中。

RAM 的读写操作均需一定的时间，操作完毕后，RAM 输出 *MREADY* 信号表示结束。

②寄存器。共有六个寄存器，它们是三个 16 位的寄存器 A(16)、B(16)、输出寄存器 D_o(16)，一个 6 位的操作码寄存器ROP(6)和两个标志寄存器 FA，FB。操作码寄存器的每一位分别表示 PUSH，POP，ADD，SUB，MUL，DIV，对它的操作有置数 *LD* 和清零 *CR*。标志寄存器 FA 和 FB 是一位的 D 触发器，它们分别具有置数和清零控制端。

(2)运算器

为简单起见，假设已有一块能完成＋、－、×、÷的运算器 OP。对应每种运算所需的时间假设为 T(ADD)= T(SUB)=2，T(MUL)= 8，T(DIV)=12。由于执行各种运算所需的时间不同，因此必须有一个开始信号 OBEGIN 和结束信号 OREADY。运算器的示意图如图 2-72 所示。

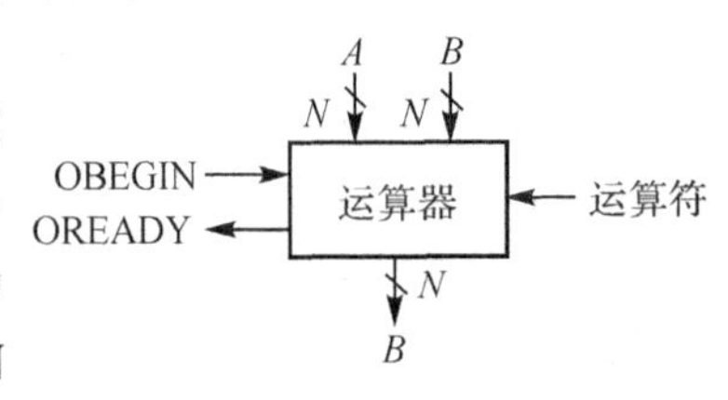

图 2-72　运算器示意图

(3)数据路径

通过前面的讨论，明确了数据子系统应有的模块及其操作规则。现在就可以按照规定的操作规则添上数据路径。寄存器 A 的数据来源是外部数据线 DIN 和寄存器 B，因此在进入 A 的数据线上必须有一个 2 选 1 的数据选择器 MUX_A。寄存器 B 的数据来源有外部数据线 DIN、寄存器 A、RAM 和运算器的运算结果，因此在进入 B 的数据线上应有一个 4 选 1 的数据选择器 MUX_B。输出寄存器 D_o 的数据来源是寄存器 A 和寄存器 B，用数据选择器 MUX_D 进行选择。RAM 的数据来自寄存器 B。运算器的数据来源是寄存器 A 和寄存器 B，运算结果输出到寄存器 B。由此可以画出数据子系统电原理图如图 2-73 所示。

(4)条件与控制点

数据子系统与外部的数据交换是 D_{in} 和 D_{out}。

外部输入的控制信号是操作码：PUSH，POP，ADD，SUB，MUL，DIV。

数据子系统输出到外部的条件信号是：

```
READY;
FULL: = ( v[MA] = 0 )( FA = 1 )( FB = 1 );
```

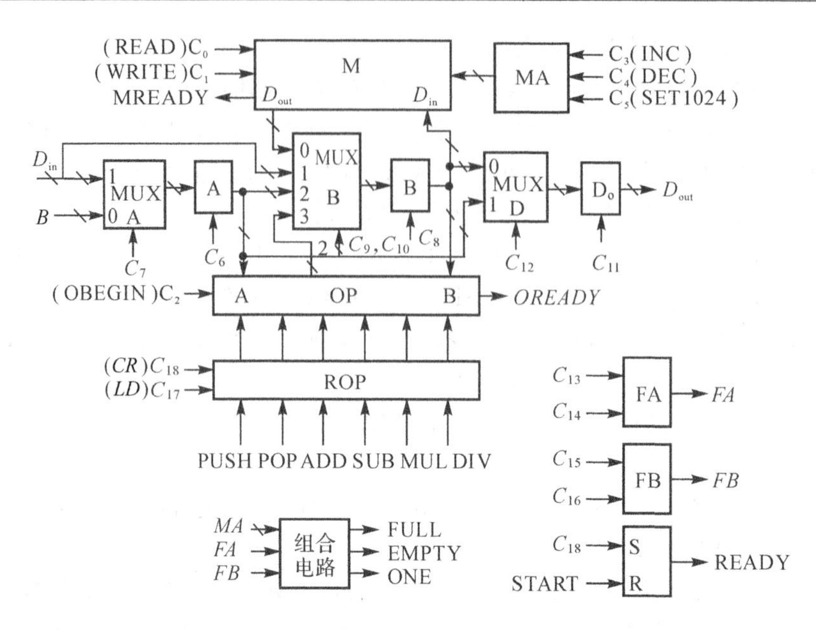

图 2-73 堆栈处理器的数据子系统电原理图(注:图中的多位数据线均为 16 位)

EMPTY: = (v[MA] = 1024)(FA = 0)(FB = 0);

ONE: = (v[MA] = 1023)(FA = 0)(FB = 0) + (v[MA] = 1024)(FA = 0)(FB = 1)。

数据子系统输出到控制子系统的局部条件信号:

操作码 PUSH,POP,OP (ADD+SUB+MUL+DIV)。(其中+表示“或”)

存储器信息 FA,FB,MREADY。

运算器信息 OREADY。

数据子系统所需的控制信号如表 2-18 所示。

表 2-18 数据子系统所需控制信号

控制信号	功 能	控制信号	功 能
C_0	READ(M)	C_{11}	LOAD(D_o)
C_1	WRITE(M)	C_{12}	1 *select* A
C_2	OBEGIN		0 *select* B
C_3	INC(MA)	C_{13}	SET(FA)
C_4	DEC(MA)	C_{14}	CLEAR(FA)
C_5	SET(v[MA]=1024)	C_{15}	SET(FB)
C_6	LOAD(A)	C_{16}	CLEAR(FB)
C_7	1 *select* DIN	C_{17}	LOAD(ROP)
	0 *select* B	C_{18}	CLEAR(ROP)
C_8	LOAD(B)		SET($READY$)
C_9C_{10}	00 *select* M		
	01 *select* DIN		
	10 *select* A		
	11 *select* OP		

2.6.2.4 控制子系统设计

在系统方案及数据子系统的结构确定后,接下来应该设计控制子系统。设计控制子系统的依据是描述系统状态转移的 MDS 图。

(1)画出堆栈处理器的状态转移图

由于本例题的操作比较复杂,控制状态转移的变量(测试变量)较多,有 FA、FB、push、pop、op 共 5 项,画出的 MDS 图会比较复杂,因此本例采用文字及助记符表示的描述语言来描述系统的状态转移,并说明每个状态数据子系统所进行的操作。与前面的描述系统方案的行为处理器级的高级语言不同,此描述语言是和数据子系统的硬件模块电路相对应,属于寄存器传输级的描述语言 *RTL(Register Transfer Language)*,在此一些助记符://、/、←、→、* … *,仍与前面高级语言的规定相同(见 2.6.2.2),变量名均对应于数据子系统中的输入、输出或各存储器与寄存器。根据高级语言描述的方案规定,将系统的操作顺序描述如下:

```
STACKP: {inputs:  DIN (16)  type bit-vector,
                  PUSH,POP,ADD,SUB,MUL,DIV,
                  START,RESET  type boolean ;
        outputs:  DOUT (16)  type bit-vecter ,
                  FULL,EMPTY,ONE,READY  type boolean ;
        local objects:  M (1024,16)  type bit-vector-array,
                        A(16),B(16),Do(16),ROP(6),MA(11) type bit-vector ,
                        FA,FB  type boolean }

    * initialize  on  RESET *
init : ROP← 0// MA← 1024 // FA← 0 //FB←0 //READY←1// →wait ;

    * wait  for  START  signal *
wait : if  START  then {ROP←OPCODE // READY←0
    //→1 if  PUSH  /→7  if  POP  /→12  if  (ADD+SUB+MUL+DIV)}
    else→wait;

    * push  operation *
  1: →2 if  (FA·FB)  /→5  if  (¬FA·FB)  /→6  if  (¬FA·¬FB);
  2: MA←DEC(MA);
  3: WRITE(M) //→4  if MREADY;
  4: B←A // A←DIN // ROP←0 // READY←1 // →wait;
  5: A←DIN // FA←1 // ROP←0 // READY←1 // →wait;
  6: B←DIN // FB←1 // ROP←0 // READY←1 // →wait;

    * pop  operation *
  7: → 8 if  (FA·FB)  /→9  if  (¬FA·FB)  /→10  if  (¬FA·¬FB);
  8: Do←A // FA←0 // ROP←0 // READY←1 // →wait;
  9: Do←B // FB←0 // ROP←0 // READY←1 // →wait;
  10: READ(M) //→11  if MREADY;
  11: MA←INC(MA) // Do←B // ROP←0 // READY←1 //
      →wait;

    * add, subtract, multiply, or divide operation *
  12: → 13  if  (FA·FB)  /→14  if  (¬FA·FB)  /→17  if  (¬FA·¬FB);
```

13：B←OP(A,B) // FA←0 // ROP←0 // READY←1 // → wait if OREADY；

14：A←B；

15：READ(M) //→16 if MREADY；

16：B←OP(A,B) // MA←INC(MA)

// ROP←0 // READY←1 // →wait if OREADY；

17：READ(M) //→18 if MREADY；

18：A←B // MA←INC(MA)；

19：READ(M) //→20 if MREADY；

20：B←OP(A,B) // MA←INC(MA) // FB←1 // ROP←0 // READY←1 //

→wait if OREADY；

end STACKP

前面各例设计控制子系统的依据是 MDS 图，现用 RTL 语言描述的算法就相当于 MDS 图。RTL 语言是一种描述系统作为一个有限状态机的分组、按序语言。分组是指同一语句中所描述的几种操作可以同时进行，但它们是独立的，不能矛盾；按序是指在系统时钟的作用下，一个节拍一个节拍地按当前条件决定下一步的操作。因此，RTL 语言描述的算法中的每一条语句就是一个状态，它的语句标号就相当于 MDS 图中的状态名，算法中的语句总数就是系统的状态总数。语句的执行顺序就代表了对应状态的转移，而转移条件即为语句中的 if 所描述的变量，此变量或者是数据子系统前一步的操作结果，或者是外部的一个输入。RTL 算法每一个语句所描述的操作需要的控制信号即为该状态输出的控制信号。因此，按照 RTL 语言描述的算法就可以设计出系统的控制器。

(2)微程序控制器的设计

用微程序法设计堆栈处理器的控制器。

①基本结构形式(图 2-74)

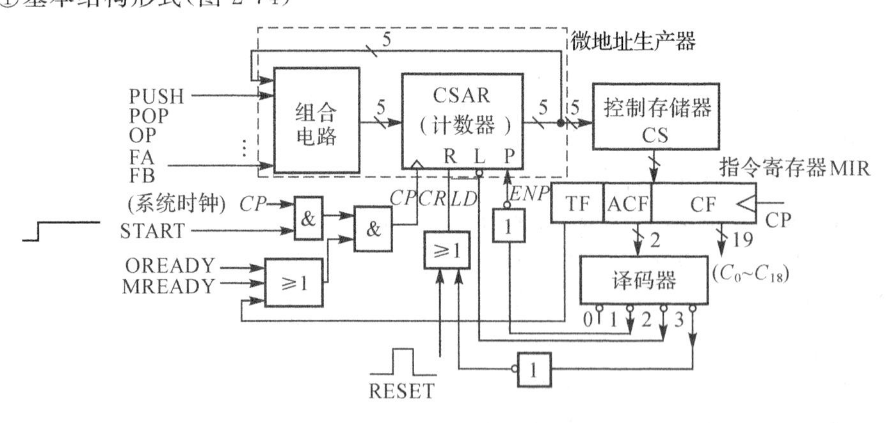

图 2-74 微程序控制器的基本结构

算法中的每一条语句对应了微程序中的一条指令，完成每一条指令规定的操作所需的控制信号放在该指令的控制信号段 CF 中。控制信号段采用水平格式，由表 2-18 知共有 19 个控制信号，因此需要 19 位。现在关键的问题是要按算法控制微程序的执行顺序。

前面介绍的微程序控制器寻址的基本方法有两种：一是直接寻址法，二是单测试单地址或双地址法。直接寻址法每一次都将所有的测试条件(输入信号)作为地址输入，它适用于每一条语句都是多测试变量，发生多种可能转移的情况。第二种方法只适用于每一条语句都是单测试变量，只有二分支的情况。分析本题的算法可以看出，除 0，1，7，12 句是多测试变量（*PUSH*，*POP*，*OP*，*FA*，*FB*）外，其余都无测试变量。因此上述两种方法都不太合适。本例将采用在微指令中留出两位专门用于说明下一条指令的地址变化方式，称其为地址控制段 ACF。

ACF＝
00 不用
01 地址加 1
10 置入转移地址
11 地址器清零

由于要求地址产生器有加 1，清零功能，则 CSAR 采用计数器最为适宜。如果下一条指令是条件转移，则转移地址由本条地址和测试条件通过地址产生器的组合电路产生并对计数器置数操作。从 RTL 描述中看出，第 3，10，15，17，19，20 等句必须等待器件的操作完成信号来到时才进行状态转移，因此在微指令中专门用一位作为时间段，称为 TF。TF ＝ 0 表示本条微指令需要多个时钟周期，TF ＝ 1 表示本条微指令只需一个时钟周期。对于 TF ＝0 的微指令，它的转移必须等待数据子系统的完成信号 OREADY 或 MREADY 的到来。因此微指令的基本形式为

MI ：＝（TF，ACF，CF）

由于整个算法共有 21 条语句，需 19 个控制信号，所以控制存储器的容量为 21×（1＋2＋19），地址线为 5 位。控制存储器中每条微指令的具体内容留给读者自己填写。

②地址产生器的组合电路

根据描述的算法可以找出现地址、转移条件和转移地址的关系，列于表 2-19。根据表 2-19可知，地址产生器的组合电路可用具有 10 个输入、5 个输出的 GAL 构成，其电原理图如图2-75所示。

表 2-19 转移地址表

现地址					转移条件	转移地址				
Q_4	Q_3	Q_2	Q_1	Q_0		A_4	A_3	A_2	A_1	A_0
0	0	0	0	0	PUSH	0	0	0	0	1
0	0	0	0	0	POP	0	0	1	1	1
0	0	0	0	0	*OP*	0	1	1	0	0
0	0	0	0	1	$FA \cdot FB$	0	0	0	1	0
0	0	0	0	1	$\overline{FA} \cdot FB$	0	0	1	0	1
0	0	0	0	1	$\overline{FA} \cdot \overline{FB}$	0	0	1	1	0
0	0	1	1	1	$FA \cdot FB$	0	1	0	0	0
0	0	1	1	1	$\overline{FA} \cdot FB$	0	1	0	0	1
0	0	1	1	1	$\overline{FA} \cdot \overline{FB}$	0	1	0	1	0
0	1	1	0	0	$FA \cdot FB$	0	1	1	0	1
0	1	1	0	0	$\overline{FA} \cdot FB$	0	1	1	1	0
0	1	1	0	0	$\overline{FA} \cdot \overline{FB}$	1	0	0	0	1

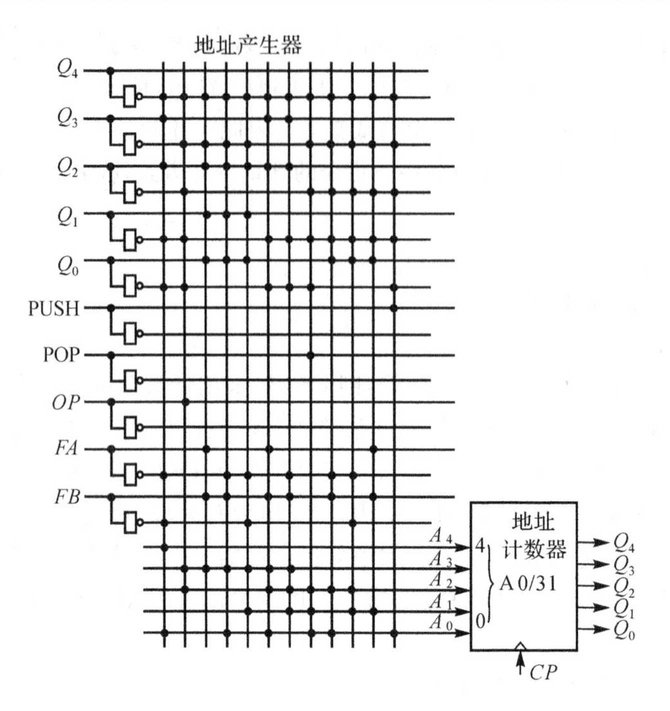

图 2-75　地址产生器电原理图

通过堆栈处理器的设计，可以初步掌握用描述语言和微程序控制器设计数字系统的方法。

2.6.3　应用可编程逻辑器件设计交通灯控制系统

2.6.3.1　设计要求

①待实现的交通灯控制系统的方案如本章例 3 所示。为了突出重点，将警察控制一项省略。该控制系统的 MDS 图如图 2-76 所示(参考去掉警察控制 P 的图 2-20)。

②利用 Quartus Ⅱ 7.1 软件，采用通用可编程逻辑器件 FPGA 芯片(如 APEX20KE 系列中的 EP20K30ETC144-1 器件)实现此系统，展示设计全过程。

2.6.3.2　用 Quartus Ⅱ 软件设计和描述该系统

(1)信号定义及说明

CLK　　时钟信号，1kHz。

CK　　秒时钟，1Hz。

EN　　使能信号。高电平时，则控制器开始工作。

LAMP　　共 8 位，分别控制 8 盏灯的亮灭(一盏灯对应 LAMP 中的一位信号)；其中，LAMP[0]～LAMP[3]高电平分别表示南北方向直行、右拐、左拐、南北方向行人通行，低电平分别表示该方向禁止通行或行人通行等待；LAMP[4]～LAMP[7]高电平分别表示东西方向方向直行、右拐、左拐、东西方向行人通行，低电平分别表示该方向禁止通行或行人通行等待。

REQUA　　南北方向行人通行请求。

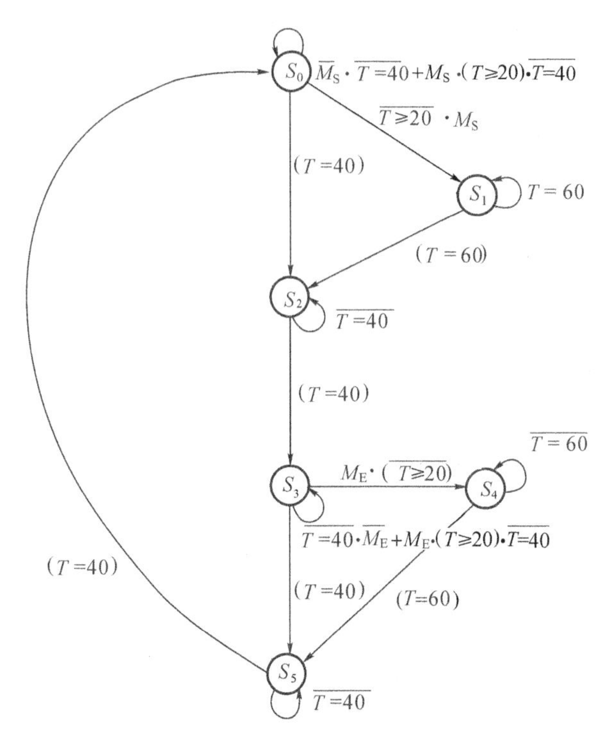

图 2-76　待实现的交通灯控制系统 MDS 图

REQUB	东西方向行人通行请求。
COUNT	40 秒定时器和 60 秒定时器共用的倒计数输出信号，用于倒计时显示，用 BCD 码的形式，共 8 位，高 4 位显示十位，低 4 位显示个位。
num	40 秒定时器及 60 秒定时器共用的倒计数值，是不输出的中间信号，其余同 COUNT 信号。
time a	初始赋值 40 秒。
time b	初始赋值 60 秒。
temp	标志状态将要转换的标志信号，高电平表示要转换状态，低电平表示还不要转换状态。
ckcount	产生秒时钟 CK 的倒计数信号，它对 CLK 时钟倒计数 1000 次产生一个秒时钟信号 CK。
state	状态信号，共分 6 个状态，状态 0 表示车辆南北方向直行，各路右拐；状态 1 表示车辆、行人南北方向直行，车辆禁止右拐；状态 2 表示车辆南北方向左拐，各路右拐；状态 3 表示车辆东西方向直行，各路右拐；状态 4 表示车辆、行人东西方向直行，车辆禁止右拐；状态 5 表示车辆东西方向左拐，各路右拐。状态发生转换前，有 2 秒的时间各个方向的灯全灭，以便让已进入十字路口的车辆通过。因为状态转换的原因，每一时刻的 state 表示的都是下一个将要进入的状态。

(2)系统功能描述

采用 Verilog HDL 语言描述待实现系统功能，源程序如下：

```
module traffic(CLK,EN,REQUA,REQUB,COUNT,LAMP);
output[7:0] COUNT;
output[7:0] LAMP;
input CLK,EN,REQUA,REQUB;
reg[7:0] num;
reg temp,CK;
reg[9:0] ckcount;
reg[7:0] timea,timeb;
reg[2:0] state;
reg[7:0] LAMP;

assign COUNT=num;

always @(posedge CLK)
begin
    if(!EN)       //使能信号低电平时,各信号初始化
    begin
        timea[7:0]<=8'b01000000;   //40s BCD码
        timeb[7:0]<=8'b01100000;   //60s BCD码
        state<=0;
        temp<=1'b0;
        num[7:0]<=8'b00000000;
        ckcount[9:0]<=10'd1000;
        CK<=1'b0;
    end
    else if(EN)   //使能信号有效,控制器开始工作
    begin         //1kHz的时钟信号CLK计数1000次产生一个秒脉冲信号CK
        if(ckcount[9:0]==1'b1) begin CK<=1; ckcount[9:0]<=10'd1000; end
        else if(ckcount[9:0]!=1'b1) ckcount[9:0]<=ckcount[9:0]-1;

        if(!temp) //如果目前没有要转换状态
        begin
            temp<=1'b1; //那么现在准备要转换状态了
            case(state)
                //不同状态之间相互转换,每一时刻state表示的都是下一个将要进入的状态
                0: begin num[7:0]<=timea[7:0]; LAMP[7:0]<=8'b00100011; state<=2; end
                1: begin num[7:0]<=timeb[7:0]; LAMP[7:0]<=8'b00001001; state<=2; end
                2: begin num[7:0]<=timea[7:0]; LAMP[7:0]<=8'b00100110; state<=3; end
                3: begin num[7:0]<=timea[7:0]; LAMP[7:0]<=8'b00110010; state<=5; end
                4: begin num[7:0]<=timeb[7:0]; LAMP[7:0]<=8'b10010000; state<=5; end
                5: begin num[7:0]<=timea[7:0]; LAMP[7:0]<=8'b01100010; state<=0; end
                default: begin LAMP[7:0]<=8'b00000000; state<=0; end
```

```
        endcase
      end
      else //要转换状态时,状态转换过渡期的具体判别处理
        begin
          if(state==2 && LAMP[1]==1 && REQUA && num[7:4]>4'd1)
          //状态 0 的前 20 秒,若有南北向行人请求,则转向状态 1
            begin temp<=1'b0; state<=1; end
          else if(state==5 && LAMP[1]==1 && REQUB && num[7:4]>4'd1)
          //状态 3 的前 20 秒,若有东西向行人请求,则转向状态 4
            begin temp<=1'b0; state<=4; end
          else
            begin
              if(num[7:0]==8'd2) LAMP[7:0]<=8'b00000000;
      //状态发生转换前,有 2 秒的时间各个方向的灯全灭,以便让已进入十字路口的车辆通过
              if(CK==1) //40 秒定时器或 60 秒定时器开始倒计时计数
              begin
                if(num[7:0]>8'd0)
                begin
                  if(num[7:0]==8'd1) temp<=1'b0;
                  else if(num[3:0]==4'd0)
                  begin
                    num[3:0]<=4'd9;
                    num[7:4]<=num[7:4]-4'd1;
                  end
                  else num[3:0]<=num[3:0]-4'd1;
                end
              CK<=0;
              end
            end
          end
    end
    else
    begin
      LAMP[7:0]<=8'h00;
      state<=0; temp<=1'b0;
    end
end

endmodule
```

2.6.3.3　系统硬件实现

整个系统的硬件实现涉及 FPGA 芯片的外围电路设计、电源设计等,一般可采用现成的

FPGA开发最小系统板来进行设计，其上已提供稳定直流电源、接地线及时钟源、按键、LED发光二极管、七段数码管等。整个系统的硬件实现示意图如图2-77所示。

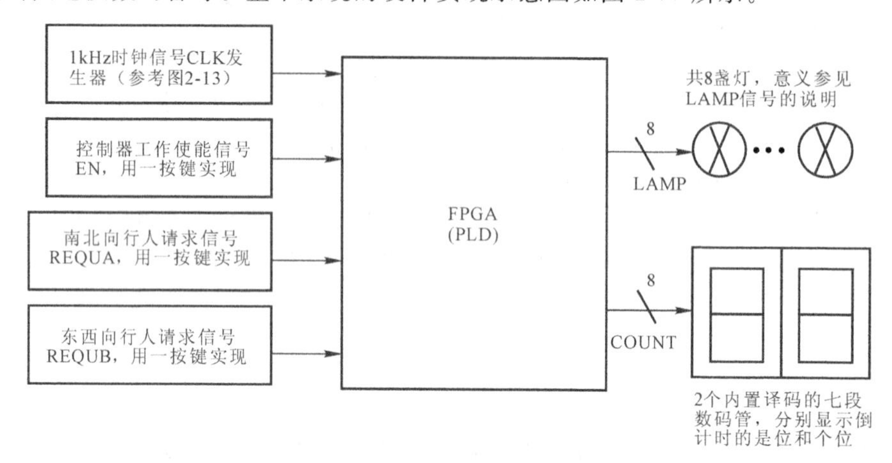

图2-77　系统硬件电路示意图

其中，1kHz时钟信号发生器电路可参考图2-13中的秒脉冲发生器电路，8盏灯分别为南北车辆直行、右拐、左拐、南北行人通行灯和东西车辆直行、右拐、左拐、东西行人通行灯，倒计时显示器采用的是2个内置译码(由BCD码转数码管的七段)的七段数码管，当然也可以采用图2-13中的CD4511作为七段译码驱动器，然后再接2个七段数码管。

需要说明的是：本系统是一个简化设计的十字路口交通灯控制系统，在上述硬件电路示意图中已经包括了第2章中的十字路口交通灯控制系统例子里的受控器和控制器电路的各个主要部分，其中作了如下简化：40秒和60秒两个定时器的显示器合二为一，用两个七段数码管来显示倒计时值，因为目前所处状态可由交通灯信号LAMP来确定(源程序中40秒和60秒两个计数器其实也是合二为一的，只不过初始置数值不同罢了)；对于状态转换的2秒过渡期设计相对于原设计有所简化，不是另外拿出2秒全路禁行，而是取出上一状态的最后2秒用于全路禁行；不考虑行人请求自锁电路问题。

通过简化版交通灯控制系统的设计、分析综合、仿真及编程配置等一系列过程的详细介绍，说明了利用Quartus Ⅱ 7.1软件的一般开发设计实现过程。当然，Quartus Ⅱ 7.1软件的功能还远不止所介绍的这一些，例如还包括时序逼近、块设计、软件开发等等，由于篇幅所限，在此不再详述。

2.6.3.4　附录——用Quartus Ⅱ软件设计的全过程

Quartus Ⅱ软件是MAX+PLUS Ⅱ软件的升级版本，是Altera公司的第四代开发软件。对于CPLD以及FPGA的开发，Altera公司的MAX+PLUS Ⅱ一般被认为是HDL语言开发的最佳工具，简单易用而又功能强大。目前MAX+PLUS Ⅱ的最新版本是2002年推出的10.23版，而自那以后，Altera就不再对MAX+PLUS Ⅱ进行升级了，替代的产品正是Quartus Ⅱ。Quartus Ⅱ功能更强，支持Altera所有最新的CPLD和FPGA系列器件，支持逻辑门数在百万门以上的逻辑器件的开发，并且在Quartus Ⅱ中加上了MAX+PLUS Ⅱ的仿真界面。Quartus Ⅱ提供了一个完整高效的设计环境，非常适应具体的设计需要，并提供了方便的设计输入方式、快速的编译和直观易懂的器件编程，还为第三方工具提供了无缝接口。

Quartus Ⅱ 7.1版本软件是Altera公司于2007年3月推出的到目前为止的最新版本，本例将采用这一Quartus Ⅱ 7.1软件进行设计。

(1) 打开Quartus Ⅱ软件

打开Quartus Ⅱ软件便出现Quartus软件的图形用户界面，包括菜单栏、快捷工具栏、主显示操作区、状态栏以及进程信息栏等，如图2-78所示。

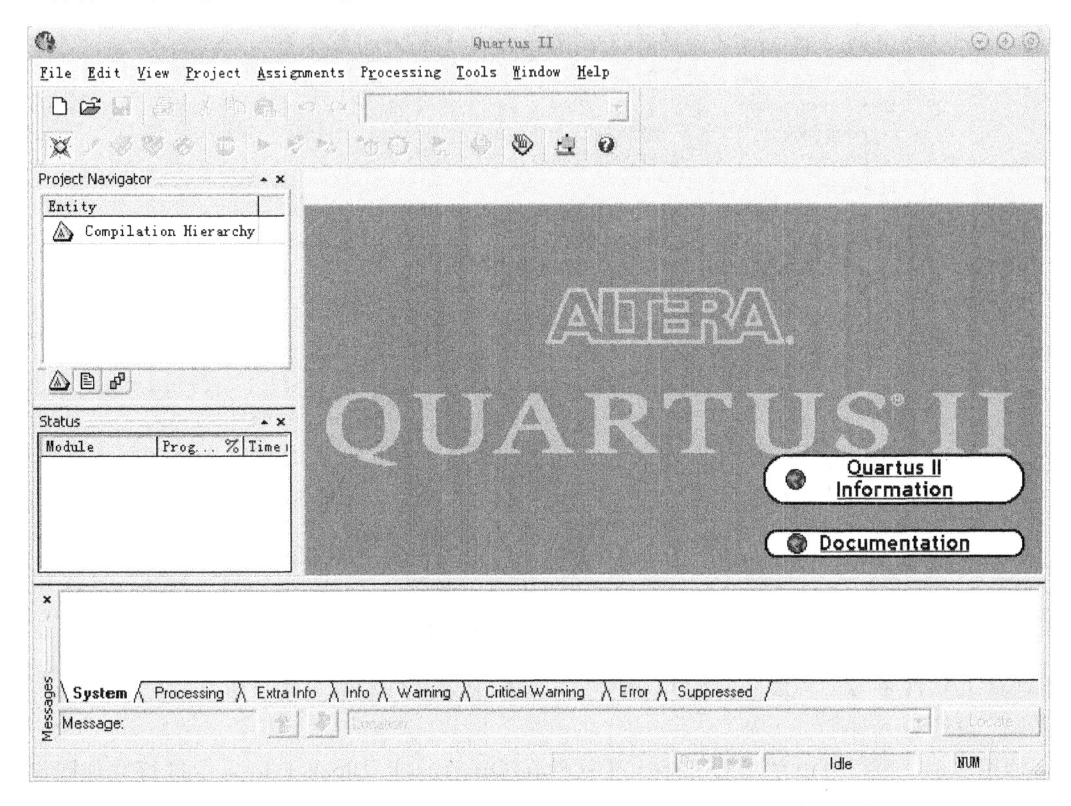

图2-78　Quartus软件的图形用户界面

(2) 建立工程

Quartus Ⅱ软件将工程信息存储在Quartus Ⅱ工程配置文件(后缀为.quartus)中。它包含有关Quartus Ⅱ工程的所有信息，包括设计文件、波形文件、SignalTap Ⅱ文件、内存初始化文件以及构成工程的编译器、仿真器和软件构建设置。可以使用New Project Wizard(在File菜单下)或quartus_map可执行文件建立新工程。

点击菜单"File"→"New Project Wizard"，根据提示分别设定指定工作目录(这里为d:/traffic/)、分配工程名称(这里是traffic)以及指定最高层设计实体的名称(这里也为traffic)。还可以指定要在工程中使用的设计文件、其他源文件、用户库和EDA工具，以及目标器件系列和器件(这里指定为APEX20KE系列中的EP20K30ETC144－1器件，也可以让Quartus Ⅱ软件自动选择缺省器件)。最后一步将显示工程的初步信息，如图2-79所示。

可以使用Settings对话框(在Assignments菜单下)更改这些信息，如图2-80所示。

值得一提的是，如果已有一个MAX＋PLUS Ⅱ工程，则还可使用Convert MAX＋PLUS Ⅱ Project命令(在File菜单下)将MAX＋PLUS Ⅱ分配与配置文件转换为Quartus Ⅱ工程，

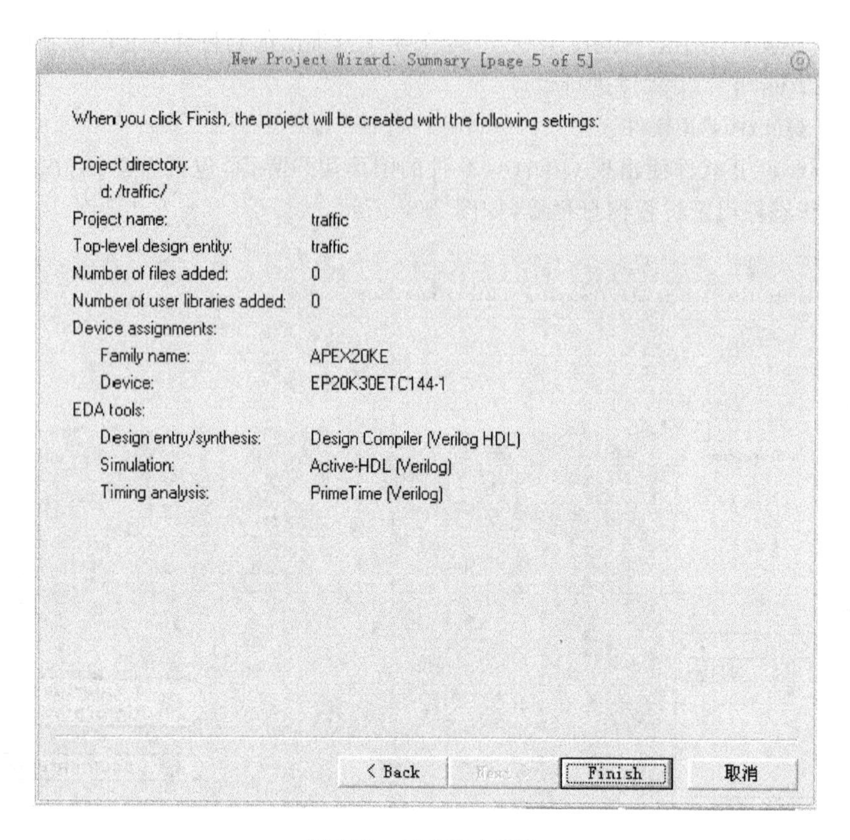

图 2-79 工程基本信息

Quartus Ⅱ软件将为工程建立新的 Quartus Ⅱ工程配置文件和有关的设置和配置文件。

(3) 设计输入

如图 2-81 所示,可以使用 Quartus Ⅱ软件在 Quartus Ⅱ Block Editor 中进行原理图设计或调用 MAX+PLUS Ⅱ图形设计文件,也可使用 Quartus Ⅱ Text Editor 通过 AHDL、Verilog HDL 或 VHDL 语言建立设计。Quartus Ⅱ软件还支持采用第三方 EDA 设计输入和综合工具生成的 EDIF 输入文件或 VQM 文件建立的设计,还可以在第三方 EDA 设计输入工具中建立 Verilog HDL 或 VHDL 语言设计,以及生成 EDIF 输入文件和 VQM 文件。

在本例中,点击菜单"File"→"New...",在弹出的对话框的 Device Design Files 选中 Verilog HDL File,再按"OK"按钮,然后输入该交通灯控制系统的 Verilog HDL 语言设计程序(具体源代码见前),如图 2-82 所示。输入完成后将文件保存为 traffic. v。

(4) 分析综合(Analysis & Synthesis)

可以使用 Quartus Ⅱ的 Analysis & Synthesis 模块分析综合设计文件和建立工程数据库。Analysis & Synthesis 使用 Quartus Ⅱ Integrated Synthesis 综合 VHDL 设计文件(.vhd)或 Verilog HDL 设计文件(.v)。也可以使用其他 EDA 综合工具综合 VHDL 或 Verilog HDL 语言设计文件,然后再生成可以与 Quartus Ⅱ软件配合使用的 EDIF 网表文件(.edf)或 VQM 文件(.vqm)。综合设计流程如图 2-83 所示。

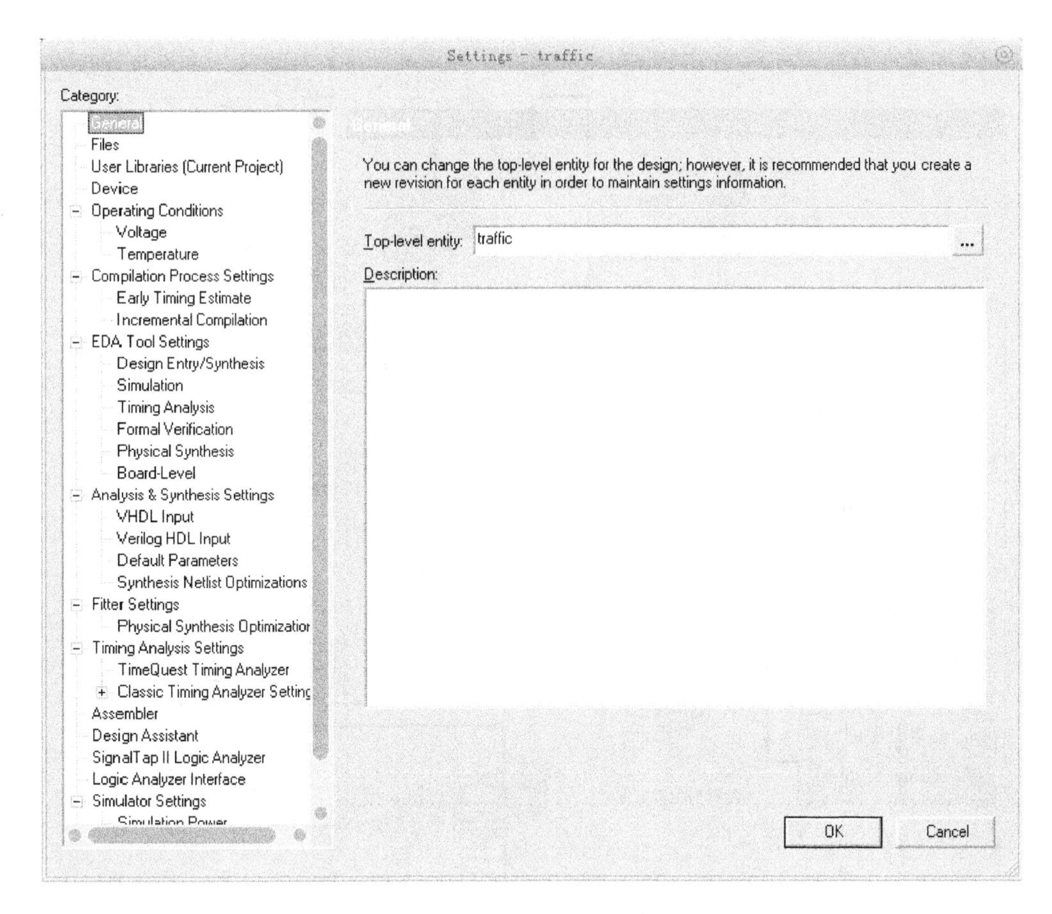

图 2-80　Settings(设置)窗口

① 使用 Analysis & Synthesis 工具

Analysis & Synthesis 包括 Quartus Ⅱ Integrated Synthesis，它完全支持 VHDL 和 Verilog HDL 语言，并提供控制综合过程的选项。

Analysis & Synthesis 支持 Verilog－1995 标准(IEEE 标准 1364－1995)、大多数 Verilog－2001 标准(IEEE 标准 1364－2001)构造和 SystemVerilog－2005 标准，还支持 VHDL 1987(IEEE 标准 1076－1987)和 1993(IEEE 标准 1076－1993)标准。可以选择要使用的标准；在默认情况下，Analysis & Synthesis 使用 Verilog－2001 和 VHDL 1993。可以在 Settings 对话框(在 Assignments 菜单下)的 Analysis & Synthesis Settings 中的 Verilog HDL Input 和 VHDL Input 页中指定这些选项以及其他选项。

Analysis & Synthesis 构建单个工程数据库，将所有设计文件集成在设计实体或工程层次结构中。Quartus Ⅱ 软件用此数据库进行其余工程处理。其他 Compiler 模块对该数据库进行更新，直到它包含完全优化的工程。开始时，该数据库仅包含原始网表；最后，它包含完全优化且合适的工程，工程将用于为时序仿真、时序分析、器件编程等建立一个或多个文件。当它建立数据库时，Analysis & Synthesis 的分析阶段将检查工程的逻辑完整性和一致性，并检查边界连接和语法错误。Analysis & Synthesis 还在设计实体或工程文件的逻辑上进行综合

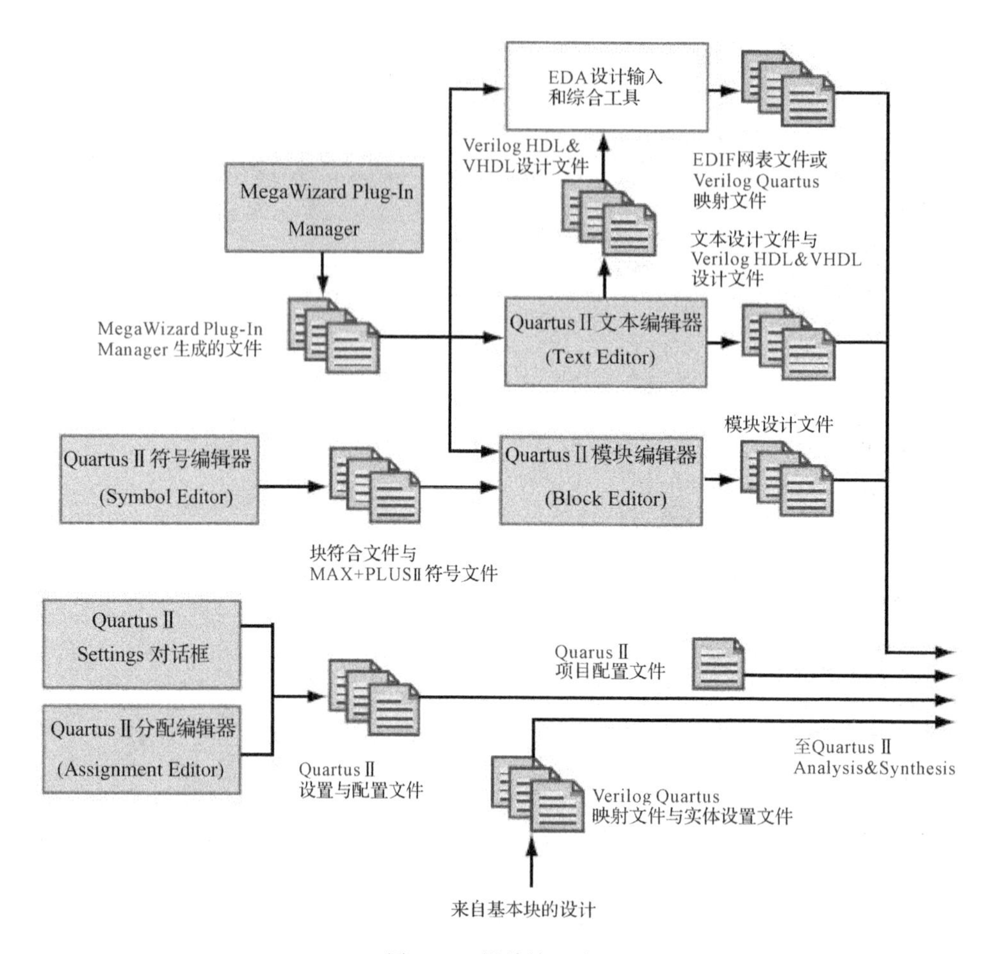

图 2-81 设计输入流程

和技术映射。它从 Verilog HDL 和 VHDL 语言设计中推断触发器、锁存器和状态机。它为状态机建立状态分配，并作出能减少所用资源的选择。此外，它还用 Altera 参数化模块库(LPM)函数中的模块替换运算符，例如＋或－，而该函数已为 Altera 器件做了优化。Analysis & Synthesis 使用多种算法来减少门的数量，删除冗余逻辑以及尽可能有效地利用器件体系结构，可以使用逻辑选项分配自定义综合。Analysis & Synthesis 还应用逻辑综合技术，以协助实施工程时序要求，并优化设计以满足这些要求。消息窗口和 Report 窗口的消息区域显示 Analysis & Synthesis 生成的任何消息。Status 窗口记录工程编译期间在 Analysis & Synthesis 中处理所花的时间。

当建立 VHDL 或 Verilog HDL 语言设计时，应该将它们添加至工程中。当使用 New Project Wizard(在 File 菜单下)建立工程或使用 Settings 对话框的 Add/Remove 页时，可以添加设计文件；或者如果在 Quartus Ⅱ Text Editor 中编辑文件，在保存文件时，系统将提示将其添加至当前工程中。在将文件添加至工程中时，应按希望 Integrated Synthesis 处理这些文件的顺序来添加。然后，点击菜单“Processing”→“Start”→“Start Analysis & Synthesis”或使用快捷键即可启动 Analysis & Synthesis 工具，如图 2-84 所示。

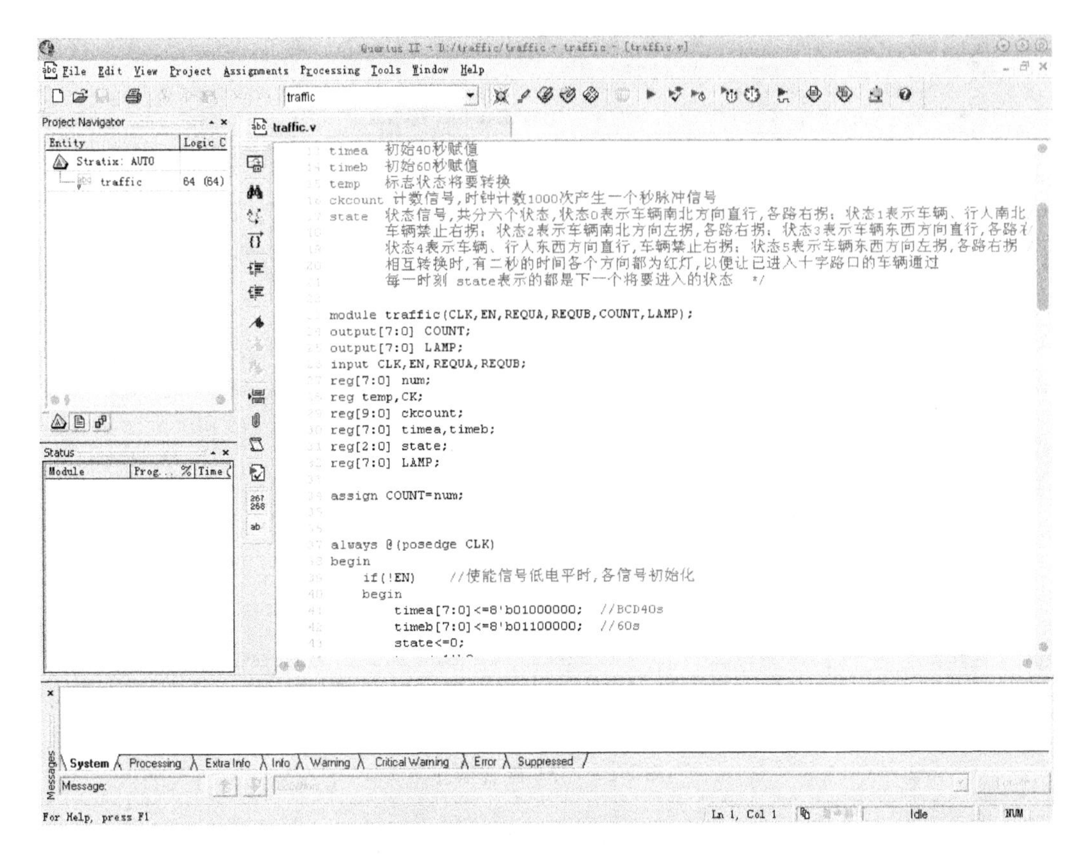

图 2-82　交通灯控制系统的设计输入

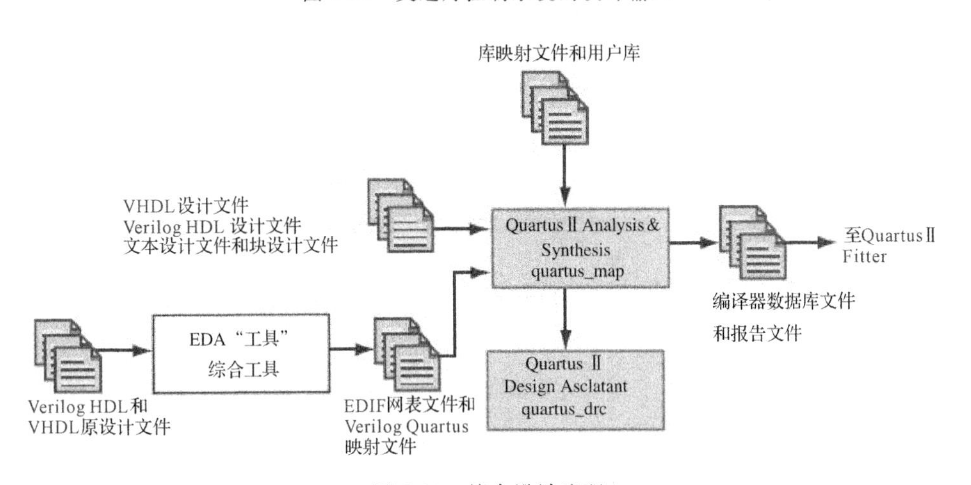

图 2-83　综合设计流程

如果分析发现 Verilog HDL 或 VHDL 语言有错，就会中止分析，并在分析综合信息栏中提示错误。双击错误提示可以直接找到错误发生的行（当然有时所指的行也并不一定是错误的直接发生点，也许是某处产生错误，但直到该行才出现矛盾），可以快速发现并更正错误，如图 2-85 所示。

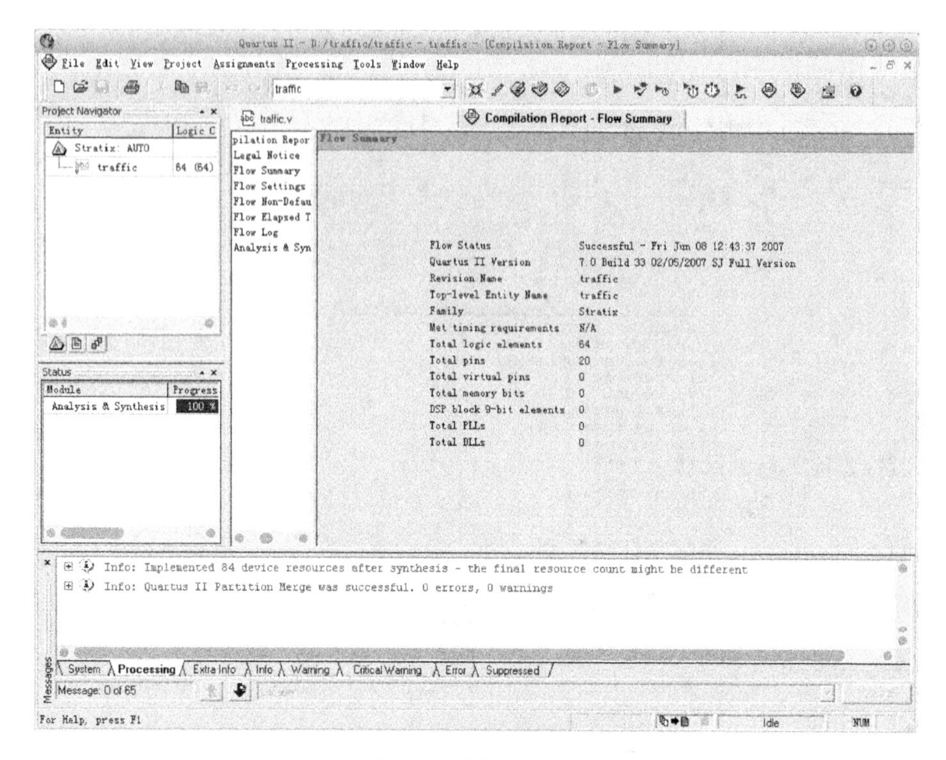

图 2-84　分析综合信息

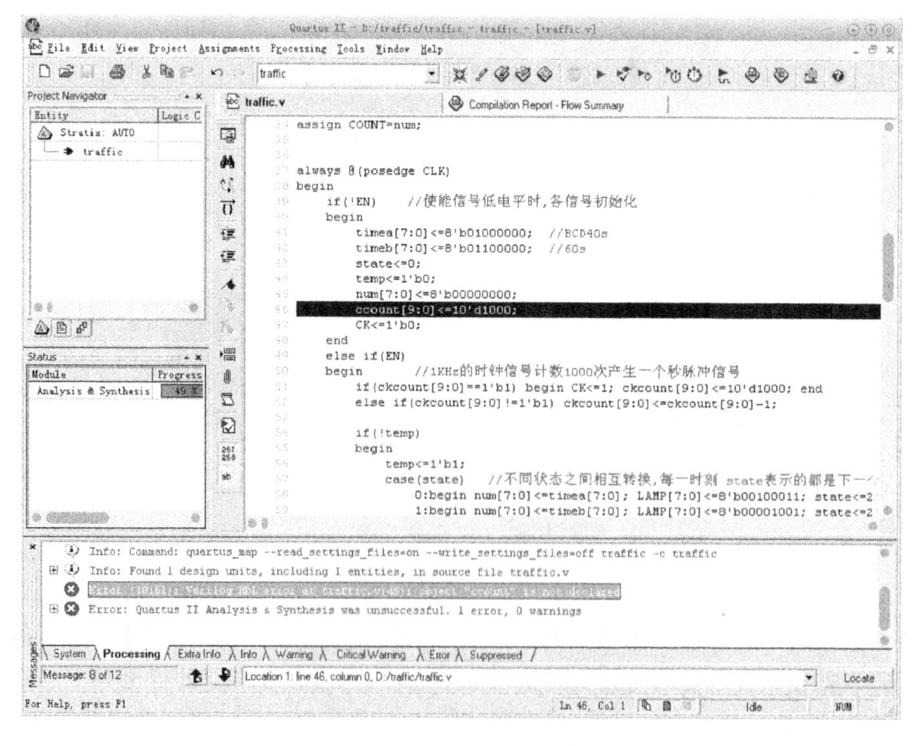

图 2-85　根据提示寻找错误

② 使用其他第三方 EDA 综合工具

Altera 提供与许多第三方 EDA 综合工具配合使用的库，Altera 还为许多工具提供 NativeLink 支持。如果已使用其他 EDA 工具建立了分配或约束条件，可以使用 Tcl 命令或脚本将这些约束条件导入包含设计文件的 Quartus Ⅱ 软件中。许多 EDA 工具都可自动生成分配 Tcl 脚本。

在 Assignments 菜单下的 Settings 对话框的 EDA Tool Settings 页中，指定是否应在 Quartus Ⅱ 软件中自动运行具有 NativeLink 支持的 EDA 工具，并使它成为综合设计全编译的一部分。EDA Tools Settings 页还允许为 EDA 工具指定其他选项。

在这里，选择 Mentor Graphics 公司的综合软件 LeonardoSpectrum 来进行综合，如图2-86所示。

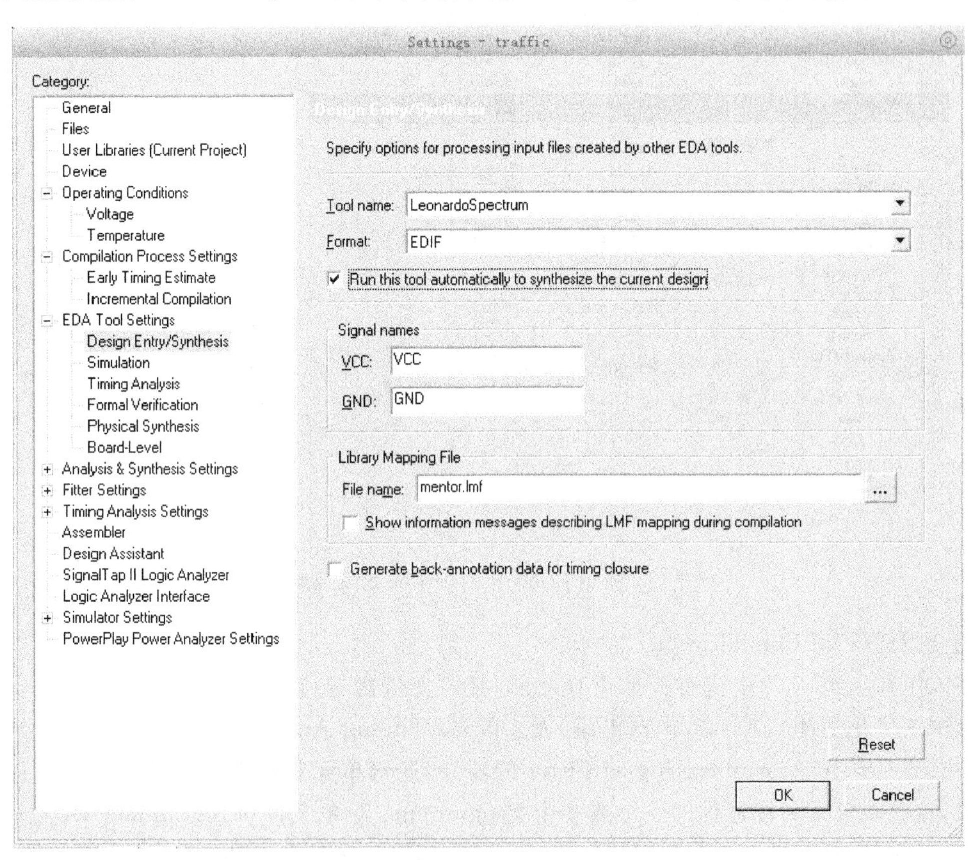

图 2-86　指定其他 EDA 综合工具

在 QuartusⅡ软件的安装过程中会提示安装 LeonardoSpectrum 等第三方 EDA 软件，在安装了之后，LeonardoSpectrum 等软件便内嵌在 QuartusⅡ软件中；如果没有安装，则要在 Options 选项框（Tools 菜单下）中的 EDA Tool Options 里指定 LeonardoSpectrum 的安装路径（需已经另外单独安装），如图 2-87 所示。

（5）仿真（Simulation）

可以使用 EDA 仿真工具或使用 Quartus Ⅱ 仿真器进行设计的功能与时序仿真，其流程如图 2-88 所示。

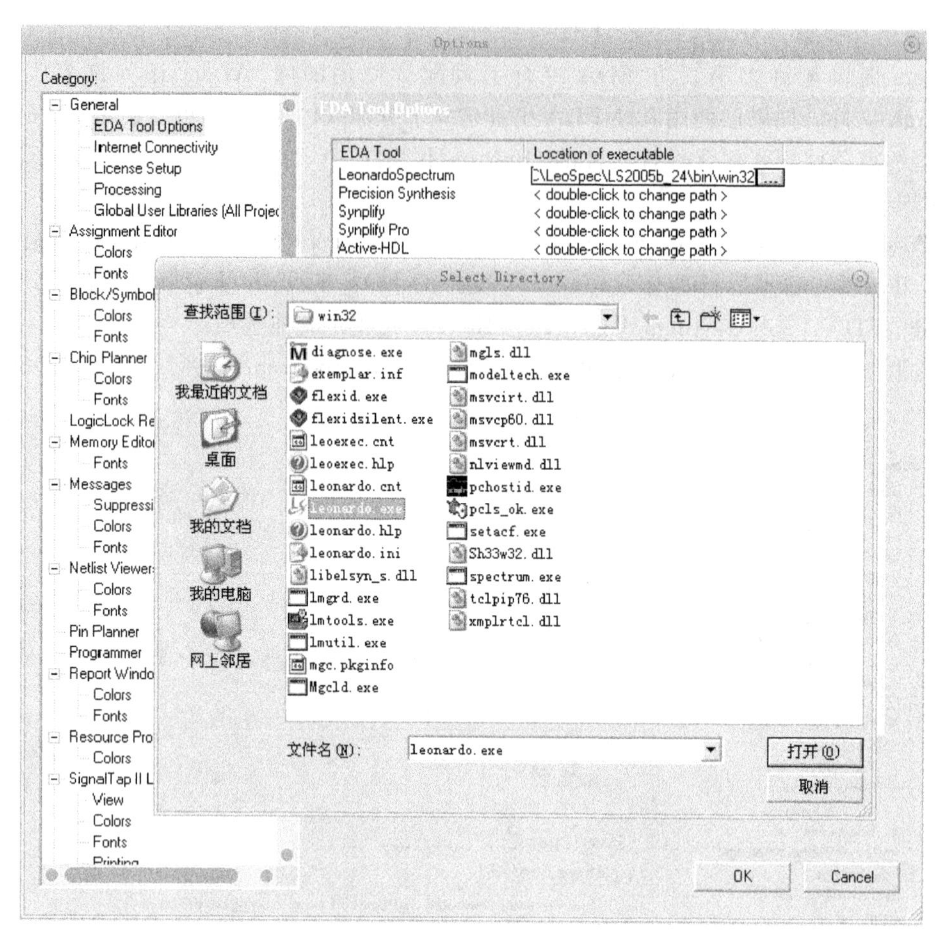

图 2-87　指定 LeonardoSpectrum 的安装路径

①全编译(Full Complication)

在 Quartus Ⅱ 7.1 中进行波形仿真之前，必须先依次进行 Partition Merge(分割合并)、Fitter(网表优化适配)、Assembler(汇编)及 Classic Timing Analyzer(时序分析)。在其中的 Assembler 一步中，Assembler 自动将 Fitter 的器件、逻辑单元和引脚分配转换为该器件的编程映象，这些映象以目标器件的一个或多个 Programmer 对象文件(Programmer Object File，简称 POF 文件，后缀为.pof)或 SRAM 对象文件(SRAM Object File，简称 SOF 文件，后缀为.sof)的形式存在，以后就可以利用这些二进制形式的 POF 或 SOF 文件去进行 FPGA 器件的编程下载了。其中，POF 文件主要用于配置 Altera 公司的 MAX 3000 和 MAX 7000 器件，而 SOF 文件主要用于配置除 MAX 3000 和 MAX 7000 器件外的所有基于 SRAM 的 Altera 器件。整个过程称为全编译(Full Complication)，可单步顺序执行(点击菜单“Processing”→“Start”→各子菜单项)，也可整体执行(点击菜单“Processing”→“Start Compilation”或使用快捷键 ▶)，如图 2-89 所示。

②使用其他第三方 EDA 工具进行设计仿真

Quartus Ⅱ 软件通过 NativeLink 功能使时序仿真与支持的第三方 EDA 仿真工具完美集

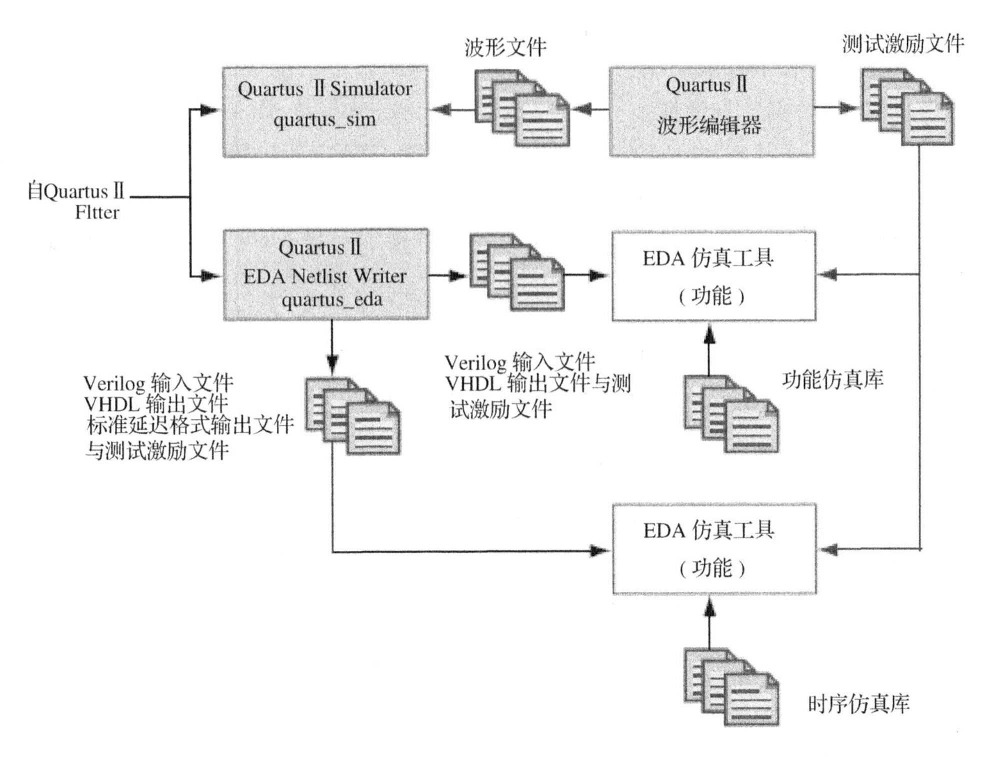

图 2-88　仿真流程

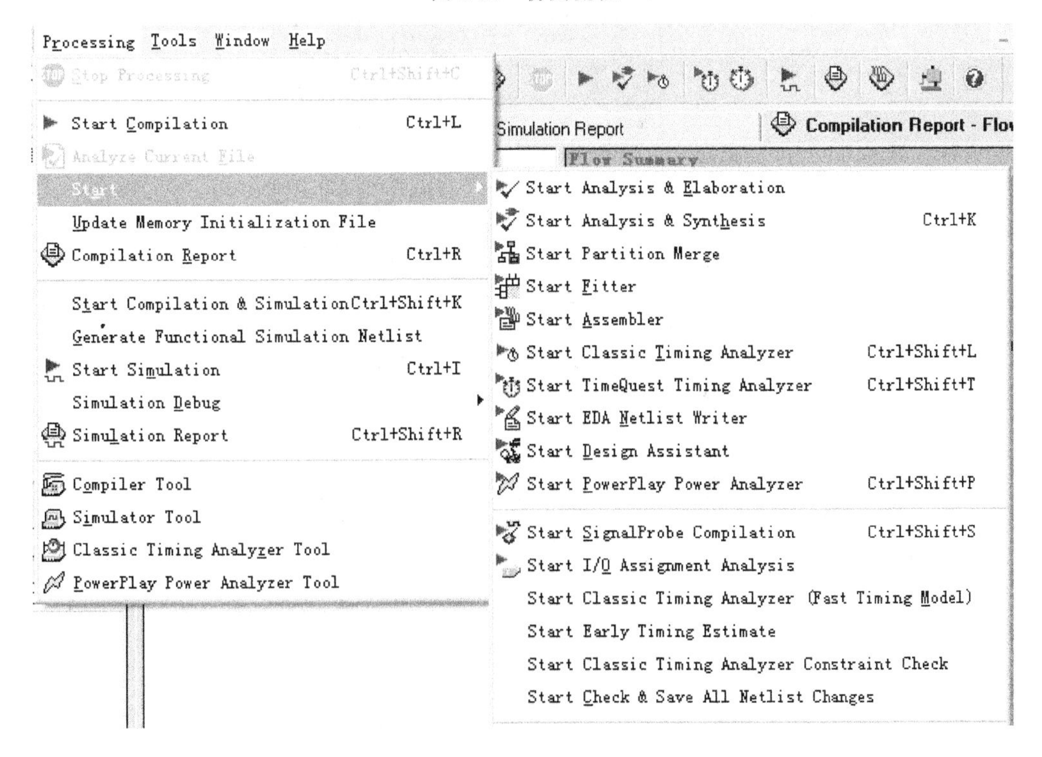

图 2-89　全编译步骤

成。NativeLink 功能允许 Quartus Ⅱ 软件将信息传递给 EDA 仿真工具，并有从 Quartus Ⅱ 软件中启动 EDA 仿真工具的功能。

(a)指定 EDA 仿真工具设置

建立新工程时，可以从 New Project Wizard(在 File 菜单下)中或者从 Settings 对话框(在 Assignments 菜单下)的 EDA Tool Settings 页中选择 EDA 仿真工具，如图 2-90 所示。

与分析综合类似，在 QuartusⅡ软件的安装过程中会提示安装 ModelSim 软件，如果这时安装

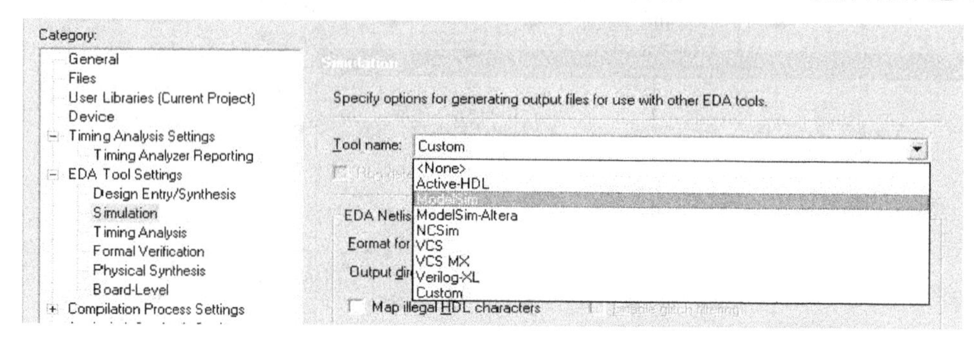

图 2-90 指定其他第三方 EDA 仿真工具

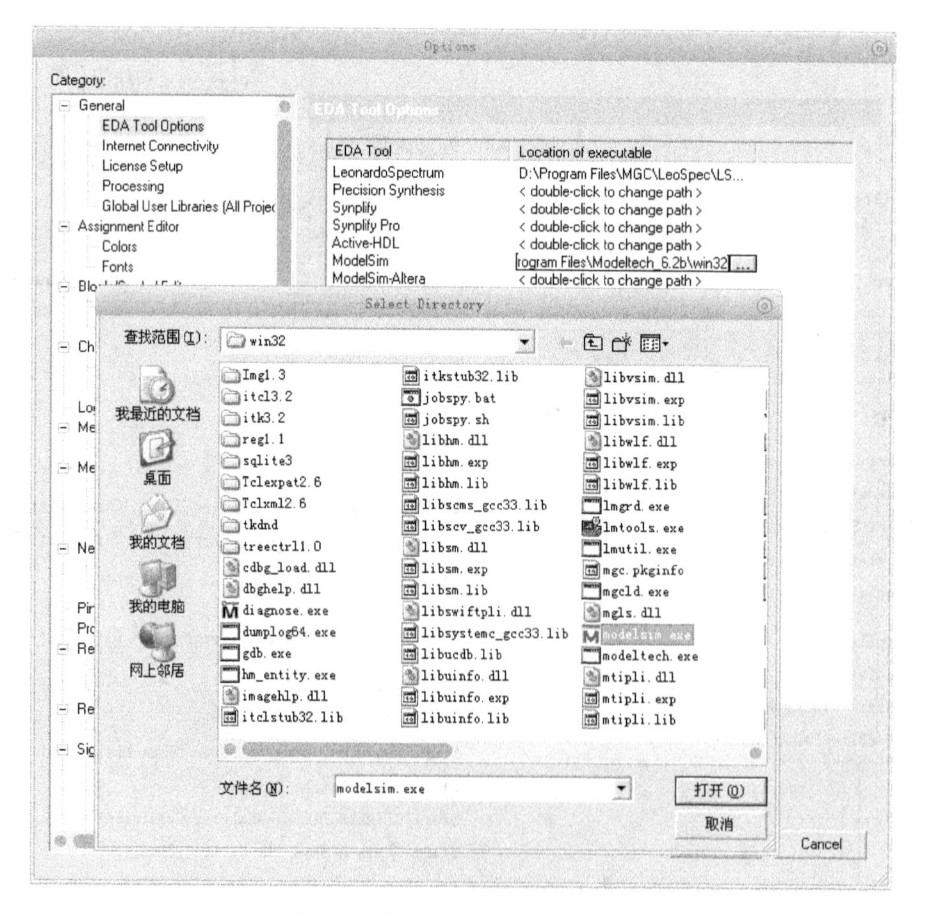

图 2-91 指定 ModelSim 的安装路径

了 ModelSim，便可以用上述方法选择仿真软件；如若不然，便要在 Options 选项框（Tools 菜单下）中的 EDA Tool Options 里指定 ModelSim 的安装路径（需已经另外单独安装），如图 2-91 所示。

（b）建立波形文件

Quartus Ⅱ Waveform Editor 可以建立和编辑用于波形格式仿真的输入矢量。使用 Waveform Editor，可以将输入矢量添加到波形文件中，此文件描述设计中的逻辑行为。Quartus Ⅱ软件支持矢量波形文件（.vwf，Vector Waveform File）、表文件（.tbl，Vector Table Output File）、矢量文件（.vec，Vector File）和矢量表输出文件（.tbl）格式的波形文件。也可以在 MAX+PLUS Ⅱ软件中将 MAX+PLUS Ⅱ仿真器通道文件（.scf，Simulator Channel File）另存为表文件，然后使用 Waveform Editor 打开表文件并另存为矢量波形文件。

在本例中，点击菜单“File”→“New...”，在弹出的对话框中的 Other Files 页中选中“Vector Waveform File”并点“OK”按钮，建立一个波形文件，然后右键点击左边区域，选择“Insert Mode or Bus...”，加入输入、输出等信号，如图 2-92 所示。

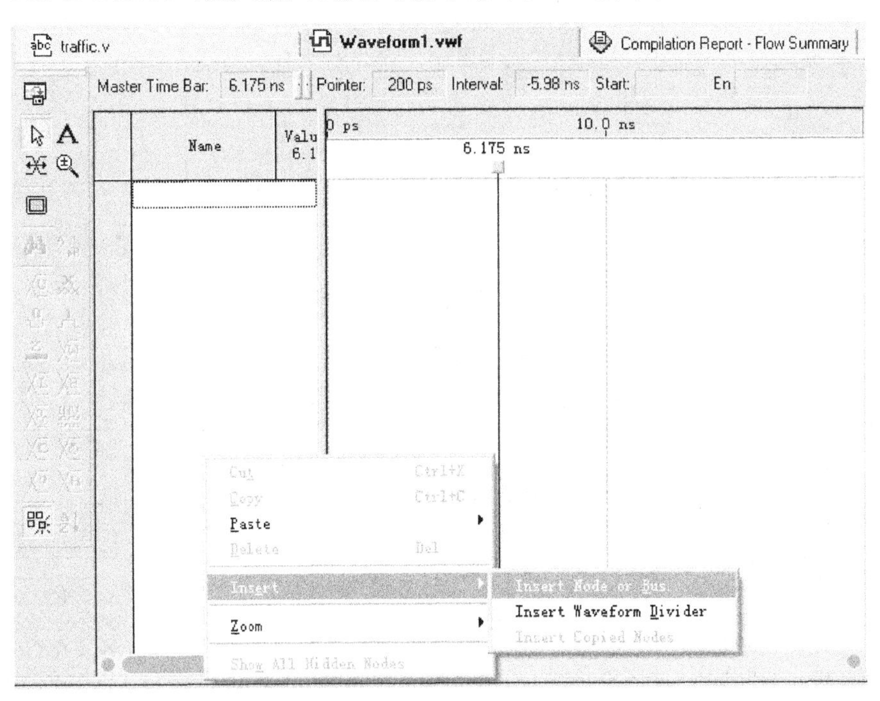

图 2-92　波形文件窗口

之后会出现“Insert Mode or Bus”对话框，点击“Node Finder...”按钮，弹出“Node Finder”对话框，然后在 Filter 下拉列表框中选择信号种类，点击 List 在左边的“Nodes Found”框中便会出现相应的信号。选择所需要显示的信号到右边“Selected Nodes”框中，最后点击“OK”按钮完成信号选择。如图 2-93 所示。

然后对输入信号进行赋值，如图 2-94 所示，最左边竖框上的按键是信号赋值快捷键。按键对信号赋低电平，按键对信号赋高电平。对时间信号赋值要使用按键，点击按键便会跳出一个对话框，然后点击“Timing”，便可以设置起始时间（Start time）、终止时间（End time）及每个时钟的间隔时间（Count every ...）。

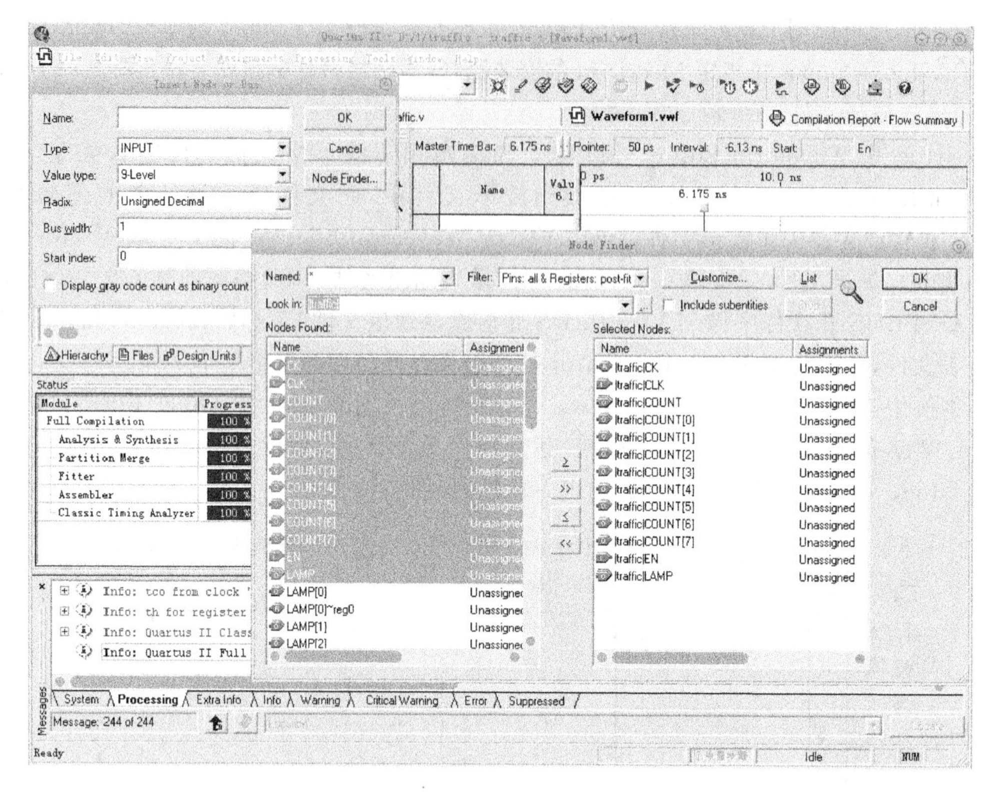

图 2-93 选择信号对话框

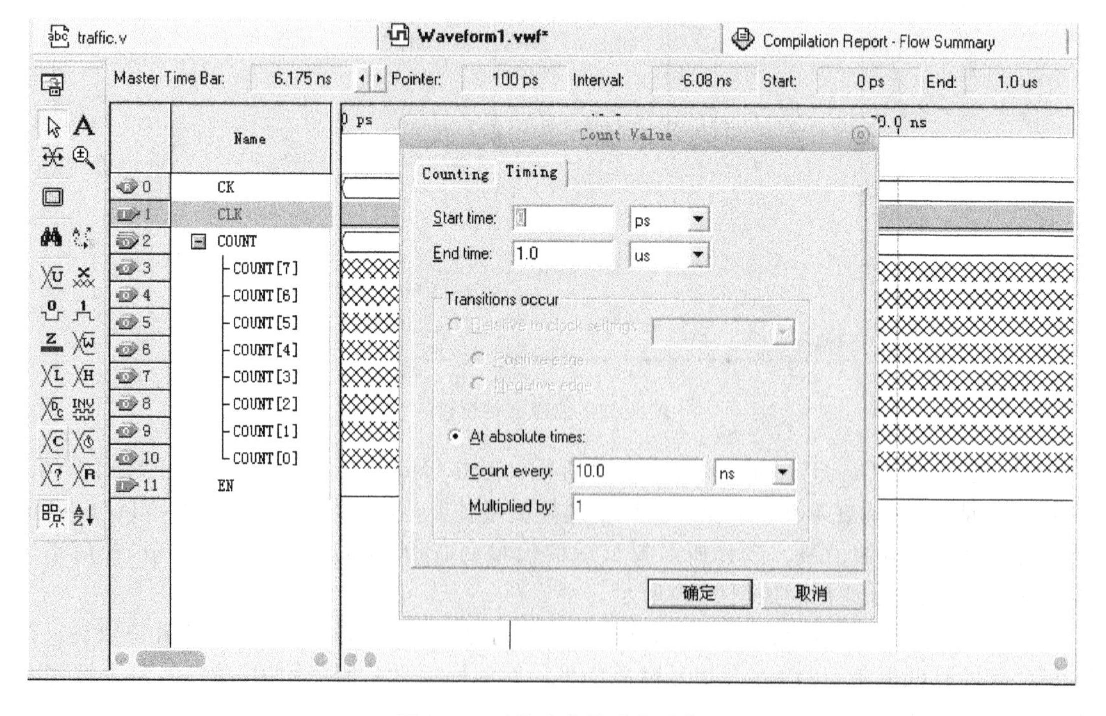

图 2-94 对输入信号进行赋值

（c）波形文件仿真分析

对输入信号赋完值后，点击菜单"Processing"→"Start Simulation"，就得到仿真后的结果波形文件。

如图 2-95 所示，CLK 为 1kHz 的时钟信号，CK 为秒时钟 1Hz，由时钟信号 CLK 计数 1000 次得到，state 是状态信号，但每个时刻 state 表示的都是下一个将会进入的状态。使能信号 EN 低电平时，系统及各变量初始化，使能信号 EN 高电平，系统开始进入状态 0，即车辆南北方向直行，东西方向禁止通行，各路右拐，行人禁止通行。计数器从 40s 开始倒计数显示，当计到最后 2s 时，各个方向都为红灯，以便让已进入十字路口的车辆通过。之后系统进入状态 2，即南北方向左拐，东西方向禁止通行，各路右拐，行人禁止通行。

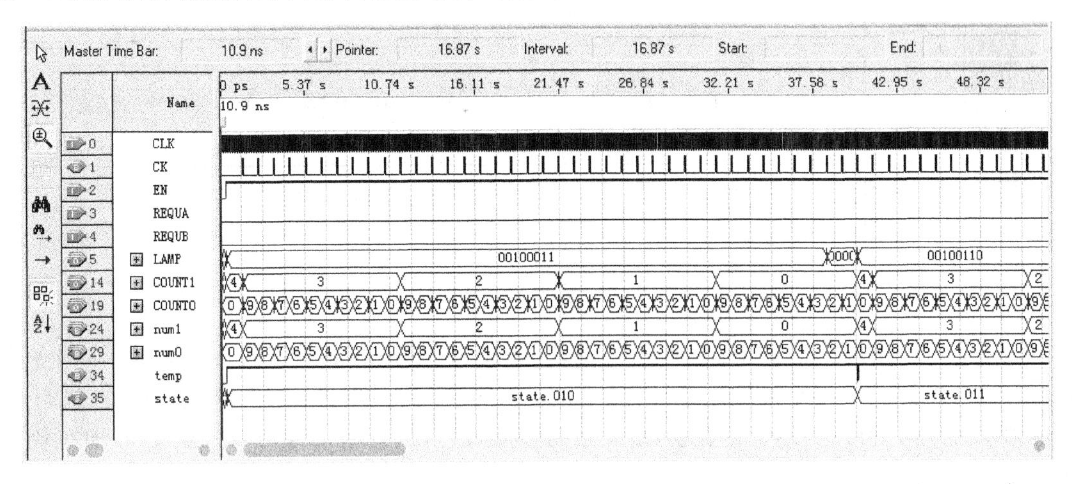

图 2-95　仿真后的波形文件一

如图 2-96 所示，当没有行人请求通行时，系统遵循状态 0→状态 2 →状态 3→状态 5→状态 0 的循环，即南北直行→南北左拐→东西直行→东西左拐→南北直行，各路始终右拐的循环。

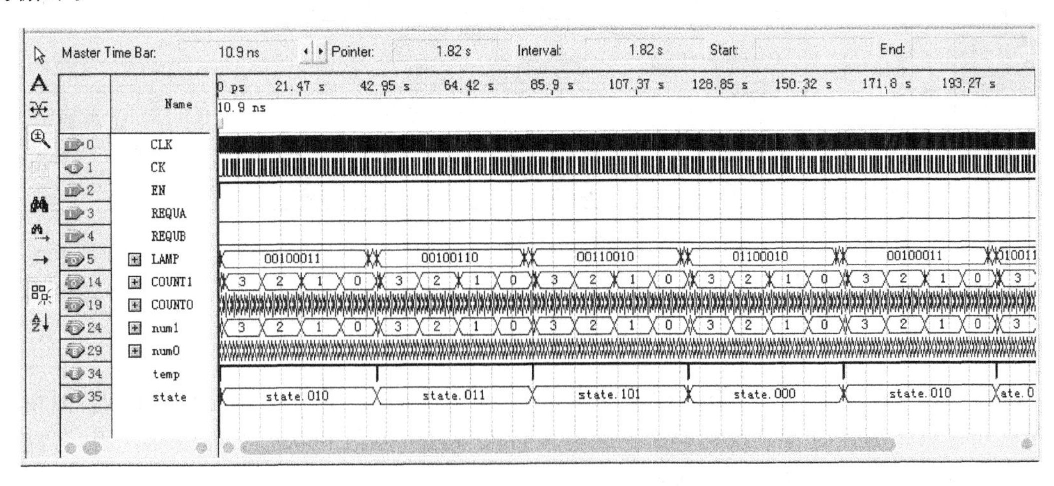

图 2-96　仿真后的波形文件二

如图 2-97 所示，系统在状态 0 即南北直行，各路右拐时，东西方向若有行人请求，则令东西方向行人等待。南北方向若有行人请求，且请求在状态倒计时的前 20s，则系统转入状态 1，即车辆南北方向直行，各路禁止右拐，行人南北方向直行，倒计时 60s 后转入状态 2，即车辆南北方向左拐，各路右拐。

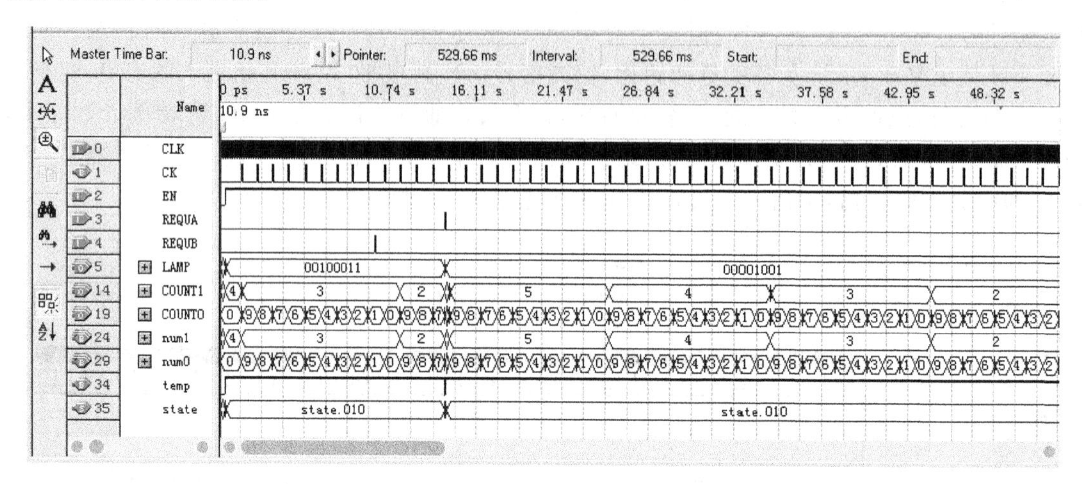

图 2-97 仿真后的波形文件三

如图 2-98 所示，系统在状态 3 即东西直行，各路右拐时，南北方向若有行人请求，则令南北方向行人等待。东西方向若有行人请求，且请求在状态倒计时的前 20s，则系统转入状态 4，即车辆东西方向直行，各路禁止右拐，行人东西方向直行，倒计时 60s 后转入状态 5，即车辆东西方向左拐，各路右拐。

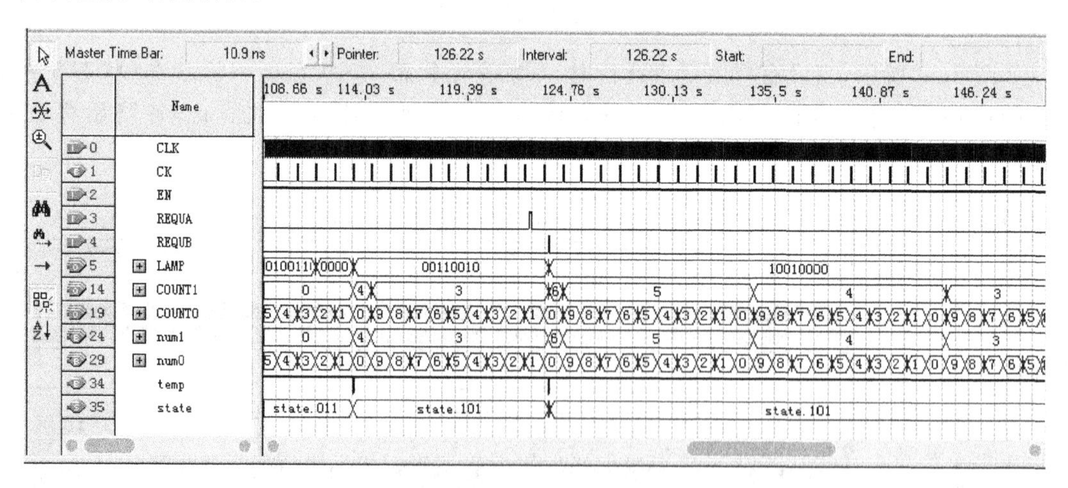

图 2-98 仿真后的波形文件四

如图 2-99 所示，系统在状态 0 即南北直行，各路右拐时，南北方向若有行人请求，但请求时刻已超过状态倒计时的前 20s，则令南北方向行人等待。系统在状态 2 即南北左拐，各路右拐时，东西或南北有行人请求时，则令行人等待。

如图 2-100 所示，系统在状态 0 即东西直行，各路右拐时，东西方向若有行人请求，但请求

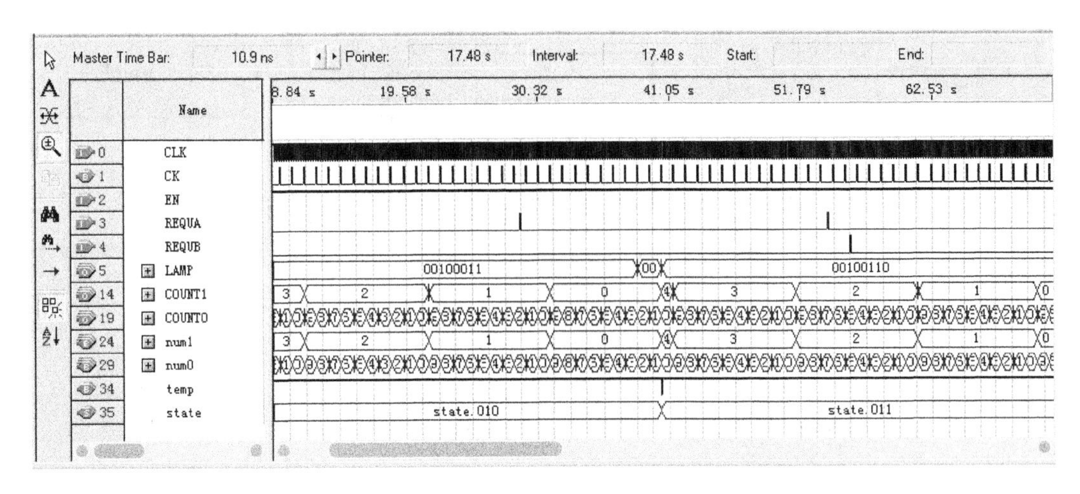

图 2-99　仿真后的波形文件五

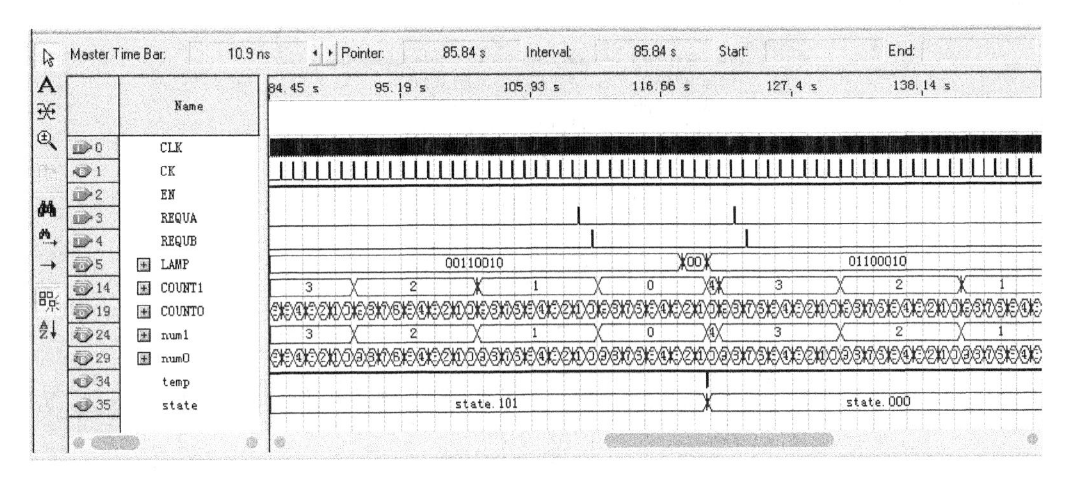

图 2-100　仿真后的波形文件六

时刻已超过状态倒计时的前 20s，则令东西方向行人等待。系统在状态 2 即东西左拐，各路右拐时，东西或南北有行人请求时，则令行人等待。

以上六张仿真结果波形图可以说明，该交通灯控制系统的设计效果与设计要求完全相符。

(6) 编程和配置(Programing & Deployment)

Quartus Ⅱ的编程下载流程如图 2-101 所示。在使用 Quartus Ⅱ软件成功编译工程之后，就可以对 Altera 器件进行编程下载或配置。Quartus Ⅱ Compiler 的 Assembler 模块生成编程文件，Programmer 模块使用 Assembler 生成的 POF 和 SOF 文件对 Quartus Ⅱ软件支持的所有 Altera 器件进行编程或配置。

Programmer 允许建立包含设计所用器件名称和选项的链式描述文件(.cdf，Chain Description File)。对于允许对多个器件进行编程或配置的一些编程模式，CDF 还指定了 SOF、POF、Jam 文件、Jam 字节代码文件和设计所用器件的从上到下顺序，以及链中器件的顺序。

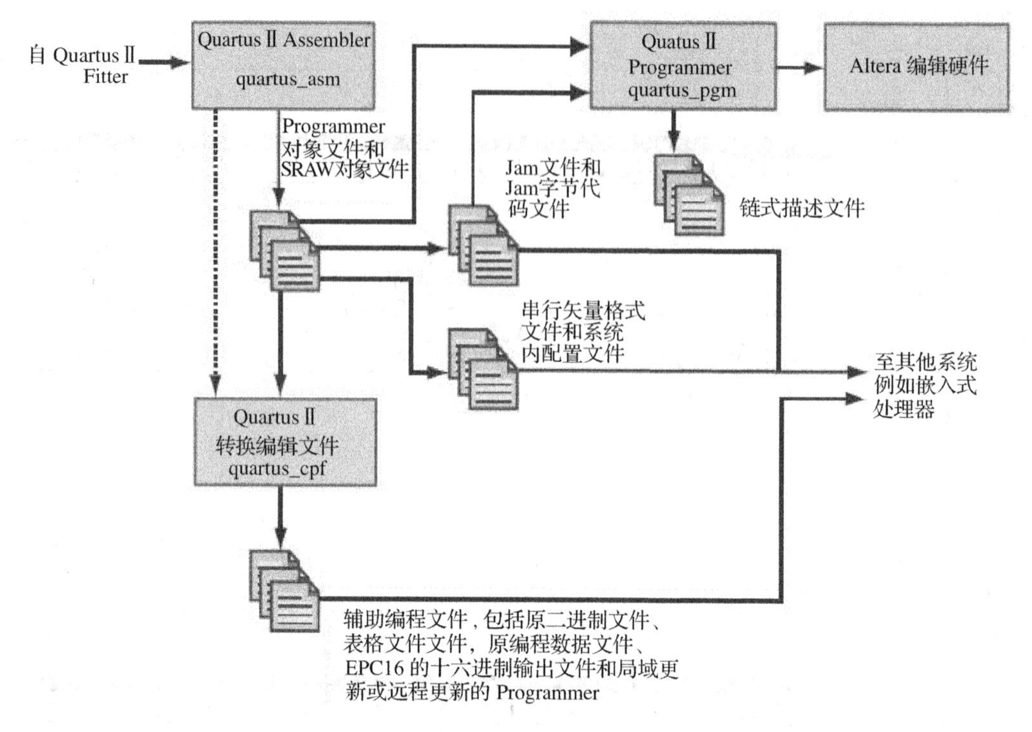

图 2-101 编程流程

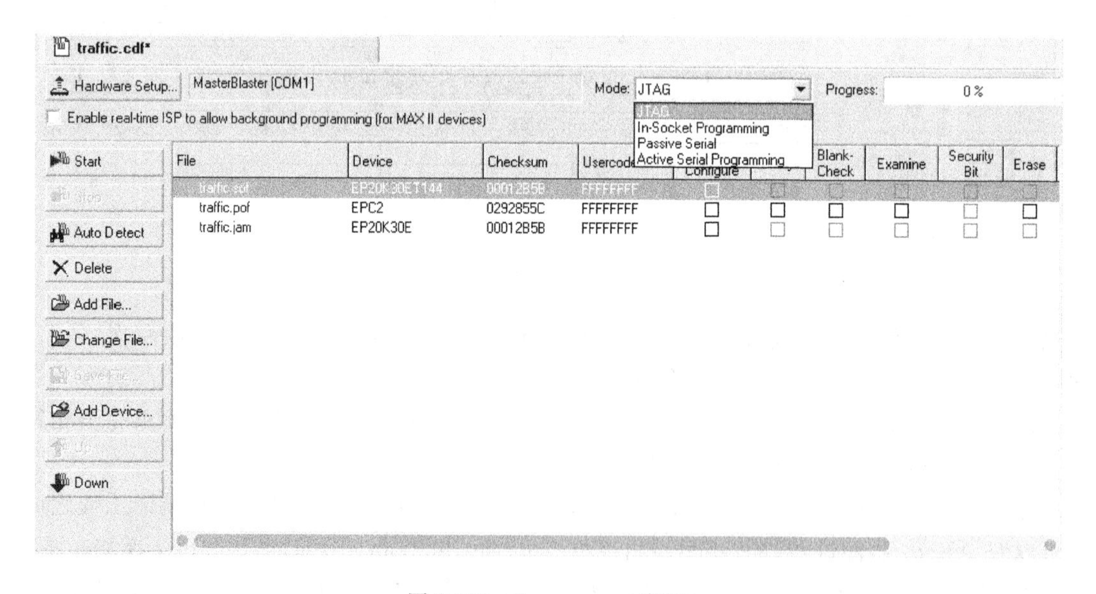

图 2-102 Programmer 窗口

在本例中，点击 Quartus Ⅱ 的 Tools 菜单下的"Programmer"菜单项，便得到一个专门用于编程下载.cdf 文件的配置窗口，即 Programmer 窗口，如图 2-102 所示。一般将该文件保存为一个跟工程文件同名的 cdf 文件，这里即为 traffic.cdf。

如图 2-101 所示，Programmer 具有四种编程模式：JTAG 模式、被动串行(Passive Serial)

模式、主动串行编程(Active Serial Programming)模式、套接字内编程(In-Socket Programming)模式。被动串行和JTAG编程模式允许使用CDF和Altera编程硬件对单个或多个器件进行编程。可以使用主动串行编程模式和Altera编程硬件对单个EPCS1或EPCS4串行配置器件进行编程。可以配合使用套接字内编程模式与CDF和Altera编程硬件对单个CPLD或配置器件进行编程。

以下步骤描述了使用Programmer对一个或多个器件进行编程的基本流程:

①将Altera编程硬件与您的计算机系统相连,并安装任何必要的启动程序。

②进行设计的全编译,或至少运行Quartus Ⅱ Compiler中的Analysis & Synthesis、Fitter和Assembler模块。Assembler模块自动为设计建立SOF和POF文件。

③打开Programmer,建立新的CDF。每个打开的Programmer窗口代表一个CDF;可以打开多个CDF,但每次只能使用一个CDF进行编程。

④选择编程硬件设置。选择的编程硬件设置将影响Programmer中可用的编程模式类型。

⑤选择相应的编程模式,包括被动串行模式、JTAG模式、主动串行编程模式或套接字内编程模式。

⑥视编程模式而定,可以在CDF中添加、删除或更改编程文件(如POF和SOF文件等)与器件的顺序。可以指示Programmer在JTAG链中自动检测Altera支持的器件,并将其添加至CDF器件列表中。还可以添加用户自定义的器件。

⑦对于非SRAM稳定器件,例如配置器件、MAX 3000和MAX 7000器件,可以指定额外编程选项来查询器件,例如:Verify、Blank-Check、Examine和Security Bit。

⑧点击Programmer窗口中的"Start"按钮,启动编程,完成器件下载以及系统功能调试。

2.6.4 时钟问题

控制器是一个同步时序电路,或称为状态机(State-Machine)。它在系统时钟的作用下,一个节拍一个节拍地进行状态转移,每个状态发出相应的控制信号给数据子系统,让其执行对应的操作。因此在设计数字系统时,对于时钟问题应该给予极大的重视,归纳起来要注意以下几点。

(1)系统时钟的选择

根据系统速度及稳定性要求选择时钟电路。在交通灯控制系统和出租车计价器两例题中采用的系统时钟为秒脉冲(见图2-13)。在稳定性要求较高的系统中,时钟电路应采用石英晶体振荡,一般要求的可以采用RC振荡电路,如图2-103所示。高速的数字系统需要高速和稳定的时钟,此时时钟电路应仔细地设计。

(2)输入同步问题

同步时序电路正常工作的基本条件就是系统同步化,所谓系统的同步化问题就是设法保证控制器能正确无误地接收来自外部的输入信号和来自数据子系统的条件信息,并能作出正确的响应,发出合理的控制信号给数据子系统和相应的输出。

为什么要对输入信号进行同步化?原因有三点:

①由于系统是同步时序电路,它的运算操作及状态变化都与时钟的有效边沿同步。若输入信号是非常短暂的异步信号,控制器很可能根本捕获不到此异步信号,如图2-104所示。

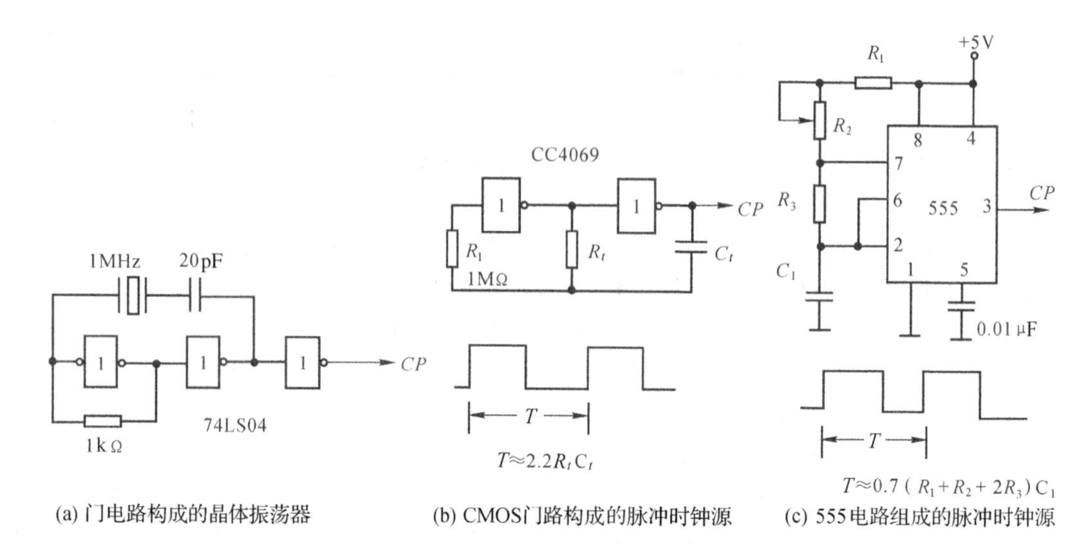

(a) 门电路构成的晶体振荡器　(b) CMOS门路构成的脉冲时钟源　(c) 555电路组成的脉冲时钟源

图 2-103　时钟电路举例

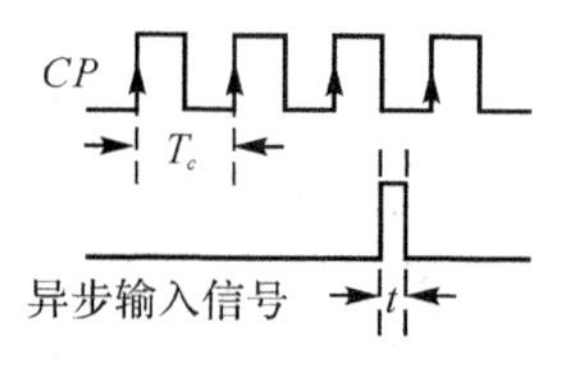

图 2-104　短暂的异步输入

②有的异步信号的持续时间也许并不短暂，但输入信号总有一定的建立时间，系统应在该输入信号达到稳定后才动作。此外，系统的操作和状态转换也有一定的持续时间，而输入信号必须保证在电路稳定后才变化，否则都会产生误动作。所以系统与异步信号之间一定要同步。

③条件输出是某一状态与输入信号相与的结果，短暂的异步输入信号的条件输出可能只持续很短的时间，以至于受控器无法响应如此短暂的控制脉冲，因此也必须将异步信号同步化。

异步信号同步化电路如图 2-105 所示，由一个 RS 触发器捕获异步信号，然后送到 D 触发

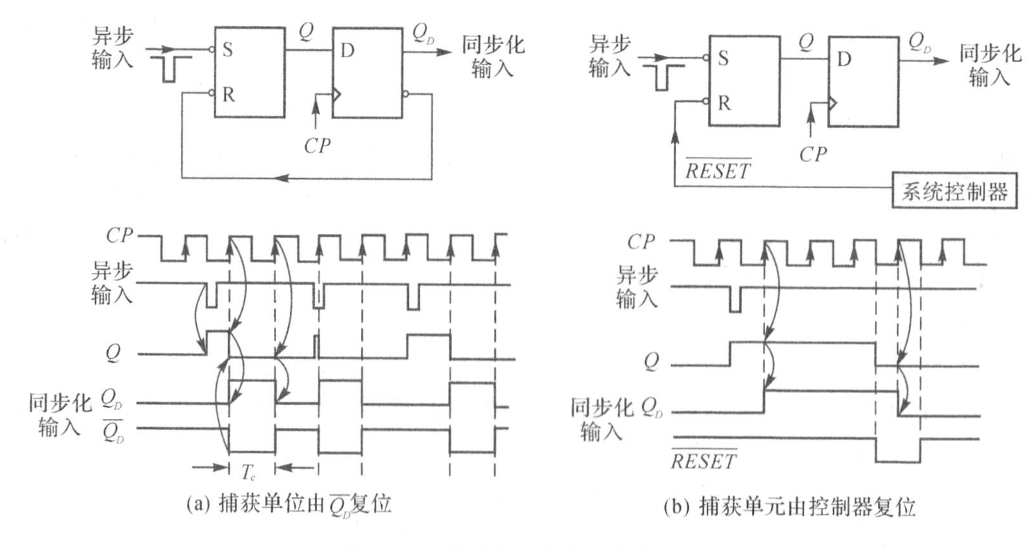

(a) 捕获单位由$\overline{Q_D}$复位　(b) 捕获单元由控制器复位

图 2-105　异步输入信号同步化电路

器产生同步信号(如果异步信号持续时间较长,也可以不用捕获电路)。捕获单元可由 D 触发器的$\overline{Q_D}$信号复位,也可由系统的控制器来复位。

这里需要提出注意的是,如果我们使输入信号在 CP 的上升边时刻实现了同步,且持续一个时钟周期,为了使系统可靠地工作,控制器的状态转换时间最好在时钟的下降边时刻。

(3)两相时钟的选择问题

在某些数字系统中,数据子系统的一些触发器和控制器的状态寄存器采用同一个时钟,例题二进制除法器(图 2-14)中的移位寄存器 B、A_2、A_1、Q 的时钟与控制器时钟相同。又如交通灯控制系统中的 40 秒减法计数器和 60 秒减法计数器(图 2-13)的时钟也采用与控制器相同的 1Hz 秒脉冲,这时必须注意时钟与控制信号间的时间延迟问题。

以二进制除法器为例,见图 2-21 的系统 MDS 图和图 2-14 的电路图,为在 S_1 状态将除数置入寄存器 B 中,要求控制器发出控制信号 $G_2=1$、$M_{1B}=M_{0B}=1$。但 G_2、M_{1B}、M_{0B}是控制器在 S_1 状态的输出,对 S_1 状态的时钟有效边沿而言,G_2、M_{1B}、M_{0B}均为 0,如图 2-106 所示。因而预期的置数功能无法实现。但在 S_2 状态的时钟有效边沿,却实现了置数,从而造成了错误动作。为确保设计要求在 S_1 状态将除数置入 B 中,数据子系统可以采用 CP 的下降边沿触发,与控制器的时钟不同相位,即选择两相时钟。

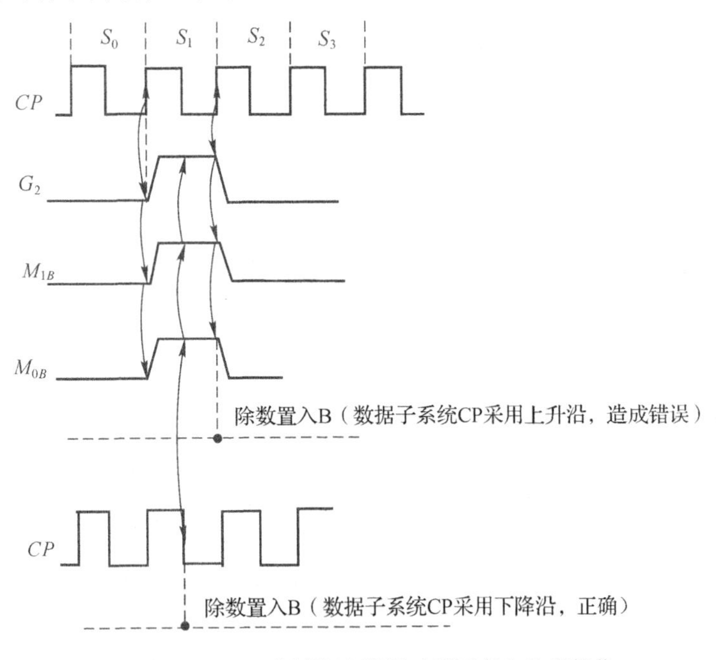

图 2-106　二进制除法器因时延而产生的误操作

又如,交通灯控制系统中,40 秒减法计数器的秒脉冲通过与门受控制信号 CP_1 的控制(见图 2-13),而 CP_1 是经过很多组合电路的控制器的一个输出(见图 2-28),它滞后于时钟 1Hz 秒脉冲,因而可能会引起一些毛刺而产生误操作,如图 2-107 所示。解决方法也可以采用两相时钟,即数据子系统的减法计数器的 CP 采用 1Hz 秒脉冲的下降边沿。

(4)时钟扭曲问题

有时为增大驱动能力,经常将部分时钟经过一个缓冲放大器,如图 2-108(a)所示,这就会

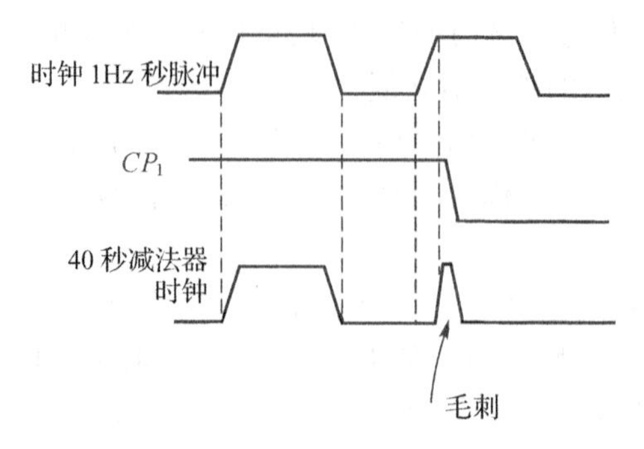

图 2-107 交通灯控制器中因时延而产生的毛刺

引入时延，造成各时钟间的不同步。合理的解决方法是让各时钟通过相同的缓冲器，如图 2-108(b)所示。在设计印制电路板时，时钟的传输线长短也不能相差太悬殊，否则也会引入时延，从而造成误操作，见图 2-109 所示。图中 FF_1 和 FF_2 采用同一时钟，但由于 FF_2 的时钟线太长而时延 t_d，引起了不正确的操作。

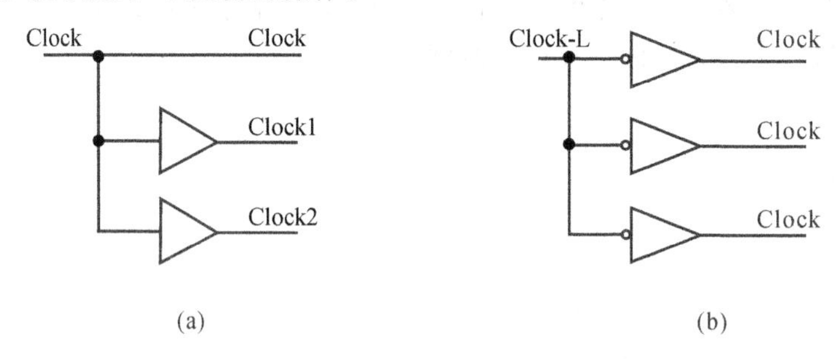

图 2-108 时钟通过相同缓冲放大器供电

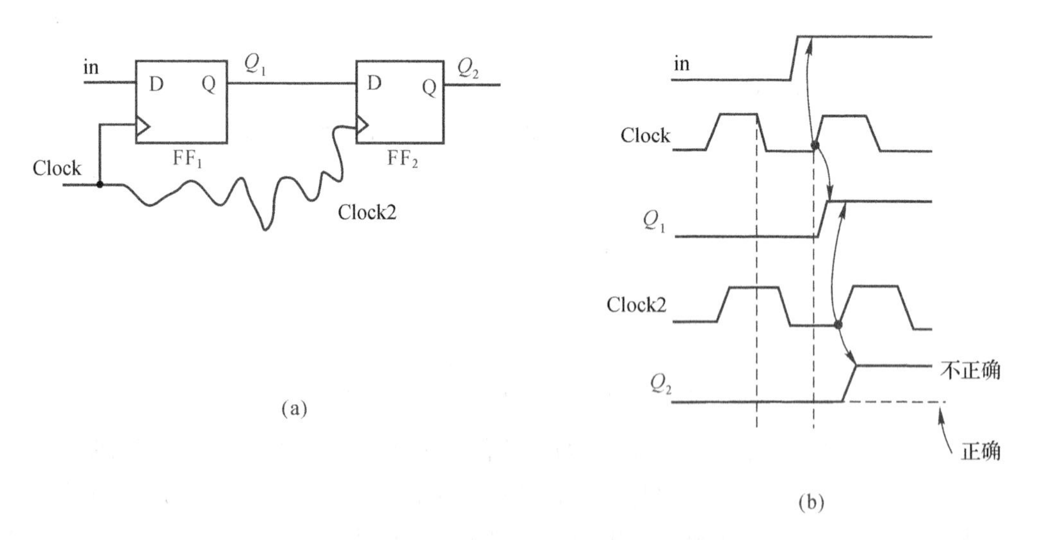

图 2-109 时钟传输线长度不同引入的时延错误

每一个时钟电路所带的负载轻重也应该均衡，否则也会引起时延。这是因为较重的负载引入了更大的负载电容，从而增加了晶体管的开关时间，也就加大了时间延迟。

时序问题是数字系统的核心问题之一，尤其对高速数字系统更为重要。时钟是数字系统中的关键，要注意各模块电路与时钟的配合，这是调整数字系统随时应注意的问题。

参考文献

[1] John F Wakely. DIGITAL DESIGN Principles & Practices[M]. 3rd edition. 北京：高等教育出版社，2001.

[2] 何小艇. 电子系统设计[M]. 3 版. 杭州：浙江大学出版社，2004.

[3] Donald E Thomas, Philip R Moorby. 硬件描述语言 Veilog[M]. 4 版. 刘明业，蒋敬旗，刁岚松等译. 北京：清华大学出版社，2001.

[4] 王道光. CPLD/FPGA 可编程逻辑器件应用与开发. 北京：国防工业出版社，2004.

[5] 陈燕东. 可编程器件 EDA 应用研发技术[M]. 北京：国防工业出版社，2006.

[6] 姜田华. 基于 EDA 软件 isp LEVER 的现代数字系统设计. 中国期刊全文数据库，2004.

[7] Altera Corporation. Quartus Ⅱ 7 Help. 2007.

[8] Altera Corporation. Quartus Ⅱ 7 简介(中文版). 2003.

[9] Altera Corporation. Quartus Ⅱ 用户指南(中文版). 2001.

[10] 杨柳，李再学. 基于 EDA 工具的数字电子系统设计. 中国期刊全文数据库，2001.

第3章

模拟系统设计

3.1 模拟系统设计方法

3.1.1 概 述

当前的应用电子系统，一般都同时使用数字和模拟两类技术，两者互为补充，充分发挥各自优势。但对一个具体应用系统而言，使用技术的侧重点则有所不同，有的以数字技术为主，有的以模拟技术为主。两类系统在设计上有其共性，也有其个性。作为电子系统而言，模拟系统常作为一个子系统出现，因此，本节重点拟对模拟系统在设计中的特点作一描述，而不是系统地描述一个模拟电子系统设计的全过程。

假如一个应用电子系统对获得的模拟信号不需要作复杂的处理，也不要作远距离传送，而且最后的执行机构也是用模拟信号去驱动的，在这样的系统中用模拟技术来处理是比较合理的。因为自然界中的各类物理量(如温度、速度、压力、流量等)大多是非电量的模拟量，将各类物理量转变成电信号(电压、电流)后，它们通常也是模拟信号，而最终的执行机构(如电机、扬声器、示波管等)所需的输入信号一般也是模拟信号，所以直接在模拟领域中来完成信号加工，是顺理成章的事。而不必将模拟信号经 A/D 转换器转成数字量，对数字量进行处理后，再经 D/A 转换器恢复到模拟信号这样的复杂过程。反之，假如这个系统要求功能很复杂或要求自动化程度很高，或对其性能指标要求很高，或要进行远距离传送等，这时通常需要通过数字技术对信号进行处理及用数字压缩编码方法进行远距离传送以保证精确、可靠、节省信道容量。因此，这时必须将模拟信号转换成数字信号，在数字领域中实现信号加工。

与数字电子系统设计相比，模拟电子系统的设计有以下一些特点：

①工作于模拟领域中单元电路的类型较多，例如形形色色的传感器电路，各种类型的电源电路、放大电路，式样繁多的音响电路、视频电路以及性能各异的振荡、调制、解调等通信电路和大量涉及机电结合的执行部件电路等，因此涉及面很宽，要求设计者具有宽广的知识面。

②模拟单元电路一般要求工作于线性状态，因此它的工作点选择、工作点的稳定性，运行范围的线性程度，单元之间的耦合形式等都较重要。而且对模拟单元电路的要求，不只是能实

现规定的功能，更要求它达到规定的精度指标。特别是为实现一些高精度指标，会有许多技术问题要予以解决。

③电子系统设计中的重点之一是系统的输入单元与信号源之间的匹配和系统的输出单元与负载(执行机构)之间的匹配。在这方面模拟单元与数字单元有较大的区别。模拟系统的输入单元要考虑输入阻抗匹配以提高信噪比，要抑制各种干扰和噪声，例如为抑制共模干扰可采用差分输入，为减少内部噪声应选择合理的工作点等。输出单元与负载的匹配，例如与扬声器的匹配，与发射天线的匹配，则主要为了能输出最大功率和提高效率等。

④调试工作的难度。一般来说模拟系统的调试难度要大于数字系统的调试难度，特别对于高频系统或高精度的微弱信号系统更是这样。这类系统中的元器件性能、布置、连线、接地、供电、去耦等对性能指标影响很大。人们要想实现所设计的模拟系统，除了正确设计外，设计人员是否具备细致的工作作风和丰富的实际工作经验就显得非常重要。

⑤当前电子系统设计工作的自动化发展很快，但主要在数字领域中。而模拟系统的自动化设计进展比较缓慢，人工的介入还是起着重要的作用，这与上述诸特点有着密切关系。

3.1.2　模拟系统的设计方法与步骤

3.1.2.1　任务分析，方案比较，确定总体方案

在电子系统设计中，这一步是非常关键的。从当前模拟系统的技术现状来看，为完成某一任务可能会有不同的技术方案，例如为获得一个高精度的信号源可采用锁相环方案或采用集成函数发生器方案；为实现某个技术方案还可能有不同性能的器件，如分立器件、功能级集成块、系统级集成块，甚至ASIC电路等。这就要求设计人员在深入分析任务的基础上，对功能、性能、体积、成本等多方面作权衡比较，而且还要考虑到具体的实际情况而最后确定总体方案。因此这一阶段与设计人员的知识面，对任务分析的透彻程度和对最新单元器件掌握的情况等都有密切关系。

3.1.2.2　划分各个相对的独立功能块，得出总体的原理框图

根据选定的系统总体方案及指标，按信号输入到输出的流向划分各个独立的功能方框，例如在扩音系统(参阅本章的3.3.2小节)中，可划分成前置放大器(以完成对输入信号的匹配、频率特性的均衡)、音调控制放大器(以完成音调的调节范围为主要目标)、功率放大器(以实现输出功率为主要目标)。又如在数据采集系统中的前向通道(参阅第6章的6.4节)，通常可划分为输入放大器、滤波器、取样/保持电路、多路模拟开关、A/D转换器等，这些都是根据每个单元完成某一种特定功能来划分的。当然在划分成各个独立功能级时，除依据完成的功能外，还要兼顾到系统指标的分配、装配连接的合理性等。例如在扩音系统中，若总的增益已给定，则分配到各单元级的增益就可大体确定。又如在采集系统的前向通道中，若总的误差已规定，则要把总的误差合理地分配到各单元级。完成这样的工作后，就可以得到一个初步的总体原理框图，在图上标明各级的功能和主要指标。

3.1.2.3　以集成块为中心，完成各功能单元配置的外电路的设计

根据前述的各单元的功能和指标，人们应首先选择合适的集成块，然后计算该集成块有关外电路的参数，例如运算放大器的反馈网络参数的计算、音调控制放大器的调节网络的参数计

算、A/D 转换器外加双极性量程电路参数的计算、取样/保持电路的保持电容的计算等。在实际的设计工作中，本步骤与第二步骤是不能截然分开的，常是一个交互作用过程。目前集成块种类繁多，各有特色，有些芯片已具有多个功能甚至已进入到系统级，因此集成块的选择大有文章可作。对于输入单元和输出单元的集成块的选择应特别关注，因为这时的信号源已确定(通常传感器已选定，或系统中已给出)，同样输出负载已确定(执行机构已给出或选定，相应的负载特性已给出)，通常要求输入单元的输入特性与信号源匹配，而输出单元的输出特性与负载相匹配。这里的匹配是指使输入和输出单元工作在“最佳状态”，所谓“最佳状态”是指在规定的工作条件下，能获得最好的结果。例如某些系统要求输入单元能获得尽可能大的信噪比，输出单元在规定的条件下要使负载上获得尽可能大的功率，以满足扬声器或天线的要求，或者要求输出单元工作在尽可能的高效率状态，以减少功率损耗等。

3.1.2.4 单元之间的耦合及整体的电路的配合——得到整体系统电原理图

本阶段主要工作有以下两点：

(1)单元间耦合

因为模拟电路的工作情况和性能通常与直流工作点有关，而有些单元之间连接时，其前级的工作点会影响到后级的工作情况(例如直接耦合)，甚至可能造成系统工作不正常。同时后级的输入阻抗也会给前级的性能指标带来影响，从而影响总的指标。这些情况在划分功能级时，虽已初步考虑，但在每个单元的外电路参数确定后，还应根据实际参数进行核算。

(2)系统整体的配合

目前的模拟系统普遍地应用负反馈技术来改善品质，不论音响系统、控制系统或通信系统都不例外。作为系统的主反馈，通常是根据要求来计算外接反馈电路参数的，再通过调试最后予以确定。为了使系统稳定，有时要人为地加入校正网络。为了消除电源纹波对系统的影响，要在适当的地方接入滤波电路等。这些除了在设计中应全面考虑外，还要在以后的调试工作中进行仔细的调整。至此，可得出完整的电原理图。

3.1.2.5 根据第三、第四两步得到的结果，重新核算系统的主要指标

系统的主要指标除了要满足要求外，最好留有一定的裕量(例如增益裕量、误差裕量、稳定性裕量、功率裕量等)，以备系统应用后、器件老化或工作条件变化后系统仍能可靠工作。

3.1.2.6 在设计过程中应充分利用 EDA 仿真软件

应首先在仿真软件基础上进行优化设计，如改变电路结构、电路元件参数等。待得到满意结果后再进行硬件试验。

3.1.2.7 画出系统元器件的布置图和印刷电路板的布线图，并考虑好测试方案，设置测试点

由于模拟系统的特殊性，元件的布置和印刷电路板的布线显得更为重要和复杂。因为有的系统其有用输入信号很小(可小到微伏级)，且各单元电路大多处于线性工作状态，对干扰的影响极为敏感；传感器的敏感元件种类繁多，影响对象各异；环境和元器件的杂散电磁场和地线电流的存在，极易形成寄生反馈；有时还可能发生声、光、电等物理量交互作用的寄生反馈。总之作为一个完善的系统设计，这些因素也都应考虑。最终所设计的模拟系统能否达到预期要求，要经过调试和测量才能得出，而且调试过程能否顺利完成，是与调试者的严谨作风和工作经验密切相关的。

综上所述，可见模拟系统设计与数字系统设计的差别主要有：

①模拟系统自动化设计工具少，器件种类多，实际因素影响大，其人工设计成分比数字系统中的大得多，故对设计者的知识面和经验要求高。

②由于客观环境的影响，模拟电路，特别是小信号、高精度电路以及高频、高速电路的实现远不可能单由理论设计解决。它们与实际环境、元器件性能、电路结构等有着密切关系。因此在设计模拟系统时，不单单是设计电路，还要设计出实现电路功能指标的结构，如印刷电路板的配置、屏蔽、抗干扰措施，选用正确的元器件等，才有可能最终实现设计要求。

3.2　低频模拟系统主要单元电路及其应用知识

单元电路是组成电子系统的“细胞”。电子系统涉及的单元电路非常广泛，虽然大多数单元电路已在专业基础课程中作过介绍，但是一般是以工作原理和分析计算为干线加以描述，而对于单元电路某些性能参数的工程含义、对系统的影响以及各种性能指标的合理选择等实际应用知识涉及较少，因此本节为弥补这方面的不足，对常用的基本单元电路如集成运放、模数转换器、数模转换器、传感器以及用于机电系统的执行机构等从应用角度加以叙述。有关锁相环芯片的介绍将在本章的3.4节中给出。

3.2.1　集成运放应用设计基础

集成运放是模拟系统中一个应用非常广泛的单元电路，按集成运放应用特点可把它们分为通用集成运放和专用集成运放两大类。

通用集成运放按其发展阶段分为四代。常用的有第二代集成运放F007(国外型号为μA741)、第三代集成运放4E325(国外型号为AD508)及第四代集成运放5G7650(国外型号ICL7650)等。

除通用集成运放外，还有各种专用集成运放，例如：①高速型集成运放，它的特点是摆率(转换速率)S_R较大，建立时间t_s较小，如LM318等；②低漂移高精度集成运放，其特点是失调、漂移都很小，噪声很低，如DG725，μA725；③高输入电阻型集成运放，其输入阻抗可达$10^9\,\Omega$，如5G28，μA740等。其他还有各种专用型集成运放，如高压型、低功耗型、大功率型等。

3.2.1.1　集成运放的四个重要参数

集成运放的性能参数可达20多个，其中有些参数：如输入失调电压，输入失调电流及其相应的漂移，输入、输出电阻，差模增益等，这些参数意义明了，读者也比较熟悉，为节省篇幅不再一一列举说明。这里着重说明以下四个重要参数：增益带宽乘积GBW，摆率(转换速率)S_R，共模抑制比CMRR；最大共模输入电压V_{icm}。对这些参数的正确理解和应用，是合理选择集成运放和设计应用电路的基础。

(1)增益带宽乘积GBW

$$GBW = A_{vd} \cdot f_H \tag{3-1}$$

其中，A_{vd}为中频开环差模增益；f_H为上限截止频率(－3dB带宽)。

以F007为例，见图3-1所示，图中$f_H = 10\text{Hz}$，$A_{vd} = 100\text{dB}$即10^5倍，$GBW = 10 \times 10^5 =$

10^6 Hz=1MHz,所以该运放的单位增益频率 f_T=1MHz。

若该运放在应用中接成闭环增益为 20dB 的电路,由图 3-1 可见,这时上限频率 f_{Hf}=100kHz。因为对于一个单极点放大器的频率特性而言,其 GBW 是一个常数。在实际使用时,集成运放几乎总是在闭环下工作,所以从 GBW 等于常数可推出该运放在实际工作条件下所具有的带宽。

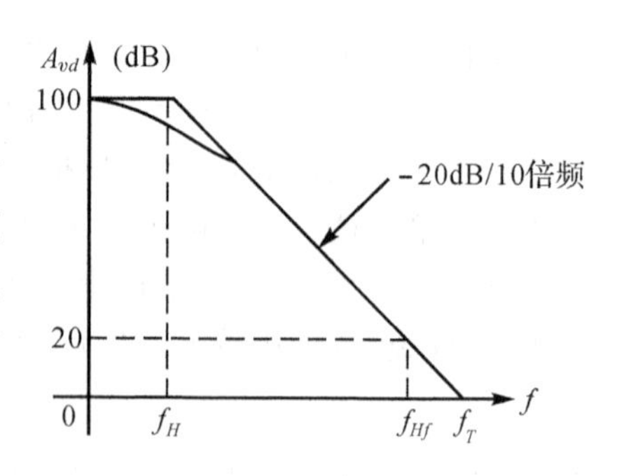

图 3-1 F007 增益带宽特性

(2)摆率(转换速率)S_R

根据定义,摆率 S_R 是表示运放所允许的输出电压 v_o 对时间变化率的最大值。即

$$S_R=\left|\frac{\mathrm{d}v_o}{\mathrm{d}t}\right|_{\max} \tag{3-2}$$

若输入一正弦电压 $v_i=V_{im}\sin\omega t$,则输出也应是一正弦电压 $v_o=V_{om}\sin\omega t$。则

$$S_R=\left|\frac{\mathrm{d}v_o}{\mathrm{d}t}\right|_{\max}=\omega V_{om}=2\pi f V_{om} \tag{3-3}$$

若已知 V_{om},则在不失真工作条件下输入信号的最高频率

$$f_{\max}\leqslant\frac{S_R}{2\pi V_{om}} \tag{3-4}$$

对于 F007,其 S_R=0.5V/μs,当输入信号频率为 100kHz,其不失真的最大输出电压

$$V_{om}\leqslant\frac{S_R}{2\pi f_{\max}}=\frac{0.5\times10^6}{2\pi\times10^5}\approx0.8(\mathrm{V})$$

若将 F007 接成电压跟随器电路,并输入一个 V_{im}=2.0V,f=100kHz 的正弦信号,则输出将有明显的失真,如图 3-2 所示。为了要使输出不失真,则最大输入信号应小于 0.8V。

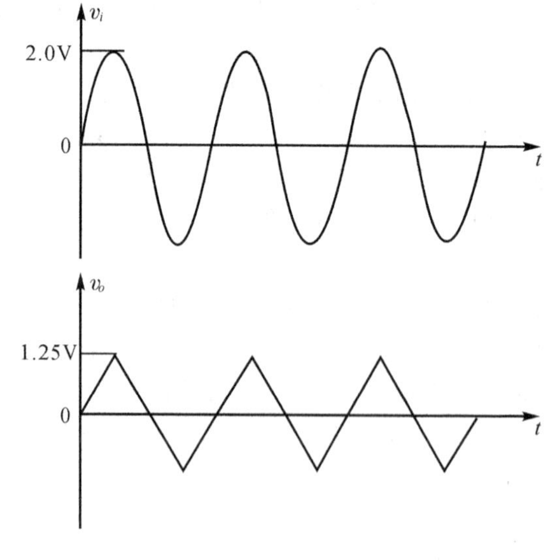

图 3-2 当输入信号 f=100kHz,V_{im}=2.0V 时,F007 输出波形失真

(3)共模抑制比 CMRR

此指标的大小,表示了集成运放对共模信号(通常是一种干扰信号)的抑制能力。定义为开环差模增益 A_{vd} 和开环共模增益 A_{vc} 之比,工程上常用分贝来表示:

$$\mathrm{CMRR}=20\lg\left|\frac{A_{vd}}{A_{vc}}\right|(\mathrm{dB}) \tag{3-5}$$

式中,A_{vd} 为开环差模增益;A_{vc} 为开环共模增益。

共模抑制比这一指标在微弱信号放大场合非常重要,因为在许多实际场合,存在着共模干扰信号。例如,信号源是有源的电桥电路的输出,或者信号源通过较长的电缆连到放大器的输入端,它们可能引起放大器接地端与信号源接地端的电位不相同情况,因而产生共模干扰。通常共模干扰电压值可达几伏甚至几十伏,从而对集成运放的共模抑制比指标提出了苛刻的要求。以下举例说明。

假设某一放大器的差模输入信号 V_{idm} 为 10μV,而放大器的输入端有 10V 的共模干扰信号。为了使输出信号中的有用信号(差模分量)能明显地大于干扰信号,这时要求该运放应具有多大的共模抑制比呢?为此我们可进行如下计算:

设该放大器的输出端的共模电压为 V_{ocm},则 $V_{ocm}=V_{icm}\cdot A_{vc}$,可把 V_{ocm} 折合到输入端以便与输入的差模信号进行比较,可得

$$V_{em}=\frac{V_{ocm}}{A_{vd}}=\frac{V_{icm}}{A_{vd}/A_{vc}}=\frac{V_{icm}}{\mathrm{CMRR}} \tag{3-6}$$

式中,V_{em} 为折合到输入端的误差电压;CMRR 为用数值表示的共模抑制比。

根据例子要求,希望输出信号中有用信号明显大于干扰信号,若取输入有用信号为干扰信号的两倍,即 $V_{em}=\frac{V_{idm}}{2}=\frac{1}{2}\times10\mu\mathrm{V}=5\mu\mathrm{V}$,则 $\mathrm{CMRR}\geqslant\frac{V_{icm}}{V_{em}}=\frac{10\mathrm{V}}{5\mu\mathrm{V}}=2\times10^6$,即 126dB。故要求该集成运放的共模抑制比至少要大于 126dB。

(4)最大差模输入电压 V_{idM} 和最大共模输入电压 V_{icM}

在实际工作中,集成运放最大差模输入电压 V_{idM} 受输入级的发射结反向击穿电压限制,在任何情况下不能超过此值,否则就会损坏器件。而输入端的最大共模电压超过 V_{icM} 时,放大器就不能正常工作。运放工作在同相输入跟随器时,其输入电压 v_i 的最大值就是最大共模输入电压,如图 3-3 所示。

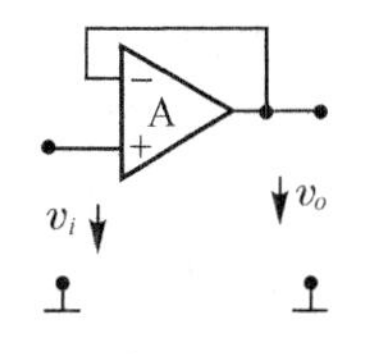

图 3-3 同相输入跟随器

3.2.1.2 理想运放的工作特点及三种输入方式

(1)理想运放的工作特点

在分析集成运放的各种应用电路时,为简化分析,通常将其中的集成运算放大器看成一个理想运算放大器。所谓理想运放就是将集成运放的各项技术指标理想化,即认为集成运放应具有如下参数:①开环差模电压增益 $A_{vd}\to\infty$。②输入电阻 $r_i\to\infty$。③输出电阻 $r_o\to0$。④开环带宽 $BW\to\infty$。以及偏置电流、失调电压、电流、温漂等都看作零。

实际的集成运放当然不可能达到上述理想指标。但由于现代的集成运放已具有很好的技术指标,所以在分析、估算集成运放的应用电路时,将实际运放当作理想运放来处理,其产生的误差在工程上是允许的。

在各种集成运放应用电路中,按其工作状态不同,可分为线性应用和非线性应用两种。例如一般的放大电路是工作在线性应用状态;而工作在比较器时,则是工作在非线性应用状态。

理想运放在线性应用时，有两个重要特征：

①理想运放的差模输入电压等于零，即 $v_+ = v_-$（见图 3-4）。

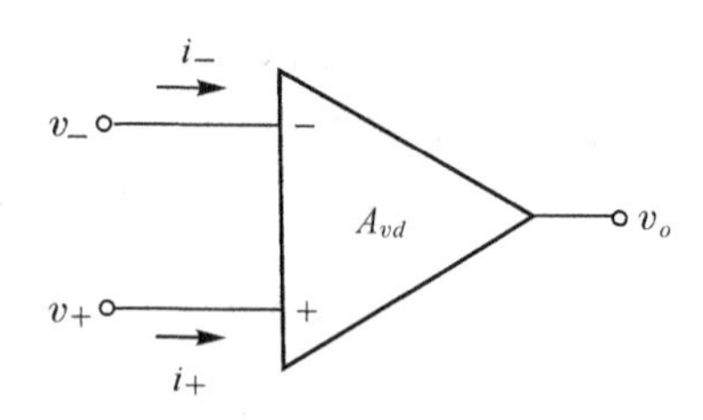

图 3-4 “虚短”现象

因为这时运放工作在线性区，所以 $v_+ - v_- = v_{id} = \frac{v_o}{A_{vd}}$，由于 $A_{vd} \to \infty$，所以 $v_+ = v_-$，这种现象常称作“虚短”。

②理想运放的两输入端电流等于零。因为理想运放的输入电阻 $r_i \to \infty$，所以 $i_+ = i_- = 0$，这种现象常称作“虚断”。

当理想运放工作在非线性区时，这时它的输出电压只有两种可能，即输出高电平 V_{OH} 和输出低电平 V_{OL}，所以此时“虚短”现象不存在。

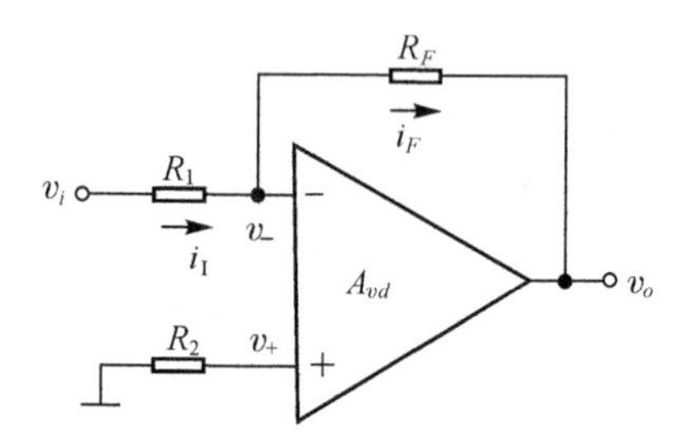

图 3-5 反相输入比例运算电路

(2)比例运算电路的三种输入方式

比例运算电路的输出电压与输入电压之间存在比例关系，此类电路是最基本的运算电路，而其他各种运算电路可在比例运算电路的基础上演变后得到。根据对输入信号的接法不同，比例运算电路有三种基本形式，即反相输入、同相输入、差分输入。相应电路的特性和功能在电子线路教材中都有叙述。为便于查阅，在此作一扼要归纳。

①反相输入比例运算电路

电路如图 3-5 所示。由“虚短”得 $v_- = v_+ = 0$，所以 $i_1 = \frac{v_i}{R_1}$，由“虚断”得 $i_1 = i_F$，而 $i_F = -\frac{v_o}{R_F}$，所以 $A_{vf} = \frac{v_o}{v_i} = \frac{-i_F R_F}{i_F R_1} = -\frac{R_F}{R_1}$。

由图 3-5 可见，该电路是深度电压并联负反馈。

该电路特点：

(a)输入电阻 $R_{if} = R_1$。

(b)输出电阻很小。

(c)由于 $v_- = 0$ 但没有真正接地，故反相端又称虚地。

(d)运放两输入端电位都近似为零，所以几乎无共模输入电压。

在图 3-5 中运放同相端接有电阻 R_2 称为直流补偿电阻，通常取 $R_2 = R_1 /\!/ R_F$。这是由于集成运放的反相端和同相端实际上是运放内部输入级差分对管的两个基极。为使差放电路的参数保持对称，应使差分对管的两个基极对地的电阻尽量一致。

②同相输入比例运算电路

电路如图 3-6 所示。由“虚短”得 $v_- = v_+ = v_i$，因为

$$i_1 = \frac{v_-}{R_1},\ i_F = \frac{v_o - v_-}{R_F}$$

由“虚断”得

$$i_1 = i_F$$

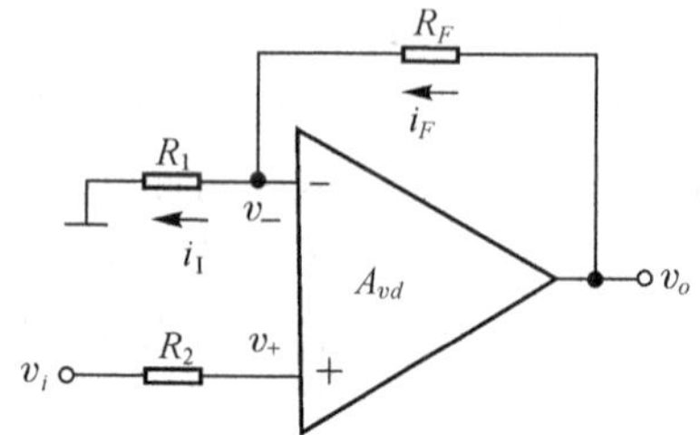

图 3-6 同相输入比例运算电路

则

$$A_{vf}=\frac{v_o}{v_i}=(1+\frac{R_F}{R_1})$$

该电路是深度电压串联负反馈，该电路特点：

(a)输入电阻很高，输出电阻很小。

(b)电路不存在"虚地"点，运放输入端有共模输入电压，其值为 v_i。

③差分输入比例运算电路

电路如图3-7所示，显然根据前述的"虚短"和"虚断"的方法即可求得输出电压 v_o 与输入电压(v_{i1}，v_{i2})之间的关系式。

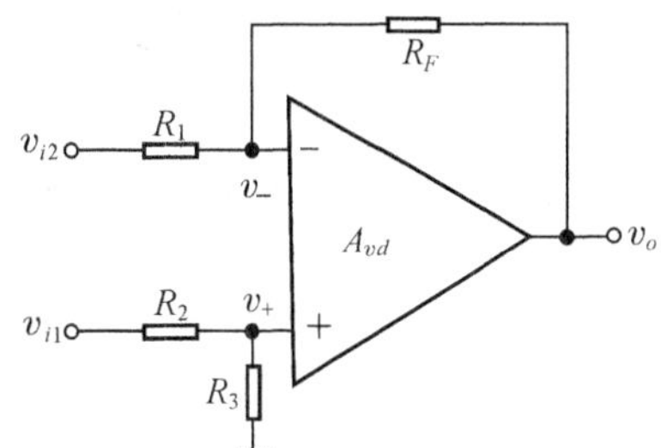

图3-7　差分输入比例运算电路

应用叠加定理，并利用前面对同相输入和反相输入电路的分析结果，则可以方便地得出结果。

设 v_{i1} 单独存在时，在输出端的电压为 v_{o1}，则

$$v_{o1}=v_{i1}\frac{R_3}{R_2+R_3}(\frac{R_1+R_F}{R_1})$$

设 v_{i2} 单独存在时，在输出端的电压为 v_{o2}，则

$$v_{o2}=-\frac{R_F}{R_1}v_{i2}$$

当 v_{i1}，v_{i2} 同时存在时，由叠加定理得到总的输出电压为 v_o，则

$$v_o=v_{o1}+v_{o2}=-\frac{R_F}{R_1}v_{i2}+v_{i1}(\frac{R_3}{R_2+R_3})(\frac{R_1+R_F}{R_1})$$

为了保证运放两个输入端对地的电阻平衡，减少运放的实际性能带来的影响，通常取 $R_1=R_2$，$R_F=R_3$，则

$$v_o=\frac{R_F}{R_1}(v_{i1}-v_{i2})$$

输出电压 v_o 与两个输入信号之差($v_{i1}-v_{i2}$)成正比。

④三种输入方式的比例运算电路之比较

为便于查阅，将反相输入、同相输入和差分输入三种比例运算电路的组成、电压放大倍数、输入和输出电阻等性能特点归纳在表3-1中，以便比较。

上述各种电路的输入、输出关系表达式都是在理想运放条件下得到的，但实际集成运放的各项指标不可能达到理想值，因此上述运算公式中将产生误差。关于运算误差的分析可参阅有关文献。

3.2.1.3　集成运放的单电源应用

集成运放电路一般是双电源供电(目前已有单电源供电产品)，以便在静态时输出端直流电位为零。而在交流放大器中，由于输出、输入都可加隔直电容，所以为了供电方便，也可改用单电源供电，如图3-8所示为单电源供电的倒相放大器。由于运放输出端的直流电位为 $\frac{1}{2}V_{CC}$，所

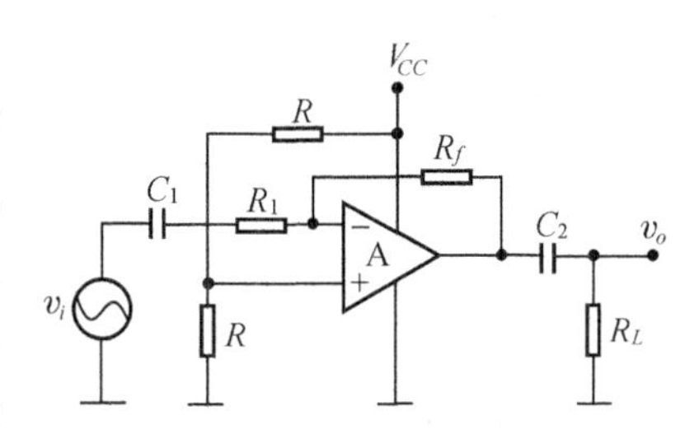

图3-8　单电源供电的倒相放大器

以反相端的直流电位也为$\frac{1}{2}V_{CC}$。为了运放能正常工作，在同相端也应加$\frac{1}{2}V_{CC}$的直流电位，以保证集成运放两个输入端有相同的直流电位。

表 3-1　三种比例运算电路之比较

	反相输入	同相输入	差分输入
电路组成	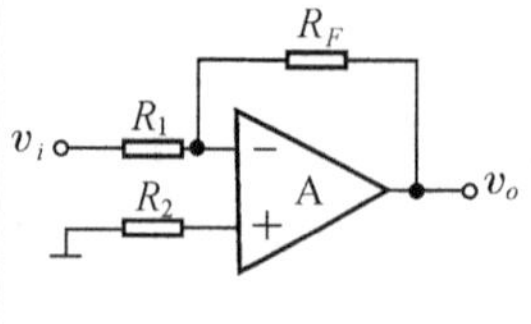 要求 $R_2=R_1/\!/R_F$	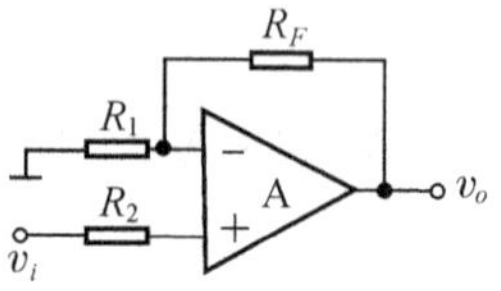 要求 $R_2=R_1/\!/R_F$	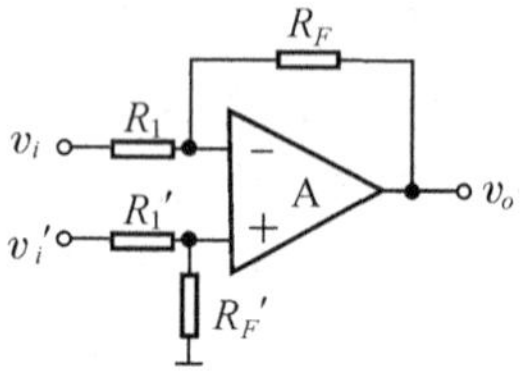 要求 $R_1=R_1'$，$R_F=R_F'$
电压放大倍数	$A_{vf}=\frac{v_o}{v_i}=-\frac{R_F}{R_1}$ v_o 与 v_i 反相，$\lvert A_{vf}\rvert$ 可大于 1、等于 1 或小于 1	$A_{vf}=\frac{v_o}{v_i}=1+\frac{R_F}{R_1}$ v_o 与 v_i 同相，$\lvert A_{vf}\rvert$ 大于或等于 1	$A_{vf}=\frac{v_o}{v_i-v_i'}=-\frac{R_F}{R_1}$ （当 $R_1=R_1'$，$R_F=R_F'$ 时）
R_{if}	$R_{if}=R_1$ 不高	$R_{if}\to\infty$ 高	$R_{if}=2R_1$ 不高
R_o	低	低	低
性能特点	实现反相比例运算； 引入电压并联负反馈； “虚地”，共模输入电压低； 输入电阻不高； 输出电阻低	实现同相比例运算； 引入电压串联负反馈； “虚短”，但不“虚地”，共模输入电压高； 输入电阻高； 输出电阻低	实现差分比例运算（即减法运算）； “虚短”，但不“虚地”，共模输入电压高； 输入电阻不高； 输出电阻低； 元件对称性要求高

3.2.2　高性能放大电路介绍

高性能放大电路是模拟电路研制的一个重要领域。高性能主要是指放大器某些指标有其特殊性能，常见的有：高增益、高输入阻抗、高精度、高电压、低功耗、低噪声、低漂移、宽频带、可编程以及隔离性能等。本节将举一些实例加以说明。

3.2.2.1　数据放大器

数据放大器又称仪表放大器，它是在多路数据采集系统中常用的具有全面高指标的放大器。对它的要求一般是具有高增益、高共模抑制比、高精度（失调、漂移等很小）、高速（频带宽、摆率大）等全面指标。第四代集成运放已作为数据放大器来应用，当然在速度指标上还逊色些。从构成原理来看，数据放大器有多种类型，这里仅以三运放构成的数据放

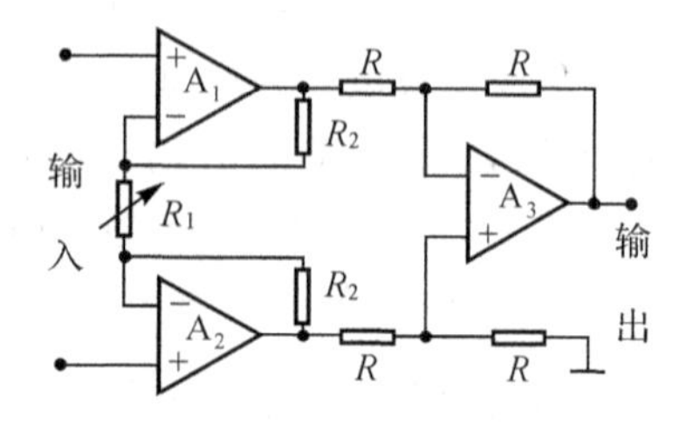

图 3-9　三运放数据放大器

大器(图3-9)为例作一介绍。图中 A_1 和 A_2 为同相输入放大器，两者组成双端输入和双端输出。由于同相输入，所以提高了输入电阻。A_3 接成差动形式(减法器)，可把双端输入信号转换成单端输出，且又提高了整个放大器的共模抑制比。该放大器的差模增益

$$A_{ud}=-(1+2R_2/R_1) \tag{3-7}$$

改变 R_1 值，可调节放大器的放大倍数。集成运放 LH0036 就是以此原理构成的数据放大器。

3.2.2.2 可编程数据放大器

由于各种传感器的输出信号幅度相差很大，可从微伏特数量级到伏特数量级。即使同一个传感器，在使用中其输出信号的变化范围也可以很大，它取决于被测参数变化范围。如果放大器的放大倍数是一个固定值，则将很难适应实际情况的需要。因此一个放大倍数可以调节的放大器应运而生。

根据输入信号大小来改变放大器放大倍数的方法，可以用人工来实现，也可自动实现。如果能用一组数码来控制放大器的放大倍数，就不难根据输入信号的大小来实现放大倍数的自动调节，这样的数据放大器一般称作程控数据放大器，即可编程数据放大器。

图3-10是在原来三运放数据放大器的基础上实现的可编程数据放大器的电路原理图。其产品型号是 BB3606，放大倍数变化范围从1～1024倍，分成10档。

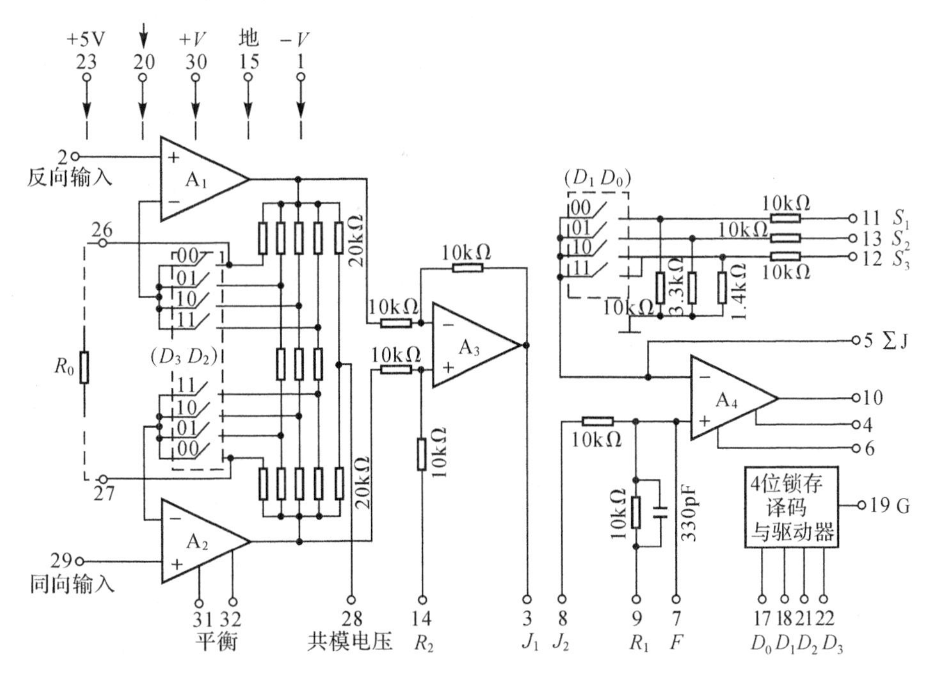

图3-10 BB3606可编程数据放大器的电路原理图

由图3-10可见，A_1，A_2，A_3 组成前述的三运放数据放大器电路，而 A_4 为末级放大，两者可通过③脚和⑧脚相连。D_3，D_2，D_1，D_0 为模拟开关，受4位锁存译码与驱动器控制。共有16种状态，放大器的放大倍数与数码输入的关系如表3-2所示。

表 3-2 可编程数据放大器的数据输入与增益关系

数据输入																	
数据输入	D_3	0	0	0	0	0	0	0	0	1	1	1	1	1	1	1	1
	D_2	0	0	0	0	1	1	1	1	0	0	0	0	1	1	1	1
	D_1	0	0	1	1	0	0	1	1	0	0	1	1	0	0	1	1
	D_0	0	1	0	1	0	1	0	1	0	1	0	1	0	1	0	1
$A_{ud1}A_{ud2}$		1	1	1	1	4	4	4	4	32	32	32	32	256			
A_{ud4}		1	2	4	4	1	2	4	4	1	2	4	4	1	2	4	4
$A_{ud1}A_{ud2}A_{ud4}$		1	2	4	4	4	8	16	16	32	64	128	128	256	512	1024	1024

由表可见，放大器的放大倍数是以 2 的幂次分档。从 $2^0\sim2^{10}$，即从 1～1024 倍。若将此放大器的输出接到一个 10 位 A/D 转换器，设转换器的满量程为 10V，则 ADC 的最小位对应于约 10mV，若放大器 BB3606 的增益置在 1024 档，则产生 10mV 输出信号的输入信号约为 10μV。由此可知，整个系统可以分辨 10μV 的变化量。图 3-11(a)给出了输入级调零、输出级调零的接法，图 3-11(b)给出了改善共模抑制能力的接法。

由图 3-11(b)可见，当信号源(传感器)的输出端经电缆接到放大器的输入端时，若电缆外层由共模信号来驱动，(图 3-11(b)28脚输出电压是共模输入电压 V_{cm})，使电缆外层与导线间的共模电位相同，消除了电容 C_1，C_2 的共模电流的影响(也可看作对共模信号的电容为零)。所以提高了共模输入阻抗，也同样防止了由于两个输入端与电缆外层间的不平衡电容所引起的共模抑制能力的下降。

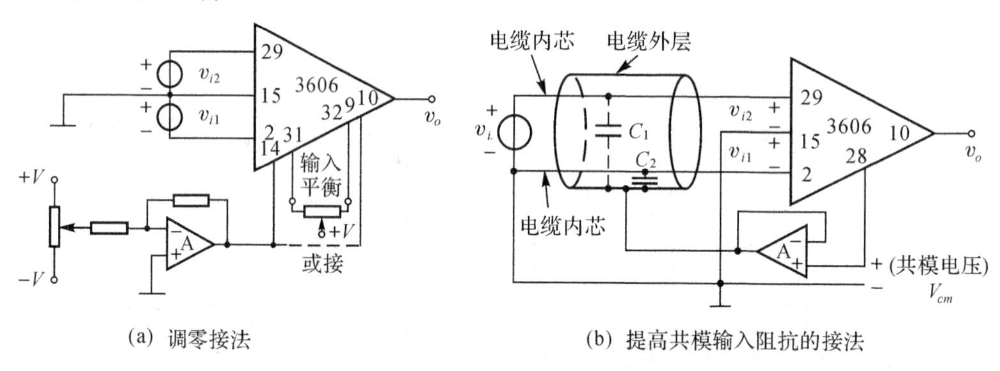

(a) 调零接法　　(b) 提高共模输入阻抗的接法

图 3-11 BB3606 的调零和提高共模输入阻抗的接法

放大器 BB3606 的增益精度为±0.02%，非线性失真小于 0.005%，温度漂移为每度百万分之五，最大输出电压为±12V，最大输出电流为±10mA，输出电阻为 0.05Ω，电源电压为±15V，共模与差模电压范围为±10.5V，失调电压为±0.02μV，偏置电流为±15nA，输入噪声电压峰峰值小于 1.4mV，共模抑制比大于 90dB，单位增益下的频率响应(下降 3dB 时)为 100kHz。

3.2.2.3 跨导型放大器(电压/电流转换器)

若待放大的信号需远距离传送到放大器的输入端时，为了消除导线电阻的影响和外界干扰造成的误差，常用的措施是在信号源附近先将信号电压放大，然后将放大了的电压转换成一个与其成正比的恒流源，再传送到负载两端，这样当负载电阻改变时流过的电流几乎基本不变，从而提高了传送精度。完成这种变换的基本方案是利用集成运放接成如图 3-12 所示的电路。它的思路是，当 R_L 减小使 B 点电位下降时，若 A 点电位也相应下降，I_L 将不改变，也就达到了恒流的目的，为此将 B 点连到同相端，A 点通过 R_2 引到反相端。

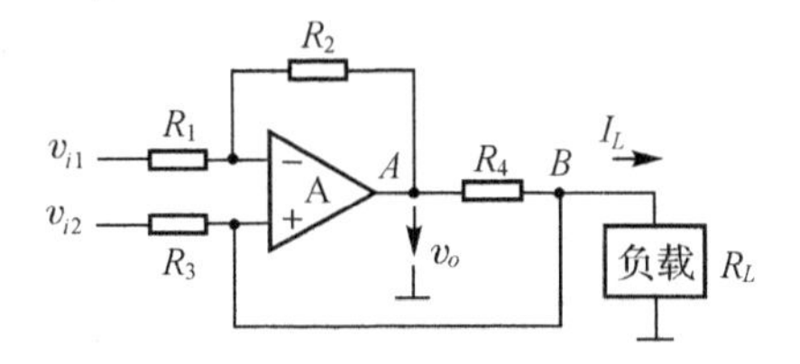

图 3-12　电压/电流转换器原理电路

根据理想运放条件可得

$$\frac{v_{i1}-v_+}{R_1}=\frac{v_+-v_o}{R_2},\qquad v_o=v_+-\frac{R_2}{R_1}(v_{i1}-v_+)$$

$$\frac{v_+}{R_L}=I_L=\frac{v_{i2}-v_+}{R_3}+\frac{v_o-v_+}{R_4},\qquad v_+\left(\frac{1}{R_L}+\frac{1}{R_3}+\frac{1}{R_4}\right)=\frac{v_{i2}}{R_3}+\frac{v_o}{R_4}$$

若满足 $R_2/R_1=R_4/R_3$ 可得

$$I_L=\frac{v_+}{R_L}=\frac{1}{R_3}(v_{i2}-v_{i1}) \tag{3-8}$$

式(3-8)表明负载电流 I_L 与 R_L 无关，满足了恒流的要求。以这种基本原理实现的集成电压/电流转换器为 XTR100，它的指标为：失调电压 25μV，失调电压温漂是每度 0.5μV，非线性失真为 0.01%，电源电压范围是 11.6～40V，工作温度是 −40～+70℃。

3.2.2.4　隔离放大器

隔离放大器的主要特征是其输入部分与输出部分之间没有直接的电路耦合，即信号在传递过程中输入与输出间没有公共的地端。

隔离放大器常用于以下三种场合：

①医用　因为医用仪器必须确保病人安全，不能使病人由于超过 10μA 的漏电流而造成伤害。

②仪用　主要用于高精度的数据采集和测量。例如一个精度为 12 位的数据采集系统，分配给放大器的误差要小于 0.01%，因此要求放大器应具有很高的共模抑制比，故常采用隔离放大器。

③工业用　由于工业系统通常具有较大的共模干扰信号，特别是远距离传输信号场合，严重时能使系统失效；或者从安全出发，希望强电部分不要影响操作人员和计算机的工作安全，也需要隔离。

隔离放大器通常有变压器耦合隔离放大器和光电耦合隔离放大器两类，由于变压器耦合隔离放大器在传送很低频率信号时是非常不经济的，所以目前用得较多的是光电耦合隔离放大器。下面对此类放大器作一简单介绍。

图 3-13 示出了型号为 ISO100 的光电耦合隔离放大器的原理框图。图中 A_1 和 A_2 为两个运算放大器，PH1 和 PH2 是两个特性相同的光电耦合器件，输入信号 v_i 经 A_1，PH2 和 A_2 至输出端。PH1 的输出信号 i_1 反馈到输入运放 A_1 的反相端组成一个非线性负反馈电路，以补偿 PH2 的非线性特性。

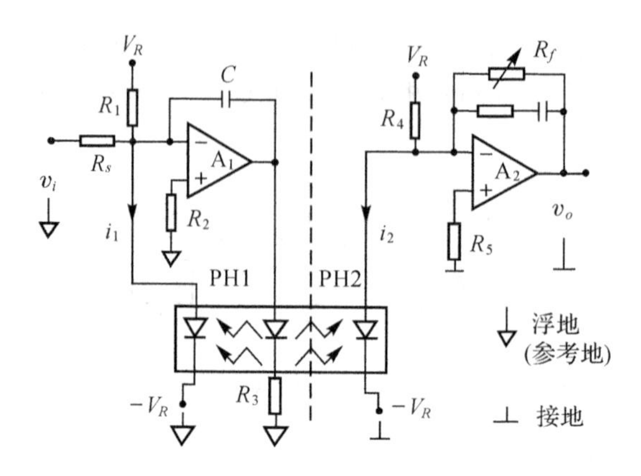

图 3-13 ISO100 光电耦合隔离放大器原理框图

设 A_1 和 A_2 为理想运放，假设各电容支路对信号而言为断开，根据理想运放条件可得

$$i_2=\frac{V_R}{R_4}+\frac{v_o}{R_f}$$

$$i_1=\frac{V_R}{R_1}+\frac{v_i}{R_s}$$

因为假定 PH1 与 PH2 的特性一样，所以 $i_1=i_2$。若选取 $R_4=R_1$，则

$$v_o=\frac{R_f}{R_s}v_i \tag{3-9}$$

由于光电耦合器件的工作速度一般远低于运算放大器的速度，因此在电路中的 R_3 和 C 的设置很重要，其作用可改善电路的稳定性和频率特性。上述电路的频带可达 0～60kHz，线性度为 0.1%。

光电耦合隔离放大器不仅重量轻、成本低，而且具有良好的线性和一定的带宽，所以作为隔离放大器应用愈来愈广泛。

表 3-3 列出了隔离放大器和数据放大器的性能对比。表 3-4 列出了变压器耦合隔离放大器和光电耦合隔离放大器的性能对比。

表 3-3 隔离放大器与数据放大器的性能对比

主要参数	隔离放大器	数据放大器
共模抑制比(dB)	115	80
共模电压范围(V)	±25000(峰值 7500)	±10
输入与地的泄漏	变压器耦合式，$10^{11}\,\Omega$ 电阻并联 11pF 电容	根据反馈情况
信号的频率范围(kHz)	0～2	0～1500
增益非线性度(%)	0.05	0.01
增益的温漂(每度%)	±0.01	±0.015
失调电压温漂(每度 μV)	±300	±150

表3-4　变压器耦合与光电耦合隔离放大器的比较

主要参数	变压器耦合		光电耦合（亮度调制）
	调幅式	调宽式	
非线性失真度(%)	0.03～0.3	0.005～0.025	0.05～0.2
隔离电压(kV)	7.5	5	5
共模抑制比(dB)	120	120	100
频率响应(kHz)	2.5	2.5	10～30
产生的电磁干扰	优良屏蔽可小	优良屏蔽可小	无
接受高频的敏感度	高	低	很低
容积(cm^3)	80～160	100	<10

3.2.3　A/D转换器、D/A转换器和取样/保持(S/H)电路

在当前的电子系统中，A/D转换器和D/A转换器有着非常重要的作用。因为现在的电子系统经常都同时涉及数字技术和模拟技术，而A/D转换器和D/A转换器是联系这两种技术的桥梁，即实现模拟系统与数字系统之间的接口功能。关于这方面内容的介绍，仍遵循将它们作为一个应用单元来处理，只着重介绍其性能指标和正确地选用而不过多涉及其工作原理和电路程式。

3.2.3.1　A/D转换器(ADC)、D/A转换器(DAC)的主要技术指标的定义

ADC和DAC的技术指标很多，有些比较专业化，选用时不一定每项都要深入考虑，应该对技术指标分清主次，为此下面将对主要的技术指标作一说明。

(1)A/D转换器的主要技术指标

①分辨率　ADC的分辨率是指ADC的输出数码变化一个LSB时，输入模拟量的“最小变化量”。当输入模拟量的变化比这个“最小变化量”再小时，则不能引起输出数字量的变化。显然ADC的分辨率是对微小变化模拟量的分辨能力。

分辨率与ADC的位数和输入满量程有关，例如一个输入满量程为0～10V，10位的ADC，其最小变化量为10V/1024≈10mV，即分辨率为10mV。若位数增加到12位，则分辨率为10V/4096≈2.5mV。工程上常用相对满度的百分值来表示。例如上述的10位分辨率为$\frac{1}{2^{10}-1}\approx 0.1\%$，而12位的分辨率为0.025%，也可直接用输出的位数来表示分辨率。

②转换精度　A/D转换器转换精度反映了一个实际A/D转换器在量化值上与一个理想A/D转换器进行转换的差值，可表示成绝对误差或相对误差，与一般测试仪表的定义相似。例如手册上给出ADC0801八位逐次比较式A/D转换器的不可调整的总误差$\leqslant\frac{1}{4}$LSB，如以相对误差表示则为0.1%。

③转换时间与转换速率　A/D转换器完成一次转换所需要的时间为A/D转换时间。通常，转换速率是转换时间的倒数。A/D转换器的转换时间与其转换原理有关，常用的逐次逼近式的A/D转换器的转换时间从几微秒到几百微秒。高速A/D转换器每秒转换次数大于10^7次(10MSPS)，一般采用全并式转换原理。低速A/D转换一次时间为几毫秒至几十毫秒，

一般用的是积分式原理。

3.2.3.2 A/D 转换器、D/A 转换器的应用知识

目前 ADC 和 DAC 有各种形式的集成芯片，作为一个系统设计者，主要是正确选择芯片并设计相互连接电路。不同规格、型号的 ADC 和 DAC 不仅技术性能不同，而且不同厂家的手册对技术性能的说明也不尽相同，以及同样功能的引脚经常使用不同的符号，给使用者带来一定困难。为此，下面将针对应用作一些说明。

(1)对主要技术指标的正确理解和选择

ADC 的输出数字位数和 DAC 的输入数字位数都以二进制位数(bit)表示。位数愈多即转换器的分辨率愈高。虽然分辨率与精度不是同一件事，但分辨率高的转换器，通常其精度也高。随着转换器的精度提高，其价格也愈贵，因而应根据实际要求选定合理位数。8 位 ADC 的价格较便宜，其精度(误差)一般能达到 0.5%。

转换速度也是一个关键技术指标。尽管双积分式 ADC 速度很慢，但它能抑制由电源等引起的干扰，所以其精度可做得很高，有 20 位以上的产品。速度大于 10MSPS 以上的 ADC 一般是采用全并式转换原理，这种转换器比较昂贵。逐次逼近式 ADC 目前用得最广泛，其转换时间从几百微秒到 1 微秒以下，位数从 8 位到 12 位以上，且价格相对较低。总之对精度、速度指标的要求要权衡全面考虑。

除了上述两个关键技术指标外，其他性能指标也应根据具体应用场合作合理选择。

(2)输入模拟量的通道数目和量程

多数 ADC 只有一个模拟输入通道，因此要对多个模拟信号进行转换时，则要另加一个多路转换开关。但有的 ADC 内部已包含多路转换开关，例如 ADC0809，它内部含有一个 8 路转换开关，因此可以对 8 路输入模拟信号进行转换。

ADC 的模拟输入范围常用的有 0～5V、0～10V、－5～＋5V、－10～＋10V 等规格，一般的 ADC 只有一个模拟输入量程，但有些 ADC 在不同的输入引脚则有不同的模拟输入范围。在使用中要尽可能使输入信号最大值接近于 ADC 的模拟输入的满量程，这样有利于充分利用该 ADC 的精度性能。

(3)输出、输入数码的三态锁存器和逻辑电平

大部分 ADC 的输出和 DAC 的输入为 TTL 逻辑电平，但也有些输出数码为 ECL 电平或 CMOS 电平，这时在与接口电路连接时往往要进行电平转换。

带有输出三态锁存器的 ADC，一般可直接连到计算机总线上，否则还得外加三态锁存器作为接口电路。

(4)参考电源与工作电源的要求

参考电源(电压或电流)也称基准电源，是 ADC 将模拟量转换成数字量时用的基准源。因此为保证转换精度，基准电源必须是高精度的稳定电源，一般不要与工作电源合用。

(5)工作环境的考虑

工作环境对保证一个系统的性能有很大关系，例如环境温度的变化范围，在此范围内允许误差为多少？又如工作时电网对转换器的干扰是否严重？若是，则应选取双积分式 ADC，并使其积分时间为电网周期的整数倍。

除此以外，在使用中还应注意有关事项，例如，是否要进行调零和满量程调整；是否要外接

时钟等也不应忽视。

对于DAC的应用知识，基本与ADC类似，首要考虑的也是精度与速度。DAC的输入数字位数是表征精度的一个重要指标。对应DAC的转换时间称作建立时间，通常定义为输入数码变化为满度值（即由全0变到全1，或反之）时，其输出达到终值附近一定误差范围内（如$\pm\frac{1}{2}$LSB）所需的时间。它与外接负载电路的时间常数有关，若在DAC的输出端接有运算放大器的话，则常是运放的建立时间起着主要的影响，因此对该运放指标的选择也很重要。同样，对于DAC的输入有无三态锁存器、参考电源、调零等要求与ADC的相类似，不再重复。

3.2.3.3　取样/保持电路的原理及有关应用事项

取样/保持电路是数据采集系统中常用的一个部件，常用于逐次逼近型A/D转换器的前端，以允许输入到A/D转换器模拟信号频率的提高。也可用来除去D/A转换器输出中的虚假信号等。

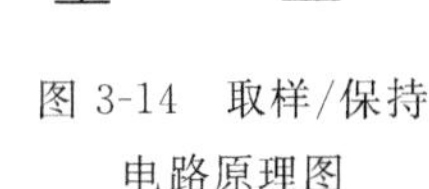

图3-14　取样/保持电路原理图

（1）工作原理及主要参数

取样/保持电路的原理电路只用一个开关和一个保持电容即可组成，如图3-14所示。当开关闭合时，电容C_H充电达到输入信号电平，当开关断开后，电容器保持这个电平。

取样/保持电路主要参数示于图3-15。在时间t_0前，输出处于保持状态，在t_0时刻电路取样，而在t_1时刻达到输入信号值（在规定精度内），然后输出$v_o(t)$跟着输入$v_i(t)$变化而变化，直到电路在t_2时刻再次置于保持状态为止。其中：

①捕获时间（T_{AC}）　如图3-15所示，T_{AC}为t_0与t_1之间的时间，它主要取决于电路的时间常数，并与输入信号变化有关。由图可见，要求取样脉冲宽度大于捕获时间。

②孔径时间（T_{AP}）　又称断开延时时间，它定义为从发出保持命令到开关真正断开这一

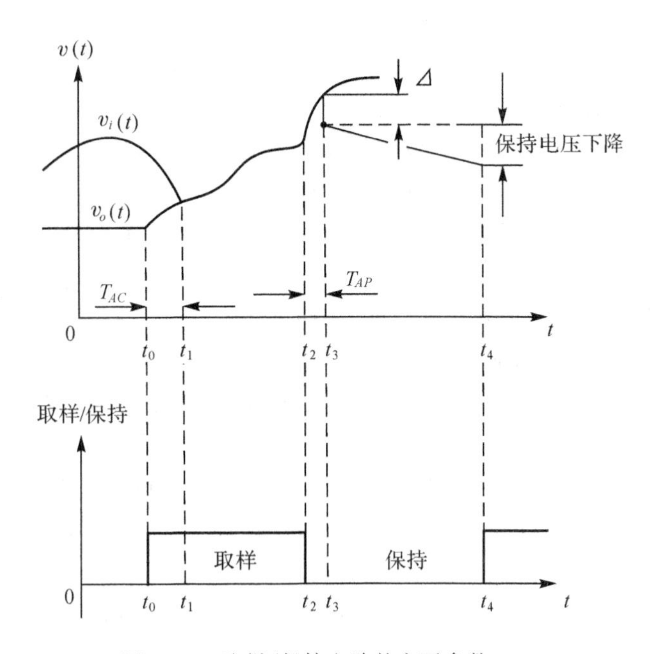

图3-15　取样/保持电路的主要参数

小段延迟时间，如图 3-15 中的 t_2 与 t_3 之间的时间。此时间取决于开关类型。在高速采集应用中，常要求此时间小于 1ns。显然在孔径时间内，输入模拟信号的任何变化，都会引入误差，称作孔径误差。通常由于开关断开延时的不确定性，造成取样/保持电路输出幅值的不确定性。

③保持电压下降　在保持期间内，电容器 C_H 上电压的下降值(图 3-15)。

④平顶误差(Δ)　图 3-15 中示出了一个很小的跳变电压 Δ，我们称作平顶误差。它是由于 MOS 管作开关时，在断开过程中，由于控制电压幅度的变化通过极间电容而传送到电容器 C_H 上的跳变幅值。目前设计的取样/保持电路，利用内部补偿电路使这个误差大为减小。

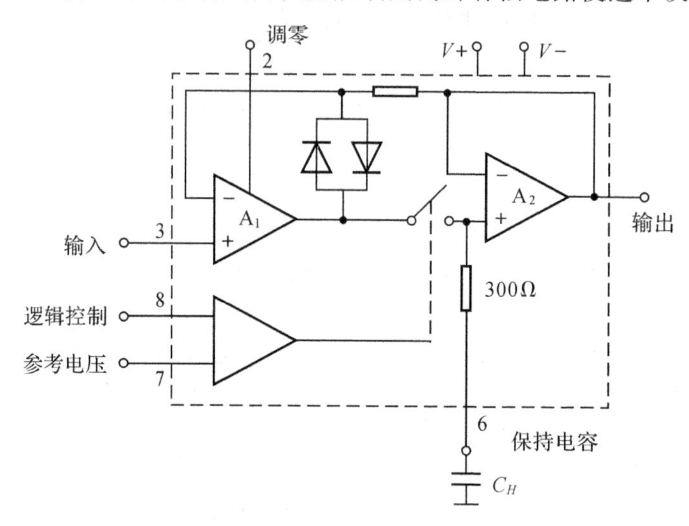

图 3-16　LF398 取样/保持电路功能框图

(2)应用中的几点说明

图 3-16、图 3-17 给出了常用的通用型取样/保持电路 LF398 的功能框图和外部连线图。外接保持电容 C_H 要用高质量的电容器，例如聚四氟乙烯电容。数值选择要根据 T_{AC}，Δ 和保持误差三个指标来综合考虑。图中的 AC 调零电位器用来减少平顶误差 Δ，对于较大的逻辑电平幅值，可将图 3-17 中值为的 10pF 电容适当减小。

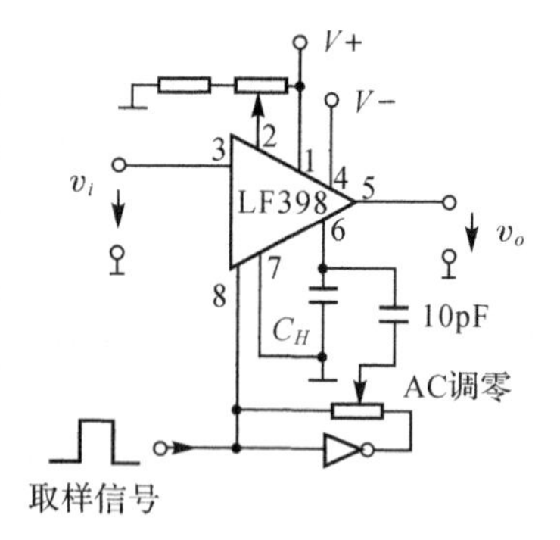

图 3-17　LF398 外部连线图

(3)在 A/D 转换器前是否要接入取样/保持电路的说明

根据取样定理，每一通道的取样频率必须大于该通道的模拟信号频谱中最高频率成分的两倍以上。但是在实际的数据采集系统中，取样频率不是决定模拟信号最高频率的唯一因素。如果考虑到采集精度，则会对输入信号的最高频率有十分严格的限制，特别是系统中采用逐次逼近式 A/D 转换器且输入模拟信号的幅值达到 A/D 转换器的满量程，这时允许的模拟信号的最高频率可能会明显低于取样定理所允许的信号最高频率。下面通过实例加以说明。

例如：有一单通道采集系统，A/D 转换器采用逐次逼近式，其转换时间 $T_{conv}=10\mu s$，位数为 10 位。

①A/D 转换器前不接取样/保持电路情况

根据转换时间 $T_{conv}=10\mu s$，可令取样频率最大值等于 100kHz($\frac{1}{10\mu s}$)。依据取样定理，则输入模拟信号的最高频率只要小于 50kHz 即可。但是从精度考虑，为了使获得的数字值能精确表示 A/D 转换器开始转换瞬间的模拟信号值，则要求在转换时间内，模拟信号值的任何变化不能大于转换器的一个 LSB。因此从充分利用 A/D 转换器的精度出发，限制了模拟信号的最大变化速率，可表示为

$$\left.\frac{\Delta v_i}{\Delta t}\right|_{max}\cdot T_{conv}\leqslant\frac{V_{FS}}{2^N-1}\approx\frac{V_{FS}}{2^N}$$

即

$$\left.\frac{\Delta v_i}{\Delta t}\right|_{max}\leqslant\frac{V_{FS}}{2^N T_{conv}}\tag{3-10}$$

式中：V_{FS} 为 A/D 转换器的满量程值；N 为 A/D 转换器的位数。

假设输入信号为一正弦信号，且幅值达到 A/D 转换器的满量程。则 $v_i=(V_{FS}/2)\sin 2\pi ft$，其变化速率最大值为

$$\left.\frac{dv_i}{dt}\right|_{max}=\pi fV_{FS}$$

因此，若要求 A/D 转换器的精度不致因变换速率限制而下降，则输入正弦信号的最高频率 f_{max} 应满足

$$T_{conv}\cdot\pi f_{max}V_{FS}\leqslant\frac{V_{FS}}{2^N}$$

$$f_{max}\leqslant\frac{1}{\pi 2^N T_{conv}}\tag{3-11}$$

对于本例的 A/D 转换器，因为 $T_{conv}=10\mu s$，$N=10$，则有

$$f_{max}\leqslant\frac{1}{\pi 2^{10}\times 10^{-5}}\approx 31\text{Hz}\ll 50\text{kHz}$$

所以从允许模拟信号达到最大变化速率来考虑，对满量程输入信号频率的限制是十分苛刻的。当输入模拟信号的峰峰值 $V_{P\text{-}P}<V_{FS}$ 时，则输入正弦信号最大允许的频率为

$$f_{max}\leqslant\frac{V_{FS}}{V_{P\text{-}P}\pi 2^N T_{conv}}\tag{3-12}$$

由式(3-12)可见，当输入信号的幅值减小时，输入正弦信号的频率可允许增大。

②A/D 转换器前接入取样/保持电路情况

接入取样/保持电路后，加入到 A/D 转换器的模拟信号是取样/保持电路的输出值。对于理想情况，取样/保持电路的输出值是模拟输入信号在保持命令作用瞬间的值。实际上，取样/保持电路有一孔径时间 T_{AP}，根据转换精度要求有

$$\left.\frac{dv_i}{dt}\right|_{max}\cdot T_{AP}\leqslant\frac{V_{FS}}{2^N}\tag{3-13}$$

同样当输入为满量程正弦信号时，则最大允许频率 f_{max} 应满足

$$f_{max}\leqslant\frac{1}{\pi 2^N T_{AP}}\tag{3-14}$$

比较式(3-11)和式(3-14)可见，由于 T_{AP} 远小于 T_{conv}，故加入取样/保持电路后可允许输

入信号的频率明显提高。

3.2.3.4 V/F 转换器和 F/V 转换器

V/F 转换器是把输入电压信号转换成与其成正比的频率信号，因此也可看作是一种模拟量到数字量的转换。它可以认为是双积分型 A/D 转换器的变型。此种转换器特别适用于慢变信号的高精度采集系统，例如温度量等。由于它可以达到很高的精度（可高于 14 位 A/D 转换器指标），且电路简单、成本低，所以应用日趋普遍。国产型号有 BG382、TD650，国外型号有 LM131、LM331、AD537、AD650 等。但由于这种转换方式速度低，信号建立时间长，不适用于高速数据采集系统。

3.2.4 传感器

3.2.4.1 概述

传感器一般是指能将各种非电量按一定规律转换成便于处理和传输的电量的装置。传感器也称变换器、换能器、探测器。常用的传感器一般由三部分组成，即敏感元件、转换元件和测量电路，但并不是所有的传感器都可以明显地将这三部分区分开。传感器组成的框图如图 3-18所示。

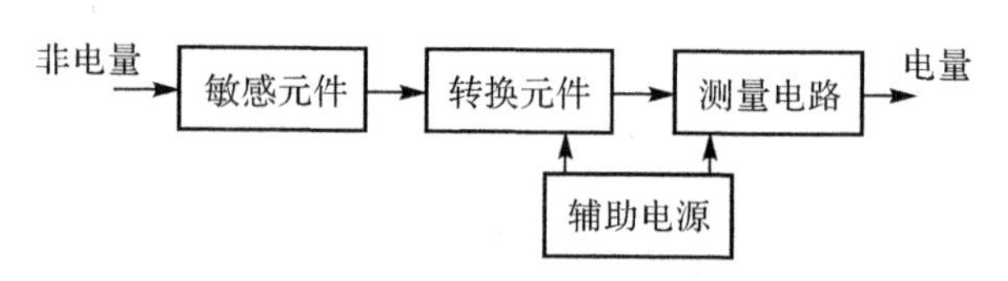

图 3-18 传感器组成框图

目前在电子系统中采用的传感器种类很多，而且尚无一种统一分类的方法，但为了使用、设计方便，人们通常还是从不同的角度进行不同的归类。最常用是的按传感器的检测物理量分为温度传感器、湿度传感器、压力传感器、位移传感器、速度传感器、加速度传感器等。但也有按传感器的转换原理来分类，主要有热电变换式、光电变换式、压电变换式、电磁变换式以及根据半导体物理现象的半导体力敏、热敏、光敏、气敏等固态传感器等。

为了从实际应用出发，表 3-5 列出了工程上按检测物理量分类时常用传感器分类情况。

表 3-5 常用传感器分类表

传感器的分类	被 测 量	传感器实例
力学量传感器	力、压力、拉力、应力、推力、旋转力、长度、厚度、位移、速度、加速度、质量、重量等	应变仪、压力传感器、位移传感器、角度传感器、速度传感器等
磁性传感器	磁通、磁场等	霍尔元件、磁敏晶体管等
温度传感器	温度、热量、比热等	热敏电阻、电阻温度计等
湿度传感器	湿度、水分等	陶瓷湿度传感器等
光传感器	光度、彩色、紫外线、红外线、光位移等	光敏电阻、光敏晶体管、光电倍增管等
气体传感器	各类气体等	半导体气敏传感器、可燃性气体传感器
生物医学传感器	血压、血流、心音、心电图等	生理传感器、脉搏波传感器、宫缩监测传感器等

传感器是电子系统与客观世界的接口，是电子系统的一个组成部分，它的指标将影响整个电子系统的性能指标，有时甚至是决定性的。为此，对传感器性能指标的了解以及正确选用对电子系统设计来讲是非常重要的。本节将着重从传感器的性能参数的说明和正确选用两方面加以综述，而对传感器原理则不过多涉及。

3.2.4.2　传感器的性能

描述传感器性能有许多参数表征，主要有：

(1)静态参数

①精确度(准确度)　表示测量结果与被测量真值之间的一致程度。精确度常用等级来表示，如 0.1,0.5,1.0级的传感器，表示它们的精确度为 0.1%,0.5%和 1%。

反映了测量结果中系统误差与随机误差的综合。精确度常用等级来表示，如 0.1,0.5,1.0 级的传感器，表示它们的精确度分别为 0.1%,0.5%和 1%。

②灵敏度与稳定度　灵敏度表示传感器的输出变化量 ΔY 与引起此变化的输入变化量 ΔX 之比。灵敏度可能与激励值有关。稳定度指在规定条件下，传感器保持其特性恒定不变的能力。通常稳定度是对时间而言的。

③分辨率　指传感器的指示装置对相邻两个值有效辨别的能力，即为最小检测量。

(2)动态参数

常用的动态参数有时间常数 τ、上升时间 t_r、稳定时间 t_s、过冲量 δ、频带宽度 BW，这些参数的定义与放大器中的定义是类似的。其中上升时间 t_r 与上限频率 f_H 之间有一近似式

$$t_r=\frac{0.35\sim0.45}{f_H} \tag{3-15}$$

3.2.4.3　常用传感器的应用与实例

传感器千差万别，即使对于同一种类的被测量也可采用不同工作原理的传感器，因此要根据实际需要选用适宜的传感器。这里只能作一些原则性说明。首先要确定被测量的条件，例如被测量的变化范围、信号的带宽、测量所需时间、要求达到的精度等。其次还应考虑传感器的使用环境，如温度、湿度、振动情况、干扰情况以及与后续装置之间的传输距离与连接方式。当然还应考虑到电源容量、成本、体积等以达到尽可能高的性价比。

传感器的输出信号送到后续装置常用的连线有电缆线、光纤、微波等。电缆线易受噪声干扰，为此可采用隔离、屏蔽与接地等措施，而光纤对电气干扰有很强的抗干扰能力。

为了使用者可以根据检测对象来选择其所需的传感器。这里以检测物理量分类的常用传感器为例作一叙述。

(1)力学量传感器

此类传感器的被测量有力、压力、拉力、应力、推力、旋转力、长度、厚度、位移、速度、加速度、重量等。常用的传感器有：电阻应变式传感器，它将机械构件上应力的变化转换为电阻的变化；压电式压力传感器，它是利用某些材料(如压电晶体等)的压电效应原理制成；电容式传感器，它是利用电容两极板之间的距离或面积发生变化时引起电容量变化的原理；电感式传感器，它是利用线圈自感、互感的变化来检测被测物理量，常用来测量位移、振动、压力、应变、流量等；压阻式传感器，它是利用半导体电阻率与应力之间的相互关系来实现检测的；角度传感器是利用旋转变压器原理将机械角位移转换成模拟量角位移。通过实例作一些说明。

例 3.1 电阻应变式传感器的原理与应用。

电阻应变式传感器又称作应变片。图 3-19(a)、(b)是应变片的外形和安装图。当电阻丝被拉伸或压缩时,它的阻值就发生相应变化。将应变片贴在欲测的载体上,即可测出使载体变形的压力或其他参数。通常将应变片接成桥路,通过图 3-20 的测量电路完成检测任务。

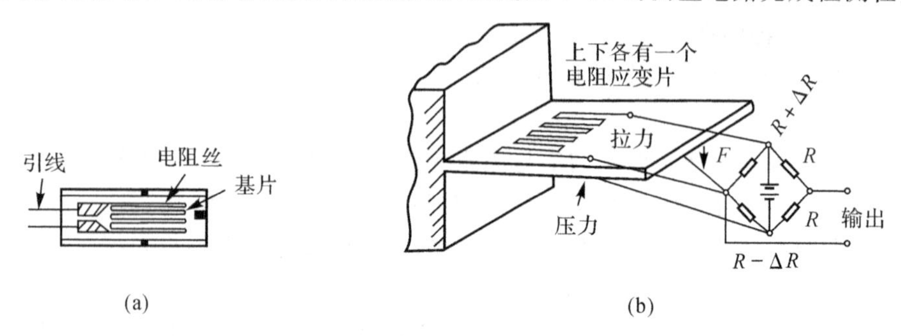

图 3-19 应变片的外形与安装图

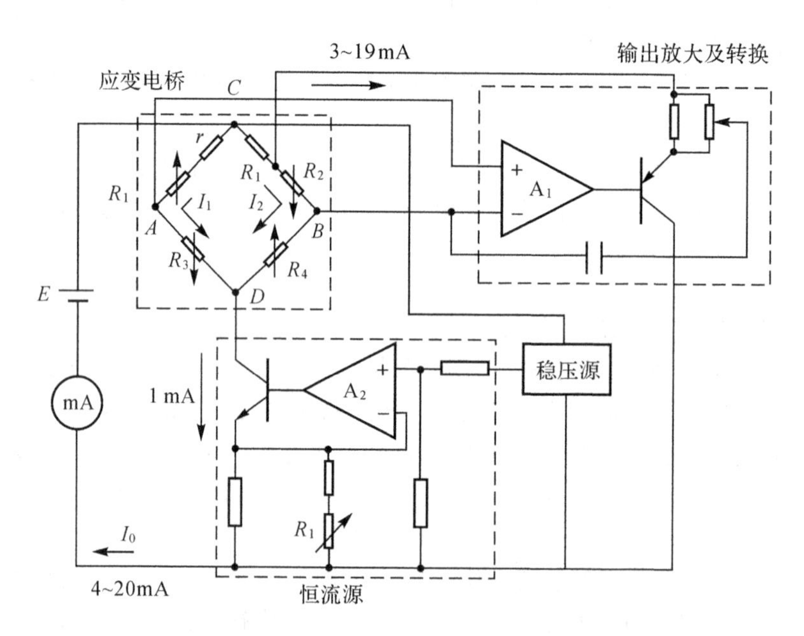

图 3-20 应变桥测量原理图

图 3-20 是典型的测量电路原理图。它由应变桥路、温度补偿网络、恒流源、放大电路和电压/电流转换单元组成。

常用的角度传感器由自整角机/旋转变压器作为角度检测元件。它与角位变送器相配合可构成各种分辨率(8～16 位)的绝对式轴角编码器。常用的传感器型号如:(以北京飞博尔电子有限公司产品为例)

TS2605NIE64(无刷旋转变压器):尺寸⌀20mm×18mm。

FB900C(角位变送器):外形尺寸 148mm×100mm×40mm;

跟踪速度 1500rpm(50Hz),6000rpm(400Hz);

分辨率 360/256～360/65536 度;

输出4～20mA模拟量输出，负载电阻≤600Ω；
可选RS232C或RS485串行输出。

它是机电控制系统不可或缺的部件。

(2)光传感器

光传感器又叫光敏元件，是指能检测光信号并能把光信号转变成电信号的元件。光传感器种类很多，根据光电现象可分为三大类：①光电发射效应——光电管、光电倍增管、超正析像管；②光电导效应——硫化镉光敏电阻等；③光电势效应——太阳电池、硒光电池等。

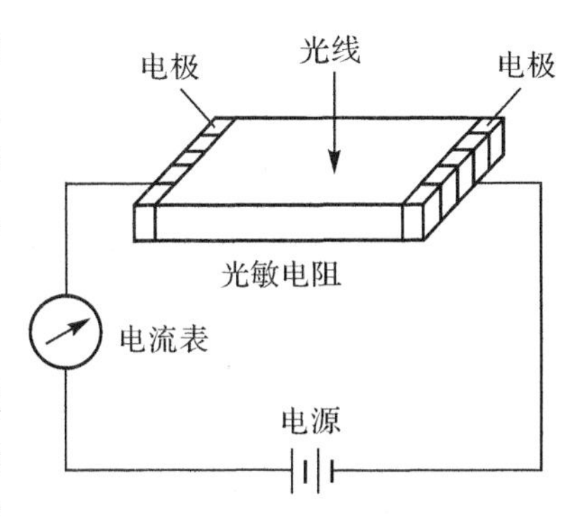

图3-21　光敏电阻的工作原理图

下面将对各类器件作一扼要说明。

①光敏电阻　光敏电阻是利用光电导制成的光电元件。某些半导体材料(如硒、硫化镉等)在某一波长光线的照射下，本身的电阻就会改变。图3-21为光敏电阻的工作原理图，当光敏电阻受到不同强度的光线照射时，光敏电阻的阻值发生变化，从而改变了回路中电流的大小。光敏电阻具有灵敏度高、光谱特性好、体积小、重量轻、成本低等优点。其主要参数有：暗电阻R_D、亮电阻R_L、光电流等。

②光电晶体管　光电晶体管有光电二极管、光电三极管。光电二极管与一般二极管类似，用PN结来实现。无光照射时，由于PN结反偏，所以电流很小。当有光照射时，因光电二极管吸收能量使少数载流子浓度大增，电流增大。这种因光照而产生的PN结反向电流称二极管的光电流。

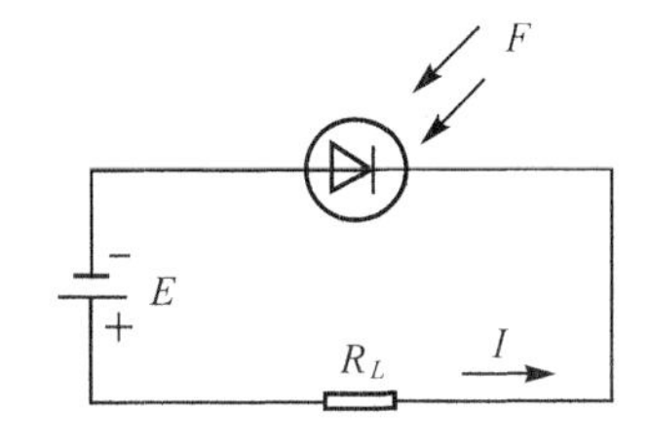

图3-22　光电二极管工作原理

光电三极管除了将光信号变为电流信号外，同时又将电流信号加以放大。

图3-22—图3-24示出了光电二极管和光电三极管的工作原理图和相应的伏安特性曲线。由图可见，光电三极管的光电流比相同管型的二极管光电流大得多。

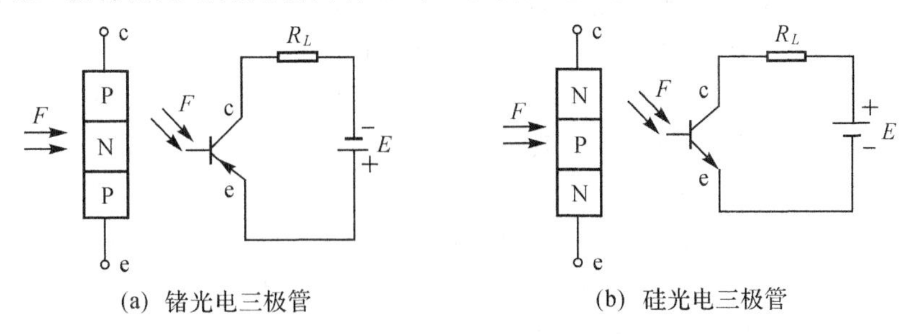

图3-23　光电三极管电路原理图

例3.2　光电二极管应用举例。

图3-25是光电二极管与运放组合应用的电路图。图(a)为无偏置式，图(b)为反向偏置式。无偏置式电路可以用于测量宽范围的入射光，如照度计，但响应特性比不上反向偏置电

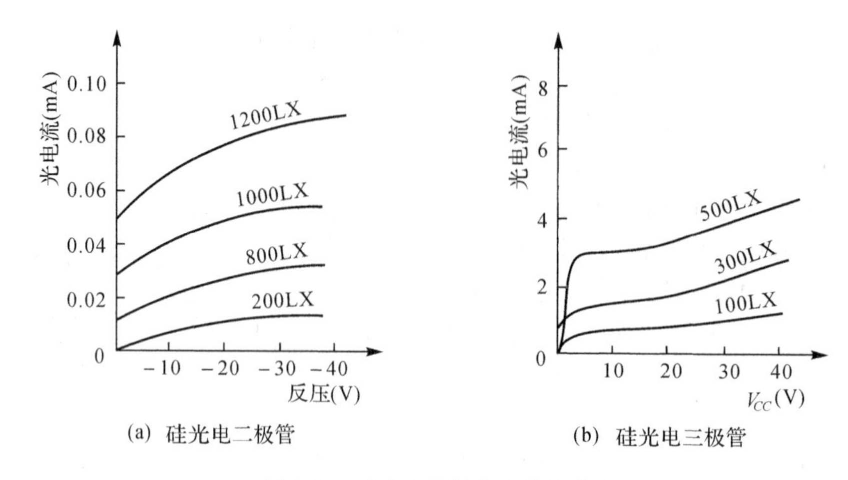

图 3-24　硅光电管的伏安特性曲线

路。可用反馈电阻 R_f 调节输出电压，对应图(b)的反向偏置电路，其响应速度较快。

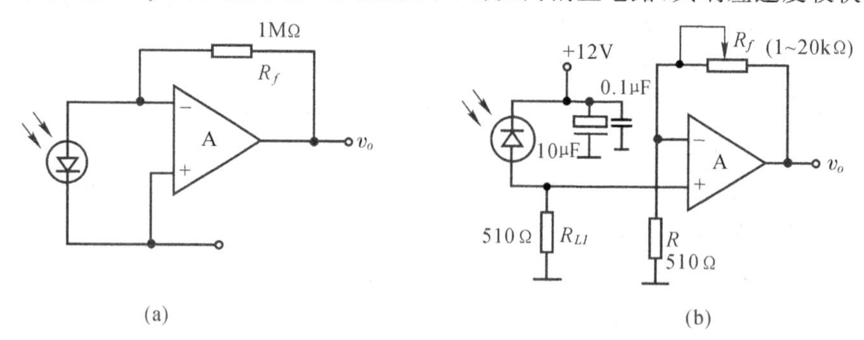

图 3-25　光电管应用图

③光电池　光电池是一种将光能转换成电能的器件。它可以像电池那样为电路提供能量输出，所以称作光电池。

光电池的优点是能量自给、体积小、价廉，短路电流与照度呈线性关系、光谱在人的视觉范围。缺点是输出电压较小(硅光电池约为 0.5V)、硅片脆弱。

④光电耦合器　图 3-26 为光电耦合器的结构图，它将发光器件和受光器件封装在一个组件内。光电耦合器件的明显优点是将信号的输入和输出与外界实现电的隔离，因此可以抑制干扰和噪声，同时又具有价廉、功耗小、寿命长的优点。其缺点是精度不高，受温度影响。近年来应用日益广泛。

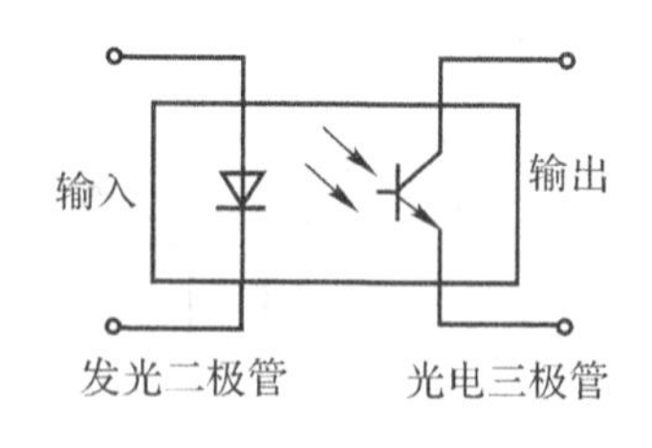

图 3-26　光电耦合器结构图

图 3-27 是一个实用电路，晶体管 T 把光电管的输出电压进行放大，当有光照射到光电晶体管时输出端 v_o 高电压。这电路可驱动几十毫安的小型继电器，是一种常用电路。

⑤光纤传感器　它是利用光导纤维来传播光信号的器件。光纤的种类很多，按传导光的模式分，有单模光纤和多模光纤两种。按光受被测对象调制形式分，有强度调制型、偏振调制型、频率调制型和相位调制型。

光纤传感器的光源通常是发光二极管或激光器，接收部分通常是光电二极管或光电倍增管。光纤传感器的优点是具有抗电磁波干扰、射线干扰及抗电击，抗振动的能力。缺点是安装、连接、调试比较复杂。

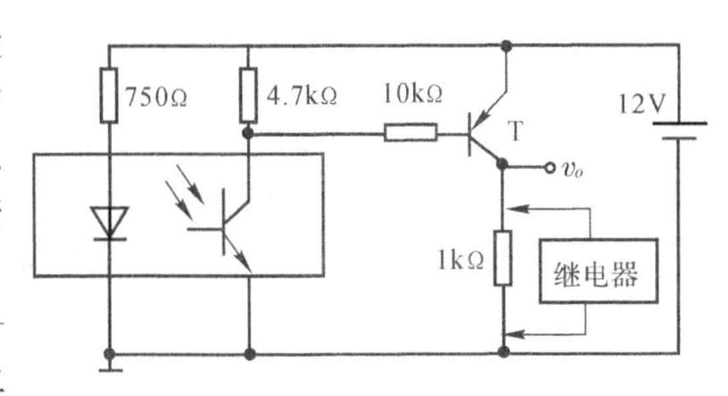

图 3-27　光电耦合器应用电路

光传感器的产品很多，例如有 MG41—MG45 型密封光敏电阻器、2AU1-5 型锗光电二极管、3DU 型光电三极管、GH301—GH303 型光电三极管型光电耦合器、SZXG-10 型光纤转速传感器等，有关这方面资料可参阅参考文献[6]。

(3) 温度传感器

温度是最常遇到的物理量，因此测温传感器使用非常广泛而且种类繁多。测温方法有两种，一种是让温度计直接接触被测物体的接触式测温方式，另一种是不接触被测物体而接受其热辐射的非接触式测温方式。这里只对常用的几种传感器作一说明。

①热电阻式　铂、铜、镍等金属的电阻随温度而变化，因此可通过测电阻值的变化测出温度的变化。通常把这些金属做成细丝绕在线圈架上，如图 3-28 所示。用铂丝做成的温度传感器性能稳定，精度高(可达 0.15 级)，线性好，测温范围广(－259～＋1064℃)，它的缺点是反应慢、灵敏度差、价格贵等。用镍做成的传感器一般使用温度范围为－50～＋300℃，而用铜做成的传感器使用温度范围常在 0～120℃左右。

利用半导体材料可制成热敏电阻，其阻值随温度变化比较显著，而且有正温度系数类(PTC)和负温度系数类(NTC)以及在某一小温度范围内阻值剧变的临界温度系数类(CTR)等多种特性。

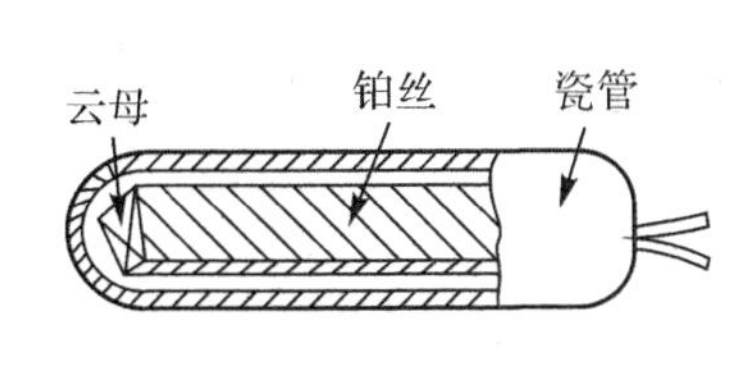

图 3-28　白金热电阻

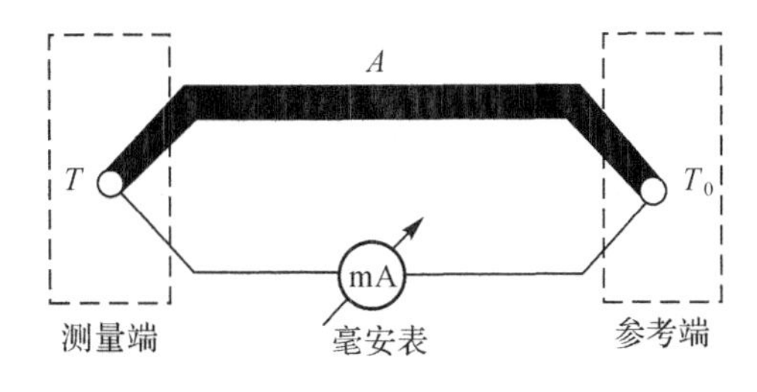

图 3-29　热电偶原理图

NTC 热敏电阻可以测得千分之一度的微小温度变化。PTC 热敏电阻具有升温迅速、可靠、安全节能。而 CTR 热敏电阻常用来制成无触点开关。热敏电阻成本低，所以获得了广泛的应用，特别是在家电领域中。

②热电偶传感器　热电偶传感器简称热电偶，其原理是基于热电效应。即两种不同材料的金属两端连接起来，组成一个闭合回路，如果两端结点温度不同，则回路中形成一定大小的电流，如图 3-29 所示。

热电偶有以下特点：测温范围广(－269～＋2800℃)。由于它的输出是一电势信号，所以测量时一般不需外加电源，构造简单、使用方便、不易损坏。其缺点是终端要补偿，灵敏度较低。

温度传感器的产品至少也有几十种，常见的有用于电冰箱的 WF1 型温度传感器，有用于石油、地质、电力等部门的 SG590 型长距离、高线性集成温度传感器，以及用于冶金、机械、化工等部门的 WRP-120 型铂铑-铂热电偶等。有关这方面的资料可参阅参考文献[6]。

(4)气体传感器

气体传感器是一种将气体中某些特定成分检测出来的器件，常用于检测某些气体是否存在过量(如煤气)或过少(如缺氧)，因此在石油、化工、环境保护、医疗、家庭等领域中应用日益广泛。气体传感器的种类很多，早期采用化学或光学方法，但因反应速度慢，装置复杂等原因正在被半导体气敏传感器所取代。半导体气敏传感器具有速度快、灵敏度高、简便等优点，因此目前已很普及。表 3-6 列出了半导体气敏传感器常用的材料、可测量气体和工作温度。有关这方面内容可参阅参考文献[6]。

表 3-6 半导体气敏传感器性能表

半导体材料	可测气体	使用温度(℃)
ZnO 薄膜	还原性、氧化性气体	400～500
SnO_2	可燃性气体	200
氧化物薄膜(SnO_2，CdO，Fe_2O_3，NiO)	还原性、氧化性气体	400～500
氧化物(WO_3，MoO，CrO 等)＋触媒(Pt，Ir，Ph，Pd 等)	还原性气体	200～300
In_2O_3＋Pt	H_2(碳化)	500
SnO_2＋Pd	还原性气体	常温
WO_3＋Pt	H_2	260
复合氧化物($LaNiO_3$ 等)	C_2H_5OH	250
V_2O_5＋Ag	NO_2	300
CoO	O_2	1000
ZnO＋Pt	C_3H_8，C_2H_{10} 等	常温
ZnO＋Pd	H_2，CO	常温
SnO_2＋迁移金属	还原性气体	250～300
SnO_2＋ThO_2	H_2，CO	150～200
γ-Fe_2O_3	还原性气体	400～420
α-Fe_2O_3	还原性气体	430

(5)磁敏传感器

磁敏传感器是磁性传感器中的一类，它是利用磁感应半导体元件作为变换器件。由于近年来其用途日益扩大，地位日显重要。按其敏感元件的类型可列表分类如下(见表 3-7)。

表 3-7 敏感传感器的分类

磁感应半导体元件	体元件	霍尔元件(InSb，InAs，Ge，Si，GaAs) 磁阻元件(InSb，InAs)
	结型元件	磁敏二极管(Ge，Si) 磁晶体管(Si) 磁半导体开关(Si) 其他
	霍尔 IC	转换的(Si) 线性的(Si)

无论以上哪一种元件，都应用了半导体的自由电子(空穴)被磁场改变运动方向的性质。

磁敏器件的应用领域十分广泛，可直接检测磁场、电流，还可检测振动、速度、位移等各种被测量。目前主要产品有霍尔元件、磁敏电阻、磁敏二极管、磁敏三极管等。

限于篇幅，有关这方面叙述可参阅参考文献[2][6]。

(6)湿度传感器

湿敏元件和湿度传感器用于湿度的测量和控制，目前它们广泛地用于各个领域，例如粮食、环保、纺织、烟草、建筑、生物、农业等。湿度检测方法大致有阻抗与电容变化型、电磁波吸收型、热传导应用型、干湿球型等。电阻式湿敏传感器是目前常用的一种湿度传感器，我国生产的有 SEC 型、MHS 型、MSC 型和 MCT 型等半导体陶瓷湿敏电阻器。

①湿敏电阻的主要特性

(a)湿度特性　它是指电阻值与相对湿度变化的关系特性。陶瓷湿敏电阻器的湿度特性具有对数特性。在很宽的湿度范围内具有湿敏能力，所以能在较广的湿度范围中准确测量。

(b)湿度响应时间　在常温下，当相对湿度发生突变时，元件电阻值达到最终值的63%所需时间。通常把环境湿度从1%RH变为63%RH(吸湿过程)或从100%RH变为37%RH(脱湿过程)，使元件电阻值达到平衡的时间作为响应时间，一般需几秒至几十秒。其他还有温度特性，因为有些湿敏电阻器的阻值随温度变化而变化。因此在实际应用时应加入温度补偿措施。同时，由于湿敏电阻存在着分布电容，所以湿度特性还与频率有关。

②应用举例

图3-30是用交流驱动陶瓷湿敏传感器湿度控制的系统。图中陶瓷湿敏传感器作为一可变电阻，其上交流信号经过放大缓冲后输出，然后用二极管进行整流，在电容 C_2 两端得到一个

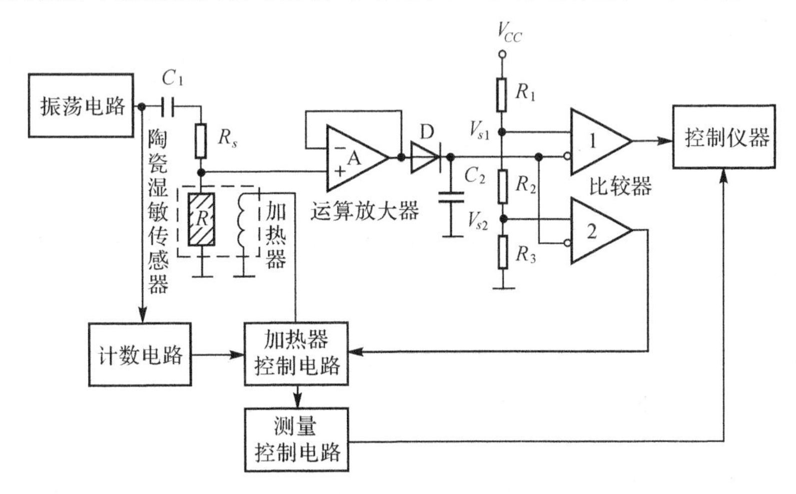

图3-30　交流驱动的湿度检测电路

与湿度有关的慢变电压 V_{s2} 并与相当于某一湿度标准的电压 V_{s1} 相比较。比较器1的输出经控制仪器去控制所需的湿度。由计数电路控制每隔一定时间进行一次加热清洗，在开始清洗的同时停止湿度测量，经一定时间后，由加热器控制电路检测比较器2的输出，当传感器被加热到450℃时，则停止清洗。有关这方面的资料可参阅参考文献[6]，[8]。

(7)生物医学传感器简述

近年来，生物医学传感器的需求明显增加，为测量各种不同的生理参数，相应就有各种生

物医学传感器。生物医学参数的测量与普通物理参数测量相比，两者既有许多共同点，也有一些区别。各种生理量也可归结为电量和非电量两大类：属于电量类的主要有各种生物电如心电、脑电、肌电；属于非电生理参数则比较多，如体温、血压、血流量、脉搏、心音等。这些非电量类型的生理参数的测量，实质上就是我们前面所述的温度、压力、流量、频率等非电物理参数的测量。但是由于医学传感器的测量对象是人而不是物，因此对传感器也会有各种特殊的要求，特别是对传感器的尺寸、结构、安全性、灵敏度等都需要精心设计。

对生物医学传感器的要求主要有以下几点：

①传感器应有良好的绝缘性能，特别是用于心脏、胸部、头部的传感器，要确保被测者的人身安全。

②传感器应有很好的技术性能。如灵敏度、稳定性、频率响应范围、非线性、迟滞等。

③在用传感器测试时，不能影响正常的生理状态。例如在测量血管中的血压或血流速时，不应堵塞血管。

④进入体内的传感器，要求有合适的形状，体积小、重量轻、不排放有害物质或起不良反应等。

⑤维护方便，便于消毒，并能在一定的温度、湿度下工作。

我国航天医学工程研究所生产了多种的医学传感器，如用于测量血压和各种生理压力的各种压力传感器具有高精度和隔离特点，可供临床监测。又如利用霍尔效应的呼吸传感器，可用来测量呼吸频率、波形。利用压电陶瓷为敏感元件的心功能传感器，可测量心音、颈动脉波、颈静脉波等。有关这方面的资料可参阅参考文献[6]。

3.2.4.4 传感器接口

前面扼要介绍了各种类型的传感器，但要充分发挥它们的性能，还要选择或设计合理的接口电路。在设计接口电路中将涉及以下各种问题：模拟信号的传输问题、传感器输出信号的转换问题、非线性校正和温度补偿问题、信号传输中的干扰抑制问题。下面首先讨论第一个问题——模拟信号的传输问题。

大多数传感器与系统输入端之间所传输的信号是模拟电压或电流，它们具有不同的传输特性及不同的使用场合。

(1) 电压传送

众所周知，为减少电压信号的传输误差，特别是当传送距离较远时，由于导线电阻的增大，则要求系统输入端的输入阻抗增大。而增大输入阻抗又易于引入干扰，因此电压信号一般不适合作远距离传输。

当前 A/D 转换器的输入模拟电压量程常设计成 0～＋5V，0～＋10V，0～＋20V，－5～＋5V，－10～＋10V，而传感器的输出电压一般较小，故不宜直接连接 A/D 转换器。为了尽可能减少信号在传输中信噪比的恶化，现在的集成传感器多把敏感元件与放大器集成在一起，使输出电压达到 A/D 转换器的额定值，以便于直接相连。如图 3-31 所示的集成温度传感器，它把基准电压、温度传感器和运算放大器集成在一起作为一个传感器。

(2) 电流传送

电流信号适合于远距离传送。因为这样可使用高输出阻抗的传感器，从而形成一个相当于电流源信号传输回路。因此当传输导线长度在一定范围内变化时，仍可保持足够的精度。

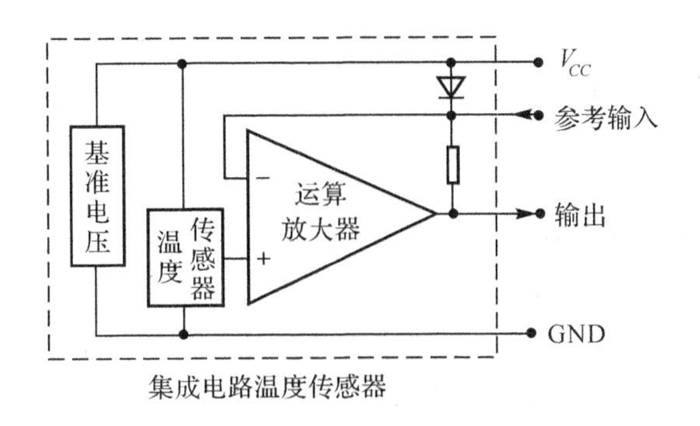

图 3-31 集成温度传感器的构造

目前我国使用的DDZ-Ⅲ型电动组合仪表是以电流信号来传输的，其信号标准采用国际电工委员会(IEC)通过的标准。其中规定传输信号是4～20mA的直流电流，供电电压为24V。为此国外生产了相应的专用集成芯片，如B-B公司推出的XTR101型小信号双线变送器，它把传感器的微小信号转换成标准的4～20mA的电流输出信号。

XTR101是由高精度测量放大器(A_1，A_2)，压控输出电流源(A_3，T_1)和双匹配精密参考电流源组成，其原理框图如图3-32所示。它适用于多种传感器，如热电偶、热敏电阻等输出信号的转换。来自传感器的信号电压 e_{in} 加到引脚3和引脚4之间，使4～20mA的电流 I_o 沿双线输出回路环流(通过 R_L，V_{PS} 和 D_1)。

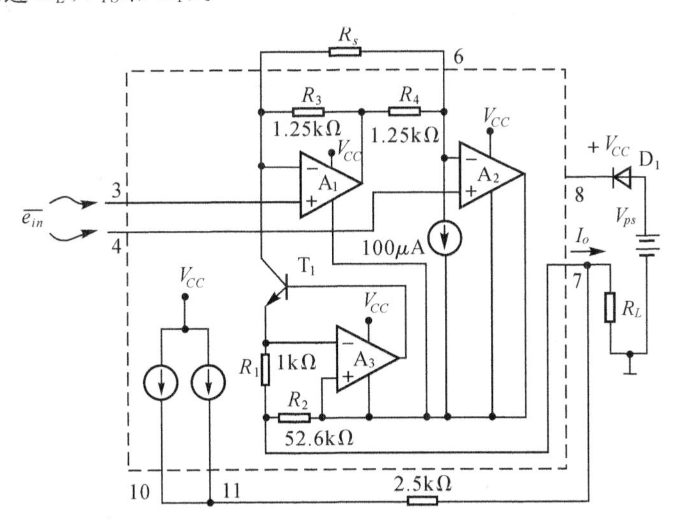

图 3-32 XTR101双线变送器原理框图

(3) 信号的转换

传感器的输出信号在传输过程中，经常需要进行各种转换，如前述的电压与电流之间的转换。其他经常使用的转换方法有：

①电压、电流转换成频率信号 把模拟信号转换成频率信号来传送可提高系统的精度和抗干扰能力。因为这相当于将模拟传输方式改成数字传输方式。目前已有单片电压/频率转换集成芯片，如LM331，AD654等。

②传输回路的阻抗变换 在电压信号传输中，当传感器的输出阻抗比较高时，在传输过程

中会产生信号衰减。为此在传感器输出端可接入一个高输入阻抗和低输出阻抗的匹配器。常用电路有带自举电路的射极输出器、场效应管的源极输出器或用运算放大器组成的阻抗匹配器等。

(4) 非线性校正和温度补偿

由于许多传感器(例如测量温度的热电偶和热敏电阻、测量压力的电阻应变片等)输出的电信号与被测物理量之间是非线性关系,如果将其直接显示,会影响精度,因此需将此类信号作线性化处理。线性化处理可用电路(例如查表及二极管折线近似电路)来实现,也可用软件来实现。温度补偿同样也可用硬件或软件来实现。

(5) 信号传输中的干扰抑制

因为传感器的输出信号通常比较小,因此干扰影响特别严重。为此要充分考虑信号传输过程中对干扰的消除和抑制。常用的措施:①差分式传输方式;②隔离传输方式;③对输入回路进行屏蔽和接入滤波电路等措施;④对于通断输出型传感器而言,为消除噪声、干扰对转换电平的影响,常接入具有迟滞特性的电路,例如迟滞比较器。

3.2.4.5 传感器接口电路举例

下面将通过实际电路介绍传感器与放大器相连接的一些重要问题。

(1)电压放大器与传感器的连接

由于传感器的输出信号内阻有高阻和低阻之分,因此用于放大传感器输出信号的放大器也可分为电压放大器和电流放大器。电压放大器的输入端常用单端输入和差动输入两类。单端输入主要用于热电偶、热电堆等传感器,而差动输入主要用于测温电阻、应变式传感器,热敏电阻等。电流放大器主要用于光电二极管、紫外线传感器等。

图 3-33(a)给出了电压放大器的基本电路,热电偶内阻一般较小,但也有超过几百欧姆的产品。为减小对热电偶输出信号的影响,要求放大器有较大的输入电阻,所以一般采用同相放大电路。另外可在电路中简单地增设断线检测功能,如图 3-33(b)中标有×处。若传感器断线,则放大器输出超出正常工作范围进入饱和状态。在正常工作时该电路增益为

$$A_v = 1 + \frac{R_2}{R_1} \tag{3-16}$$

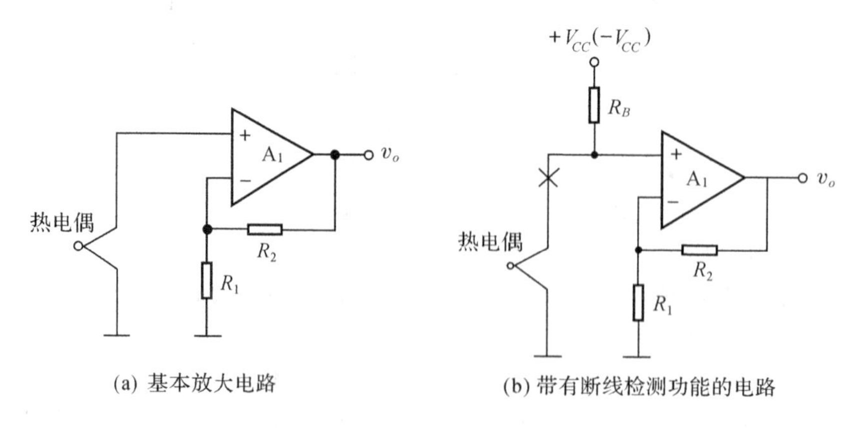

图 3-33 电压放大器

图3-34给出了用K型热电偶，将0～500℃的温度转换为0～5V电压的电路。该电路除了放大信号外还有基准结点温度补偿电路与断线检测电路，而线性化处理可用软件实现。

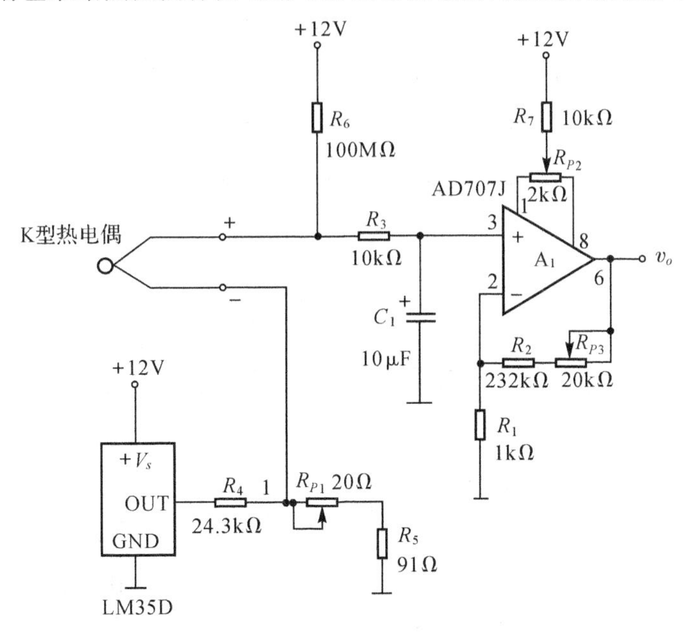

图3-34　温度转换电路

热电偶的输出电压通常较小(每1℃约为40μV)。因此要采用高灵敏度运放，表3-8给出几种常用高灵敏度运放特性。图3-34中的A_1采用AD707J运放。

K型热电偶500℃(满度)的感应电势为20.64mV，对应的放大器的输出应为5V(配接5V量程的A/D转换器)，所以该放大器的增益$A_v=\frac{5\text{V}}{20.64\text{mV}}=242$。由图3-34可见，其中，$R_1=1\text{k}\Omega$，$R_2=232\text{k}\Omega$，$R_{P3}=20\text{k}\Omega$，使用$R_{P3}$调节增益的范围在233～253之间。

R_3和C_1组成低通滤波器，用来滤除噪声。R_3和C_1的值愈大，滤波性能愈好。上限频率$f_{-3\text{db}}\approx\frac{1}{2\pi R_3 C_1}=\frac{5}{\pi}(\text{Hz})$。但$R_3$值不能过大，因为运放的输入偏置电流在$R_3$上要产生偏移电压。若AD707J的偏置电流为2.5nA，当$R_3=10\text{k}\Omega$时，产生25μV的偏移电压。

表3-8　典型高灵敏度运放特性实例

型　号	输入失调电压 μV	输入失调温漂 μV/℃	输入偏置电流 nA	开环增益 dB	转换速率 V/μs
OP07D	250	2.5	14	102	0.1
AD707J	90	1.0	2.5	130	0.15
OP77GP	100	1.2	2.8	126	0.1
OP177G	60	1.2	2.8	126	0.1
AD705J	90	1.2	0.15	110	0.1
OP97F	75	2.0	0.15	106	0.1
LT1001C	60	1.0	4.0	112	0.1
LT1012C	50	1.0	0.15	106	0.1

基准结点温度补偿采用温度传感器 LM35D。它的输出电压随温度变化而变化，用电阻分压并用电位器 R_{P1} 进行调整，对 1 点（基准点）进行温度补偿。

R_6 是检测传感器断线电阻。热电偶断线时运放输出就要超出范围。然而因接有电阻 R_6，则热电偶内阻也会产生偏移电压，例如当 $R_6=100\text{M}\Omega$，热电偶内阻为 200Ω（包括 R_{P1} 和 R_5 的阻值），则偏移电压近似为 $24\mu\text{V}(\frac{12\text{V}}{100\text{M}\Omega}\times200\Omega)$。此外，传感器断线时运放输入偏置电流要流经 R_6，因此要选用输入偏置电流较小的运放。如果要接成反相放大器，其电路如图 3-35 所示。

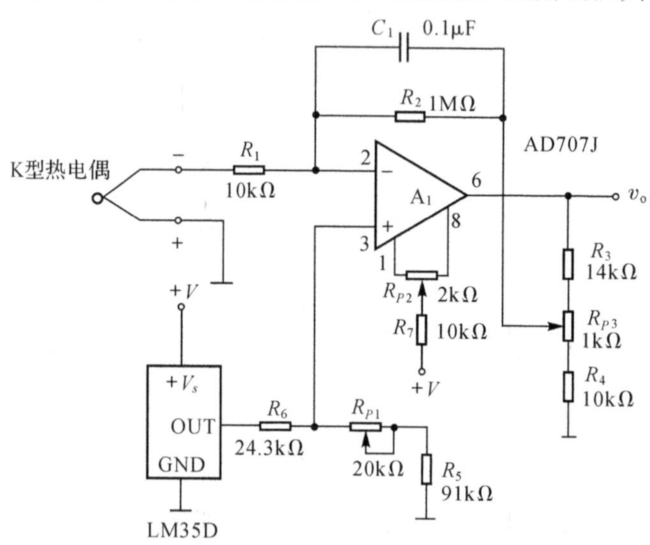

图 3-35　反相放大器电路

（2）差动输入的电压放大器与传感器的连接

采用这类放大电路的传感器有多种类型，但这些传感器几乎都是利用电阻或阻抗变化的原理将被测的物理量转换成输出电压的。差动输入放大器的原理电路如图 3-36 所示，在放大器的输入端使用了桥式检测电路，其中 R_B 是检测元件，它与电阻 R_A，R_C，R_D 构成桥式电路。R_B 的阻值随被测物理量的变化而变化，从而在电桥的输出端（运算放大器的输入端）获得一变化的电压信号。

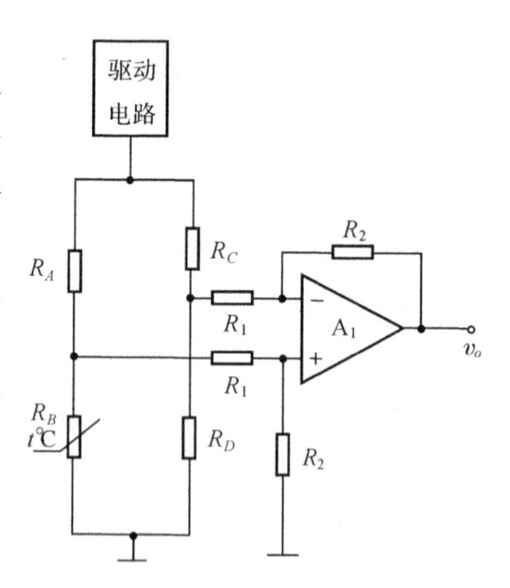

图 3-36　差动输入放大器基本电路

图 3-37 是用铂热电阻 R_2 作检测元件与 R_0，R_1 构成的桥式电路的差动放大电路。若铂热电阻 R_2 采用 TRRA102B，在 0℃时，它的标称电阻为 1kΩ，因其阻值较大，故可忽略接线电阻的影响。在图 3-37 中的桥式电路采用对称电桥，即电桥四臂中有两个臂分别相同。这里上臂取 22 kΩ，下臂取铂热电阻 0℃的标称值，即 1kΩ。由此桥路的输出电压 e_o 可由下式求得：

$$e_o=\frac{(R_1\Delta RV_D)}{(R_1+R_2)(R_1+R_0)} \tag{3-17}$$

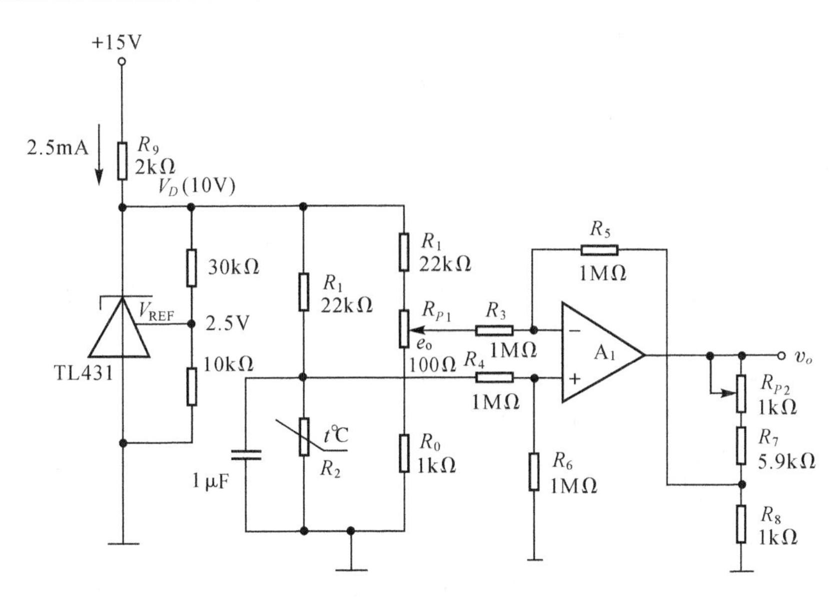

图3-37　铂热电阻的放大电路

式中：V_D 为桥路所加的电压；ΔR 为铂热电阻值的变化量，$R_2=R_0+\Delta R$；R_0 为0℃时的铂热电阻值(1kΩ)。

若桥路的灵敏度(温度变化1℃时，相应桥路的输出电压的变化值)$e_o=1.395\text{mV}/℃$，而被测温度变化范围为0～500℃，则桥路相应输出为0～0.6975V。因此放大器的电压增益应为

$$A_v=\frac{5\text{V}}{0.6975\text{V}}\approx 7.17$$

由图3-37可见，放大电路的增益表达式

$$A_v\approx 1+\frac{(R_7+R_{P2})}{R_8}$$

用电位器 R_{P2} 使增益在6.9～7.9之间可调。

要使差动输入运算放大器的输入电阻 R_3 和 R_4 不受桥路电阻的影响，必须使 R_3 和 R_4 为桥路电阻值的100倍以上。这里铂热电阻0℃时的标称值为1kΩ，所以 R_3 和 R_4 采用1MΩ，为此必须采用低偏置电流的运放。由于铂热电阻的桥路输出电压比较大，所以采用通用的FET运放就可满足要求。表3-9给出了通用FET运放的主要特性参数。

表3-9　通用FET运放特性实例

型　号	输入失调电压 mV	输入失调温漂 μV/℃	输入偏置电流 pA	开环增益 dB	转换速率 V/μs
AD548J	3(最大)	20(最大)	20(最大)	106(最小)	1.0(最小)
AD711J	3(最大)	20(最大)	50(最大)	100(最小)	16(最小)
LF411	2(最大)	20(最大)	200(最大)	88(最小)	8(最小)
LF441	5(最大)	10(典型)	100(最大)	88(最小)	0.6(最小)
LF356	10(最大)	5(典型)	200(最大)	88(最小)	12(典型)

供给桥路的电压 V_D 要求是一恒定电压，可采用 TL431 来实现。由于 TL431 的温度系数典型值为 5×10^{-7}/℃，在一般情况下都可满足要求。

如果传感器输出电压很小时，则必须采用高灵敏度运算放大器或仪用放大器。

(3)仪用放大器与传感器的连接

仪用放大器又称数据放大器，它是一种高精度运算放大器。INA114/115 是一个低成本的常用的仪用放大器，不需外接失调电路就可获得很高的精度。使用时只需外接一个电阻就可改变增益，其增益范围从 $1\sim1\times10^4$ 可变。输入端具有内部过压保护电路，其保护范围可达 ±40V。

INA114/115 具有很高的共模抑制比和很低的失调电压及漂移电压，它能在 ±2.25V 的电源下工作，适合电池供电及单电源 +5V 供电。

INA114/115 广泛用于力学传感器系统、温度传感器系统以及数据采集系统中的输入级放大器。

① 内部结构与基本接法

INA114 内部结构如前述的由三运放组成的高精度运算放大器结构，同时还设有保护电路，如图 3-38(a)、(c)所示。图 3-38(b)、(d)为其基本接法电路。

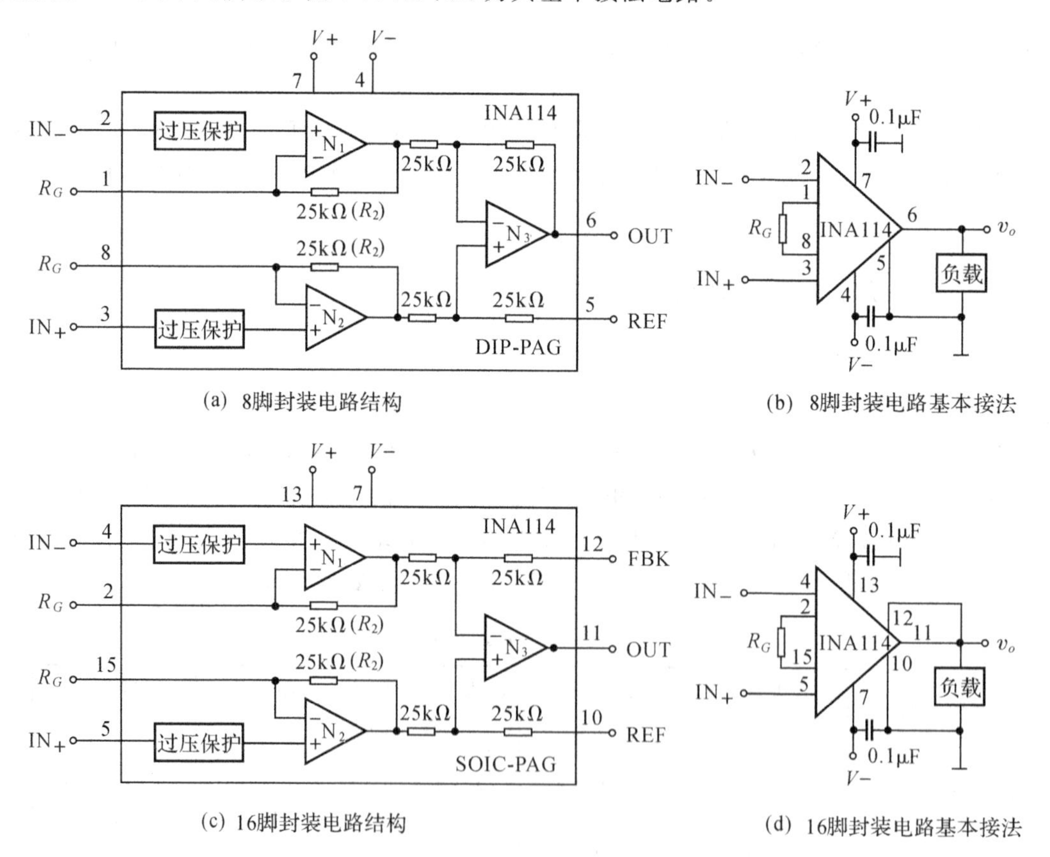

(a) 8脚封装电路结构

(b) 8脚封装电路基本接法

(c) 16脚封装电路结构

(d) 16脚封装电路基本接法

图 3-38 INA114 电路结构与基本接法

增益 A_v 的值可通过外接电阻 R_G 来获得。其关系式为

$$A_v=1+\frac{2R_2}{R_G}=1+\frac{50\mathrm{k}\Omega}{R_G} \tag{3-18}$$

当 R_G 不接时，增益 $A_v=1$。若要求增益 $A_v=100$，则 $R_G=505\Omega$（可取标称值 511Ω）。常用增益为 1～10000 之间。

从 INA114 内部结构图可看出，16 脚封装电路结构另设有 FBK 反馈引脚，这可使用户设计具体电路时增加灵活性。

② 典型应用

INA114 的电路设计灵活，图 3-39(a)是一种典型的拾音传感器输入放大电路。R_1 与 R_2 一般取 47kΩ，若传感器 M 内阻较高时，则 R_1 与 R_2 可取 100kΩ 左右。增益不宜选择太高，一般取 100 倍以内为宜。图 3-39(b)为热电偶传感器放大电路。若测量点过远时，即连接热电偶的电缆线过长时，应加接输入低通滤波电路，以免因干扰电压而损坏器件。增益的确定要根据具体所选热电偶的类型而定。

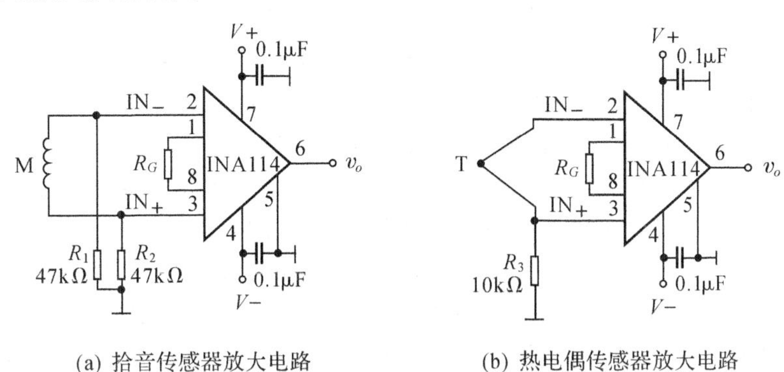

(a) 拾音传感器放大电路　　(b) 热电偶传感器放大电路

图 3-39　典型应用电路

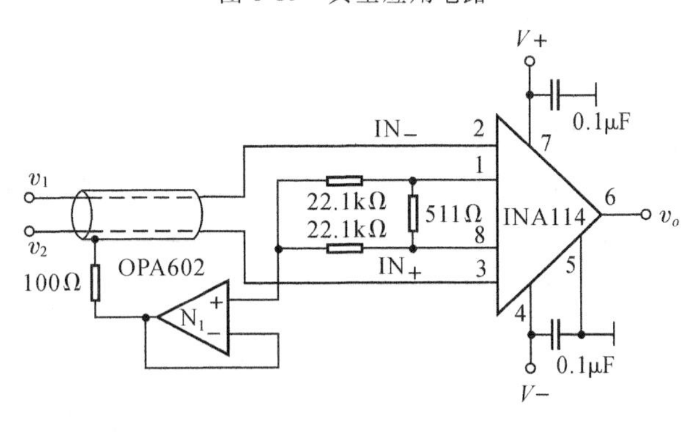

图 3-40　由 INA114 构成的弱信号测量电路

图 3-40 是由 INA114 构成的具有高共模干扰抑制能力的典型差动输入电路，其放大倍数为 100，输出电压 $v_o=100(v_1-v_2)$。该电路可直接用于压力、应变、温度、生物等模拟量的测量。图中运放 N_1 可选用 OPA602，OP07 等器件。这种电路对共模干扰有较强的抑制能力。因为运放 N_1 的同相输入端电压近似为 $\frac{1}{2}(v_1+v_2)=v_c$（共模电压），而 N_1 又接成电压放大倍数为 1 的跟随器，所以电缆外层由共模电压来驱动，使电缆外层与信号线有相同的共模电压，

消除了共模信号的影响，从而提高了抑制共模干扰的能力，所以特别适用于测量弱信号。

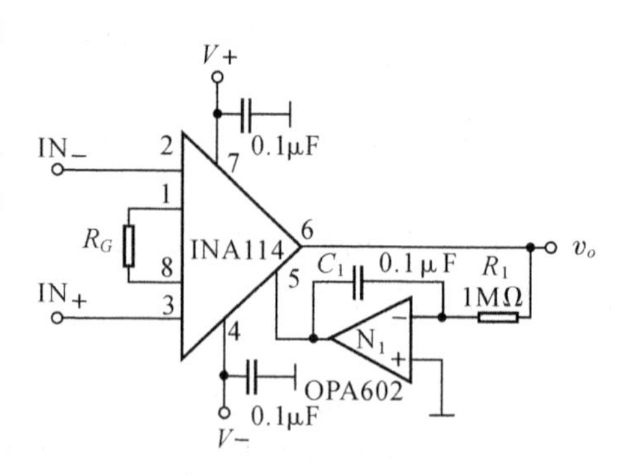

图 3-41　由 INA114 构成的高通滤波放大电路

图 3-41 是由 INA114，C_1，R_1，N_1 所构成的高通滤波放大电路。在通带中的增益大小由式(3-18)来确定。而高通的截止频率

$$f_{-3dB}=\frac{1}{2\pi R_1C_1}=\frac{1}{2\pi\times10^6\times0.1\times10^{-6}}$$

$$=\frac{5}{\pi}\approx1.59(\text{Hz})$$

(4)电流放大器、互导放大器、互阻放大器简介

众所周知，放大器有四类增益表达式；即电压增益 A_v，电流增益 A_i，互导增益 A_g 和互阻增益 A_r。当信号源内阻 R_s 很小，满足放大器的输入电阻 $R_i\gg R_s$；且放大器的输出电阻 R_o 很小，满足 $R_o\ll R_L$(负载电阻)，这样放大器的输入、输出信号常用电压来表示，这时用电压增益来表达比较方便。反之当信号源内阻很大，满足 $R_s\gg R_i$；且放大器的输出电阻很大，满足$R_o\gg R_L$，这样放大器的输入、输出信号常用电流来表示，这时用电流增益来表达较为方便。同理有互导增益和互阻增益的表示法。因此有电压放大器、电流放大器、互导放大器、互阻放大器，而且已有相应四种放大器的集成芯片可供选择使用。以前我们常用电压增益来处理问题，但如果当信号源内阻很大，例如选用的传感器为光电二极管，其等效电路如图 3-42(b)所示。由于 R_s 很大，C_s 很小，所以传感器近似看作一恒流输出。为了把输入信号电流转换成一个输出电压，这时可用运放来实现，如图 3-42(a)所示，放大器的输出电压 $v_o\approx-R_2I_s$。此电路的反馈电阻值一般很大，若传感器内部电容 C_s 较大时，则电路易振荡，所以需加补偿电容 C_f。

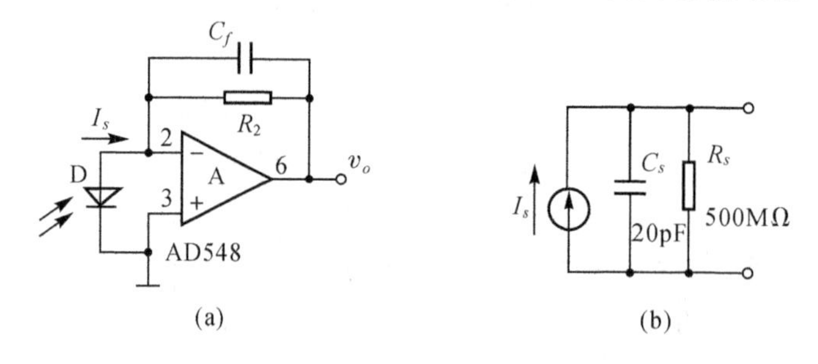

图 3-42　光电转换电路

这种放大电路常用互阻增益 $A_r=\frac{v_o}{I_s}=-R_2$ 来表示其放大能力。对于某些场合，例如放大器的输出信号要传送到较远的距离，这时为提高传输精度，要求放大器的输出信号应近似为一电流源，即放大器应具有很大的输出电阻。目前工业上常用的变送器集成芯片，例如 XTR101(图 3-32)，它是把输入信号电压转换成输出电流(4～20mA)的一类专用集成块。因为输出信号为电流，输入信号为电压，因此应用互导增益 $A_g=\frac{I_o}{v_i}$来表示。图 3-43 是 XTR101 的两种基本接法。

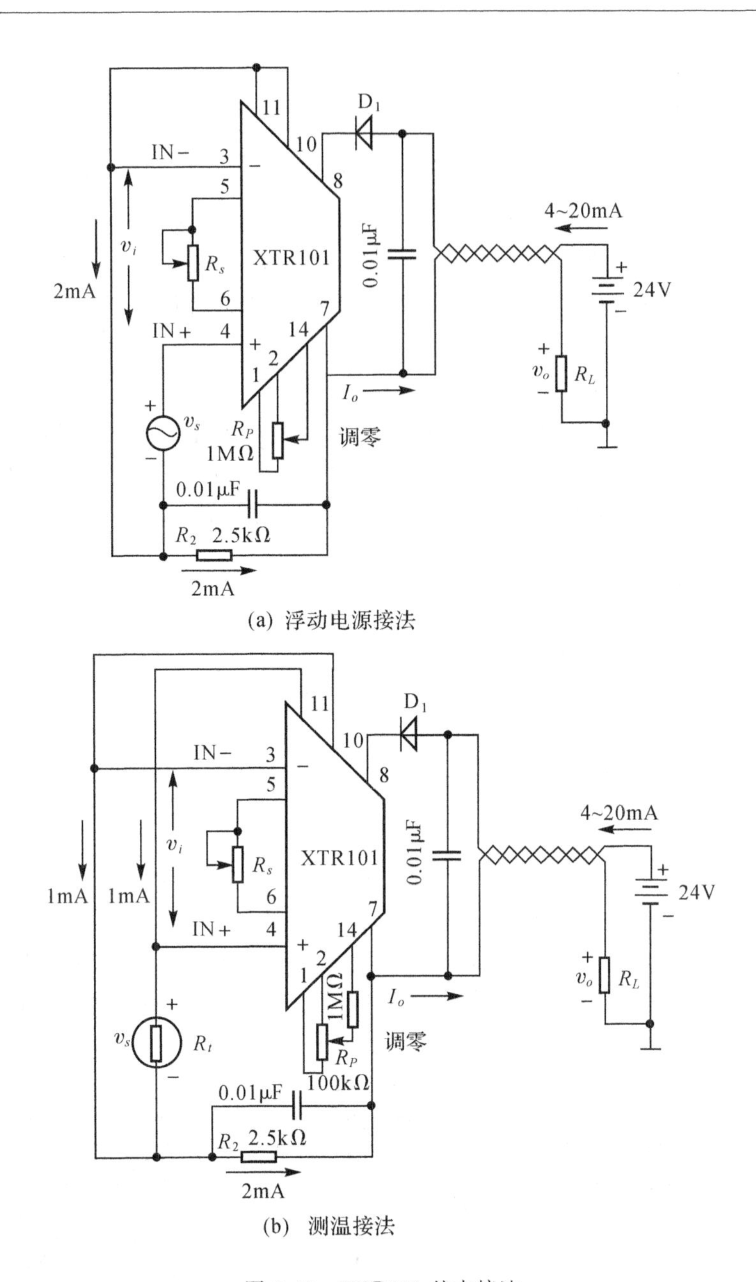

(a) 浮动电源接法

(b) 测温接法

图 3-43　XTR101 基本接法

其中图 3-43(a)是浮动电压源接法，通过 R_s 调节量程。输入信号 v_s 加在 4 脚(＋端)，而 3 脚(－端)接浮地。R_P 是调零电位器，D_1 为电源极性保护二极管不可省去。而图 3-43(b)是热电阻(可用铂电阻)测温度接法。热电阻 R_t 接在 4 脚与浮地之间，当 R_t 随着温度上升而变化时，加在 R_t 上的 1mA 电流(恒流源)使温度参数转换成电压信号，并通过 4 脚进入同相端放大，最后转换成 4～20mA 电流输出。图中两个 0.01μF 电容不可省去，目的是为了减少高频干扰。

由于 XTR101 是单电源工作，为保证变送器线性工作，要求 3,4 脚的电压相对于 7 脚要高 4～6V，所以图中串入 R_2(2.5kΩ)，使 3,4 脚的电压比 7 脚高 5V。

3.2.5 执行机构

在控制类电子系统中，系统的最终目的是控制受控对象并改变其工作状态。因此，在这样的系统中，总有相应的执行机构，具体地实现系统指令所要求的动作和功能。

所谓执行机构，是指把动力源获得的能量变换成机械能，是机械工作的一种装置。它包括电气执行元件和机械执行装置两大部分。电子系统有了执行机构，就可以使机械装置柔性化和智能化，从而实现系统的机电一体化。

3.2.5.1 电气执行元件

根据控制对象的不同，电气执行元件可以分为很多种。在机电一体化的执行机构中，最常使用的电气执行元件有步进电机、直流电机和交流电机等，如下所示。除此之外，螺线管和电磁铁可获得微小行程，也在一些小型、快速响应系统中获得应用。

- 旋转电路
  - 直流电机
    - 单极电机
    - 整流子电机
  - 交流电机
    - 同步电机
    - 感应电机
    - 无刷直流电机
  - 步进电机

(1) 步进电机

步进电机是一种能将输入脉冲信号转换成相应角位移的旋转电机，它很容易与微处理器系统相连接，是机电一体化产品中重要的电气执行元件之一。

步进电机的品种规格有很多，按其结构与工作原理，可分为反应式、永磁式、混合式和特种电机四种主要形式。其中应用最多的是反应式步进电机，下面以反应式步进电机为例，说明其工作原理与驱动电路。

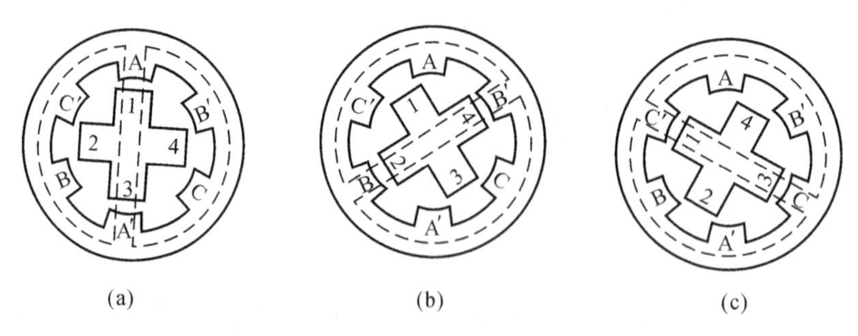

图 3-44 反应式步进电机工作原理

① 工作原理

反应式步进电机是利用磁阻转矩使转子转动的。如图 3-44 所示是一台三相反应式步进电机的工作原理图。它的定子上有三对电极，每对电极上都绕有一相控制绕组。转子是四个均匀分布的齿，上面没有绕组。当 A 相绕组通电时，因磁通要沿着磁阻最小的路径闭合，将使转子齿1,3和定子A,A′极对齐(图3-44(a))。当A相断电,B相通电时,转子将在空间上转过30°,使转子与定子B,B′极对齐(图3-44(b))。如果再使B相断电,C相通电,转子又在空间上转过30°(图3-44(c))。如此循环往复,并按A—B—C—A顺序通电,电机将按一定的方向转动。电机的转速取决于控制信号的通断变化频率。若电机按A—C—B—A的顺序通电,则电机将反向运转。

上述定子绕组的通电方式称为三相单三拍的工作方式,电机经过三次通电轮换(三拍)形成一个循环。三相步进电机除了单三拍工作方式外,经常还有双三拍(AB—BC—CA—AB或AB—CA—BC—AB)、单双六拍(A—AB—B—BC—C—CA—A或A—CA—C—BC—B—AB—A)两种方式。其中六拍工作方式时,步进电机的步距角为三拍工作方式时的一半。

由以上分析可知,步进电机是一种把绕组激磁的变化转换成转子位置增量的电气执行元件。绕组激磁信号可方便地由微处理器产生,构成以微处理器为核心的智能型控制系统。这种系统通常不需要反馈就能对位置或速度进行控制,且信号误差不会累积。

② 步进电机的主要特性

(a) 步距角　它是指对应激磁脉冲信号,电机转子所转角度的理论值。显然,步距角越小,控制精度越高。

(b) 静态力矩　它是指电机转子静态情况下的电磁转矩,即电机能够产生的最大转矩,它主要影响电机的定位精度。

(c) 空载启动频率　它是一个与动态特性相关的参数,指电机能不失步地起动的极限频率。

(d) 失步转矩—频率特性　随着运行频率的提高,步进电机的输出转矩逐步降低。当负载转矩超过电机输出转矩时,电机出现失步现象。步进电机的失步转矩—频率特性如图3-45所示。

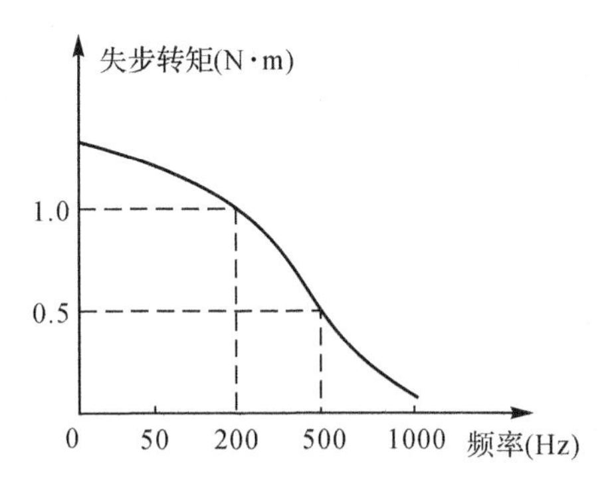

图3-45　步进电机失步转矩—频率特性

选用步进电机时,除了对上述主要特性参数需要作正确选择外,还应注意其相数、电压、电流、电机尺寸等参数,表3-10给出了国产BF系列反应式步进电机参数。

表 3-10　国产 BF 系列反应式步进电机参数表

型号	相数	步矩角 (deg)	电压 (V)	静态电流 (A)	额定负载转矩 (g・cm)	静态力矩 (g・cm)	空载起动频率 (deg/s)	额定负载起动频率 (deg/s)
45BE3-3A	3	3/1.5	27	2		1000	1500	
70BF3-3A	3	3/1.5	60/12.27	5		9000	1500	
70FFP-4.5	6	1.5/0.75	60/12	4.5	1000			3500
90BF3-3	3	3/1.5	60/12	5		20000		
90BF1-5	5	2/1	60/12	5	4000			1200
90BF-0.75	6	0.75	60/12	4	6000	10000	2000	
110BF5-1.5A	5	1.5/0.75	80/12,80	8		5000	1800	
130BF1-5	6	1.5/0.75	110	5	10000			1600
160BF02-1.5	6	1.5	300/12	15	100000	200000	1200	
200BF03	3	1.5/0.75	370/15	25		500000	800	

③ 步进电机的驱动

步进电机的定位精度和动态响应不仅与电机本身的结构参数有关，而且与驱动方式、驱动电流波形等外部因素有关。因此，对驱动电路的基本要求是：能改善电流波形，有续流能力，电路简单、可靠、功耗低、效率高。

(a) 单电源驱动电路

步进电机的单电源驱动电路如图 3-46 所示。该电路中每相只有一个功率开关器件（如三极管），当功率开关 T 开通时，V_s 通过限流电阻 R 产生激磁电流流过绕组 L；当功率开关 T 断开时，绕组 L 中的能量通过释放电阻 R_F 和释放二极管 D 释放掉。单电源驱动电路结构简单，但效率较低，起动和运行频率不高。

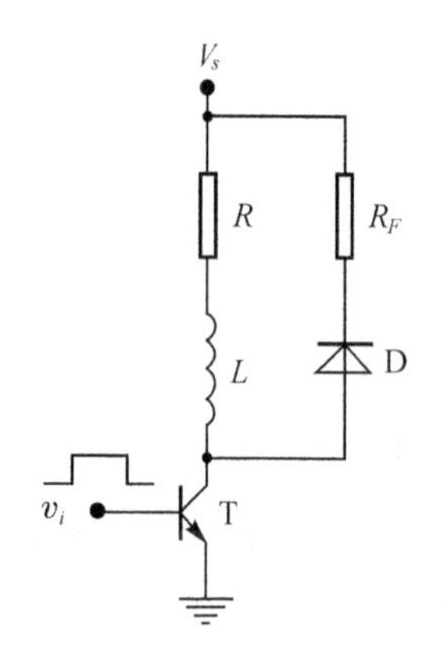

图 3-46　单电源驱动电路

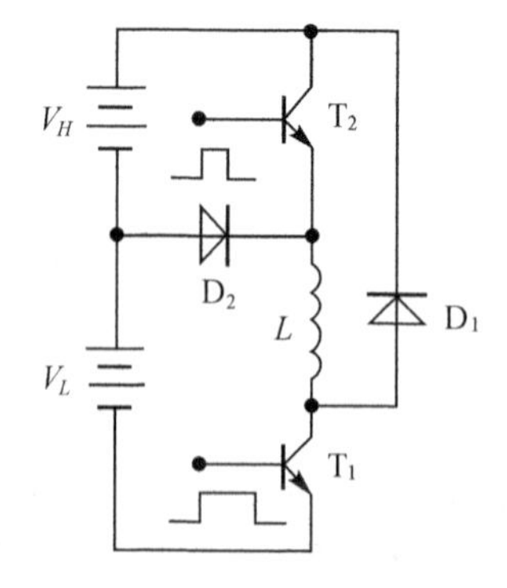

图 3-47　高低压驱动电路

(b) 高低压驱动电路

高低压驱动电路如图 3-47 所示。电路采用两路电源供电：高压电源 V_H 和低压电源 V_L。

接通某相绕组时，高压开关 T_2 和低压开关 T_1 同时接通。此时二极管 D_1 和 D_2 均处于反偏截止状态，V_H 和 V_L 串联后向绕组 L 供电，使绕组电流迅速上升。经过很短时间，高压开关 T_2 关断，于是只有低压电源 V_L 经二极管 D_2 和低压开关 T_1 向绕组供电，维持绕组流过额定电流。当需要断开绕组电流时，同时关断高、低压开关 T_1 和 T_2，绕组电流经二极管 D_1 和 D_2 和高压电源 V_H 流通，并迅速衰减至零。

高低压驱动电路使绕组的电流波形有较高速率的上升沿和下降沿，所以高频特性相当好，电源效率也较高。但电路需要两组电源供电，并且在低频工作时使电机振荡加重，影响电机的平稳运行。

(c) 恒流驱动电路

恒流驱动电路是利用斩波的方法使绕组电流恒定在额定值附近。图3-48是恒流驱动电路原理图。在正常工作过程中，v_i 输入步进方波信号，这时三极管 T_1，T_2，T_3 均导通，高压电源 V_H 通过 T_2，T_3 使绕组 L 中的电流迅速上升。当绕组电流超过额定电流时，采样电阻 R_4 两端产生高于参考电压 V_R 的电平信号，使电压比较器 C 的输出由高电平跳变为低电平，并使 T_1，T_2 关断。此时绕组 L 中的电流通过二极管 D_2、三极管 T_3 和采样电阻组成的回路缓慢泄放。当电流降到额定值以下时，T_1，T_2 再次导通，电源 V_H 又使绕组电流上升。上述过程不断重复，绕组中的电流便保持在额定值上下，呈类似锯齿形波动。

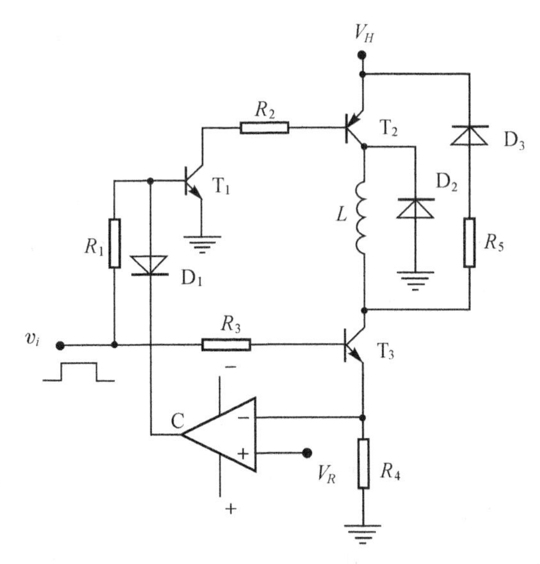

图3-48　恒流驱动电路

当 $v_i=0$ 时，T_1，T_2，T_3 均截止，绕组中的电流通过 D_2，R_5，D_3 和 V_H 迅速泄放，故电流泄放的时间较短。

从提高工作频率和电源效率的角度上看，恒流驱动电路是一种较好的功放电路。它可以用较高的电源电压供电，因此无需外接电阻来限定额定电流和减少时间常数。但由于电流波形顶部呈锯齿形波动，所以会产生较大的电磁噪声。

(2) 直流电机

使用直流电源的电机叫做直流电机。只要把直流电机的端子接到直流电源上就可以简单地使其运转。直流电机是一种具有优良控制特性的电机。因此，在角位移控制和速度控制的伺服系统中有着十分广泛的应用。

① 工作原理

直流伺服电机有电磁式、永磁式、杯形电枢式、无槽电枢式和无刷式等多种类型。图3-49是永磁式直流电机的结构示意图。它由永磁钢构成的定子、绕有线圈的转子以及换向器和电刷等组成。当电流通过电刷和换向器流过线圈时产生转子磁场，并与组成定子的永磁钢产生吸引力或推斥力，从而带动转子旋转。直流电机由电刷和换向器来切换绕组电流方向，使电机按同一方向旋转，从而带动负载做功。

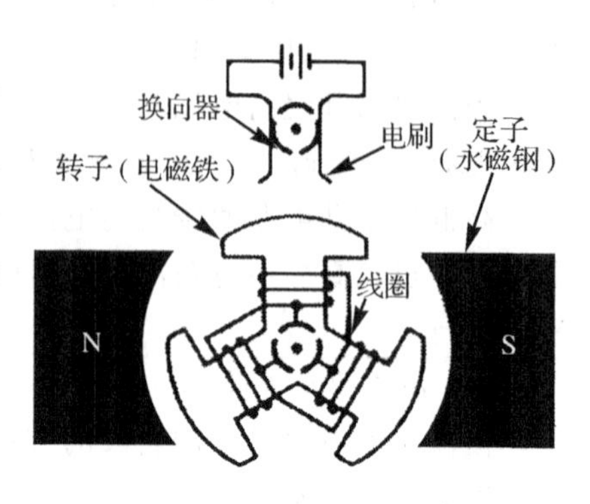

图3-49 永磁式直流电机结构示意图

② 直流电机的基本特性

为了能够掌握直流电机的使用方法，首先必须很好地掌握其基本特性。直流电机的 n-T（转速—转矩）、n-U（转速—电压）特性曲线如图3-50所示。由图可知，直流电机的机械特性（n-T特性）和调节特性（n-U特性）都是直线，因此直流电机具有优良的控制特性。

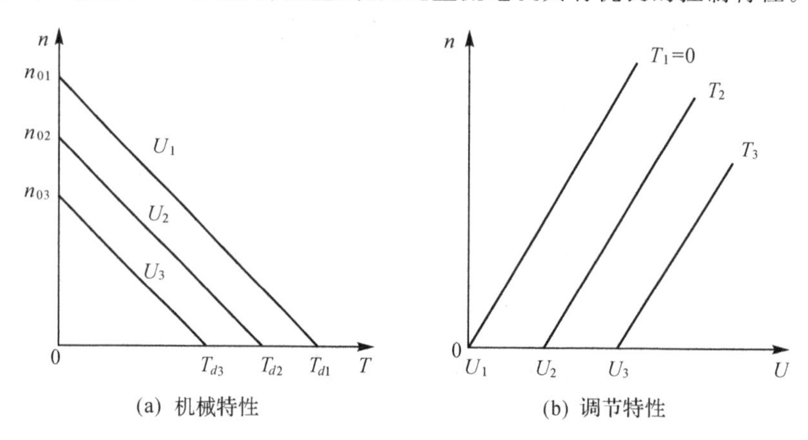

图3-50 直流电机的基本特性

直流电机的转速和各参量的关系还可用式(3-19)表示

$$n=(U-IR)/K_e\Phi \tag{3-19}$$

式中，n 为电机转速；U 为电枢电压；I 为电枢电流；R 为电枢电路电阻；Φ 为励磁磁通；K_e 为由电机结构决定的电动势常数。

由式(3-19)可以看出，要想改变直流电机的转速，有三种不同的方式：调节电枢供电电压 U，改变电枢回路电阻 R，调节励磁磁通 Φ。对于要求在一定范围内无级平滑调速的系统来说，以调节电枢供电电压的方式为最佳。因为改变电枢回路电阻只能是有级调速，而调节磁通的范围很小，且容易造成飞车事故。所以，直流电机调速系统以变压调速为主。

③ 直流电机的起停控制与调速

(a) 直流电机的起停控制与正反转控制

目前，直流电机的起停控制仍广泛使用继电器。采用继电器控制时，控制电路与电机主电路完全隔离，所以控制电路不易受电机主电路的噪声信号影响。即使主电路发生故障，控制电路也不会受到损坏。

如图 3-51 所示是使用继电器的小功率直流电机控制电路，当继电器触点闭合时，电机开始运行，当继电器触点断开时，电机停止运行。图 3-52 是使用接触器的大功率直流电机控制电路，该电路可以用来控制电机的正转、反转、断电和能耗制动等四种工作状态。

除了使用继电器或接触器以外，其他功率开关器件，如大功率三极管和场效应管也可用于控制电机的起停和正反向运行。图 3-53 是使用大功率三极管的直流电机起停控制与正反转控制电路。

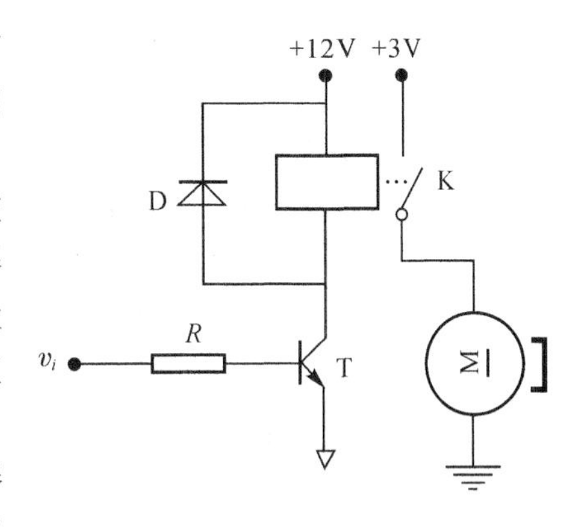

图 3-51　小功率直流电机控制电路

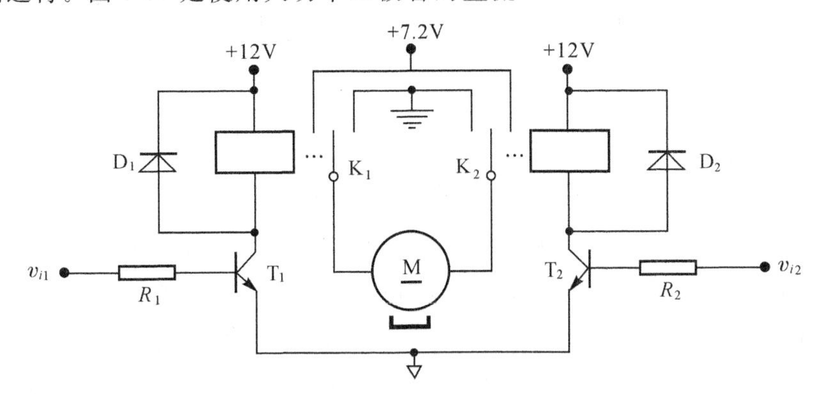

图 3-52　大功率直流电机控制电路

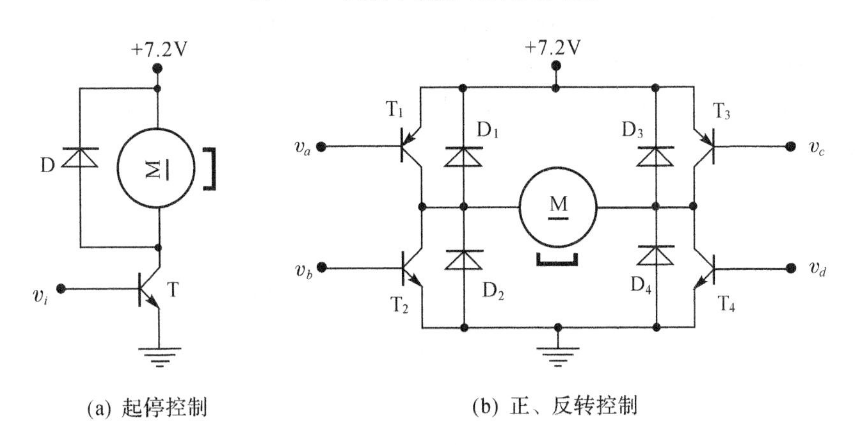

(a) 起停控制　(b) 正、反转控制

图 3-53　使用大功率三极管的直流电机控制电路

(b) 直流电机的调速控制

为了调整直流电机的转速和输出转矩，可以采用改变电枢直流电压的方式来实现，主要的控制方法有线性控制方式和 PWM(脉宽调制)控制方式。一般小功率电机平滑转速控制常采用线性控制方式，而大功率电机高效控制时，则常使用 PWM 控制方式。

如图 3-54 所示是直流电机线性控制方式原理图。线性控制方式也可称为电阻控制方式，它在电机与电源之间串联了功率三极管，这个三极管工作于放大区，相当于一个可变电阻器，从而控制了施加在电机上的直流电压，达到改变电机转速和转矩的目的。

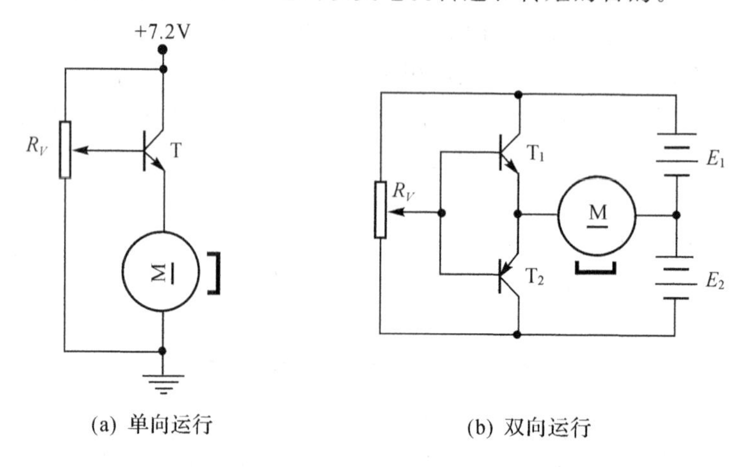

图 3-54 直流电机线性控制电路

由于直流电机线性控制方式不改变电流的波形，因此对电刷和换向器的作用影响很小，可以做到转速的平滑调节。但是功率三极管的功耗较大，使得线性控制方式的效率很低，是一种不经济的控制方式，多用于额定功率为数瓦的小电机的控制系统。

图 3-55 是直流电机的 PWM 控制电路。图中，三极管 T 作为一个功率开关，在控制信号的作用下，使加到电机上的电压波形占空比发生变化，从而控制了电枢电压的平均值。由于三极管始终工作于截止和饱和导通两种状态下，所以几乎不消耗功率，因此，PWM 控制方式具有良好的经济性。但由于电机供电电压处于开关状态，因此会导致噪声、振动以及电刷和换向器损伤等问题出现，这些问题从控制技术上已经逐步得到解决。PWM 控制方式已经成为现代电机控制技术的主流。

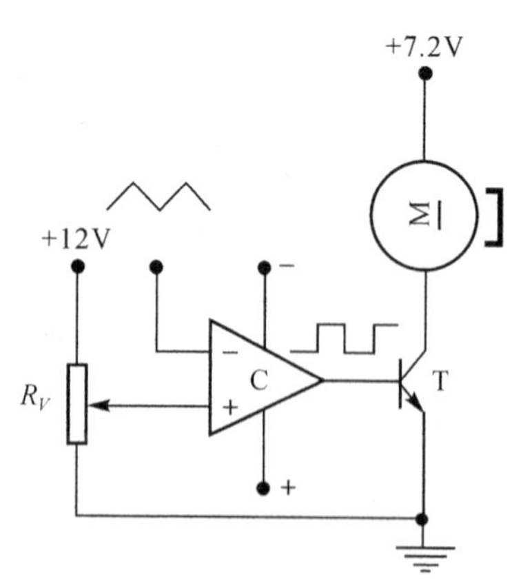

图 3-55 直流电机的 PWM 控制电路

(3) 交流电机交流电机的最大优点是结构简单、造价低廉、不需要维护。在工业发达国家,工业机器人和数控机床中使用的伺服电机,传统上一直使用直流电机,目前正逐渐被交流伺服电机所取代。但交流电机是一个多变量、非线性、强耦合的电气执行元件。因此,要使交流电机具有和直流电机相媲美的调控特性,就要有相对复杂的控制系统。

① 交流电机的种类

典型的交流电机有以下三种:

(a) 感应电机

感应电机的定子由铁芯、线圈构成,定子线圈由交流电源供电,产生旋转磁场。转子由铁芯、线圈或鼠笼构成,由定子磁场感应出旋转磁场,并带动转子旋转。由于转子重量轻、惯性小,因此响应速度非常快,主要应用于中等功率以上的伺服系统。

(b) 同步电机

同步电机的转子由永磁钢构成磁极,定子与感应电机一样,由铁芯线圈构成。这种永磁同步电机可以做得很小,因此响应速度很快,主要应用于中功率以下工业机器人和数控机床等伺服系统。

(c) 无刷直流电机

无刷直流电机又称无换向器电机,它是用位置检测器取代了直流电机的电刷和换向器部分,因此具有与直流电机相类似的原理和特性。它不需要维护、噪声小,因此在各种伺服系统中有广泛的应用。

② 交流电机的调速方式

交流感应电机的转速公式为

$$n=60f_I(1-S)/p \tag{3-20}$$

式中,n 为电机转速;p 为电机定子绕组极对数;f_I 为电机定子供电频率;S 为转差率(同步转速与电机转速之差和同步转速的比,即 $S=(n_0-n)/n_0$)。

由式(3-20)可以看出,要改变电机转速,可采取以下三种基本措施:改变电机定子供电频率 f_I,改变转差率 S,改变极对数 p。具体的交流电机调速方案很多,目前已获得广泛应用的有调压调速、串级调速、变频调速、矢量控制和无换向器电机调速等。下面就小系统中经常使用的调压调速和变频调速方法作一简单介绍。

(a) 调压调速

调压调速采用改变施加在感应电机定子绕组上的电压进行调速,实质上是一种改变转差率 S 的调速方法。图3-56是感应电机调压调速时的机械特性图。由于感应电机的转矩与输入电压基波的平方成正比,因此,改变电机的端电压就可以改变感应电机的机械特性以及它和负载特性的交点,从而实现调速。调压调速的方法特别适用于带动风机、水泵的感应电机。在这类负载中,负载转矩 T 是和转子转速 n 的平方成正比的。

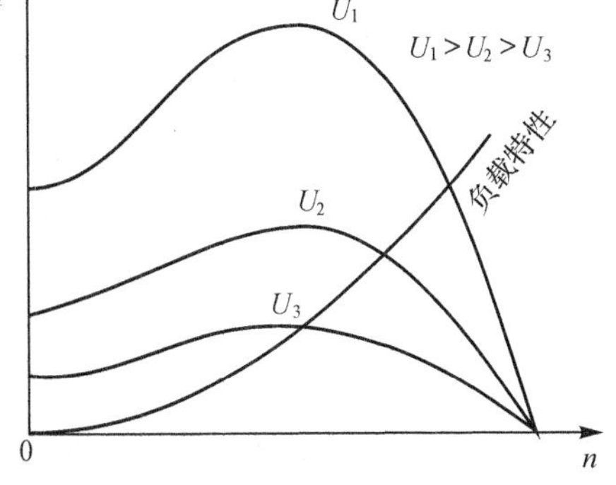

图3-56　感应电机调压调速时的机械特性

通常,当感应电机转速降低时,其定子和转子中的电流将显著增加,可能引起电机过热而导致损坏。因此，用于调压调速的感应电机其转子绕组必须有较高的电阻，或在电机调速运行时对调速范围和低速运行时间加以适当的限制。

如图 3-57 所示，电压调整主要是采用可控硅实现的。在交流电机与交流电源之间加入可控硅，作为交流电压控制器，就可实现交流电机的调压调速。其控制方式有相位控制和通断控制两种，如图 3-58 和图 3-60 所示。

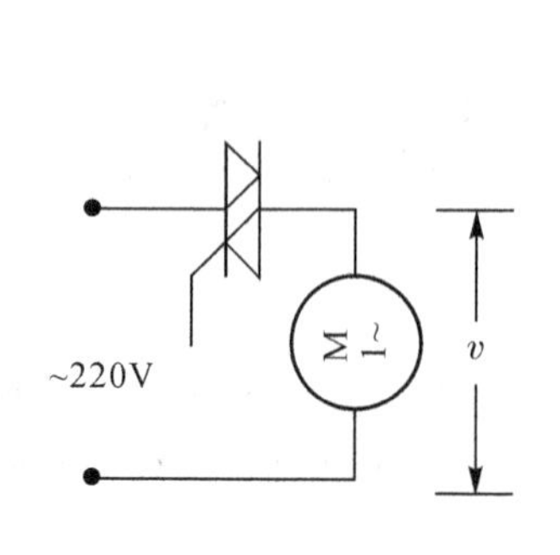

图 3-57 交流调压电路

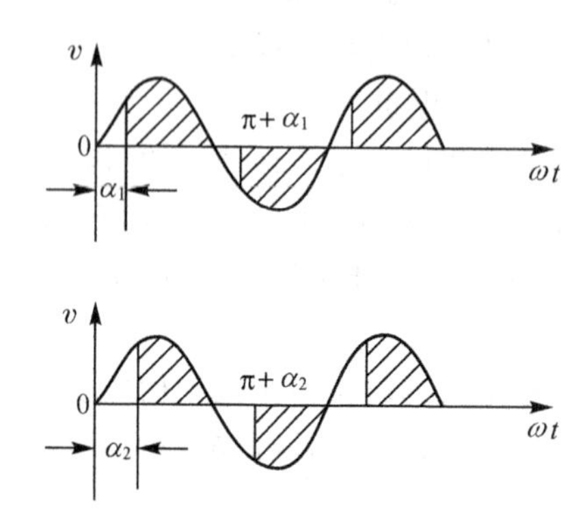

图 3-58 相位控制调压原理图

※ 相位控制调压　相位控制调压需要对交流电源的过零时刻进行检测。在电源电压波形一个周期的选定时刻(相位)触发可控硅，使可控硅导通，将负载与电源接通，负载上仅得到部分交流电压。如图 3-58 所示，改变可控硅的起始导通时刻(触发相位角)，即可得到不同的负载电压波形，从而起到调压的作用。

图 3-59 是用相位控制调压法实现的电机调速电路。改变 470kΩ 电位器的阻值时，可改变阻容充电回路的时间常数。当 0.22μF 电容充电到一定电压时，通过触发管 BD_3 触发双向可控硅 BT136，使 220V 电源与交流电机接通。因此，调整电位器的阻值改变了双向可控硅的触发相位角及电机两端的平均电压值，从而起到了调压调速的作用。

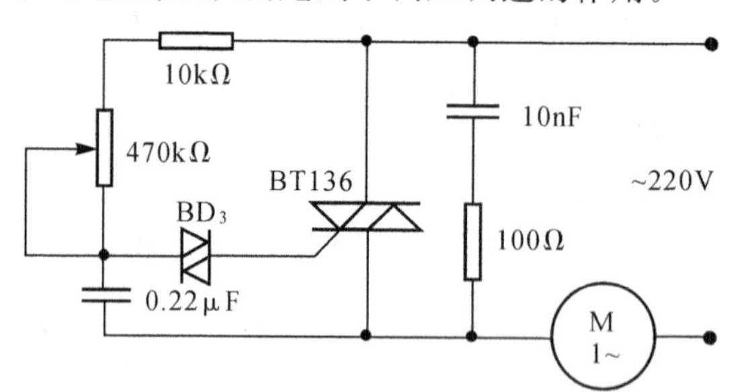

图 3-59 用相位控制调压法实现电机调速电路

※ 通断控制　通断控制的单相调压原理如图 3-60 所示。在通断控制方式中，可控硅的触发相角一般为 0°(过零触发)，它把负载与电源按一定的通断率接通和断开。当可控硅接收触发信号时连续导通几个周期，触发信号消失后自然关断，负载上便得到了不同的平均电压值。从而改变了交流电机的转速。

图 3-61 是用通断控制调压法实现的电机调速电路。当输入 v_i 为高电平时，过零导通的光电耦合器 MOC3041 触发双向可控硅 BT136，使 220V 电源与交流电机接通；当输入 v_i 为低

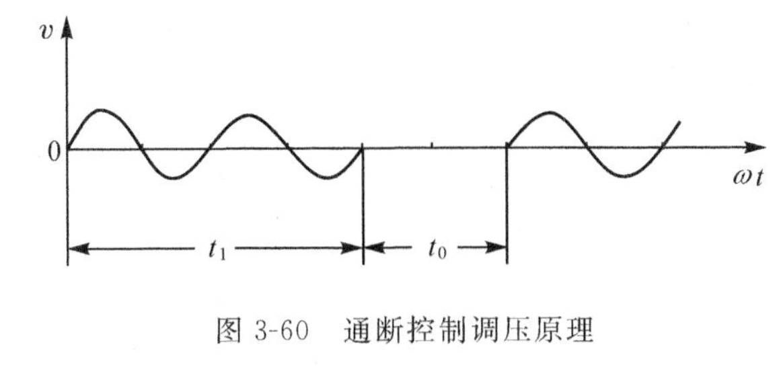

图 3-60　通断控制调压原理

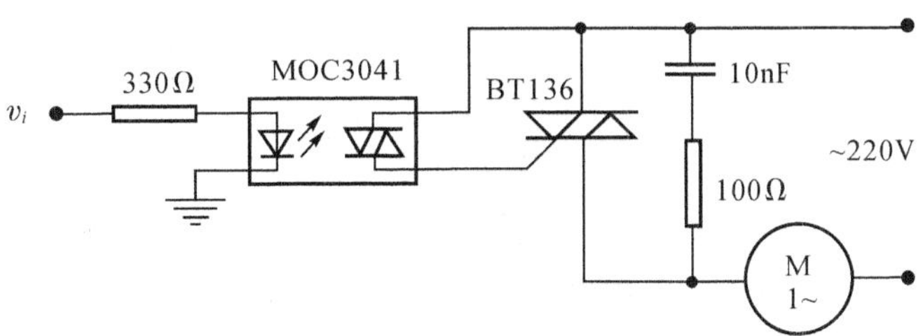

图 3-61　用通断控制法实现电机调速电路

电平时，MOC3041 与 BT136 均过零后关断，使电机与 220V 电源断开。因此，只要改变 v_i 信号的占空比，就可改变电机两端的平均电压值，从而起到了调压调速的作用。

(b)变频调速

变频调速是改变加到交流电机定子绕组电源的频率来改变转速的调速方法。由于交流电机采用变频调速后，调速范围宽、性能良好、具有较高的力能指标，完全满足现代变速传动的要求，因此是一种应用范围最广和最有发展前途的交流调速方法。

在实现交流电机变频调速运行时，为了避免电机主磁通过大引起磁路过饱和而使运行性能变坏，或者电机主磁通过小而使电机利用率降低，通常在变频调速过程中使定子电压随运行频率作相应改变。当采用恒电压/频率比(即 U_I/f_I = 常数)方式运行时，电机的定子电压随运行频率线性变化，此时电机的转矩特性如图 3-62 所示。由图可知，在这种控制方式下，电机的最大转矩随运行频率的降低而减小，因而适用于如风机、水泵等负载转矩随转速降低而减小的负载。

变频调速系统中变频器的结构随采用不同的功率元件而有不同的形式。按各环节的作用

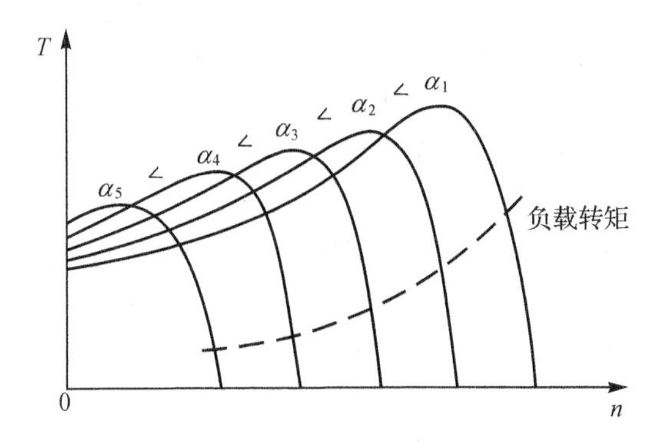

图 3-62　交流电机变频调速时的转矩特性

和功能来看，各类变频器均由一些基本环节构成。图 3-63 为交—直—交变频器的结构原理图，它主要由整流器、滤波器、功率逆变器和控制器四大部分组成。

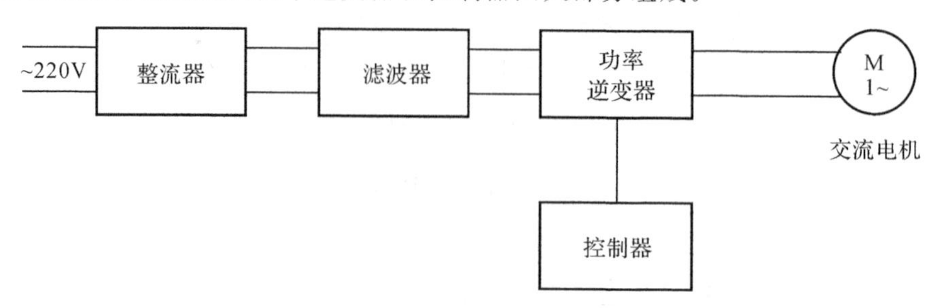

图 3-63 交—直—交变频器的结构原理

※ 整流器 整流器的作用是把交流电整流为直流电。在变频技术中，整流器可以采用二极管桥堆构成不可控整流器，也可采用可控硅构成可控整流器。

※ 滤波器 滤波器用来缓冲直流环节和负载之间的无功能量。如果使用大电容进行滤波，则变频器属于电压型，如果使用大电感进行滤波，则变频器属于电流型。

※ 功率逆变器 功率逆变器是把直流电逆变为频率、电压可调的交流电的变流装置。在近代交流调速系统中，功率逆变器使用的功率元件有普通的可控硅、可关断的可控硅、大功率三极管和场效应管等。

※ 控制器 控制器是根据变频调速的不同控制方式产生相应的控制信号，控制功率逆变器中各功率元件配合工作，使逆变器输出预定频率和预定电压的交流电源。

3.2.5.2 机械执行装置

在执行机构中，电气执行元件的动作最终通过机械装置来完成特定任务的，这种用来承担动力和运动转换的装置称为机械执行装置。

机械执行装置的种类非常繁多，这里只介绍几种较为简单但却十分常见的机械执行装置。

(1) 螺杆和螺母

螺杆和螺母是成对使用的，这样的机械装置通过内外螺纹的相互滑动接触能起到传递运动的作用。

如图 3-64 所示为双向螺旋机构。在螺杆和中空的螺母两端分别制成左旋螺纹和右旋螺纹，将螺杆或螺母向一个方向转动时，两端将同时缩进或者同时伸出，这种机构称为双向螺旋机构。由于双向螺旋机构的结构简单，所以在机械手上有很多应用。

图 3-65 所示是产品化的长螺杆机构，其螺杆长度可达 300～1000mm，将其应用于简单的机器人上，可以组成大移动量的机构，非常方便。

(2)齿轮传动机构

执行机构需要完成各种预定的动作，所以用于传递电气执行元件能量的传动机构就十分重要，齿轮传动机构就是其中最重要的传动机构之一。

齿轮传动是将齿轮安装在轴上，利用两个齿轮的齿间接触来传递转矩的传动方式，按传动形式分类如下所示：

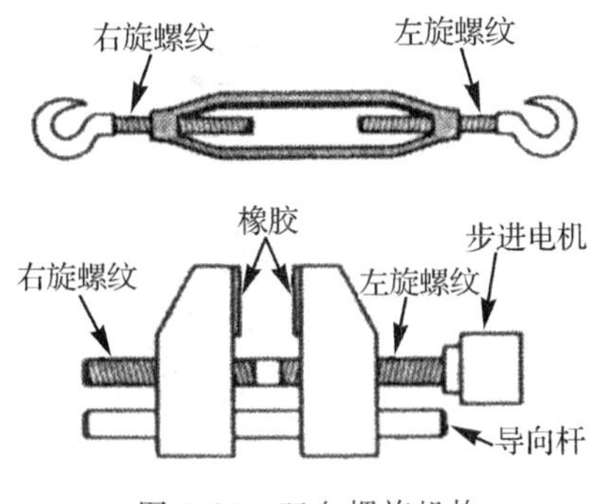

图 3-64　双向螺旋机构

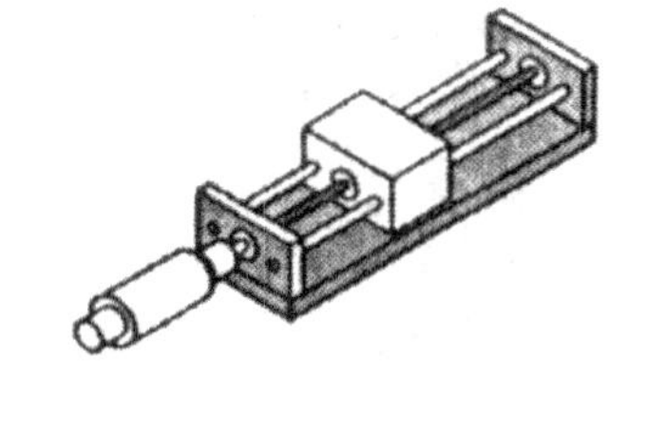

图 3-65　长螺杆机构

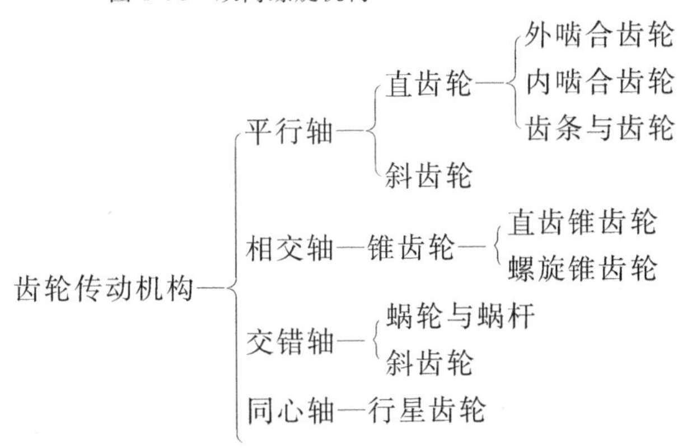

①直齿圆柱齿轮减速机构

这种减速机构由大小两个直齿轮构成，小齿轮联接驱动电机，并将力矩传递给大齿轮，带动机械完成特定动作。这种减速机构能够在减速的同时传递较大的力矩，因此在机器人上用得非常多。如图 3-66 所示是在回旋工作台上使用的直齿圆柱齿轮减速机构。

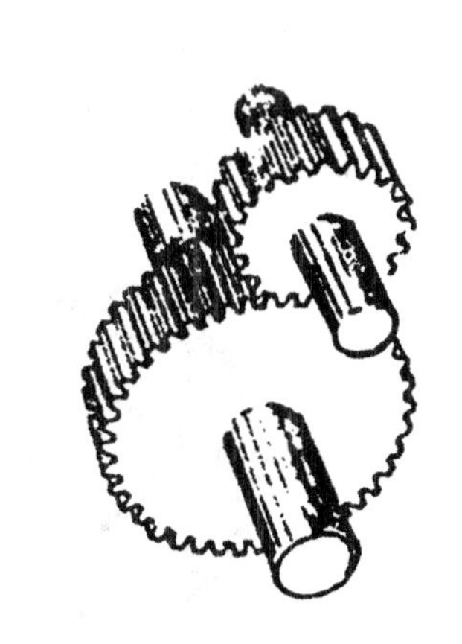

图 3-66　直齿圆柱齿轮减速机构

②蜗轮蜗杆机构

如图 3-67 所示为蜗轮蜗杆机构，这种机构将蜗轮和蜗杆的轴线正交安装，它的减速比大，但不能实现由输出轴（蜗轮）到输入轴（蜗杆）的逆向传动。蜗轮蜗杆机构具有自锁功能，即使没有制动器也能保持位置不变，因此常用于机器人的臂部机构驱动。

③齿轮齿条直线运动机构

使用小齿轮与齿条配合，可将旋转运动变为直线运动。如图 3-68 所示为齿轮齿条直线运动机构，这种机构也常用于机械手的向前或者向后直线运动。

（3）柔性传动机构

当两轴间距离较大，不能使用齿轮传动时，可以采用皮带传动或滚子链传动，这样的传动机构称为柔性传动机构。按照传动中是否存在相对滑动现象，可将柔性传动大致分为如下所示的几种类型：

图 3-67 蜗轮蜗杆机构

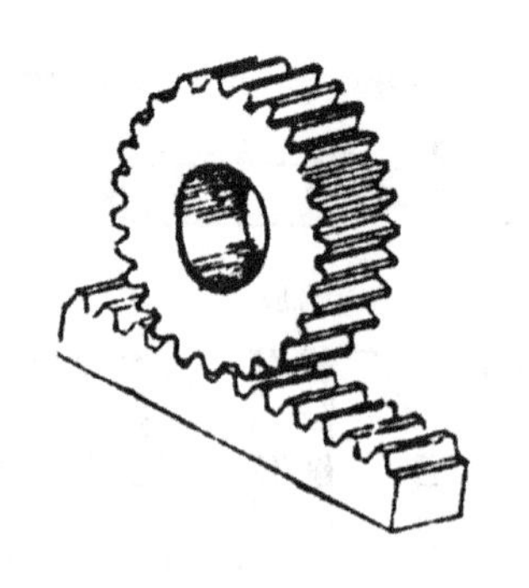

图 3-68 齿轮齿条直线运动机构

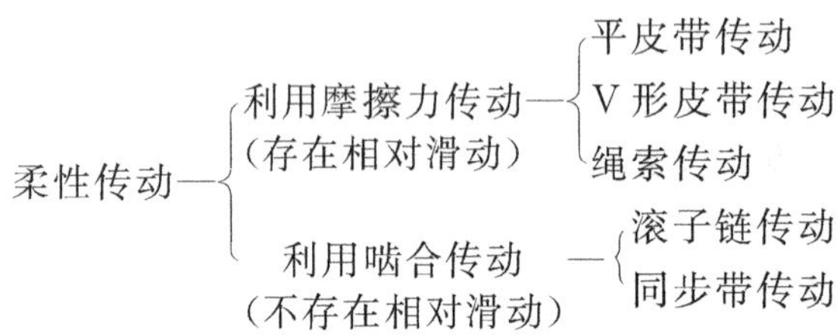

在定位精度要求不高且传动力矩不大的执行机构中，可以采用两轴上分别安装皮带轮，并在皮带轮上环绕皮带的传动方法。皮带传动是一种常见的柔性传动方式，例如缝纫机机头与脚踏轮之间的传动就采用了这种方法。

在定位精度要求很高的执行机构中，传动过程中存在的相对滑动是致命的缺陷。因此，这样的机构中不能采用由摩擦力实现传动的机构，但可采用滚子链或同步带传动。在采用滚子链传动时，必须考虑松弛和润滑问题。而采用同步带传动时，带轮制造比较复杂，但不需要带的张紧和注油等维护工作。因此，同步带传动在机器人上使用得越来越多。如图 3-69 所示为同步带传动机构原理图。

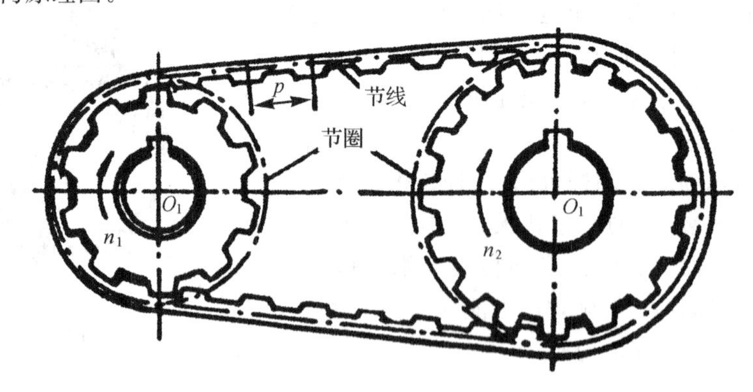

图 3-69 同步带传动机构原理

绳索传动常用于起重机、电梯、索道等设备，相对齿轮传动和链传动而言，绳索传动价格相对低廉，适用于在较长的区间内传递力矩。如图 3-70 所示为绳索传动在起重机中的应用实例。

(4) 凸轮机构

根据从动件要实现的运动轨迹，将主动件设计成特殊形状，通过直接接触来传递运动的机构称为凸轮机构。其中，制成特殊形状的主动件称为凸轮，从动件称为凸轮推杆。

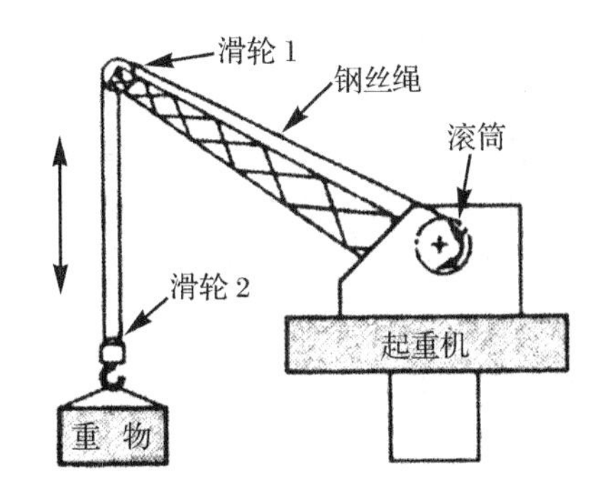

图 3-70　绳索传动在起重机中的应用

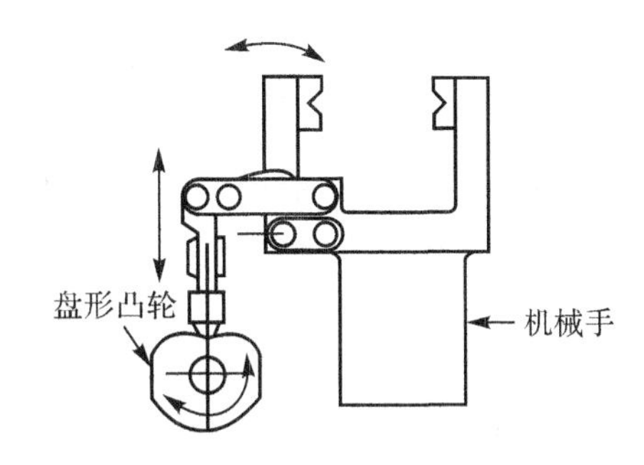

图 3-71　盘形凸轮在机械手中的应用

凸轮机构能将旋转运动转变为行程较短的直线往复运动。按凸轮接触部位的运动形式，凸轮可以分为平面运动的平面凸轮和空间运动的空间凸轮。如图 3-71 所示为平面凸轮在机械手驱动机构中的应用实例，它具有特殊轮廓形状的回旋盘，当轮盘转动时，带动机械手作出复杂的抓放动作。盘形凸轮是凸轮机构中应用最多的一种形式。

需要注意的是，由于凸轮机构的接触表面为滑动副，要使用润滑油对其进行润滑。由于凸轮接触面磨损等原因，需要对凸轮机构进行定期维护。若在从动件与凸轮接触的部件中安装上滚子，形成滚动摩擦机构，就可以解决这种磨损问题。

在本书所涉及的电子系统中，常用功率较小的执行机构。因此，常用的电气执行元件多是小直流电机、步进电机以及小交流电机。而机械执行装置常用小模数齿轮或利用摩擦力传动的柔性系统。由于规格众多，很难从市场上方便地找到完全适用的器材，故此常常用一些旧器材拼凑代用。

3.3　低频模拟系统设计举例

3.3.1　电子系统的数控直流稳压电源设计

3.3.1.1　概述

各种电子系统都要求有稳定的直流电源来供电。多数直流电源是由电网的交流电经整流、稳压来实现的。当今直流稳压源主要有线性型和开关型两种形式。线性型稳压电源是一个线性反馈系统，其调整管、误差放大器都工作于线性放大状态。它的特点是性能优良，设计制作较简单，但它必须使用一只工频变压器，这样不但增加了体积和重量而且增加损耗、降低效率，同时调整管的管耗也比较大。

开关型稳压源的特点是调整管工作在开关状态，而且工作频率较高，大多在 20kHz 以上，因此可采用体积很小的高频变压器来实现变压任务。由于调整管工作在开关状态，管子截止时管压降虽然很大，但流过电流几乎为零；而管子导通时电流虽然很大，但此时管压降非常小，因而调整管的管耗很小，提高了电源的效率，目前被广泛地用于各类电子系统和计算机中。开关电源的形式很多,可分为自激式和他激式两种。根据能量的传送方式,可分为电感储能式和变压器耦合式两类。自激式开关电源电路简单,输出电压可调范围较小,且电压稳定性不够高,所以常用于要求较低的场合。他激式开关电源需要集成脉宽调制器芯片和辅助直流电源,因此电路较复杂,但它输出电压稳定,各项技术指标都可做得很好,所以用在要求较高的场合。电感储能式适用于小功率的开关稳压源,而变压器耦合式适用于大功率的开关稳压源中。

3.3.1.2 设计任务

设计一个输出电压可调的数控电压源,并由数码管显示其输出值。具体要求如下:

①输出电压　2～20V,调节单位为0.1V。

②电压稳定度　($\frac{\Delta V_o}{V_o}$)小于0.2%,纹波电压小于10mV。

③输出电流　1A。

④输出电压值　由数码管显示,并由"+"、"-"两键分别控制输出电压步进增减。

⑤电源　应具有输出短路保护和功率器件的过热保护功能。

3.3.1.3 方案论证与框图

(1)方案一

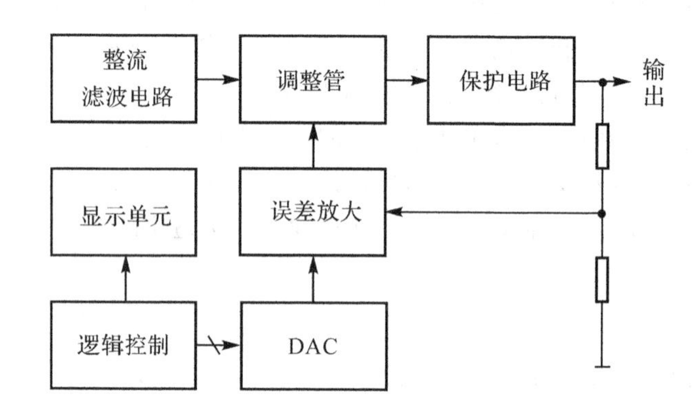

图3-72　数控稳压电源方框图

根据本任务的要求,首先想到要实现输出电压的数字控制和数字显示,可利用数模转换器(DAC)和数字逻辑控制电路来控制通常的线性型稳压电源。由此可得出如图3-72所示的框图。本方案中的逻辑控制部分若采用中小规模器件来实现,则将比较烦琐而且给可靠性及抗干扰能力会带来一些影响。显然逻辑控制电路功能完全可以用单片机来实现,这样虽然有些大材小用,但可使本系统的功能便于扩展。

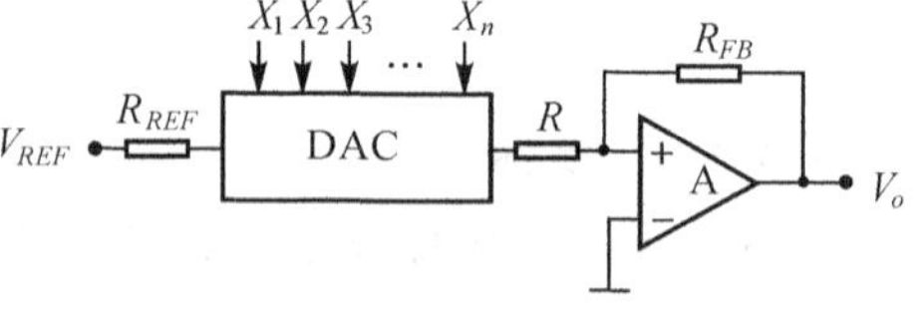

图3-73　数字可编程电源

(2)方案二

众所周知,DAC可以方便地实现一个程控电源的基本功能,如图3-73所示的电路。图中的数字量$X_1, X_2, \cdots, X_n$可以由拨盘开关设定或用单片机来控制。输出电压由

$$V_o = \frac{V_{REF}}{R_{REF}} R_{FB} (X_1 2^{-1} + X_2 2^{-2} + \cdots + X_n 2^{-n})$$

决定。但这样的简单电路，输出功率较小，满足不了本任务的要求。为此可在此基础上再加以功率放大，由此可得如图3-74所示框图。

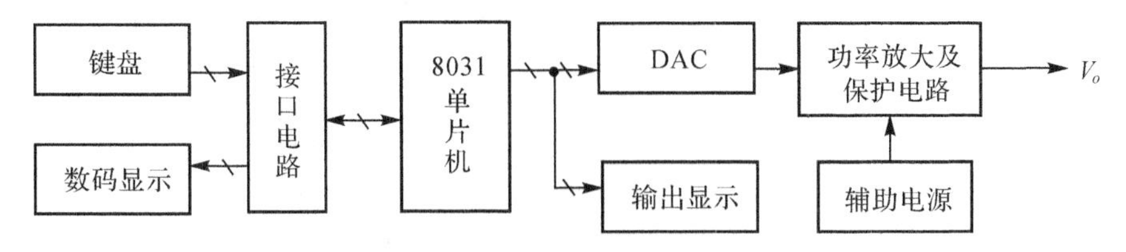

图3-74 带功率放大的数字可编程电源

本方案的主要特点是输出部分不再用传统的调整管。功率放大电路可用运放作前级，再用分立元件的功率放大级，也可采用功率集成芯片。由于功放输出的波形与DAC输出波形相同，因此该系统除能输出直流电压外，还可以很容易地实现具有功率输出的信号发生器。

(3)方案三

本任务中的输出电压、电流值并不很大，输出电压可调范围也并不很宽，因此当前已有集成三端稳压器能满足要求，而且这类芯片内部都有过流和过热的保护电路，例如W117，其额定电流可达1.5A，输出电压的调节范围为1.2～37V，内部有过热和过流保护电路。价格也不贵，所以采用这种芯片为主体来组成所要求的系统是比较合理的。

W117的基本稳压电路如图3-75所示。图中V_o有以下关系式

$$\begin{cases} V_o = 1.25 + V_B \\ V_B = \left(I_R + \dfrac{1.25}{R_1}\right)R_2 \end{cases} \tag{3-21}$$

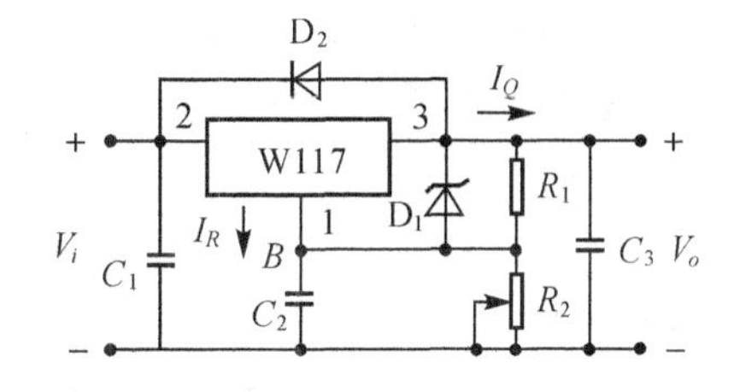

图3-75 三端稳压器W117稳压电路

其中，I_R为流出调整端的电流，约为50μA，且在整个输出电压和电流的变化范围内可近似看作不变。而I_Q由输出端流出，为保证在负载开路时电路工作正常，必须正确选择电阻R_1，使I_Q应不小于5mA。W117的输出端③和调整端①间的电压恒为1.25V(能带间隙式基准源)，所以只要调节R_2的大小就可改变输出电压的大小。若把R_2设计成一个电阻网络，用开关来切换其阻值，就可实现数控输出电压的任务。图中接入二极管D_2后，可为负载电容的存储电荷提供一条放电通路。逻辑控制部分采用单片机系统使功能扩展比较灵活，硬件电路结构比较简单。

综上所述，决定用方案三并画出本方案的框图，如图3-76所示。

3.3.1.4 主要单元电路参数的选定和方案的实现

(1)整流滤波电路及+5V辅助电源

本单元除了要产生数控电源的直流输入电压外，还应提供一个稳压的+5V直流电源，以供给单片机等各种单元电路的电源。其原理电路如图3-77所示。

整流电路采用桥式电路，整流管采用普遍使用的桥堆。根据器件手册可选W7805的输入端电压为9V，W117的输入端电压为25V。电源变压器的副边交流电压一般推荐为整流输出电压的0.8倍左右。实际上，此值与滤波电容的容量大小、直流输出电流的大小和电网的波动大小等因素有关。由于本任务的输出电流为1A，对电容滤波而言已属于较大负载。再考虑到

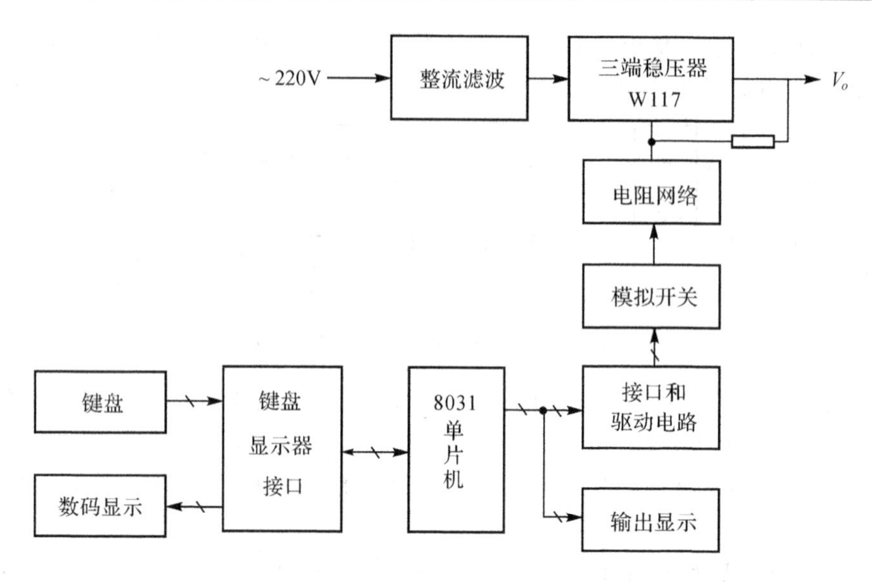

图 3-76 单片机控制的数控电压源方框

电网电压可能有±10%的波动，为保证在最恶劣情况下仍能正常工作，所以变压器副边交流电压取 24V 和 9V，如图 3-77 所示。

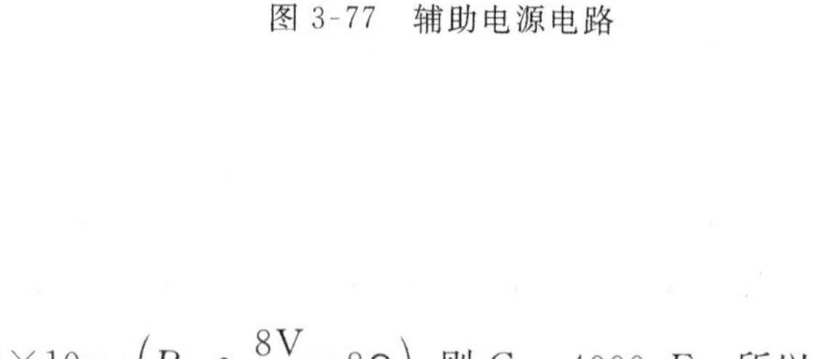

图 3-77 辅助电源电路

滤波电容 C_1，C_3 的选取：

一般可选电容的放电时间常数大于其充电周期的 3～5 倍，由于使用桥式整流，所以 C 的充电周期为交流电源的半周期（10ms），而放电时间常数为$R_{L1}C_1$，其中 R_{L1} 为整流电路的等效直流电阻（$R_{L1}=\frac{25\text{V}}{1\text{A}}\approx25\Omega$）。若取

$$R_{L1}C_1=5\times10\text{ms}=0.05\text{s}$$

$$C_1=\frac{0.05\text{s}}{25\Omega}=2000\mu\text{F}$$

所以选取 $C_1=2200\mu\text{F}/40\text{V}$。

用同样的方法可选取 C_3。若取 $R_{L3}C_3=3\times10\text{ms}\left(R_{L3}\approx\frac{8\text{V}}{1\text{A}}=8\Omega\right)$，则 $C_3=4000\mu\text{F}$。所以选取 $C_3=4000\mu\text{F}/16\text{V}$。

C_2，C_4 可取数值为 0.01～0.1μF 的瓷介电容，用于滤除整流输出的高频分量。

必须指出，除了选取滤波电容的容量外，还需合理选择电容器的耐压。当整流电路为电容负载时，如图 3-77 所示。其电容两端电压的最大值可达到输入交流电压的 1.4 倍，所以通常电容耐压应选取输入交流电压的 1.5～2 倍。本例中 C_1 耐压应大于 36V，而 C_3 耐压应大于 14V。

（2）稳压器和电阻网络

根据 W117 的基本功能，调压电阻网络可采用如图 3-78 所示电路。这里的电阻网络采用分立元件组成的 8 位权电阻串联式网络，而开关则采用舌簧式继电器（常闭式）的触点。因为

根据前述的说明，为使 W117 正常工作，要求流过 R_1 的电流不小于 5mA，而 R_1 两端的电压为恒定的 1.25V，所以若取流过 R_1 的电流为 5mA，则 $R_1=1.25\text{V}/5\text{mA}=250\Omega$，为了满足调节单位为 0.1V，故 $R=\dfrac{0.1\text{V}}{5\text{mA}}=20\Omega$，则可求得该网络的其他电阻值。由于常用的电子式模拟开关的导通电阻有几十到几百欧姆，且不稳定，因此不能满足要求，所以本方案中采用了干式舌簧继电器，其触点的接触电阻只有 0.1Ω 左右。

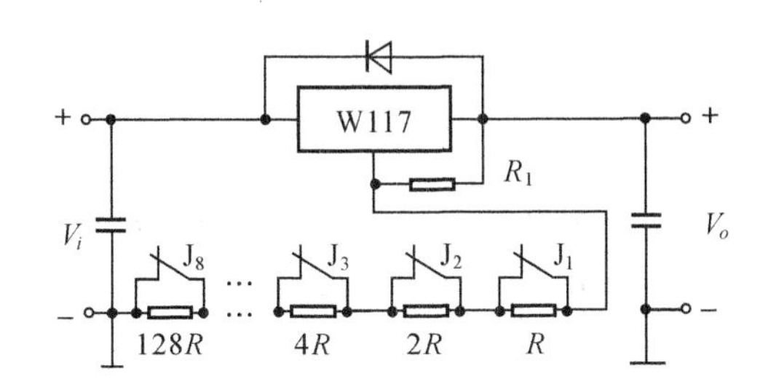

图 3-78 W117 的调压电阻网络

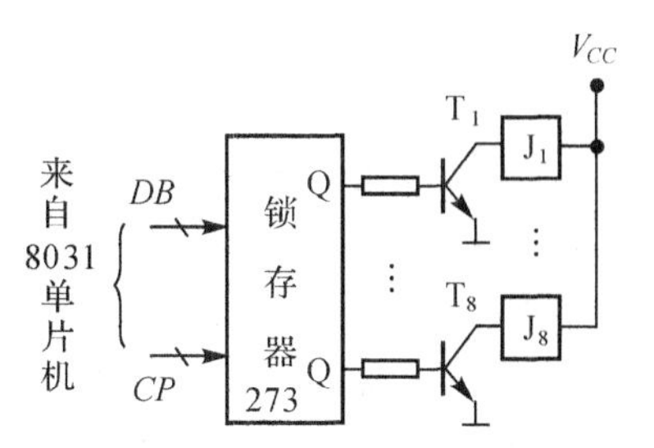

图 3-79 继电器驱动电路

(3)接口和驱动电路

由于要驱动 8 个继电器，而继电器的吸合电流可达 10mA 左右，触点吸合时间(包括抖动)为 1～2ms，所以每个继电器可用一个晶体管来驱动，不再详细计算。由此可得图 3-79 所示电路结构。

(4)控制部分

为了简化硬件电路和增加系统功能的灵活性，可在由一片 8031 单片机及 EPROM、RAM、地址锁存器等组成的最小应用系统的基础上，配上键盘/显示器接口控制器 8279，以及键盘和数码显示管来完成各种功能控制。键盘应具有 16 个数字键(16 进制数)和若干个功能键，数码显示管应能显示各种功能符号和输入的数字量。增减输出电压的设置，完全可用数字键和功能键来实现。例如：数字 01H 对应 0.1V。若输入数字键 10H，再按"＋"功能键，则输出电压在原来的数值上增加 1.6V(16×0.1＝1.6)，如果输入数字值太大，如 FFH，则输出也只能达到最大电压值 20V。递减可用类似的原理来实现。

(5)输出电压显示

可利用 8031 的串行口，设置三个数码管，用一个移位寄存器接收从串行口送出的待显示内容。例如用三片 74LS164 组成所要求的移位寄存器，每一片移位寄存器的四个输出端控制一个数码管即可。

由于单片机控制部分的内容在本书第 5 章还要详细介绍，这里未作详细说明。

3.3.1.5 补充说明

①前面已对本设计任务的主要功能和性能指标的实现作了论证。由于稳压部分采用了典型的三端集成稳压器，它具有较高的性能指标，所以对于本任务中给出的某些性能指标，如稳定度、纹波等是完全可以满足的，因此不再分析计算。

②若输出电压要求为负值，则三端集成稳压器可选用 W7900，它的工作原理与应用方法和常用的正电压输出 W7800 基本相同。

③若要求输出电流大于 1.5A 以上，则必须在 W117 的输出端外接功率管来提高集成稳

压器的输出电流，如图 3-80 所示。

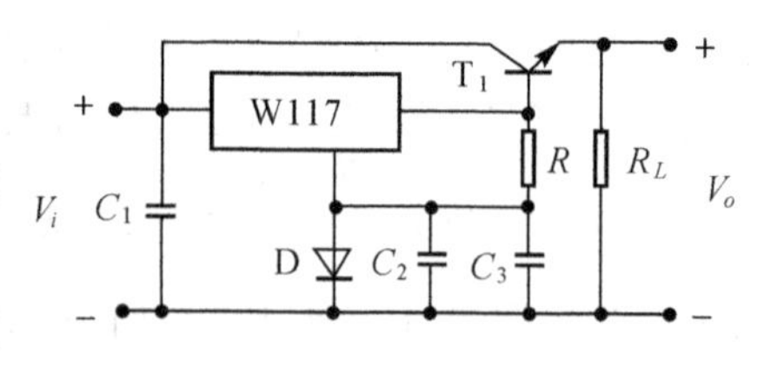

图 3-80 集成稳压器的电流扩展电路

由图可知，它是将 W117 的输出电流作为功率管 T_1 的基极电流，则输出最大电流可为 W117 最大输出电流的$\overline{\beta_1}$倍，其中$\overline{\beta_1}$是 T_1 管的电流放大系数。

二极管 D 用作温度补偿，若选取二极管的导通电压 $V_{D(on)}$ 与晶体管 T_1 的 $V_{BE(on)}$ 有相近的温度特性和相等的数值，则可获得良好补偿，提高了输出电压 V_o 的温度稳定性。

3.3.1.6 采用开关电源方案简述

如前所述，开关电源的效率可以做得很高，大于 85%，所以目前获得了越来越广泛的应用。由于本任务要求的输出功率小，故在方案论证中首先采用了线性稳压源。如果改用开关电源的程式，也是可取的。

图 3-81 中的“开关稳压”部分结构称作串联脉宽调制型(PWM)，它是最常用的一种，其他还有脉频调制型(PFM)和混合调制型。限于篇幅，这里仅以脉宽调制型为例，对其工作原理与特点作一简要说明。

由图 3-81 串联脉宽调制型开关电源与线性稳压源的比较框图可见，开关电源的主要特点是调整管工作在开关状态。由于调整管是串联在输入、输出回路中，所以称为串联型开关电源。在大功率的开关电源中常用并联型的开关电源，即调整管与输入电路和输出电路相并联。开关电源的形式很多，图 3-81 中是通过控制调整管的通断脉冲占空比来实现稳压作用，所以称作脉宽调制型(PWM)。也有通过调节脉冲周期来实现稳压作用，称作频率调制型(PFM)。开关电源的设计工作比线性电源复杂，但由于控制电路(如图 3-81 中的振荡器、脉宽调制器、驱动器、比较放大、基准电源等)已集成在一个芯片中(例如 MC3420)，所以目前设计工作也并

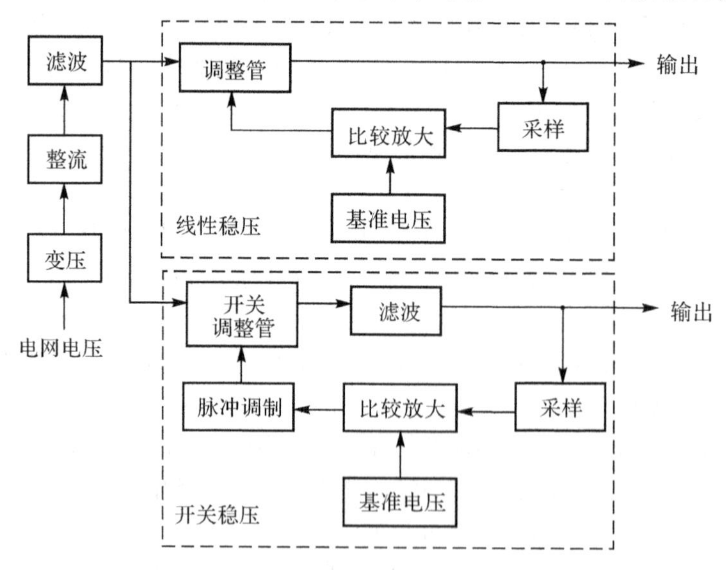

图 3-81 串联型开关电源原理框图及其与线性稳压电源的比较

不很复杂。对于功率比较小的开关电源，已有把调整管和控制电路全部制作在同一芯片上，形成单片集成开关稳压源，如国产的CW1524，CW2524，CW3524等，给使用者提供了方便。

3.3.1.7　开关电源与线性电源性能比较

直流稳压电源是电子系统最常用的单元，因而合理地选用、设计电源是一个必不可少的环节，为此在这里对开关电源和线性电源两者的主要性能进行比较。

①开关电源的体积和重量明显地小于同功率的线性电源。因为它用高频变压器代替了线性电源中笨重的工频变压器。

②开关电源的效率高于线性电源。因为它的功率管工作在开关状态，其效率一般高于60%，且随着输出功率的增大而提高，在一定措施下可达80%以上。而线性电源中由于调整管工作在线性状态且流过负载电流，所以功耗很大。当输出电压较低时，其效率小于50%。

③开关电源的适应性强。因为线性电源中的调整管损耗将随输入电压和输出电压之差的增大而增大，因而不适应输入电压和输出电压变动大的场合。对于开关电源而言，只要在脉冲宽度调节范围内，开关电源功率管上的功耗不随电网电压和输出电压变动，所以它可工作在负载变动较大的场合。

④开关电源的输出端不易出现过压故障。线性电源的输入电压和输出电压的差值较大，一旦调整管击穿，全部输入电压将加到输出端，有可能危及负载。而在并联式开关电源中，当功率管损坏时，主回路停止工作，没有过压现象。

⑤开关电源适宜于低电压、大电流输出。因为它是一种能量转换装置，在转换同样功率时，输出电压越低，则能输出越大的电流。恰好适用于像集成电路那样要求低电压、大电流的场合。

⑥输出端大的纹波电压和产生强的脉冲干扰是开关电源的主要缺点。电源输出端的纹波电压是来自整流电路输出的脉动电压，用电容作滤波可减少整流电路输出端的脉动成分。当选取电容的放电时间常数大于充电时间3～5倍时，一般其纹波电压仍有百分之几。在线性电源中，经稳压电路作用后，可使纹波电压大大降低。一般集成线性稳压芯片可使输出端的纹波电压比输入端纹波电压降低几十倍以上。而在开关电源中，从其基本工作原理可知，它只经过对工频和高频(几十千赫)二次滤波来获得要求的直流输出电压，所以其输出纹波电压要大于线性电源。同时，由于开关电源中的功率管工作在高频开关状态，所以会产生脉冲和尖峰噪声。如果电路上采用恰当措施，尖峰噪声可抑制在100mV_{P-P}以内。

(7) 开关电源的瞬态响应比线性电源的瞬态响应要差。前者约为毫秒级，而后者在几百微秒以下。

3.3.2　音响系统放大通道设计简述

3.3.2.1　概述

音响设备中的放大器起着十分重要的作用，它决定了整个音响系统放音的音质、信噪比、频率响应以及音响输出功率的大小。高级音响放大设备通常分为两大部分，即前置放大部分和功率放大及电源部分。前置放大部分又可分为信号前置放大器和主控前置放大器部分。信号前置放大器的作用是均衡输入信号并改善其信噪比；主控前置放大器的功能是放大信号、控制并美化音质。功率放大及电源部分的主要功能是提供整机电源及对前置放大器来的信号作功率放大以推动扬声器。音响系统放大通道的原理框图如图 3-82 所示。

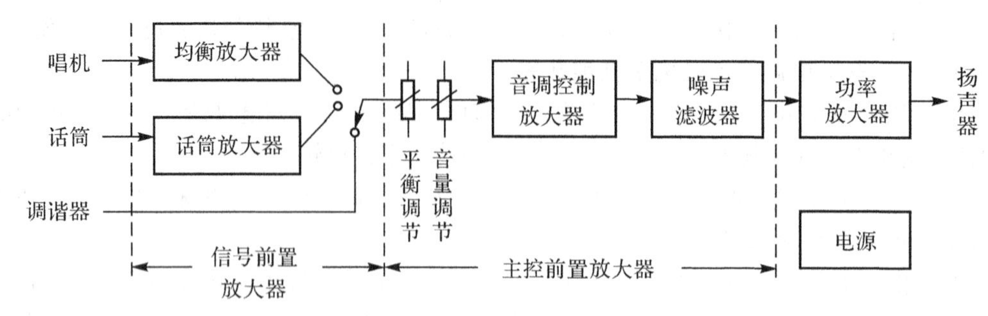

图 3-82　音响系统放大通道原理

图中的平衡调节用来调节左右两个声道的音量使之平衡。音量控制用来调节音量大小。话筒放大器用来放大话筒输出的微弱信号。均衡放大器有两个作用，一是把唱片的信号(通常按 RIAA 特性录制)还原成正常的声音信号(即均衡)，另一作用是放大输入信号。音调控制放大器实现高低音调节功能并提供一定的放大量。在正常情况下(即没有明显噪声时)不必通过噪声滤波器，若节目中混入低音或高音噪声时，则可通过噪声滤波器滤除。功率放大器也叫主放大器，它提供推动扬声器所需功率。以上只是一个原理性框图，实际音响中的放大器还有显示电路、保护电路、各种选择开关等。

3.3.2.2　设计任务

设计一个音响系统放大通道。具体要求如下：

①负载阻抗　$R_L=4\Omega$。

②额定功率　$P_o=10\text{W}$。

③带宽　$BW\geqslant 50\text{Hz}\sim 15\text{kHz}$。

④失真度　$r<1\%$。

⑤音调控制　低音(100Hz)±12dB；

高音(10kHz)±12dB。

⑥频率均衡特性　符合 RIAA 标准。

⑦输入灵敏度　话筒输入端≤5mV；

调谐器输入端≤100mV。

⑧输入阻抗　$R_i\geqslant 500\text{k}\Omega$。

⑨整机效率　$\eta\geqslant 50\%$。

3.3.2.3　方案确定

(1)总体方案与框图

由于集成电路的飞速发展，各种类型的模拟集成电路不断推出。当前音响系统中的放大电路大有以集成电路代替分立元件的趋势。功率集成电路从输出功率几瓦到几百瓦已形成了系列产品。各种音响专用集成电路也比比皆是，其性能价格比明显优于分立元件，而且集成芯片工作可靠、外围电路简单、安装、调试工作量减少等优点，受到专业人员的青睐。因此我们在本任务的设计中尽量采用集成电路来实现。

作为音响系统中的放大设备，它接受的信号源有多种形式，通常有话筒输出、唱机输出、录音机输出和调谐器输出。它们的输出信号差异很大，调谐器的输出电压可达数百毫伏，而有些话筒输出仅为1～2mV。对于唱片输出，由于录制工艺要求和减少录制噪声的影响，所以美国唱片工业协会(RIAA)规定了统一的录制频率特性，故在设计唱片放大器时，为使各频段信号回复到原来的面貌，要对放大器的频率特性作相应处理，即所谓"均衡"。这样的放大器称作均衡放大器。

为了满足听众对频响的要求和弥补扬声器系统的频率响应不足，设置了音调控制放大器，希望其调节特性能达到国际通用标准。为了充分地推动扬声器，通常音响系统中的功率放大器能输出数十瓦以上功率，而高级音响系统的功放最大输出功率可达几百瓦以上。对功率放大器的要求是输出足够大功率、效率高、非线性失真少、输出与负载相匹配等。集成功放常有单电源供电和双电源供电两种，因此放大器的输出端与负载的连接方式相应的有OTL和OCL两类。前者优点是只要用单电源供电，缺点是输出要通过大电容与负载耦合，低频响应差。后者优点是输出端与负载可直接耦合，频响好，但要用两个电源来供电。究竟采用哪种电路程式，应对整个系统进行综合考虑。

根据本任务提出的要求和前述的理由可得出如图3-83所示的方框图。

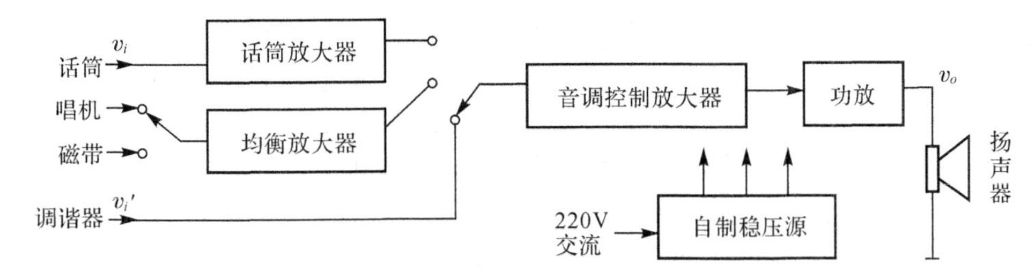

图3-83　音响系统放大通道组成

对照上述框图，根据技术指标的要求，已知话筒放大器的输入灵敏度<5mV，音调控制放大器的输入灵敏度<100mV，而输出功率$P_o=10$W，则可确定总的增益和各放大器的增益。

$$输出电压有效值\ V_o=\sqrt{P_oR_L}=\sqrt{10\times 4}=6.33(\mathrm{V})$$

$$总电压增益\ A_v=\frac{v_o}{v_i}=\frac{6.33\times 10^3}{5}=1266$$

为留有一定的余量，确定总电压增益为1400，即63dB。

通常话筒输出信号较小，所以抑制话筒放大器的噪声是它的主要问题，可以通过加强屏蔽和匹配等措施来实现，同时要尽可能降低放大器本身产生的噪声。话筒放大器的增益可根据图中v_i'和v_i的值来决定，本级可取20倍(26dB)。

音调控制放大器一般取它的中频增益为1，但要能满足音调的调节范围。由此得出功率放大部分的电压增益应大于70倍，即37dB以上。

均衡放大器的主要任务有三点：一是与信号源相匹配；二是应具有频率均衡功能，通常要求频率特性符合RIAA标准；三是具有一定的中频电压放大倍数。由于本任务中没有明确给定唱机端的灵敏度，根据一般数据，选取均衡放大器的中频放大倍数为32倍，即30dB。

可列出各放大器的中频电压增益如下：

话筒放大器　　　　26dB

功率放大器 37dB

音调控制放大器 0dB

均衡放大器 30dB

(2)单元电路简述

①均衡放大器

由于唱片在录制时为了减少噪声和制作工艺的要求，通常是将录制信号的低频端幅度加以适当压缩，而对信号中的高频成分加以适当提升。在重放时要使声音还原，就需要进行频率补偿，即频率均衡。按国际上的规定，频率均衡特性的标准是参照 RIAA 特性。所以一般音响系统中的放大器都带有均衡放大器。

图 3-84 为 RIAA 的放音特性，与录音特性刚好相反。低频端的转折频率取 500Hz，在 500Hz 以下以 +6dB/oct 的斜率上升，而在 50Hz 以下上升趋缓。高频端转折频率取 2120Hz，在此频率以上以 −6dB/oct 斜率下降。在 500～2120Hz 频段内近似为水平线。由此得到均衡放大器的 3 个转折频率为 $f_1=50\text{Hz}$，$f_2=500\text{Hz}$，$f_3=2120\text{Hz}$。

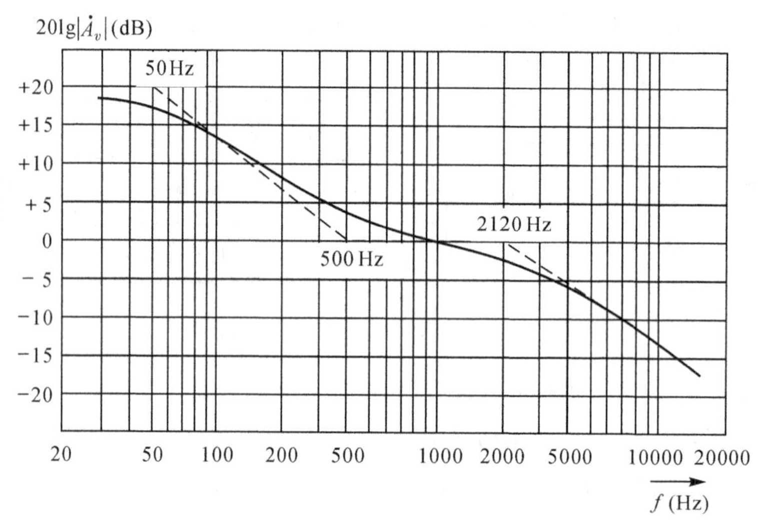

图 3-84 RIAA 放音特性

典型的均衡放大器是带有均衡网络的负反馈放大器，如图 3-85 所示。根据理想运放的条件，可得

$$\dot{A}_v=\frac{\dot{V}_o}{\dot{V}_i}=1+\frac{\dot{Z}_1}{\dot{Z}_2} \tag{3-22}$$

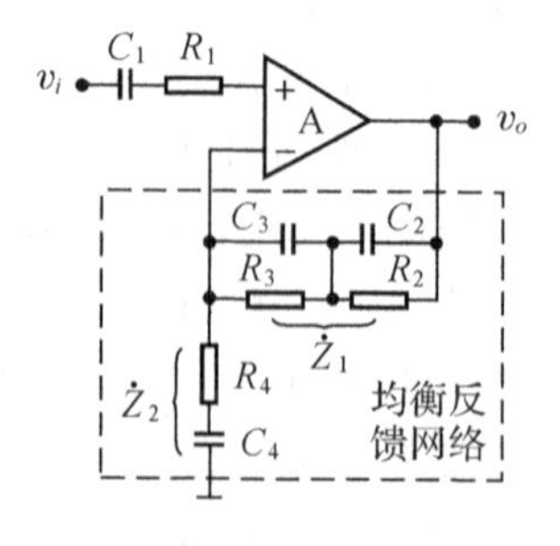

图 3-85 均衡放大器原理电路

适当选择电阻、电容元件的值，可使 $\dot{A}_v$ 的幅频特性满足上述频率特性的要求。在图 3-85 中，C_1，C_4 是耦合电容，其容量较大，在通频带内可看作短路。通常选取 $C_2\gg C_3$，$R_2\gg R_3\gg R_4$。例如在日本产的马兰士 PM340 音响放大器中，其 $C_2=0.012\mu\text{F}$，$C_3=3300\text{pF}$，$R_2=220\text{k}\Omega$，$R_3=22\text{k}\Omega$，$R_4=560\Omega$。

②音调控制放大器

音调控制放大器的作用是实现对低音和高音的提升和衰减，以弥补扬声器等因素造成的频率响应不足。技术指标通常为：低音（100Hz）±12dB，高音（10kHz）±12dB。由此可画出音调控制放大器的控制特性如图 3-86 所示。目前的高级音响设备大多已采用“多频段频率均衡”电路来达到更好地校正频响效果。

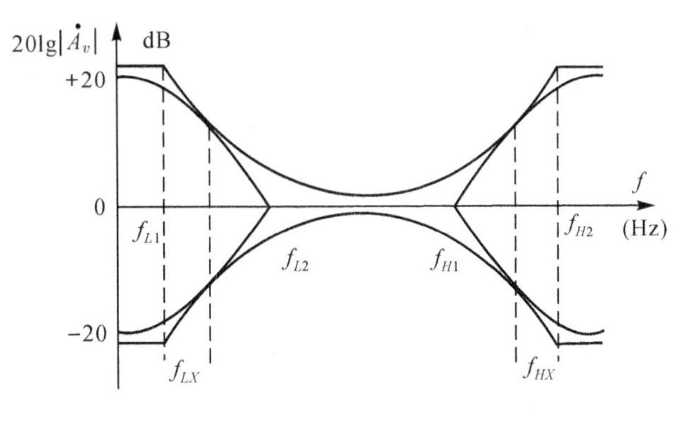

图 3-86　音调控制放大器控制特性

常用的音调控制电路有衰减式音调控制电路和反馈式音调控制电路两类，由于后者失真较小，所以应用较广。本系统采用反馈式音调控制电路，如图 3-87 所示。

该音调控制放大器是由一个音调控制网络和运算放大器 A 所组成的负反馈放大器，其中 R_{W1} 和 R_{W2} 是分别调节高音和低音的两个电位器，调节 R_{W1} 和 R_{W2} 两个电位器以改变反馈系数，从而改变放大器的幅频特性，以达到音调控制作用。

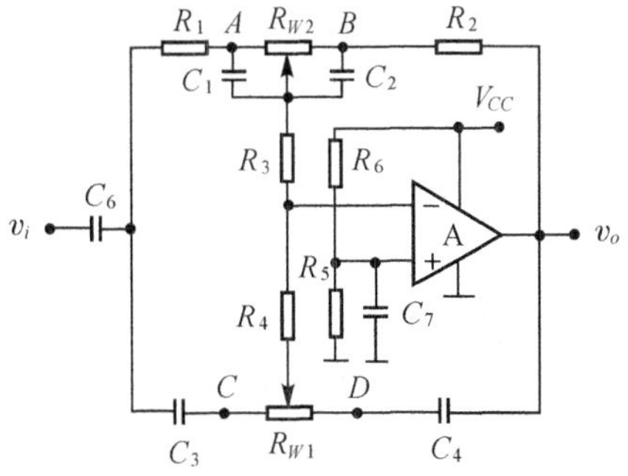

图 3-87　反馈式音调控制电路

③话筒放大器

根据前面论述，话筒放大器的增益分配为 20 倍，并希望输入阻抗高、输出阻抗低，以减少对音调控制放大器的影响，同时要求噪声应尽量小。为此本级可选用低噪声运算放大器或由场效应管来担任。若用场效应管实现话筒放大器，则可采用共源共漏电路，如图 3-88 所示。

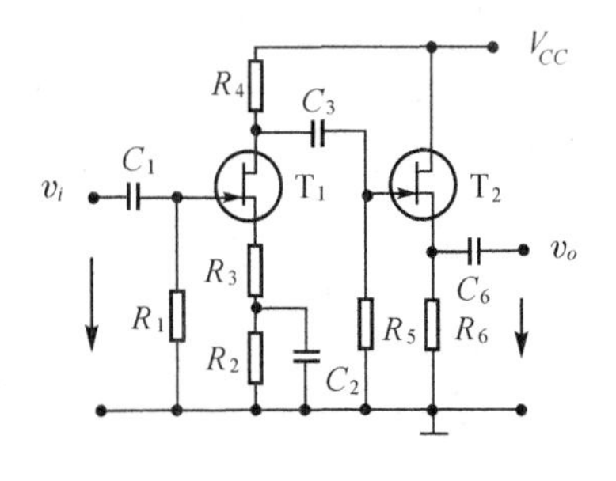

图 3-88　场效应管放大器

场效应管噪声系数较小，而且它是压控器件，所以输入阻抗大。适当选取 R_3，R_4 值以满足增益要求。共漏电路（源极输出器）可以获得低的输出阻抗。

④功率放大器

对功率放大器的要求除了输出功率满足指标外，还要求效率高，非线性失真小，以及输入端与音调控制放大器匹配，输出端与音箱负载匹配，否则将会影响放音效果。与负载匹配主要指三个方面，即阻抗匹配、功率匹配和阻尼系数匹配。功放电路的选用和设计也是很有讲究的，例如应尽量采用无瞬态互调失真的晶体管放大电路或集成电路；最好采用全对称型的互补电路并且有良好的开环技术指标；补偿电路不宜采用过大的滞后电容；大环路的反馈量不应太大以及一些必要的保护电路。当前的集成功放电路已经几乎把这些要求都考虑在内了。

目前各大公司都形成了自己的音响系统集成功率放大电路芯片系列产品，输出功率从零点几瓦到 100 瓦以上。频带宽度一般在 40Hz～15kHz，谐波失真小于 1%～0.3%，以及内部有完善的保护电路，开环增益 50～90dB。这些产品的外围电路大多已定型，只有少量元件参数通过电路调试确定，这样可大大简化电路设计。

根据本任务要求，完全可采用集成芯片来担任功率放大器。例如常用的功率放大器集成芯片 TDA2030，其主要技术参数如下：

电源电压　±6～±18V

负载阻抗　4Ω，8Ω

输出功率　18W，9W

频带宽度　40Hz～15kHz

谐波失真　12W 时 0.2%，8W 时 0.1%

开环增益　90dB

因为本任务要求负载阻抗为 4Ω，输出额定功率为 10W，通常为保证工作可靠，可选集成块的额定输出功率比实际要求功率大一些，例如 1.5 倍左右，因此上述的 TDA2030 是比较合适的。

常用的电路程式有 OTL 和 OCL 两种，为提高效率，一般工作于接近乙类。由于 OTL 电路可用单电源供电，因此为了供电方便，采用单电源供电的 OTL 电路，其电路如图 3-89 所示。

由图可见，这里采用了同相输入，由于 TDA2030 芯片的开环增益一般为 90dB，因此是工作在深度负反馈条件下，故其中频增益近似为 $A_v = 1 + \frac{R_3}{R_2}$。

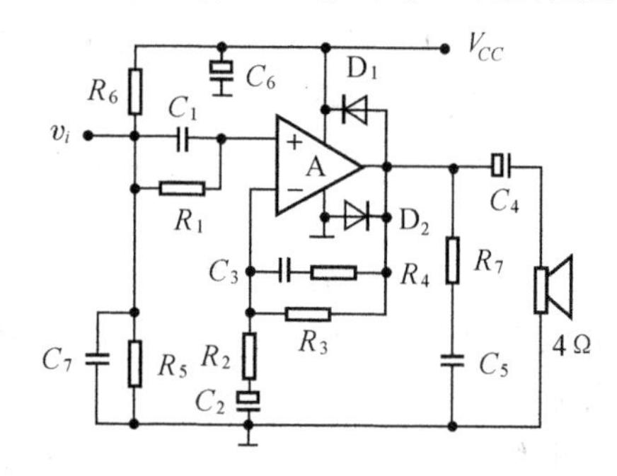

图 3-89　单电源 OTL 功率放大器电路

图中 D_1，D_2 的作用是防止输出脉冲电压损坏集成块，一般用开关二极管。此外由于扬声器的音圈是线圈，具有一定的电感量，因此采用 C_5，R_7 组成一补偿网络，其作用是把扬声器的电感性负载补偿成接近纯电阻性。此网络在小功率放大电路中也可不用或只用一个电容近似补偿，但在大功率电路中必须采用，以防止扬声器音圈的反电势击穿输出管，并有抑制高频自激作用。一般取 $R_7 \approx R_L$，C_5 可取为 0.1～0.01μF。

(3)功率放大器有关参数的确定

①确定电源电压

为了保证电路安全可靠地工作，通常使电路的最大输出功率 P_{oM} 比额定功率要大一些，一般取

$$P_{oM} = 1.5P_o = 15(\text{W})$$

所以最大输出电压

$$V_o = \sqrt{P_{oM}R_L} = \sqrt{15 \times 4} = 7.75(\text{V})$$

则输出电压的振幅和峰峰值分别为

$$V_{om} = 11(\text{V}), V_{\text{P-P}} = 2V_{om} = 22(\text{V})$$

考虑到功率管的饱和压降和射极电阻上的电压降，电源电压 V_{CC}（单电源供电）必须大于 $V_{\text{P-P}}$，可取 25～30V。

②功率放大器的增益及频率特性

图 3-89 电路的中频增益近似为

$$A_v=1+\frac{R_3}{R_2} \tag{3-23}$$

低频段增益表达式为

$$\dot{A}_{vL}=1+\frac{R_3}{R_2+1/\mathrm{j}\omega C_2}=1+\frac{R_3}{R_2}\left(\frac{1}{1+\mathrm{j}\omega_L/\omega}\right)$$

其中 $$\omega_L=\frac{1}{R_2C_2}\qquad f_L=\omega_L/2\pi=\frac{1}{2\pi R_2C_2} \tag{3-24}$$

高频段

$$\dot{A}_{vH}=1+\frac{R_3/\!/(R_4+\frac{1}{\mathrm{j}\omega C_3})}{R_2}$$

由此得

$$|\dot{A}_{vH}|=1+\frac{R_3}{R_2}\sqrt{\frac{1+(\omega/\omega_{2H})^2}{1+(\omega/\omega_{1H})^2}}$$

其中 $$\omega_{1H}=\frac{1}{C_3(R_3+R_4)},\omega_{2H}=\frac{1}{C_3R_3} \tag{3-25}$$

一般选取

$$\omega_{2H}=(5\sim10)\omega_{1H} \tag{3-26}$$

所以高频转折频率

$$f_H\approx f_{1H}=\frac{1}{2\pi C_3(R_3+R_4)} \tag{3-27}$$

③主要参数的确定

(a)选取 R_2　R_2 的取值范围一般在几十欧姆至几千欧姆均可，本例选取 $R_2=680\Omega$。

(b)确定 R_3　根据前述可知，功率放大器的中频增益应大于37dB，为留有一定余量，可取40dB，即100倍，由式(3-23)可求得 $R_3=68\text{k}\Omega$。

(c)确定 C_2　因为TDA2030芯片的下限频率为40Hz，所以由 R_2，C_2 形成的低频转折频率应≪40Hz，若取4Hz，则由式(3-24)可得

$$C_2=\frac{1}{2\pi f_LR_2}=\frac{1}{2\pi\times4\times0.68\times10^3}=57(\mu\text{F})$$

可取 $47\mu\text{F}$。

(d)选取 R_4　根据式(3-26)，若取 $\omega_{2H}=5\omega_{1H}$，则由式(3-25)可得

$$\frac{\omega_{2H}}{\omega_{1H}}=\frac{R_3+R_4}{R_4}=5$$

已知 $R_3=68\text{k}\Omega$，所以 $R_4=R_3/4=17\text{k}\Omega$。

(e)确定 C_3　由式(3-27)得

$$C_3=\frac{1}{2\pi f_H(R_3+R_4)}$$

因为本任务的上限频率为15kHz，故本网络形成的转折频率应大于15kHz，若取20kHz，则

$$C_3=\frac{1}{2\pi\times20\times10^3\times85\times10^3}\approx100(\text{pF})$$

(f)确定 C_5,R_7 可取

$$R_7 \approx R_L \approx 4\Omega$$

$$C_5 = 0.047\mu F$$

图 3-89 中其他元件的参数值都可根据其功能进行选取,例如 R_5,R_6 为了给运放的同相端提供$\frac{1}{2}V_{CC}$的直流电压,所以取 $R_5=R_6$,而且其值不应太小,也不要太大,常用几千欧姆到几十千欧姆。C_7 主要用来旁路交流信号。C_1 是级间耦合电容,一般为几微法拉到几十微法拉。C_4 是一个隔直流大电容,一般为几百微法拉。

功率放大器的效率是一个很重要的技术指标,在分立元件功放中对此有详细的分析计算。但在集成功放中,由于电路本身已定型,通常是工作在甲乙类状态。所以其效率主要取决于所选取的电源电压值,即电压利用系数。电压利用系数大时效率高,但可能带来的失真也较大,为此有一折中考虑(一般集成功率放大器的效率可达 50%以上)。例如,对于本例,若取 $V_{CC}=25V$,输出 15W 时,$\eta=\frac{\pi V_{om}}{2V_{CC}}=69\%$。若取 $V_{CC}=30V$,输出 15W 时,$\eta=58\%$。

若要求增加输出功率,可用两片 TDA2030 连接成 BTL 电路,若其他条件都不变,则理论上可证明其输出功率增大到原来的 4 倍。但实际上受输出管电流允许值等的限制,输出功率一般只能增加到 2 倍。

本系统的供电直流电源的设计方法在第一个例子中已详细介绍过,本例从略。

把以上四种电路,用耦合电容按图 3-83 的程式连接起来,即组成了一个完整的音响系统放大装置。

(4)功率管和集成功放的散热与保护

为使功率放大器能正常运作,必须考虑它的工作安全问题,主要是最大管耗和耐压。

①功率管的散热与散热器

功率管工作时,由于管耗使管子的结温迅速升高,过高的结温使管子性能下降甚至损坏。对于锗管其最高结温约为 70~100℃,而硅管则为 150~200℃。若能将管耗产生的热量迅速散发出去,则结温上升就会低一些。所以功率管在工作时的结温不仅与管耗有关而且还与散热条件有关,通常是将功率管或集成功放安装在散热器上,以改善散热条件。例如低频管 3AD6 在不用散热器时,最大允许管耗 P_{CM} 只有 1W,而安装在 120mm×120mm×4mm 的铝散热器上后,则 P_{CM} 可达 10W,相差甚大。

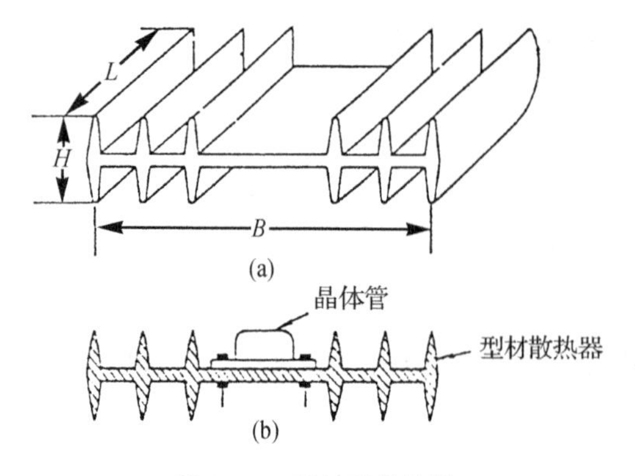

图 3-90 型材型散热器

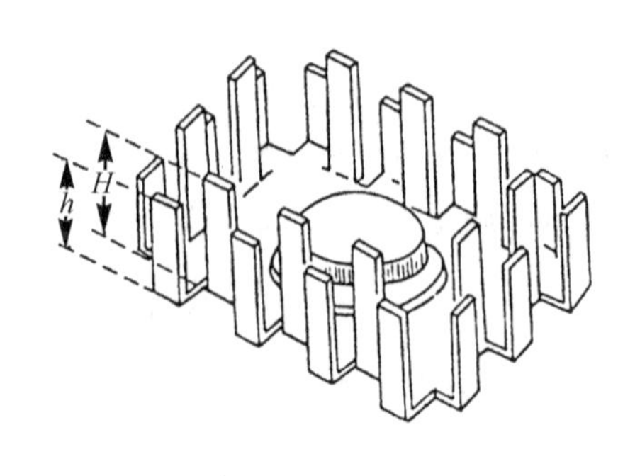

图 3-91 叉齿型散热器

散热器一般用铝或铜材料制成，其形状常见有型材型（图 3-90）和叉齿型（图 3-91）并用化学方法处理成黑色，这些都是为了使热量容易散发出去。散热器尺寸大小的选择，一般是通过热阻概念进行计算和查表来得出散热器的尺寸，也可根据手册上推荐值，进行估算和选择。

②功率管的击穿

众所周知，三极管在过大的反向电压下会发生雪崩击穿，但只要采取措施限制其电流使之不超过允许的损耗功率，则三极管并不损坏，去掉电压后，管子仍可继续使用，这种击穿称作一次击穿。我们设计功率放大器时，在选取最高电源电压时一般以不发生一次击穿为依据。然而在实际运行中还有二次击穿，功率管的损坏主要是二次击穿造成的，应特别引起重视。如果器件手册给出了某管的二次击穿的临界线，为保证安全工作，功率管的瞬时工作点都不应超过二次击穿临界线。

一般认为产生二次击穿的原因是由于管子内部结面不均匀，从而导致产生某些过热点使晶体熔化而造成。所以为防止功率管在工作中发生二次击穿，在选择管子时，在满足输出功率及频带宽度要求的前提下，尽量选 f_T 低一些的管子。因为 f_T 低的管子其基区较厚、最大电流小的管子，其结面积较小，这些都有利于减少过热点的产生，也就不易发生二次击穿。

3.4　锁相环系统

锁相环由于它的优良性能以及环路集成芯片的大量面市，因此在通信、航空航天、自动控制，遥测遥感等许多方面得到越来越广泛的应用。锁相环的工作原理和性能指标比较复杂，掌握锁相环的设计对一个初学者来说有一定难度。本节将在已学过高频电子线路课程中的锁相环的基本原理的基础上，通过对一个应用锁相环路的设计实例，掌握锁相环路的基本设计过程与方法。然后通过对一些重要指标的实现作进一步探讨。最后介绍一下有关测试方面的基本技能。希望通过实例使初学者能比较容易地进入这个领域。当然，人们不可能通过一个实例掌握全部锁相环系统的内容，但它可以给人们以一个实用的设计方法和途径，为今后进一步学习打下基础。

锁相环的基本组成如图 3-92 所示（当用作频率合成器时，反馈支路中插入分频器）。在描述一个锁相环时，它的参数指标自下而上可以分为三个层次。第一层也即最底层是组成环路的几大部件的指标参数，最主要的参数有：

鉴相器的鉴相灵敏度 $A_d=\dfrac{\Delta V}{\Delta\varphi}$。

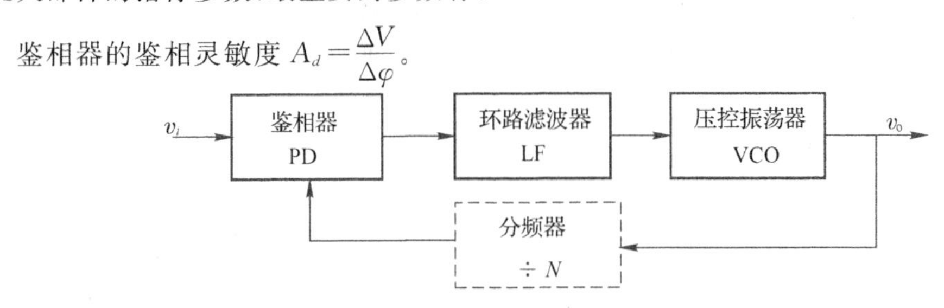

图 3-92　锁相环基本组成

压控振荡器的压控灵敏度 $A_o=\dfrac{\Delta\omega}{\Delta V}$及频率变化范围。

环路滤波器的时间常数 τ_1、τ_2。

分频器的分频系数 N。

第二层是当把环路作为一个线性反馈控制系统时，所呈现的两个重要参数，它们是阻尼系数 ξ 与环路自由振荡角频率 ω_n。而 ξ 与 ω_n 完全是由电路参数 A_d，A_o，τ_1，τ_2 及 N 决定的。第三层也即是顶层，是锁相环作为一个系统工作时，所呈现的性能指标。这些指标很多，也很复杂。如有同步带 $\Delta\omega_H$，捕捉带 $\Delta\omega_p$，快捕带 $\Delta\omega_L$，锁定时间 T_L，噪声带宽 B_L，相位裕量与幅度裕量等。所有这些指标都是由环路的工作条件及参数 ξ，ω_n，并且最终是由电路参数 A_d，A_o，τ_1，τ_2，N 决定的。

当设计师拿到一个有关锁相环的设计题目时，必须将设计目标转化为环路最顶层的性能指标，再由它们来确定对应的 ξ 与 ω_n，然后选择芯片，并根据所选芯片的参数如 A_d，A_o，推算出外接元件值。

3.4.1 设计举例

设计任务：采用数字锁相技术产生一个与可变行频同步的锯齿波扫描电压。已知：行同步信号是幅度为 3.5V 的负脉冲，其频率变化范围为 15.625～64kHz。

设计要求：

①锯齿波幅度调节范围 0～5V。

②锯齿波线性度优于 1%。

③锯齿波逆程时间小于 0.5μs。

④行频切换时，要求系统转换时间小于 0.5s。

3.4.1.1 方案选择

一般产生锯齿波的方法有两种：一是用恒流源对电容充电；二是采用 D/A 变换器，周期地由小到大地改变加入到 D/A 变换器的二进制数，就可以获得线性变化的阶梯波，经滤波后可得线性的锯齿波电压。由于题目要求采用数字锁相技术，用行同步脉冲锁定锯齿波，因此本例用第二种方法。其原理框图如图 3-93 所示。

该方案的基本原理是，频率为 f_o 的压控振荡器 VCO 的输出信号 v_o 经计数器的 N 次分频后，与频率为 f_i 的输入行同步脉冲 v_i 进入鉴相器鉴相，当环路锁定后，$f_o=Nf_i$。计数器的输出经D/A变换及滤波后，即可产生所需的锯齿波电压。下面根据设计要求细化方案，选择器件，计算参数。

3.4.1.2 参数及器件选择

(1)D/A 变换器的位数

设计要求中规定锯齿波的线性度要优于 1%。一个 8 位的 D/A 变换器其分辨率为 $\dfrac{1}{2^8-1}=0.39\%$，按其最大的线性误差为 1LSB 计算，其线性误差为 0.39%<1%。因此选用 8 位的 D/A 变换器即可保证线性度。同时由于 D/A 变换器的输入是 8 位，则计数器的分频值 $N=256$。

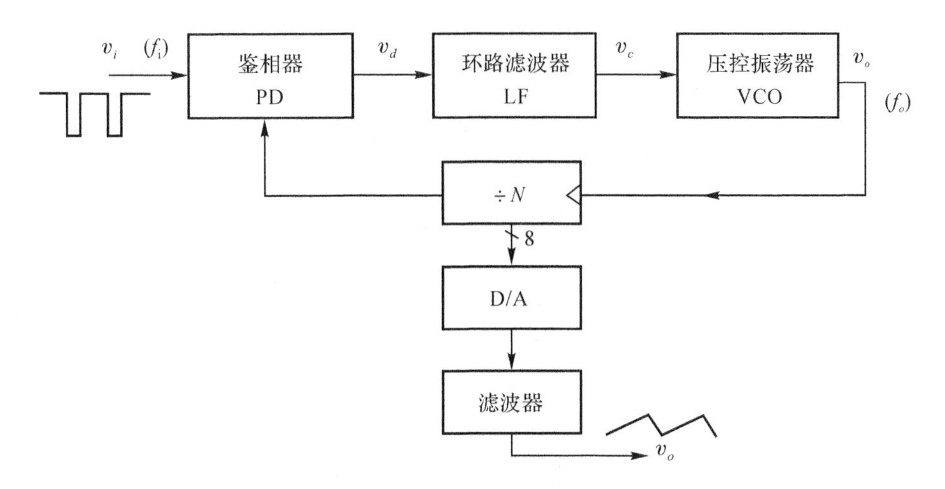

图 3-93　采用数字锁相技术产生锯齿波原理

(2)系统的最高工作频率

根据设计要求,输入的最高行频为 $f_i=64\text{kHz}$,此时压控振荡器的工作频率是 $f_o=256\times 64000=16.384(\text{MHz})$。压控振荡器、计数器以及 D/A 变换器的转换速度都应达到这个数值。

(3)环路的捕捉带、同步带及压控振荡器的频率变化范围

由于输入的行频是 $f_i=15.625\sim 64\text{kHz}$,因此压控振荡器的频率变化范围是 $f_o=Nf_i=4\sim 16.384\text{MHz}$,频率覆盖范围$\frac{f_{\max}}{f_{\min}}>4$。这个频率范围对锁相环来说是比较宽的,如果压控振荡器达不到要求,则在电路设计上必须采取相应的措施。这些措施有:分频段,使每个频段的覆盖范围减小;尽量采用频率变化范围宽的压控振荡器,合理地设置压控振荡器的工作点。环路锁定后,当行频在最高频率点和最低频率点之间切换时,为保证环路快速跟踪,一般要求环路工作在其快捕带内,因此要求环路的快捕带 $\Delta\omega_L>(16.384-4)=12.384\text{MHz}$。为了快速捕获与跟踪,可以采用鉴频鉴相器以及当频率跳变时,给压控振荡器加扫描电压和改变环路带宽等措施。

(4)鉴相频率

鉴相器的输入为行同步脉冲及压控振荡器经计数器 256 次分频后的信号,因此鉴相器的工作频率为 $f_{PD}=15.625\sim 64\text{kHz}$。

根据上述分析,可以确定对器件的要求,并选用以下型号器件:

①D/A 变换器——CA3338

CA3338 是 8 位高速 D/A 变换器,转换速率 20MHz,$\frac{1}{2}$LSB 精度,电压输出型,改变参考电压可以改变输出幅度,其引脚图如图 3-106(见后)所示。

②鉴相器——CD4046(见图 3-94)

CD4046 是一块单片集成锁相环,但由于它的工作频率小于 1MHz,因此只用它的鉴相器部分。CD4046 的鉴相器Ⅱ为上升边沿触发型的鉴频/鉴相器,鉴相灵敏度为 $A_d=\frac{V_{DD}}{2\pi}$(V_{DD} 为电源电压)。

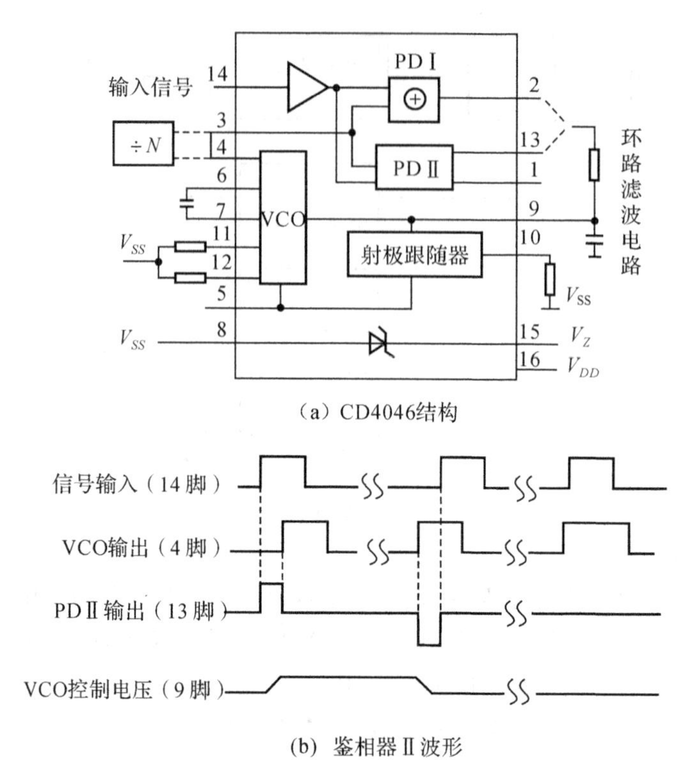

图 3-94　单片集成锁相环 CD4046 结构及鉴相器Ⅱ输出波形

当然也可考虑高速鉴相器 74HC4046，有关讨论将在以后进行。

③压控振荡器——74LS124(见图 3-95)

74LS124 是一块双压控振荡器，最高频率可达 30MHz，完全满足最高输出频率 $f_m = 16.384\text{MHz}$ 的要求。它的工作频率由外接电容 C_{ext} 决定。每个压控振荡器有两个受控端，一个用于频率调节端，所加电压称为频率调节电压 V_{Rng}；一个用于频率控制端，所加电压称为频率控制电压 V_C。每个压控振荡器均有一个使能端 $\bar{G}$，进行输出三态控制。

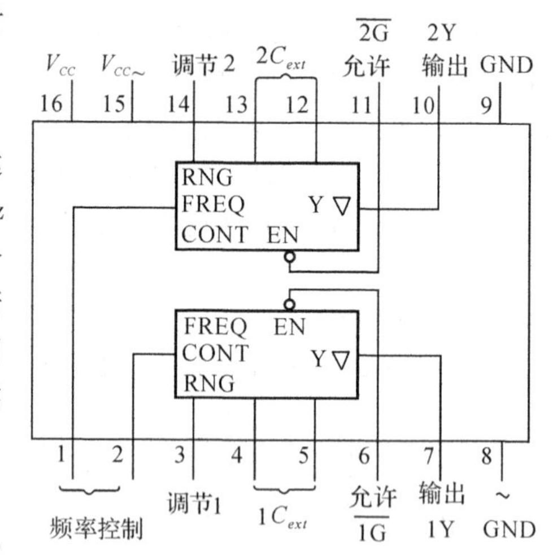

图 3-95　集成双压控振荡器 74LS124

④计数器——74LS161

由于压控振荡器的最高工作频率为16.384MHz，所以选用最大计数频率 $f_{max} = 25\text{MHz}$ 的 74LS161 计数器。

3.4.1.3　参数计算

主要器件选定以后，下面就要围绕着与系统有关的一些指标进行参数计算，讨论各模块之间的连接，进一步细化方案。

(1)频段划分

锁相环路的频率覆盖系数首先取决于压控振荡器的频率变化范围。由手册查得 74LS124

的受控特性如图 3-96 所示。

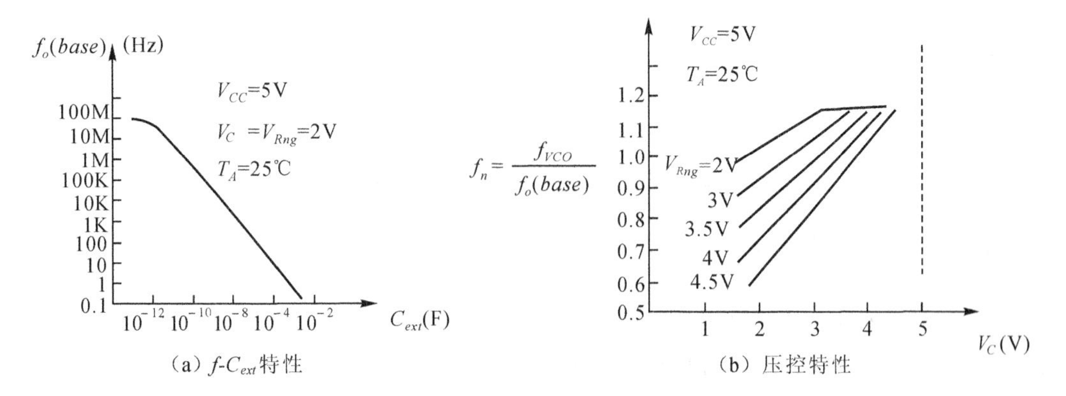

(a) f-C_{ext}特性　　(b) 压控特性

图 3-96　74LS124 受控特性

由图我们可以看出以下四点：

①74LS124 的工作频率与外接电容成反比，由手册可知，其近似公式为（当 $V_C=V_{Rng}=2$V 时）

$$f_o=5\times10^{-4}/C_{ext} \tag{3-28}$$

②74LS124 的两个控制端共同控制频率的变化。频率范围调节电压 V_{Rng} 越大，压控振荡器的频率越低，f-V_{Rng} 曲线是负斜率的，V_{Rng} 的变化范围约为 2～4.5V；而频率控制电压 V_C 电压越大，压控振荡器的频率越高，f-V_C 曲线是正斜率的。V_C 的变化范围为1～5V。

③对于不同的 V_{Rng}，曲线斜率不同，即 74LS124 的频率随 V_C 变化的压控灵敏度不同，V_{Rng} 较大时，压控灵敏度较高。

④可以看出 VCO 的频率变化范围约是（当 V_{Rng} 较大时）

$$f_{VCO\max}\approx1.12f_o\sim f_{VCO\min}\approx0.5f_o \tag{3-29}$$

频率覆盖系数约为 2.24。由于 74LS124 的频率覆盖范围小于设计要求 $\frac{f_{\max}}{f_{\min}}>4$，因此必须进行波段划分。

根据设计要求，本题 VCO 的最高频率 $f_{1\max}=16.384$MHz，把它定为 VCO 在高频段（第一波段）的最高频率。由式(3-29)

$$f_{o1}=\frac{16.384}{1.12}=14.62(\text{MHz})$$

那么，VCO 在该高频段的低端频率应是

$$f_{\min}=0.5f_{o1}=14.62\times0.5=7.31(\text{MHz})$$

再根据设计要求，本题 VCO 的最低频率是 $f_{2\min}=4$MHz，把它定为 VCO 在低频段（第二波段）的最低频率。由式(3-29)知

$$f_{o2}=\frac{4}{0.5}=8(\text{MHz})$$

那么，VCO 在该低频段的高端频率应是

$$f_{2\max}=1.12\times f_{o2}=8.9(\text{MHz})$$

由以上计算可以看出，VCO 的第一波段为 7.31～16.384MHz，VCO 的第二波段为 4～8.9MHz，两个波段中间有 1.59MHz 的重叠区，波段划分满足要求。对应的一、二波段的

行频分别是 28.5～64kHz 和 15.625～34.76kHz。

让 74LS124 中的两个 VCO 分别工作于一、二两个波段。两个 VCO 的外接电容值根据计算公式(3-28)可分别求得

$$C_{\text{ext1}}=\frac{5\times10^{-4}}{f_{o1}}=\frac{5\times10^{-4}}{14.62\times10^{6}}=34(\text{pF})$$

$$C_{\text{ext2}}=\frac{5\times10^{-4}}{f_{o2}}=\frac{5\times10^{-4}}{8\times10^{6}}=62(\text{pF})$$

由于计算公式的近似性，因此 C_{ext1}，C_{ext2} 应在实验中进行调整。

(2)波段切换

高低波段切换的方案框图如图 3-97 所示。由图可知，为进行波段切换，首先要做到两点：一是将行频的频率变换为电平，以电平的大小来表征频率的高低；二是要根据波段划分值确定比较器的参考电平 V_{COMP} 值。

①F/V 变换——频率电压变换

首先选择合适的 F/V 变换器。LM331 是一块常用的廉价的精密 F/V 变换器，其基本参数：

满量程频率范围　1Hz～100kHz

线性度　±0.01%

电源电压　3.9～40V

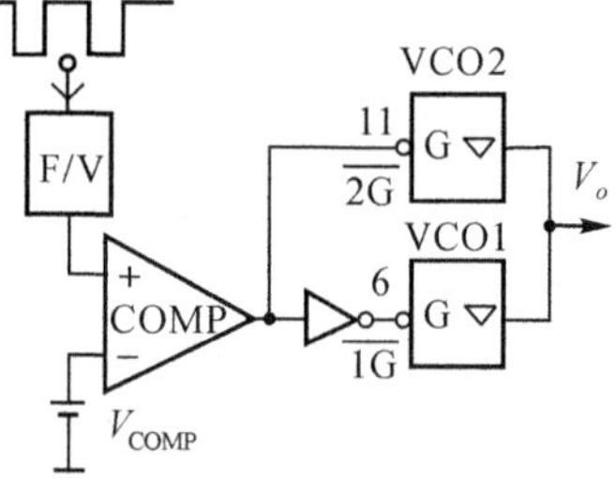

图 3-97　波段切换方框图

LM331 的频率范围大于 64kHz 要求，所以选用它。LM331 的内部原理框图如图 3-98 所示，当用作频率/电压变换时的外接元件也如图 3-98所示。其基本工作原理为，若无信号 v_i 时，6 脚电平约为 V_{CC}，7 脚电平为$\frac{V_{CC}}{R_1+R_2}R_2$。当输入负

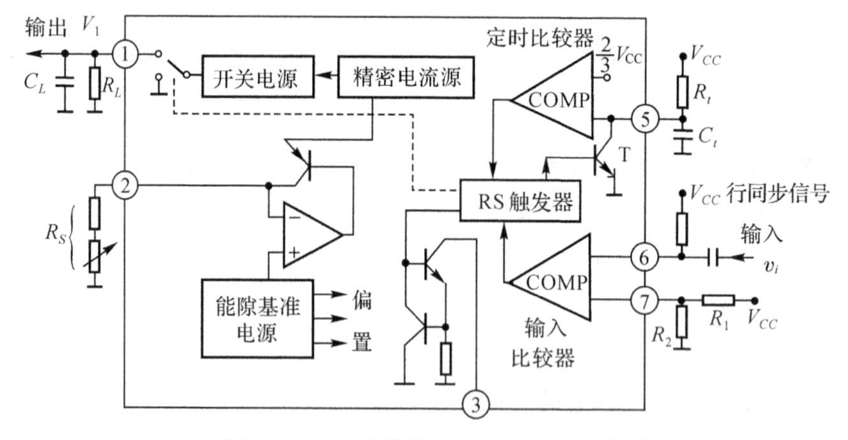

图 3-98　F/V 变换器 LM331 内部原理框图

脉冲信号(本电路为行频信号)使 6 脚电平低于 7 脚电平时，输入比较器翻转，使 RS 触发器置 1。RS 触发器控制电流开关，使精密电流源(电流值为$i=\frac{1.9}{R_S}$)对 1 脚的负载电容 C_L 充电，同时 RS 触发器还使与 5 脚相连的晶体管 T 截止，则 V_{CC}通过定时电阻 R_t 对 5 脚的定时电容 C_t 充电。当 C_t 充电电压值略超过$\frac{2}{3}V_{CC}$时，定时比较器翻转，RS 触发器置 0。此时，电流开关切

断对负载电容 C_L 的充电，电容 C_L 通过负载电阻 R_L 缓慢放电；同时 RS 触发器也使晶体管 T 导通，C_t 通过饱和晶体管迅速放电，直至下一个输入负脉冲的到来使 C_L，C_t 再次被充电，如此往复。改变 C_t 数值可以改变 C_L 充电时间，从而改变 C_L 两端电压平均值。当定时元件 R_t，C_t 固定时，输入负脉冲(行频信号)频率变化，则改变了 C_L 的放电时间，它也改变了 C_L 两端电压平均值，从而完成了 F/V 变换。

根据 LM331 的工作原理，可以按以下原则来确定 LM331 外接元件的数值：

(a)根据输入信号的最高频率确定定时电阻 R_t 和定时电容 C_t 的最大值。

因 C_t 充电电平达 $\frac{2}{3}V_{CC}$ 时，定时比较器翻转，则由 $V_{CC}(1-e^{\frac{-T}{R_tC_t}})=\frac{2}{3}V_{CC}$，可求得对定时电容 C_t 的充电时间 $T_C\approx 1.1C_tR_t$。在输入信号的一周内，C_t 必须充放电一次，如图 3-99 所示。因此必须满足 $1.1C_tR_t<\frac{1}{f_{i\max}}$。已知 $f_{i\max}=64\text{kHz}$，取 $C_t=2200\text{pF}$，可得 $R_t=2\text{k}\Omega$。

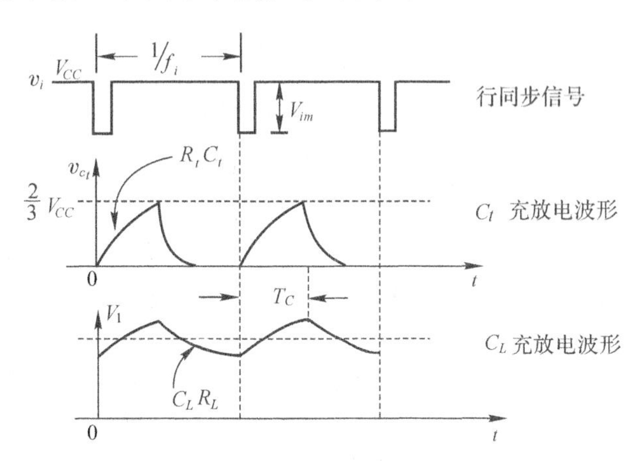

图 3-99 LM331 定时电容充放电波形

(b)根据输入负脉冲幅度 V_{im} 确定 7 脚电平 V_7。

当输入行频负脉冲到来时，为使输入比较器翻转，要求 $V_{CC}-V_{im}<V_7$，V_{im} 是行频脉冲幅度。若 $V_{CC}=15\text{V}$，已知 $V_{im}=3.5\text{V}$，取 $V_7=\frac{V_{CC}}{R_1+R_2}R_2=13.5\text{V}$，可求得 $R_1=6.2\text{k}\Omega$，$R_2=56\text{k}\Omega$。

(c)R_S 的值推荐为 1kΩ 与 5kΩ 的电位器串联，电流 $i=\frac{1.9}{R_s}$ 的值决定了输出电压的大小。

(d)时间常数 C_LR_L 决定了输入信号频率变化时输出电压随之变化所需时间及输出电压的纹波。与系统中的其他部件(运放、比较器、D/A、锁相环路)相比，带有 R_LC_L 的 LM331 是一个低速部件，可以认为系统的转换时间主要取决于它。由于本例要求输入行频切换时系统转换时间小于 0.5s，近似取 C_LR_L 值为系统转换时间的 1/10，则 $C_LR_L=0.05\text{s}$，取 $C_L=1\mu\text{F}$，$R_L=51\text{k}\Omega$。

LM331 的外接元件值确定后，在本题的工作频段内测出其频率电压变换特性如图 3-100 所示。可以看出，当行频从 15kHz 变到 65kHz 时，LM331 的输出直流电平变化约为 2.8～12.5V，V-f 曲线是正斜率的。

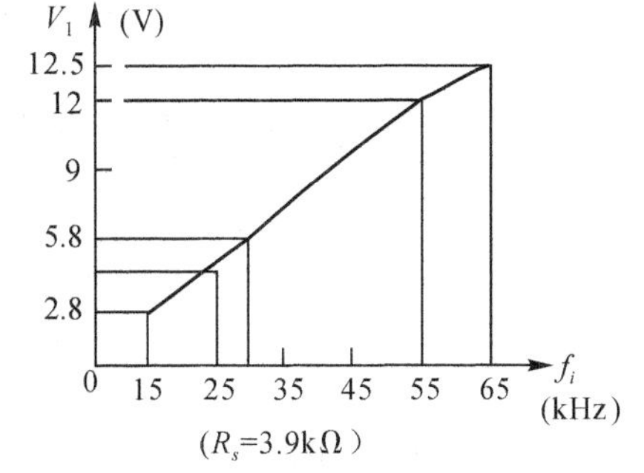

图 3-100 LM331 F/V 变换曲线

②比较器

选用 LM311。其电源电压为 5～15V，响应时间是 200ns。若选定一、二波段行频分界点是 30kHz，由图 3-100 知，当 $f=30\text{kHz}$ 时，F/V 变换器 LM331 的输出电平约是 5.8V，所以取比较器 LM311 的参考电平 $V_{COMP}=5.8\text{V}$,电源电压取 15V。

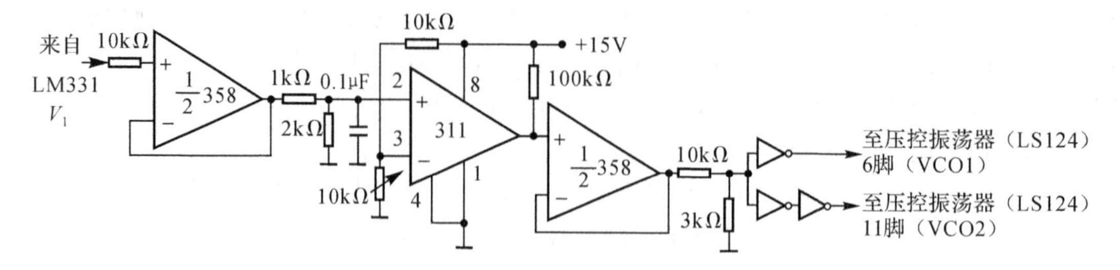

图 3-101 波段切换部分电原理图

可以画出波段切换部分电原理图如图 3-101 所示。其中两个运放$\frac{1}{2}$358 作为缓冲器,起隔离作用。比较器 LM311 输入端的 0.1μF 电容作滤波消除干扰用,10kΩ 电阻和可变电阻的分压决定了参考电压 V_{COMP}。当输入行频高于 30kHz 时,F/V 变换器 LM331 输出的电平高于 5.8V,则比较器 LM311 输出为 15V,经反门后,控制第一波段的 VCO1 输出。当输入行频低于 30kHz 时,控制第二波段的 VCO2 输出。

(3)分频器、鉴相器

用两块 74LS161 级连作为模 256 分频器用。计数器的时钟来自作为 VCO 的 74LS124 的输出,分频后的信号可以是计数器的进位位,也可以是计数器的最高位输出 Q_7(本例采用最高位 Q_7)。将 Q_7 加到鉴相器的一个输入端与输入行同步信号比相。其电路与波形如图 3-102 所示。

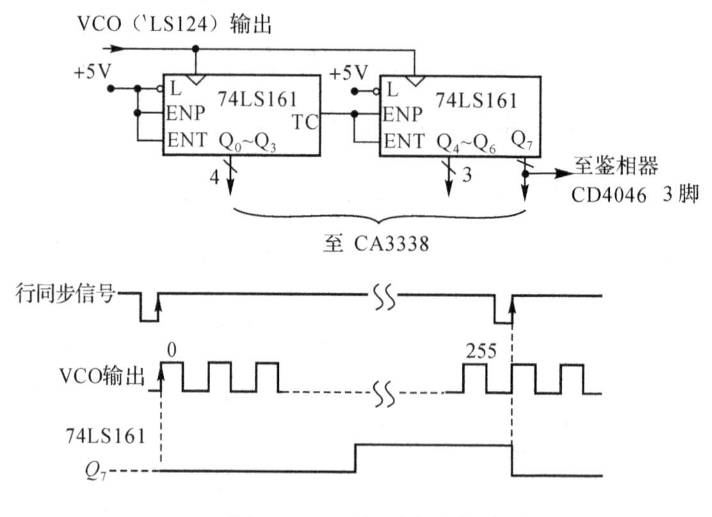

图 3-102 分频器电路与波形

CD4046 的鉴相器Ⅱ是一个由上升沿触发的数字比相器和一个 MOS 开关组成,其输出波形如图 3-94(b)所示。当 VCO 频率低于(或相位滞后)输入信号频率(相位)时,输出为正脉冲,此时对环路滤波电容充电,得到正的控制电压 v_c。VCO 的频率低于输入信号频率越多,v_c 越大,最高值为电源电压。当 VCO 的频率高于(或相位超前)输入信号频率(相位)时,输出负脉冲,此时环路滤波电容放电,则控制电压 v_c 变小,最低值为零。

在调试中发现,若按图 3-102 所示的行同步信号和计数器输出 Q_7 送去鉴相,产生的锯齿波与行同步信号相差180°，如图3-103(a)所示。这是因为CD4046中的鉴相器Ⅱ是上升沿触发的鉴频鉴相器，当环路锁定时，它使进入鉴相器的两个信号无相位差，即两上升沿对齐。为了保证行同步信号与锯齿波同相，Q_7 必须反相为 $\overline{Q_7}$ 再去比相，如图3-103(b)所示。

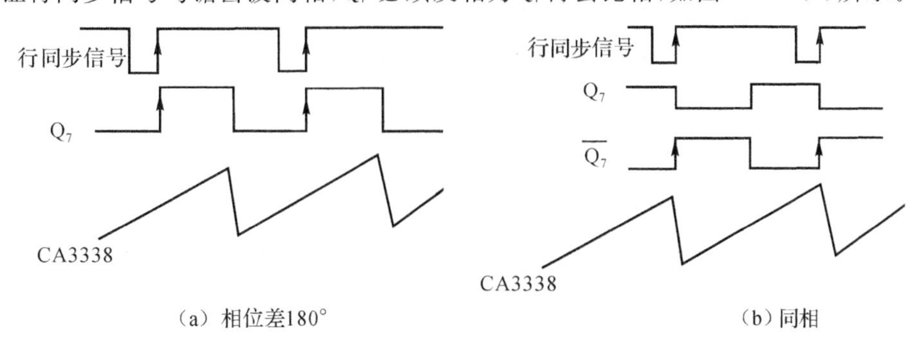

图3-103　CD4046鉴相器Ⅱ的输入行同步信号与输出锯齿波的关系

(4)压控振荡器频率控制

压控振荡器频率控制的端电压 V_C 来自经过环路滤波器滤波后的鉴相器CD4046输出的误差电压 v_c。在连接此控制电压时，必须检查鉴相器输出的误差电压经环路滤波后，其电平范围及随相位差变化的趋势与VCO所需的控制电压的电平范围及压控特性曲线的斜率是否一致。由以上分析可知，环路滤波器输出的控制电压 v_c 变化范围是0～5V(电源电压)，与74LS124的频率控制电压 V_C 的电平范围是一致的。电压 v_c 随频差($f_{VCO}-f_i$)的变化趋势与压控振荡器74LS124的控制电压 V_C 对频率的控制趋势是一致的(图3-96(b))。即控制电压 v_c 随频差的变化能使VCO的频率接近输入行频且相位差减小的方向。

当输入行频变化时，为使压控振荡器的频率迅速被锁定于输入行频，必须充分利用压控振荡器74LS124有两个受控制端这个特征。让VCO的频率调节电压 V_{Rng} 不是采用固定值，而是随着行频的变化而变化，相当于在行频变化时给VCO加一个预置控制电压作为粗调，然后由频率控制电压 V_C 细调。这是锁相环设计中为了缩短捕捉时间扩大捕捉范围的常用方法。

74LS124的频率调节电压 V_{Rng} 可用 F/V 变换器LM331的输出。但要注意的是，LM331的输出电压随输入频率的变化曲线 V-f 是正斜率的，且当输入频率从15.625kHz变到64kHz时，输出电压范围从2.8V变到12.5V，而74LS124的振荡频率随调节电压 V_{Rng} 的增大而减小，即 f-V_{Rng} 是负斜率的，且调节电压不能超过电源电压5V(图3-96)。为使两者匹配，可用一常数减去LM331的输出，并进行适当的压缩，则可满足负斜率控制且电平≤5V的要求。

具体电路如图3-104所示，图中第一个运放是隔离器，第二个运放是减法器，其正端接一常量，负端是经隔离后的LM331输出，减法器的输出经电阻分压后作为74LS124的 V_{Rng}。

(5)环路滤波器设计

当压控灵敏度 A_o，鉴相器的鉴相灵敏度 A_d 以及其他器件确定以后，环路滤波器就是决定环路性能的重要因素，首先分析一下本例对环路的要求，然后根据环路要求来确定滤波器参数。

①由于输入的行同步信号没有受到调制，因此环路不是一个调制跟踪环，不必考虑调制信号的带宽问题。

②系统对环路的捕捉和同步性能的要求。由于采用了鉴频鉴相器并对压控振荡器采用了

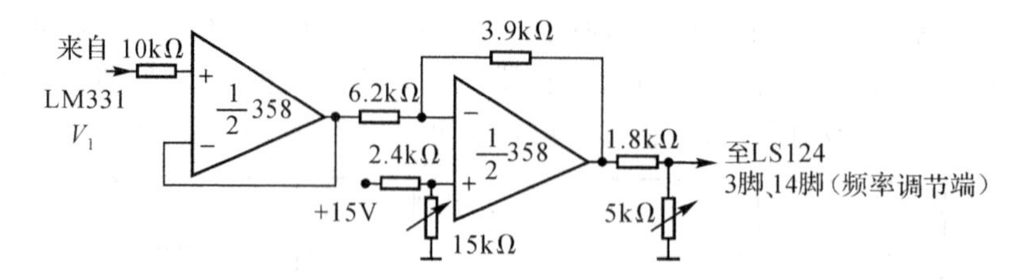

图 3-104 74LS124 频率调节电路

双重控制，相当于输入行频变化时，给压控振荡器加了一个预置电压。频段的划分使压控振荡器的频率变化范围也足够宽，这些措施大大扩展了捕捉带，缩短了捕捉时间，捕捉带的设计要求已满足。

③对环路指标的要求还有一项，即系统转换时间小于 0.5s。

一个电子系统是由许多模块组成的，系统的任何一个指标都是由这些模块共同决定的，因此存在着一个指标合理分配的问题。在本例中，由于采用了频率电压变换器 LM331，它是一个低速器件，行频变化时系统的转换时间主要取决于 LM331（见前面的参数选择），因此环路的锁定时间应限制得很小。现限定环路的锁定时间小于 2ms（远小于 0.5s），则可根据此要求计算环路滤波器参数。

采用鉴频/鉴相器时，环路锁定时间可以不考虑频率捕捉时间而只需要考虑相位锁定时间。相位锁定时间 T_L 和环路自由振荡角频率 ω_n 及阻尼系数 ζ 的关系是，$T_L=\frac{4}{\zeta\omega_n}$。一般取 $\zeta=0.707\sim1$，在本例中取 $\zeta=1$，由 $T_L\leqslant 2\text{ms}$，则可计算出

R_1 R_2 C

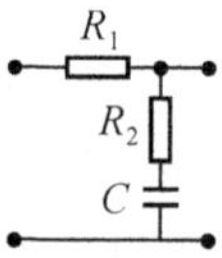

$\tau_1=R_1C$

$\tau_2=R_2C$

图 3-105 无源比例积分滤波器

$$\omega_n\geqslant\frac{4}{T_L}=\frac{4}{2\times10^{-3}}=2000(\text{s}^{-1}),\quad 取\ \omega_n=3000\ \text{s}^{-1}$$

为简单起见，环路滤波器采用无源比例积分滤波器形式，如图 3-105所示。

由于环路内有 $N=256$ 次分频，因此环路直流增益为$A=\frac{A_oA_d}{256}$。

由图 3-96(b)曲线斜率，得出 VCO 的压控灵敏度 $A_o\approx0.2\times2\pi f_o$，现取 $f_o=f_{o2}=8\text{MHz}$，鉴相器的鉴相灵敏度 $A_d=\frac{V_{DD}}{2\pi}=\frac{5}{2\pi}$，由参考文献[19]公式可得

$$\omega_n=\sqrt{\frac{A}{\tau_1+\tau_2}}=\sqrt{\frac{A_oA_d}{256(\tau_1+\tau_2)}}$$

$$\zeta=\frac{1}{2}\sqrt{\frac{A}{\tau_1+\tau_2}}\left(\tau_2+\frac{1}{A}\right)$$

则可计算出 $(\tau_1+\tau_2)=(R_1+R_2)C=3.47\times10^{-3}$

$$\tau_2=R_2C\approx0.6\times10^{-3}$$

取滤波电容 $C=1\mu\text{F}$，则 $R_2\approx600\Omega$，$R_1\approx2.87\text{k}\Omega$。

(6)D/A 变换电路

D/A 变换器 CA3338 的数据输入端与两块 74LS161 的数据输出端相接，为了达到设计要求中规定的锯齿波幅度在 0～5V 范围内可调的要求，在 CA3338 的参考电压端接一个电压调

整器 LM317。调整 LM317 外接电阻的大小即可调整其输出电压数值，从而改变 CA3338 的参考电平 V_{REF+}，以调节输出锯齿波幅度，电路如图 3-106 所示。由于 CA3338 的建立时间小于0.5×10^{-7} s(工作频率大于 20MHz)，因此设计要求中规定的锯齿波的逆程时间小于 0.5μs 的要求一定可以满足。

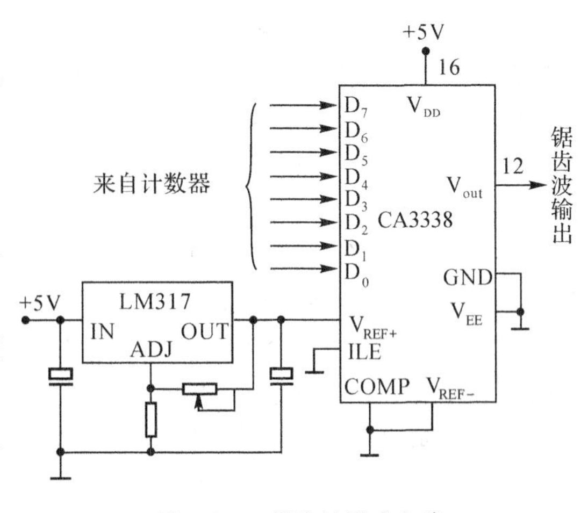

图 3-106　锯齿波形成电路

至此，在理论上将本例题设计完毕，其完整电路如图 3-107 所示。

最后总结本例题的设计过程，有以下几点值得再讨论一下。

①系统方案的确定

确定系统方案是一个由粗到细，由简到繁逐步完善的过程。即先初步构成能实现功能的粗方案，然后为满足各项指标，逐步添加各个细枝节，使方案逐步完善。如本例的思路是：用锁相环方法产生锯齿波(粗方案)—确定对每一模块的要求—选择具体器件—发现器件

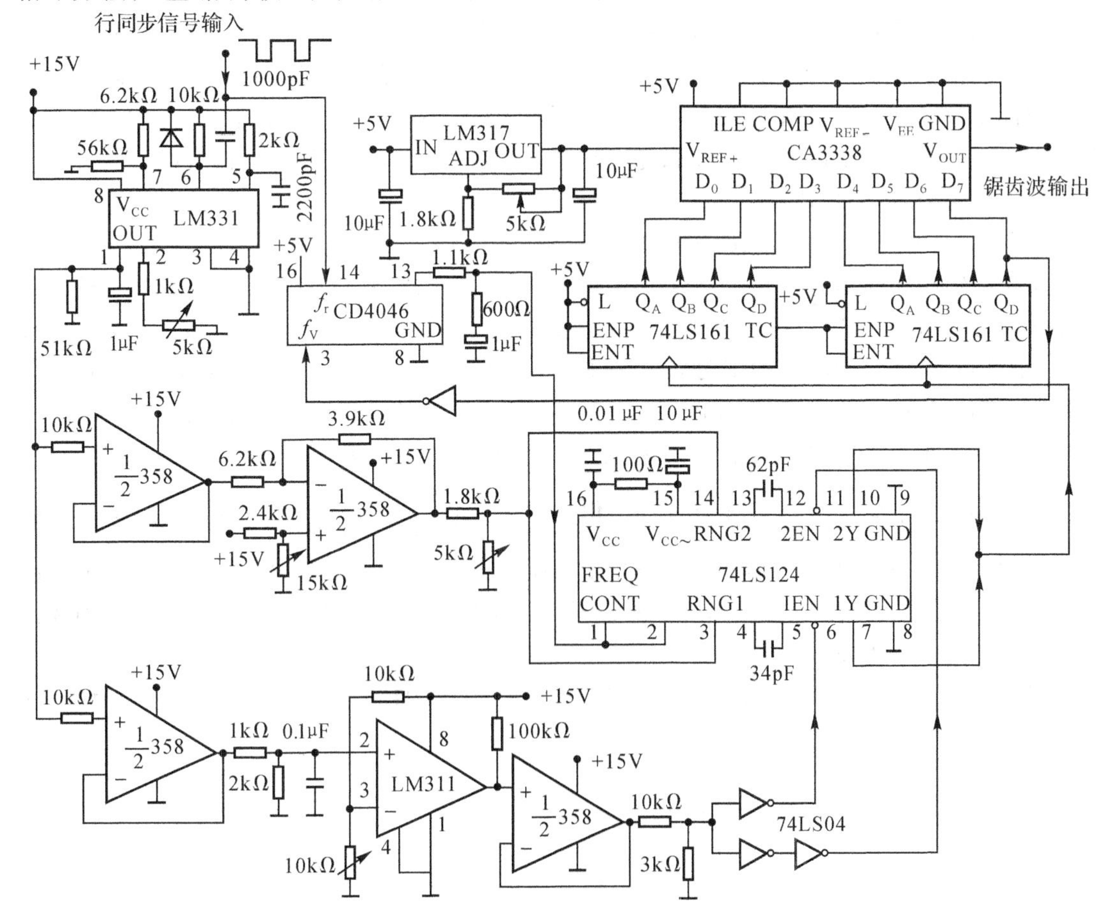

图 3-107　可变行频锁定的锯齿波产生器电原理

(74LS124)满足不了频率变化范围要求—分频段—频段的切换(引入了频率/电压变换器)—加快捕捉的措施,最后获得一个可以满足设计要求的一种系统方案。当然还可以再构成其他可以满足要求的设计方案,进行比较,确定一个性价比最佳的方案。应该指出,任何一个好的设计方案,是不可能一蹴而就的。

②整机指标分配

整机指标需要合理地分配到组成系统的各个模块中,这是设计者必须认真处理的问题。对设计要求提出的各项性能指标,在设计时必须明确,在本实现方案中影响这些指标的因素及关键模块,并将指标进行合理的分配。所谓合理是指这样的分配原则是可实现的,并且不会影响别的指标。本例中的锯齿波幅度大小、线性度、逆程回扫时间等指标,仅由 D/A 变换器一个模块决定,这是简单的。而“行频切换时系统的转换时间应小于 0.5 秒”这项指标,就很复杂。它是由整个系统的各个模块共同影响的结果。当行频变化时,整个系统可以分成两部分跟随行同步信号的频率变化而变化。一部分是由鉴相器(4046)、压控振荡器(LS124)、分频器(LS161)组成的锁相环路;另一部分是由频率/电压变换器(LM331)、比较器(LM311)等器件组成的支路产生的控制电压。这两部分的变化速率相比,频率/电压变换器是个低速器件,它的输出电压随频率的变化是通过 R_LC_L 的充放电过程完成的。因此本例转换时间小于 0.5 秒这项指标应绝大部分分配给 LM331,并根据此分配值确定时间常数 R_LC_L。而将锁相环的跟踪锁定时间 T_L 限制得很小(本例小于 2ms),并根据此限定时间来推算环路参数 ω_n 以及滤波器的时间常数。这样的分配原则显然是合理的。而且,在本设计方案中还对压控振荡器 74LS124 添加了双重控制,这进一步加速了环路的锁定速度,减少了锁定时间 T_L。

③芯片选择对方案的影响

选择不同的芯片,会有不同的实现方案,有不同的需要解决的问题。

本例的锁相环分别选择了 CD4046、74LS124 作为鉴相器和压控振荡器。74LS124 的一个突出优点是有双重控制点,但它的缺点是频率覆盖范围只有 2 倍多,需要分频段。作为另一种方案,也可以选择 74HC4046 作为锁相环的核心芯片。74HC4046 的最高工作频率可达 30MHz,其内部 VCO 的频率变化范围可达 10 倍,因此环路的鉴相器,压控振荡器可仅用同一片 74HC4046 实现,也不需分频段。看来,这样的方案会简化很多,但随之需要考虑的又有新的问题,诸如,对于输入行同步信号频率变化高达 4 倍$\left(\frac{64\text{kHz}}{15.625\text{kHz}}=4.096\right)$,环路是否还能锁定?为不使环路失锁,对行同步信号频率最大跳变值的限制应是多大?等等,这些也都需通过计算,并选择合适的外接元件,或者采取新的辅助措施来保证。可见系统的实现方案和选择的芯片性能是密切相关的。

最后应该指出,本设计实例所选择的方案并不一定是最佳方案,它只是作为一个设计过程提供给大家参考。

3.4.2 系统调试与指标测试

(1)系统调试方法与步骤

任何一个系统,无论它是简单的还是复杂的,调试时都可以遵循这样一个原则,即顺着信号流动的方向，分模块逐个调试。切不可一上来就将所有模块都插上，去看最后的结果。本例的调试过程可以安排如下：

① 检查压控振荡器 74LS124 是否振荡并测试其特性。

可以先设置 V_C 和 V_{Rng} 为一个中间值，观察 74LS124 的输出波形，并测量其频率。然后记录 74LS124 输出信号频率随控制电压 V_C 的变化曲线，最后检测 V_{Rng} 的调节功能。

②检查分频器 74LS161 的工作。

以 74LS124 的输出作为 74LS161 的时钟信号，检查 LS161 的分频工作。

③检查 D/A 变换器 CA3338 的工作。

将两块分频器 74LS161 的输出 $Q_7 \sim Q_0$，作为 CA3338 的数据输入，检查 CA3338 输出的锯齿波。

④检查锁相环的工作。

首先将锁相环闭环，并将频率处于波段Ⅰ（或Ⅱ）中间值的行同步信号送入鉴相器 CD4046，检查环路是否锁定。锁定的测量方法是用双踪示波器观察锯齿波与行同步信号是否完全同步。

⑤检查频率/电压变换支路。

将频率逐点变化的行同步信号输入到 LM331，检查它的输出电压变化并记录变化曲线。检查比较器 LM311 的输出随行频变化的跳变以及观察 74LS124 频率范围调节端的电压值随行频的变化。

⑥检查系统工作。

闭合整个系统，根据设计要求检查性能，并调整电路参数。

(2)指标测试

在本设计要求的几个指标中，只有“行频切换时，要求系统转换时间小于 0.5 秒”是最难测量的。这个指标虽然由频率/电压变换支路和锁相环共同决定，但最终的体现是环路锁定行频跳变的时间，因此可用观察环路的跟踪锁定来测量该项指标。

假设控制行同步信号频率变化的电压为 v_1，对应不同的 v_1 值，行同步信号的频率不同，并假设行同步信号频率随 v_1 的变化是瞬间完成的（或者某一个延迟值是已知的，这不是本例题

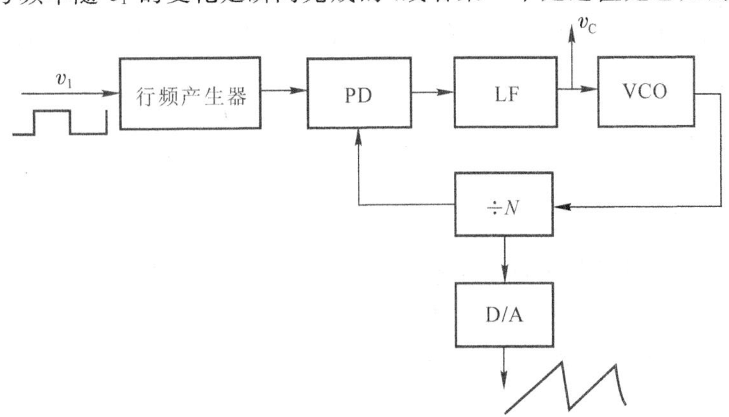

图 3-108 系统锁定时间测试方案

的设计任务）。用一个频率很低（如 0.5Hz）的方波作为 v_1，控制行同步信号在两个频率值间跳变，则锁相环在两个对应的锁定状态之间周期性地切换。测试方案见图 3-108 所示。由于锁相环在跟踪输入信号频率跳变时，环路滤波器的输出电压也发生跳变，并随着跟踪锁定而趋于稳定，如图 3-109 所示的 v_C。一般把从起始跳变，到幅度达到与稳定值之差小于某一误差（例如 5%）的时间，定义为锁定时间，如图 3-109 所示的 T_L。用扫描速率符合要求（可观察 0.5Hz 信号）的示波器观察 v_1 的跳变与环路的滤波器输出端，也即压控振荡器 74LS124 的频率控制电压输入端（脚 1 或脚 2）的电压 v_C 的变化，如图 3-109 所示的 v_1 和 v_C，图中 T_L 即为本例所要求的转换时间。

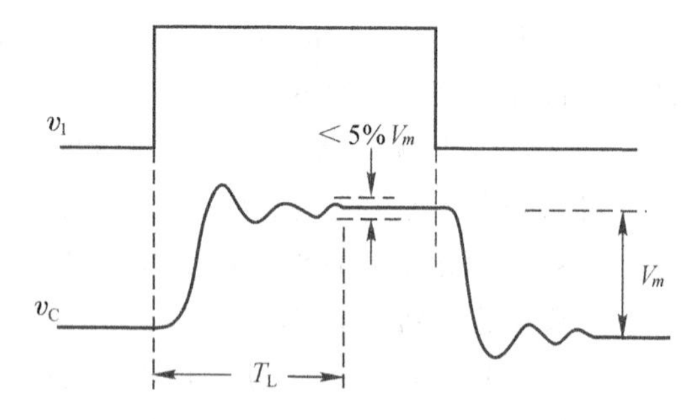

图 3-109 环路滤波器输出电压跟踪输入频率跳变控制电压 v_C 的波形

3.4.3 不同应用场合的锁相环的性能特点

锁相环作为一个反馈控制系统，描述其性能的指标很多，也很复杂。但不同应用的锁相环有它不同的特点。设计不同应用的锁相环时，应特别注意抓住在该应用场合下起重要作用的环路性能指标。例如，锁相环在用作载波或同步信号提取时，环路对输入噪声的抑制性能是相当重要的，这就要计算环路的噪声带宽 B_L 及相关参数。由于 $(SNR)_L=(SNR)_i\dfrac{B_i}{B_L}$，可以根据已知的输入信噪比 $(SNR)_i$ 及输入噪声带宽 B_i，以及设计指标要求的环路输出信号的信噪比 $(SNR)_L$，确定合适的环路噪声带宽 B_L。然后由关系式 $B_L=\dfrac{\omega_n}{2}\left(\xi+\dfrac{1}{4\xi}\right)$，再确定对 ξ 和 ω_n 的要求。最后根据 ξ,ω_n 与电路参数 A_d, A_o, τ_1, τ_2 的关系，选择合适的芯片组成锁相环路。

若锁相环用于构成一个频率合成器，由于频率合成器的输入参考信号一般是由频率高度稳定的晶振产生，其噪声很小，所以环路对输入信号呈现的抑噪性能就不必考虑。这时需重点考虑的是频率跳变时的快速锁定与对压控振荡器的相位噪声的抑制。而且特别要关注的是，由于频率合成器输出信号频率与参考信号频率之比 $N=\dfrac{f_{VCO}}{f_r}$ 的变化，使环路参数 ξ,ω_n 受影响，其关系式为

$$\frac{\xi_{max}}{\xi_{min}}=\frac{\omega_{nmax}}{\omega_{nmin}}=\sqrt{\frac{N_{max}}{N_{min}}} \tag{3-30}$$

若 ξ,ω_n 变化太大，对环路的动态特征，如锁定时间、稳定性都有很大的影响，这会造成频率合成器在整个频段内性能的不均匀性，甚至失锁。

总之，包含锁相环的电子系统是一个相对较复杂的系统，设计和调试时一定要在理论指导下进行，才不至于盲目。

3.5 通信系统

通信系统是一门广阔的学科，但本节讨论的通信系统不是大的系统，也不可能涉及现代通信的各种概念，只是在高频、低频和数字电路这些单元电路的基础上，通过一个例题来增强系统与整机的知识。

3.5.1 设计举例

设计任务：

设计一个单工无线呼叫系统，实现主站至从站（十个）的一点对多点的呼叫功能。

设计要求：

①通话距离大于 200m，语音质量要求良好（输出信噪比达 25～30dB）。

②主机具有拨号选呼与群呼功能。

③实现语音及英文字母短信的传输业务。

3.5.1.1 方案选择

(1)明确设计要求，确定系统结构。

本例是一个仅为单向传输的无线通信小系统，根据设计要求可以画出结构方框图如图 3-110所示。

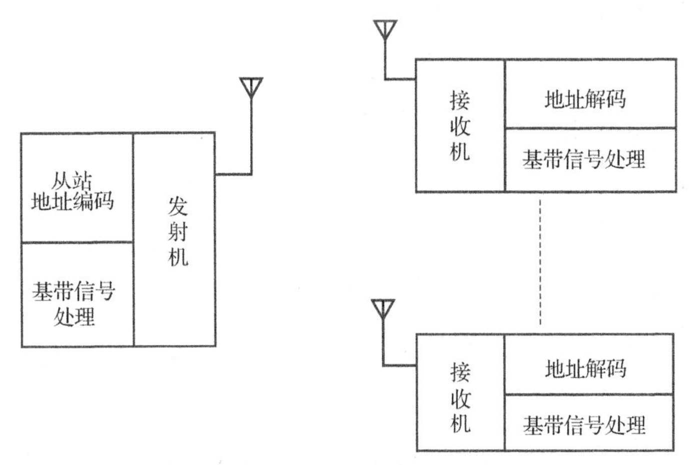

图 3-110　系统结构

系统可以归纳为地址编解码、基带信号处理与无线收发三大模块。其中基带信号内容的形式有模拟语音及英文字母短信，在传送英文短信时应将其编译成相应的二进制数据码。为保证通信距离，主站天线选用垂直极化的单极子鞭状天线，从站选用拉杆天线。

基带信号处理模块应考虑的问题是语音信号的频率范围与语音的放大、数据信号的编码与速率；地址编解码模块要考虑的问题是从站编号的方式；无线收发模块要考虑的问题是工作频率、发射功率、接收灵敏度等；而地址及基带信号处理模块与无线收发模块之间的联系在于采用何种调制与解调方式。当明确了以上要求后，设计这样一个系统的关键问题是根据要求选择合适的集成电路芯片。

(2)确定系统工作体制，选择集成电路芯片

①基带信号处理模块

(a)语音　语音是一种模拟信号，其频率范围通常可划定为 300～3000Hz。为简单起见，本例不对它进行数字化处理，因此语音信号对发射载波的调制方式属于模拟调制，一般可用调幅与调频。调频的抗干扰性能要比调幅好，但调频信号的带宽大于调幅信号。为了解决频带拥挤和抗干扰的矛盾，无线对讲机均采用窄带调频制。国标规定窄带调频的额定频偏为 3kHz，信道间隔为 25kHz。在将语音信号送入调制器前应将其适当放大，以满足调制器的要求。

(b)英文短信数据　英文的 26 个字母(包括大、小写)可以采用 ASCII 编码方式将其转换为以 0,1 表示的二进制码(此功能由计算机或单片机完成，此部分内容在本例中省略，读者可参考有关资料)。ASCII 码格式如图 3-111 所示。

Bits				5	0	1	0	1	0	1	0	1
				6	0	0	1	1	0	0	1	1
1	2	3	4	7	0	0	0	0	1	1	1	1
0	0	0	0		NUL	DLE	SP	0	@	P	'	p
1	0	0	0		SOH	DC1	!	1	A	Q	a	q
0	1	0	0		STX	DC2	"	2	B	R	b	r
1	1	0	0		ETX	DC3	#	3	C	S	c	s
0	0	1	0		EOT	DC4	$	4	D	T	d	t
1	0	1	0		ENQ	NAK	%	5	E	U	e	u
0	1	1	0		ACK	SYN	&	6	F	V	f	v
1	1	1	0		BEL	ETB	'	7	G	W	g	w
0	0	0	1		BS	CAN	(	8	H	X	h	x
1	0	0	1		HT	EM	)	9	I	Y	i	y
0	1	0	1		LF	SUB	*	:	J	Z	j	z
1	1	0	1		VT	ESC	+	;	K	[	k	{
0	0	1	1		FF	FS	,	<	L	\	l	|
1	0	1	1		CR	GS	–	=	M	]	m	}
0	1	1	1		SO	RS	.	>	N	∧	n	~
1	1	1	1		SI	US	/	?	O	–	o	DEL

图 3-111　ASCII 码

ASCII 码是一个 7 位的二进制码，对本例的仅传输英文字母短信的要求，ASCII 码的最高位 D7 均为 1，变化的仅是低 6 位。为将此并行的数据送去调制载波，必须先将并行数据变为串行。因此本例选用一个 6 位数据的编码芯片 PT2262 和解码芯片 PT2272，如图 3-112 所示。这是一对常用于遥控的编解码集成芯片，共有 12 根地址线，每根地址线有"0""1""f"(floating)三态，因此共可选择 $3^{12}=531441$ 个不同地址。同时，该芯片中的部分地址线也可作为数据线，分别构成 8 位地址线、4 位数据线和 6 位地址线、6 位数据线的不同应用方式。

编码器 PT2262 将输入的并行数据和地址以一定的编码方式变成串行形式输出。而解码器接收到串行数据，并在判断所接收到的地址与本芯片所设定的地址一致时，将串行数据转换

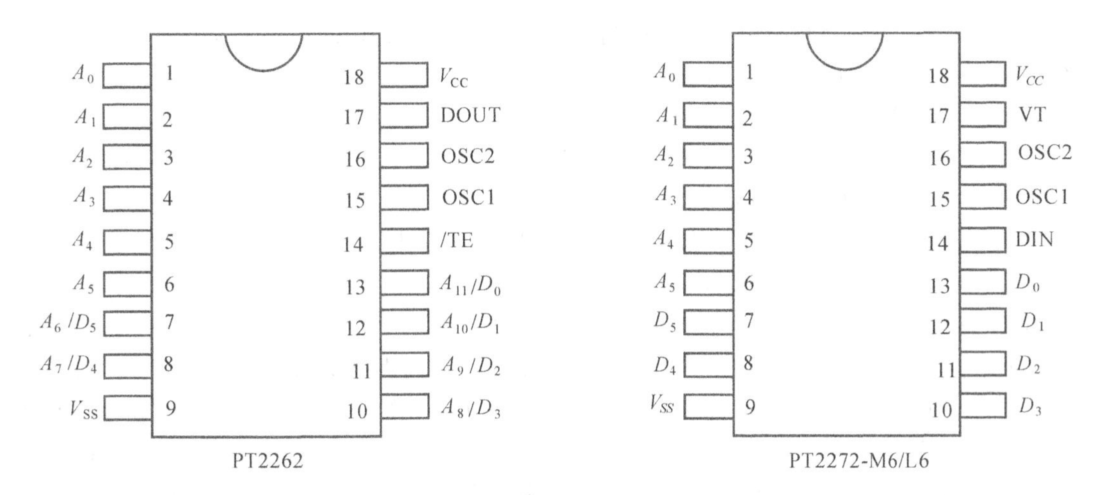

图3-112 编解码芯片PT2262,PT2272管脚

为并行输出。

②无线发送与接收模块

选择无线发送与接收模块,首先要看工作频段与调制解调方式。

(a)工作频段 工作频率的选取应按照本地区无线电管理委员会对频率使用的规定,还要考虑环境噪声,电波对建筑物的穿透程度。其中ISM(Industrial Scientific Medical)频段(主要为868MHz,915MHz,2.4～2.4835GHz,各国的规定并不统一)主要开放给工业、科学、医学三个机构应用。应用此频段无需许可证,只需遵守一定的发射功率(小于1W),并且不要对其他频段造成干扰即可。433MHz,315MHz是常用作遥控设备的频率,我国规定的业余无线频段还有不少,如表3-11所示。

表3-11 业余无线电通信频率使用划分表

序号	频率(MHz)	用途	序号	频率(GHz)	用途
1	1.8～2.1	共用	15	1.24～1.30	次要
2	3.5～3.9	共用	16	2.30～2.45	次要
3	7.0～7.1	专用	17	3.30～3.50	次要
4	10.1～10.15	次要	18	5.65～6.35	次要
5	14～14.25	专用	19	10～10.5	次要
6	14.25～14.35	共用	20	24～24.25	次要
7	18.068～18.168	共用	21	47～47.25	共用
8	21～21.45	专用	22	75.5～76	共用
9	24.89～24.99	共用	23	76～81	次要
10	28～29.7	共用	24	142～144	共用
11	50～54	次要	25	144～149	次要
12	144～146	专用	26	241～248	次要
13	146～148	共用	27	248～250	共用
14	430～440	次要	28		

注:共用为业余业务作为主要业务和其他业务共用频段;专用为业余业务作为专用频段;次要为业余作为次要和其他业务共用频段。其中2～9或12可用于自然灾害通信;160～162MHz为气象频段。

(b)发射集成芯片选择　由于本例传输的基带信号包括模拟的语音信号及编码后的英文短信数据，因此对载波的调制包括了模拟调制(本例采用窄带调频)与数字键控两种方式，这在选择发射和接收芯片时应予注意。

ISM 频段频率虽然很高，但由于电路集成度很高，只需外接石英晶体和极少量的元件，使用仍很方便。查找可用于 ISM 频段的发射芯片发现，此类芯片大多采用 ASK，FSK 等数字调制方式，一般不适用于模拟信号的线性调制(FM 或 AM)方式。例如：

ADF7010/ADF7011 为 915/868/433MHz 的 ASK/FSK/GFSK 发射芯片，TH72035/TH72005 为 915/868/315MHz 的 FSK/ASK 发射芯片，TDA5102 为 915MHz 的 ASK/FSK 发射芯片。这些芯片能否用于模拟语言信号的线性调幅或者调频呢？以 TDA5102 为例分析，其内部结构如图 3-113 所示。其实现 ASK 调制的方法是用 ASK 数据信号(0 或 1)控制功率放大器的开与关，实现有或无的射频信号发射。实质上此 ASK 是一种 OOK(On-Off Keying)，即开关键控方式调制。TDA5102 的 FSK 调制是通过调整锁相环的基准参考频率 f_R 来实现，而基准参考频率的改变是通过“FSK 开关”转换外部晶体的负载电容来获得。如图 3-113 所示，将 FSK 数据逻辑电平(0 或 1)加至 7 脚，控制内部的“FSK 开关”。当 FSKDATA=1 时，FSK 开关断开，晶体的负载电容是 C_1 和 C_2 串联；当 FSKDATA=0 时，FSK 开关闭合，将电容 C_2 短路，晶体的负载电容仅为 C_1。随着晶体外接负载电容值改变，由晶体振荡器产生的基准参考频率 f_R 也发生了变化，从而实现锁相环的输出频率在两个频率间的跳变，这就是 FSK 调制。由于晶体的负载电容值不能连续变化，因此 TDA5102 不能实现模拟信号的线性调频，也就不能应用于本例。

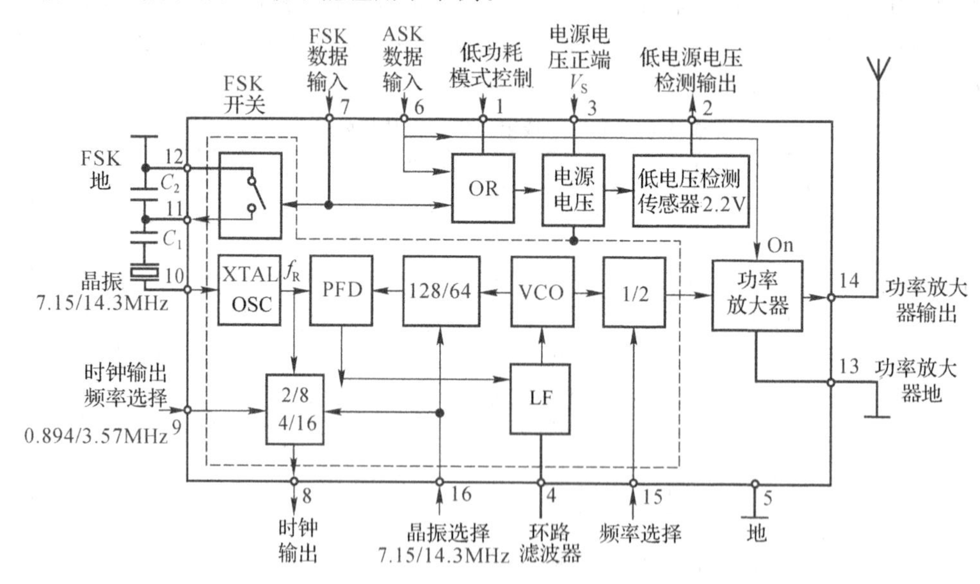

图 3-113　TDA5102 内部结构

现选用 FM 窄带调频芯片 MC2833 作为发射芯片。MC2833 的原理框图如图 3-114 所示，它包括了语音放大、带可变电抗的晶体直接调频振荡器、倍频器与功率放大器，它可实现最大频偏为 5kHz 的模拟信号线性调频功能。若将 0，1 数据信号送去调制，则可输出两个跳变的频率值，即可实现 FSK 调制。

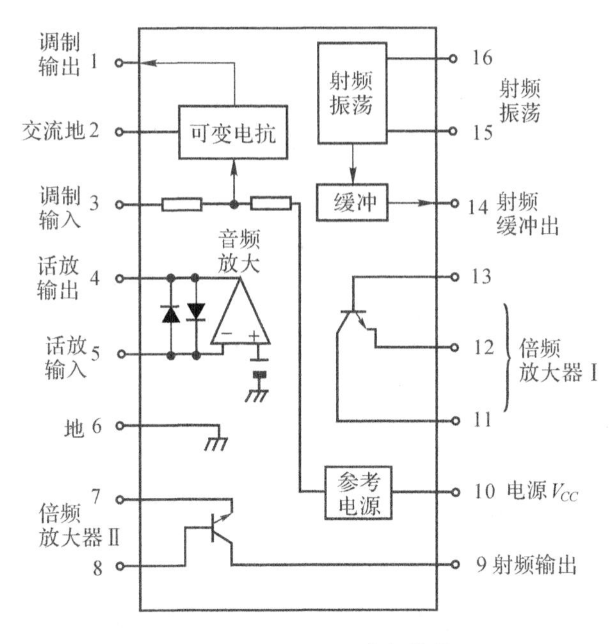

图 3-114　MC2833 内部结构

MC2833 的主要性能参数如下：

电源电压	2.8～9.0V
工作频率	200MHz
输出功率	+10dBm(50 负载电阻 10mW)
调制灵敏度	10Hz/mV(直流电压)
最大频偏	5kHz
话放	闭环增益 30dB(V_{in}=3.0mV_{rms}，f_{in}=1kHz)
	谐波失真 0.15%(V_{in}=3.0mV_{rms}，f_{in}=1kHz)

本例工作频率拟采用表 3-11 所示的 50MHz 左右的业余频率。

(c)接收集成芯片选择　根据已选定的发射集成芯片的工作频率与调制方式，可选用相应的接收集成芯片。与 MC2833 相适应的有一系列窄带调频接收芯片，如 MC3361，MC3362，MC3363 等。MC3362 和 MC3363 均为二次混频的超外差接收芯片，MC3363 较之 MC3362 前端多了一级高频小信号放大器，接收灵敏度更高，现选用 MC3363。MC3363 的内部结构框图如图 3-115 所示。

MC3363 的主要性能指标如下：

工作频率	200MHz
电源电压	2～7V
灵敏度	0.3μV(12dB 信纳比)
低功耗	当 V_{CC} 为 3V 时工作电流为 3mA

③从站地址编解码电路

由于系统要求有选择呼叫与群呼两个功能，因此每个从站必须设定一个地址或编号，在开

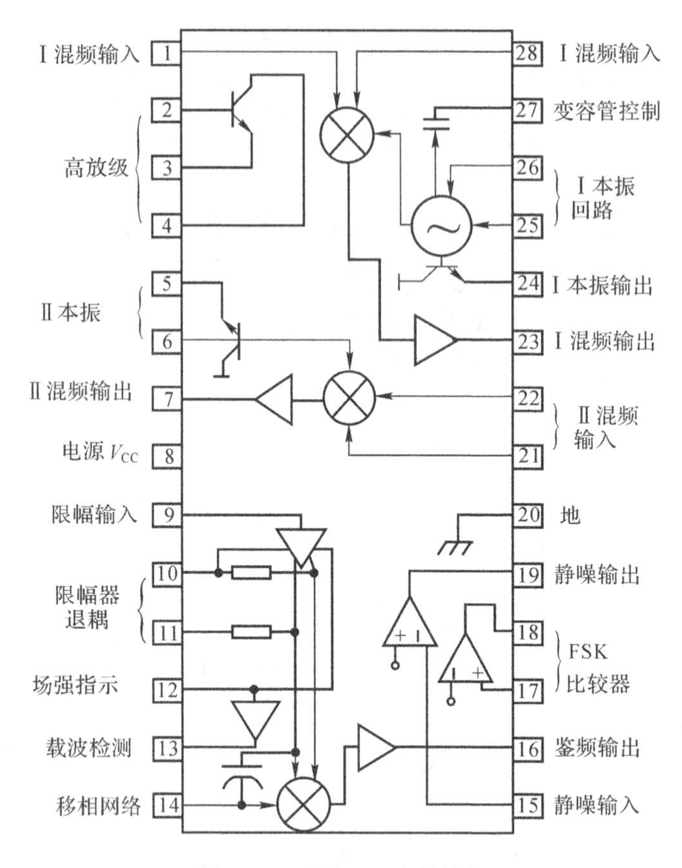

图 3-115　MC3363 内部结构

始呼叫前先传送地址，接收机解码后的正确地址打开接收机的音频开关，然后接收发送的内容，其结构方框图如图 3-116 所示。

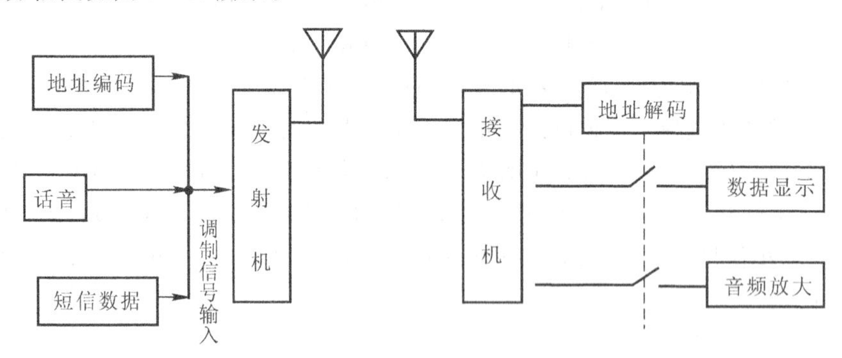

图 3-116　从站地址发送与接收方案

若仅需发送英文短信，处理从站的地址编号方法很简单，因为编码器 PT2262 除 6 位数据线外，还有 6 根三态（“0”，“1”，“f”）的地址线，这样可以选择 $3^6=729$ 个不同的地址。而将从站的接收解码器 PT2272 设置成不同的地址，就可进行选择呼叫。但本例除发送英文短信外，还需传送语音，此时编码器不工作。而且除了选择呼叫外，本例还需有群呼功能，因此仅依靠编解码器的地址线无法实现。

从站的地址编号方式可借鉴电话机的拨号键盘，十个从站分别用 1 位数 0～9 表示，群呼用 * 表示。电话机的拨号方式是一种双音多频 DTMF(Dual Tone Multi Freguency)制式，如图 3-117 所示。

按键 / 低音频 f_L(Hz) \ 高音频 f_H(Hz)	1029	1336	1447	1633
697	1	2	3	A
770	4	5	6	B
852	7	8	9	C
941	*	0	#	D

图 3-117　双音多频拨号键盘

每按下一个键盘，产生一高、一低两个音频的合成，将此代表编号的合成音频信号送去调制载频并发射，而在接收机中解调出合成的音频信号，然后控制开关。典型的 DTMF 发送器原理框图如图 3-118 示。有代表性的 DTMF 发送器有 MT5087、MT5089、MC14410 等。

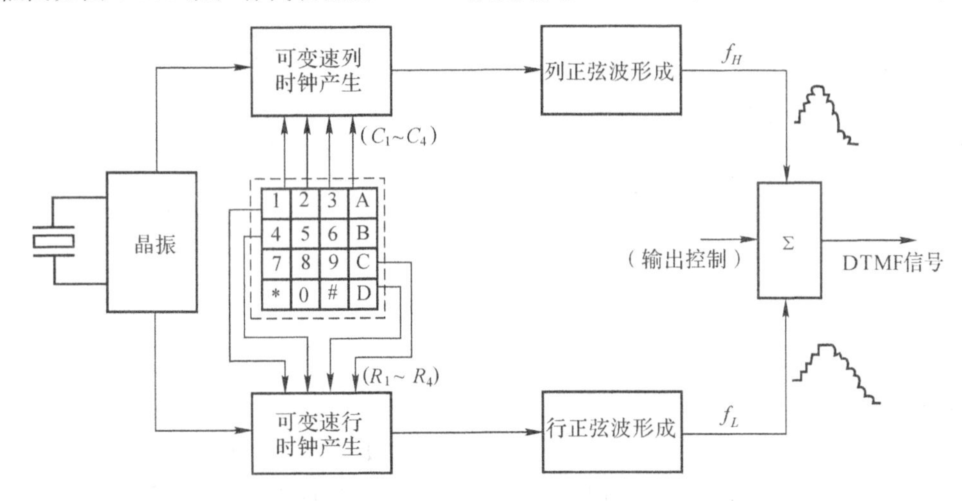

图 3-118　典型 DTMF 发送器的原理

典型的 DTMF 接收器的原理框图如图 3-119 所示，其输出对应于 16 对 DTMF 信号音的 4 比特二进制码(L_1～L_4)。有代表性的 DTMF 接收器有 MT8870，MT8872，MH88035 等。

由于本例的从站较少，为降低成本，从站的编号地址也可以用两块集成电路 555 组成一个 DTMF 信号发生器和用锁相环 NE567 作为双音频译码电路，电原理图如图 3-120 和图 3-121 所示。

两块 555 分别作为行(低音频)和列(高音频)发生器。当按下键盘的某一键时，该键盘接通电源，也即对应的行和列的某个电阻接通了电源。因此，当按下不同的键时，对应 555 音频发生器的充放电电阻值发生了变化，产生了不同的音频。从 555 的 2(6)脚输出充放电三角波而不从 3 脚输出方波的原因是为了减少谐波分量。

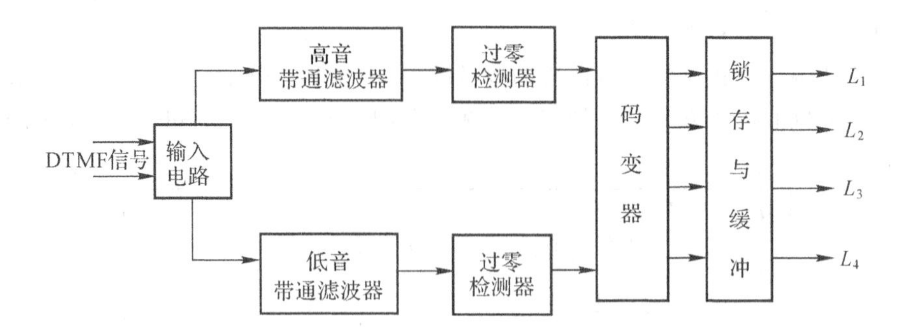

图 3-119　典型的 DTMF 接收器的原理

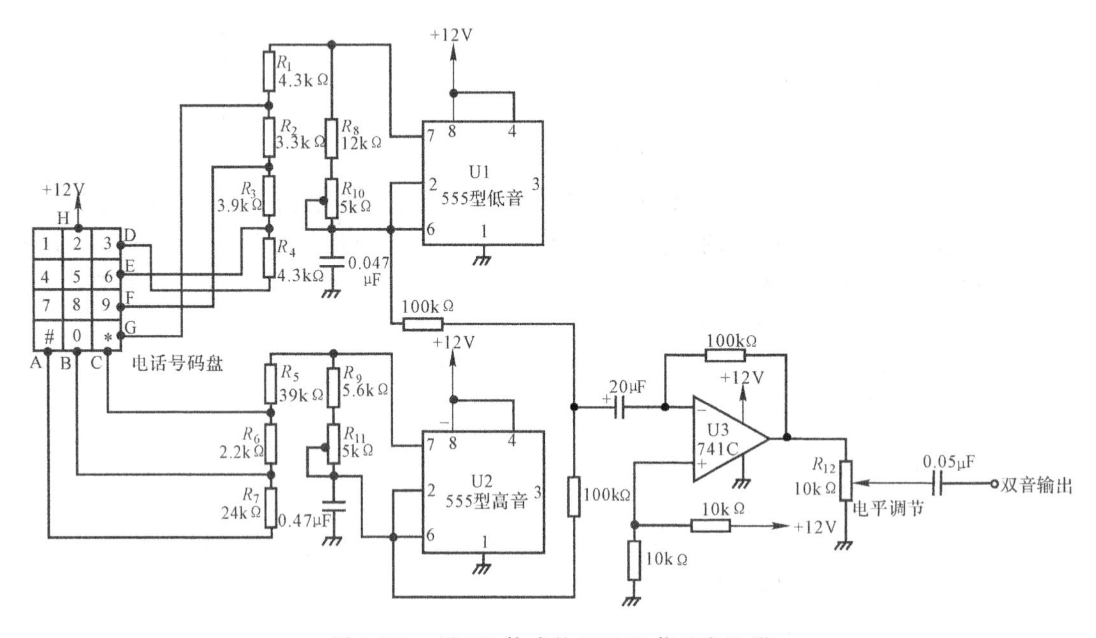

图 3-120　用 555 构成的 DTMF 信号发生器

NE567 是一块低频模拟锁相环，特别适用于做低频振荡器和音频译码器，其工作频率为 0.01Hz～500kHz，电源电压为 4.75～9V，内部结构框图如图 3-122 所示。

与通常的锁相环路中的电压控制振荡器(VCO)起相同功能的是 NE567 内部的电流控制振荡器(CCO)，CCO 的固有频率 f_r 与外接定时电阻 R_t 及定时电容 C_t 的关系式为

$$f_r \approx \frac{1}{1.1R_tC_t}$$

R_t 的取值一般在 2～20kΩ 范围内较合适。输出 8 脚为集电极开路形式，应外接一上拉电阻 R_L。通常 8 脚输出为高电平“1”。当环路锁定，即 CCO 的频率与输入信号 v_i 的频率 f_i 相等且相位差为 90°时，正交相位检测器使放大器 A_2 导通，8 脚输出由高电平“1”变为低电平“0”，即实现了对输入音频的检测(译码)。稳定锁定要求输入信号 v_i 的有效值大于 100～200mV。环路滤波器 C_{LF} 的大小影响环路的带宽和锁定时间。当需要精确解码音频信号时，环路的带宽不能太宽，则应增大 C_{LF}，但减小带宽又会使锁定时间延长，因此应在两者间折中，一般取 C_{LF} 为几微法拉的电解电容。电容 C_o 用于滤除正交鉴相器的各种寄出输出，故应取大一些，但

C_o 过大会使1脚电压变化太慢，延迟输出级的开启时间，一般取 $C_o=2C_{LF}$。

3.5.1.2 细化系统方案，确定集成电路芯片外接元件值

(1)保证通信距离和语音质量

信道设计的首要任务是确定在保证通信距离和话音质量的前提下，发信机所必须发送的最小功率 P_t。但要确定此功率必须首先知道接收机所需的最低输入功率电平 P_{min}。

①确定接收机最低输入功率电平 P_{min}

接收机的最低输入功率电平也即接收机灵敏度，它与接收机的工作频段、接收机的噪声系数、所要求的话音质量以及环境噪声有关。

确定接收机的最低输入功率电平有两种不同的方法：一是根据理论公式和工作环境正向估算；二是根据可能有的设备确定。具体的方法请见3.5.5附录。

根据附录计算，本例的接收机最低输入功率电平 $P_{min}=-95.4\text{dBm}$。

②确定所需的发射功率 P_t

发射机应发射的功率取决于路径的损耗、收发信端各种附件(馈线、天线共用器、匹配程度)的损耗、收发信机的天线增益以及接收机的最低输入功率电平。然后根据无线电路系统设计方程式所确定的系统余量SM(dB)、系统增益SG(dB)、系统损耗SL(dB)三者之间的定量关系式，即可算出所需的发射功率 P_t，具体的计算方法也请见3.5.5附录。

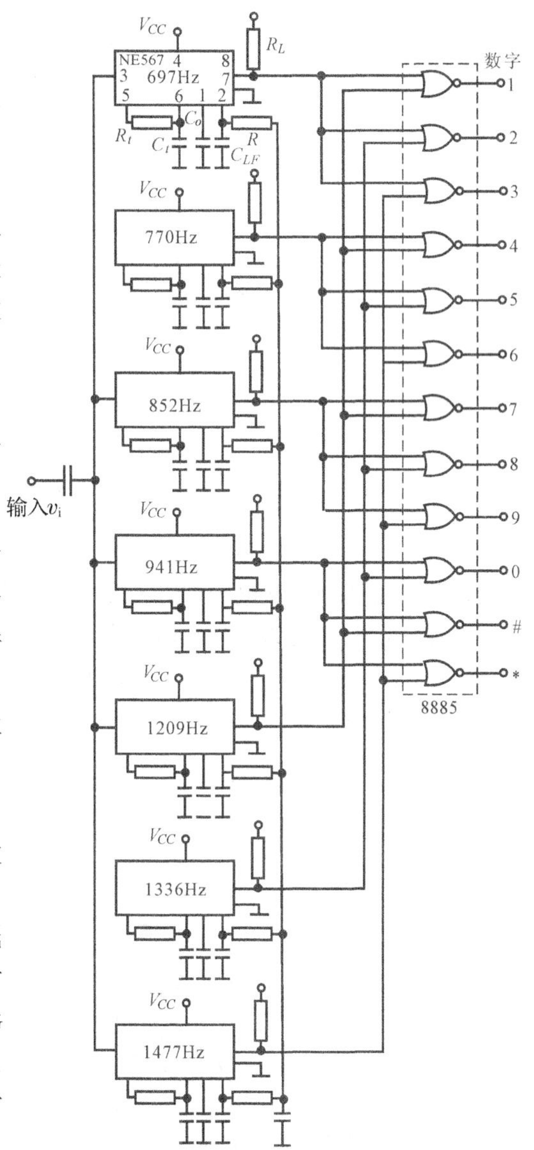

图3-121 用锁相环NE567作为双音频译码电路

根据3.5.5附录的计算，本例的发射机的输出功率应为 $P_t=+4.6\text{dBm}$。

(2)确定发射芯片MC2833外接元件值

①主振荡器设计

窄带调频移动通信由于频道间隔只有25kHz，因此发射机的频率容限指标要求比较高。在50MHz频段，根据国家标准要求载频频差为0.6kHz，稳定度为 20×10^{-6}，因此主振电路必须采用晶体振荡电路。

MC2833的调制电路为晶体直接调频振荡器，由于晶体振荡器的可调频偏较小，因此采用晶体直接调频加倍频法实现频偏要求。现可选用频率为 $f_0=16.55667\text{MHz}$ 的基音晶体，三倍频后为发射频率 f_{RF}，则

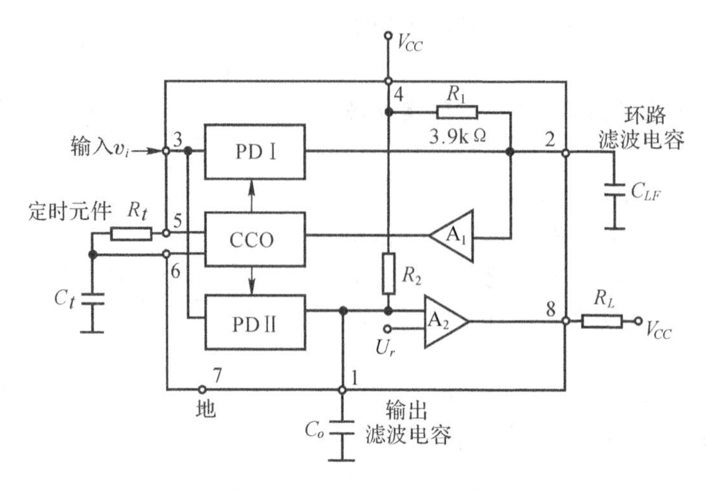

图 3-122 NE567 内部结构

$$f_{RF}=3\times16.55667=49.67(\text{MHz})$$

该基音晶体的负载电容约为 32pF。如图 3-123 所示，晶体 X_1 的外接电容 C_4，C_5 串联后并与其他分布电容之和应与晶体要求的负载电容值相等。为扩展晶体调频频偏，达到额定频偏 $\Delta f_H=3\text{kHz}$ 要求，将电感 L_1 与晶体串联，展宽晶体的调频范围。变化 C_4，C_5 和 L_1 可微调主振荡器的频率。

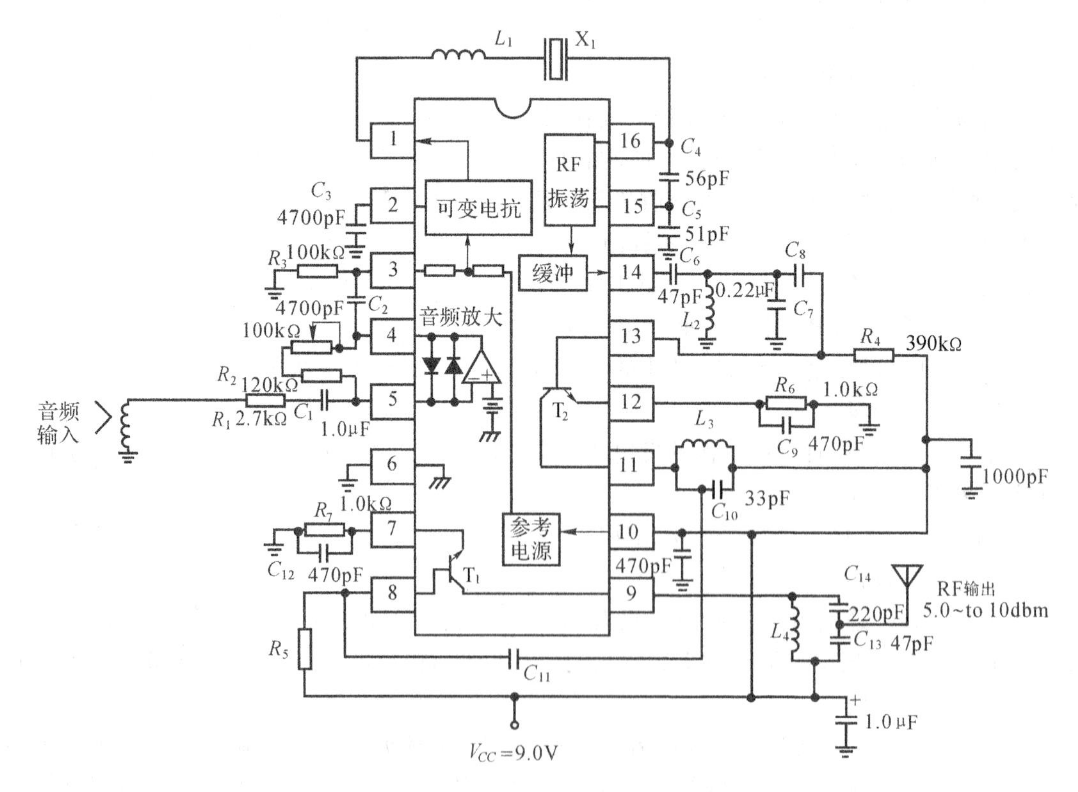

图 3-123 MC2833 外接元件完整电路

②倍频与功率放大器设计

如图3-123所示，缓冲级完成三倍频功能，它的输出回路 L_2C_7 调谐于晶振的三次谐波49.67MHz。T_1，T_2 均为49.67MHz的线性放大器，回路 L_3C_{10}，$L_4C_{13}C_{14}$ 进一步选频，滤除基波与二次谐波分量。调节偏置电阻 R_4，R_6 和 R_5，R_7 可改变增益，调节 C_{13}，C_{14} 的比值可改变功率放大器与天线的匹配。MC2833的最大输出功率为+10dBm，因此本例不必再外加功率放大器。

③话音放大级设计

窄带调频发射机的话音频带是300～3000Hz。可按下列步骤设计MC2833话音放大器的外接元件。

(a)确定增益　根据选用话筒的输出电压值和调频振荡器可达到的调制灵敏度确定话音放大级增益。

设话筒输出电压为15mV，在此电压值下MC2833应产生额定频偏3kHz，已知MC2833调制灵敏度是10Hz/mV，因此要求话放增益是

$$A_V=\frac{3\times 10^3/10}{15}=20$$

此值恰在MC2833话音放大器增益指标(30dB)范围内，不必再添加放大器。

MC2833话音放大器的增益为 $A=\frac{R_2}{R_1}$，由 A_V 值可求出外接电阻 R_1，R_2 值。

(b)确定预加重网络　由于调频信号解调后，噪声功率谱呈抛物线分布，为了改善信噪比，在解调后接有一个幅频特性为－6dB/倍频程的去加重网络。为使语音信号不失真，发信机的话音放大级必须添置一个幅频特性为6dB/倍频程的预加重网络。预加重网络即为如图3-124示的 RC 微分电路。当时间常数 RC 满足

$$RC<\frac{1}{2\pi F_{\max}}=\frac{1}{2\pi\times 3\times 10^3}\approx 0.05(\text{ms})$$

时，在话音频带300～3000Hz内，可视为6dB/倍频程加重。在图3-123中，电容 C_2、电阻 R_3 与下一级的输入电阻并联即为预加重网络，其中 $R_3=100\text{k}\Omega$，$C_2=4700\text{pF}$。

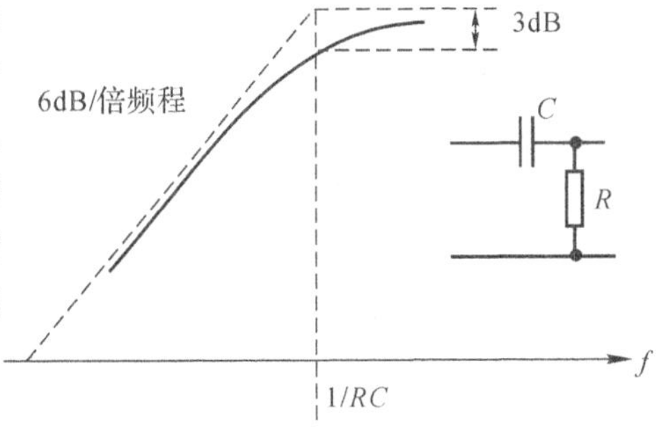

图3-124　微分网络及其幅频特性

(3)确定接收机芯片MC3363外接元件值

MC3363为二次变频超外差调频接收集成电路，推荐的Ⅰ中频为10.7MHz，Ⅱ中频为455kHz。

MC3363内部增益分配大致如下：限幅中放的限幅灵敏度约为10μV，若按限幅器输入门限30mV计算，则限幅中放的增益约为69dB，Ⅱ混频增益约为22dB，Ⅰ混频增益约为18dB，当高频放大级负载是1kΩ时的最大增益约为20dB。

与发射机设计相同，选定芯片后，接下来是要计算其外接元件数值和决定是否要增添部件。MC3363构成的接收机核心电路图如图3-125所示。

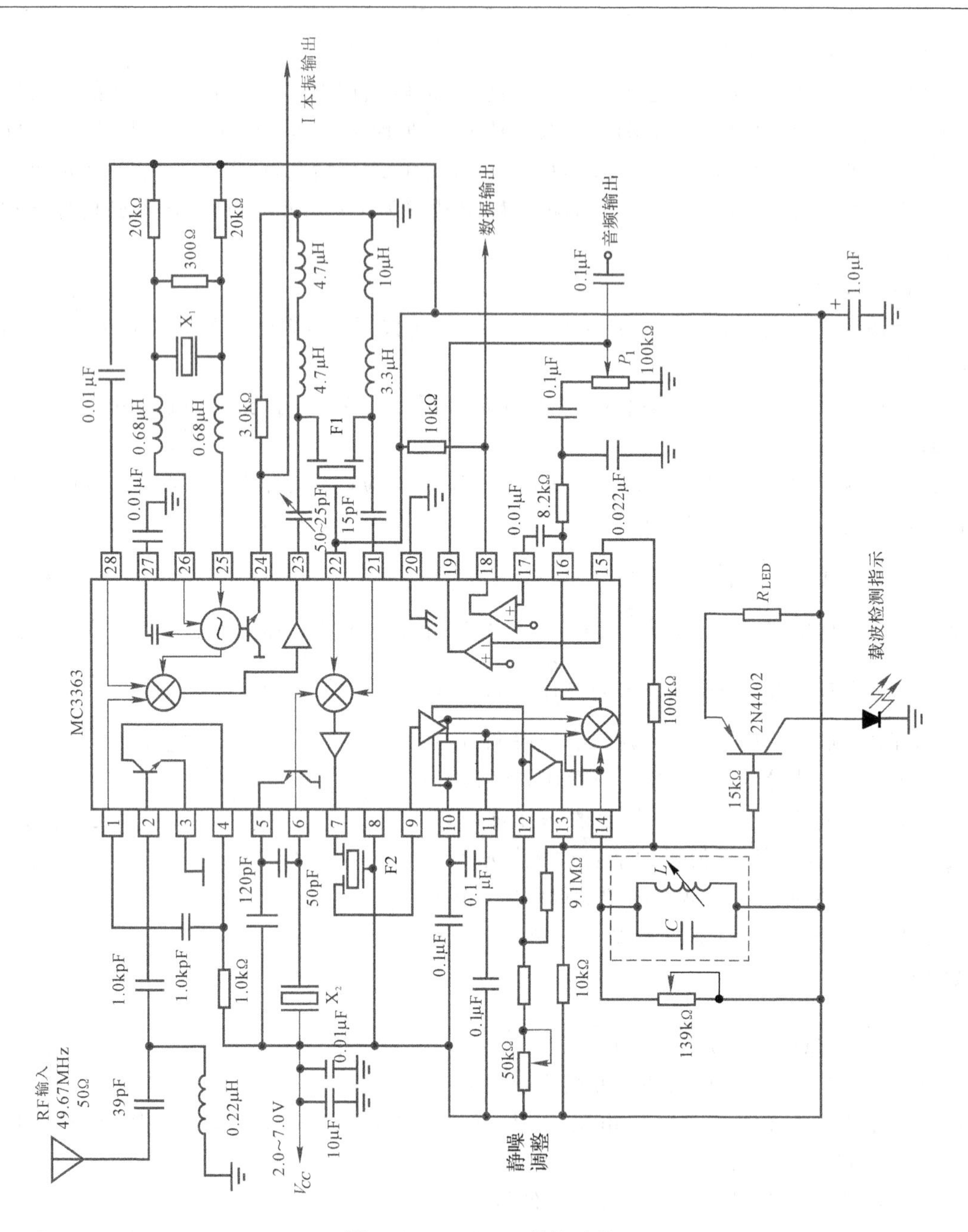

图 3-125 MC3363 外接元件

①本振电路设计

MC3363 的Ⅰ本振电压可由外面的频率合成器输入，也可由内部振荡器产生，而Ⅱ本振电压则由内部振荡器产生。由于本例只是点频通信，因此，Ⅰ本振用其内部振荡器，振荡频率由外接晶体 X_1 决定。Ⅰ本振晶体频率为 $f_{Lo_1}=f_{RF}-f_{IF_1}=49.67\text{MHz}-10.7\text{MHz}=38.97\text{MHz}$，Ⅱ本振晶体 X_2 频率为 $f_{Lo_2}=f_{IF_1}-f_{IF_2}=10.7\text{MHz}-0.455\text{MHz}=10.245\text{MHz}$。

②滤波器的选择

接收机的滤波器按其工作频率和功能划分，可分为两种：一是主要用于抑制各种外部干扰，如中频干扰、镜像干扰等。这些滤波器主要位于接收机前端，如天线、高放处，用 LC 回路构成。在 MC3363 高放的输入端就接一个这样的 LC 回路，如图 3-125 所示。其谐振频率是 49.67MHz。除选频外，该 LC 回路还将高频放大器的输入阻抗变换为天线阻抗，使两者匹配。由于工作频率较高，因此回路带宽较宽，为了满足选择性要求，一般采用损耗小高 Q 值的器件。在设计这些回路时要注意以下问题：

(a)电感线圈和电容器的质量要高　要求损耗小、温度系数小、分布参数小、数值稳定。电容器一般用陶瓷电容，线圈结构宜采用单层，并用多股线绕制。

(b)注意磁芯的选取　选用磁性材料的主要依据是：起始导磁率 μ_0 要高（μ_0 高则同样匝数电感量大，导线短则损耗小）；磁损耗要小，截止频率 f_c（磁损耗最大时的频率上限）要高；常用乘积 $\mu_0 Q$ 作为材料导磁率和损耗性能的判据（Q 为带磁芯元件的品质因素）。由于磁介质损耗的原因，起始导磁率和截止频率是矛盾的，当 μ_0 很高时，其工作频率必然较低，因此选磁芯时要注意。一般来说，对于 50MHz 的工作频段，可选用 μ_0 为 20 左右的镍锌铁氧体磁性材料。

(c)注意电路中其他元件对回路的影响　当回路接入电路后，由于前后级的影响，Q 值必然降低，谐振频率也会变化，并且电路中的分布参数会影响回路的稳定性。可以考虑采用适当的部分接入。

(d)注意回路的温度补偿　一般来说电感线圈都是正温度系数的，因此应采用负温度系数的陶瓷电容补偿，以保证在温度变化时回路谐振频率不变。

接收机的第二类滤波器主要用于提高邻道选择性（一般要求 60～70dB）。它是Ⅰ混频后的Ⅰ中频滤波器 F1 和Ⅱ混频后的Ⅱ中频滤波器 F2（见图 3-125）。它们常用矩形系数接近 1 的晶体滤波器和陶瓷滤波器。由于窄带调频通信的频道间隔只有 25kHz，额定频偏是 3kHz，因此这两个滤波器的综合效果应保证 3dB 带宽大于±8kHz（接收机调制接收带宽指标），而一70dB 带宽应小于±12.5kHz（接收机的邻道选择性指标）。在使用这些滤波器时应特别注意阻抗匹配。MC3363 的Ⅰ混频输出是跟随器，输出阻抗是 330Ω，适于与输入阻抗较低的滤波器匹配。因此Ⅰ混频输出滤波器 F1 宜采用输入阻抗为几百欧的 10.7MHz 的陶瓷滤波器，如图 3-125 所示。Ⅱ混频输出的阻抗较高，输出滤波器 F2 宜采用 455kHz 的陶瓷滤波器如图 3-125所示（输入、输出阻抗是$R_{in}=R_{out}=1.5\sim2.0\text{k}\Omega$）。

③鉴频电路

MC3363 中的鉴频器是正交型相位鉴频器，其原理如图 3-126 所示。乘法器和电容 $C_1=5\text{pF}$ 已集成在内部，用户只需设计移相网络的 R，L 和 C。设计的依据是，鉴频器中心频率 $f_{IF2}=455\text{kHz}$，鉴频器的带宽应大于接收机所收的调频信号的频偏值，详细的分析请见 3.5.5 附录。

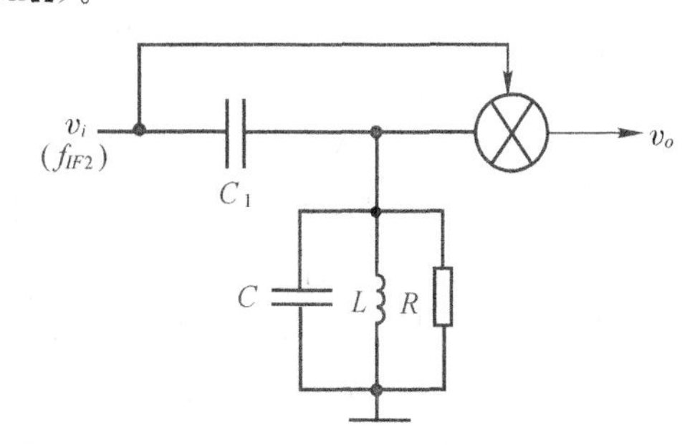

图 3-126　鉴频器原理

图 3-125 中脚 14 处的鉴频器移相网络电容 C 取 180pF，电阻 R 采用 139kΩ 的电位器可调，电感 L 采用 680μH 的可调电感。

④去加重电路

为提高接收机的信噪比，鉴频器后接一个去加重电路，与发射机中的预加重电路相呼应。

去加重电路是一个 RC 低通滤波器，若时间常数 RC 满足

$$RC>\frac{1}{2\pi F_{\min}}=\frac{1}{2\pi\times 300}\approx 0.5(\text{ms})$$

则可保证在话音频段 300～3000Hz 内频率特性为按 6dB/倍频程衰减，图 3-125 中 16 脚输出的 8.2kΩ 和 0.022μF 的 RC 网络构成去加重网络。

⑤静噪电路

调频接收机在无信号或信号很弱时，由于解调器的门限效应，使得输出噪声很大，因此调频接收机必须有静噪电路，使接收机在等待状态时处于无声。静噪方式有信号静噪和噪声静噪两种。MC3363 这两种方法均可使用。当用信号静噪时，将检测到的载波电平(13 脚)作为开关控制音频通路。因信号静噪比较简单，本例采用信号静噪，如图 3-125 所示。

⑥音频放大器

MC3363 的音频输出功率不满足本例设计要求，因此应添加一个音频放大器。音频放大器的设计原则是满足接收机的音频输出功率和谐波失真的指标，并要求频率在 300～3000Hz 范围内有平坦的频率响应。本例选用 LM386 作为音频放大器，如图 3-127所示。它的主要性能指标如下：

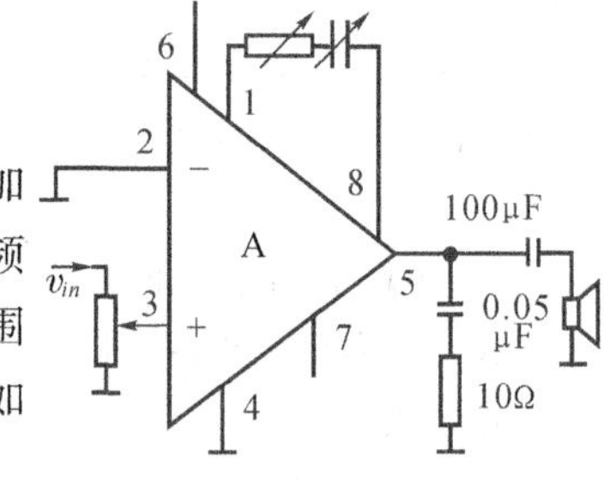

图 3-127 LM386 音频放大器

电源电压　　4～12V

电压增益　　26～46dB(改变 1～8 脚间的电阻电容值)

输出功率　　$P_{\max}=325\text{mV}$(当 $V_{CC}=6\text{V}$，$R_L=8\Omega$，THD＝10％时)

谐波失真　　TDH＝0.2％(当 $V_{CC}=6\text{V}$，$R_L=8\Omega$，$P_{out}=125\text{mW}$ 时)

带宽　　300kHz(当 $V_{CC}=6\text{V}$，1～8 脚之间开路)

输入阻抗　　50kΩ

⑦FSK 信号解调

MC3363 内部有一个数据成形比较器，用于检测接收到的 FSK 数据过零点。如图 3-125 所示，16 脚的解调输出通过 0.01μF 电容耦合到 17 脚，数据串从 18 脚输出。比较器的输出是集电极开路形式，因此 18 脚需接一个上接电阻 10kΩ 到电源 V_{CC}。

在用 MC3363 解调 FSK 信号时，特别需要注意限制数据的速率。根据调频波卡尔逊带宽公式，调频波的带宽为

$$BW_{CR}=2(\Delta f+F) \tag{3-31}$$

其中，F 是调制信号频率，Δf 是对载频的频偏值。窄带调频系统规定额定频偏为 3kHz，信道间隔为 25kHz，接收机的中频滤波器(455kHz 陶瓷滤波器)的 3dB 带宽≥±8kHz，衰减 70dB 的带宽＜±12kHz。为了很好地恢复 FSK 解调方波的前、后沿，接收滤波器的带宽必须至少包含方波信号的 7 次谐波，也即用频率为 F 的方波进行 FSK 调制时，调频波的带宽 $BW_{CR}=2(\Delta f+7F)$ 必须限制在接收机 455kHz 陶瓷滤波器的 3dB 带宽±8kHz 内，代入 $\Delta f=3\text{kHz}$，可求得 $F\leqslant 714\text{Hz}$。因此当窄带调频系统用于传输 FSK 调制信号时，一般将数据速率限制在 1500 波特(即频率为 750Hz 的方波)内，信噪比较好的推荐速率是 1200 波特(频率为 600Hz)。

(4)编码器 PT2262/解码器 PT2272 的外围元件

PT2262 将位于 $A_0 \sim A_5$ 和 $A_6/D_5 \sim A_{11}/D_0$ 的地址和数据转变为一个特定的波形，在脚 $\overline{TE}=0$ 时从脚 D_{out} 串行输出，其内部结构方框图如图 3-128 所示。

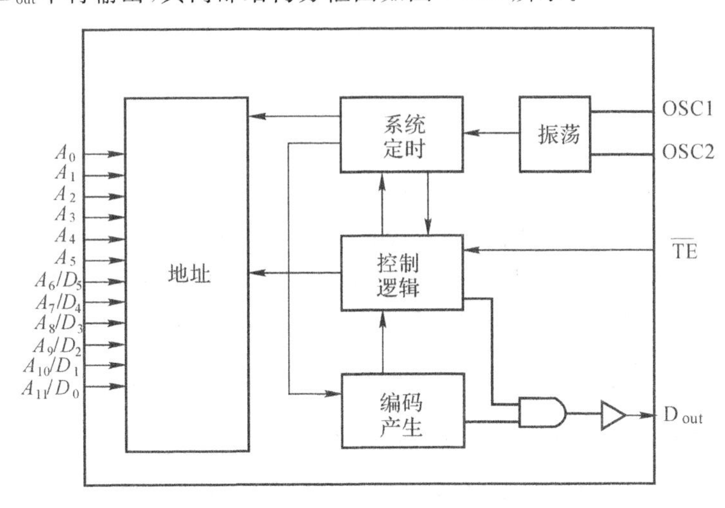

图 3-128 PT2262 内部结构

应用编码芯片时，要解决的问题是：①搞清楚它的输出波形；②时钟振荡器的频率应设置多大？③对载波的调制方式。PT2262 的输出波形可划分为两类：一是地址(或数据)，二是同步信号。地址有"1"、"0"、"f"三个状态(但数据只有"1""0"两个状态)，每个状态对应的波形称为位波形(bit 波形)。表示"0"，"1"，"f"的三种位波形如图 3-129 所示。

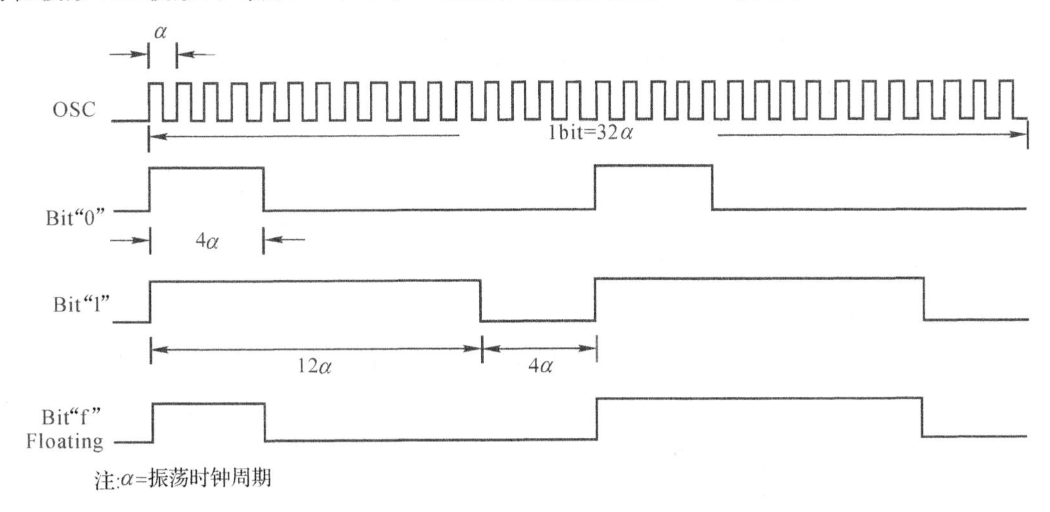

图 3-129 PT2262 的地址、数据位波形

这些"位波形"与编码器内部的时钟振荡器的时钟周期 α 的关系是 $1\text{bit}=32\alpha$。同步信号的波形如图 3-130 所示。一个同步信号波形的宽度是 128 个时钟周期，即是 4 个数据位波形的宽度。它是由 4α 宽的高电平加上 124α 宽的低电平组成。本例将这些输出的串行波形对 MC2833 进行 FSK 调制，然后进行发射(也可以用于红外线控制)。

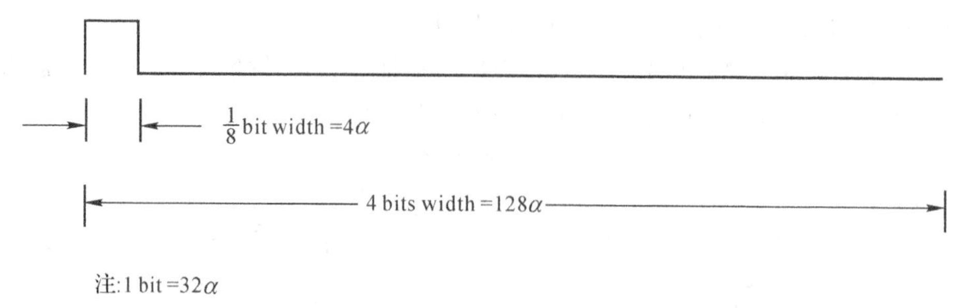

图 3-130 PT2262 同步信号波形

若以上面这样的位波形对载波进行 FSK 调制，为使已调波的频带限定在接收芯片 MC3363 的中频滤波器带宽(±8kHz)内，编码芯片 PT2262 的时钟振荡器的时钟频率应如何选择？由图 3-129 和图 3-130 可知，PT2262 输出波形符号(高电平或低电平)的最短持续时间为 4α，即最高符号率为$\frac{1}{4\alpha}$。以此最高符号率的数据，也即相当于以周期 $T=2\times 4\alpha$ 的周期方波对载波进行 FSK 调制时，根据前面已算出的 MC3363 限定最大数据速率为 714Hz 的限定条件，$T=8\alpha=\frac{1}{F}=\frac{1}{714}$，可求得 $\alpha\geqslant 0.175$ms。则 PT2262 的时钟频率 $F_{时钟}=\frac{1}{\alpha}\leqslant 5.7$kHz。PT2262 的时钟振荡器频率随外接电阻 R 的变化规律如图 3-131(a)所示。因此可选电阻 $R\approx 4.7$MΩ。

由器件手册知，解码芯片 PT2272 的时钟频率应是编码芯片的 2.5～8 倍，而 PT2272 时钟振荡器频率随外接元件变化见图 3-131(b)示。手册提供振荡器外接电阻参考值如表 3-12 所示，因此 PT2272 的时钟振荡器的外接电阻约为 $R=820$kΩ。

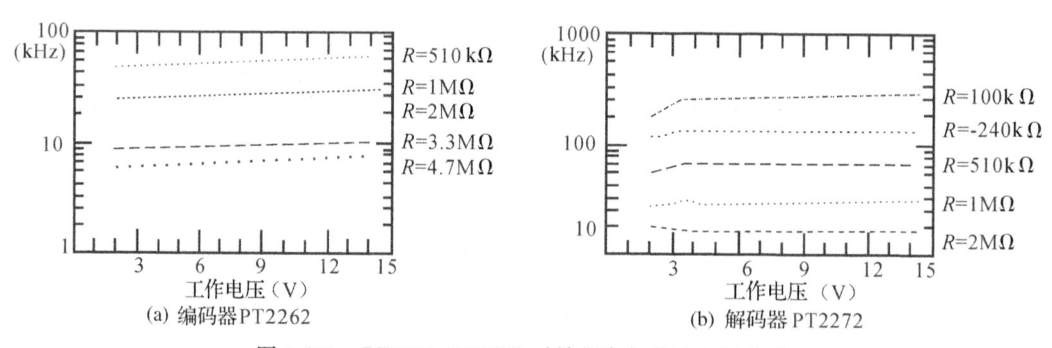

图 3-131 PT2262，PT2272 时钟频率与外接电阻关系

表 3-12 振荡器外接电阻参考值

PT2262	PT2272
4.7MΩ	820kΩ*
3.3MΩ	680kΩ*
1.2MΩ	200kΩ**

注：*—PT2272 的工作电压为 5～15V。

**—PT2272 的工作电压为 3～15V。

3.5.2 结构与工艺

为了成功地研制出严格符合技术要求指标的电子系统(特别是高频模拟系统、高速数字系统及小信号系统),只有一个好的纸面上的设计是不够的,高频模拟系统的设计应该包括三个方面:一是设计原理电路;二是设计能够达到指标的电路结构;三是设计合理的测试方案及确定合理的测试点。因此需要设计者从一开始就注意到诸如滤波、接地、屏蔽和布局、布线等的结构设计以及良好的工艺保证。归纳起来应注意以下问题:

(1)系统划分

本例是一个数模混合、收发混合、大小信号混合、高频低频混合的系统,必须注意结构设计问题。结构设计的第一步是要对系统进行划分,合理地布局。没有划分或划分不好的系统,各子系统零乱地分布在线路板上和机壳内,它们之间的接口不一定合理,与外界的接口可能散布在四周,外部的干扰和内部的辐射很容易造成不良影响,整机的性能指标是不会高的。系统划分的原则是根据干扰和被干扰的难易程度把系统划分为关键和非关键部分,如图 3-132 所示。关键部分包括有两类:一是包含大功率宽频谱辐射源的电路,如发射机的功放信号很强,数字电路的方波信号含有极丰富的谐波分量;二是对干扰敏感的电路,如接收机的高频小信号放大器,边沿触发器的输入以及压控振荡器 VCO 的误差电压和变容二极管等。非关键部分是指既不会产生干扰又不易受干扰的电路,如组合电路、线性电源等。关键电路应放在屏蔽盒内,所有进出屏蔽盒的连线都应经过滤波,高频电路最好采用穿心电容滤波,进出线的数量越少越好。而且,各部分的进出线信号最好是一些不易受干扰的信号。对干扰敏感的信号线最好包含在屏蔽盒内。

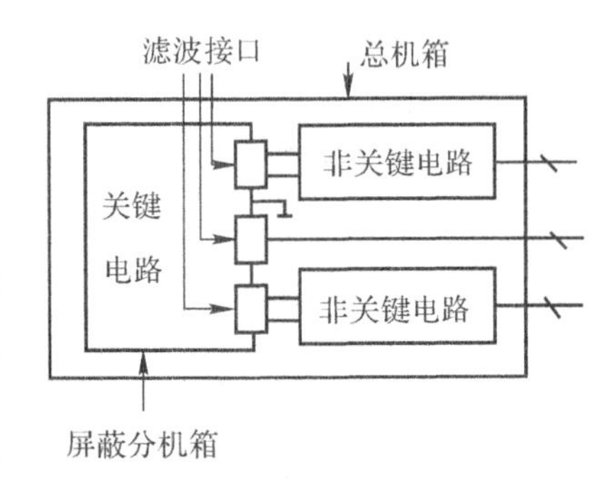

图 3-132　系统划分

作为一个例子,图 3-133 给出一个超高频频率合成器划分的两种方案。显然,图 3-133(b)的划分方式要比图(a)好。在图(a)中,将分频器输出的方波信号引出屏蔽盒,它是一个很强的干扰源,同时又将“误差电压”、“调谐电压”这些极敏感的模拟信号放在屏蔽盒外,并且没有用屏蔽线传输这些信号,这将使 VCO 的变容二极管调谐端很容易受干扰。在图(b)中对此均作了改进。数据处理器输出的虽然也是数字信号,但它只是在频率需要变化时才有变化,而绝大多数时间是固定的电平,几乎不产生干扰,因此不用屏蔽。

本节所设计的通信系统例题可以划分为发送、接收和数字三部分。由于收发各采用了一块单片集成电路,因此接收和发送的各级不可能再各自划分,但在布线上还应注意各级的相对集中和互相隔离。

(2)布局、布线与接地

高频电路绝对不能采用绕线方式或通用电路板的插线方式,必须采用两面敷铜的双面铜箔板制作印刷电路板(PCB)。

在进行印刷电路板设计时,正确地布局、布线以及地线的设计是至关重要的。在画印刷电路板时要首先规划一下:①不同功能模块电路在线路板上的位置;②敏感器件和转接插口的位

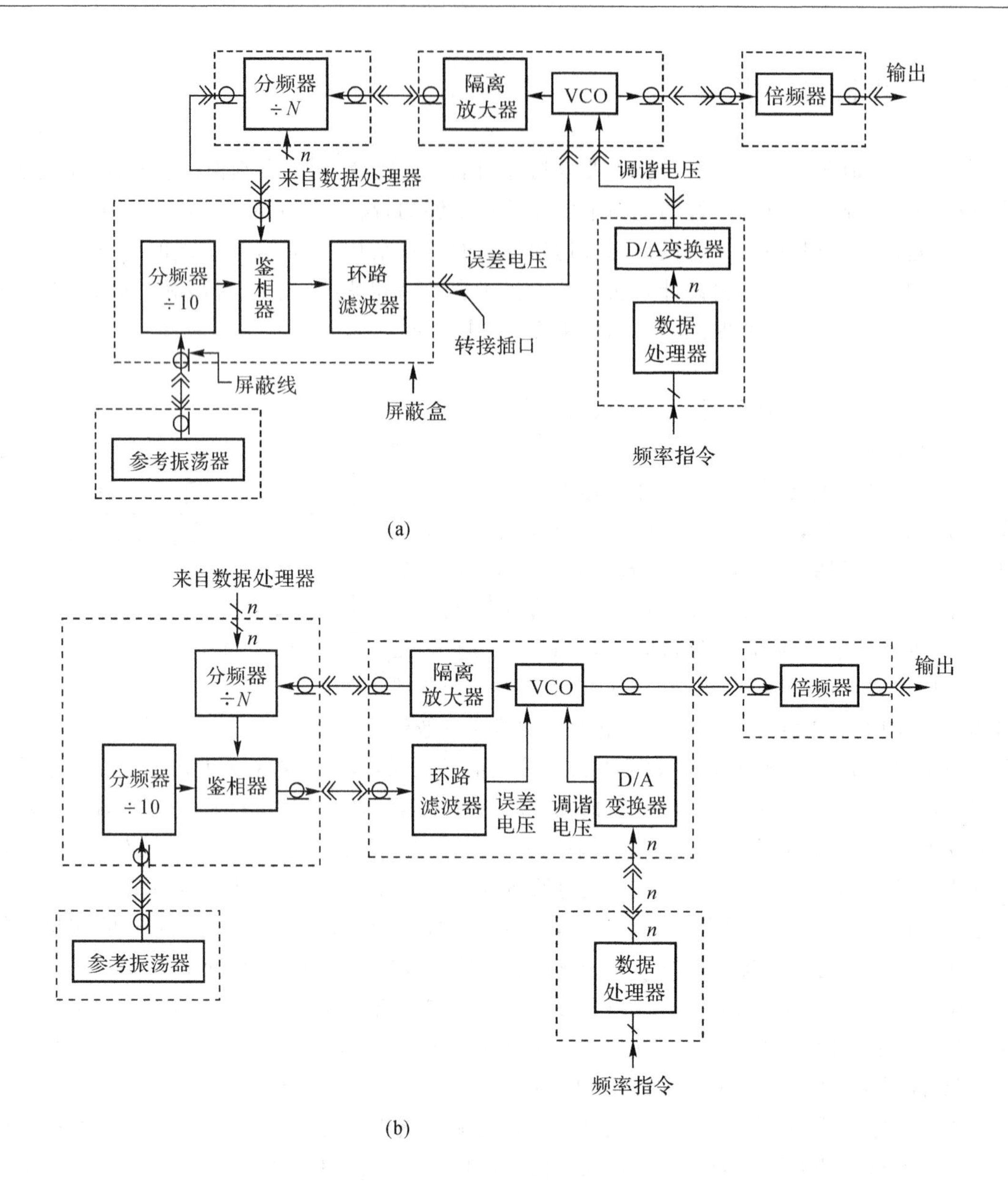

图 3-133　超高频频率合成器系统划分

置;③标明不同的地线,如模拟地和数字地;④哪些信号线必须靠近地线走;⑤电源线的位置。

其中有关地线的设计及安排最容易掉以轻心,故此特别加以说明。所谓地线是电流能够流回电源的一条低阻抗路径。设计地线的原则是构成电流环路的地电流在关键点处产生的干扰电压应足够小。可以把这个原则具体化为两点:一是没有公共阻抗,这就不会产生耦合;二是必须分析地电流的实际流动路径,使环流长度尽量短,地面积尽量大,地阻抗尽量小。例如,如图 3-134(a)所示,大电流 ΔI 从负载流回直流电源,如果它的流动路径是 $Z_3 \to Z_2 \to Z_1$,V_N 为地电流通过地阻抗产生的电压,则在 Z_2 上的这部分电压和信号 V_S 串联输入到放大器,当幅度和相位满足一定条件时就会引起振荡,这就是公共地阻抗耦合的例子。但如果将电源的接地点改一下，使负载电流通过 Z_4 流回电源，就避免了公共阻抗耦合的问题，如图 3-134(b)所示。或者将信号源 V_S 的接地点与放大器的接地点并在一起，也可以消除公共阻抗影响。

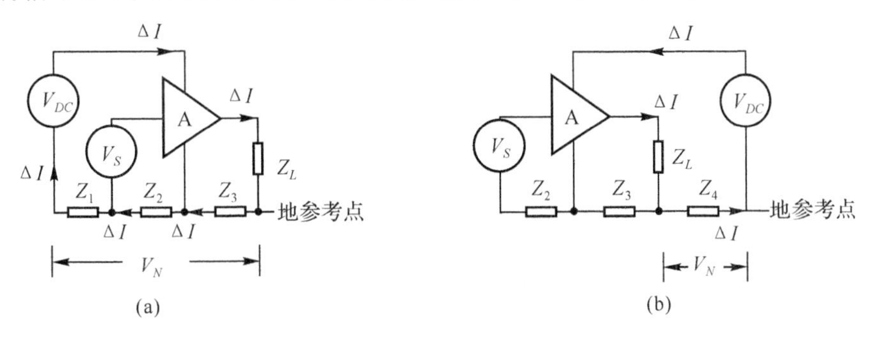

图 3-134　接地点的选择

按照地线设计的原则，可以采取以下措施：

①采用大面积地线，如网格形或地线面。双面铜箔的 PCB 板的底层作为“接地层”，顶层作为信号路径。顶层没有布信号线的区域也仍用铜箔填满作为地线，并用多个穿心孔连接到底层的地线面。

②数字地和模拟地分开。所有的模拟集成块的“地引脚”和它们的电源去耦滤波电容均连接到“模拟地”；所有的数字集成块的“地引脚”和它们的电源去耦滤波电容均连接到“数学地”；而模拟地、数字地和电源地采用星形连接，即只有一个公共点连接，这样不会造成公共的阻抗耦合，如图 3-135 所示。

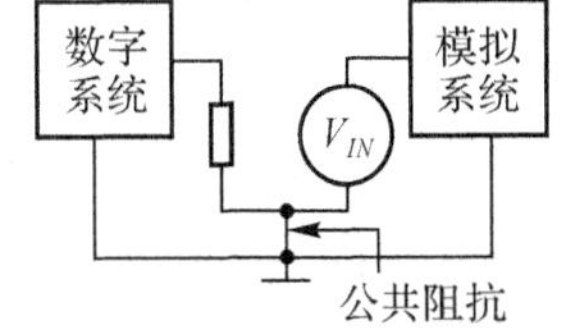

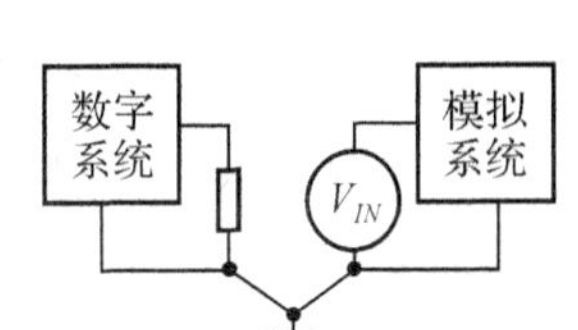

图 3-135　公共阻抗传导耦合

③高速信号线(如时钟方波信号)或敏感输入端信号尽量靠近地线，尽量短的环路使干扰和被干扰的程度尽量减小。

④频率高时，导线阻抗大(主要是感抗)，因此不能像低频那样把各级的地线拉得很长，然后将各级的地线汇总单点接总大地线。而是应该尽可能把每一级的输入、输出地直接相接后就近与低阻抗的总大地线相接，因此高频各级采用多点接地。

(3)电源滤波

由于电源的内阻不可能是零，电源滤波是减少各级之间相互影响的一个非常重要的措施。例如对接收机和发信机的振荡源而言，欲提高它们的信噪比、减少边带噪声，关键的一点就是要对电源进行良好的滤波。一般可按照以下几个原则进行：

①数字电路和模拟电路尽可能采用两个直流电源，因为数字电路中的快速跳变的瞬态过程会影响模拟电路。

②对于不同频率的电路如果采用同一个直流电源，在这些电路的电源馈入点都应有电源滤波。而且建议尽量采用 RC 滤波，少采用 LC 滤波。去耦滤波电容应分别采用一个大容量和一个小容量电容的并联，并且小电容为高频瓷片电容器，如图 3-136 所示。

③每个集成块的电源滤波电容尽量靠近其电源引脚，电容的接地端通过单独的穿心孔连接到接地层。

④直流电源线引入屏蔽盒时应使用穿心电容。

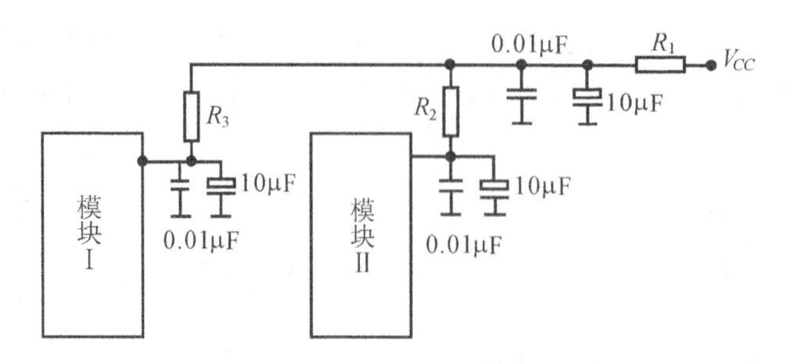

图 3-136 各模块的电源滤波电路

⑤电源线尽量不要靠近敏感的信号线，因为电源线中电流的频率成分很复杂，很容易引起寄生耦合。

(4)屏蔽

屏蔽是隔断电磁辐射干扰的有效办法。电场的干扰主要是通过电路中的寄生电容耦合。磁场主要存在于载流导体、射频线圈和变压器的周围，磁场干扰主要通过电路中的互感实现。可以将辐射源屏蔽，也可以把敏感电路部分屏蔽，比较考究的是将两部分均屏蔽起来。

在制作屏蔽盒时，关键是要决定所用材料和盒的厚度，这与场的性质(电场还是磁场)、场的频率以及屏蔽盒到辐射源的距离有关，可以通过有关资料查图表得到。静电屏蔽材料应选用非导磁性的高导电材料，如铝、黄铜、铜(镀银)和锌，而且屏蔽盒应接地良好。单纯的磁屏蔽只需要以高导磁率的铁磁元素为基础的材料，如铍莫合金。在频率低于 3kHz 时的磁屏蔽是比较困难的，因此一些低频或电源变压器应与敏感电路相隔距离远一些，依靠拉开距离来减弱干扰。

在做屏蔽盒时特别要注意信号通过屏蔽盒缝隙的泄漏。由于内外电路的连接、散热等原因都需要在屏蔽盒上开缝或打孔，这就造成不希望的辐射，因此要求进出线越少越好。并且将缝改为一排小孔，合理地放置盒内线圈的位置都可以减少辐射。

本例由于采用了单片专用集成电路，高频各级不易相互屏蔽，因此建议高频线圈采用磁环作磁芯，这样磁辐射要比管状线圈来得小。而电感量较大的鉴频线圈应采用外加屏蔽罩的中频变压器结构形式，除了用屏蔽盒外，各部分间的连接还应采用屏蔽线。注意屏蔽线有高、低频之分，合理地安排屏蔽线的走向及合适的接地点都是很重要的。

3.5.3 系统调试

在严格按照前面介绍的结构工艺安装好系统后，要进行系统调试。系统调试比较困难的是高频收发模块，比较容易出问题的有以下几个方面：

(1)MC2833 倍频输出波形不够好

图 3-137 的输出波形中包含有基波 f_0 信息。这是因为选频回路的 Q 值不够高，没有完全滤除基频之故。为提高回路有载 Q 值，回路可采用部分接入方式连接下一级晶体管。或者也可以采用如图

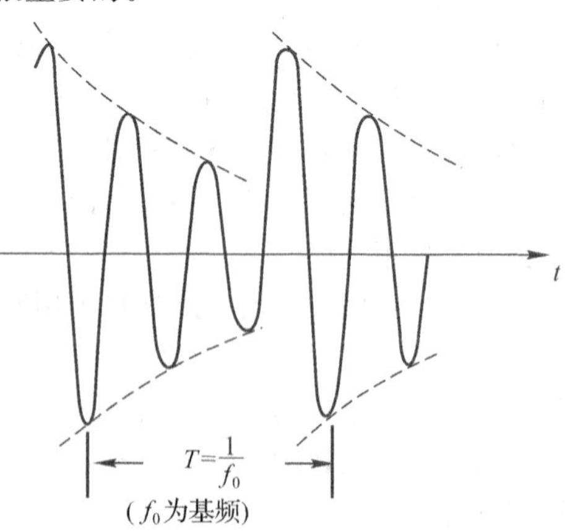

图 3-137 三倍频后的输出波形

3-138 所示的回路形式，将并联回路的一条支路改为谐振于基频 f_0 的 LC_1 串联形式，称该支路为基波陷波回路，而整个回路的 L, C_1, C_2, C_3 谐振于三次谐波 $3f_0$。图中 RFC 为高频扼流图。

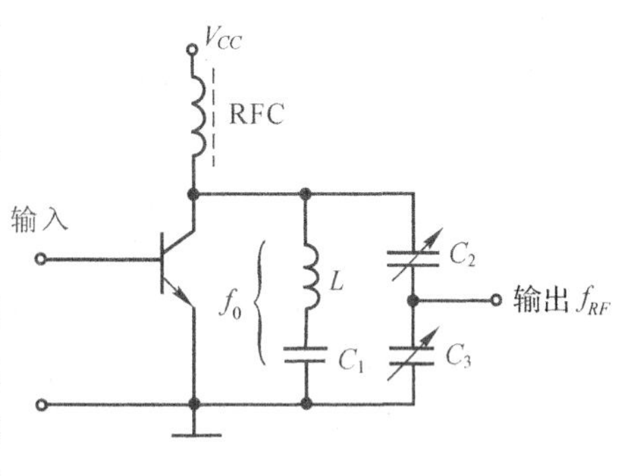

图 3-138　基频陷波电路

(2)接收机 MC3363 没有解调输出

首先检查 Ⅰ 本振（38.97MHz）和 Ⅱ 本振（10.245MHz)信号，只要电路元件正确，一般都会起振。由于发、收均采用晶体振荡器，频率是完全对准的，混频后的信号，两个中频滤波器都能顺利通过。如果没有解调输出，一般是正交鉴频器的移相网络的中心频率没有调准。可以微调一下它的线圈 L。刚开始调试接收机时，可让发射机尽量靠近接收机，等收到信号后，再慢慢拉开距离。

(3)收、发信机找不到配对晶体

发射芯片 MC2833 的输出为 $f_{RF}=3\times16.55667=49.67$MHz，由于接收机 Ⅰ 中频 $f_{IF_1}=10.7$MHz，因此接收机的 Ⅰ 本振应该是 $f_{\text{Ⅰ本振}}=46.97-10.7=38.97$MHz，或 $f_{\text{Ⅰ本振}}=49.67+10.7=60.37$MHz。但在实际制作中可能会碰到找不到配对晶体这样的麻烦问题。这时只能改选其他器件或改变电路形式。

若不用 MC3363，而选用调频广播接收芯片 TDA7010T，其工作频率为 1.5～110MHz，内部结构如图 3-139 所示。它包含了射频输入级、混频器、中频放大和限幅、正交鉴频和静噪电路等。它的最大特点是，其内部包含一个频率锁定环路(Frequency Locked Loop，FLL)，可以

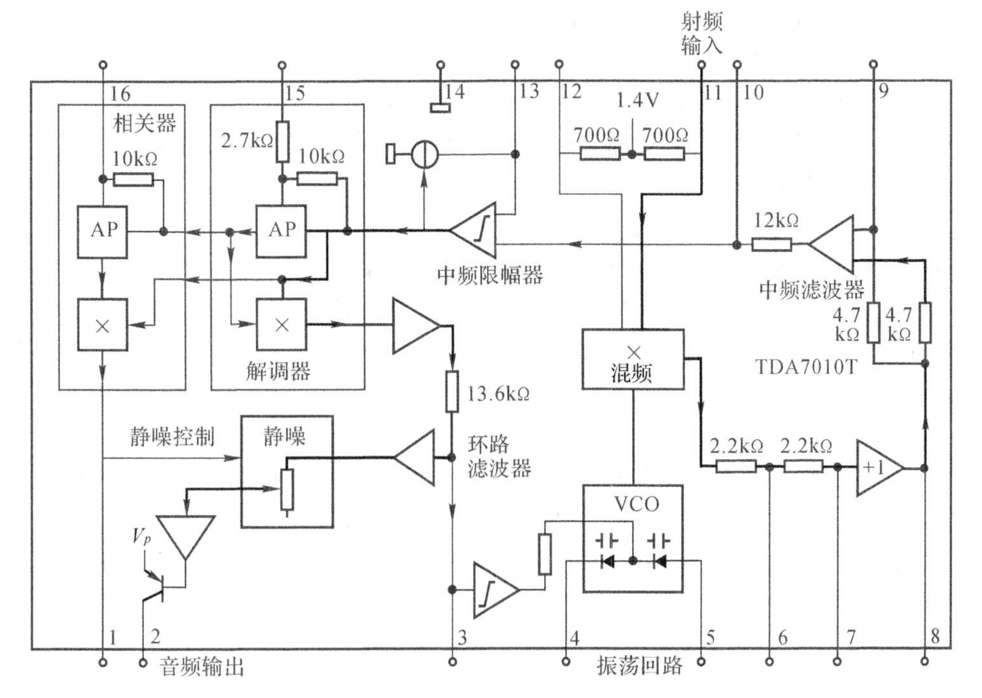

图 3-139　TDA7010T 调频广播接收芯片内部结构方框图

跟踪输入信号频率并锁定，这就免除了找不到配对晶体，收发频率无法一致的麻烦。TDA7010T 采用的是一次混频的超外差式接收方案，中频为 70kHz。TDA7010T 的另一个特点是不必外接中频滤波器，因其内部包含了一个有源滤波器。但将 TDA7010T 用于本例作接收机时需要注意的是收、发信机的带宽是否一致。

MC2833 是窄带调频发射芯片，额定频偏为 $\Delta f_H = 3\text{kHz}$，最大频偏只有 $\Delta f_{\max} = 5\text{kHz}$，而 TDA7010T 是为接收最大频偏为 $\Delta f_{\max} = 75\text{kHz}$ 的调频广播而设计的。如果直接用 TDA7010T 接收 MC2833 的信号，会因 TDA7010T 的中频带宽太大而使输出信噪比很差，甚至无法收听。解决方法有两条：一是调换发射芯片，使发射频偏扩大到与 TDA7010T 一致；二是调整 TDA7010T 的中频带宽，但由于 TDA7010T 采用内部有源滤波器作为中频滤波器，它仅有几个外接电容，要想改变其带宽是很困难的。再加上 TDA7010T 无法接听 FSK 信号，因此这个方案不可行。

若仍采用 MC3633 作为接收芯片。这时可将 Ⅰ 本振改为频率合成器形式，通过仔细调整频率合成器的输出频率，可以找到与发射机一致的设置点。但由于本例是一对一的点频通信，接收机采用频率合成器是很大的浪费。

解决无法找到配对晶体的最简单方法是，利用 MC3633 内部有一个 10～25pF 的变容二极管这一特点，按图 3-140 将 MC3633 的 Ⅰ 本振改为 LC 振荡器，同时给其内部的变容二极管加上适当的直流偏置电压。这时 Ⅰ 本振频率是由外接 LC 的数值及变容二极管共同决定，改变变容二极管偏置电压值，可对本振频率进行微调，以便正确接收信号。但是由于 MC2833 和 MC3363 是窄带调频，接收机的中频滤波器带宽很窄(±8kHz)，因此要求收、发的本振信号频率稳定度很高，约为 10^{-5}。由于上述 LC 振荡器的频率稳定度不高，因此该简单方案只适用于实验室暂时调试用，而不适合于作产品。

(4)通信距离不够远

造成通信距离不够远的原因是多方面的，是由系统方案、天线以及收发电路和工艺结构共同决定的。现在我们主要从硬件电路结构、接收机的灵敏度、发射机末级的输出功率及它与天线的连接等方面来考虑。

①检查硬件电路的结构和工艺

硬件电路特别是射频硬件电路仅有一个好的设计方案还只是纸上谈兵，必须严格地按照前面所述的结构和工艺要求进行布局、布线，特别是要注意地线、电源线、电源滤波、信号线等的布置和元件的放置，否则干扰、辐射、信号、寄生参数等交杂在一起，绝对不可能调试出一个稳定的高性能指标的整机。

②检查接收机的灵敏度

本例采用的接收芯片 MC3363 的灵敏度是 $0.3\mu\text{V}$(12dB 信纳比)。灵敏度的测量应在屏蔽室内采用阻抗为 50Ω 的信号源进行。当未达到此灵敏度时，在其余外接元件均正确调试好的前提下，可对第一级高频放大器(芯片设计增益为 20dB)适当进行调整，主要是它的工作点和与天线的匹配情况。

③检查天线工作状态

鞭状天线是典型的单极子天线，如图 3-141 所示，其高度 L 为 $\lambda/4$(λ 是波长)，L 一般可采用公式

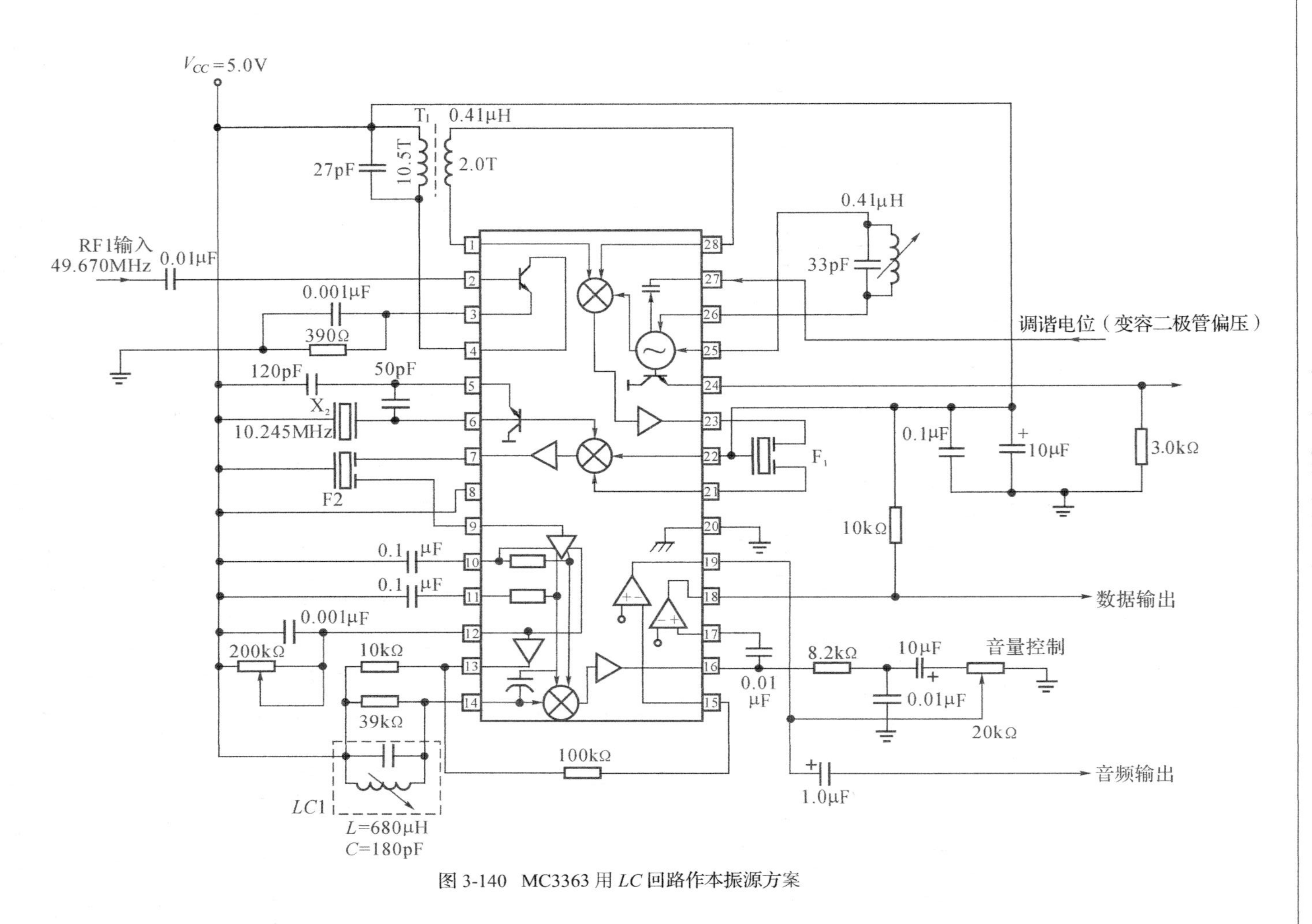

图 3-140　MC3363 用 LC 回路作本振源方案

$$L(\text{cm})=\frac{7125}{f(\text{MHz})} \tag{3-32}$$

或

$$L(\text{m})=\frac{234\times 0.3048}{f(\text{MHz})} \tag{3-33}$$

进行计算，其中 f 是工作频率。通过计算可知，50MHz 对应的 $\lambda/4$ 鞭状天线长度约 1.45m。天线相对于地面或机壳应垂直安置，且处于地面中央位置最佳，地面积直径大于 $\lambda/4$。$\lambda/4$ 单极子鞭状天线等效阻抗为 36Ω。当高度不够 $\lambda/4$ 时，天线等效为一个电阻与一个电容串联，且有效电阻值减小，这时应加载一个线圈来抵消其容抗。

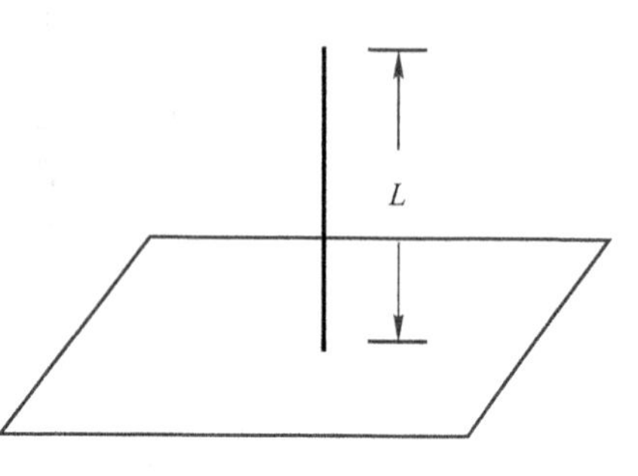

图 3-141　$\lambda/4$ 鞭状单极子天线

④发射机末级放大器调整

发射机末级和天线间的连接一般如图 3-142 所示。连接发射机和天线一般用同轴电缆作为传输线，这是因为同轴电缆有很好的屏蔽功能。对发射机末级而言，它的负载是同轴电缆，同轴电缆的阻抗一般为 50Ω。因此调试发射机末级也就是确保该放大器向 50Ω 负载输出其最大功率。

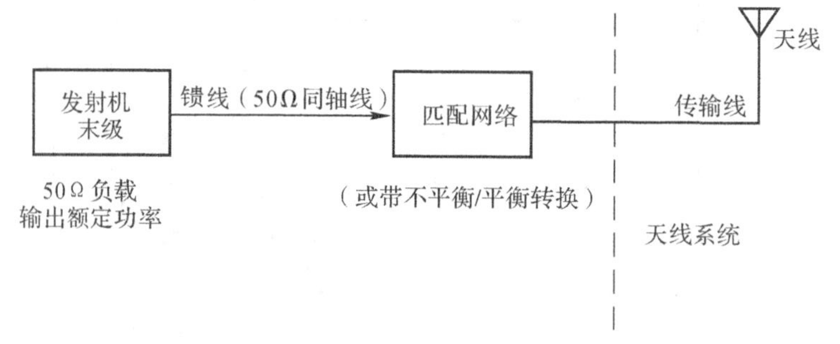

图 3-142　发射机末级和天线的连接方式

发射机末级放大器的典型电路如图 3-143 示，这时必须设计一个阻抗变换网络，保证将 50Ω 的负载变换为使晶体管放大器工作于输出最大功率的最佳负载 R_{opt}，其中

$$R_{opt}=\frac{(V_{CC}-V_{CEsat})^2}{P_o} \tag{3-34}$$

式中，V_{CC} 是电源电压；V_{CEsat} 是晶体管饱和电压；P_o 是放大器输出功率。图 3-123 中的 L_4、C_{13}、C_{14} 即为此阻抗变换网络，该阻抗变换网络的设计请见参考文献[17]。在调试时，最好采用一个 50Ω 的无感电阻作为发射机末级的假负载，用射频电流表观察负载电阻上的电流为最大，或者用示波器（或射频电压表）观察负载上的电压最大。

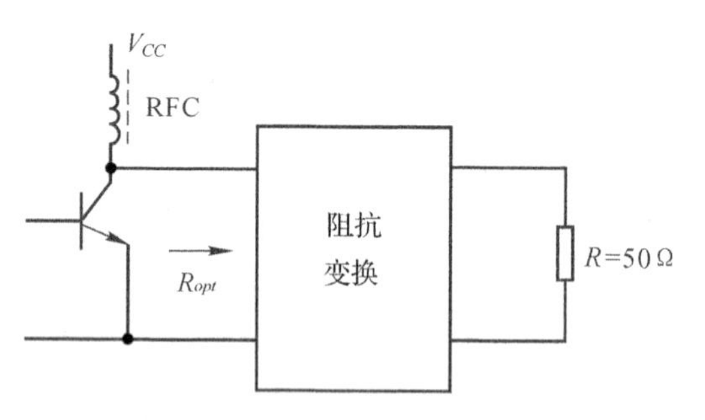

图 3-143　发射机末级电路结构

⑤50Ω 同轴电缆与天线的匹配

为保证同轴电缆上无反射波（驻波比最小），在同轴电缆的终端与天线入口间必须有一个匹配网络，如图 3-142 所示。若采用的是对称天线，此网络还必须完成不平衡（同轴线端）向平衡（天线端）的转换。匹配网络可以采用变压器、回路部分接入、L 网络等在高频课程中介绍过

的各种方法。

下面详细讨论同轴电缆与鞭状单极子天线间匹配网络的设计。

※ 加载线圈

当频率不是很高时，一般鞭状单极子天线的高度都不够 $\lambda/4$，天线等效为一个电阻 R_A 与一个电容 C_A 的串联，此时必须串接一个线圈 L_L，用其电感量来抵消由于高度不够引入的容抗，使天线成为纯电阻。此线圈可以串在天线的中间，也可以串接在底部，如图 3-144 所示。当加载线圈的位置向上移时，电感量需增大，因为此时天线的上半截（线圈以上部分）与地面（或机壳）间的电容变小，容抗增大。线圈向上移的好处是改善了天线上电流的分布，使天线辐射电阻增大，但缺点是电感量增大，线圈的损耗也必然增大。

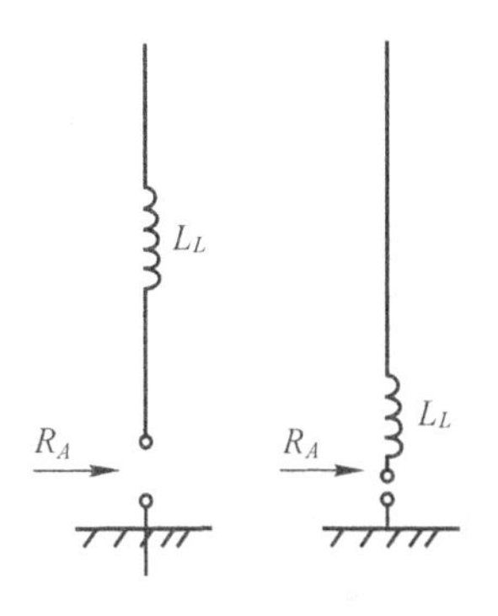

图 3-144　鞭状单极子天线加载线圈

※ 鞭状单极子天线与同轴电缆的匹配

鞭状单极子天线不需要平衡馈电，与同轴电缆间只需进行阻抗变换。最常用的阻抗变换网络是 L 网络。L 网络阻抗变换电路及原理如图 3-145 所示（详细分析请见参考文献[17]）。

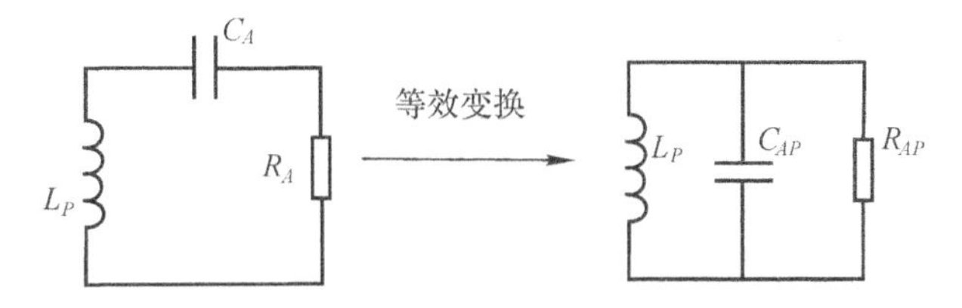

(a) 天线等效为 R_A 串联 C_A

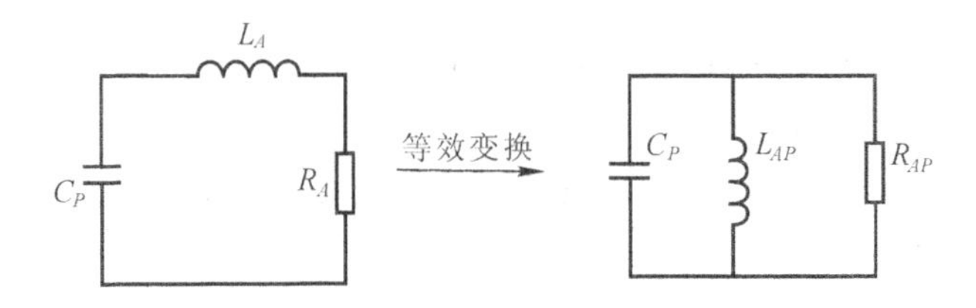

(b) 天线等效为 R_A 串联 L_A

图 3-145　L 网络阻抗变换原理

在图 3-145(a)中，R_A 和 C_A 等效为天线，L_P 与变换后的 C_{AP} 并联谐振，剩下电阻 R_{AP}，其中

$$R_{AP}=R_A(1+Q^2),Q=\frac{X_{C_A}}{R_A}=\frac{1/\omega C_A}{R_A} \tag{3-35}$$

在图 3-145(b)中，R_A 和 L_A 等效为天线，C_P 与变换后的 L_{AP} 并联谐振，剩下电阻 R_{AP}，其中

$$R_{AP}=R_A(1+Q^2),\qquad Q=\frac{X_{L_A}}{R_A}=\frac{\omega L_A}{R_A} \tag{3-36}$$

合理地选择这些元件数值，使谐振电阻 R_{AP} 与所需要的阻值(50Ω)相等。

该 L 网络落实到鞭状单极子天线具体的做法是，减小（或增大）加载线圈 L_L 的电感量，使天线的等效阻抗呈容性（或感性），再在天线底部并上匹配元件，如图 3-146 所示。在图 3-146(a)中，加载线圈 L_L 的电感量恰好抵消天线的固有容抗（因为高度不到 $\lambda/4$），使天线呈纯电阻

R_A，但它和接入的同轴电缆不一定匹配。在图 3-146(b)中，加载线圈L_L'的电感量小于图 3-146(a)中的 L_L，没有完全抵消天线的固有容抗，使天线呈容性，等效阻抗为 $Z_A=R_A+\frac{1}{j\omega C_A}$。此时并联一个匹配线圈 L_M，其形式类同于图 3-145(a)。调整L_L'和 L_M 的大小，可以实现天线等效阻抗 R_{AP} 和接入的同轴电缆匹配。在图 3-146(c)中，加载线圈L_L''的电感量大于图 146(a)中的 L_L，完全抵消天线的固有容抗后，还使天线呈感性，等效阻抗为 $Z_A=R_A+j\omega L_A$。此时并联一个匹配电容 C_M，其形式类同于图 3-145(b)。调整L_L''和 C_M 的大小，可以实现天线等效阻抗 R_{AP} 和接入的同轴电缆匹配。注意，在调试时，在同轴电缆线上应接驻波比测量仪，当驻波比最小时，即达到匹配。若条件不允许，无法测量到同轴线上的驻波比，调试中也可以用实际通信距离的远近来判断。

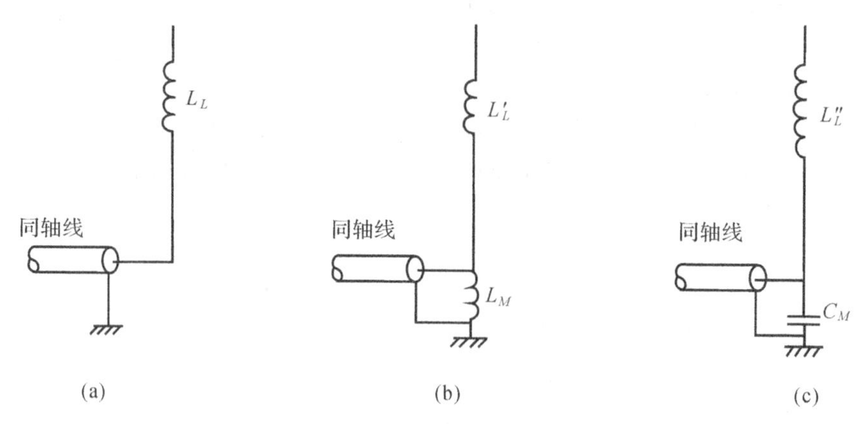

图 3-146　鞭状单极子天线与同轴电缆的匹配方法

为调试方便，也可以将图 3-146(b)简化为图 3-147 的形式，这时只要调整匹配线圈 L_M 的抽头即可。

以上讨论了实现本设计举例时可能碰到的几个问题，供读者参考。更详细的设计不再介绍。

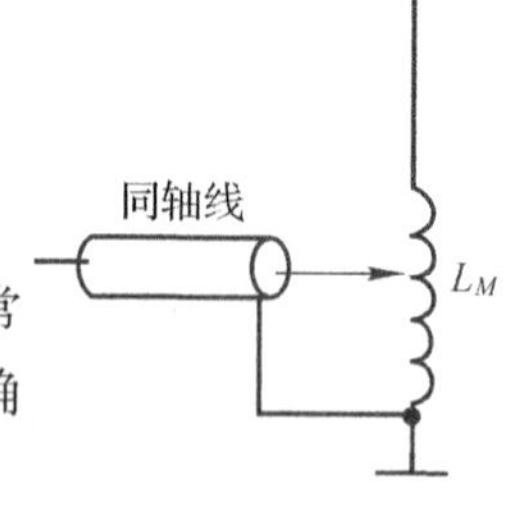

图 3-147　图 3-146(b)的简化形式

3.5.4　指标测量

完成一个电子系统的设计与实际制作后，测量各项指标是一项非常重要的工作，因为只有经过测量才能真正评价设计与产品的水平。正确地测量出一台整机的性能指标要求做到以下几点：

①明确各项指标的定义。

②设计出正确而又合理的测量方法，如果是正规产品，要根据国家规定的测量方法进行。

③选用符合精度要求的仪器。

④合适的测试环境与条件。

在设计系统时，明确各项技术指标要求的目的是为了选择合理的方案，正确地设计系统各部分的电路。在测量时同样应正确理解各项技术指标的定义，其目的是为了确定合理的测量方法。同时吃透测试标准规定的一些测量方法,从中又可以进一步理解每一项指标的含义,根据测试结果对电路设计进行改进。例如,类似本例的接收机的可用灵敏度的定义及测量方法就有三种:一是信噪比法;二是信纳比法;三是抑噪法。三种测量方法可以简单归纳如下:信噪比法是用受调制的射频信号和未受调制的射频信号分别加到接收机输入端,使两种情况下接收机的音频放大器输出电压之比达到20dB时的射频电平值即为可用灵敏度。信纳比法是将受调制的射频信号加到接收机的输入端,接收机音频输出送入失真度仪,测量出全部频率成分,即信号S、噪声N与失真D之和$(S+N+D)$及失真度仪抑制信号S后的输出$(N+D)$,使比值$(S+N+D)/(N+D)$达到12dB,此时的射频电平值即为可用灵敏度。抑噪法是用未调制的射频信号加到接收机上,当把接收机未加射频信号时的固有噪声抑制降低20dB时的射频电平值即为可用灵敏度。这三种方法分别从信噪比、失真、抑噪几个不同的角度来观察灵敏度。如果进一步分析为什么会失真?可能是:载频中心频率偏移;鉴频特性曲线非线性;低频放大器非线性失真太大。抑噪能力为什么不好?可能是高频通道增益不够,没有做到噪声限幅,或者是限幅器特性不好,等等。从而更理解了灵敏度这项指标与电路设计的关系。因此说测量方法、测量指标这一步是绝对不可忽视的。

关于通信机的测量,国家标准作了详细的规定,读者可以参阅有关资料,在此我们仅画出基本方框图(如图3-148所示)。

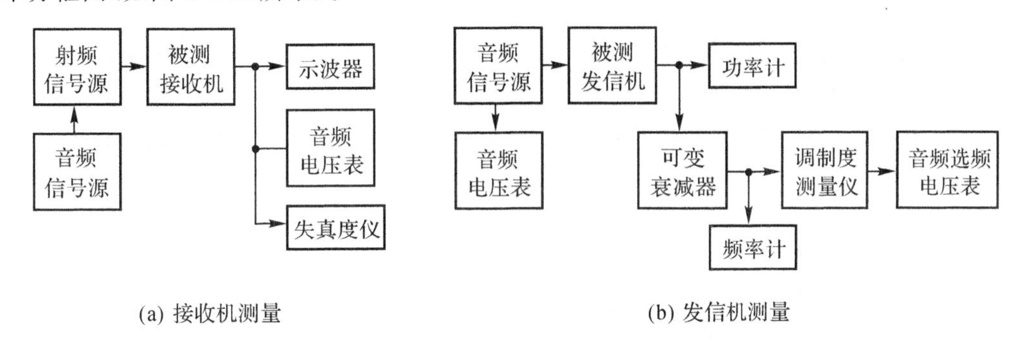

图3-148　发信机、接收机测量方框图

3.5.5　附　录

3.5.5.1　确定接收机最低输入功率电平 P_{min}

(1)第一种方法:根据理论公式和工作环境正向估算

接收机最低输入功率电平可表示为

$$P_{min}(\mathrm{dBW})=10\log KT_0B+NF(\mathrm{dB})+C/N(\mathrm{dB}) \tag{3-37}$$

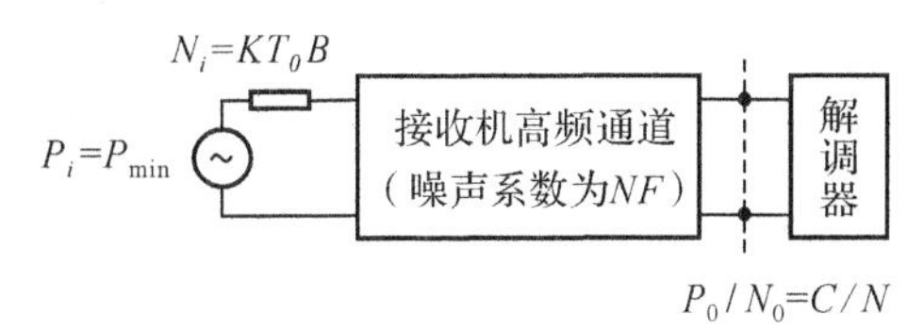

图3-149　最低输入功率电平电路示意

式中,K为波尔兹曼常数,$K=1.38\times10^{-23}$焦耳/度,KT_0B为接收机天线的热噪声;$T_0=290\mathrm{K}$;B为接收机的噪声带宽(中频带宽);NF为接收机的噪声系数(与工作频率有关);C/N是为了保证一定的话音质量,要求在解调器输入端必须有的载波功率与噪声功率之比。由图3-149和接收机噪声系数的定义可以理解式(3-37)，它表示输入信号功率 P_{min} 抵消了天线热噪声 KT_0B 和接收机内部噪声(由 NF 表示)后，在解调器输入端可达到 C/N 的载噪比，具有此载噪比的调频信号解调后即可得到所要求的话音质量的信噪比。在陆地移动通信中，话音质量与解调器输入端信号的载噪比的关系可见表 3-13。

表 3-13 话音质量与解调器输入信号关系

话音质量标准	干扰影响		信噪比 S/N	解调器输入端载噪比 C/N
5	几乎为 0			
4	显著	话音可懂但干扰随话音质量的下降而增加	25～30dB	13～15dB
3	讨厌		14～20dB	9～10dB
2	非常讨厌			
1	仅能勉强从噪声中辨别出话音			

但在式(3-37)中没有计及环境噪声的影响，现假设环境噪声功率为 KT_xB，则接收机输入端由天线输入的总等效噪声是

$$N_{总}(W)=KT_0B+KT_xB \tag{3-38}$$

式中，KT_0B 是天线电阻的热噪声功率，令 $T_a=T_0+T_x$，T_a 称天线的有效噪声温度。则有

$$N_{总}(W)=KT_aB \tag{3-39}$$

一般可由表格或曲线查得天线的有效噪声温度，见图 3-150。不同频段接收机的噪声系数可根据表 3-14 估算。

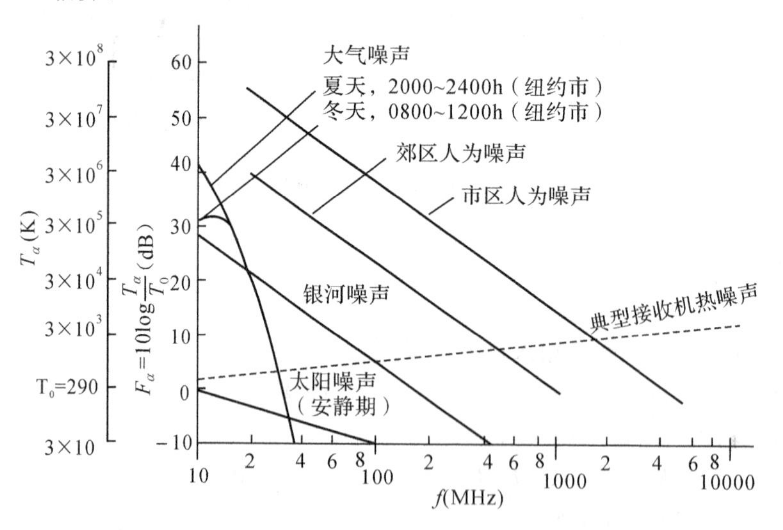

图 3-150 环境噪声

表 3-14 不同频段接收机噪声

频率(MHz)	40	75	150	450	900
NF(dB)	6	8	6～9	5～10	5～12

因此，为保证在解调器的输入端达到具有 C/N 值的载噪比，则接收机所需的最低输入功率电平为

$$P_{\min}(\text{dBW})=10\log KT_aB+NF(\text{dB})+C/N(\text{dB}) \tag{3-40}$$

例如，当 $f=50\text{MHz}$ 时，郊区人为噪声环境下，查图 3-150 可得天线的有效噪声温度是 $T_a=3\times10^5$，取 $B=16\text{kHz}$，$K=1.38\times10^{-23}\text{J/℃}$，$C/N=15\text{dB}$，$NF=7\text{dB}$，则 $P_{\min}=-117\text{dBW}$。若以 mW 为单位，则

$$P_{\min}(\text{dBm})=-117\text{dBW}+30=-87\text{dBm}$$

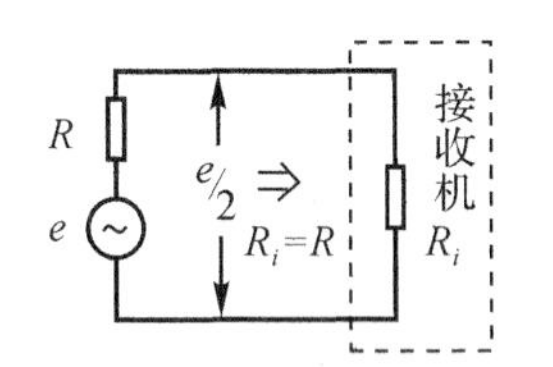

图 3-151 接收机与源匹配时的输入电压

在接收机的输入端匹配，且源阻抗 $R=50\Omega$ 的条件下，则此最低输入功率电平 $P_{\min}$ 对应的信号源的电动势 e（参见图 3-151）。

$$e=\sqrt{4RP_{\min}} \tag{3-41}$$

当 $P_{\min}=-117\text{dBW}$ 时，对应的 $e\approx20\mu\text{V}$。而接收机的输入电压为 $e/2$，也称接收机的灵敏度 $S_v=e/2$。

在保证了接收机解调器输入端有一定的输入载噪比的前提下，要进一步提高接收机灵敏度，就要尽量采用解调门限低的鉴频器和减少高频放大器的失真。

(2)第二种方法：第二种方法适用于已选定了接收芯片。

设已知选定的接收芯片的灵敏度为 S_v（对应的接收机输入功率为 P_r），那么接收机所需的最低功率电平

$$P_{\min}=P_r+d \tag{3-42}$$

式中：d 是由接收机所处地区的噪声引起接收机性能的恶化量。根据工作环境的噪声、移动电台的移动情况以及要求的话音质量，通过查图 3-152 可确定 d 的值。当接收机输入端与源匹配且输入阻抗为 R 时，灵敏度 S_v 对应的源电动势 $e=2S_v$（图 3-151），则对应的接收机输入功率

$$P_r=\frac{(2\times S_v)^2}{4R} \tag{3-43}$$

当 $R=50\Omega$ 且 S_v 以微伏（μV）为单位时，

$$P_r(\text{dBW})=20\log 2S_v-143 \tag{3-44}$$

$$P_{\min}(\text{dBW})=20\log 2S_v-143+d(\text{dB}) \tag{3-45}$$

例如，若接收机的灵敏度 $S_v=0.3\mu\text{V}$，工作频段为 50MHz，处于静止状态且高噪声区的环境中，由图 3-152 曲线 D 可知接收机性能的恶化量 d 约为 22dB。（近似值，因为图 3-152 适用于 $S_v=0.7\mu\text{V}$）则

$$P_{\min}=-4.4-143+22=-125.4(\text{dBW})=-95.4(\text{dBm})$$

因为选用了一块灵敏度为 $0.3\mu\text{V}$ 的专用接收机集成电路 MC3363，所以，本例采用第二种方法估算接收机最低输入功率电平。

3.5.5.2 确定发信机所需发射功率

发信机应发射的功率取决于传输路径损耗、收发信端各种附件（馈线、天线共用器、匹配程度）损耗、收发信机的天线增益以及接收机的最低功率电平，然后根据无线电路系统设计方程式所确定的系统余量 SM(dB)、系统增益 SG(dBW)、系统损耗 SL(dB)三者之间的定量关系

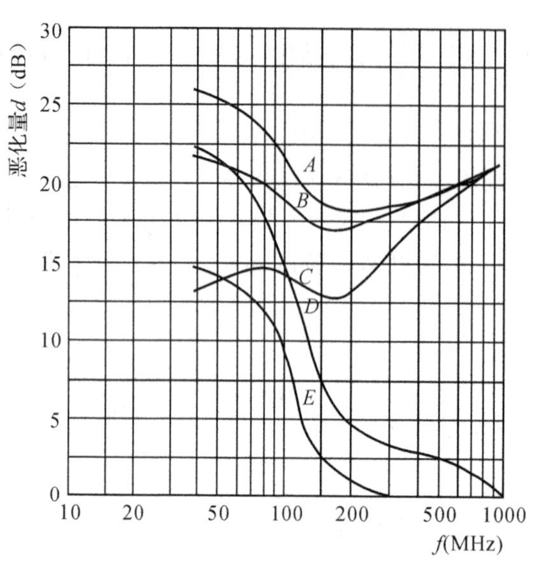

图 3-152 基站接收机的性能恶化量

(4 级话音质量，接收机灵敏度为 0.7μV(*e.m.f*)

式即可算出所需的发射功率 P_t：

系统余量方程式 $SM=SG-SL$ (3-46)

系统增益方程式 $SG=P_t+G_t+G_r-P_{\min}$ (3-47)

系统损耗方程式 $SL=L_M+K+L_t+L_r+L_e$ (3-48)

其中，P_t 为发信机输出功率，dBW；G_t 为发射天线增益，dBd(即相对于半波振子的天线增益)；G_r 为接收天线增益，dBd；$P_{\min}$ 为接收机所需最低功率电平，dBW；L_M 为中值路径损耗，dB；它可以根据工作频段、接收发射天线高度、传播距离等因素查图表得到，本例假设 $L_M=100$dB；K 为地形校正因子，dB，根据地形波动、工作频段也可查图表得到；L_t 为发射端附加损耗，dB；L_r 为接收端附加损耗，dB；L_c 为天线共用器损耗，dB。

由于本例是一对一的小系统，系统余量可设为 0，即 $SG=SL$，则有

$$P_t=SG-G_t-G_r+P_{\min}=SL-G_t-G_r+P_{\min} \quad (3\text{-}49)$$

为简单起见，本例设地形校正因子 $K=0$，设 $L_t=L_r=2$dB，由于本系统是单向传输，不需要天线共用器，因此 $L_c=0$。则系统损耗为

$$SL=100+2+2=104(\text{dB})$$

设接收和发信天线均是无方向性的，天线增益为 $G_t=G_r=2$dB，而由上面已知 $P_{\min}=-125.4$(dBW)，因此发信机所需发射功率为 $P_t=104-2-2+(-125.4)=-25.4(dBW)=+4.60$dBm，即 $P_t=2.9$mW。

3.5.5.3 鉴频器移相网络设计

根据图 3-126 可知，鉴频器的中心频率 $f_{IF2}=\dfrac{1}{2\pi\sqrt{L(C+C_1)}}$，移相网络的 Q 值为

$$Q_e=\frac{R}{2\pi f_{IF2}L}=2\pi f_{IF2}(C+C_1)R \quad (3\text{-}50)$$

移相网络的幅频特性：

$$A(\omega)=\frac{\omega C_1 R}{\sqrt{1+\xi^2}} \tag{3-51}$$

相频特性：

$$\varphi_A(\omega)=\frac{\pi}{2}-\arctan\xi \tag{3-52}$$

ξ 为相对失谐，$\xi=2\dfrac{Q_t}{f_{IF2}}\Delta f(t)$。

当 $|\arctan\xi|\leqslant\dfrac{\pi}{6}$，即 $|\xi|\leqslant 0.577$ 时，

$$\varphi_A(\omega)\approx\frac{\pi}{2}-\xi=\frac{\pi}{2}-2\frac{Q_e}{f_{IF2}}\Delta f(t)$$

鉴频输出与频偏 $\Delta f(t)$ 呈线性关系。由 $\xi=2\dfrac{Q_e}{f_{IF2}}\Delta f\leqslant 0.577$ 及额定频偏 $\Delta f_H=3\text{kHz}$，可得 $Q_e<44$。

已知 $C_1=5\text{pF}$，若取 $C=180\text{pF}$，则 $R=\dfrac{Q_e}{2\pi f_{IF2}(C+C_1)}<83\text{k}\Omega$，考虑到最大频偏为 5kHz，$R$ 还可以取得再小一点。而 $L=\dfrac{1}{(2\pi f_{IF2})^2(C+C_1)}\approx 660(\mu\text{H})$。

参考文献

[1] 何小艇. 电子系统设计[M]. 3 版. 杭州：浙江大学出版社，2004.

[2] 童诗白，徐振英. 现代电子学及应用[M]. 北京：高等教育出版社，1994.

[3] 张玉璞，李庆常. 电子技术课程设计[M]. 北京：北京理工大学出版社，1994.

[4] 王贵悦，王籍郇. 新编传感器实用手册[M]. 北京：水利电力出版社，1992.

[5] 童乃文，程勇. 数据采集与接口技术[M]. 杭州：浙江大学出版社，1995.

[6] [日]自动化技术编辑部. 传感器应用[M]. 张照华，肖盛怡译. 北京：中国计量出版社，1992.

[7] 谢嘉奎. 电子线路(线性部分)[M]. 4 版. 北京：高等教育出版社，1999.

[8] 谢嘉奎. 电子线路(非线性部分)[M]. 4 版. 北京：高等教育出版社，1999.

[9] 万心平，张厥盛. 集成锁相环路[M]. 北京：人民邮电出版社，1993.

[10] 张冠百. 锁相与频率合成技术[M]. 北京：电子工业出版社，1990.

[11] Vadim Manassewitch. 频率合成器——理论与设计[M]. 郑绳楦，杜文，李斌详译. 北京：机械工业出版社，1982.

[12] 卢尔瑞，孙儒石，丁怀元. 移动通信工程[M]. 北京：人民邮电出版社，1988.

[13] 周月臣. 移动通信工程设计[M]. 北京：人民邮电出版社，1996.

[14] 郇国扬，张厥盛. 移动通信——原理、系统、应用[M]. 北京：电子工业出版社，1995.

[15] 陈邦媛. 射频通信电路[M]. 北京：科学出版社，2006.

[16] 黄智伟.单片无线收发集成电路原理与应用[M].北京:人民邮电出版社,2006.
[17] 谢自美.电子线路设计·实验·测试[M].2版.武昌:华中科技大学出版社,2003.
[18] 胡树豪.实用射频技术[M].北京:电子工业出版社,2004.
[19] 陈秀宁.机械设计基础[M].杭州:浙江大学出版社,1999.
[20] 许大中等.电机的电子控制及其特性[M].北京:机械工业出版社,1988.

第 4 章

电力电子系统设计*

电力电子技术是将强电（电力）和弱电（电子）相结合的一门学科。电力电子电路的最大特点就是工作在开关模式，也就是说主电路中的元件是当作开关使用的，工作状态在开通和关断间切换。本章内容专为电子类专业学生了解电力电子系统特点而编写的，全章以较小的篇幅介绍电力电子器件、驱动与保护、各种电力电子基本电路，并通过实例介绍电力电子系统的设计过程。

4.1 概　述

在电气传动系统的主电路中应用了大量的电力电子电路（如整流、逆变、斩波、调压等电路），因此有必要学习电力电子技术。从学科的角度来讲，电力电子技术横跨“电力”、“电子”与“控制”三个领域，是一门交叉学科。从内容上讲，电力电子技术包括三个方面的内容：

①电力电子器件　主要研究电能变换与控制中应用的大功率半导体电子器件的工作机理、特性以及设计、制造的技术。电力电子器件品种繁多，随着现代科学技术的飞速发展，器件本身在不断更新换代。

②电力电子电路　主要分析、研究由电力电子器件组成的、用以实现电能变换与控制的各种基本电路的构成、工作原理、设计计算等。这些电路有可控整流电路、逆变电路、斩波电路、交流调压电路等。这部分内容是电力电子技术的基础理论。

③电力电子装置及系统　这是一些由能实现各类基本功能的电力电子电路组合而成的，加上微电子控制手段，借以实现某种电能变换与控制目的的工业应用装置或系统。比如晶闸管直流调速系统、交流电机变频调速系统、中频电源、不停电电源等。

4.2 电力电子器件

电力电子主电路中常用的电力电子器件有大功率二极管、晶闸管（SCR）、门极可关断晶闸

---

* 说明：为了与电力电子系统书籍一致，本章的电压符号为 $U(u)$，二极管符号为 VD，三极管及闸流管符号为 VT。

管(GTO)、大功率晶体管(GTR)、功率场效应晶体管(P-MOSFET)和绝缘栅双极型晶体管(IGBT)等。电力电子器件按开关器件开通、关断可控性的不同可分为:不可控器件(大功率二极管),半控器件(SCR),全控型器件(GTR,GTO,P-MOSFET,IGBT 等);按控制极驱动信号的类型可分为:电流控制型开关器件(SCR,GTR,GTO),电压控制型开关器件(P-MOSFET,IGBT 等)。

4.2.1 晶闸管(SCR)

晶闸管(Thyristor)是晶体闸流管的简称,也称为可控硅整流器(Silicon Controlled Rectifier,SCR)。晶闸管属半控型电力电子器件,其开通时刻可以控制,但它的关断却无法通过控制极来控制。晶闸管能承受的电压、电流在功率半导体器件中均为最高(可达 MV·A 数量级),价格便宜、工作可靠,尽管其开关频率较低(通常为 500Hz 以下),但在大功率、低频的电力电子装置中仍占主导地位。SCR 的最大电压、电流在 8000V,5000A 左右。

4.2.1.1 晶闸管的结构和工作原理

(1)晶闸管的结构

晶闸管是大功率半导体器件,从总体结构上看,可区分为管芯及散热器两大部分,分别如图 4-1 及图 4-2 所示。

管芯是晶闸管的本体部分,由半导体材料构成,具有三个可以与外电路连接的电极:阳极 A,阴极 K 和门极(或称控制极)G。散热器则是为了将管芯在工作时由损耗产生的热量带走而设置的冷却器。按照晶闸管管芯与散热器间的安装方式,晶闸管可分为螺栓型与平板型两种。冷却方式有自冷、风冷、水冷等几种。

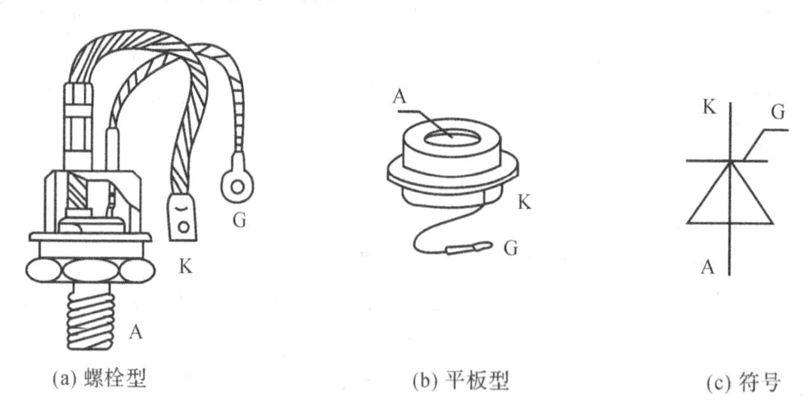

图 4-1 晶闸管管芯及电路符号表示

(2)晶闸管的工作原理

通过理论分析和实验验证表明:

①只有当晶闸管同时承受正向阳极电压和正向门极电压时,晶闸管才能导通,两者不可缺一。

②晶闸管一旦导通后门极将失去控制作用,门极电压对管子随后的导通或关断均将不起作用,故使晶闸管导通的门极电压不必是一个持续的直流电压,只要是一个具有一定宽度的正

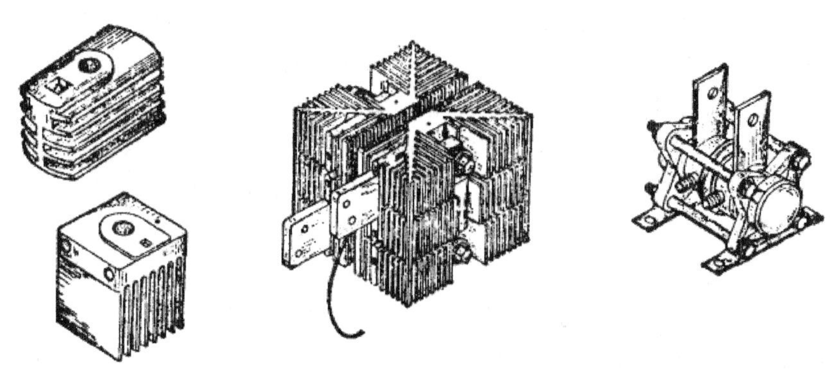

图 4-2　晶闸管的散热器

向电压脉冲即可，脉冲的宽度与晶闸管的开通特性及负载性质有关。这个脉冲常称之为触发脉冲。

③要使已导通的晶闸管关断，必须使阳极电流降低到某一数值之下(几十毫安)。这可以通过降低阳极电压至接近于零或施加反向阳极电压来实现。这个能保持晶闸管导通的最小电流称为维持电流，是晶闸管的一个重要参数。

4.2.1.2　晶闸管的特性与参数

(1)晶闸管的阳极伏安特性

晶闸管的阳极伏安特性表达了晶闸管阳极与阴极之间的电压 u_{ak} 与阳极电流 i_a 之间的关系曲线，如图 4-3 所示。

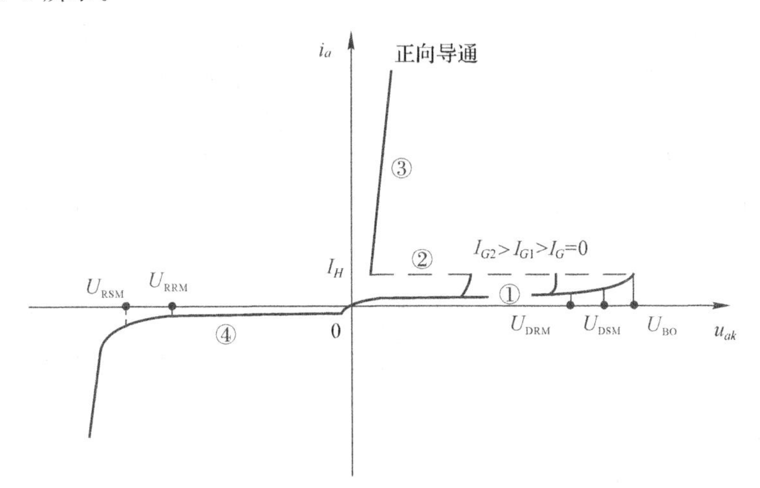

图 4-3　晶闸管阳极伏安特性

①正向阻断高阻区；②负阻区；③正向导通低阻区；④反向阻断高阻区

阳极伏安特性可以划分为两个区域：第Ⅰ象限为正向特性区，第Ⅲ象限为反向特性区。第Ⅰ象限的正向特性又可区分为正向阻断状态及正向导通状态。正向阻断状态随着不同的门极电流 I_G 大小呈现不同的分支。在 $I_G=0$ 的情况下，随着正向阳极电压 u_{ak} 的增加，J_2 结一直处于反压状态，晶闸管处于断态，在很大范围内只有很小的正向漏电流，特性曲线很靠近并与横轴平行。当 u_{ak} 增大到一个称之为正向转折电压的 U_{BO} 时，漏电流增大到一定数值，晶闸管就由阻断突然变成导通，反映在特性曲线上就从阻断状态的高阻区①（高电压、小电流），经过虚线所示的负阻区②（电流增大、电压减小），到达导通状态的低阻区③（低电压、大电流）。

正向导通状态下的特性与一般二极管的正向特性一样，此时晶闸管流过很大的阳极电流而管子本身只承受约1V左右的管压降。特性曲线靠近并几乎平行于纵轴。当 I_G 足够大时，晶闸管的正向转折电压很小，相当于整流二极管，一加上正向阳极电压管子就可导通。晶闸管的正常导通应采取这种门极触发方式。

(2)晶闸管的额定电压 U_R

图4-3中的 U_{DRM}，U_{RRM} 分别为断态重复峰值电压和反向重复峰值电压，正向加在晶闸管上的电压应小于 U_{DRM}，而反向加在晶闸管上的电压应小于 U_{RRM}。故取 U_{DRM} 和 U_{RRM} 中较小的一个，并整化至等于或小于该值的规定电压等级上。电压等级不是任意决定的，额定电压在1000V以下是每100V一个电压等级，1000～3000V则是每200V一个电压等级。

由于晶闸管工作中可能会遭受到一些意想不到的瞬时过电压，为了确保管子安全运行，在选用晶闸管时应使其额定电压 U_R 为正常工作电压峰值 U_{TM} 的2～3倍，以作安全余量。

$$U_R=(2\sim3)U_{TM} \tag{4-1}$$

(3)通态平均电流 $I_{T(AV)}$

在环境温度为+40℃、规定的冷却条件下，晶闸管元件在电阻性负载的单相、频率50Hz、正弦半波、导通角不小于170°的电路中，当结温稳定在额定值125℃时所允许的通态最大平均电流称为额定通态平均电流 $I_{T(AV)}$。将这个电流整化至规定的电流等级，则为该元件的额定电流。从以上定义可以看出，晶闸管是以电流的平均值而不是有效值作为它的电流定额，这与一般交流电器的电流定额规定有所不同，值得注意。但晶闸管的发热是由电流的有效值确定的，因此，选用晶闸管时应根据有效电流相等的原则来确定晶闸管的额定电流。由于晶闸管的过载能力小，为保证安全可靠工作，所选用晶闸管的额定电流 $I_{T(AV)}$ 应使其对应有效值电流为实际流过电流有效值 I_T 的1.5～2倍。按晶闸管额定电流的定义，一只额定电流为100A的晶闸管，其允许通过的电流有效值为157A。晶闸管额定电流 $I_{T(AV)}$ 的选择可按下式计算：

$$I_{T(AV)}=\frac{1.5\sim2}{1.57}I_T \tag{4-2}$$

晶闸管还有维持电流 I_H、擎住电流 I_L、断态电压临界上升率 du/dt、通态电流临界上升率 di/dt、门极控制的开通时间 t_{gt}、元件换向关断时间 t_q 等参数，相关内容可参考电力电子技术教材等。

(4)晶闸管的型号

普通型晶闸管型号可表示如下：

KP[电流等级]-[电压等级/100][通态平均电压组别]

如KP500-15型号的晶闸管表示其通态平均电流（额定电流）$I_{T(AV)}$ 为500A，正反向重复峰值电压（额定电压）U_R 为1500V，通态平均电压组别以英文字母标出，小容量的元件可不标。

4.2.1.3 门极可关断晶闸管(GTO)

门极可关断晶闸管(GTO)是一种具有自关断能力的闸流特性功率半导体器件，门极加上正向脉冲电流时就能导通，加上负脉冲电流时就能关断。由于不用换流回路，简化了变流装置主回路，提高了线路的可靠性，减少了关断所需能量，也提高了装置的工作频率。GTO的基本结构和阳极伏安特性与普通晶闸管相同，门极伏安特性则有较大的差异，它反映了门极可关断的特殊性。由于 GTO 可以用触发电路来开通、关断，故属于自关断器件。

4.2.2　大功率晶体管(GTR)

大功率晶体管(Giant Transistor，GTR)是一种具有两种极性载流子—空穴及电子均起导电作用的半导体器件，其结构与普通半导体三极管相同，称为双极型器件。它与晶闸管不同，具有线性放大特性，但在变流应用中却是工作在开关状态，以减小其功率损耗。它可以通过基极信号方便地进行通、断控制，是典型的自关断器件。GTR 的结构和工作原理与普通晶体管基本相同。GTR 最大的额定电压和电流在 1200V，800A 左右。

4.2.2.1　基本特性

大功率晶体管运行时常采用共射极接法，其开关电路及伏安特性曲线如图 4-4 所示。晶体管有放大、饱和、截止三个工作区，在电力电子电路中工作的大功率晶体管工作于开关状态，主要在截止区及饱和区切换，切换过程中快速通过放大区。

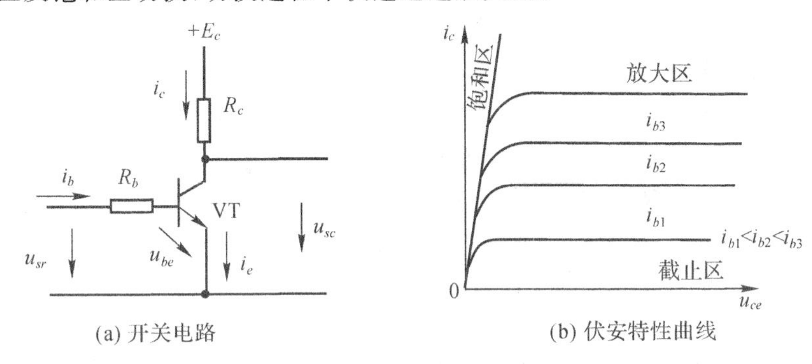

图 4-4　大功率晶体管

当在 GTR 基极施以驱动信号时，GTR 将工作在开关状态，如图 4-5 所示。在 t_0 时刻加入正向基极电流，GTR 经延迟和上升阶段后达到饱和区，故开通时间 t_{on} 为延迟时间 t_d 与上升时

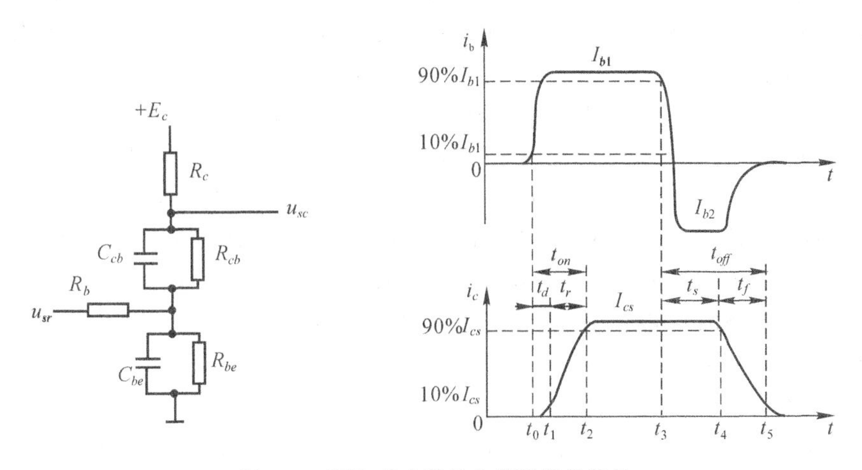

图 4-5　GTR 动态等效电路及开关特性

间 t_r 之和。当反向基极电流信号加到基极时，GTR 经存储和下降阶段才返回截止区，则关断时间 t_{off} 为存储时间 t_s 与下降时间 t_f 之和。

4.2.2.2 二次击穿现象

二次击穿是 GTR 突然损坏的主要原因之一，是影响其安全可靠使用的一个重要因素。二次击穿现象可以用图 4-6 来说明。当集电极电压 u_{ce} 增大到集射极间的击穿电压 u_{ceo} 时，集电极电流 i_c 将急剧增大，出现击穿现象，如图 4-6 的 AB 段所示。这是首次出现正常性质的雪崩现象，称为一次击穿，一般不会损坏 GTR 器件。一次击穿后如继续增大外加电压 u_{ce}，电流 i_c 将持续增长。当达到图示的 C 点时仍继续让 GTR 工作时，由于 u_{ce} 较高，将产生相当大的能量，使集电结局部过热。当过热持续时间超过一定程度时，u_{ce} 会急剧下降至某一低电压值，如果没有限流措施，则将进入低电压、大电流的负阻区 CD 段，电流增长直至元件烧毁。这种向低电压大电流状态的跃变称为二次击穿，C 点为二次击穿的临界点。所以二次击穿是在极短的时间内，能量在半导体处局部集中，形成热斑点，导致热电击穿的过程。

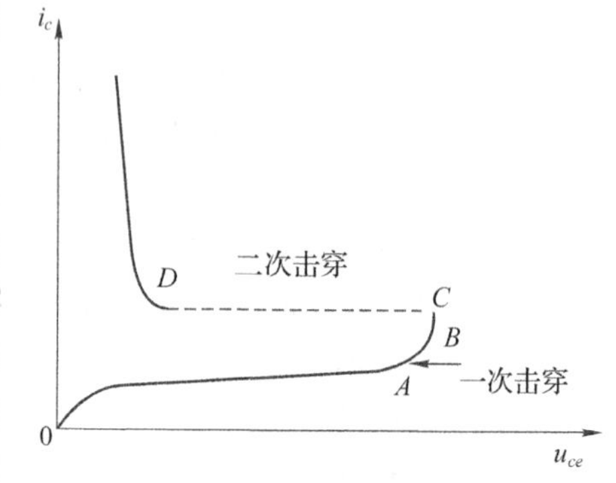

图 4-6 GTR 的二次击穿现象

为了防止发生二次击穿，重要的是保证 GTR 开关过程中瞬时功率不超过允许的功率容量 P_{CM}，这可通过规定 GTR 的安全工作区及采用缓冲(吸收)电路来实现。

4.2.3 功率场效应晶体管(P-MOSFET)

功率场效应晶体管(Power Metal Oxide Semiconductor Field Effect Transistor，PMOSFET)是一种单极型电压控制半导体元件，其特点是控制极(栅极)静态内阻极高($10^9\Omega$)，驱动功率很小，开关速度高，无二次击穿，安全工作区宽等。开关频率可高达 100kHz，特别适合高频化的电力电子装置，但由于 MOSFET 电流容量小，耐压低，一般只适用小功率的电力电子装置。P-MOSFET 的最大电压为 1000V，最大电流为 200A 左右。

4.2.3.1 结构

MOSFET 的类型很多，按导电沟道可分为 P 沟道和 N 沟道；根据栅极电压与导电沟道出现的关系可分为耗尽型和增强型。功率场效应晶体管一般为 N 沟道增强型。从结构上看，功率场效应晶体管与小功率的 MOS 管有比较大的差别。小功率 MOS 管的导电沟道平行于芯片表面，是横向导电器件。而 P-MOSFET 常采用垂直导电结构，这种结构可提高 MOSFET 器件的耐电压、耐电流的能力。图 4-7 给出了具有垂直导电双扩散 MOS 结构单元的结构图及电路符号。一个 MOSFET 器件实际上是由许多小单元并联组成。

4.2.3.2 工作特性

(1)漏极伏安特性

漏极伏安特性也称输出特性，如图 4-8 所示，可以分为三个区：可调电阻区Ⅰ，饱和区Ⅱ，击穿区Ⅲ。在Ⅰ区内，固定栅极电压 u_{GS}，漏源电压 u_{DS} 从零上升过程中，漏极电流 i_D 首先线性

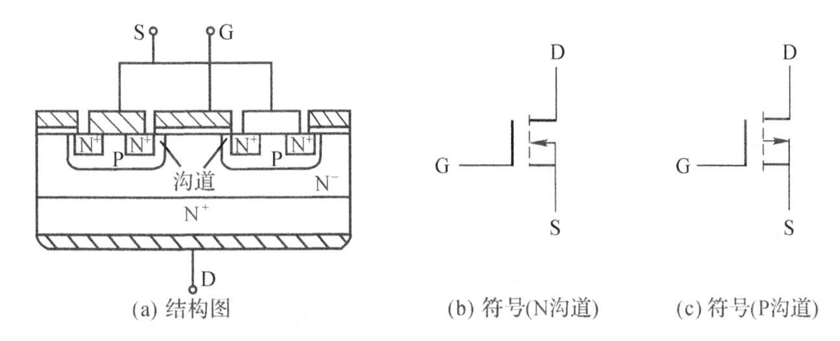

图 4-7　MOSFET 的结构图及电路符号

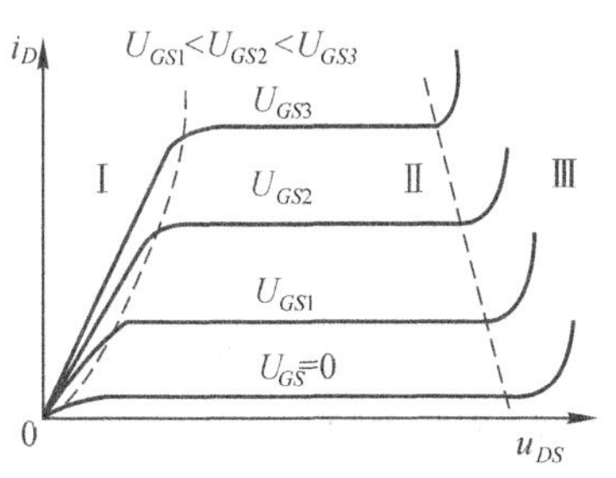

图 4-8　漏极伏安特性

增长，接近饱和区时，i_D 变化减缓，而后开始进入饱和。达到饱和区Ⅱ后，此后虽 u_{DS} 增大，但 i_D 维持恒定。从这个区域中的曲线可以看出，在同样的漏源电压 u_{DS} 下，u_{GS} 越高，漏极电流 i_D 也越大。当 u_{DS} 过大时，元件会出现击穿现象，进入击穿区Ⅲ。

(2)开关特性

P-MOSFET 是多数载流子器件，不存在少数载流子特有的存储效应，因此开关时间很短，典型值为 20ns，影响开关速度主要是器件极间电容。图 4-9 为元件极间电容的等效电路，从中可以求得器件输入电容为 $C_{in}=C_{GS}+C_{GD}$。正是 C_{in} 在开关过程中需要进行充、放电，影响了开关速度。同时也可看出，静态时虽栅极电流很小，驱动功率小，但动态时由于电容充放电电流有一定强度，故动态驱动仍需一定的栅极功率。开关频率越高，栅极驱动功率也越大。

P-MOSFET 的开关过程如图 4-10 所示，其中 u_P 为驱动电源信号，u_{GS} 为栅极电压，i_D 为漏极电流。P-MOSFET 的开通时间为 $t_{on}=t_{d(on)}+t_r$，其中 $t_{d(on)}$ 为开通延迟时间，t_r 为上升时间；关断时间为 $t_{off}=t_{d(off)}+t_f$，其中 $t_{d(off)}$ 为关断延迟时间，t_f 为下降时间。

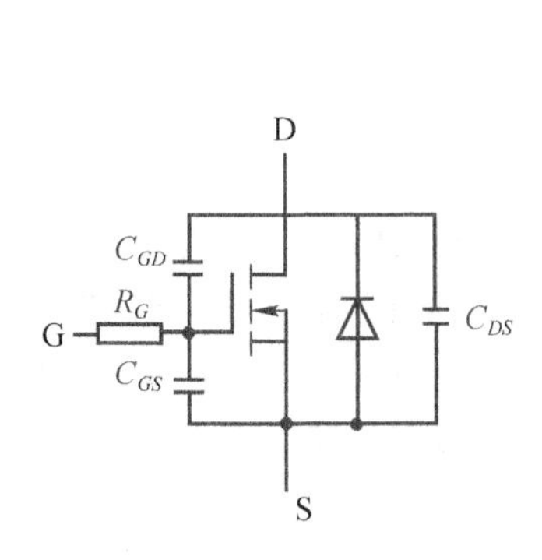

图 4-9　输入电容等效电路

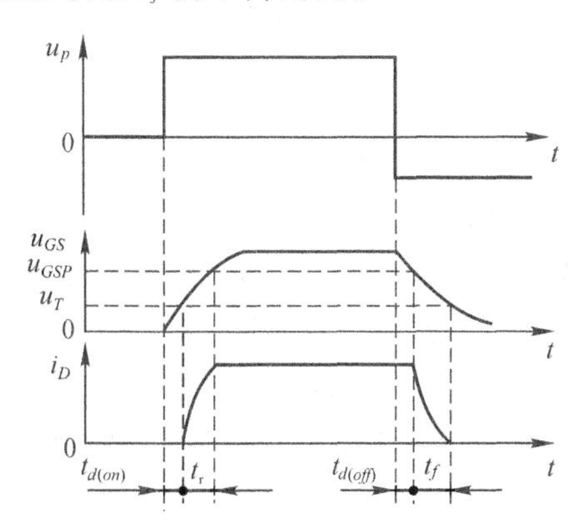

图 4-10　开关特性

4.2.4 绝缘栅双极型晶体管(IGBT)

由于 GTR 是电流控制型器件,对基极驱动功率要求高,常常会因驱动功率、关断时间、开关损耗等问题引起器件损坏以及二次击穿的特殊问题。此外由于受存储时间影响,因此开关速度也不高。P-MOSFET 为电压控制型器件,驱动功率小,开关速度快,但存在通态压降大、电流容量低的问题,难以制成高电压、大电流器件。20 世纪 80 年代出现了将它们导通机制相结合的第三代功率半导体器件——绝缘栅双极型晶体管(Insulated Gate Bipolar Transistor, IGBT)。这是一种双(导通)机制的复合器件,它的输入控制部分为 MOSFET,输出级为 GTR,同时具有 MOSFET 及 GTR 各自的优点:高输入阻抗,可采用逻辑电平直接驱动,实现电压控制;开关速度高;饱和压降低,电阻及损耗小,电流、电压容量大,抗浪涌电流能力强;没有二次击穿现象,安全工作区宽等。IGBT 的最大电压为 3300V,最大电流大约为 200A。

4.2.4.1 结构

IGBT 的基本结构如图 4-11(a)所示,与 P-MOSFET 结构十分相似,仔细观察可以发现其内部实际上包含了两个双极型晶体管 P^+NP 及 N^+PN,它们又组合成了一个等效的晶闸管。这个“寄生晶闸管”将在 IGBT 器件使用中引起一种“擎住效应”,会影响 IGBT 的安全使用。

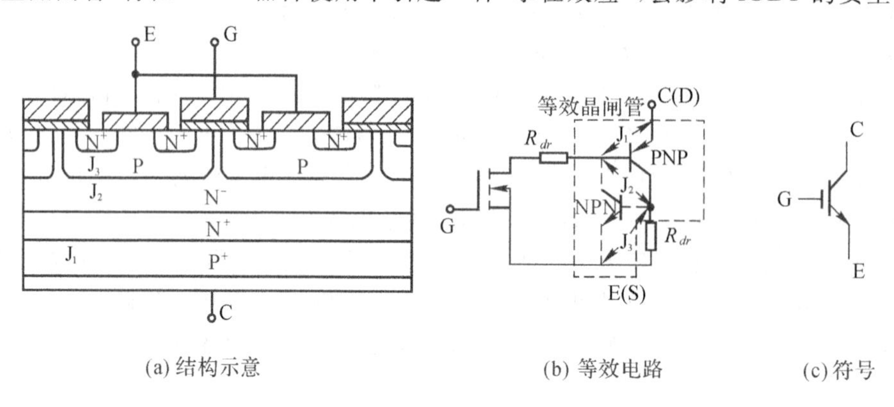

(a) 结构示意 (b) 等效电路 (c) 符号

图 4-11 IGBT 示意图

4.2.4.2 工作特性

(1)输出特性

IGBT 的输出特性如图 4-12 所示。输出特性表达了集电极电流 i_c 与集电极—发射极间电压 u_{ce} 之间的关系,分饱和区、放大区及击穿区,饱和导通时管压降比 P-MOSFET 低得多,一般为 2～5V。IGBT 输出特性的特点是集电极电流 i_c 由栅极电压 u_G 控制,u_G 越大 i_c 越大。在反向集射极电压作用下器件呈反向阻断特性,一般只流过微小的反向漏电流。

(2)开关特性

IGBT 的动态特性即开关特性,如图 4-13 所示,其开通过程主要由其 MOSFET 结构决定。当栅极电压 u_G 达到开启电压 $u_{G(th)}$ 后,集电极电流 i_c 迅速增长,其中栅极电压从负偏置值增大至开启电压所需时间 $t_{d(on)}$ 为开通延迟时间;集电极电流由 10% 额定增长至 90% 额定值所需时间为电流上升时间 t_r,故总的开通时间为 $t_{on}=t_{d(on)}+t_r$。

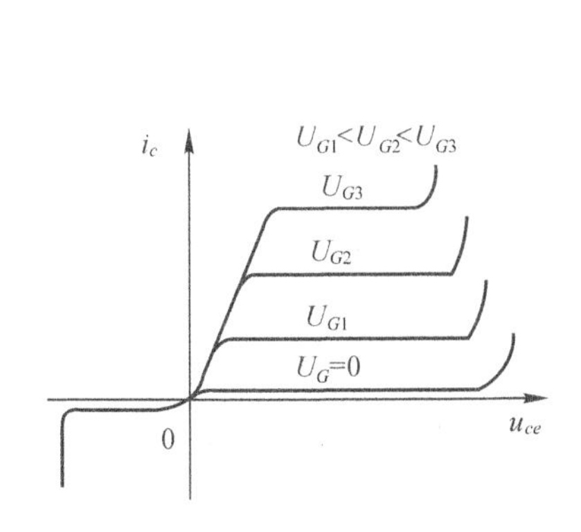

图 4-12　IGBT 的输出特性

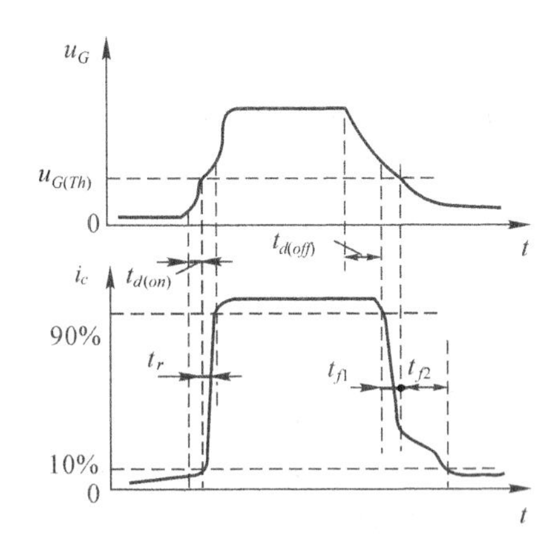

图 4-13　IGBT 的开关特性

IGBT 的关断过程较为复杂，其中 u_G 由正常 15V 降至开启电压 $u_{G(th)}$ 所需时间为关断延迟时间 $t_{d(off)}$，自此 i_c 开始衰减。集电极电流由 90%额定值下降至 10%额定所需时间为下降时间 $t_f=t_{f1}+t_{f2}$，其中 t_{f1} 对应器件中 MOSFET 部分的关断过程，t_{f2} 对应器件中 PNP 晶体管中存储电荷的消失过程。由于经 t_{f1} 时间后 MOSFET 结构已关断，IGBT 又未承受反压，器件内存储电荷难以被迅速消除，所以集电极电流需较长时间下降，形成电流拖尾现象。由于此时集射极电压 u_{ce} 已建立，电流的过长拖尾将形成较大功耗使结温升高。总的关断时间则为 $t_{off}=t_{d(off)}+t_f$。

IGBT 的开通时间 t_{on}、上升时间 t_r、关断时间 t_{off} 及下降时间 t_f 均随集电极电流和栅极电阻 R_G 的增加变大，其中 R_G 的影响最大，故可用 R_G 来控制集电极电流变化速率。

4.2.4.3　擎住效应

如前所述，在 IGBT 管内存在一个由两个晶体管构成的寄生晶闸管，同时 P 基区内存在一个体区电阻 R_{br}，等效地跨接在 N^+PN 晶体管的基极与发射极之间，P 基区的横向空穴电流会在其上产生压降，在 J_3 结上形成一个正向偏置电压。若 IGBT 的集电极电流 i_c 大到一定程度，这个 R_{br} 上的电压足以使 N^+PN 晶体管开通，经过连锁反应，可使寄生晶闸管导通，从而使 IGBT 栅极对器件失去控制，这就是所谓的擎住效应。它将使 IGBT 集电极电流增大，产生过高功耗导致器件损坏。

擎住现象有静态与动态之分。静态擎住指通态集电极电流大于某临界值 I_{CM} 后产生的擎住现象，对此规定有 IGBT 最大集电极电流 I_{CM} 的限制。动态擎住现象是指关断过程中产生的擎住现象。IGBT 关断时，MOSFET 结构部分关断速度很快，J_2 结的反压迅速建立，反压建立速度与 IGBT 所受重加 du_{ce}/dt 大小有关。du_{ce}/dt 越大，J_2 结反压建立越快，关断越迅速，但在 J_2 结上引起的位移电流 $C_{J2}du_{ce}/dt$ 也越大。此位移电流流过体区电阻 R_{br} 时可产生足以使 N^+PN 管导通的正向偏置电压，使寄生晶闸管开通，即发生动态擎住现象。由于动态擎住时所允许的集电极电流比静态擎住时小，故器件的 I_{CM} 应按动态擎住所允许的数值来决定。为了避免发生擎住现象，使用中应保证集电极电流不超过 I_{CM}，或者增大栅极电阻 R_G 以减缓 IGBT 的关断速度，减小重加 du_{ce}/dt 值。总之，使用中必须努力避免发生擎住效应，以确保器件的安全。

4.3 驱动与保护电路

4.3.1 晶闸管触发电路

4.3.1.1 基本要求

①触发信号可以是交流、直流或脉冲形式。由于晶闸管触发导通后，门极即失去控制作用，为减少门极损耗，一般触发信号常采用脉冲形式。

②触发脉冲信号应有一定的功率和宽度。

③为使并联晶闸管元件能同时导通，触发电路应能产生强触发脉冲。

④触发脉冲应与电源同步，并保证触发脉冲能在相应范围内进行移相。

⑤具有隔离输出方式及抗干扰能力，通常采用脉冲变压器实现隔离。

4.3.1.2 触发电路

晶闸管装置常采用锯齿波同步触发电路。该电路由同步检测和锯齿波形成环节、同步移相控制环节、脉冲形成与放大环节、强触发环节及双窄脉冲形成环节等组成，目前多采用集成触发器，故此不再详细讨论。

晶闸管集成触发器具有体积小、功耗低、性能可靠、使用方便等优点。国内常用的有 KC(或 KJ)系列单片移相触发电路。KC04 集成触发器电路的基本结构、工作原理与分立元件构成的锯齿波同步移相触发电路相似。KC04 的移相范围约为 150°，每个触发单元可输出 2 个相位差为 180°的触发脉冲。触发器是正极性型，控制电压增大可使晶闸管的导通角增大。

在 KC 系列触发器中有六路双脉冲形成器 KC41，脉冲列调制形成器 KC42 等组件。KC41 是三相全控桥式触发电路中必备的组件，而使用 KC42 可产生脉冲列触发信号，达到提高脉冲前沿陡度，减小脉冲变压器的体积的目的。有关 KC 系列触发器详细内容可参阅有关产品使用说明书。

为提高触发脉冲的对称度，对较大型的晶闸管变流装置采用了数字式触发电路。数字式触发电路能提高触发脉冲的对称度。可采用单片机等来构成直接数字控制系统，使脉冲对称度更高，如 8 位单片机构成的数字触发器的精度可达 0.7°～1.5°。

4.3.2 全控型器件驱动电路

4.3.2.1 GTR 驱动电路

(1)基本要求

GTR 属电流驱动型自关断器件。图 4-14 所示的是理想的 GTR 基极驱动电流波形。要求正向基极驱动电流的前沿要陡，即上升率 $\mathrm{d}i_b/\mathrm{d}t$ 要高，目的是缩短开通时间。初始基极电流幅值 $I_{bm}>I_{b1}$，以便使 GTR 能迅速饱和，减少开通时间，使上升时间 t_r 下降，降低开关损耗。当 GTR 导通后，基极电流应及时减少到 I_{b1}，恰好维持 GTR 处于准饱和状态，使基区和集电区间的存储电荷较少，从而使 GTR 在关断时，存储时间 t_s 缩短，开关安全区扩大。在关断时，GTR 应加足够大的负基极电流 I_{b2}，使基区存储电荷尽快释放，从而使存储时间 t_s 和下降时间 t_f 缩短，减少关断损耗。在上述理想的基极电流作用下，可使 GTR 快速可靠开通、关断，开关损耗下降，防止二次击穿并可扩大安全工作区。在 GTR 正向阻断期间，可在基极和发射极间加一定的负偏压，以提高 GTR 的阻断能力。

当 GTR 导通后，基极驱动电路应能提供足够大的基极电流使 GTR 处于饱和或准饱和状态，以便降低通态损耗保证 GTR 的安全。而基极电流过大会使 GTR 的饱和度加深，饱和压降小，导通损耗也小。但深度饱和对 GTR 的关断特性不利，使存储时间加长，限制了 GTR 的开关频率。因此在开关频率较高的场合，不希望 GTR 处于深度饱和状态，而要求 GTR 处于准饱和状态。

(2)抗饱和电路

抗饱和电路即为一种不使 GTR 进入深度饱和状态下工作的电路，图 4-15 所示的贝克钳位电路即为一种抗饱和电路。利用此电路再配以固定的反向基极电流或固定的基极发射极反向偏压，即可获得较为满意的驱动效果。当 GTR 导通时，只要钳位二极管 VD_1 处于正偏状态，就有下述关系

$$U_{be}+U_{D2}+U_{D3}=U_{ce}+U_{D1}$$

从而有

$$U_{ce}+U_{be}+U_{D2}=U_{D3}-U_{D1} \tag{4-3}$$

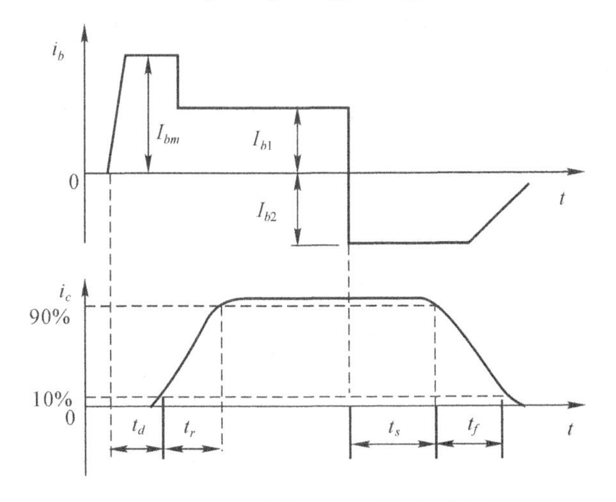

图 4-14　理想的 GTR 基极驱动电流波形

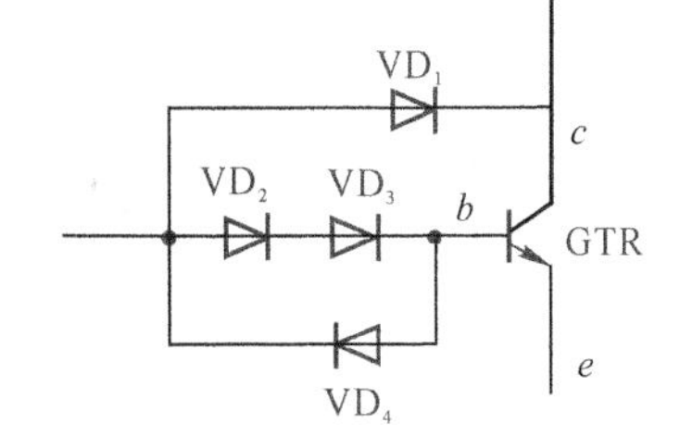

图 4-15　贝克钳位电路

如二极管导通压降 $u_D=0.7\text{V}$，则 $u_{ce}=1.4\text{V}$，使 GTR 处于准饱和状态。钳位二极管 VD_1 相当于溢流阀的作用，使过量的基极驱动电流不流入基极。改变 VD_2 支路中串联的电位补偿二极管的数目可以改变电路的性能。如集电极电流很大时，由于集电极内部电阻两端压降增大会使 GTR 处于深度饱和状态下工作，在此情况下，可适当增加 VD_2 支路的二极管数目。为满足 GTR 关断时需要的反向截止偏置，图中反并联了二极管 VD_4，使反向偏置有通路。电路中 VD_1 应选择快速恢复二极管，因 VD_1 恢复期间，电流能从集电极流向基极而使 GTR 误导通。VD_2，VD_3 应选择快速二极管，它们的导通速度会影响 GTR 基极电流上升率。

GTR驱动电路的类型较多，在此不作详细介绍。常用的集成化基极驱动电路有法国THOMOSON公司的UAA4002驱动保护电路芯片和日本三菱公司的M57215BL。

4.3.2.2 电压驱动型器件的驱动电路

P-MOSFET和IGBT均是电压型控制器件，没有少数载流子的存储效应，因此可以做成高速开关。由于P-MOSFET和IGBT的输入阻抗很大，故驱动电路相对比较简单，且驱动功率也小。

EXB841是常用的IGBT驱动模块，由信号隔离电路、驱动放大器、过流检测器、低速过流切断电路、栅极关断电源等5部分组成。EXB841工作时须使用20V独立的直流电源。IGBT驱动与保护电路由15V控制电源供电。

4.3.3 电力电子器件的保护

4.3.3.1 过电压保护

过电压根据产生的原因可分为二大类

①操作过电压　由变流装置拉、合闸和器件关断等经常性操作中的电磁过程引起的过电压。

②浪涌过电压　由雷击等偶然原因引起，从电网进入变流装置的过电压，其幅度可能比操作过电压还高。

对过电压进行保护的原则是：使操作过电压限制在晶闸管额定电压 u_R 以下，使浪涌过电压限制在晶闸管的断态和反向不重复峰值电压 u_{DSM} 和 u_{RSM} 以下。一个晶闸管变流装置或系统应采取过电压保护措施的部位如图4-16所示。可分为交流侧保护，直流侧保护，整流主电路元件保护。

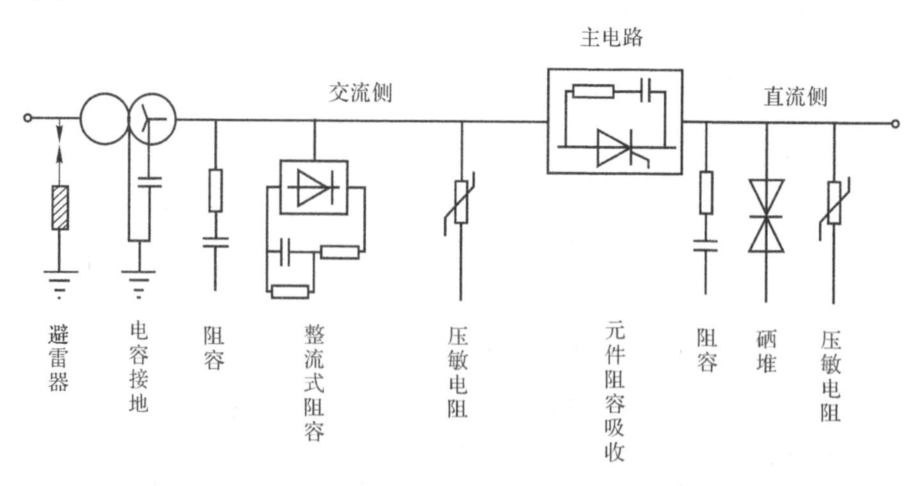

图4-16　晶闸管装置可能采用的过电压保护措施

对于交流侧发生的过电压，大体可采取加接避雷器保护；采取变压器附加屏蔽绕组接地或变压器星形中点通过电容接地方法；采用阻容保护或整流式阻容保护；也可采用压敏电阻等非线性电阻进行保护。对于直流侧发生的过电压，也可采用阻容、压敏电阻等器件来进行保护。

变流装置中的晶闸管元件关断时，由于电流迅速下降而在线路电感上产生数值很大的感应电势 $L_B di/dt$，该感应电势与电源电压顺极性串联地反向施加在晶闸管元件上，有可能导致晶闸管的反向击穿。这种由于晶闸管关断过程引起的过电压称关断过电压，其值可达工作电压峰值的5～6倍，此时可采用与元件相并联的阻容保护来进行保护。

4.3.3.2　过电流保护

当变流装置内部某一器件击穿或短路、触发电路或控制电路发生故障，外部出现负载过载、直流侧短路、可逆传动系统产生环流或逆变失败，以及交流电源电压过高或过低、缺相等，均可引起装置其他元件的电流超过正常工作电流。由于晶闸管等功率半导体器件的电流过载能力比一般电气设备差得多，因此必须对变流装置进行适当的过电流保护。

晶闸管变流装置可能采用的几种过电流保护措施如图4-17所示，它们分别为：交流进线电抗或采用漏抗大的整流变压器，利用电抗限制短路电流。电流检测装置，过流时发出信号，过流信号使变流装置工作在逆变状态，从而有效抑制了电流，此种方法称为拉逆变保护；过流信号也可控制过流继电器，使交流接触器触点K跳开，切断电源。直流快速开关，对于采用多个晶闸管并联的大、中容量变流装置，快速熔断器量多且更换不便，为避免过电流时烧断快熔，采用动作时间很快的直流快速开关，它可先于快熔动作而保护晶闸管。快速熔断器，快熔是防止晶闸管过电流损坏的最后一道防线，是晶闸管变流装置中应用最普通的过电流保护措施。

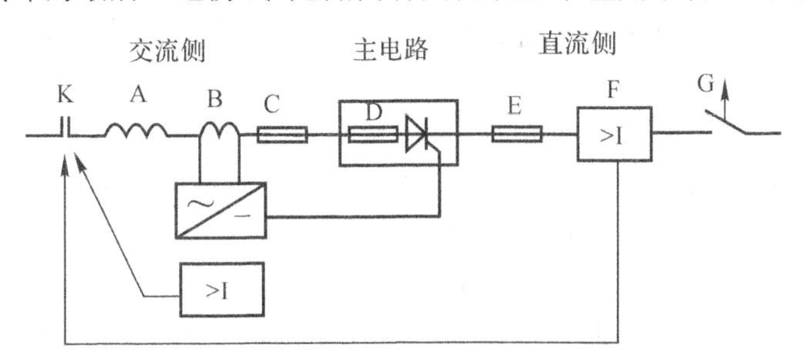

图4-17　晶闸管装置可能采用的过电流保护措施

A—交流进线电抗器；B—电流检测和过流继电器

C，D，E—快速熔断器；F—过流继电器；G—直流快速开关

4.3.3.3　缓冲(吸收)电路

电力电子器件在开关过程中有电压或电流的突变，这会使器件受到较大的 di/dt 和 du/dt 的冲击，还会使瞬时功耗过大，此时需采用缓冲(吸收)电路进行保护。

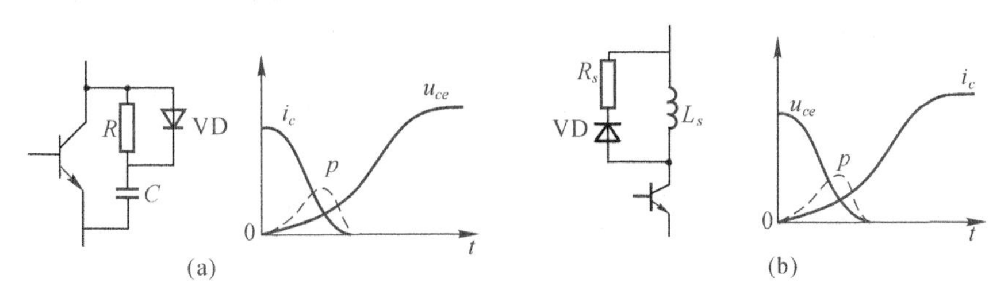

图4-18　缓冲电路

图4-18是缓冲电路的原理图，其基本思想是错开高电压、大电流出现的时刻，使两者之积

(瞬时功率)减小。图 4-18(a)是开通吸收电路,利用电容 C 使元件端电压延后上升;图 4-18(b)为关断吸收电路,利用电感 L_s 延缓电流的上升,避免大电流和高电压同时出现。

4.4 电力电子基本电路

4.4.1 整流电路(AC-DC)

整流是把交流电变为直流电的变流过程。采用晶闸管作为整流元件,可以通过控制门极触发脉冲施加的时刻来控制输出整流电压的大小,这种变流称为可控整流。根据交流电源相数,整流可分为单相整流和多相整流,其中多相整流又以三相整流为主。可控整流电路的工作原理、特性、电压电流波形以及电量间的数量关系与整流电路所带负载的性质密切有关。下面介绍常用的单相桥式全控整流电路和有源逆变电路。在容量较大时,可采用三相桥式整流电路。

4.4.1.1 单相桥式全控整流电路

单相桥式全控整流电路带电感性负载时的原理图如图 4-19(a)所示。假设负载电感足够大($\omega L_d \gg R_d$),电路已处于正常工作过程的稳定状态,则负载电流 i_d 大小基本不变,为 I_d,如图 4-19(b)所示。

在变压器副边电压 u_2 正半周内,VT_1,VT_4 承受正向阳极电压。当 $\omega t_1=\alpha$ 时刻触发导通 VT_1,VT_4 时,整流电流沿 $a \to VT_1 \to L_d, R_d \to VT_4 \to b$ 流通,使晶闸管 VT_2,VT_3 承受反向阳极电压而阻断。在 u_2 电压过零时,由于 u_2 减小时负载电流 i_d 出现减小的趋势,促使电感 L_d 上出现下(+)上(−)的自感电势 e_L,它与变压器副边电压 u_2 一起构成晶闸管上的阳极电压。只要 $|e_L|>|u_2|$,即使 u_2 过零变负,亦能保证施加在晶闸管上的阳极电压$(u_2+e_L)>0$,维持晶闸管 VT_1,VT_4 继续导通。这样,u_d 波形中将出现负值部分,一直到另一对晶闸管 VT_2,VT_3 导通为止。

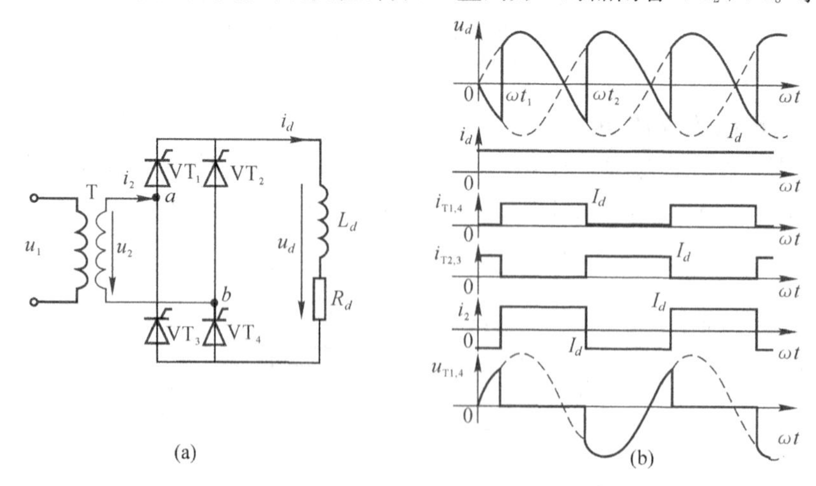

图 4-19 单相桥式全控整流电路

在 u_2 的负半周内,VT_2,VT_3 承受正向阳极电压。当 $\omega t_2=\pi+\alpha$ 时刻,触发导通 VT_2,

VT_3，电流沿 $b \rightarrow VT_2 \rightarrow L_d, R_d \rightarrow VT_3 \rightarrow a$ 流通，晶闸管 VT_1，VT_4 则承受反向阳极电压而关断。这样，负载电流便从 VT_1，VT_4 转移到 VT_2，VT_3 上，我们称这个过程为换流。VT_2，VT_3 要一直导通到下一个周期相应的 α 角时，被重新导通的 VT_1，VT_4 关断为止。直流电压 u_d 的波形如图4-19(b)所示，具有正、负面积，其平均值即直流平均电压 U_d。

由于电流连续，每对管子必须导通至另一对管子触发导通为止，故每只晶闸管的导通角势必为半个周期 $\theta=\pi$，晶闸管的电流波形为180°宽的矩形波。由于电流连续下晶闸管对轮流导通，则晶闸管电压 u_T 波形只有导通时的 $U_T \approx 0$ 以及关断时承受的交流电压 u_2 的波形，其形状随控制角 α 而变。

直流平均电压 U_d 为

$$U_d=\frac{1}{\pi}\int_{\alpha}^{\pi+\alpha}\sqrt{2}U_2\ \sin\omega t\mathrm{d}\omega t=0.9U_2\cos\alpha \tag{4-4}$$

可以看出，大电感负载下电流连续时，U_d 为控制角 α 的典型余弦函数。当 $\alpha=0$ 时，$U_d=0.9U_2$；当 $\alpha=\pi/2$ 时，$U_d=0$。因而电感性负载下整流电路的移相范围为90°。

电路工作时，两对晶闸管轮流导通，一周期内各导通180°，故流过晶闸管的电流是幅值为 I_d 的180°宽矩形波，从而可以求得其平均值为 $I_{dT}=I_d/2$。晶闸管电流有效值为 $I_{dT}=\sqrt{2}I_d$，而晶闸管承受的最大正反向电压均为相电压峰值 $\sqrt{2}U_2$。

整流电路为获得平稳的输出直流电压，应在输出端并接滤波电容，接入电容后，输出电压平均值会有所提高。整流电路的负载经常会遇到充电的蓄电池和正在运行中的直流电动机之类的负载，这对于整流电路来说是一种反电势性质负载。在分析带反电势负载的可控整流电路过程时，应注意晶闸管导通的条件，即只有当变压器副边电压 u_2 瞬时值大于负载电势 E 时，整流桥中晶闸管才承受正向电压而可能被触发导通。为了避免反电势负载下的负载电流出现断续现象，一般在反电势负载回路串联一个所谓的平波电抗器 L_d，以平滑电流的脉动、延长晶闸管的导通时间，保持电流连续。平波电抗器可按保证电流连续或使输出直流电流稳定的要求设计，具体方法可参考相关电力电子技术教材。

4.4.1.2　有源逆变电路

在生产实际中除了需要将交流电转变为大小可调的直流电供给负载外，常常还需要将直流电转换成交流电，这种对应于整流的逆过程称为逆变。变流器工作在逆变状态时，若交流侧接至交流电网上，直流电将被逆变成与电网同频的交流电并反馈回电网，因为电网有源，则称为有源逆变。

(1)逆变产生的条件

以下两个条件必须同时具备才能实现有源逆变：

① 有一个能使电能倒流的直流电势，电势的极性和晶闸管元件的单向导电方向一致，电势的大小稍大于变流电路直流平均电压。

② 变流电路直流侧应能产生负值(按整流时的电压参考方向)的直流平均电压，即 α 角度大于90°。

为了分析方便，常希望逆变时控制角的大小限制在 $\pi/2$ 范围之内，为此可以采用 α 角的补角 $\beta=\pi-\alpha$ 来表示。β 角称为逆变角，规定以 $\alpha=\pi$ 处作为 $\beta=0$ 的计算起点，β 角向 ωt 减小方向(向左)计量，故有逆变超前角之称。相反，α 角是向 ωt 增大方向(向右)计量，故有整流滞后角之称。由于 $\beta=\pi-\alpha$，则整流工作时 $0<\alpha<\pi/2$，即 $\pi/2<\beta<\pi$；逆变工作时 $\pi/2<\alpha<\pi$，即$0<\beta<\pi/2$。

(2)有源逆变的工作原理

图 4-20 为单相桥式全控电路分别工作在整流及逆变状态下的电能传递关系及波形图。分析中假设平波电抗器 L_d 的电感量足够大，使直流回路中的直流电流连续、平直，同时忽略变压器的漏抗、晶闸管压降；L_d，R_d 代表电路的总电感及总电阻。

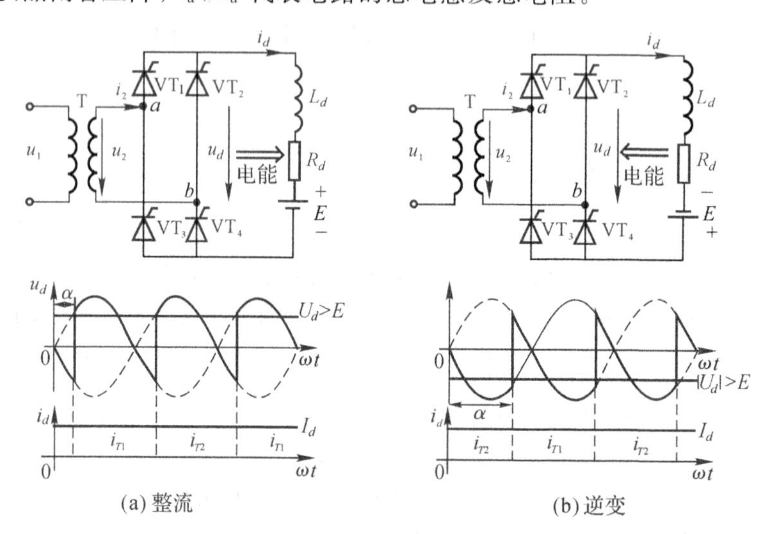

图 4-20 单相桥式全控电路

图 4-20(a)中反电势 E 上(+)下(−)。此时晶闸管变流电路必须工作在整流状态，使输出直流平均电压 $U_d>0$，亦上(+)下(−)，克服 E 的作用，输出直流平均电流 I_d 给电池充电。此时晶闸管控制角 $\alpha=0\sim\pi/2$，且调节 α 使 $U_d>E$。由于 $I_d=(U_d-E)/R_d$，一般 R_d 很小，为限制 I_d 不过大，必须控制 $U_d\approx E$。此时，电能由交流电网通过变流电路流向直流侧。从波形图上看，整流状态下晶闸管大部分时间工作在交流电压 $u_2>0$ 的范围。当 $u_2<0$ 后，由于电抗器的自感电势作用，晶闸管仍是承受正向阳极电压而导通。

图 4-20(b)中的电势 E 极性反向。由于晶闸管元件的单向导电性，决定了电路内电流流向不能倒转，若要改变电能的传递方向，只能改变电压的极性。在电势极性变反的情况下，变流电路直流平均电压 U_d 的极性也必须反过来。即 U_d 应上(−)下(+)，否则反电势 E 将与 U_d 顺串短路，电流很大。为了使电流能从直流侧送至交流侧，必须 $E>U_d$，此时 $I_d=(E-U_d)/R_d$，为了防止过电流，同样要 $E\approx U_d$。这时，电能从直流侧通过变流电路流向交流电网，实现了直流电能转换成交流电能的逆变。

要使直流平均电压 U_d 的极性反向，可以调节控制角 α。在可控整流电路的分析中已证明，在电流连续的条件下，$U_d=U_{d0}\cos\alpha$(U_{d0} 为 $\alpha=0$ 时的 U_d 值)。只要保持电流连续，这个 α 角的余弦关系在全部整流和逆变范围内均适用。当 $\alpha=\pi/2\sim\pi$，$U_d<0$，变流电路工作在逆变状态。

4.4.2 直流变换电路(DC-DC)

将大小固定的直流电压变换成大小可调的直流电压的变换称为 DC-DC 变换，或称直流斩波。直流斩波技术可以用来降压、升压，已被广泛应用于直流电动机调速、蓄电池充电、开关电源等方面，特别是在电力牵引上，如地铁、城市轻轨、电气机车、无轨电车、电瓶车、电铲车等。DC-DC 变换器主要有以下几种形式：① Buck（降压型）变换器；② Boost（升压型）变换器；③Boost-Buck（升—降压型）变换器。这里主要介绍 Buck 和 Boost 电路。

4.4.2.1　Buck（降压型）变换器

Buck 变换电路如图 4-21 所示，它是一种降压型 DC-DC 变换器，即其输出电压平均值 U_0 恒小于输入电压 E。为获得平直的输出直流电压，输出端采用了 LC 形式的低通滤波电路。根据功率器件 VT 的开关频率、L、C 的数值，电感电流 i_L 可能连续或断续，影响变换器的输出特性。

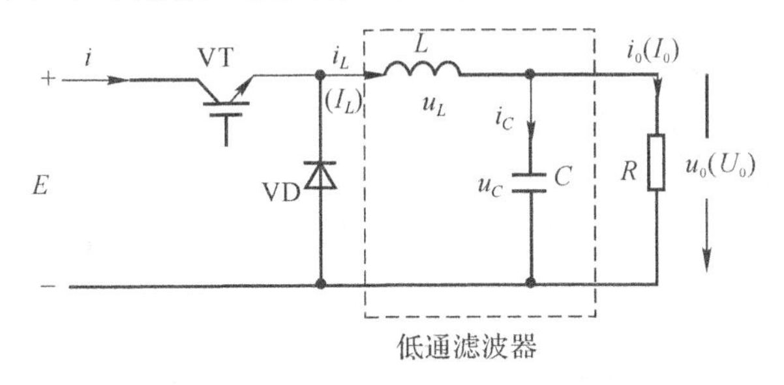

图 4-21　Buck 变换器

图 4-22 给出了电感电流连续 $i_L(t)>0$ 时的有关波形及 VT 导通（t_{on}）、关断（t_{off}）两工作模式下的等效电路。

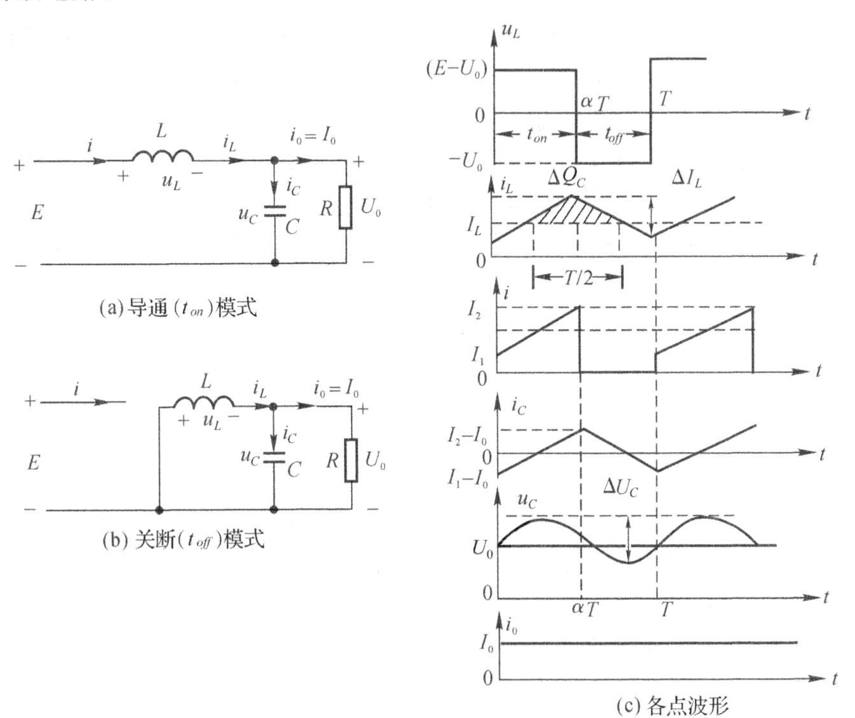

图 4-22　Buck 变换器工作模式及电流连续时各点波形

在 t_{on} 时间内，VT 导通，其等值电路如图 4-22(a)所示，此时电源 E 通过电感 L 向负载供电。在电感电压 $u_L=E-U_0$（U_0 为输出电压 u_0 平均值）作用下，电感电流 i_L 线性增长，使电感储能。在 t_{off} 时间内，VT 关断，电感储能通过续流二极管 VD 泄放，i_L 线性减少，其等值电路如图 4-22(b)所示，此时 $u_L=-U_0$。稳定运行时波形重复，如图 4-22(c)所示。电感电压 u_L 一周期内积分平均为零，即

$$(E-U_0)t_{on}+U_0t_{off}=0$$

由此求得 Buck 变换器的输入、输出电压关系为：

$$\frac{U_0}{E}=\frac{t_{on}}{t_{on}+t_{off}}=\frac{t_{on}}{T}=\alpha \tag{4-5}$$

因 $\alpha\leqslant 1$，$U_0\leqslant E$，故为降压变换关系。

若忽略电路变换损耗，输入、输出功率相等，有

$$EI=U_0I_0$$

式中，I 为输入电流 i 平均值；I_0 为输出电流 i_0 平均值。可求得变换器的输入、输出电流关系为

$$\frac{I_0}{I}=\frac{E}{U_0}=\frac{1}{\alpha} \tag{4-6}$$

因此电流连续时 Buck 变换器完全相当于一个“直流”变压器。电流断续时情况这里不作分析，可参见有关电力电子技术教材。

4.4.2.2 Boost(升压型)变换器

Boost 变换电路如图 4-23 所示，它是一种升压型 DC-DC 变换器，其输出电压平均值 U_0 要大于输入电压 E。这是一种利用电感中储能释放时产生的电压来提高输出电压的电路，VT 为自关断器件，电路的工作原理如下：

VT 导通时，电源电压 E 加在电感 L 上，L 开始储能，电流 i_L 增长。同时，电容 C 向负载放电，u_C 是衰减的，而隔离二极管 VD 因受电容 C 所加的反向电压而关断。当 VT 关断时，L 要维持原有电流方向，其自感电势改变极性，和电源电压叠加，使电流进入负载，并给电容 C 充电，u_C 增长。在此过程中，VT 导通期间储存于电感 L 的能量全部释放到负载和电容里，流经 L 的电流 i_L 是衰减的。

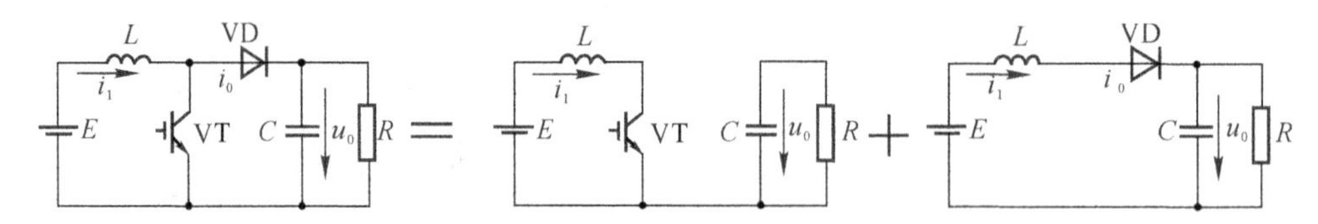

图 4-23 升压斩波器原理图

假定在电流连续时，不计 i_L 的脉动，则在 VT 导通期间由电源输入到电感 L 的能量为

$$W_{in}=E\cdot I_L\cdot t_{on} \tag{4-7}$$

在 VT 关断期间，电感释放至负载的能量为

$$W_{out}=(U_L-E)\cdot I_L\cdot t_{off} \tag{4-8}$$

根据 $W_{in}=W_{out}$，可得

$$U_0=\frac{t_{on}+t_{off}}{t_{off}}E=\frac{T}{t_{off}}E \tag{4-9}$$

由于 $T>t_{off}$，可知，$U_0>E$，即斩波器可提供比电源电压更高的输出电压，故称为升压斩波器。

4.4.3　逆变电路(DC-AC)

逆变电路的作用是将直流电源(可由交流电经整流获得)变成频率可调的交流电(又称无源逆变电路)。无源逆变电路不像有源逆变电路那样将变换的能量反馈到交流电网中，而是直接供给交流负载使用。

4.4.3.1　逆变电路的工作原理

无源逆变器的作用是将直流电能变为交流电能，其工作原理可由图 4-24 来说明。图中的两对开关元件 VT_1，VT_4 和 VT_2，VT_3 作为开关。当 VT_1，VT_4 导通时，电源 E 通过 VT_1，VT_4 向负载 R 输送电流，负载上的压降为左(＋)右(－)，如图 4-24(a)所示；当 VT_2，VT_3 导通时将 VT_1，VT_4 关断，则电源 E 通过 VT_2，VT_3 输送电流，负载上的压降为左(－)右(＋)，如图 4-24(b)所示。将两对开关元件轮流切换导通，则负载上便可得到交变输出电压 u_R，其波形如(c)图所示。u_R 的交变频率由两对开关元件切换导通频率决定，u_R 的幅值可通过直流电压 E 的大小来改变，即可调节产生直流电压的可控整流器的控制角 α 来实现。

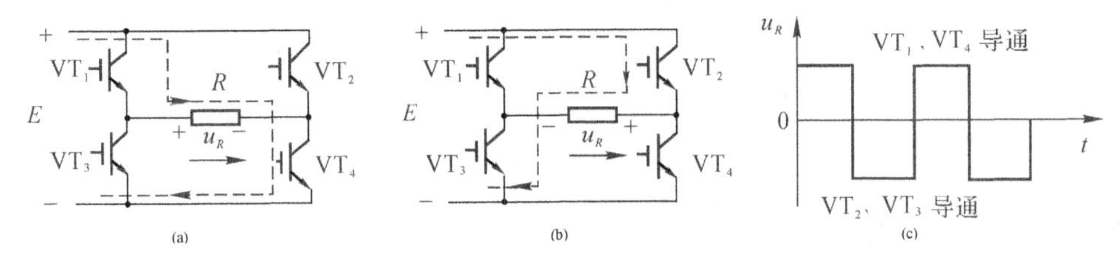

图 4-24　无源逆变器的工作原理

4.4.3.2　脉宽调制型(PWM)逆变器

在工业应用中许多负载对逆变器的输出特性有严格要求，除频率可变、电压大小可调外，还要求输出电压基波尽可能大、谐波含量尽可能小。对于采用无自关断能力晶闸管元件的方波输出逆变器，多采用多重化、多电平化措施使输出波形多台阶化来接近正弦。这种措施电路结构较复杂，代价较高，效果却不尽如人意。改善逆变器输出特性的另一种办法是使用自关断器件作高频通、断的开关控制，将方波电压输出变为等幅不等宽的脉冲电压输出，并通过调制控制使输出电压消除低次谐波，只剩幅值较小、易于抑制的高次谐波，从而极大地改善了逆变器的输出特性。这种逆变电路就是脉宽调制(Pulse Width Modulated，PWM)型逆变电路，它是目前直流—交流(DC-AC)变换中最重要的变换技术，

(1)单脉冲与多脉冲调制

图 4-25(a)为一单相桥式逆变电路。功率开关器件 VT_1，VT_2 之间及 VT_3，VT_4 之间作互补通、断，则负载两端 A、B 点对电源 E 负端的电压波形 u_A、u_B 均为 180°的方波。若 VT_1，VT_2 通断切换时间与 VT_3，VT_4 通断切换时间错开 λ 角，则负载上的输出电压 u_{AB} 得到调制，输出脉宽为 λ 的单脉冲方波电压，如图 4-25(b)所示。λ 调节范围为 0～180°，从而使交流输出电压 u_{AB} 的大小可从零调至最大值，这就是电压的单脉冲脉宽调制控制。

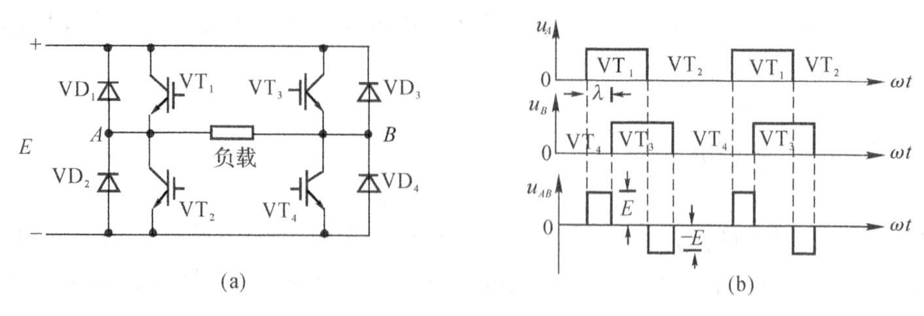

图 4-25 单相逆变电路及单脉冲调制

如果对逆变电路各功率开关元件通断作适当控制，使半周期内的脉冲数增加，就可实现多脉冲调制。图 4-26(a)为多脉冲调制电路原理图，图 4-26(b)为输出的多脉冲 PWM 波形，图中，u_T 为三角波的载波信号电压，u_R 为输出脉宽控制用调制信号，u_D 为调制后输出 PWM 信号。当 $u_R>u_T$，比较器输出 u_D 为高电平；当 $u_R<u_T$，比较器输出 u_D 为低电平。由于 u_R 为直流电压，输出 u_D 为等脉宽 PWM；改变三角载波频率，就可改变半周期内脉冲数。

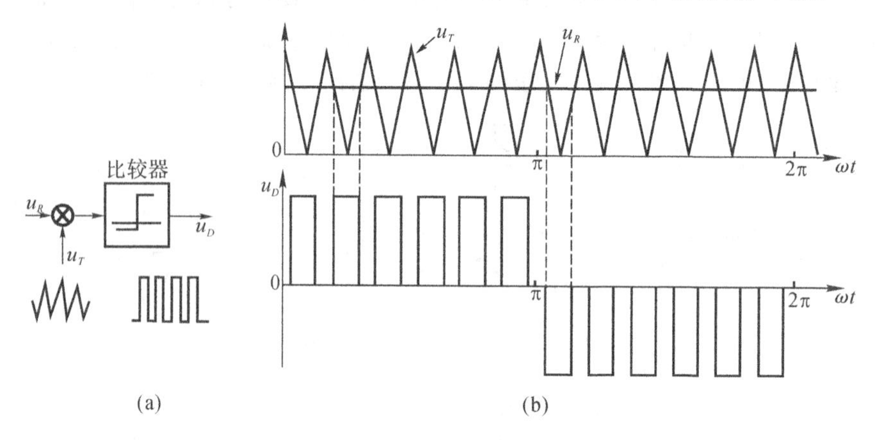

图 4-26 多脉冲调制电路及 PWM 波形

(2)正弦脉宽调制(SPWM)

等脉宽调制产生的电压波形中谐波含量仍然很高，为使输出电压波形中基波含量增大，应选用正弦波作为调制信号 u_R。这是因为等腰三角形的载波 u_T 上、下宽度线性变化，任何一条光滑曲线与三角波相交时，都会得到一组脉冲宽度正比于该函数值的矩形脉冲。所以用三角波与正弦波相交，就可获得一组宽度按正弦规律变化的脉冲波形，如图 4-27 所示。而且在三角载波 u_T 不变条件下，改变正弦调制波 u_R 的周期就可以改变输出脉冲宽度变化的周期；改变正弦调制波 u_R 的幅值，就可改变输出脉冲的宽度，进而改变 u_D 中基波 u_{D1} 的大小。因此在直流电源电压 E 不变的条件下，通过对调制波频率、幅值的控制，就可使逆变器同时完成变频和变压的双重功能，这就是正弦脉宽调制(Sine Pule Width Modulated，SPWM)。

(3)三相 SPWM 逆变器主电路

图 4-28 为晶体管三相 PWM 逆变器主回路。逆变器由二极管三相不控整流桥的恒定直流电压供电。滤波电容器 C 起中间能量存储作用，对感应电动机等感性负载，可提供必要的

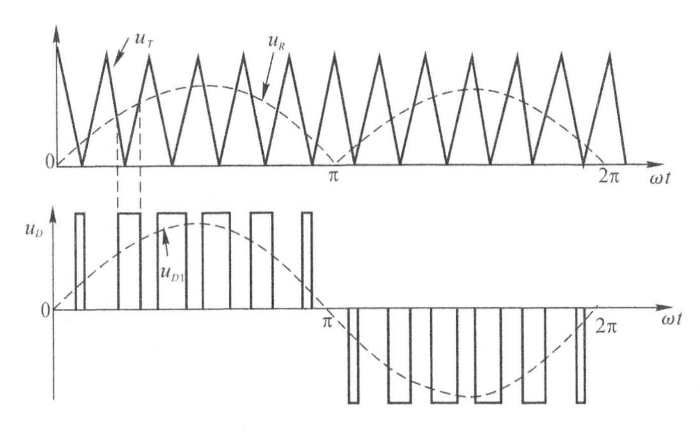

图 4-27　正弦脉宽调制(单极性)

无功功率。由于直流电源是二极管整流器,所以能量只能单方向流通,不能向电网回馈能量。因此,当负载工作在再生发电状态时,回馈能量将通过回馈二极管 VD_1～VD_6 向电容 C 充电。但滤波电容器容量有限,势必将直流电压抬高,为避免这种情况,在直流侧接入放电电阻 R 和晶体管 VT_7。当直流电压升高到某一限定值后,使 VT_7 饱和导通接入电阻 R,将部分能量消耗在电阻上。

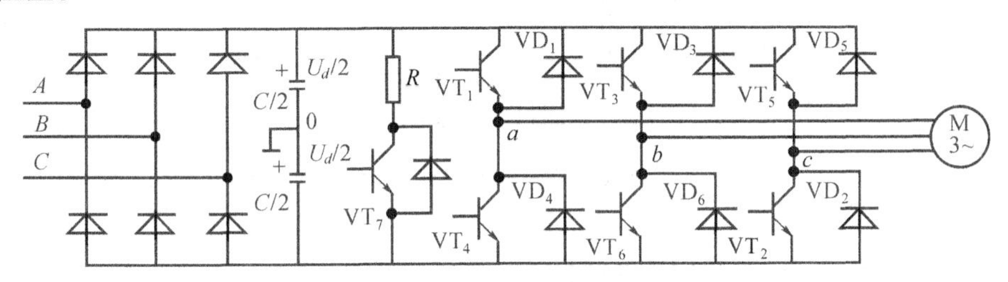

图 4-28　晶体管三相 PWM 逆变器主电路

这种 PWM 逆变器可采用上述的各种脉宽调制方法驱动,而且可以进行高频调制。当采用正弦波调制时,其输出电压波形如图 4-29 所示。

设图 4-29(a)中的三角波的频率为正弦波频率的 9 倍,当代表某一相的正弦信号电压大于三角波信号电压时,该相上桥臂导通,下桥臂关断。输出电压为整流电压。当代表某一相的正弦信号电压小于三角波信号电压时,该相上桥臂关断,下桥臂导通,输出电压为零,从而得到 A,B,C 三相的电压波形如图 4-29(b)、(c)、(d)所示。而输出线电压 u_{AB} 的波形如图 4-29(e)所示,是脉冲宽度按正弦规律调制的电压波,具有正负的极性,在正负各半个周期都有宽度按正弦规律变化的 9 个脉冲,此脉冲数等于三角波与正弦波频率之比。改变 A,B,C 三相正弦信号电压的频率可以调节输出电压的频率,而改变三相正弦信号电压的幅值,则可以按比例地改变输出电压各脉冲的宽度,也就改变了输出电压基波的幅值。在半周内的脉冲数越多,调制的电压波形就越接近正弦波,其高次谐波成分也就越小。

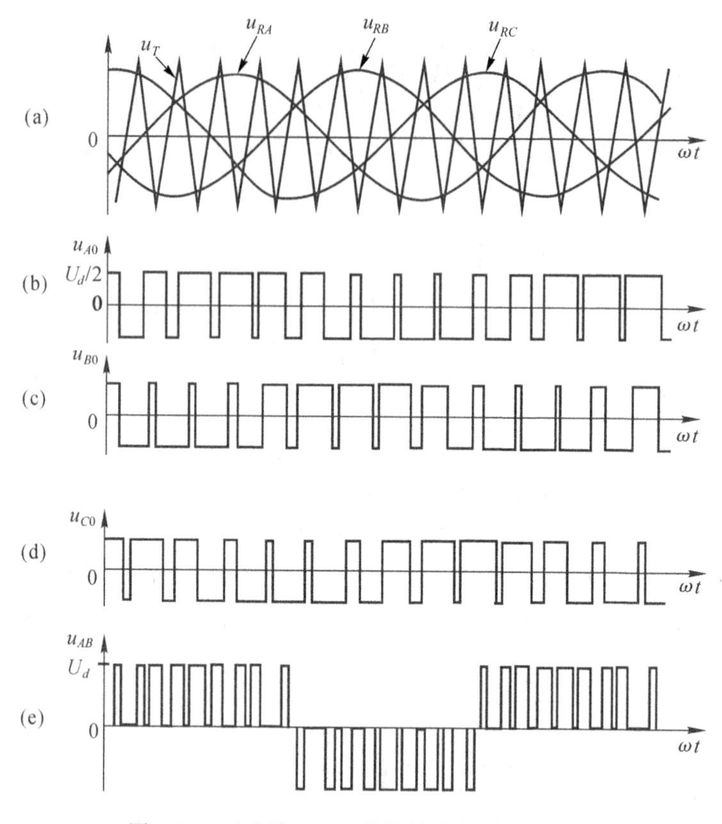

图 4-29 正弦波 PWM 晶体管逆变器的电压波形

4.4.4 交流变换电路(AC-AC)

AC-AC 变换是一种可以改变电压大小、频率、相数的交流—交流电力变换技术。只改变电压大小或仅对电路实现通断控制而不改变频率的电路,称为交流调压电路。从一种频率交流变换成另一种频率交流的电路则称为交—交变频器,它有别于交—直—交二次变换的间接变频,是一种直接变频电路。

4.4.1.1 交流调压电路

(1)基本原理

交流调压器是由晶闸管等电力半导体器件构成的交流电压控制装置。常用的交流调压器大多采用晶闸管作为其主电路元件,图 4-30 所示的是单相交流调压器,图(a)为由两个普通晶闸管反并联而构成的单相交流调压器;图(b)为使用双向晶闸管的单相交流调压器。通过对晶闸管的控制,就可调节输出至负载上的电压和功率。

交流调压的相位控制与可控整流的相位控制类似,在电源电压每一周期中控制晶闸管的触发相位,以达到调节输出电压的目的。相位控制技术方法简单,能连续调节输出电压的大小。但其输出电压波形是非正弦的,具有较多的谐波,在异步电机调压调速中,会在电机中引起附加损耗,产生脉动转矩等问题。

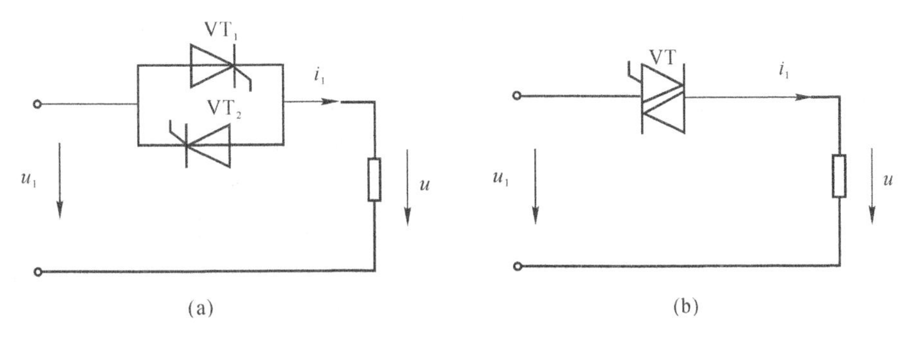

图 4-30　晶闸管单相交流调压器

(2) 单相交流调压器

当交流调压器负载为电感性负载时，其工作情况与对应可控整流电感性负载时相似。当电源电压过零时，由于电感自感电势的影响，电流并不立刻为零，晶闸管的导通要延迟一个角度 γ(称延后角)才能关断。因此，对于带有感性负载的交流调压器中的晶闸管，其导通角 θ 不仅与 α 有关，而且与负载的功率因数角 φ($\varphi=\tan^{-1}(\omega L/R)$)有关，负载感抗越大，$\varphi$ 就越大，自感电势使电流延迟的时间就越长，晶闸管的导通角也就越大。下面按三种情况来进行分析。

① 当 $\alpha>\varphi$ 时，在此情况下，α 的移相范围在 $\varphi<\alpha<\pi$ 之间变化，电流延后角 γ 将小于 α 角，负载电流是断续的，调压器输出电压的有效值将随晶闸管控制角 α 的改变而变化，波形如图 4-31 所示。晶闸管的导通角 $\theta=(180^\circ-\alpha)+\gamma$。

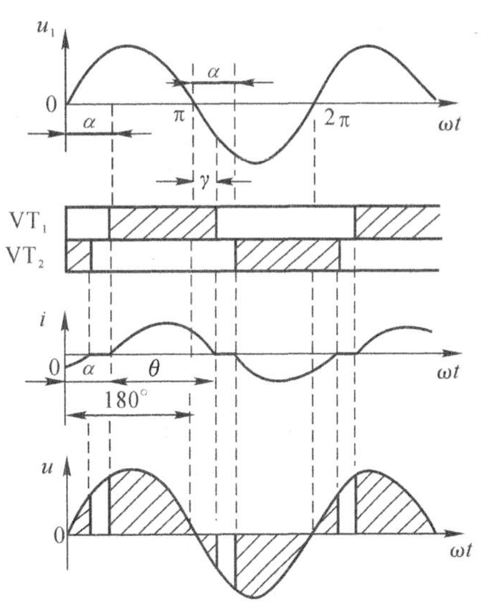

图 4-31　电感性负载

② $\alpha=\varphi$ 时，晶闸管的导通角 $\theta=180^\circ$，即正向晶闸管 VT_1 刚关断，反向晶闸管 VT_2 又导通，负载上得到的完整的正弦波电压，电流的延后角 $\gamma=(\theta+\alpha)-180^\circ=\alpha$。

③ 当 $\alpha<\varphi$ 时，由于 $\gamma>\alpha$，正向晶闸管 VT_1 中电流尚未过零而关断时，反向晶闸管 VT_2 的触发脉冲已出现，但此时 VT_2 管仍受反压不能导通，待 VT_1 中电流过零关断后，VT_1 即受反压，如这时 VT_2 的触发脉冲仍存在，则 VT_2 导通，输出电压波形为一完整的正弦波。无论晶闸管控制角 α 如何变化，只要 $\alpha<\varphi$，输出电压将不受 α 变化的影响而改变，故称为失控。

由上面分析可知，交流调压器电感性负载时，不能采用窄脉冲触发晶闸管。在 $\alpha<\varphi$ 时如用窄脉冲触发，当 VT_2 触发脉冲出现时，VT_1 仍未关断，VT_2 受反压不能导通；待 VT_1 中电流过零关断，VT_2 受正压时，VT_2 的触发脉冲已消失，故 VT_2 仍不能导通。过一个周期后，VT_1 又被触发导通，而 VT_2 又因到有正压时，触发脉冲已消失而未能导通。这样，使负载上正、负半周的电压不相同，回路中将出现很大的直流分量电流，以致烧毁熔断器或晶闸管。故交流调压器应采用宽脉冲或双脉冲触发，以保证在晶闸管恢复正压后，触发脉冲仍然存有，使之能顺利导通。

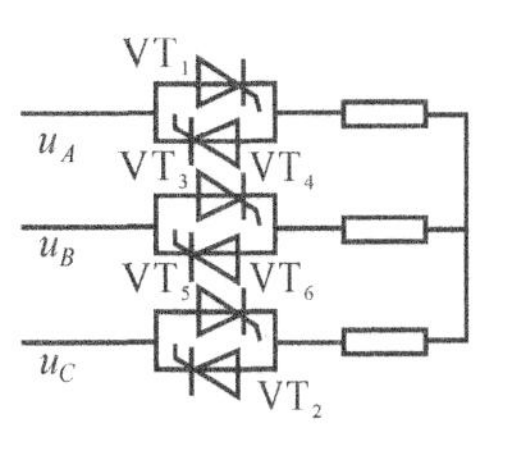

图 4-32　Y 型三相交流调压电路

图 4-32 所示的为 Y 型三相交流调压电路，这是一种最典型也最常用的三相交流调压电路。

4.4.4.2 交—交变频电路

交—交变频电路是一种可直接将某固定频率交流变换成可调频率交流的频率变换电路，无需中间直流环节。与交—直—交间接变频相比，提高了系统变换效率。又由于整个变频电路直接与电网相连接，各晶闸管元件上承受的是交流电压，故可采用电网电压自然换流，无需强迫换流装置，简化了变频器主电路结构，提高了换流能力。交—交变频电路广泛应用于大功率低转速的交流电动机调速转动，交流励磁变速恒频发电机的励磁电源等。

交—交变频器的原理图如图 4-33 所示，它由两组晶闸管变流器和单相负载组成，(a)图电路中接入了足够大的滤波电感，电流近似为矩形波，称为电流型电路；(b)图直接将两组变流器反并联，构成电压型电路。当正组变流器工作在整流状态，反组变流器封锁时，负载上电压 u_0 为上(−)下(+)；反之，反组变流器处于整流状态，正组变流器封锁时，负载电压为上(+)下(−)，这样，负载上即可得到交变电压。若以一定的频率控制正组变流器和反组变流器交替工作，则负载上交流电压的频率就等于两组变流器的切换频率。但由于交—交变频器输出的交流电压是经晶闸管整流后得到的，因此变频器的输出频率不能高于电网频率，通常最高频率为电网频率的 1/3～1/2。

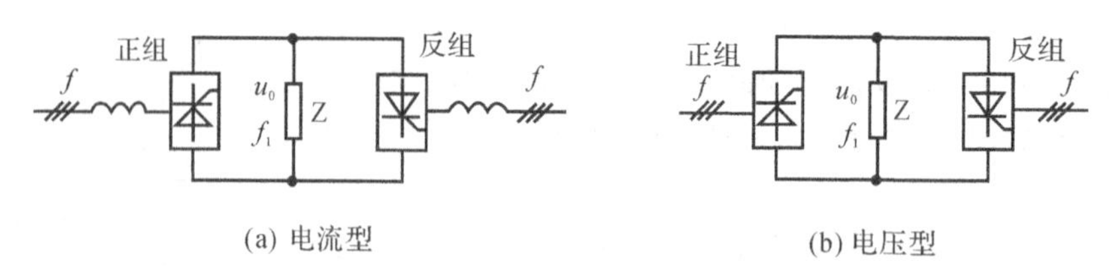

(a) 电流型　　(b) 电压型

图 4-33　交—交变频器原理图

交—交变频器可根据输出电压波形的不同，分为方波型和正弦波型。通常使用的是导电 120°的方波型电流源变频器和导电 180°的正弦波型电压源变频器。单相方波型交—交变频器和正弦波型交—交变频器的输出电压波形如图 4-34 所示。

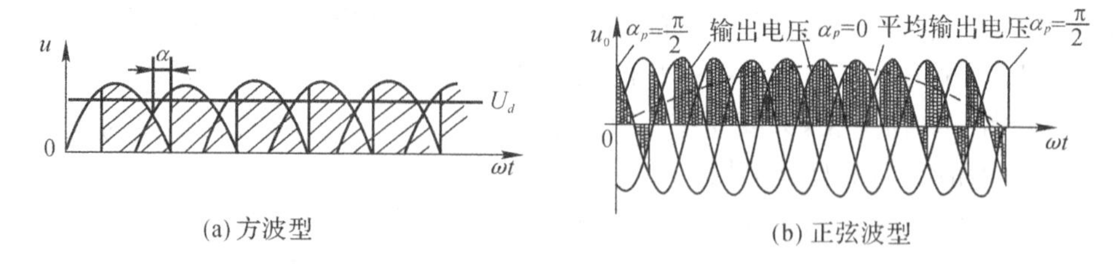

(a) 方波型　　(b) 正弦波型

图 4-34　交—交变频器输出电压波形

4.5　电力电子系统设计举例

4.5.1　三相正弦波变频电源设计

4.5.1.1　题目(2005年全国大学生电子设计竞赛F题)

设计并制作一个三相正弦波变频电源,输出线电压有效值为36V,最大负载电流有效值为3A,负载为三相对称阻性负载(Y接法)。变频电源框图如图4-35所示。

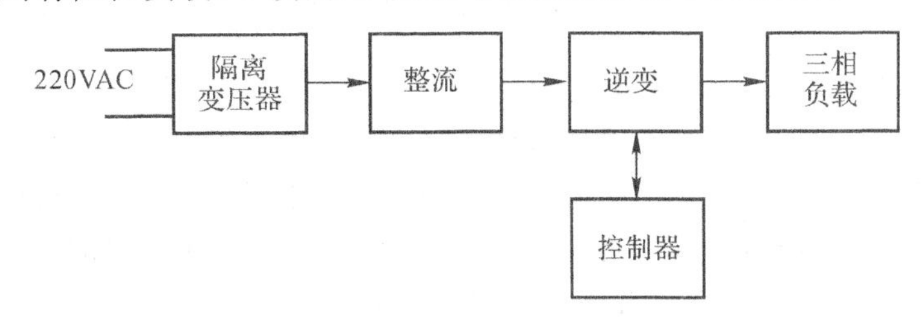

图4-35　三相正弦波变频电源原理图

(1)基本要求

①输出频率范围为20～100Hz的三相对称交流电,各相电压有效值之差小于0.5V。

②输出电压波形应尽量接近正弦波,用示波器观察无明显失真。

③当输入电压为198～242V,负载电流有效值为0.5～3A时,输出线电压有效值应保持在36V,误差的绝对值小于5%。

④具有过流保护(输出电流有效值达3.6A时动作)、负载缺相保护及负载不对称保护(三相电流中任意两相电流之差大于0.5A时动作)功能,保护时自动切断输入交流电源。

(2)发挥部分

①当输入电压为198～242V,负载电流有效值为0.5～3A时,输出线电压有效值应保持在36V,误差的绝对值小于1%。

②设计制作具有测量、显示该变频电源输出电压、电流、频率和功率的电路,测量误差的绝对值小于5%。

③变频电源输出频率在50Hz以上时,输出相电压的失真度小于5%。

④其他。

4.5.1.2　设计方案

根据题目的要求,本设计需要制作一个三相变频电源,主要包括整流、逆变、检测和控制等模块,输出的三相线电压稳定,而且频率可调。由于考虑竞赛时的安全性,本题的电压、电流都降到较低的数值,因此在不考虑效率要求时,可通过将正弦波线性放大的方法来实现题目要求,但这种方案已偏离了电力电子系统的实际情况,因此是不恰当的。

(1)控制方案设计

正弦波变频电源的逆变电路常采用SPWM技术,产生SPWM波可采用模拟电路、集成

SPWM 专用芯片、单片机(或 DSP)等方案。

模拟电路方案如图 4-36 所示,使用集成函数发生器 ICL8038 产生参考正弦波,再使用模拟移相电路产生三路互差 120 度的移相信号,三路正弦信号和调制三角波进行比较,产生控制开关管的驱动信号。该方案技术上成熟且被广泛应用,但是电路规模庞大,调试不方便。

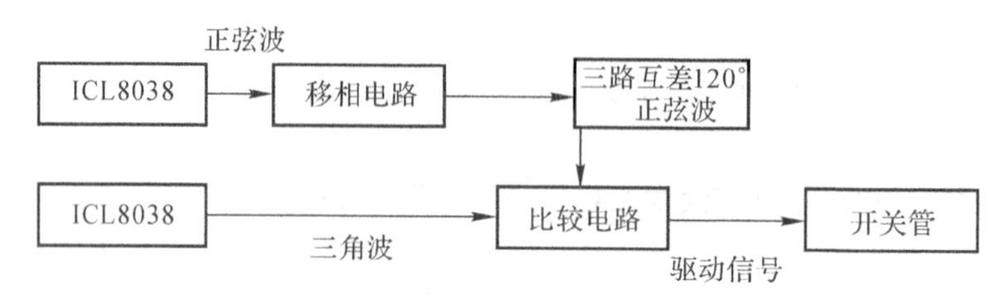

图 4-36 采用 ICL8038 芯片工作的原理框图

采用集成 SPWM 专用芯片是一种较好的方案,由专用芯片产生驱动开关管信号,可以实现波形频率和幅值的精确控制,而且成本较低,调试方便,比较实用。但 SPWM 专用芯片系统的核心部分不能任意修改,系统的可扩展性较差。在本次竞赛中规定不得使用专用芯片。

采用单片机控制逆变电路时,可将正弦波和三角波数据存于单片机的 ROM 存储器中,单片机定时查表,进行比较运算,控制开关管的通断。同时,A/D 转换器采集输出波形的数据,单片机读取这些数据,组成数字闭环反馈,该方案的原理如图 4-37 所示。由于单片机的工作频率一般比较低,且承担的计算工作量大,控制软件较复杂,往往不能满足控制要求。若采用 DSP 作为控制器,则可解决此问题。

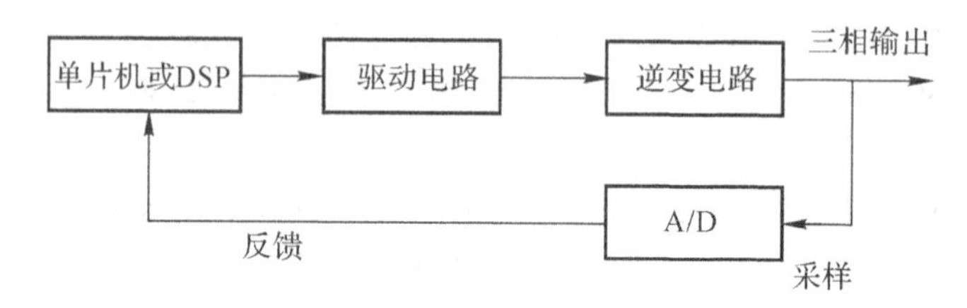

图 4-37 采用单片机(或 DSP)控制的原理框图

控制器也可采用单片机与 FPGA 结合的方式。即用单片机完成人机界面、闭环控制,用 FPGA 完成查表比较、SPWM 波形调制输出和死区保护等逻辑功能。这种方案结合了单片机对外设灵活的处理能力和 FPGA 的高速性能,使系统的性能大为提高。FPGA 的内部资源非常丰富,可以实现非常复杂的逻辑功能,同时 FPGA 内置 LAB 存储阵列,可以方便地将波形数据置于 FPGA 内部的 RAM 中,省去了外部 RAM 电路。图 4-38 为本方案的原理图。

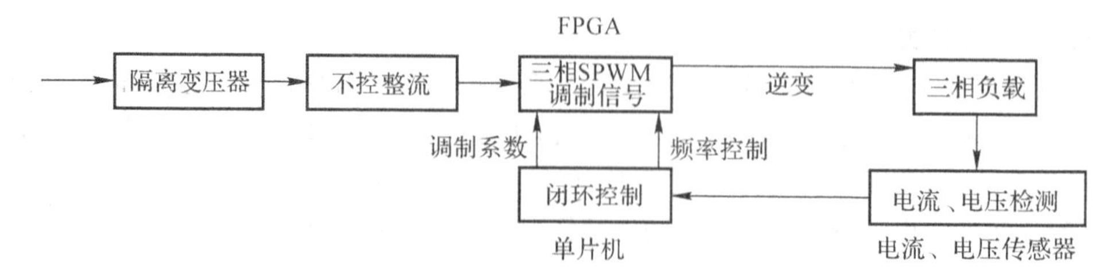

图 4-38 单片机与 FPGA 结合的控制方案原理框图

(2)主电路和驱动电路设计

由于电力电子电路常涉及高电压、大电流的电能,因此主电路(本例中的整流电路、逆变电路等)的设计在电力电子系统中十分重要。在电子设计竞赛中为了安全起见,相关题目中已将电力电子装置中的电压和电流的额定值降到较低的数值,对此有些参赛者对本题主电路元件的选择考虑不多,如有些方案中选择主电路元件的电压为 600V、电流为 75A 的 IPM 模块,这虽然能满足题目要求,但性价比较差。因此,在实际电力电子装置的设计中,既要使元件能满足电路要求,又要考虑经济性。

本题中的不控整流电路比较简单,用单相二极管整流桥即能符合要求。图 4-39 为逆变电路原理图,逆变电路的开关元件可采用 IPM 模块、P-MOS、IGBT 等。根据题目的参数要求,选用普通 MOSFET 管已经可以满足需要,MOSFET 管具有开关速度高,驱动电路简单,价格便宜等优点。在开关管上应加上缓冲保护电路。

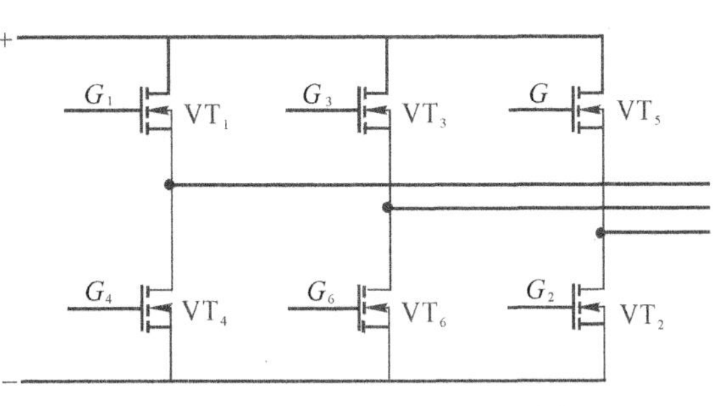

图 4-39　逆变电路主电路

驱动部分可采用 IR 公司的桥式驱动集成芯片 IR2110。这种适于功率 MOSFET、IGBT 驱动的自举式集成电路在电源变换、电机调速等功率驱动领域中获得了广泛的应用。IR2110 采用 CMOS 工艺制作,逻辑电源电压范围为 5～20V,适应 TTL 或 CMOS 逻辑信号输入,具有独立的高端和低端 2 个输出通道。由于逻辑信号均通过电平耦合电路连接到各自的通道上,容许逻辑电路参考地(U_{ss})与功率电路参考地(COM)之间有－5V 和＋5V 的偏移量,并且能屏蔽小于 50ns 的脉冲,提高驱动电路的抗干扰能力。本系统由六管构成的三相桥式逆变器,采用三片 IR2110 驱动三个桥臂,仅需要一路 10～20V 电源,方便了电路的设计。

(3)电流,电压的测量

电流信号的检测可使用电流霍尔传感器,电流传感器输出信号可经调理电路后进入A/D,霍尔传感器不仅测量精确高,而且适用频率范围宽,动态响应好,但价格较高。

电压测量可采用交流互感器、电压霍尔传感器等。使用交流互感器或电压霍尔传感器对交流侧进行电压取样,这可将本系统中强电部分和弱电部分隔离。

电压、电流、频率等量显示装置的设计与一般电子系统的相同。

(4)保护电路

根据题目要求,电路具有过流保护、负载缺相保护及负载不对称保护等功能,能自动切断输入交流电源。

IR2110 的 SD 引脚具有关闭逆变器工作的功能。使用霍尔传感器检测电流时,当电流过大(有效值达 3.6A)时,给 SD 引脚低电平,封锁逆变器,从而实现电流的过流保护。

通过检测三相电流有效值,并在单片机中比较三相电流中任意两相电流之差是否大于 0.5A。如过检测到三相电流不对称,则给 IR2110 的 SD 引脚低电平,封锁逆变器,并且相应地显示提示。

(5)电压闭环控制

随着输出频率的变化，基波电压在滤波电感上的压降会产生变化，同时负载的增大会使开关管的导通压降增大。所以，恒定的调制比无法使输出电压恒定。

可使用数字闭环的PI算法来控制输出电压恒定。单片机使用AD转换器采集电压数据，当预置值与实际电压有偏差时，单片机就会采用PI算法计算出新的调制比，通过控制调制比来调整输出电压。

4.5.2 开关稳压电源设计

4.5.2.1 题目(2007年全国电子设计竞赛E题)

设计并制作如图4-40所示的开关稳压电源。

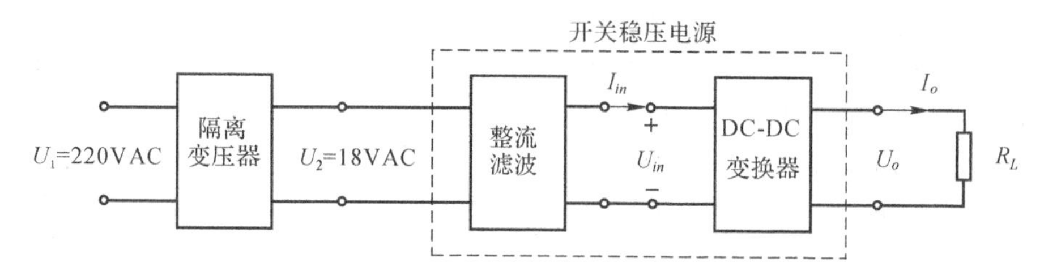

图4-40 开关稳压电源框图

(1)基本要求

①输出电压U_o可调范围：30～36V。

②最大输出电流I_{omax}：2A。

③U_2从15V变到21V时，电压调整率$S_U \leqslant 2\%$($I_o=2A$)。

④I_o从0变到2A时，负载调整率$S_I \leqslant 5\%$($U_2=18V$)。

⑤输出噪声纹波电压峰—峰值$U_{oP-P} \leqslant 1V$($U_2=18V, U_o=36V, I_o=2A$)。

⑥DC-DC变换器的效率$\eta \geqslant 70\%$($U_2=18V, U_o=36V, I_o=2A$)。

⑦具有过流保护功能，动作电流$I_{o(th)}=2.5\pm0.2A$。

(2)发挥部分

①进一步提高电压调整率，使$S_U \leqslant 0.2\%$($I_o=2A$)。

②进一步提高负载调整率，使$S_I \leqslant 0.5\%$($U_2=18V$)。

③进一步提高效率，使$\eta \geqslant 85\%$($U_2=18V, U_o=36V, I_o=2A$)。

④排除过流故障后，电源能自动恢复为正常状态。

⑤能对输出电压进行键盘设定和步进调整，步进值1V，同时具有输出电压、电流的测量和数字显示功能。

⑥其他。

4.5.2.2 设计方案

(1)主电路设计

由于隔离变压器输出电压为交流18V，而开关电源输出电压为直流36V，因此该电源中应采用升压型DC-DC电路。本题可使用Boost电路，该电路是一种非隔离式的升压型DC-DC

变换电路，控制简单，输出功率大，具有良好的输出特性，其原理图如图 4-41 所示；也可使用隔离型的 DC-DC 变换电路，如单端反激变换电路或单端正激变换电路。

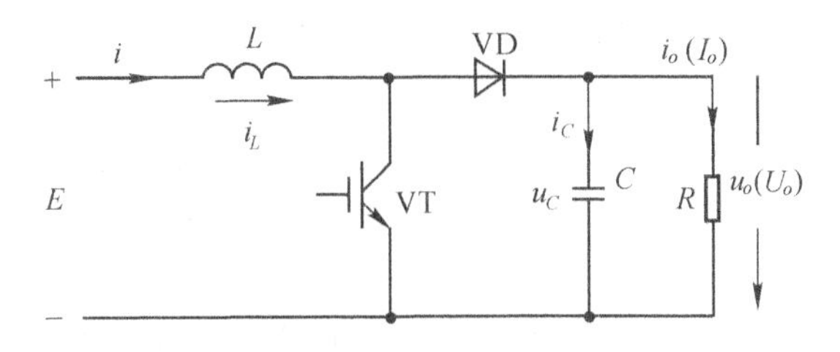

图 4-41　Boost 电路原理图

单端反激变换器又称电感储能式变换器，图 4-42 为其原理图与原副边电流波形示意图。当开关管 VT 被 PWM 脉冲激励而导通时，直流输入电压施加到高频变压器 T 的原边绕组上，在变压器副边绕组上感应出的电压使整流管 VD 反向偏置而阻断，此时电源能量以磁能形式存储在电感中；当开关管 VT 截止时，原边绕组两端电压极性反向，副边绕组上的电压极性反向，使 VD 导通，储存在变压器中的能量释放给负载。

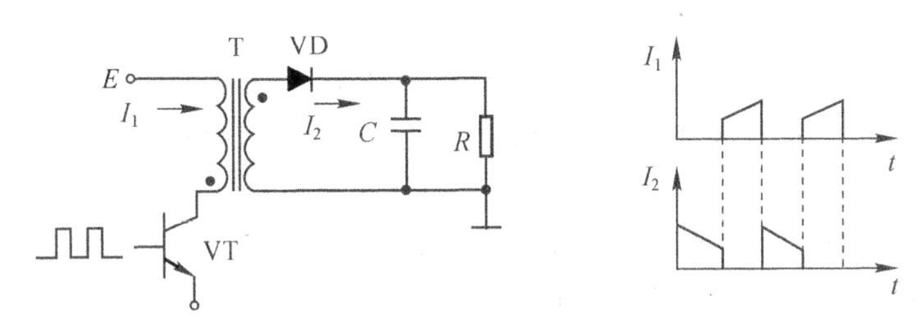

图 4-42　单端反激开关电源主电路原理图与变压器原副边电流波形

由于本题主电路的电压、电流数值都不大，可按其要求选择相应的开关元件，本例中可选用相应型号的 MOSFET。

(2)控制方案选定

控制方案有：①采用函数发生器产生三角波，与单片机的 AD 输出进行比较得 PWM 波，并通过驱动电路来驱动开关管。②使用开关电源专用控制芯片，如采用 UC3842 作为主回路的控制芯片。UC3842 是一种电流型脉宽调制电源芯片，价格低廉，广泛应用于电子信息设备的电源电路中，且外接元器件少，控制灵活，成本低。使用专用芯片能满足开关电源的要求，且控制方便，题目要求也允许，故可选择采用开关电源专用控制芯片。

(3)电感、高频变压器的设计

采用 Boost 电路时，要使系统电流工作在连续状态，则电路中的储能电感 L 的最小值 L_{min} 可按下式计算：

$$L_{min}=\frac{U_o}{2fI_o}\alpha(1-\alpha)^2 \tag{4-10}$$

式中：U_0 为 Boost 电路输出电压；f 为开关频率；I_o 为输出电流平均值；α 为导通比。

采用单端反激变换器时，其高频变压器兼有储能、限流、隔离的作用。该变压器可按以下步骤进行设计：确定变压器变比 K，计算最大占空比 D_{max}，选择磁芯(通常为铁氧体的 EE 型磁芯)，计算原边线圈匝数 N_1、原边峰值电流 I_1、原边电感量 L_1、副边线圈匝数 N_2、原副边线圈线径，核算磁芯窗口面积。具体设计方法可参考相关开关电源教材、手册。设计时要避免磁芯的饱和，磁芯饱和会在很短的时间内使开关管损坏。当单端反激变换器工作在连续方式时，变压器绕组中流有直流电流，则变压器磁芯必须有气隙存在，从而避免磁芯饱和。

(4)系统效率的提高

由于本开关电源对效率有要求，故应尽可能选用低功耗开关器件，如开关管为MOSFET，可选用导通压降较低(导通电阻较小)的管子。系统的其他器件也应选低功耗的，如显示部分的LED应采用功耗比较小的器件(如EDM1602等)。开关频率和MOSFET的功耗有较大的关系，频率太高，产生的开关损耗就大，本题中可选取电路的工作频率为30kHz。另外，在变压器、电感设计时也应考虑效率问题。采用软开关技术可以减少电力电子器件在开通和关断瞬间的损耗，从而提高系统的效率，但实际制作时会有一定的难度，由于本题要求的效率不是很高，可不采用这种方案。

参考文献

[1] 贺益康，潘再平．电力电子技术[M]．北京：科学出版社，2004.
[2] 潘再平，徐裕项．电气控制技术基础[M]．杭州：浙江大学出版社，2004.
[3] 王兆安，黄俊．电力电子技术[M]．4版．北京：机械出版社，2003.
[4] 张占松，蔡宣三．开关电源的原理与设计[M]．修订版．北京：电子工业出版社，2006.
[5] 全国大学生电子设计竞赛组委会．全国大学生电子设计竞赛获奖作品选编(2005)[M]．北京：北京理工大学出版社，2007.

第5章

以微处理器为核心的智能型电子系统的设计

5.1 概　述

所谓智能型电子系统，是指具有一定智能行为的系统，具体地说，若对于一个问题的激励输入，系统具备一定的智能行为，它能够产生适合求解问题的响应，这样的系统称为智能系统。例如，对于智能控制系统，激励输入是任务要求及反馈的传感信息，产生的响应则是合适的决策和控制作用。因此，从系统的角度来看，智能行为是一种从输入到输出的映射关系，这种映射关系并不一定能用数学的方法精确地加以描述。

以上虽然给出了智能系统的定义，但它没有提出一个明确的界限，规定什么样的系统才算是智能系统。事实上，即使是智能系统，其智能程度也有高低。一般认为，一个智能型电子系统应具备数据采集、处理、判断、分析和控制输出的能力，在智能化程度较高的电子系统中，还应该具备预测、自诊断、自适应、自组织和自学习控制功能。这些功能的实现是传统控制理论向纵深发展到高级阶段的产物，也是高智能化电子系统所应具备的几个主要的功能特点。

正是由于智能型电子系统研究的对象往往具有不确定性的模型、高度的非线性和复杂的任务要求，因而以经典控制理论和简单的逻辑控制电路与模拟电路组成的常规电子系统已难以甚至根本不可能解决复杂系统的控制问题。例如，在智能机器人系统中，它要求系统对一个复杂的任务具有自行规划和决策的能力，有自动躲避障碍运动到目标位置的能力。又如，在复杂的工业过程控制系统中，它除了要求对被控物理量实现定值调节外，还要求能实现整个系统的自动启停、故障自动诊断以及紧急情况的自动处理等功能。而这些问题在微处理器出现之前是不可能得到有效解决的。

随着电子技术的不断发展，集成电路芯片的集成度越来越高，特别是微处理器芯片的出现，以微处理器为核心的电子系统可以很容易地将计算技术与实用技术结合在一起，组成新一代的“智能型电子系统”。可以预测，随着计算机技术和智能控制理论的不断发展，智能型电子系统的智能程度也必将会越来越高。本章将只涉及以微处理器(单片式微处理器和嵌入式微处理器)为核心的智能型电子系统，而不涉及以微型计算机为核心的电子系统。

5.2　系统功能的软、硬件划分

一个智能型电子系统的设计，既有硬件设计任务，也有软件设计任务。系统功能的划分既包括应用系统的软、硬件划分，也包括软、硬件系统内各模块之间的功能划分。

智能型电子系统的硬件与软件之间有密切的相互制约的联系。在某些地方，可能要从硬件设计角度来对软件提出一些特定的要求；而在另一些地方则可能要以软件的考虑因素为主，对硬件结构提出一些要求或限制。还有一些情况，硬件和软件具有一定的互换性，有些由硬件实现的功能可以由软件来完成，反之亦然。较多地使用硬件来完成一些功能，可以提高工作速度，减少软件工作量；较多地使用软件来完成某些功能，可降低硬件成本，简化电路，但降低了系统运行速度，也增加了软件工作量。在总体设计时，可根据所研制产品或应用系统的功能、成本、可靠性和研制周期等要求来确定软、硬件功能的划分。

(1)根据应用系统速度要求来划分软、硬件功能

在绝大多数智能型电子系统中，划分软、硬件功能往往是由应用系统运行速度所决定的。如要提高速度则意味着增加硬件线路和提高成本。在系统对速度没有过高要求的情况下，可以考虑以软件换取接口硬件的简化，从而降低硬件成本。

以单片机系统为例，单片机的时钟频率一般在 6～12MHz 左右，执行一条指令至少需要一个机器周期，而完成任何一项工作，需要若干条指令，这就是说单片机操作系统比数字逻辑电路(无论是组合电路还是时序电路)慢得多。如果应用系统中某一项任务的执行时间要求少于 10μs，就得采用数字逻辑电路或位片机方案。否则如采用确能完成此项任务的高速微处理器系统，则会造成浪费。

智能型电子系统的速度在很大程度上受数据传送速度和数据处理速度制约。数据传送速度主要是微处理器和输入、输出设备数据传输匹配问题。当智能型电子系统处理某一问题速度不匹配时，修改数据传输程序起到的作用往往微乎其微。一般来说，这类问题主要靠增添硬件或改变系统硬件来解决，如采用 DMA 或设计主从式多机系统(主机负责处理数据，从机负责外设数据传送)。数据处理速度是指微处理器得到数据之后能多快地处理数据。由于单片机不是为解决复杂数据处理而设计的，它主要是用于控制，不管算法多么巧妙，运算总得占用大量计算时间，而且计算程序大都是用汇编语言编制的，这将耗费大量人力来编制调试程序，代价相当昂贵。要解决复杂数学运算问题只有采用专用硬件运算芯片电路或其他微处理器。

解决系统速度问题的一个简单方法是在同一个系统中选用几个微处理器，各 CPU 分担一定的系统任务。

当用软件来完成某一控制功能时，必须使程序执行时间不超过控制要求所允许的时间范围并保证留有余量，以免系统不可靠，否则就必须设法将这部分功能用硬件来实现。

(2)根据成本来选择软、硬件方案

智能型电子系统研制费用包括硬件研制费用和软件研制费用，以及对整个系统进行软、硬件选择，研制工具、文件资料，编制文件，设计调试，仪器使用等实现系统功能的一切成本费用。软件的研制费用不仅有设计师所花费的脑力劳动报酬，还有各种调试工具、消耗品等费用。软

件费用的特点是研制费用昂贵，复制费用低廉。在批量生产的产品研制中，应尽可能利用软件复制费用低的特点，采用软件代替硬件，降低成本。小批量或单件产品不宜采用软件代替硬件的办法，这会增加软件研制费用，只有在大批量生产或可直接利用已成熟的原理或软件来替代硬件时才有价值。反之，在小批量研制中往往采用增加硬件以降低软件成本。

(3)根据可靠性要求来选择软、硬件方案

硬件线路越复杂，应用系统可靠性就越差。因此尽可能减少硬件线路在应用系统中的比例，采用软件替代硬件功能，是提高可靠性的一个好办法。当然，在许多特殊场合，如军用系统及在各种恶劣环境中使用的系统，往往采用硬件冗余线路来提高系统可靠性。

(4)根据研制周期要求来选择软、硬件方案

为了加快智能型电子系统的研制速度，应尽量考虑采用各种标准软、硬件或利用已有成熟的软、硬件来完成应用系统的功能，而不必拘泥于前面所述细节。

5.3　以单片机为核心的智能型电子系统的设计

5.3.1　单片机系统软件开发

一台通用的微处理器系统之所以能应用于不同场合，不仅是因为它所连接的外围设备不同，更主要的是因为支持它的软件各不相同，因而微处理器才有如此广泛的应用。单片机应用系统的开发也是一样，除了必须注意硬件电路的正确设计与连接外，更重要的工作是系统软件开发。

5.3.1.1　软件的作用

在设计智能型电子系统时，在性能指标允许的条件下，有经验的设计者往往采用最简单的硬件线路加上巧妙的软件处理方法，来简化甚至是完全代替原来由硬件线路实现的功能。精简硬件能降低成本、减小体积，有利于减少故障发生，同时还可降低对电源与冷却系统的要求，增强系统可靠性和灵活性，这在批量较大的产品设计中尤为如此。在软件设计中几种常用的方法如下：

(1)采用软件加少量硬件来简化系统结构，节省硬件费用

例如在输入、输出端口处理时，为了使输入、输出端口为最少，可以先在硬件上把一些不相关的输入、输出信号按微处理器字长(通常是 8 位、16 位、32 位等)拼装在一起，组成最少的输入、输出端口，然后在应用时采用软件方法进行拼装或位分离，分别实现各自端口的输入、输出功能。又如在系统速度满足要求时，当单片机的串行接口空余而又需要并行输入、输出接口时，可采用串行输入、输出来代替并行输入、输出接口的扩充，以节省硬件线路。在系统 I/O 口多余时，可采用软件扫描的方法实现键盘输入和显示输出。利用系统内的 D/A 转换器，用软件控制输出构成任意形状的波形发生器等。

(2)完全用软件代替硬件电路功能

例如用软件运算或用查表的方法来替代各种运算模块电路,如加法、乘法、除法电路,各种函数运算电路以及各种数字编码电路、译码电路等;用查表方法来实现编码器或译码器电路还具有随时修改的便利。另外,在键盘、开关、按键等输入处理场合可用软件等待延时的方法取代硬件消抖线路;在中断中采用软件查询或中断散转技术来简化硬件中断线路;用软件方法在输出口某一位送“1”,经过程序延时,再在该位送“0”,实现脉冲发生器功能;在实现脉冲发生器的基础上,只要加上一些波形产生定形电路,就能方便地实现各种变化频率的波形;利用软件延时、计数的方法可以实现定时器/计数器电路功能,在实现定时的基础上,采用软件加以移位或除法处理,又能实现分频器功能。利用软件还可代替一些逻辑门电路、触发器及移位寄存器等硬件电路的功能,利用软件延时或分时办法还可实现硬件缓冲器及其他速度转换匹配接口电路功能。

但在某些场合,利用软件取代硬件也不是最佳的,尤其是在对速度、频率有严格要求的条件下,用软件来实现所要求的功能就很难甚至是不可能的。应该对软、硬件的特点、优缺点有一个全面的理解,正确指导自己的设计工作。例如:用软件和硬件都可以实现定时功能,但在定时时间较长时用硬件方法需增加定时器的级联数目,而软件定时只需增加几个存储单元,且定时时间的调整也非常方便;反之,如果定时时间短到只有几条指令的执行时间,则用软件定时就难以保证定时精度,而在定时时间小于一条指令的执行时间时就只能采用硬件方法定时了。

5.3.1.2 软件应具有的特点

一个优秀的应用系统软件应具有以下特点:

① 软件结构清晰、简捷,流程合理。

② 各功能程序实现模块化、子程序化。这样既便于调试、连接,又便于移植、修改。

③ 程序存储区、数据存储区规划合理,既能节约内存容量,又使操作方便。

④ 运行状态实现标志化管理,各功能程序运行状态、运行结果以及运行要求都设置了相应的状态标志以便于查询。程序的转移、运行、控制都可通过对状态标志条件的判断来控制。

⑤ 实现全面软件抗干扰设计,以提高应用系统的抗干扰能力。

5.3.1.3 软件的开发内容和步骤

应用软件开发的最终要求是在试验样机的程序存储器中存入能满足功能要求的应用程序机器码,所以应用软件的开发应包括如下内容:编写应用软件源程序,把源程序翻译为机器码,对应用程序进行排错、调试,把应用程序机器码固化在程序存储器中等。

(1)编写应用程序

嵌入式系统和单片机本身无编程能力,需要借助于其他开发工具来进行编程;而微型计算机系统已提供了较完备的硬件配置和软件操作系统,只要安装相应的编程软件即可进行应用软件的开发。根据开发工具性能,可以有机器语言、汇编语言和高级语言三种编程方式。

用机器语言编程是通过直接输入十六进制机器码的方法来编程的。这种方法在早期的应用系统开发中曾使用过,目前很少有人采用了。

用汇编语言编程是目前单片机应用系统中最常见的编程方式。源程序一般在PC机上通过各种编辑软件进行编辑并储存在磁盘上产生源文件,再通过编译程序将源文件翻译为机器码,供系统使用。用汇编语言编程比较麻烦,容易出错,程序也比较冗长。

用高级语言编程是近年来发展起来的一种编程方式。Intel公司在IBM PC微机上配备了PL/M-51,PL/M-96等交叉编译程序,也可以利用第三方提供的C语言程序对MCS-51,MCS-96系列单片机以及嵌入式微处理器进行编程。在某些微处理器在线仿真器中也固化了高级语言编程系统,可以方便地用高级语言编写程序。用高级语言编程的特点是程序短,特别适合在数值计算及非实时控制中使用,可以方便地编写出大规模的应用软件程序。

(2)把应用程序翻译为机器码

将汇编语言或高级语言编写的应用程序(源程序)翻译成能直接执行的机器码(目标程序)的过程称为编译。编译的过程实质上是对源程序进行对照翻译工作,目前的翻译工作一般是在PC机上由编译程序来完成的。

(3)对应用程序进行排错、调试

常用的排错、调试方法有两种:一是用开发装置与试验样机联机,提供排错、调试手段;另一种方式是在计算机上对应用程序进行模拟调试。

开发装置一般都提供了丰富的调试功能:

※ 单步运行　使所编制的程序指令执行一条后停止下来,以便程序员检查试验样机的状态,借以判断程序运行是否正常,然后再单步执行下一条指令。

※ 断点运行　在应用程序中设置断点,使得当程序执行到断点处时停止,供程序员检查试验样机和程序中的错误。

※ 跟踪运行　应用程序指令一条一条地执行,每执行一条指令都同时显示指令地址、部分数据或I/O口信息。调试者可随时停止程序执行,对各种信息进行检查、修改。

※ 全速运行　实时地运行用户程序,可以检查用户程序最终执行结果。

※ 夭折处理　在全速运行时提供人工干预的手段,对于检查程序死循环或出现死机等故障的原因特别有用。

※ 检查和改变存储器、寄存器和I/O口状态　可以改变各种运行条件继续进行程序排查。

※ 符号化调试　提供了一种方便快捷的调试手段。

模拟调试是在计算机上创造一个模拟目标系统的模拟环境,把编写好的程序在这个环境下运行,进行排错、调试。这种方法对微处理器的开发来说简单易行,它不需要任何在线仿真器,也不需要试验样机,但对于复杂系统的环境模拟存在一定的难度。

(4)应用程序的固化

对于微型计算机和嵌入式系统而言,可以把经过在线仿真、调试好的程序机器码拷入磁盘,在需要运行时调入系统内存即可。对于单片机系统而言,则需通过固化设备将机器码固化到单片机芯片内部,或固化到片外的程序存储器中(通常是EPROM,EEPROM,FLASH ROM等)。把固化了的程序存储器芯片插入试验样机的程序存储器插座,让系统在真实环境中运行。如果还有问题出现,再重复前面几步的开发过程,直至运行结果完全满足系统功能要求,整个软件开发工作就算完成了。

5.3.1.4 软件程序的编写方法

程序是计算机命令(语句)的有序集合,程序编制的一般步骤如下:

(1)了解待设计的应用程序的硬件环境

为了保证应用程序设计工作的顺利进行,减少工作量,在开始程序设计之前应对应用系统的硬件环境与微处理器的结构原理、应用特征及开发工具的环境条件等状况进行充分的了解。必要时需将一些重要参数及应用特征制成卡片，以便在编制程序时查找。

①应用系统硬件环境

与应用程序编制有关的硬件环境有以下几个方面：

※ 地址选择　在微处理器之外扩展的存储器（包括 RAM，ROM），扩展 I/O 口，外围芯片及外围设备都是通过地址总线统一编址，微处理器通过对某一地址的读写操作来完成对相应外设的控制。在编写程序时应了解各外设地址的分配情况。

※ 控制信号配置与时序模拟　程序存储器、数据存储器扩展时有规定好的控制信号，在指令执行时能自动生成所需要的控制信号。对于一些时序要求与微处理器不相匹配的芯片的使用，要利用微处理器的控制信号或 I/O 口来模拟这些芯片的控制信号时序要求，必须安排适当的指令来实现。

※ 外围芯片及设备的状态控制　微处理器系统的所有外围芯片及外部设备都有保证正常运行的初始化设定、时序控制、命令字输入、状态查询等要求，应用程序设计必须满足这些要求。

②微处理器与程序设计有关的主要应用特征

※ 存储空间特性　包括程序存储器空间、数据存储器空间及 I/O 地址空间的大小与分配情况。

※ 程序存储器、数据存储器及 I/O 接口的寻址方式。

※ 程序状态寄存器（PSW）　PSW 提供了指令执行的结果标志，利用对 PSW 的查询，可以控制程序的运行。

※ 特殊功能寄存器（SFR）　对微处理器芯片内部集成的各种功能部件的使用是通过对 SFR 的读写操作来完成的，因此，要十分熟悉 SFR 的功能特点及设置方法。

※ 中断控制及入口地址　中断技术提供了程序非顺序执行的可能。充分利用微处理器的中断功能有利于提高处理器的运行效率，也为解决系统运行时所出现的某些随机事件及编程方便提供了可能。

※ 复位状态　复位状态也是系统上电后、程序运行前的初始状态。软件系统应根据要求做必要的进一步初始化工作。

③开发工具环境状况

与应用程序设计、调试与开发有关的环境应能满足应用程序开发的最低要求：

※ 开发工具能实现程序指令及相关数据的输入、查询和修改，能实现查询调试的单步、连续及断点运行。

※ 有仿真功能，实现用户应用系统的仿真调试及用户环境运行。

※ 具有 EPROM/FLASH ROM 的程序固化功能。这对开发单片机应用系统是必不可少的。

※ 有输入程序的保存、转储和文本打印功能，便于程序调试。

（2）根据系统要求分析要解决的问题

分析问题就是全面理解待设计的问题，要把解决问题所需条件、原始数据、输入输出信息、运行速度要求、运算精度要求和结果形式等搞清楚。对较大问题的程序设计，一般还要用某种形式描绘一个“工艺”流程，以便于对整个问题进行讨论和程序设计。“工艺”流程是指用表格、曲线、框图等手段描述问题或问题的特征过程。

(3)建立数学模型

对于较复杂的问题需要建立数学模型，这是把问题向能够用计算机处理的形式转化的第一个步骤。建立数学模型是把问题数学化、公式化。有些问题比较直观，可不去讨论数学模型问题；有些问题符合某些公式或某些数学模型，可以直接利用；亦有些问题没有对应的数学模型可以利用，需要建立一些近似数学模型来模拟问题。由于计算机的运行速度很快，所以运算精度可以很高，近似运算往往可以达到比较理想的精度。

(4)确定算法

建立数学模型后，许多情况下还不能直接进行程序设计，需要确定符合计算机运算规律的算法。例如求三角函数值的幂级数展开式、计算机绘图的插补方法、闭环控制的 PID 调节算式等算法。推敲算法就是力求把复杂的处理过程归纳成适合计算机处理的、尽可能简单的、重复的判断和处理。

(5)绘制程序流程图

程序流程图是用箭头线段、框图及菱形图等画法符号绘制的一种图。它能够把程序内容直接描述出来，因此，在程序设计中应用很普遍。

设计流程图一般是先设计系统流程图，确定系统的总体结构和操作控制过程。系统流程图中的每个部分其实就是一个功能模块，这样就很自然地把整个设计任务划分为对各个功能模块的要求。接着就可以逐个设计功能模块的流程图，即人们常说的程序框图。

流程图的优点是直观。设计者可以从图上直接观察整个系统，推敲各部分之间的逻辑关系，排除设计错误，并对共用的部分加以合并和化简。在程序编好甚至调试通过后常需对最初设计的流程图进行整理、修改和补充，形成完整的软件资料，以利于日后的维护和交流。

(6)编写程序

程序编制就是按计算机语法规定书写通过计算机解决问题的指令的过程。编制程序应按指令系统语法规则进行，同时还要注意程序的结构，使之成为模块化、通用子程序结构，程序的结构要层次简单、清楚、易读，便于维护。

在微处理器系统中，有许多典型的程序结构形式，如顺序程序、分支程序、循环程序、查表程序、散转程序和子程序与中断服务程序等。下面所列举的程序采用 MCS-51 单片机指令系统编制，对于其他类型微处理器，编写方法类似。

①顺序程序

顺序程序就是按顺序逐条执行的程序，是一种最简单的程序类型。

例 5.1　用数据运算指令，将存于内部 RAM 中 ADRS1 和 ADRS2 的两个 16 位数相加，并存入 ADRS3 中。

(a)这是一个 16 位数相加的问题，对于 8 位的单片机系统必须考虑低 8 位相加后产生的进位问题。

(b)根据 MCS-51 指令系统，可以将 16 位数分成低 8 位和高 8 位进行两次加法操作，分别使用不带进位加法和带进位加法指令。

(c)绘制程序流程图，如图 5-1 所示。

(d)程序编制如下：

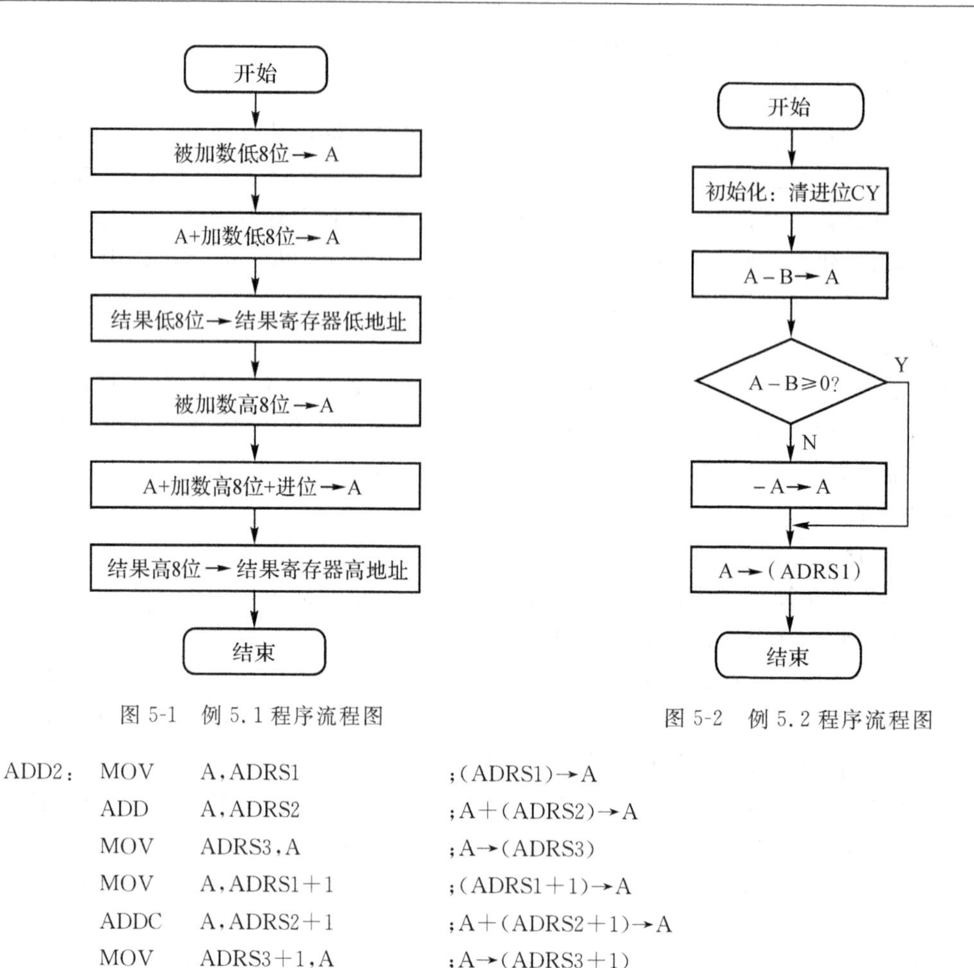

图 5-1 例 5.1 程序流程图

图 5-2 例 5.2 程序流程图

```
ADD2:  MOV    A,ADRS1        ;(ADRS1)→A
       ADD    A,ADRS2        ;A+(ADRS2)→A
       MOV    ADRS3,A        ;A→(ADRS3)
       MOV    A,ADRS1+1      ;(ADRS1+1)→A
       ADDC   A,ADRS2+1      ;A+(ADRS2+1)→A
       MOV    ADRS3+1,A      ;A→(ADRS3+1)
```

②分支程序

分支程序是利用条件转移指令，使程序执行到某一指令后，根据条件是否满足来改变程序的执行次序。这类程序使计算机有了判断作用。

例 5.2 求累加器 A 和寄存器 B 中两个无符号数之差的绝对值，结果放在寄存器 ADRS1 中。

(a)此题中相减的两个数是不知道的，如果差值是非负数，则结果即所求绝对值；如果差值是负数，则可将结果取反加 1 即得到正确结果。

(b)根据指令系统提供的程序状态字寄存器 PSW 进行相减判断，即可解决问题。图 5-2 是该例的程序流程图。

(c)根据流程图编制程序如下：

```
SUBA: CLR   C           ;0→CY
      SUBB  A,B         ;A-B→A
      JNC   NEXT        ;A-B≥0 跳转
      CPL   A           ;否则 A 取反
      INC   A           ;A+1→A
NEXT: MOV   ADRS1,A     ;A→(ADRS1)
```

③循环程序

循环程序是强制 CPU 重复执行某一程序段指令的一种程序结构形式。凡是要重复多次处理的问题都可以按循环结构设计。循环结构程序简化了程序书写形式，而且减少了程序所占内存空间。值得注意的是循环程序并不简化程序执行过程，相反，由于增加了一些循环控制等环节，总的程序执行时间会有所增加。

一个循环程序一般由初始化、循环体、循环控制和循环结束处理四个部分组成，如图 5-3 所示。

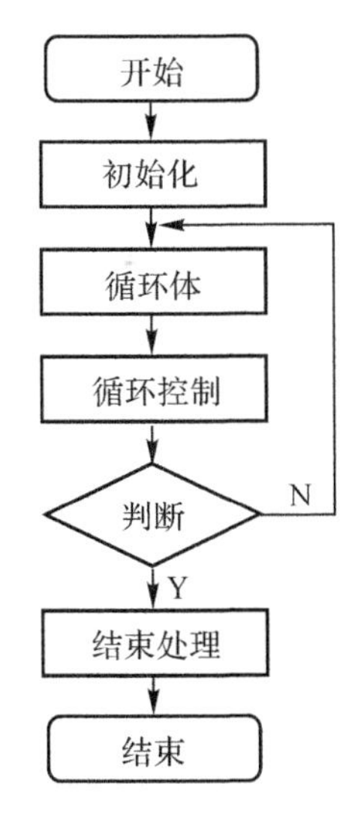

图 5-3　循环程序基本结构框图

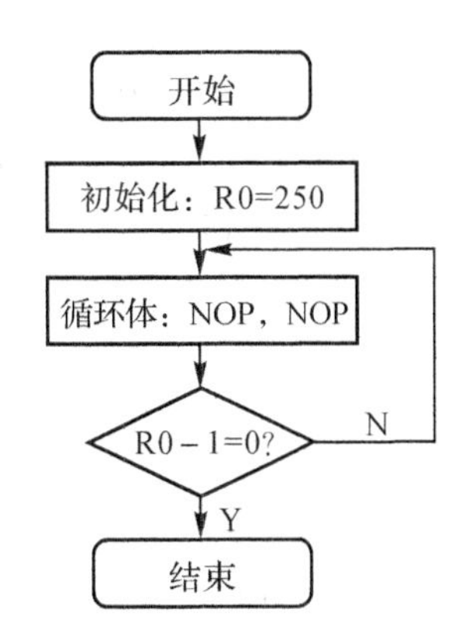

图 5-4　例 5.3 程序流程图

循环程序分为单循环和多重循环，循环控制的方式有计数控制和条件控制两种。计数控制事先已知循环次数，每次循环进行计数，当计数值达到设定值时结束循环；条件控制事先不知道循环次数，在执行时通过判定某种条件真假来达到控制循环的目的，用来判定的条件可以是事先设定的二进制位的状态，也可以是程序运行的状态标志或是由外界干预、测试得到的开关状态。

例 5.3　要求设计一个软件延时程序，延时时间约为 1ms。

(a)此题可以利用指令执行的时间产生延时作用，但由于每条指令执行时间约几个微秒，不足以达到 1ms，可用循环的方法来实现较长时间的延时。

(b)程序流程图如图 5-4 所示。在这个框图中，初始化确定了循环体的循环次数。假设晶振频率为 12MHz，由于单片机一个机器周期包含 12 个振荡器周期，因此每个机器周期恰为 $1\mu s$，而循环体中三条语句所需执行时间为 $1+1+2=4(\mu s)$。根据下列公式算出循环次数为

$$X=\text{延时时间}/\text{一次循环时间}=1ms/4(\mu s/\text{次})=250\ \text{次}$$

(c)程序编制如下：

```
DELAY:MOV    R0,#250        ;设定计数值
LOOP: NOP                   ;空操作
      NOP
      DJNZ   R0,LOOP        ;循环控制
```

```
        RET
```

④查表程序

智能系统中经常用查表的方法处理问题。如通过查表进行代码转换、求函数值、对测量的数据进行线性化校正、识别和响应键盘命令、访问文件或记录等。设计查表程序，一方面要善于组织表格，使之具有一定的规律，便于计算查找；另一方面要会灵活地使用各种查表方法，迅速准确地查到所需数据。

例 5.4 用查表法获得数字 0～9 的共阴极 LED 段选码。已知待显示数据置于累加器 A 中，要求相应段选码存于寄存器 B 中。

(a)首先要构造一个 10 个数据的段选码表格，依次填放 0～9 这 10 个数字的对应段选码，该表格存放在以 ADRS 为首地址的程序存储器中，可以防止表格内容的丢失。

(b)程序流程图如图 5-5 所示。程序采用计算表格法，用 DPTR 作基址寄存器，用 MOVC A,@A+DPTR 基址加变址的寻址方法，方便地查找索引值为 A 的表格内容。

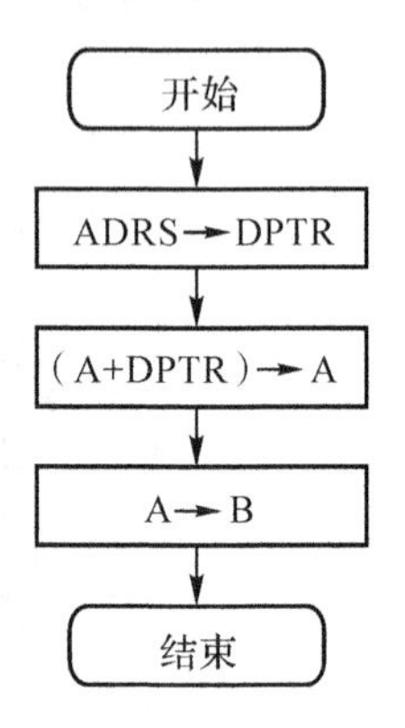

图 5-5 例 5.4 程序流程图

(c)程序编制如下：

```
FIND: MOV     DPTR,#ADRS       ;设定基址
      MOVC    A,@A+DPTR        ;求索引 A 的表格值
      MOV     B,A              ;A→B
      RET
      ORG     ADRS             ;构造表格
      DB      3FH,06H,5BH,4FH,66H
      DB      6DH,7DH,07H,7FH,6FH
```

⑤散转程序

散转程序是一种并行分支程序，它是根据某种输入或运算结果，分别转向各个处理程序。

例 5.5 根据寄存器 R1 的内容，将程序转向各相应的处理程序。

(a)此题可直接使用散转指令 JMP @A+DPTR。由于 A 可容纳的最大不同字节数为 256，在以 DPTR 为首地址的 256 个程序存储单元中一般不可能容纳 n 个分支处理程序。因此，可将这个区域只存放 n 个分支处理程序的转移指令表。采用 AJMP 转移指令需占用两个字节。

(b)程序流程图如图 5-6 所示。

(c)根据流程图编写程序如下：

```
GOTB:  MOV    DPTR,#TABLE      ;指向散转指令表
       MOV    A,R1             ;R1→A
       ADD    A,R1             ;每个转移指令占两个字节
       JNC    NEXT             ;当 R1×2≥256 时
       INC    DPH              ;将转移表增加一页
NEXT:  JMP    @A+DPTR          ;跳到转移指令表
TABLE: AJMP   PRG1             ;转移指令表
       AJMP   PRG2
       ...
```

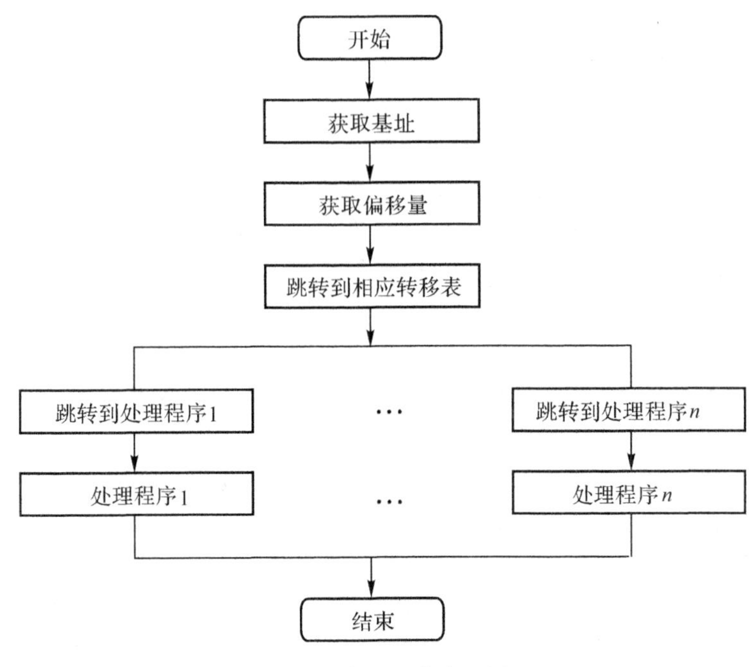

图 5-6　例 5 程序流程图

```
        AJMP    PRGn
PRG1:   ...                     ;处理程序 1
        ...
        RET
PRG2:   ...                     ;处理程序 2
        ...
        RET
        ...
PRGn:   ...                     ;处理程序 n
        ...
        RET
```

散转程序也可以利用查表程序来实现。散转时，使用查表程序获得相应内容的转向地址，并把它装入 DPTR 中，然后清累加器 A，再用 JMP @A+DPTR 直接转向各个分支处理程序。

⑥子程序与中断服务程序

子程序与中断服务程序都是可以被调用的一段相对独立的程序段，它们在功能与结构上有相似之处。但中断程序的调用是由中断系统执行的，它与主程序无直接关系，而子程序的调用是由主程序安排设定的，确切地说是被父程序调用的。编写中断服务程序的目的是为了能处理一些随机发生的中断事件，而编写子程序的目的是为了处理一些具有公用性、复杂性或相对独立性的问题。这种结构给程序设计与调试带来许多方便。

在设计子程序与中断服务程序时应注意的问题：

(a)程序调用与返回　子程序的调用与返回由 CALL 和 RET 指令实现，有近程调用和远程调用、直接调用和间接调用之分；中断服务程序是由中断系统调用的，返回则由 RETI 指令实现。

(b)现场保护与恢复　调用子程序(或中断服务程序)后,CPU 处理权转到了子程序。在转到子程序前,CPU 有关寄存器和内存有关单元是父程序的工作现场,若这个现场信息还有用处,那么必须设法保护这个现场。保护现场的方法很多,多数情况是在子程序前部操作完成现场保护,再由子程序后部操作完成现场恢复。现场信息可以压入堆栈,或传送到不被占用的存储单元,也可以避开这些有用的寄存器或存储单元,达到保护现场的目的。

恢复现场是保护现场的逆操作,只有正确恢复父程序现场,父程序才能在调用点后继续正确运行。

(c)参数传递　参数传递是指主程序与子程序之间相关信息或数据的传递。参数传递方式有寄存器传递、内存单元传递或堆栈区传递。传递参数需要父程序与子程序默契配合,否则会产生错误结果,或造成死机。

(d)子程序说明　由于子程序有共享性,可被其他程序调用。因此,每个子程序应有必要的使用注释,它包括子程序名、功能、技术指标(如执行时间等)、占用寄存器和存储器单元、入口/出口参数、嵌套哪些子程序等。

(e)子程序调用技巧　常用的子程序调用技巧有子程序嵌套、子程序递归、可重入子程序和协同子程序的调用。子程序嵌套是子程序调用子程序的过程;子程序递归是子程序调用自身的过程;可重入子程序是子程序被调用后没有执行完又被另一程序重复调用,这种形式一般发生在多用户系统或中断系统中;协同子程序是两个以上子程序协同完成一项任务,且又相互调用,直到任务结束。

例 5.6　设计一个软件延时程序,要求延时时间为 1s 左右。

(a)在例 5.3 中延时 1ms 程序增加相应的现场保护和恢复内容就可作为本例的子程序进行调用,再通过循环结构形成延时 1s 的子程序,该子程序具有嵌套的结构。

(b)图 5-7 为该例的程序流程图,其中延时 4ms 是通过调用 4 次 1ms 延时程序实现的,以减少寄存器和循环嵌套的数量。

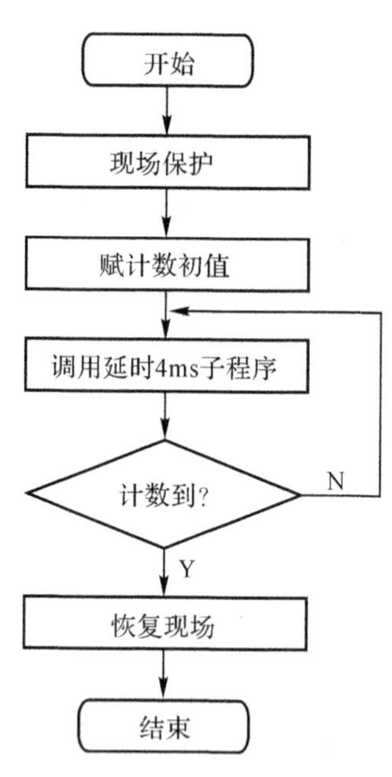

图 5-7　例 5.6 程序流程图

(c)根据流程图编写程序如下:

```
DELAY1S:    PUSH    PSW          ;保护现场
            PUSH    R0
            MOV     R0,#250      ;延时次数
LOOP1S:     ACALL   DELAY        ;调用延时 1ms 子程序
            ACALL   DELAY
            ACALL   DELAY
            ACALL   DELAY
            DJNZ    R0,LOOP1S    ;循环
            POP     R0           ;恢复现场
            POP     PSW
            RET                  ;返回
```

```
DELAY:    PUSH    R0          ;保护现场
          MOV     R0,#250     ;延时次数
LOOP:     NOP
          NOP
          DJNZ    R0,LOOP
          POP     R0          ;恢复现场
          RET
```

5.3.2　单片机系统硬件设计

单片机应用系统的硬件组成包括单片机基本系统和各种通道接口。其中单片机基本系统又包括单片机最小系统和扩展部分，这部分内容在不同应用系统中基本相同，具有典型结构；而各种通道接口又有前向通道、后向通道、人机通道和相互通道等，这部分内容视不同应用系统而不同，不是所有应用系统都具有这四种通道。

5.3.2.1　单片机最小系统组成

单片机最小系统是指能使系统运行的最小硬件配置电路。单片机 CPU 本来应该是一个最小系统，但由于系统中有一些功能器件（如晶振、复位电路等）无法集成到芯片内部，因此，最小系统的组成中一般都包含晶振和复位电路，如图 5-8(a)所示。对于没有片内 ROM/EPROM 的单片机，还应配置片外程序存储器。图 5-8(b)是片内无程序存储器的单片机最小系统，它除了包括单片机、时钟和复位电路外，还利用单片机的外部总线扩充了一片程序存储器。为了实现单片机与程序存储器的时序配合，使用了一片 74LS373 锁存器作为接口，该电路也是最简单的通过总线进行系统扩展的电路。

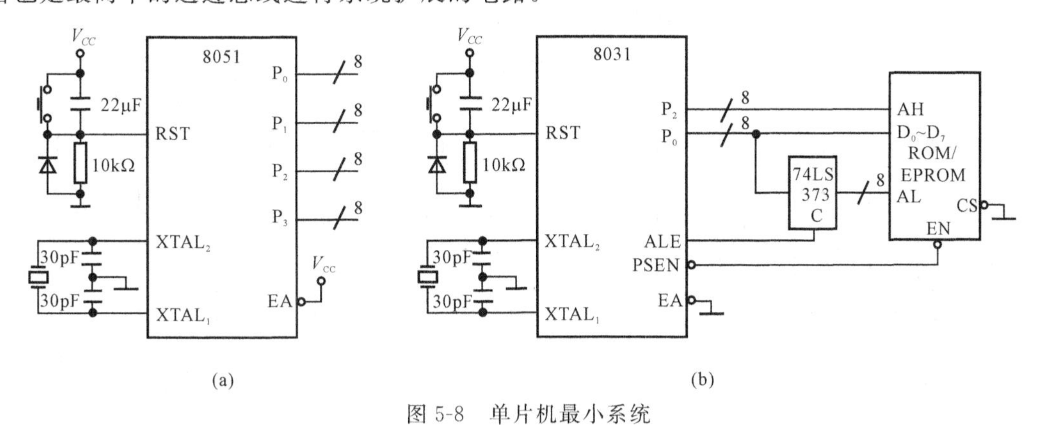

图 5-8　单片机最小系统

5.3.2.2　单片机最小系统扩展

通常情况下，单片机的最小系统最能发挥单片机性价比高的优点。但在许多情况下，构成一个复杂功能的系统需要连接各种外部设备，形成各种接口通道，最小系统往往不能满足要求。因此，系统扩展是单片机应用系统硬件设计中最常遇到的问题。

单片机的系统扩展包括程序存储器(ROM/EPROM)扩展、数据存储器(RAM)扩展、输入/输出口(I/O 口)扩展、定时/计数器扩展、中断系统扩展及其他特殊功能扩展。由于单片机

具有很强的外部扩展能力，外围扩展电路芯片大多是一些常规芯片，因此扩展电路及扩展方法都较为典型、规范，用户很容易通过标准电路来构成较大规模的应用系统。

(1)程序存储器扩展

在单片机系统扩展中涉及最多的是程序存储器扩展，虽然程序存储器扩展方法较为简单容易，但扩展时还需掌握以下几方面内容：

①可分配地址空间

例如在 MCS-51 系列单片机系统中，程序存储器可占用 0000H～FFFFH 的程序存储器空间。虽然地址可与数据存储器或 I/O 口重叠，但它们实际上是两个相互独立的存储空间。硬件上程序存储器使用$\overline{\text{PSEN}}$而不是用$\overline{\text{RD}}$控制读操作；软件上用 MOVC 而非 MOVX 执行读操作命令。

②地址译码电路

由于大规模集成电路的发展，程序存储器使用芯片的数量愈来愈少，往往可由一两片芯片组成，因此地址译码多采用直接接地或用反相器产生片选信号的方式。但值得注意的是，由于程序机器码在存储空间中需要连续放置，因而各存储器占用的程序存储器空间必须相互连续。在扩充多片程序存储器时一般都使用译码器进行地址译码，以获得地址范围连续的而又不相重叠的片选信号。另外，分配给程序存储器的地址范围必须包含单片机的启动地址。

③程序存储器扩展方法

程序存储器与其他接口扩展芯片共用地址总线、数据总线和部分控制总线。所使用的控制总线有：ALE——低 8 位地址信号锁存控制，$\overline{\text{PSEN}}$——外部程序存储器读控制。

图 5-9 是 EPROM 程序存储器基本扩展电路。如果系统只需扩展一片 EPROM，可将 EPROM 的片选端$\overline{\text{CS}}$直接接地，如图(a)所示；如果扩展两片 EPROM，则可利用高位地址线作 EPROM(1)的片选，该信号经反相作 EPROM(2)的片选，如图(b)所示。

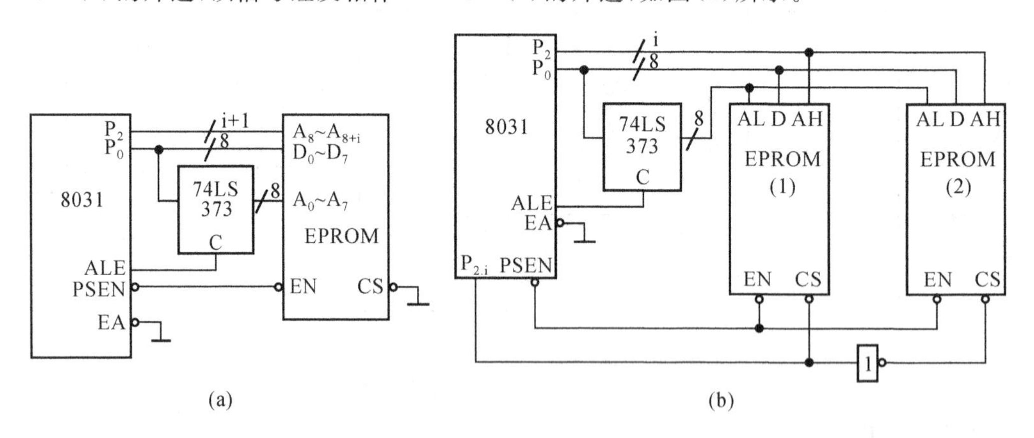

图 5-9 EPROM 程序存储器扩展电路

④常用程序存储器芯片

单片机应用系统中用得最多的是 Intel 公司的典型系列芯片 2716(2K×8)，2732(4K×8)，2764(8K×8)，27128(16K×8)，27256(32K×8)和 27512(64K×8)等。由于近年来大容量 EPROM 芯片不断涌现，使 2716，2732 等小容量 EPROM 芯片面临减产、价高的局面，因而在单片机应用系统扩展程序存储器时多使用 2764 以上的大容量芯片。另外，虽然 Intel 公司的通用 EPROM 芯片有一定的兼容性，但各种型号之间还可以有不同的参数，在使用时应注意 EPROM 的主要应用参数，如最大读出速度、工作温度、电压容差等，这些参数可在相关手册中查到。

(2)数据存储器扩展

在单片机应用系统中，最常用的数据存储器是静态随机存取存储器 SRAM，在扩展时应考虑以下几个方面问题：

①存储器地址空间

在 MCS-51 单片机中，数据存储器与 I/O 口实行统一编址，共用 0000H～FFFFH 间的 64K 地址空间。任何扩展的数据存储器、I/O 口及外围设备都不能占用相互重叠的地址空间，但可以和程序存储器地址重叠。

②数据存储器读写控制

数据存储器与 I/O 口使用$\overline{RD}$和$\overline{WR}$进行读/写控制，而地址总线和数据总线则与程序存储器共用。与外部数据存储器或 I/O 口读写操作有关的指令是 MOVX @DPTR，A 和 MOVX A，@DPTR 两类。

③数据存储器扩展方法

图 5-10 是数据存储器扩展基本电路。由图可见，数据存储器的扩展方法与程序存储器扩展基本相同，只是在读写控制上使用了不同信号和不同指令。

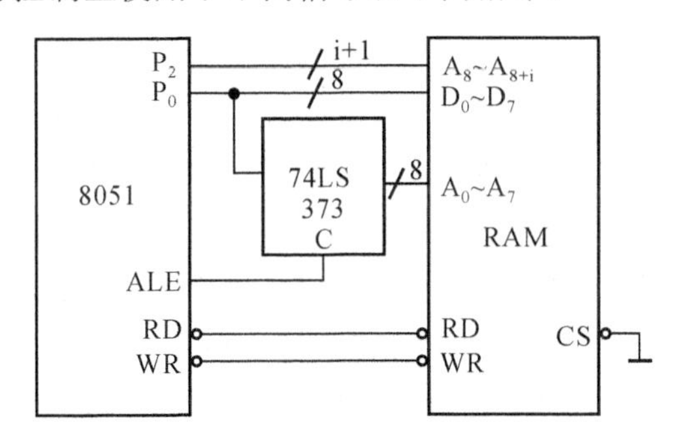

图 5-10 数据存储器扩展电路

④常用数据存储器芯片

常用数据存储器芯片有 SRAM 6116(2K×8)，6264(8K×8)和 62256(32K×8)等。另外，电可擦除只读存储器 EEPROM 2816(2K×8)，2864(8K×8)等也可作为数据存储器使用。

(3)输入/输出口(I/O 口)扩展

单片机本身能提供一定数量的 I/O 口，但这些 I/O 口中的许多口线都有复用功能，当这些口线被复用功能占用后，留给用户系统的 I/O 口就不会很多。因此，在大部分单片机应用系统设计中都不可避免地要进行 I/O 口扩展。在进行 I/O 口扩展时应考虑以下问题：

①I/O 口寻址空间

在 MCS-51 单片机应用系统中，扩展的 I/O 口与数据存储器占用统一编址的 64K 存储空间，而与外部程序存储器空间无关。指令上扩展 I/O 口采取与数据存储器相同的寻址方式，地址总线、数据总线与控制总线的连接也与数据存储器相同。

②单片机提供的I/O口

单片机提供的I/O口在复用功能未被使用的情况下，这些口线可作普通的I/O口使用。例如使用8051/8751等内部含有程序存储器而又在外部没有扩展任何外围芯片的情况下，单片机的P_0口和P_2口都可作为普通的I/O口使用。

③I/O口扩展方法

图5-11是用TTL芯片扩展的简单的I/O口电路。图(a)是用锁存器74LS273扩展的8位并行输出口。在通过数据总线扩展输出口时，锁存器被视为一个外部RAM单元，输出控制信号为$\overline{WR}$，使用MOVX @DPTR,A指令。当单片机向锁存器输出数据时，地址信号$P_{2.7}$和写信号$\overline{WR}$同时有效，使或门输出低电平接入锁存器的CLK端。当$\overline{WR}$由低变高时，锁存器CLK端的信号上升沿将数据总线上的数据锁存到输出端，完成输出操作。

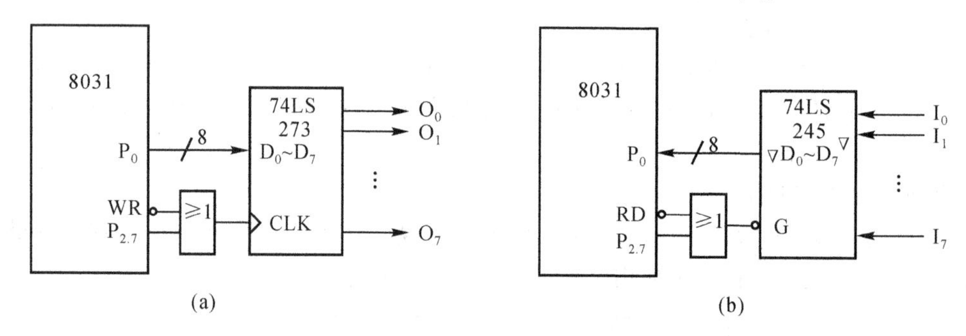

图5-11 TTL芯片扩展I/O口

图5-11(b)是用三态门74LS245通过数据总线扩展的8位并行输入接口。三态门由$P_{2.7}$和$\overline{RD}$进行逻辑或控制，当使用MOVX A,@DPTR指令时，单片机输出的地址信号和$\overline{RD}$信号经或门产生低电平信号，控制三态门打开，输入状态便可经数据总线送入单片机内部。

利用单片机的串行口和移位寄存器也可以扩展I/O口。这种I/O口是利用串行口把串行数据转换为并行数据，或是把并行数据转换为串行数据，因而这种扩展方法虽然速度较慢，但所扩展的I/O口不占用片外I/O口地址。图5-12(a)是利用并行输入串行输出移位寄存器74LS165扩展的8位并行输入接口电路。其中单片机的RXD作为串行输入端与74LS165的串行输出端相连，TXD端为移位脉冲输出端与74LS165的时钟输入端相连，控制74LS165数据输出节拍。单片机的1根I/O线(如$P_{1.0}$)用来控制移位与置数过程。

图5-12(b)是利用串行输入并行输出移位寄存器74LS164扩展的8位并行输出接口电路。单片机的RXD为串行数据输出端与74LS164的数据输入端相连，TXD为移位脉冲输出，与74LS164的时钟输入端相连，$P_{1.0}$用于清除74LS164的输出数据。

此外，I/O接口还可以通过专用接口芯片进行扩展，例如8255是可编程的并行I/O接口芯片，用它进行I/O扩展的电路如图5-13所示。

8255内部由数据总线驱动器，并行I/O端口，读/写控制逻辑和A组、B组控制块四个逻辑结构组成。8255的全部工作状态是通过读/写控制逻辑实现的。在单片机应用系统中，单片机提供的地址信号线A_0、A_1、数据信号线$D_0 \sim D_7$及控制信号线$\overline{WR}$，$\overline{RD}$控制着对8255的读写操作。

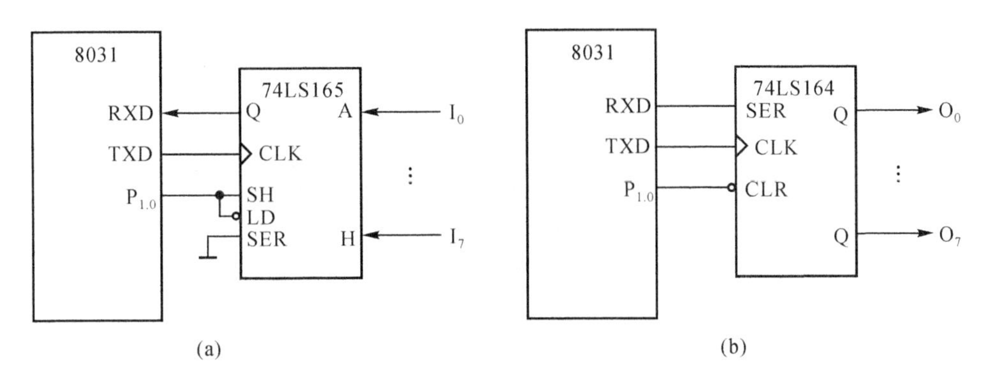

图 5-12　利用串行口扩展 I/O 接口电路

由于用可编程接口芯片扩展 I/O 口可以通过软件灵活方便地选择接口工作方式，因此在使用可编程接口芯片时除了要有正确的硬件连接外，还需在软件中增加相应的初始化操作。初始化的内容主要是根据应用需要对芯片的工作方式进行设定，使各口线工作在输入或输出状态。

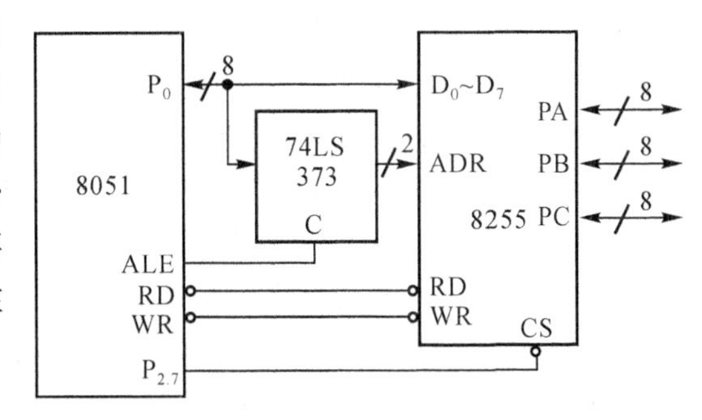

图 5-13　用可编程芯片扩展 I/O 接口电路

④常用 I/O 口扩展芯片

可用于 I/O 口扩展的 TTL 芯片有三态门(74LS241,74LS244,74LS245)、锁存器(74LS273,74LS373,74LS374)、串行输入/并行输出移位寄存器(74LS164,74LS595)、并行输入/串行输出移位寄存器(74LS165,74LS166)和可编程 I/O 接口芯片(8255,8155)等。

(4)其他外围芯片扩展

在单片机应用系统中，除了系统主要部件——程序存储器、数据存储器及 I/O 口以外，还有一些外围芯片，如定时/计数器、中断系统、键盘、显示控制器及串行通信控制器等，它们对满足应用系统某些需要十分有用。这些外围芯片内部一般都设有与微机的接口电路，接口电路主要由控制命令逻辑电路、状态存储与设置电路、数据存储与缓冲电路三部分组成，完成单片机信号与外围芯片内部信号的转换工作。

由于大部分外围芯片设计成与微处理器芯片能直接相连，因而在单片机应用系统中扩展这些外围芯片时接口电路都较简单，具体示例可以参见图 5-13 中 8255 与单片机的连接，或参见后续几节中各通道接口芯片与单片机的连接。

图 5-14 给出了微机与外围芯片连接的一般方法，中央处理器与外围芯片的连接信号主要是总线信号，包括数据信号、地址信号、读写信号、定时信号、复位信号和中断信号。

有些外围芯片用来控制微机与外部设备的连接(也称为接口芯片)，它们与外部设备连接的信号主要是数据信号和输入/输出控制信号。不同的控制方式，接口信号复杂程度也不同。

中断接口和 DMA 接口的控制信号更为复杂一些，通常要由接口芯片提供专用控制信号来完成数据传送控制。

单片机应用系统中较常使用的外围芯片有：可编程中断控制器 8259；可编程直接存储器

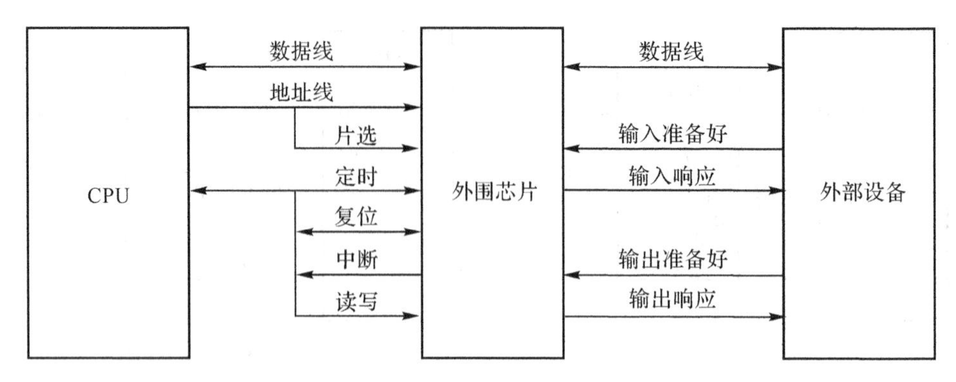

图 5-14 一般外围芯片扩展电路

存取控制器(DMA)8237,8257;可编程 CRT 控制器 8275,8276,MC6845,MC6847;可编程键盘/显示接口 8279;点阵式打印机控制器 8295;可编程通信接口 8250,8251;可编程定时器 8253,8254;A/D 和 D/A 转换芯片等。有关外围芯片的使用请查阅相关内容,其中一些通道接口芯片的使用也可参见后续几节中有关通道接口设计的内容。

(5)典型单片机应用系统

图 5-15 是一个典型的单片机最小系统扩展原理图。该系统中除了包括必需的时钟电路和复位电路以外,还扩充了一片 2764 作为外部程序存储器,一片 6264 作为外部数据存储器,一片 2864 作为掉电保持的外部数据存储器以及用 74LS245 和 74LS243 扩展的简单 I/O 口。其工作原理读者可参照前述内容进行分析。

5.3.2.3 单片机系统通道设计

一个完整的单片机应用系统除了包括单片机最小系统部分以外,还有前向通道、后向通道、人机对话通道及相互通道,用以实现应用系统各自不同的应用目的。

(1) 前向通道设计

在单片机测、控系统中,对被控对象状态的测试及对控制条件的监测是不可缺少的环节,系统就是利用其前向通道作为被测信号的输入通道,实现对输入信号的拾取。

由于前向通道是被测对象信号输出到单片机数据总线的输入通道,因此,其结构形式取决于被测对象的环境,输出信号的类型、数量、大小等。根据传感器输出信号类型,前向通道结构类型如图 5-16 所示。

对于模拟量信号,传感器输出的信号一般是小信号,因此应将信号电压放大到能满足A/D 转换、V/F 转换要求的输入电压。对于频率信号和开关信号,能满足 TTL 电平要求时可直接接入单片机的 I/O 口、扩展 I/O 口或中断入口,否则也应通过放大、整形变换成 TTL 电平的方波信号后再送入单片机系统。

图 5-16 中只表示了单个信号输入的前向通道结构类型,对于某些应用系统,如多点巡回检测系统、多参数测量系统,前向通道为多输入结构。为了节省硬件开销,单片机的前向通道中往往只有一套数据采集系统,通过多路开关切换单片机与各输入信号间的连接。图 5-17 表示了多路模拟电压信号输入的典型情况,多路开关的选择由单片机控制。对于多路频率信号和开关信号而言,可省去 A/D 转换及可编程增益放大部分,只需将各路信号通过放大、整形后送入多路开关,由单片机控制多路开关的选择,确定信号的连接。

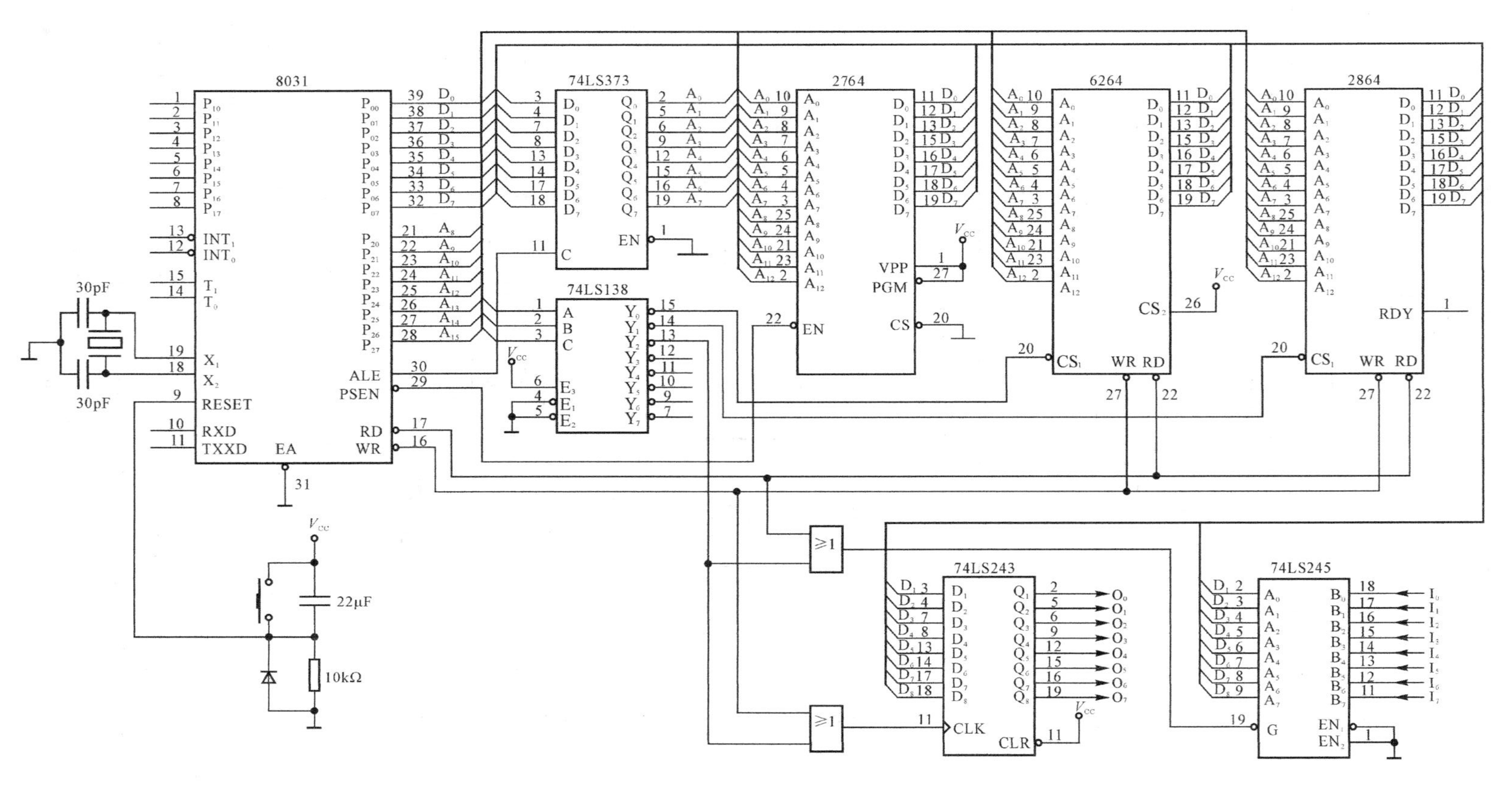

图 5-15 典型的单片机最小系统扩展原理图

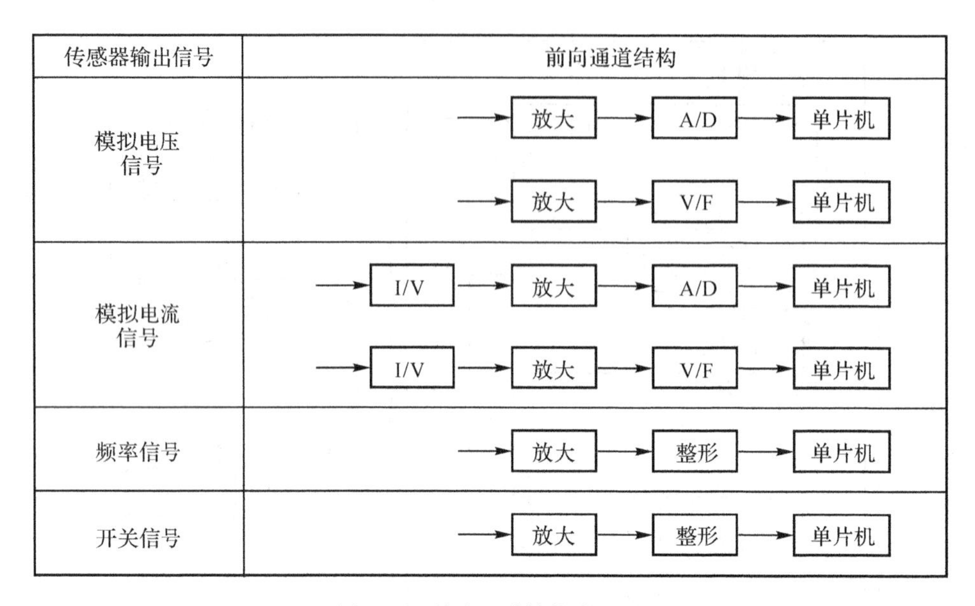

传感器输出信号	前向通道结构
模拟电压信号	→放大→A/D→单片机 →放大→V/F→单片机
模拟电流信号	→I/V→放大→A/D→单片机 →I/V→放大→V/F→单片机
频率信号	→放大→整形→单片机
开关信号	→放大→整形→单片机

图 5-16　前向通道结构类型图

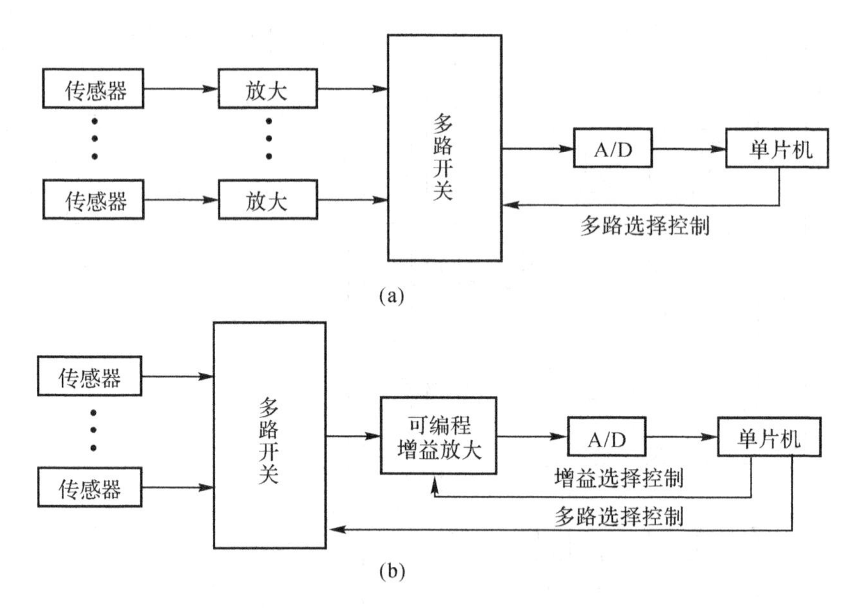

图 5-17　多路模拟电压信号输入的前向通道结构

前向通道是单片机应用系统的信号采集通道，从信号的传感、变换到单片机的输入。因此，在前向通道的设计中必须考虑到信号的拾取、调节、A/D转换以及抗干扰等诸多方面的问题。

①信号拾取方式

前向通道中，首先要将外界非电参量，如压力、温度、速度、流量、位移等物理量转换成电信号量，这些转换环节可以通过敏感元件、传感器或测量仪表来实现。

通过敏感元件拾取被测信号时，敏感元件能将被测的物理量变换成电压、电流，或 R、L、C 参量的变化。对于 R、L、C 参量型敏感元件，要设计相应的转换电路，使这类参量变换成电流或电压量。这种方式多被专业测量人士采用。

通过传感器拾取被测信号，传感器的输出信号可以是模拟信号或频率信号，输出模拟信号可以是电压或电流。对于模拟电压信号，经放大后最大可达＋5V、＋10V 或±5V 等符合 A/D 转换要求的信号范围，并由 A/D 转换器变换成数字量输入到应用系统。

近年来传感器的发展趋势之一就是适应应用系统要求，研制大信号输出的集成传感器，它将信号放大、调节电路与敏感元件做成一体。采用这种传感器可大大简化前向通道结构。

信号拾取也有通过测量仪表实现的。这些仪表的测量电路配置较完善，一般都有大信号输出端，有的还有 BCD 码输出，但其售价远高出一个传感器的价格，在较大型的应用系统中使用较多。

②信号调节

信号调节的任务是将传感器或敏感元件输出的电信号转换成能满足单片机或 A/D 转换输入要求的标准电平信号。这种转换除了小信号放大、滤波外，还有诸如零点校正、线性化处理、温度补偿、误差修正、量程切换等方面的任务。在单片机应用系统中，许多原来依靠硬件实现的信号调节任务都可以通过软件实现，这就大大简化了单片机应用系统的前向通道结构。前向通道中的信号调节重点是小信号放大、信号滤波，以及对频率量、开关量的放大整形等。

③抗干扰措施

前向通道与被测对象紧靠在现场中，而且传感器输出的是小信号，因此，前向通道是干扰侵袭的主要渠道。在设计时必须充分考虑到干扰的抑制与隔离。

在前向通道中经常使用的抗干扰措施有：

※ 电源隔离　可以采用 DC/DC 变换器实现。DC/DC 变换器的输入回路与输出回路是隔离的，可以切断系统电源与前向通道电源的干扰渠道。

※ 模拟通道隔离　可以通过隔离放大器实现。信号调节电路中采用隔离放大器作为小信号放大器，可以防止现场干扰源通过传感器电源进入前向通道。

※ 数字通道隔离　通过光电耦合器实现。光电耦合一般放在前向通道的数字通道中，紧靠单片机的输入。

④A/D 转换电路选择

大多数的应用场合都采用 A/D 转换将外界输入的模拟信号变换成单片机数据总线能接受的数字量。在前向通道中配置 A/D 转换电路时，首先考虑的是能否选用带有 A/D 转换的单片机，如果单片机内有 A/D 部件，且精度能满足要求时，可省去前向通道中的 A/D 转换接口电路。如果必须在前向通道中配置 A/D 接口时，选择 A/D 转换芯片的原则应从转换精度、转换速度、模拟信号输入通道数及成本、供货来源作全面考虑。

A/D 转换芯片品种繁多，按其变换原理分，主要有并行比较型、逐次逼近型和双积分型等几种。并行比较型 A/D 转换器是目前所有 A/D 转换器中速度最高的一种，最快能达到数十纳秒。但高分辨率的并行 A/D 转换器芯片价格昂贵，非必要时一般不会采用。通常多用于低分辨率高转换速度应用场合。并行比较型 A/D 转换器主要产品有 TDC1007J，TDC1019J，CA3308，MC10315L 等。

逐次逼近型 A/D 转换器是目前种类最多、数量最大、应用最广的 A/D 转换器件。逐次逼近型 A/D 转换器具有较高的转换速度，最快可达几微秒。虽然与并行比较型相比，其速度要低一些，但价格适中，因而在对速度要求不是特别高的应用场合，逐次逼近型的应用最为广泛。逐次逼近型 A/D 转换器主要产品有 ADC0801，ADC0804，ADC0808，ADC0809，TDC1001J，TDC1013J，AD574A 等。

双积分型 A/D 转换器转换时间较长，一般要达到 40～50ms。但由于在输入端使用了积分器，所以对于交流干扰信号具有很强的抑制能力。另外，双积分型 A/D 转换器只要增加计数器的位数便可提高电路的分辨率，因此它在精度要求高而转换速度慢的数字测量设备和仪表中使用广泛。目前，广为流行的单片集成化双积分型 A/D 转换器产品主要有 ICL7106/7107/7126 系列、ICL7135、ICL7109、MC14433 等。

由于 A/D 转换器品种繁多、性能各异，在应用时应按下列原则选择 A/D 转换器芯片：

(a)根据精度要求，选择 A/D 转换器的位数。

由于系统前向通道的总误差涉及传感器、信号调节电路和 A/D 转换精度，因此应将综合精度指标在各个环节上进行分配。一般来说，以位数表达的 A/D 转换器的精度(或分辨率)至少要比总精度要求的最低分辨率高一位。但分辨率的选择并不是越高越好，太高的分辨率是没有实际意义的，更何况高分辨率 A/D 转换器价格要高得多。

(b)根据系统要求的响应速度，选择 A/D 转换器的类型。

应根据输入信号的变化率及转换精度要求，确定 A/D 转换速度，以保证系统的实时性要求。对于快速信号要估算孔径误差，以确定是否需要采用高速 A/D 转换芯片或加采样/保持电路。

双积分型 A/D 转换器转换时间从几毫秒到几十毫秒不等，只能用于温度、压力、流量等慢变化量的检测和控制系统中；逐次逼近型 A/D 转换器转换时间从几微秒到一百微秒左右，常用于工业多通道测控系统和声频数字转换系统；并行比较型 A/D 转换器转换时间仅为20～100ns，可用于数字通信、实时光谱分析、实时瞬态记录、视频数字转换系统等。

(c)根据工作条件要求，选择 A/D 转换芯片。

不同的 A/D 转换芯片对工作条件及环境参数的要求是不一样的，选择合适的 A/D 转换芯片，以满足诸如工作电压、基准电压、环境温度、功耗、可靠性等方面的要求。

(d)根据器件的接口特征，选择 A/D 转换芯片。

A/D 转换芯片的接口特征相差显著，选择 A/D 转换器时考虑其接口特征，可以方便地实现与单片机或其他微处理器的连接。这些接口特征包括：转换结果并行或串行输出、输出数据是二进制或是 BCD 码，转换需用外部时钟、内部时钟或不用时钟，有无转换结束状态信号，逻辑电平是否与 TTL，CMOS 或 ECL 电路兼容等。

(e)其他还要考虑到成本、供应情况等因素。

⑤ A/D 转换器与单片机接口示例

图 5-18 是 ADC0808/0809 A/D 转换器与单片机接口示例。ADC0808/0809 是价格适中的逐次逼近型 8 位 A/D 转换器，可输入 8 路模拟电压信号，它与单片机接口简单，是单片机应用系统中应用最广泛的 A/D 转换芯片之一。

8031 单片机通过地址线 $P_{2.0}$ 和读、写控制线 $\overline{RD}$，$\overline{WR}$ 来控制转换器的模拟输入通道地址锁存、启动和输出使能。模拟输入通道地址的译码输入 A_0～A_2 由 $P_{0.0}$～$P_{0.2}$ 提供。因为 ADC0808/0809 具有通道地址锁存功能，$P_{0.0}$～$P_{0.2}$ 不需经锁存器接入 A_0～A_2，而是利用 $P_{2.0}$ 与 $\overline{WR}$ 经逻辑或产生地址锁存信号，控制 A/D 转换芯片在内部将通道地址锁存。根据 $P_{2.0}$ 和

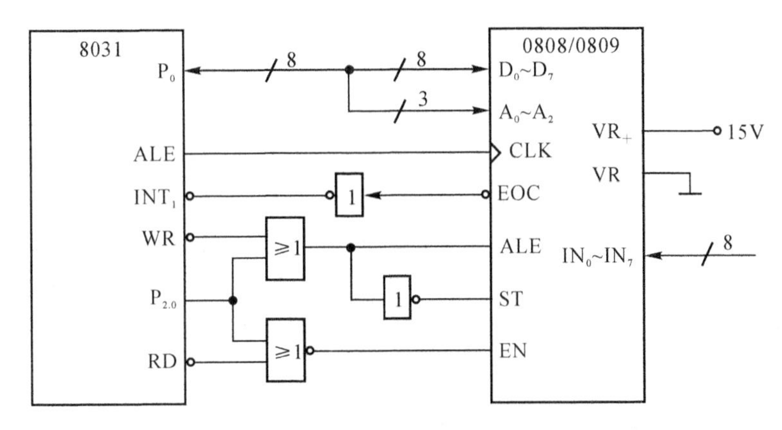

图 5-18　ADC0808/0809 与单片机接口电路

$P_{0.0}$～$P_{0.2}$的连接方法，8个模拟输入通道的地址依IN_0～IN_7顺序分别为FE00H～FE07H。

转换器的时钟可由8031的ALE取得，如果ALE信号频率较高，应分频后送入转换器。有关ADC0808/0809的详细应用特性可参阅相关手册。

(2)后向通道设计

在测控系统中，单片机总要对控制对象实施控制操作。因此，在这样的系统中总要有后向通道。后向通道是单片机实施控制运算处理后，对控制对象的输出通道接口。

①后向通道典型结构

根据单片机的输出信号形式和控制对象的特点，后向通道有三种典型结构，如图5-19所示。

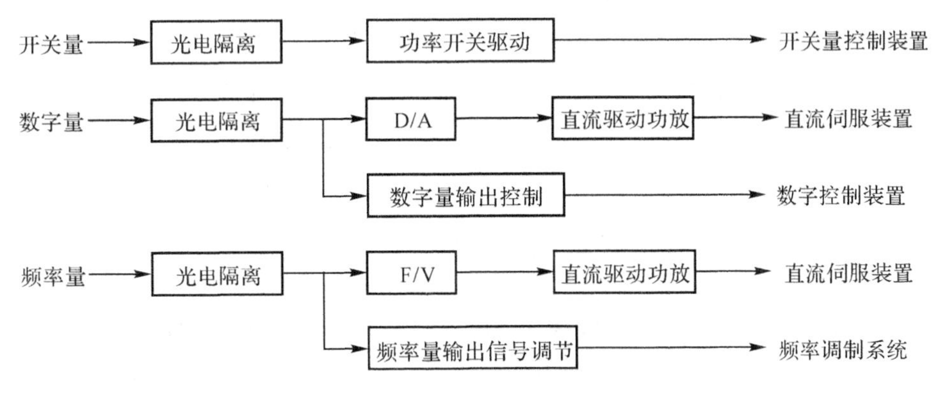

图 5-19　后向通道典型结构

单片机在完成控制处理后，总是以数字信号形式通过I/O口或数据总线传送给控制对象。这些数字信号形态主要有开关量、二进制数字量和频率量，可直接用于开关量、数字控制装置及频率调制系统。但对于一些模拟量控制系统，则应通过数/模转换成模拟量控制信号。

②后向通道要解决的问题

在后向通道的设计中，根据控制对象的要求应解决：

(a)功率驱动　即对单片机输出的信号进行功率放大，以满足被控对象的功率要求。

(b)干扰防治　即伺服驱动系统通过信号通道、电源及空间电磁场对单片机系统产生干扰，通常可用信号隔离、电源隔离等方法进行干扰防治。

(c)数/模转换　对于二进制输出的数字量采用 D/A 转换器，对于频率量输出则可以采用 F/V 转换器变换成模拟量。

③输出信号的功率驱动

在单片机应用系统中，大量使用的是开关量的驱动、控制，而这些开关量是通过单片机的 I/O 口或扩展 I/O 口输出的。这些 I/O 口的驱动能力是有限的，常常不足以驱动一些功率开关，如继电器、步进电机、电磁开关等，因此，需要一些大功率的开关接口电路。

常用的功率驱动器件有线驱动器(如 74LS245 等)、功率晶体管、功率场效应管、达林顿晶体管、闸流晶体管、机械继电器和固态继电器等，它们的驱动电路如图 5-20 所示。

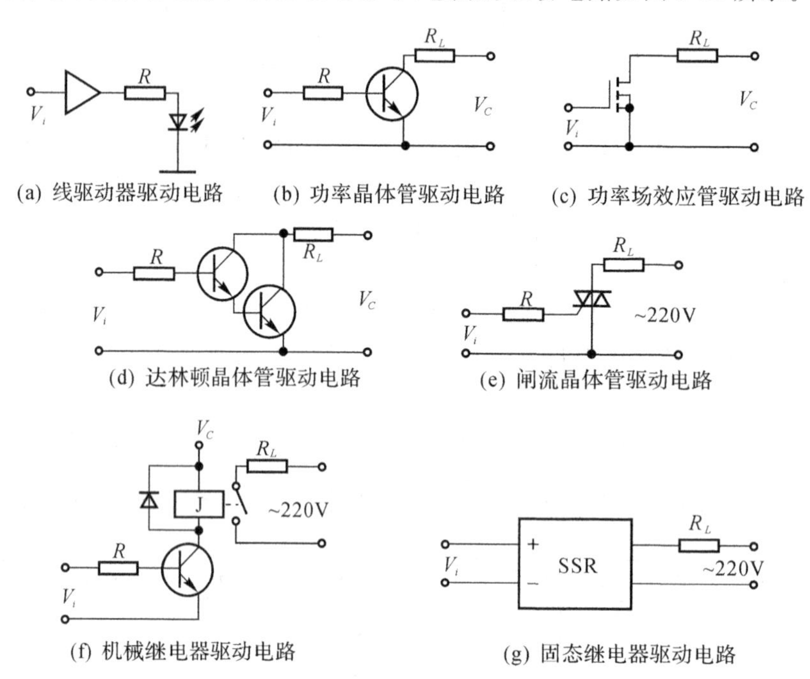

图 5-20　常用功率驱动电路

对于应用系统中的直流伺服装置，经常要用到线性功率驱动。线性功率驱动接口将单片机通过数/模转换后输出的模拟电压转换成伺服控制系统所要求的功率输出。通常，线性功率驱动接口可以由分立元件构成或直接采用集成功率运算放大器，后者在系统中可大大简化电路，并提高系统的可靠性。

④后向通道的 D/A 转换电路选择

在 D/A 转换接口设计中，主要考虑的问题是 D/A 转换芯片的选择、数字量的码输入及模拟量的极性输出、参考电压源及模拟电量输出的调整与分配等。

(a)D/A 转换芯片的选择原则

选择 D/A 转换芯片时，主要考虑芯片的性能、结构等应用特性。在性能上必须满足 D/A 转换的技术要求，在结构上应能满足接口方便、外围电路简单、价格低廉等要求。

D/A 转换芯片的主要性能指标有精度指标、转换时间及工作环境等条件指标。选择时主要考虑以位数表示的转换精度以及转换时间等参数。

D/A 转换芯片的主要结构特性和应用特性：

※ 数字量输入特性　包括接收数码制、数据格式及逻辑电平等。

※ 模拟量输出特性　早期多数 D/A 转换器属电流输出型，目前也有很多 D/A 转换器直接输出电压量。

※ 与单片机的接口特性　从内部结构看，D/A 转换可分为两类：一类芯片内设有数据寄存器，并有片选信号和数据选通写入信号，引脚可直接与单片机总线连接；另一类 D/A 转换器片内没有锁存器，输出信号随着数据输入线的状态变化而变化，不能直接与单片机的总线相连。使用时必须在中间加锁存器，或通过 I/O 口与单片机相连。此外，还必须考虑如何满足器件对系统控制信号的时序要求，如信号的脉宽、建立时间、保持时间等。

※ 参考源　D/A 转换中参考电压源是唯一影响输出结果的模拟参量，它对转换结果的精度有很大的影响。使用内部带有低漂移精密参考电压源的 D/A 转换器不仅能保证有较好的转换精度，而且可以简化接口电路。

(b)D/A 转换芯片及其与单片机接口

随着集成电路技术的发展，D/A 转换芯片将一些 D/A 转换外围器件集成到了芯片内部，使 D/A 转换器的结构、性能有了很大的变化。采用不同结构与特性的集成芯片，其接口电路也不相同。

早期的 D/A 转换芯片只具有从数字量到模拟电流输出量的转换功能，在使用时必须外加输入锁存器、参考电压源及输出电压转换电路。这类 D/A 转换芯片有 DAC0800 系列、DAC1020/AD7520 和 DAC1220/AD7521 系列。

中期的 D/A 转换芯片在内部增加了一些计算机接口相关电路及引脚，有了输入锁存功能和转换控制功能，可直接和单片机数据总线相连，由 CPU 控制转换操作。这类芯片主要有 DAC0830 系列、DAC1208 和 DAC1230 系列。

近期的 D/A 转换芯片内部带有参考电压源，大多数芯片有输出放大器，可实现模拟电压的单极性或双极性输出。这类芯片主要有 DAC7611/7612，MAX538/539，TLC5618 等。

图 5-21 是 DAC0832 内部结构及与单片机接口电路。DAC0832 是与微处理器全兼容的 8 位分辨率的 D/A 转换芯片，具有价格低廉、接口简单、转换控制容易等优点，在单片机系统中有广泛的应用。图(b)中，D/A 转换器与单片机的连接被设计为双缓冲器同步方式。CPU 通过数据总线分时地向各路 D/A 转换器输入要转换的数字量并锁存在各自的输入寄存器中。然后 CPU 对所有的 D/A 转换器发出控制信号，使各 D/A 转换器输入寄存器的数据被打入 DAC 寄存器，实现同步转换输出。其中，$P_{2.5}$ 和 $P_{2.6}$ 分别选择两路 D/A 转换器的输入寄存器，控制输入锁存；$P_{2.7}$ 连到每路 D/A 转换器的 $\overline{XFER}$ 端，控制同步转换输出；$\overline{WR}$ 端与所有 $\overline{WR_1}$，$\overline{WR_2}$ 端相连，在执行 MOVX 输出指令时，8031 自动输出 $\overline{WR}$ 控制信号。

下面 8 条指令配合上述电路，可完成两路 D/A 的同步转换输出：

```
MOV     DPTR,#0DFFFH     ;指向 0832(1)
MOV     A,#DATA1         ;数字量送 0832(1)
MOVX    @DPTR,A          ;0832(1)输入锁存
MOV     DPTR,#0BFFFH     ;指向 0832(2)
MOV     A,#DATA2         ;数字量送 0832(2)
MOVX    @DPTR,A          ;0832(2)输入锁存
```

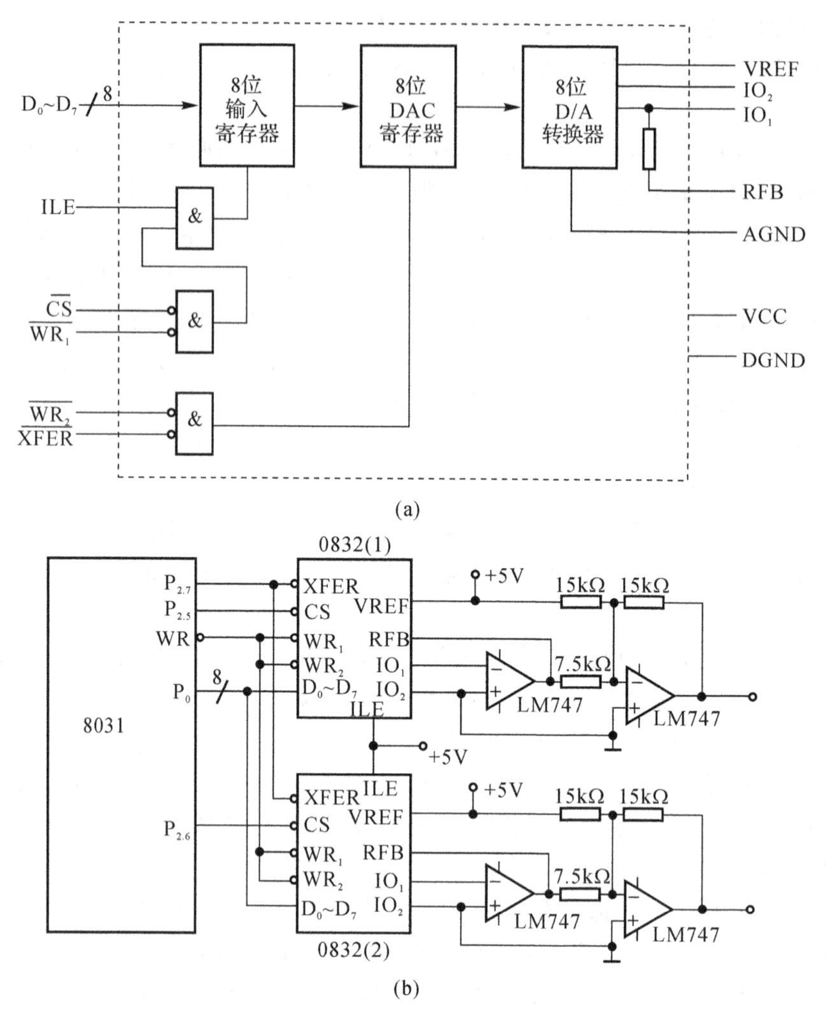

图 5-21　DAC0832 内部结构及与单片机接口电路

```
MOV     DPTR,#7FFFH      ;指向各 DAC 寄存器
MOVX    @DPTR,A          ;同时完成 D/A 转换输出
```

(3)人机通道设计

单片机应用系统中,通常都有人机对话功能,它包括人对应用系统的状态干预、数据输入以及应用系统向人报告运行状态与运行结果。

在人机通道中,人对系统状态的干预和数据输入的外部设备最常用的是按键和键盘,用于向系统输入指令或数据。拨码盘是对系统置入数据的一种比较廉价、可靠的方法,另外还有诸如遥控键盘、远程开关及语音输入接口等近年来发展起来的非接触性的人机接口。

系统向人报告运行状态及运行结果的最常用的有各种报警指示灯、LED/LCD 显示器以及能永久保持结果数据、状态信息的打印机等。近年来,单片机应用系统根据需要也开始配置简易、廉价的 CRT 接口及语音对话接口。

①按键或键盘的结构形式

单片机应用系统中除了复位按键有专门的复位电路，其他的按键或键盘都是以开关状态来设置控制功能或输入数据的。按键或键盘的构成形式有以下两种：

(a)独立式按键

独立式按键直接用 I/O 口线构成单个按键电路，每个按键单独占有一根 I/O 口线，每根 I/O 口线上的按键状态不会影响其他 I/O 口线的工作状态。如图 5-22 所示，独立式按键电路配置灵活、软件简单，但每个按键必须占用一根 I/O 口线，在按键较多时，I/O 口线浪费较大，故只在按键数量不多时才采用这种按键电路。

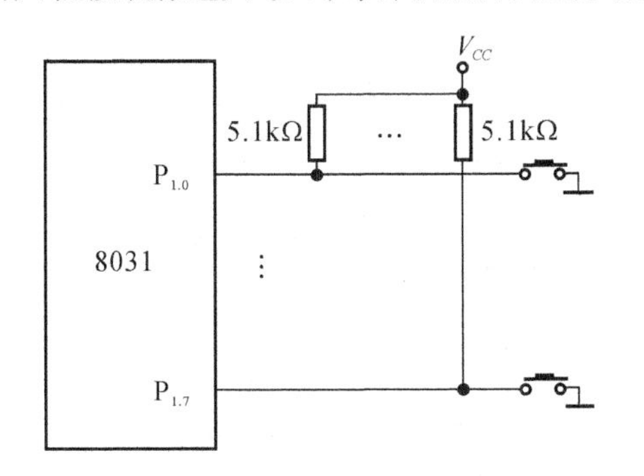

图 5-22　独立式按键电路

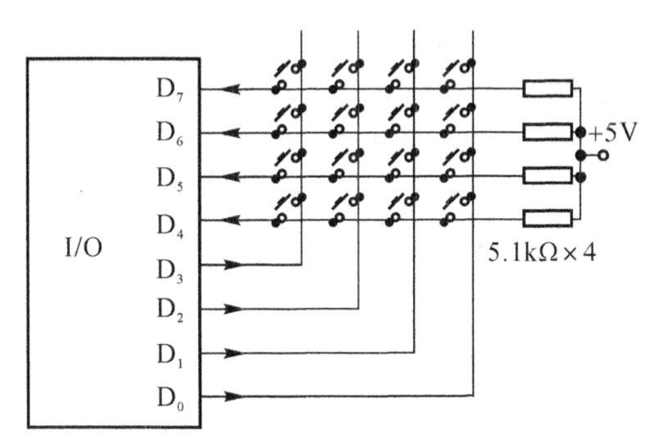

图 5-23　行列式键盘电路

(b)行列式键盘

行列式键盘又叫矩阵式键盘，用 I/O 口线组成行、列结构，按键设置在行列的交叉点上，行列式键盘电路原理如图 5-23 所示。例如用 4×4 的行列结构可构成 16 个键的键盘，因此在按键数量较多时可以节省 I/O 口线。

键盘中有无按键按下是由列线送入全扫描字、行线读入行线状态来判断的。例如给列线 D_0～D_3 依次送入低电平，则在无按键按下时，行线 D_4～D_7 输入状态必全为 1，否则说明有按键按下，而所按下的键必在送入低电平之列与读到低电平的行线的交叉点上。

为使按键输入接口与软件能可靠而快速地实现按键信息输入功能，在设计时必须注意以下问题：

※ 按键的消抖动处理

消抖动措施有硬、软件两种方式：硬件方式可采用触发器或单稳态电路组成，也可简单地利用电容滤波和施密特门整形的方法实现。软件的方法可通过延时检测来消除抖动。由于机械抖动的时间一般为 5～10ms，可在检测到有键被按下时，延时 10ms 再确认该键电平是否仍保持闭合状态电平，从而消除了抖动影响。

※ 对按键进行编码并给定键值

按键或键盘都要通过 I/O 口线查询按键的开关状态。根据键盘结构不同，采用的编码方法也不同。但不论采用什么编码方法，每个按键按下给出的编码(或称键值)应该是唯一的。软件往往以该键值为依据，在程序中对按键作相应的处理。例如图 5-23 行列式键盘中，第一行按键按下时得到的键值从左至右依次为 77H，7BH，7DH，7EH，其余按键依此类推。

※ 按键或键盘检测方式

对按键或键盘的检测通常有两种方式：一是查询方式，CPU 不断扫描 I/O 口输入状态，以获取按键按下及键值信息；二是中断方式，可将 I/O 口各输入线相与后产生的信号接至系统中断输入线上，只有当按键按下时引起 CPU 中断才对键盘进行检测，并取得相应键值。

②按键或键盘接口

单片机应用系统中的按键或键盘接口除了可以利用单片机系统的 I/O 口线来完成以外，还可以使用专用的可编程键盘/显示接口芯片。例如 8279 是 Intel 公司生产的用于完成键盘输入和 LED 显示控制两种功能的专用可编程芯片。

图 5-24 是 8279 的典型应用框图。8279 键盘配置最大为 8×8，扫描线由 $SL_0 \sim SL_3$ 通过3/8译码器提供，接入键盘列线。查询线由反馈输入线 $RL_0 \sim RL_7$ 提供，接入键盘行线。SHFT 与 CNTL 的输入用于产生组合键信息。由于 8279 内部有上拉电阻，因而可直接通过按键接地。

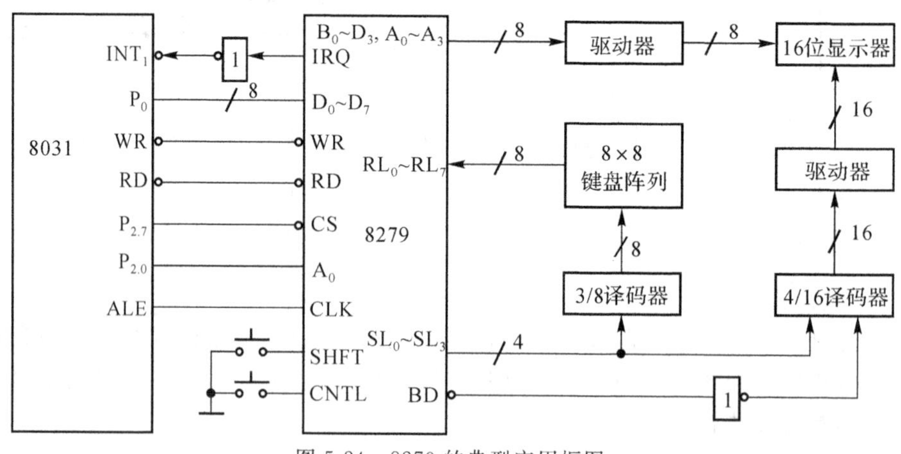

图 5-24　8279 的典型应用框图

8279 显示器最大配置为 16 位 LED 显示，位选线由扫描线 $SL_0 \sim SL_3$ 经 4/16 译码器及驱动器提供。段选线由 $B_0 \sim B_3$，$A_0 \sim A_3$ 通过驱动器提供。$\overline{BD}$信号线可用来控制译码，实现显示器的消隐。

8279 与单片机的连接无特殊要求，除数据线 $D_0 \sim D_7$，$\overline{WR}$，$\overline{RD}$可直接连接外，$\overline{CS}$由 8031 地址线提供，时钟 CLK 由 ALE 提供，8279 经内部分频可得 100kHz 时钟信号。A_0 选择线可由地址线或 I/O 口控制。8279 的中断请求经反相器与 8031 的INT_1相连。

③显示类型与显示接口

单片机应用系统中使用最多的是 LED(发光二极管显示器)和 LCD(液晶显示器)两种，而在通用计算机系统中主要使用 CRT 显示器。CRT 显示器可方便地进行图形显示，但其接口复杂，成本也较高。在单片机系统中只有简易的 CRT 显示接口。

(a)LED 显示及接口

LED 的显示方式有两种：

※ 静态显示方式

静态显示方式的每一位显示器由一个 8 位输出口控制段选码，多位显示器就要有多个 I/O输出口，这种方式可在同一时间里在每一位显示器上显示不同的字符。静态显示方式往往占用 I/O 资源较多,但比较容易获得高亮度显示,同时软件编程也较简单。

※ 动态显示方式

动态显示方式由一个 8 位 I/O 口控制各 LED 显示器的段选码,而由另一个 n 位的 I/O 口线控制 n 个显示器的位选。在每个瞬间只使某一位显示器显示相应字符,并采用扫描显示方式,在每一位上轮流显示该位应显示的字符,利用视觉暂留效果获得稳定的显示状态。这种显示方式在进行多位 LED 显示时可以简化电路、降低成本,但也存在显示亮度低、软件工作量大、占用 CPU 机时多等缺点。

LED 与单片机的接口相对比较简单,实现时主要考虑以下问题:

※ I/O 口选择

根据显示方式,可选择单片机 I/O 口或设计扩展 I/O 口与 LED 相连。

※ 显示译码驱动

LED 显示接口是将要显示的数据或字母转换成相应的段选码后送入显示器显示。因此显示过程中包括数据的译码工作,这种译码工作可以通过硬件译码器或软件实现。另外,由于 LED 是电流驱动型器件,显示接口电路必须提供一定的电流驱动能力,并通过串联限流电阻的方法使其工作在额定工作点上。

能实现显示锁存、译码、驱动的集成芯片主要有 CC4511(BCD/七段锁存、译码、驱动器)和 MC14495(BCD/七段十六进制锁存、译码、驱动器)。其中 MC14495 电路内部还有一个 290Ω 的限流电阻,可不需外加限流电阻直接与 LED 相连。

(b)LCD 显示及接口

液晶显示器(LCD)是一种极低功耗的显示器件,在袖珍式仪表或低功耗应用系统中有广泛应用。液晶显示器有标准段式液晶显示器、字符点阵液晶显示器和全点阵图形液晶显示器三种。

标准段式液晶显示器由若干个液晶段电极和公共电极组成,形式与 LED 类似。驱动方式有静态驱动和动态驱动两种,它与单片机的接口电路十分简单,只需要使用并行 I/O 口或扩展 I/O 口,具体接法与 LED 接法类似。不同的是,LCD 需使用交变信号驱动,译码/驱动电路可采用 CD4056(BCD/七段译码、驱动器)。另外还需由 CD4047 构成的振荡电路提供 LCD 背极 BP 所需的方波信号。

字符点阵液晶显示器和全点阵图形液晶显示器由排成点阵形式的液晶体组成,它们的控制使用比较复杂。目前已有相应的组件(如 EDM1601A, EDM4002A, EDM12832, EDM12864B 等)能完成对这两种 LCD 显示器的具体操作。

典型的字符点阵液晶显示器组件由控制器、驱动器、字符发生器和字符点阵液晶显示器组成,组件内还包括一定数量的显示 RAM,用于存放显示内容。字符点阵液晶显示器组件只能以字符形式显示字符图形,它接收来自 CPU 的字符码,经字符发生器转换为对应的字符图形信息,送入点阵液晶显示器进行显示。

全点阵图形液晶显示器组件一般由控制器、驱动器、显示 RAM 和全点阵液晶显示器组成,它可以完成图形显示,也可以以图形方式显示字符。

EDM1601A 字符点阵液晶显示器组件与单片机的接口如图 5-25 所示,接口信号如表 5-1 所示。不同厂家或不同类型的点阵液晶显示器组件的接口信号可能略有不同,使用时必须加以注意。

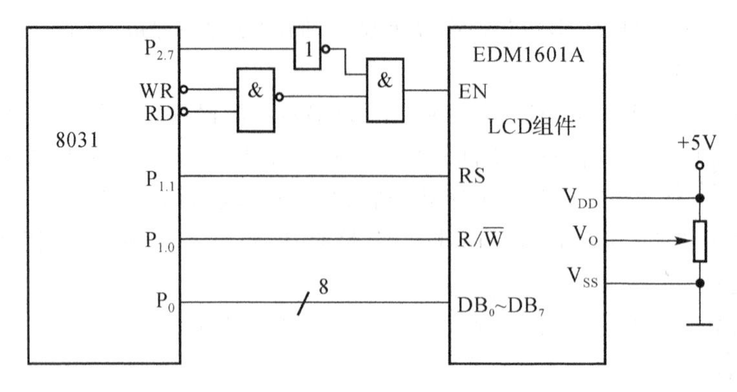

图 5-25 EDM1601A 字符点阵液晶显示器组件与单片机接口电路

表 5-1 EDM1601A 字符点阵液晶显示器组件接口信号表

管脚号	符 号	电 平	功 能
1	V_{SS}	0V	电源地
2	V_{DD}	+5V	电源
3	V_{O}	0～+5V	LCD 驱动电压,改变 LCD 亮度
4	RS	H/L	寄存器选择:数据/指令寄存器
5	$R/\overline{W}$	H/L	读/写控制
6	EN	H/L	使能信号
7～14	DB_0～DB_7	H/L	8 位数据总线

(c)简易 CRT 显示及接口

CRT 显示器与普通电视机相似,屏幕上画面的构成也是通过电子束扫描实现。它的工作速度快、显示直观、使用方便,可以把微处理器的输出信息以字符或图形形式在荧光屏上显示,供操作人员观察。

由于受系统规模的限制,单片机应用系统中往往使用简易的 CRT 接口。接口设计可有多种方案,早期多采用中、小规模集成电路组成 CRT 控制器。现在一般采用单片 CRT 控制器(CRTC)或采用单片机作为主要控制部件。CRT 接口电路一般包含输入缓冲器、显示存储器、字库、字符发生器、控制器及缓冲器、锁存器、数据开关等其他逻辑电路,接口电路较为复杂。常用的 CRT 控制器有 MC6845,MC6847,Intel 8275,Intel 8276 等,具体使用方法请参阅相关器件的使用手册。

简易 CRT 接口电路的一般工作原理:单片机将要显示的字符码或图形数据写入显示存储器,CRT 控制器从显示存储器读取显示数据。依工作方式将数据送往字符发生器进行字形图案寻址,或直接将图形信号变成串行亮度信号,再与水平和垂直同步信号相加,合成无色度视频信号,送往 CRT 显示器。它还可以和色度输出信号经合成电路组合成色度视频信号,送彩色 CRT 显示器显示。

④微型打印机及接口

微型打印机是单片机应用系统中主要的硬拷贝输出设备,目前我国流行的微型打印机主要有 GP16，TPμP40A/16A，TP801P 及 XLF 型汉字微型打印机。

微型打印机的控制器一般由单片机构成，它接受和执行主机送来的命令，通过控制口和驱动电路，实现对打印机机芯机械动作的控制。微型打印机可以把主机送来的数据以字符串、数据或图表的形式打印出来，也可以响应停机、自检或走纸等开关操作，使操作员可以随时对打印机状态进行干预。

图 5-26 是 GP16 微型打印机与单片机的接口原理图，接口信号如表 5-2 所示。

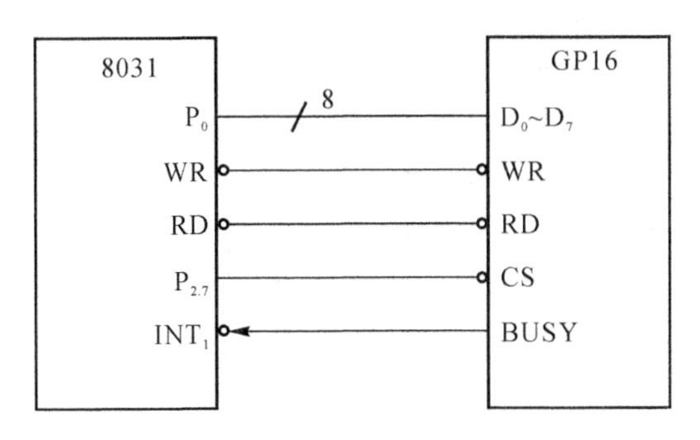

图 5-26　GP16 微型打印机与单片机的接口原理图

表 5-2　GP16 微型打印机接口信号表

1～2	3～10	11	12	13	14	15～16
+5V	$D_0 \sim D_7$	$\overline{CS}$	$\overline{WR}$	$\overline{RD}$	BUSY	地

GP16 的打印命令占两个字节，规定了操作码、每行行高和打印的行数。根据不同命令，其后可跟若干字节的打印数据。打印命令共有四种，即空走纸命令、打印字符串、打印内存数据和打印图形。GP16 有一个状态字可供 CPU 查询，状态字中包含了打印机忙或出错的信息，CPU 通过读操作可以查询这些信息。

读取 GP16 状态时，8031 执行下列程序段：

```
MOV    DPTR,#ADRS        ;赋打印机地址
MOVX   A,@DPTR           ;读取状态字
```

将命令或数据写入 GP16 时，8031 执行下列程序段：

```
MOV    DPTR,#ADRS        ;赋打印机地址
MOV    A,#DATA           ;取命令或数据
MOVX   @DPTR,A           ;写命令或数据
```

(4) 相互通道设计

单片机应用系统中的相互通道是指单片机应用系统之间或单片机与微型机、微处理器实现通信的通道接口。在较大规模的智能系统中，不可避免地要采用多机系统，而单片机在结构上已为实现多机系统提供了很好条件。

①相互通道结构形式

相互通道结构形式有两种：双机系统和多机系统。一般来说，双机系统大多是近程系统，接口驱动简单，通常可以采用串行接口方式和并行接口方式组成。如图 5-27(a)所示，串行接

口方式使用单片机的串行 I/O 口，特点是连接简单，使用方便，可实现较远距离通信。图 5-27(b)是通过并行总线构成的双机系统相互通道，接口包含总线缓冲电路和握手线，接口通道复杂，不可能实现远距离通信，一般都是接成紧密的双机系统，共享一些硬件资源，其优点是通信速度快。

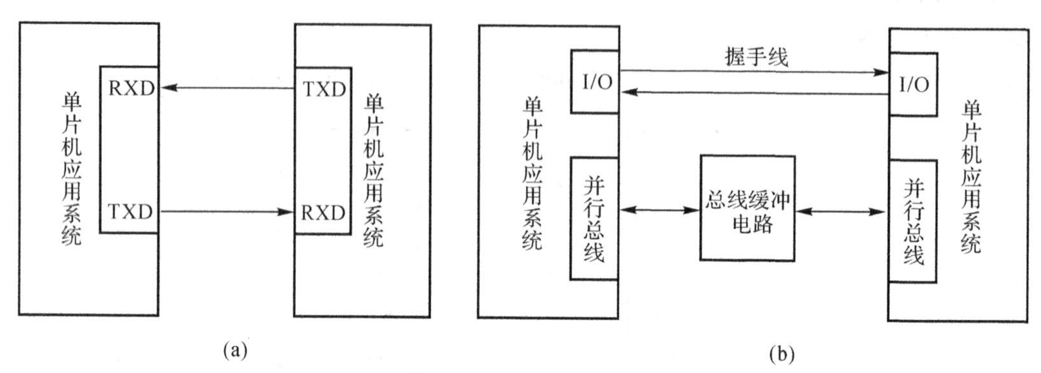

图 5-27 双机系统的相互通道

图 5-28 是多机系统的两种典型相互通道结构形式。图(a)是主从分布式结构，是目前单片机应用系统构成较大规模测控系统的典型结构；图(b)是串行总线形式结构，每个单片机或 CPU 都联在一个串行总线上，各个应用系统的优先、主从关系由多机系统的软、硬件设定。

②相互通道接口设计

根据相互通道的要求不同，接口设计的内容相差甚远。一般而言，接口设计包含以下内容：

(a)通道接口形式选择

根据信号传送的远近、传送速度、双机或多机等要求，选择上述几种结构形式之一，或采用其他特殊接口形式。

(b)总线接口标准选择

相互通道接口应尽可能选择标准接口，标准接口不仅通用性强，而且芯片选择容易，软件编写方便。

(c)通道接口控制权分配

确定双机系统中的主从关系，多机系统中分层方式、呼应关系及紧急中断控制方式等。

(d)长线驱动与匹配

长线传输是产生干扰的原因之一，在进行长线传输时注意解决驱动与匹配的问题，可以大幅减少由长线传输引起的干扰问题。

③单片机系统串行通信接口设计

在品种繁多的单片机芯片中，大多数中高档单片机芯片内部已经集成了全双工的串行通信接口，能方便地构成双机、多机串行通信接口。用单片机串行通信接口设计相互通道必须考虑以下几个问题：

(a)数据传送方式

在串行通信中，串行数据的传送方式有三种：单工方式、半双工方式和全双工方式。例如在 MCS-51 系列单片机中，芯片中集成的串行接口在同步通信方式下其是一个半双工的接口，而在异步通信方式下是一个全双工的接口。

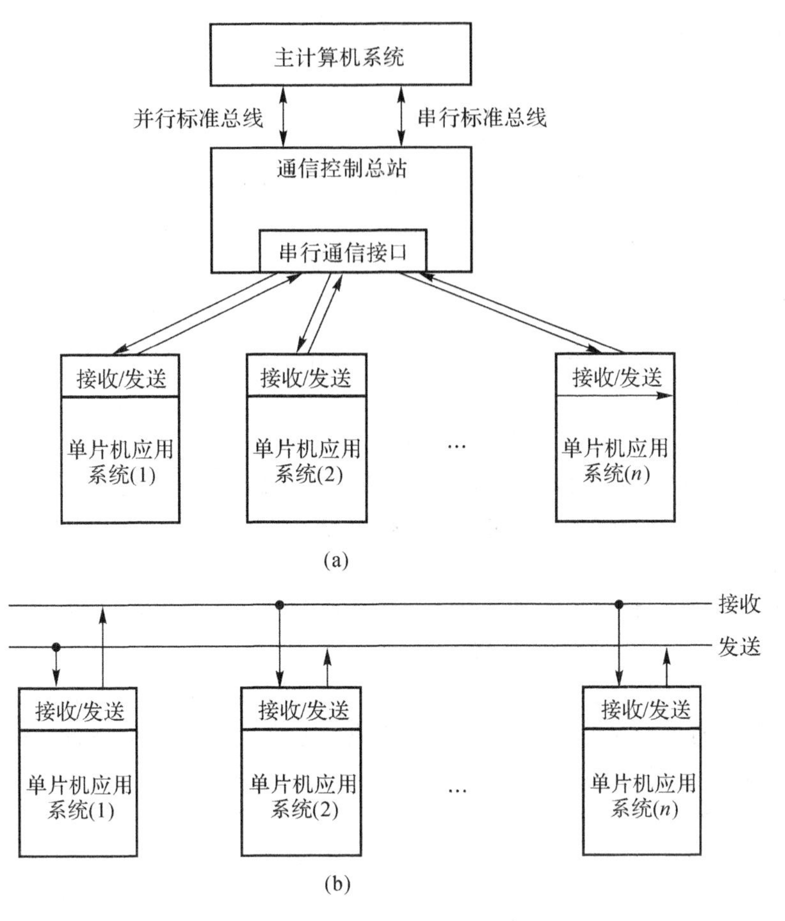

图5-28　多机系统的相互通道

(b)串行通信方式

串行通信方式分为同步通信与异步通信两种。为了确保信息能在通信双方正确地传输，要求通信双方采用统一的编码方式和相同的传送速率。

在同步方式中，这种同步作用是通过增加一根时钟信号线来实现的。同步信号完全控制了数据传输过程中开始、结束及每一位数据的发送与接收过程。这种通信方式由于省略了异步通信中在每个字符前后附加的起始位、停止位，因而具有较高的传输速率。

异步通信方式是采用完全相同的数据发送与接收速率(即波特率)来实现发送与接收的同步。这种通信方式可以省略同步信号，但必须在每个传送的字符前后增加起停信号来保证传送的同步，以及消除因收、发之间的时钟频率偏差而造成的累积效应。

(c)串行通信协议

串行通信协议是对数据传送方式的规定，它包括数据格式定义和数据位定义等，通信双方必须遵从统一的通信协议。串行通信协议包括异步串行通信协议和同步串行通信协议两种，以异步串行通信协议为例，通信协议的定义包括以下内容：

※ 起始位　起始位是发送设备通知接收设备准备开始接收数据位的信号，起设备同步作用。一般以逻辑0信号作为起始位。

※ 数据位　当接收设备收到起始位后，紧接着就会收到数据位。数据位的个数可以是5，6，7或8个，这些数据位从最低有效位开始发送，依次送入接收设备中。

※ 奇偶校验位　数据位发送完毕后可以发送奇偶校验位。奇偶校验用于对有限差错检测，就数据传送而言，奇偶校验位是冗余位。

※ 停止位　停止位是一个字符数据的结束标志，它可以是1位、1.5位或2位的低电平。接收设备收到停止位之后，通信线便又恢复逻辑1的暂停状态，直到下一个字符数据的起始位到来。

※ 波特率　波特率是衡量数据传送速率的指标，它表示每秒钟传送信息位的数量。在实际通信过程中，它要求发送设备和接收设备都要以相同的数据传送速率工作。

(d)信号的调制与解调

在长距离通信时，通常可以利用电话线进行传输，但计算机的数字信号不能直接在频带为30～3000Hz的电话线上传输，因而发送方要用调制器把数字信号转换为模拟信号，接收方用解调器检测发送端送来的模拟信号，再把它转换成数字信号。这就是信号的调制与解调。

(e)通信检错

由于硬件线路故障、程序出错或外界干扰，使得通信过程中经常产生传送错误。因此，串行通信必须能提供一定的错误检验支持。

在通信协议中，采用奇偶校验可以检查字符的传送错误。除此之外，有些串行通信控制器还提供了通信传送意外错误处理逻辑，如溢出错或超越错。对于这两类错误，一般串行通信控制器只能检查，而不能纠错。

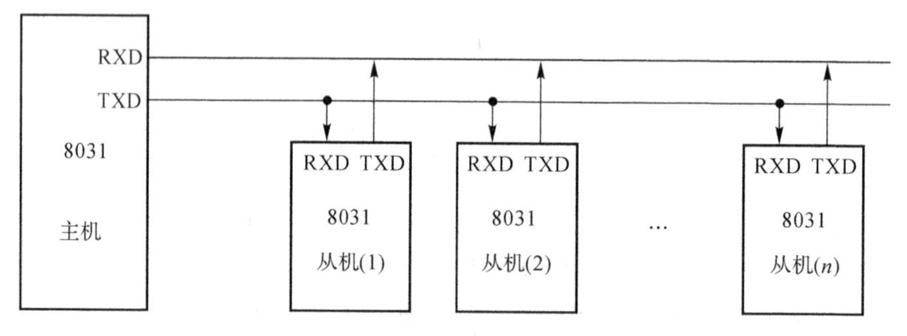

图5-29　8031构成的串行总线式多机系统

图5-29是MCS-51系列单片机8031构成的串行总线式多机系统原理图。主机与从机可实现全双工通信，而各从机之间只能通过主机交换信息。

由图可见，一个8031系统主机与n个8031系统从机通过串行总线相连时主机的RXD端与所有从机的TXD端相连，主机的TXD端与所有从机的RXD端相连，在不考虑口驱动的情况下，硬件的连接相当简单，而通信过程由软件控制完成时必须作如下安排：

(a)初始化，使所有单片机系统工作在方式2(或方式3)下，将所有从机的SM2位置1，使之处于接收地址帧的状态。

(b)主机发送一帧地址信息，其中包含8位地址，第9位置1表示发送的是地址帧。

(c)从机接收到地址帧后，将各自所接收的地址与本机地址相比较，地址相符的从机使SM2清0，以接收主机随后发来的所有信息，而地址不相符的从机仍保持SM2为1状态，对主机随后发送的数据不予理睬,直到发送新的地址帧。

(d)主机发送控制指令或数据,数据帧的第9位置0,表示发送的是数据或控制指令,只有被寻址的从机才能接收此数据帧。

(e)数据传送完毕,被寻址从机将SM2位重新置1,等待主机下一次传送。

5.3.3　以单片机为核心的智能型电子系统设计举例

5.3.3.1　水温控制系统的设计

(1) 设计任务与要求

①基本要求

1L水由1kW的电炉加热,要求水温可以在一定范围内由人工设定,并能在环境温度降低时实现自动调整,以保持设定的温度基本不变。

②主要性能指标

※ 温度设定范围:40～90℃,最小区分度为1℃。

※ 控制精度:温度控制的静态误差≤1℃。

※ 用十进制数码显示实际水温。

※ 能打印实测水温值。

③扩展功能

※ 具有通信能力,可接收其他数据设备发来的命令,或将结果传送到其他数据设备。

※ 采用适当的控制方法实现当设定温度或环境温度突变时,减小系统的调节时间和超调量。

※ 温度控制的静态误差≤0.2℃。

※ 能自动显示水温随时间变化的曲线。

(2) 总体论证

①总体方案确定

(a)控制方法选择

由于水温控制系统的控制对象具有热储存能力大,惯性也较大的特点。水在容器内的流动或热量传递都存在一定的阻力,因而可以归于具有纯滞后的一阶大惯性环节。一般来说,热过程大多具有较大的滞后,它对任何信号的响应都会推迟一些时间,使输出与输入之间产生相移。对于这样一些存在大的滞后特性的过渡过程控制,一般可采用以下几种控制方案:

※ 输出开关量控制　对于惯性较大的过程可简单地采用输出开关量控制的方法。这种方法通过比较给定值与被控参数的偏差来控制输出的状态:开通或关断。因此控制过程十分简单,也容易实现。但由于输出控制量只有两种状态,使被控参数在两个方向上变化的速率均为最大,因此容易引起反馈回路产生振荡,对自动控制会产生十分不利的影响,甚至会因为输出开关的频繁动作而不能满足系统对控制精度的要求。因此,这种控制方案一般在大惯性系统对控制精度和动态特性要求不高的情况下采用。

※ 比例控制(P控制)　比例控制的特点是控制器的输出与偏差成比例,输出量的大小与偏差之间有对应关系。当负荷变化时,抗干扰能力强,过渡过程时间短,但过程终了存在余差。

因此它适用于控制通道滞后较小、负荷变化不大、允许被控量在一定范围内变化的系统。应用时还应注意经过一段时间后需将累积误差消除。

※ 比例积分控制(PI 控制) 由于比例积分控制的特点是控制器的输出与偏差的积分成比例,积分的作用使过渡过程结束时无余差,但系统的稳定性降低。虽然加大比例度可使系统的稳定性提高,但这又会使过渡过程时间加长。因此,PI 控制适用于滞后较小、负荷变化不大、被控量不允许有余差的控制系统,它是工程上使用最多、应用最广的一种控制方法。

※ 比例积分加微分控制(PID 控制) 比例积分加微分控制的特点是微分的作用使控制器的输出与偏差变化的速度成比例,它对克服对象的容量滞后有显著的效果。在比例基础上加入微分作用,使系统的稳定性提高,再加上积分作用,可以消除余差。因此,PID 控制适用于负荷变化大、容量滞后较大、控制品质要求又很高的控制系统。

结合本例题设计任务与要求,由于水温系统的传递函数事先难以精确获得,因而很难判断哪一种控制方法能够满足系统对控制品质的要求。但从以上对控制方法的分析来看,PID 控制方法最适合本例采用。另一方面,由于可以采用单片机实现控制过程,无论采用上述哪一种控制方法都不会增加系统硬件成本,而只需对软件作相应改变即可实现不同的控制方案。因此本系统可以采用 PID 的控制方式,以最大限度地满足系统对诸如控制精度、调节时间和超调量等控制品质的要求。

(b)系统组成

就控制器本身而言,控制电路可以采用经典控制理论和常规模拟控制系统实现水温的自动控制。但随着计算机与超大规模集成电路的迅速发展,以现代控制理论和计算机为基础,采用数字控制、显示、A/D 与 D/A 转换,配合执行器与控制阀构成的计算机控制系统,在过程控制中得到越来越广泛的应用。

由于本例是一个典型的检测、控制型应用系统,它要求系统完成从水温检测、信号处理、输入、运算到输出控制电炉加热功率以实现水温控制的全过程,因此,应以单片微型计算机为核心组成一个专用计算机应用系统,以满足检测、控制应用类型的功能要求。另外,单片机的使用也为实现水温的智能化控制以及提供完善的人机界面及多机通信接口提供了可能,而这些功能在常规数字逻辑电路中往往是难以实现或无法实现的。所以本例将采用以单片机为核心的直接数字控制(DDC)系统。

②确定系统功能、性能指标

本例以实现设计任务基本要求为重点,力求在满足主要性能指标的基础上实现系统的最佳性价比,对于系统要求的扩展功能将在最后讨论。

根据设计任务基本要求,本系统应具有以下几种基本功能:

※ 可以进行温度设定,并自动调节水温到给定温度值。

※ 可以调整 PID 控制参数,满足不同控制对象与控制品质要求。

※ 可以实时显示给定温度与水温实测值。

※ 可以打印给定温度及水温实测值。

系统主要性能指标如下:

※ 温度设定范围:40～90℃,最小区分度为 1℃。

※ 温度控制静态误差≤1℃。

※ 双 3 位 LED 数码管显示，显示温度范围为 0.0～99.9℃。

※ 采用微型打印机打印温度给定值及一定时间间隔的水温实测值。

(3)系统设计

①软、硬件功能划分

在绝大多数单片机应用系统中，系统功能的软、硬件划分往往是由应用系统对控制速度的要求决定的，在没有速度限制的情况下可以考虑以软件换取硬件电路的简化，以求降低硬件成本。

(a) 速度估算

在不考虑容器热容量和环境温度影响的情况下，用 1kW 电炉加热 1L 水并使水温上升 1K 所需热量为

$$\Delta Q = mC\Delta T$$

式中，m 为水的质量；C 为水的比热；ΔT 为水温增量。因此，

$$\Delta Q = 1000\text{g} \times 1\text{kcal/g} \cdot \text{K} \times 1\text{K} = 1000\text{kcal}$$

由于

$$\Delta W = P \times \Delta t = 4.186 \times \Delta Q$$

所以

$$\Delta t = 4.186 \times \Delta Q / P$$

式中，ΔW 为与热量 ΔQ 相当的功；P 为输入功率；Δt 为加热时间。因此，

$$\Delta t = 4.186\text{J/kcal}^{*} \times 1000\text{kcal}/1000\text{W} = 4.186\text{s}$$

如果再考虑容器热容量和环境温度的影响，水温上升 1℃ 所需时间将会更长。由此可见，对于指令执行时间一般为几微秒的单片机应用系统来说，控制速度几乎没有任何限制。

(b)软、硬件功能划分

为了简化系统硬件、降低硬件成本、提高系统灵活性和可靠性，有关 PID 运算、输入信号滤波及大部分控制过程都可由软件来完成。硬件的主要功能是温度信号的传感、放大、A/D 转换及输出信号的功率放大。另外，人机通道功能由系统软、硬件配合完成，以降低软件设计的复杂性及缩短系统的研制周期。

②系统功能划分、指标分配和框图构成

根据系统总体方案，系统由 4 个主要的功能模块组成，总体框图如图 5-30 所示。

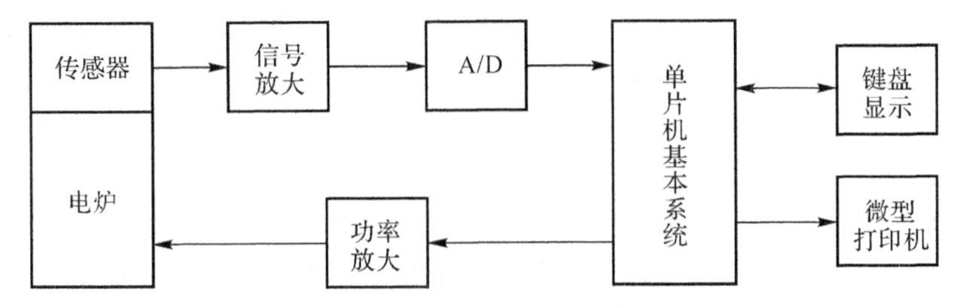

图 5-30　水温控制系统总体框图

---

* 摄氏度(℃)与开尔文(K)温度关系：1℃＝1K－273.15。

1kcal/kg＝4.186J/kg。

(a)单片机基本系统

单片机基本系统是整个控制系统的核心，它完成整个系统的信息处理及协调控制。由于系统对控制速度、精度及功能要求都无特别之处，因此可以选用目前广泛使用的MCS-51系列单片机8031。8031单片机可以提供系统控制所需的中断、定时及存放中间结果的RAM电路，但片内没有程序存储器，因此单片机基本系统中除了应包括复位电路和晶振电路以外，还应扩充程序存储器。

(b)前向通道

前向通道是信息采集的通道，主要包括传感器、信号放大、A/D转换等电路。由于水温变化是一个相对缓慢的过程，因此前向通道中没有使用采样保持电路。另外，信号的滤波可由软件实现，以简化硬件、降低硬件成本。

按设计要求，水温控制静态误差≤1℃，水温给定范围为40～90℃，而水温的检测范围应适当大于此范围，设为35～95℃，则系统的控制总误差应不大于1/(95－35)×100％＝1.67％。分配到前向通道的信号采集总误差应不大于系统总误差的1/2，即精度应为0.83％，可以采用8位A/D转换器实现。

(c)后向通道

后向通道是实现控制信号输出的通道。单片机系统产生的控制信号经功率放大电路放大控制电炉的输入功率，以实现控制水温的目的。根据系统总误差要求，后向通道的控制精度也应控制在0.83％之内。

(d)人机对话通道

人机对话通道主要由键盘、LED显示和打印机组成。为了完成设定水温、修改PID运算运算参数和打印等功能，并满足温度设定范围为40～90℃、最小区分度为1℃的功能要求，键盘可由10个数字键及6个功能键组成(确认、取消、设定温度、修改PID运算参数、运行、打印)。LED显示由双3位数码管组成，分别显示给定温度和实测温度，显示范围为0.0～99.9℃。打印功能由微型打印机完成，可以打印给定温度与设定时间间隔的温度实测值。

(4)硬件开发

①系统配置与接口扩展

(a)单片机基本系统

单片机基本系统以MCS-51系列单片机8031为核心，外扩32K×8的EPROM 27256作为程序存储器，如图5-31所示。考虑到单片机在进行PID运算时需要调用浮点数运算程序库，程序需占用较大存储器空间，为保证程序存储器有足够空间并适当留有余地以便进一步扩展功能，因此选用了容量较大的存储芯片27256。

由于8031内部已集成了128个字节的RAM单元，而系统运行中需要存放的中间变量只有给定温度、实测温度、PID运算中间结果及输出结果等十几个变量，因而8031的片内RAM已能满足存放要求，可不必再扩充外部RAM。

(b)前向通道

前向通道组成如图5-32所示，水温经温度传感器和信号放大电路产生0～5V的模拟电压信号送入A/D转换器的输入端，A/D转换器将模拟量转换为数字量通过系统总线送入单片机进行运算处理。前向通道设计包含以下几方面内容：

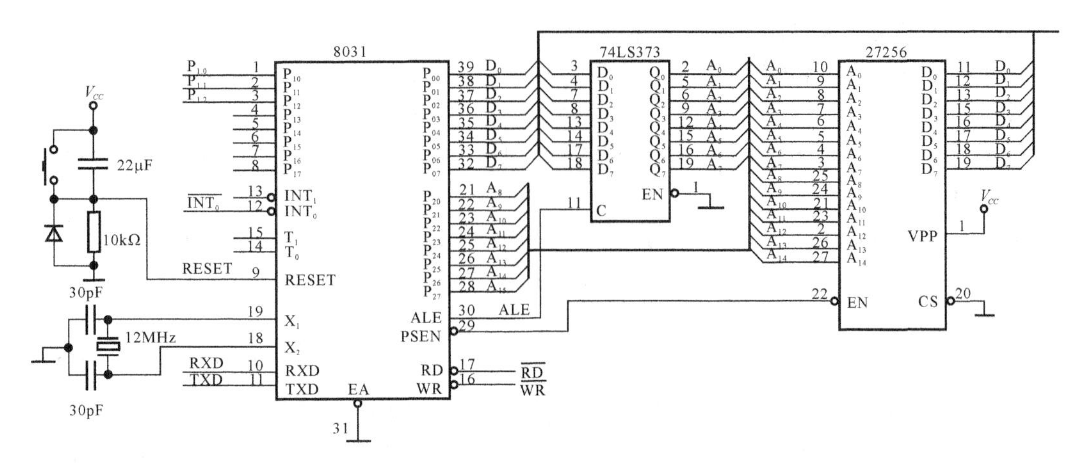

图 5-31　单片机基本系统

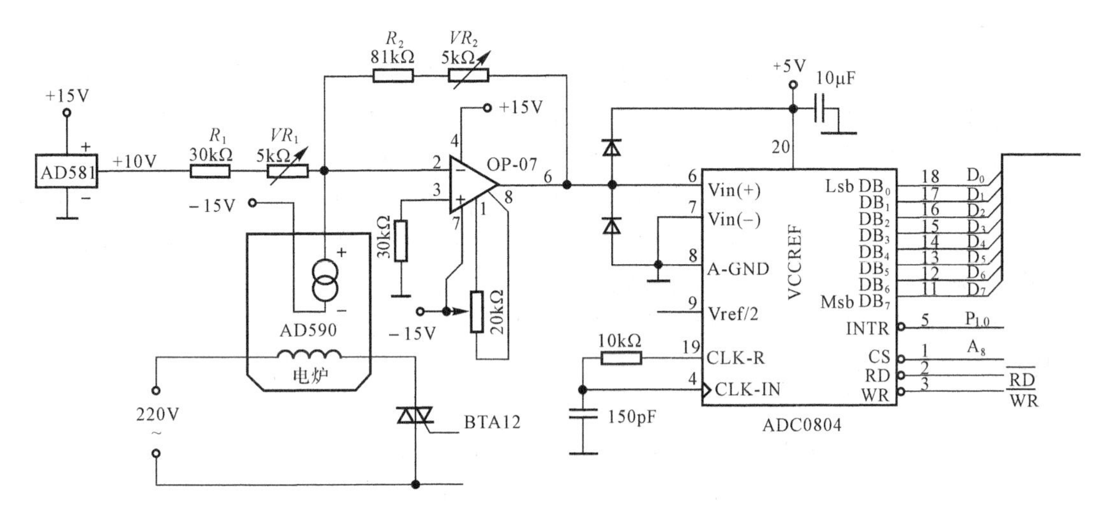

图 5-32　系统前向通道

※ 传感器选择

温度传感器的种类较多。热电偶由于热电势较小，因而灵敏度较低；热敏电阻由于非线性而影响其精度；铂电阻温度传感器由于成本高，在一般小系统中很少使用。AD590 是美国 Analog Devices 公司生产的二端式集成温度—电流传感器，具有体积小、重量轻、线性度好、性能稳定等一系列优点。它的测温范围为－50～＋150℃，满刻度范围误差为±0.3℃，当电源电压在 5～10V 之间，稳定度为 1%时，误差只有±0.01℃，完全适用于本例对水温测量的要求。

另外，AD590 是温度—电流传感器，对于提高系统抗干扰能力也有很大帮助，因此本例选用 AD590 作为温度传感器。

需要注意的是，在使用 AD590 一类的传感器时，为了避免器件与被测液体的直接接触，应将传感器装入保护套管中，或将器件用聚四氟乙烯、硬质乙烯树脂等材料密封，以避免被测液体对传感器的腐蚀和对测量精度产生影响。

※ 信号转换与放大电路

图 5-32 中三端稳压器 AD581 提供 10V 标准电压，它与运算放大器 OP-07 和电阻 R_1，

VR_1,R_2,VR_2 组成信号转换与放大电路,将 35~95℃温度转换为 0~5V 的电压信号。由于水温变化相对缓慢,因此信号转换与放大电路对运算放大器的带宽没有要求。另一方面,AD590 在 35℃和 95℃时输出电流分别为 308.2μA 和 368.2μA,而运算放大器的输入失调电压、输入失调电流及其零点漂移相对较小,可忽略不计。因此,可采用通用型的运算放大器,如 OP-07。

※ A/D 转换器

由于前向通道总误差为 0.83%,系统对信号采集的速度要求也不高,故可以采用价格低廉的 8 位逐次逼近型 A/D 转换器 ADC0804,该转换器转换时间为 100μs,转换精度为 0.39%,对应误差为 0.234℃。

ADC0804 的信号连接如图 5-32 所示。其中,CLK-R 和 CLK-IN 两端外接一对电阻、电容,即可产生 A/D 转换所需要的时钟信号。片选由 8031 的 $P_{2.0}$(地址线 A8)控制,相应读写地址为 FE00H。A/D 转换器的$\overline{\text{INTR}}$与 8031 的 $P_{1.0}$ 相连,单片机以查询方式获取 A/D 转换器转换完毕的信息。

(c)后向通道

为了实现水温的 PID 控制,功率放大电路的输出不能是一个简单的开关量,输入电炉的加热功率必须连续可调。一般来说,改变输入电炉的电压平均值就可改变电炉的输入功率,而较简单的调压方法有相位控制调压法和通断控制调压法。本例采用脉宽调制输出控制电炉与电源的接通和断开的比例,以通断控制调压法控制电炉的输入功率。这种方法不仅使输出通道省去了 D/A 转换器和可控硅移相触发电路,大大简化了系统硬件,而且可控硅工作在过零触发状态,提高了设备的功率因数,也减轻了对电网的干扰。

由于通断控制调压法使加在负载上的电压为几个连续的半周,因而必须考虑最小输入功率对控制误差的影响。当电炉只输入一个半波时,它使水的热量增加为

$$\Delta Q=\Delta W/4.186=P\times\Delta t/4.186$$

式中,ΔW 为与热量 ΔQ 相当的功;P 为输入功率;Δt 为通电时间。因此,

$$\Delta Q=1000\text{W}\times 0.01\text{s}/4.186\text{J/kcal}=2.39\text{kcal}$$

它使水温上升约为:

$$\Delta T=\Delta Q/mC$$

式中,m 为水的质量;C 为水的比热。因此,

$$\Delta T=2.39\text{kcal}/1000\text{g}/1\text{kcal/g}\cdot\text{K}=0.00239\text{K}$$

可见,用通断控制调压法控制电炉的输入功率可以满足系统对后向通道控制精度的要求。

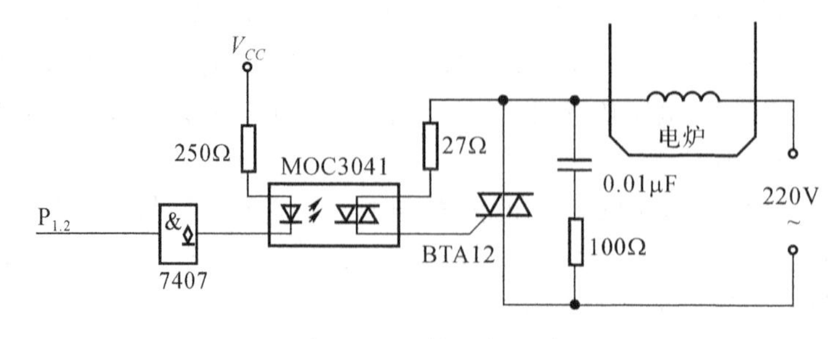

图 5-33 系统后向通道

后向通道电路原理如图 5-33 所示。MOC3041 是耐压为 400V 的光电耦合器，它的输出级由过零触发的双向可控硅构成，它控制着主电路双向可控硅的导通与关断。100Ω 电阻与 0.01μF电容组成双向可控硅的保护电路。

(d)人机对话通道

系统人机对话通道主要由行列式键盘、LED 显示器和 GP16 微型打印机组成，如图 5-34 所示。

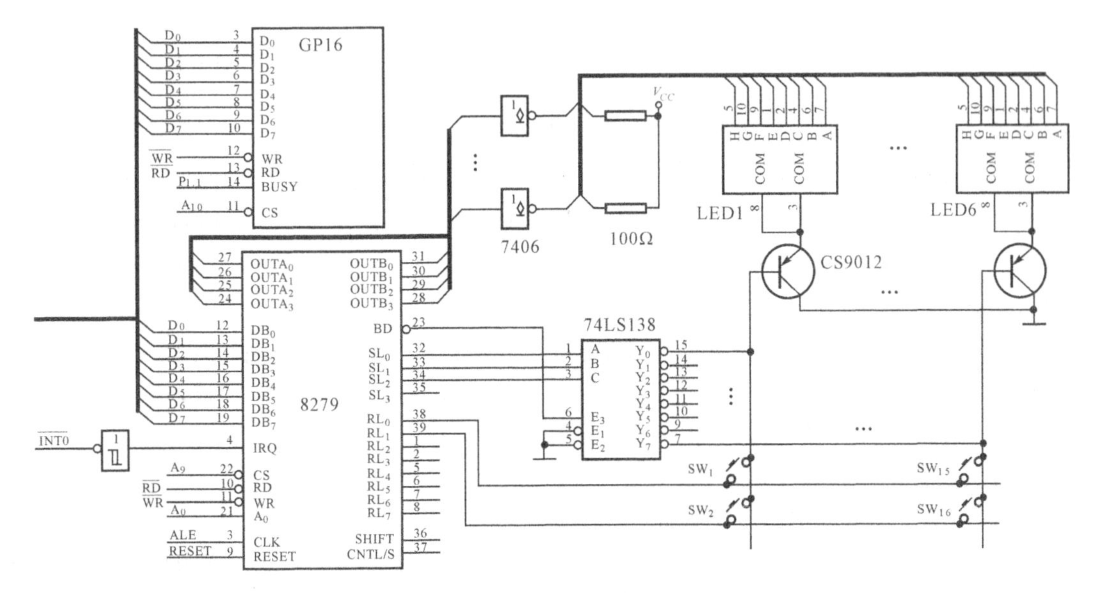

图 5-34　系统人机对话通道

键盘的扫描输入和显示器的扫描输出可以直接由单片机承担。但考虑到键盘与显示接口需要较多的 I/O 口线，如直接由单片机控制，一方面必须扩充系统 I/O 口，另一方面键盘与 LED 显示的扫描处理需要占用大量机时，增加软件编程负担。为此，在组成系统人机对话通道时，采用了可编程键盘、显示接口芯片 8279，由 8279 负责键盘的扫描、消抖处理和显示输出工作，这样大大减轻了 CPU 在扫描键盘或刷新显示时的负担，也简化了应用软件的编程。

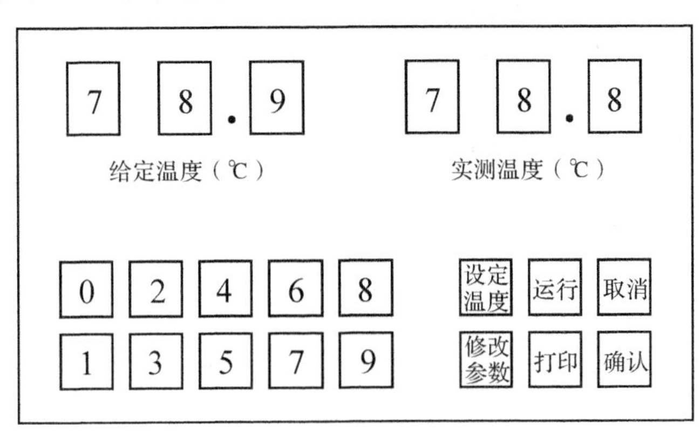

图 5-35　系统控制面板布置图

图 5-35 是系统控制面板布置图。根据任务要求，8279 键盘被设计为 2×8 行列，扫描线由 SL_0～SL_2 经译码输出，接入键盘列线；查询线由 RL_0～RL_1 提供，接入键盘行线。根据键盘按键的连接方式与 8279 扫描键盘数据格式，各按键按下时的键值如表 5-3 所示。

表 5-3 系统按键键值表

按　键	SW_1	SW_3	SW_5	SW_7	SW_9	SW_{11}	SW_{13}	SW_{15}
键　值	C0H	C8H	D0H	D8H	E0H	E8H	F0H	F8H
按　键	SW_2	SW_4	SW_6	SW_8	SW_{10}	SW_{12}	SW_{14}	SW_{16}
键　值	C1H	C9H	D1H	D9H	E1H	E9H	F1H	F9H

显示器配置为 2×3 位 LED 显示，分别用于显示给定水温与实测水温值，位选线由 SL_0～SL_2 经译码、驱动获得，段选线由 B_0～B_3，A_0～A_3 通过驱动器提供。8279 片选线 $\overline{CS}$ 由单片机 $P_{2.1}$（地址线 A_9）提供，地址线 A_0 与单片机地址总线的 A_0 相连，占用地址为 FD00H～FD01H。中断请求线 IRQ 经反相后与 8031 单片机的 $\overline{INT_0}$ 相连，以中断形式向单片机提供按键输入信息。

GP16 微型打印机也通过总线与单片机相连，其中 GP16 的片选 $\overline{CS}$ 由单片机 $P_{2.2}$（地址线 A_{10}）提供，读写地址为 FB00H；GP16 提供的 BUSY 信号通过 $P_{1.1}$ 送入单片机，单片机可以通过查询方式了解打印机的工作状态。

②系统硬件电路设计与制作

(a)前向通道中放大电路电阻计算

按测量范围要求，信号采集与放大电路应将 35～95℃温度转换为 0～5V 的电压信号，查手册可知 AD590 在 35℃和 95℃时输出电流分别为 308.2μA 和 368.2μA，因此 R_1，VR_1，R_2，VR_2 阻值可按下式计算：

$$R_1+VR_1=10\text{V}/308.2\mu\text{A}=32.4\text{k}\Omega$$

取 $R_1=30\text{k}\Omega$，$VR_1=5\text{k}\Omega$；

$$R_2+VR_2=5\text{V}/(368.2-308.2)\mu\text{A}=83.3\text{k}\Omega$$

取 $R_2=81\text{k}\Omega$，$VR_2=5\text{k}\Omega$。

(b)A/D 转换器时钟电路参数计算

ADC0804 片内有时钟电路，其振荡频率可按下式估算：

$$f_{CLK}\approx 1/1.1RC$$

式中，R 和 C 分别是 CLK-R 和 CLK-IN 两端外接一对电阻、电容的阻容值。其典型应用参数为 $R=10\text{k}\Omega$，$C=150\text{pF}$。此时 $f_{CLK}\approx 640\text{kHz}$，A/D 转换时间约为 103～114μs。

(c)后向通道双向可控硅选择

由于负载是 1kW 的电炉，用于控制负载输入功率的双向可控硅应能满足负载对工作电压、电流的要求。

工作电压峰值可按下式计算

$$V_P=220\times 1.414=311(\text{V})$$

工作电流峰值可按下式计算

$$I_P=1000/220\times 1.414=6.43(\text{A})$$

因此，为满足应用要求并适当留有余地，双向可控硅可选用BTA12-600，该器件可承受的最大反向电压为600V，最大工作电流为12A。

(d)硬件电路制作

将前述各单元电路连接起来，就可构成完整的系统硬件电路图。由于篇幅所限，这里不再给出完整的电路图。但需要指出，为了操作与维修方便，一般习惯将电源、操作面板、打印机等部件与主控制板分开单独安装。因此系统硬件电路中除了包含前、后向通道的输入、输出插座外，还应考虑增加若干个插座，以方便主控制板与各部件的连接。

硬件电路制作包括印刷线路板制作、焊接和系统连接等几个方面。印刷线路板的设计一般都是在计算机上利用Tango，Protel，ORCAD等软件进行辅助设计，设计完的PCB文件交由厂家制作出所需的印刷线路板，经焊接和系统连接完成硬件电路的制作过程。

③硬件电路调试

硬件电路的调试应按照第7章中关于系统硬件设计与调试原则的有关内容进行，依次对单片机基本系统、人机通道、前向通道和后向通道分别进行调试。调试时可利用仿真器对各接口地址进行读写操作，静态地测试电路各部分的连接是否正确；对于动态过程(如中断响应、脉宽调制输出等)可以编写简短的调试程序配合硬件电路的调试。

(a)单片机基本系统调试

※ 晶振电路

将仿真器晶振开关打到外部，如果仿真器出现死机现象，说明用户系统晶振电路有问题，此时应用示波器观察单片机时钟信号输入端是否有振荡信号，或检查晶振电路各器件参数。

※ 复位电路

按下复位按钮应使系统处于复位状态，否则用万用表检查复位电路各点信号和器件参数。

※ 外部程序存储器电路

用仿真器读出EPROM中的内容与实际存入的内容比较。如果读出内容有错，则依读出内容分析，查找系统数据线、地址线、控制线有无开路、短路、虚焊和连接错误等情况。

(b)人机通道调试

※ LED显示

用仿真器向8279命令口(FD01H)写清除命令(D3H)、时钟分频命令(2AH)、工作方式命令(00H)和写显示RAM命令(90H)。

向8279数据口(FD00H)写显示数据(01H，02H，04H，…)，LED数码管不同位上不同段将依次点亮。

如果显示不正确，用万用表或示波器检查电路各部分情况。

※ 键盘输入

用仿真器向8279命令口(FD01H)写入时钟分频命令(2AH)和工作方式命令(00H)。

按任意一键。

从8279状态口(FD01H)读出状态字，状态字低4位非零说明有键入。

向8279命令口(FD01H)写入读FIFO RAM命令(40H)。

从8279数据口(FD00H)读出键值。

键值错误或没有键入信息，须检查按键电路。

※ 打印机输出

用仿真器向 GP16 口地址(FB00H)写入字符串打印命令(9AH,01H)。

向 GP16 口地址(FB00H)写入打印数据(30H,31H,…)。

观察打印结果,如果打印不正常,须检查连接电路。

(c)前向通道调试

※ 静态工作点调整

加热水温并用温度计测试,当水温为 35℃时调整 VR_1 阻值,使运放 OP-07 输出电压为 0V。

当水温为 95℃时调整 VR_2 阻值,使 OP-07 输出电压为 5V。

在 35～95℃范围内任取若干点测试运放 OP-07 的输出电压,并作水温—输出电压关系曲线,观察,该曲线应呈线性关系。

※ A/D 转换器调试

在 35～95℃范围内选取若干个测试点,用仿真器向 ADC0804 口地址(FE00H)写任意数以启动 A/D 转换。

读出 $P_{1.0}$状态,低电平说明转换完毕。

从 ADC0804 口地址(FE00H)读转换结果,与预测值比较。

结果不正确,须检查 ADC0804 与 8031 的连接是否正确,还要检查 ADC0804 参考电压是否是+5V。

在 35～95℃范围内逐点测试并根据测试结果作输出电压—转换数据关系表,检查它们之间的对应关系。

(d)后向通道调试

※ 静态调试

用仿真器在 $P_{1.2}$上输出低电平,双向可控硅导通,电炉开始加热;在 $P_{1.2}$上输出高电平,双向可控硅截止,电炉停止加热。如果输出不正常,应按信号输出顺序分别检查 $P_{1.2}$、光电耦合器输入端、光电耦合器输出端及双向可控硅两端的电压情况。

※ 动态调试

编写简短调试程序,在 $P_{1.2}$上周期性地输出一定占空比的脉宽调制波形,用示波器观察电炉两端电压输入波形和通断比例。改变输出波形占空比,电炉两端电压输入的通断比例也应有相应改变。

(5)软件开发

①确定输入/输出关系,建立数学模型,寻找合适算法

PID 控制是应用最普遍的控制规律,技术上最成熟,工程技术人员也习惯于采用。它不需要对象的数学模型,控制的效果也好。它不仅适用于简单的控制系统,也适用于复杂的控制系统。在直接数字控制(DDC)系统中,除了标准的 PID 算法外,还有各种不同的改进算法。本系统由于采用了单片微型计算机,各种 PID 算法的实现只需更改应用程序而无需对系统硬件作任何改变,因此本系统对很多工业生产过程都适用,可得到十分广泛的应用。

(a)PID 控制的一般算式

模拟控制系统的 PID 控制规律表达式为

$$u(t)=K_C\left[e(t)+\frac{1}{T_I}\int_0^t e(t)\mathrm{d}t+T_D\frac{\mathrm{d}e(t)}{\mathrm{d}t}\right]$$

式中，$u(t)$ 为控制器的输出；$e(t)$ 为偏差，即设定值与反馈值之差；K_C 为控制器的放大系数，即比例增益；T_I 为控制器的积分时间常数；T_D 为控制器的微分时间常数。

对于 DDC 控制系统，它是对被控对象进行断续控制，因此要对上式进行离散化。令

$$\int_0^t e(t)\mathrm{d}t\approx\theta\sum_{i=0}^{k}e(i)\quad(\theta\text{ 为采样周期})$$

$$\frac{\mathrm{d}e(t)}{\mathrm{d}t}\approx\frac{e(k)-e(k-1)}{\theta}$$

可得第 k 次计算机输出的位置型 PID 控制算式为

$$u(k)=K_C\left\{e(k)+\frac{\theta}{T_I}\sum_{i=0}^{k}e(i)+\frac{T_D}{\theta}[e(k)-e(k-1)]\right\}$$

或

$$u(k)=K_Ce(k)+K_I\sum_{i=0}^{k}e(i)+K_D[e(k)-e(k-1)]$$

式中，K_I 为积分增益或积分系数，$K_I=K_C\theta/T_I$；K_D 为微分增益或微分系数，$K_D=K_CT_D/\theta$。

(b) 增量型 PID 控制算式

由于上式中第二项计算复杂，占用内存又较大，应用不太方便，如采用增量型 PID 控制算式则可以避免该项烦琐计算，是比较适宜的。即

$$\begin{aligned}\Delta u(k)&=u(k)-u(k-1)\\&=K_C[e(k)-e(k-1)]+K_Ie(k)+K_D[e(k)-2e(k-1)+e(k-2)]\\&=K_C\Delta e(k)+K_Ie(k)+K_D\Delta^2e(k)\end{aligned}$$

而 $u(k)$ 可由如下递推算式获得

$$u(k)=u(k-1)+\Delta u(k)$$

② 划分程序模块，编写程序流程图

系统软件由主程序、键盘输入中断(INT0)服务程序、修改 PID 参数子程序、设定温度子程

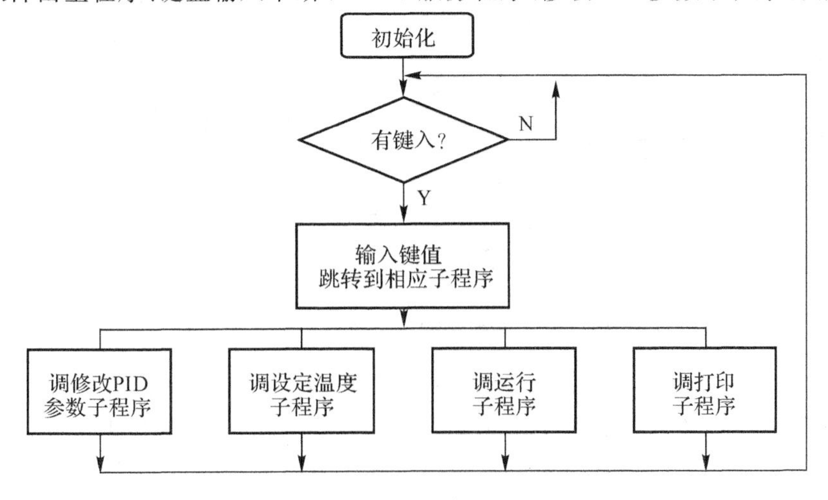

图 5-36　主程序流程图

序、运行子程序及打印子程序组成，其中运行子程序又要调用定时中断(T0)服务程序、水温检测子程序、增量型PID算法子程序及脉宽调制输出子程序。

(a) 主程序

主程序流程图如图5-36所示。主程序主要完成以下几项任务：

※ 初始化。设定可编程芯片的工作方式，对内存中的工作参数区进行初始化，显示系统初始状态。

※ 在有键入操作时读取键值，并跳转到相应功能的子程序中去。

※ 子程序执行完毕返回主循环，等待下一次键入。

(b) 键盘输入中断服务程序

当有键入操作时8279通过INT0引发8031的外部中断0的中断服务程序，中断服务程序流程图如图5-37所示。

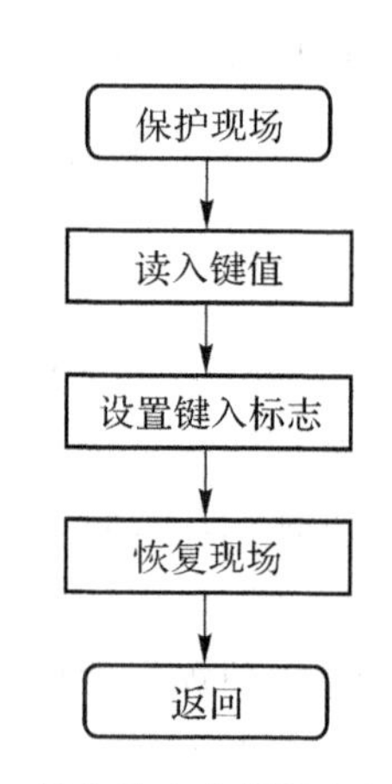

图5-37 键盘输入中断服务程序流程图

(c) 修改PID参数子程序

PID参数K_C,K_I,K_D可以依次修改，修改完的数据可以按“确认”键确认修改，或按“取消”键取消修改。程序流程如图5-38所示。

(d) 设定温度子程序

设定温度子程序流程与修改PID参数子程序类似，只是显示参数与存放参数的地址不同。

(e) 运行子程序

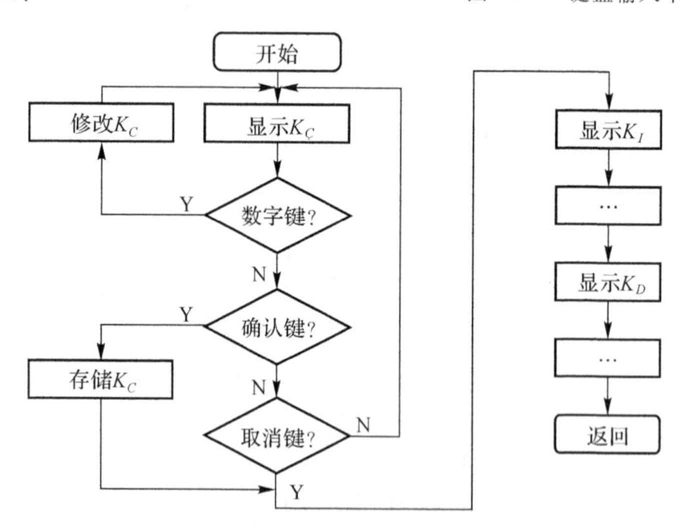

图5-38 修改PID参数子程序流程图

运行子程序将保持对水温的检测与控制作用，直到按下“取消”键，程序才退回到主程序循环中去。运行子程序流程图如图5-39所示，其中初始化包含对定时器工作方式和变量初值的初始化。

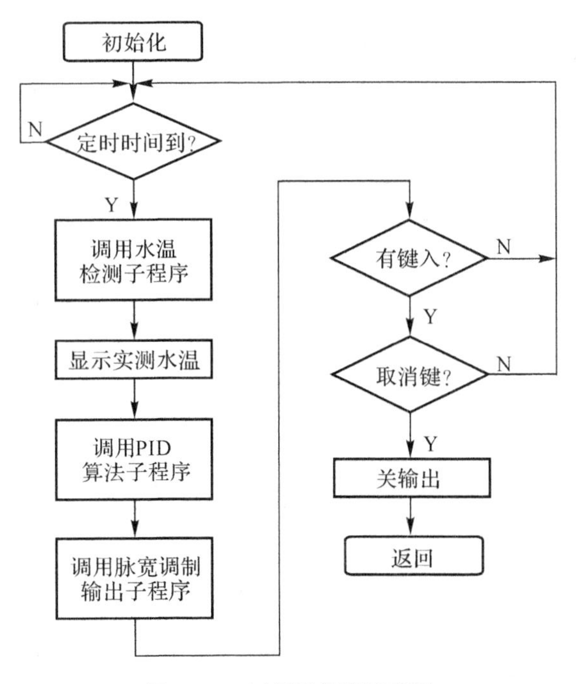

图 5-39 运行子程序流程图

(f) 定时中断服务程序

采样定时由定时器0的定时操作完成,定时器0的溢出时间受采样周期θ控制。由T_0溢出引发的中断服务程序用于设置定时标志,程序流程如图5-40所示。

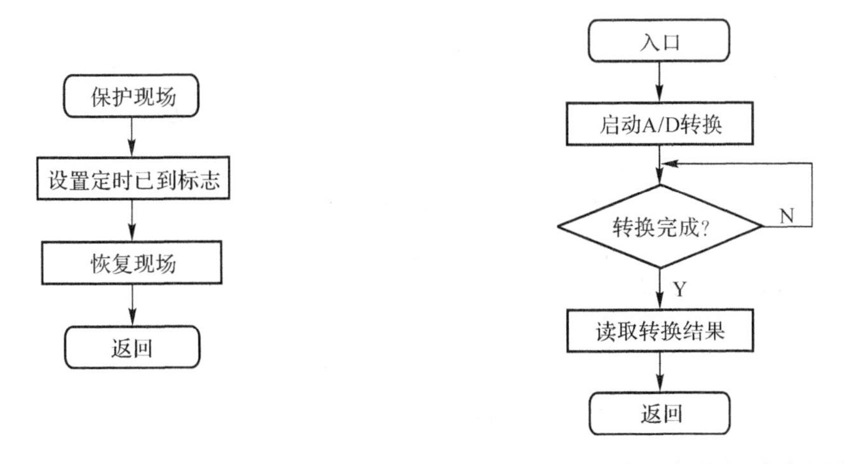

图 5-40 定时中断服务程序流程图　　图 5-41 水温检测子程序流程图

(g) 水温检测子程序

水温检测子程序启动A/D转换并读取转换结果,程序流程如图5-41所示。

(h)PID算法子程序

PID算法子程序的作用为:根据给定温度r、实测温度$f(k)$和调节器参数K_C,K_I,K_D计算输出量$u(k)$,并将输出量按比例转换为双向可控硅的导通时间$t(k)$,程序流程如图5-42所示。

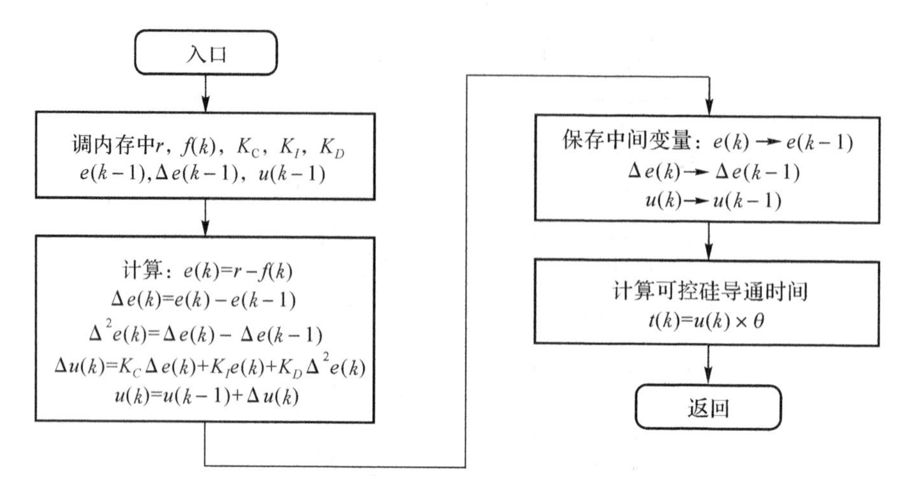

图 5-42　PID 算法子程序流程图

(i) 脉宽调制输出子程序

脉宽调制输出子程序按 PID 运算结果控制双向可控硅的导通时间，程序流程如图 5-43 所示。

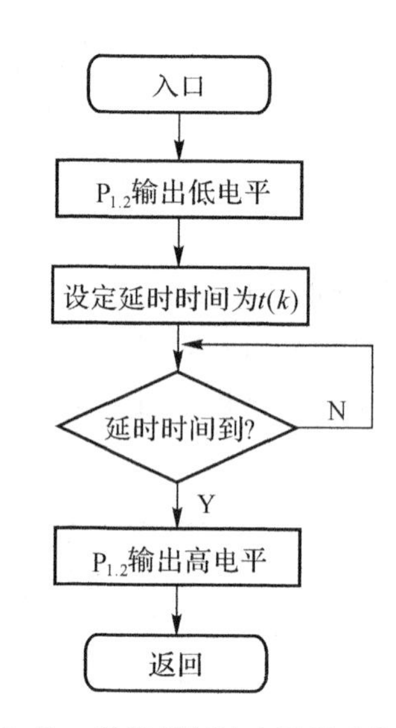

图 5-43　脉宽调制输出子程序流程图

③ 编写程序并翻译成目标程序

将上述程序流程图逐一细化，并将各程序模块连接起来就可组成一个完整的程序。程序的编写可在 PC 机上利用 EDIT，PE，WORD STAR 等编辑软件完成。编写完成的源程序可以利用 ASM51，C51，PL/M-51 等编译软件进行编译、连接、生成目标程序机器码。也可将源程序调入仿真器，由仿真器提供的在线编译功能进行翻译工作。

④ 软件调试

软件调试应在仿真器提供的单步、断点、跟踪和夭折等功能的支持下对各子程序分别进行，将调试完的子程序连接起来再调试，逐步扩大调试范围。调试的过程一般是：

※ 测试程序输入条件或设定程序输入条件。

※ 以单步、断点或跟踪方式运行程序。

※ 检查程序运行结果。

※ 运行结果不正确时查找原因，修改程序，重复上述过程。

(6) 联机调试

联机调试就是在样机中全速运行系统软件，观察系统运行情况，并根据运行结果修改控制参数，或对软、硬件方案作必要的修改，重复调试过程，直到系统能满足各项性能指标要求。

本例中最主要的联机调试过程是进行 PID 参数整定。不同的控制对象和控制环境需要不同的 PID 参数，即使是同一个控制对象和控制环境，对控制品质的不同要求也需要对 PID 参数重新进行整定。

① 按“最佳整定参数”整定 PID 参数

对于大多数控制系统，当递减比为 4∶1 时，过渡过程只稍带振荡并很快稳定下来，具有适当的稳定性和快速性，习惯上把满足这一递减比过程的控制器参数称为“最佳整定参数”。

在连续控制系统中，PID 控制器的参数整定方法较多，但简单易行的方法还是简易工程整定法。一般情况下，被控对象的数学模型大多难以准确获得，简易工程整定法最大的优点就在于整定参数时不必依赖被控对象的数学模型，它是由经典的频率法简化而来的，虽然稍微粗糙了一点，但简单易行，适于现场应用。

(a) 扩充临界比例度法

这是一种基于系统临界振荡参数的闭环整定法，是对模拟控制器中使用临界比例度法的扩充，用以整定离散控制算式中的参数 θ, K_C, T_I 和 T_D。整定方法如下：

※ 选择一个足够小的采样周期 θ，通常 θ 应小于对象的纯延迟时间 τ 的 1/10。按前面估算可知，用 1kW 电炉加热 1L 水并使水温上升 1℃ 所需时间大于 4s，因此可取 $\theta = 0.4\text{s}$。

※ 先使系统按纯比例控制运行（$T_I = \infty, T_D = 0$），比例增益的初值可按水温稳定在 95℃（对应 A/D 转换输出最大值 255）时系统输出使双向可控硅连续导通的时间值 T_H 来估算，即

$$K_C = T_H/255$$

逐渐加大比例增益 K_C（即减小比例度 $\delta_C = 1/K_C$）直到系统出现持续等幅振荡（系统振荡情况可用示波器观察 A/D 转换器模拟电压的输入波形获得）。记下使系统发生振荡的临界比例增益 K_{CR}（或临界比例度 δ_{CR}）及系统临界振荡周期 T_{CR}。

※ 选择控制度。所谓控制度就是以模拟控制器为基准，将直接数字控制系统的控制效果与模拟调节器的控制效果相比较，控制效果的评价函数通常用误差平方面积表示

$$\text{ISE} = \int_0^{\infty} e^2(t)\,\text{d}t$$

实际应用中并不需要计算出两个误差平方面积，

$$\text{控制度} = \frac{\text{ISE}_{\text{DDC}}}{\text{ISE}_{\text{ANA}}} = \frac{\int_0^{\infty} e^2(t)\,\text{d}t_{\text{DDC}}}{\int_0^{\infty} e^2(t)\,\text{d}t_{\text{ANA}}}$$

仅表示 DDC 系统的控制品质，控制度的值越大，控制品质越差。当控制度为 1.05 时，DDC 系统与模拟控制系统效果相当；控制度为 2.00 时，则 DDC 效果较模拟控制系统效果差一倍。从控制品质出发，希望控制度尽可能小些。

※ 根据选定的控制度，按表 5-4 所列数据计算采样周期 θ 和 PID 调节器参数 K_C, T_I 和 T_D 的值，并由 θ, K_C, T_I 和 T_D 计算 K_I 和 K_D 的值。

表 5-4　扩充临界比例度法整定 PID 参数计算式

控制度	θ	K_C	T_I	T_D
1.05	$0.014T_{CR}$	$0.63K_{CR}$	$0.49T_{CR}$	$0.14T_{CR}$
1.20	$0.043T_{CR}$	$0.47K_{CR}$	$0.47T_{CR}$	$0.16T_{CR}$
1.50	$0.09T_{CR}$	$0.34K_{CR}$	$0.43T_{CR}$	$0.20T_{CR}$
2.00	$0.16T_{CR}$	$0.27K_{CR}$	$0.40T_{CR}$	$0.22T_{CR}$

(b)扩充响应曲线法

与在模拟控制系统中可用响应曲线法代替临界比例度法一样，在 DDC 系统中也可以用扩充响应曲线法代替扩充临界比例度法，它是一种基于对象响应曲线的调节器参数整定法。

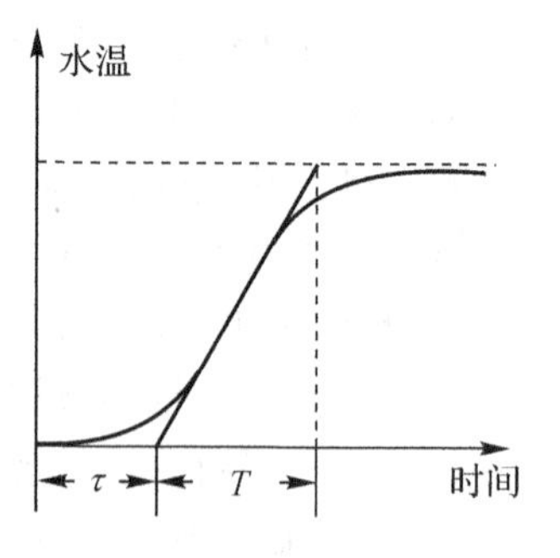

图 5-44 被控参数在阶跃输入下的变化过程曲线

扩充响应曲线法要预先测得广义对象的阶跃响应曲线，并以带纯滞后 τ 和时间常数 T 的一阶惯性环节近似。从曲线求得 τ 和 T，然后根据 τ，T 和 T/τ 的值，查表求得 θ，K_C，T_I 和 T_D，具体步骤如下：

※ 使控制系统开环，并突然改变给定值，给对象一个阶跃输入信号。例如，在脉宽调制输出占空比为 10％的情况下测量热稳定时的水温，突然改变脉宽调制输出占空比到 20％，观察水温的变化情况。

※ 记录下被控参数(即水温)在阶跃输入下的整个变化过程曲线，如图 5-44 所示。

※ 在曲线的最大斜率处作切线，求得滞后时间 τ 和被控对象时间常数 T。查表 5-5 即可得到 DDC 控制系统的 θ，K_C，T_I 和 T_D，并由 θ，K_C，T_I 和 T_D 计算 K_I 和 K_D 的值。

表 5-5 扩充响应曲线法整定参数

控制度	θ	K_C	T_I	T_D
1.05	0.05τ	$1.15T/\tau$	2.00τ	0.45τ
1.20	0.16τ	$1.00T/\tau$	1.90τ	0.55τ
1.50	0.34τ	$0.85T/\tau$	1.62τ	0.65τ
2.00	0.60τ	$0.60T/\tau$	1.50τ	0.82τ

②按比例、积分和微分的作用调整 PID 参数

由于以上所述的 PID 参数整定法是一种近似方法，所得到的控制器参数不一定是最佳的，但经过几次调整可获得令人满意的效果。调整应以 K_C，T_I 和 T_D 对控制品质的影响为依据。

在二阶系统中，随着控制器的放大系数 K_C 的增大，系统响应的上升时间减短、余差减小(不能完全消除)，但系统的稳定性也将降低。因此，比例控制器只能起到“粗调”的作用。

积分作用能消除余差，但降低了系统稳定性，特别是 T_I 较小时，稳定性下降较为严重。如果欲得到纯比例作用时相同的稳定性，当引入积分作用之后，应适当减小 K_C，以补偿积分作用造成的稳定性下降。

微分作用提高了系统稳定性，同时也减小了超调量，可以全面提高控制品质。但也应该指出，如果控制器的微分时间 T_D 调整得太大，即使偏差变化的速度不是很大，因微分作用太强而使控制器的输出发生很大变化，从而引起控制阀时而全开，时而全关，如同双位控制，严重影响控制品质。

在控制器参数调整过程中，若观察到曲线振荡很频繁，则需把放大系数 K_C 减小以减小振荡；若稳态误差大、曲线上升缓慢且趋于非周期过程，则需加大放大系数 K_C。当曲线波动较大时应增加积分时间 T_I；曲线偏离设定值后长时间回不来，则需减小积分时间。如果曲线振荡

得厉害，需把微分作用减小；如果曲线超调量大而衰减慢，则需把微分时间 T_D 加长。总之，要以 K_C，T_I 和 T_D 对控制品质的影响为依据，看曲线调整参数，使控制品质满足设计要求。

(7)指标测试及软件固化

①指标测试

根据设计要求，调试完成的系统应作全面的指标测试，测试过程如下：

※ 通过键盘输入水温给定值，输入范围能满足 40～90℃，区分度为 1℃的要求。

※ 运行水温控制系统，观察水温变化情况，测量水温静态误差，该误差应能满足≤1℃的要求。

※ 突然改变环境温度(例如用电风扇降温)，再测量水温静态误差，控制精度仍应满足≤1℃的要求。

※ 在给定突变或环境温度突变的情况下，观察系统的调节时间和超调量，并能根据需要改变系统控制参数，实现不同的控制品质要求。

※ 执行打印功能，打印出水温给定值和实测值。

②软件固化

在调试完成、系统指标合格后，需将系统软件固化。EPROM 的固化过程可以通过仿真器提供的 EPROM 写入功能完成，也可利用 ALL-03，ALL-07，ALL-11 等各种编程器将目标程序机器码固化到 EPROM 芯片中去。将固化后的芯片插入系统中，系统便可以脱机运行了。脱机之后还应再一次运行系统以检验软件固化后的系统工作是否正常。

(8)系统改进措施与功能扩展

①增加通信功能

为了使系统能接收其他微机系统发出的控制命令并将控制结果输出到其他微机系统，实现系统通信功能的扩展要求，可以考虑采用单片机片内串行口外加逻辑电平转换电路组成 RS-232C 标准接口以实现系统相互通道的扩展。如图 5-45 所示，逻辑电平转换电路采用了一片专用芯片 ICL232，该芯片只需外加少量电容即可完成 TTL 到 RS-232 或 RS-232 到 TTL 的逻辑电平转换，使用十分方便。

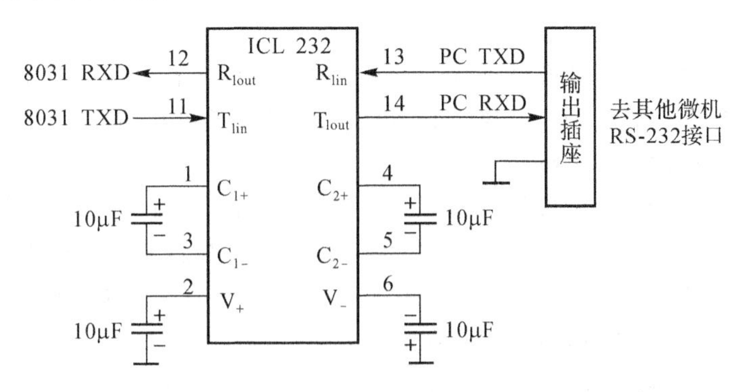

图 5-45 系统相互通道接口扩展

为了实现系统与其他微机系统的通信，在系统软件中还需增加相应的通信处理程序。例如 8031 以中断方式接收来自串行口的控制命令，并根据命令内容作相应处理。图 5-46 是串行口输入中断服务程序流程图。

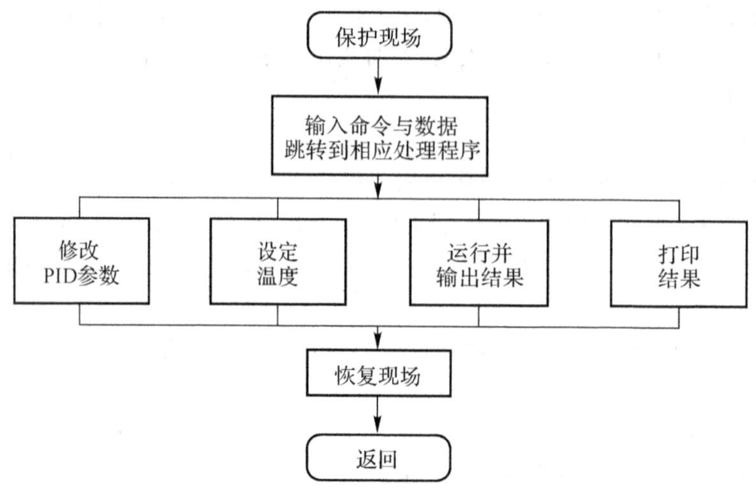

图 5-46 串行口输入中断服务程序流程图

②减小系统调节时间和超调量

减小系统调节时间和超调量、提高系统控制品质的方法是对 PID 参数进行适当整定与调整。关于 PID 参数整定与调整的方法已在前面叙述过，调整时请参见“联机调试”中有关内容。

③提高系统控制的静态精度

要提高系统的控制精度，关键是提高前向通道的采样精度。例如，要求温度控制的静态误差≤0.2℃时，则前向通道的采样误差应控制在±0.1℃以内，对于 35～95℃的检测范围，相应的精度为 0.167%，因此，应采用 10 位以上的 A/D 转换器（误差≤0.1%）。高精度的 A/D 转换器常用的有 12 位逐次逼近型 A/D 转换器 AD574A（精度为 0.024%、转换时间为 25μs）和 3 位半（十进制）双积分型 A/D 转换器 MC14433（精度为 0.05%、转换速度为 1～10 次/秒）等，它们的使用方法请参见相关内容。需要注意的是，如果采用双积分型 A/D 转换器，则必须考虑转换速度对控制周期的限制，在控制周期较短的控制系统中不宜采用双积分型 A/D 转换器。

④进一步简化硬件、降低成本

在前向通道中选配 A/D 转换电路时可以考虑选用片内带有 A/D 部件的单片机。如果单片机内部含有 A/D 部件，且精度、速度均能满足要求，则可省去前向通道中的 A/D 转换接口电路，进一步简化系统硬件、降低成本、提高系统可靠性。

熟悉 MCS-96 系列单片机的设计者就可以采用这种方法，例如 8098 或 80C196 等芯片中就带有一个 10 位分辨率（误差≤0.1%）、转换时间为 22μs 的 A/D 转换器。如果采用这种单片机实现被控参数的 A/D 转换，不但可以满足系统精度及速度要求，而且可以大大提高系统性价比。

⑤采用通用微型计算机进行控制，实现自动显示水温曲线的功能

由于受到系统配置与扩展能力的限制，一般单片机应用系统都难以配置标准的 CRT 显示器和标准打印机，而只能配置简易的 CRT 显示器、点阵式液晶显示器和微型打印机等。单片机应用系统即使硬件上配置了这些设备，软件编程也需要耗费大量的时间和工作量。而通用微型计算机系统硬件上已经配置了标准键盘、CRT 显示器、打印机等外部设备和 RS-232 串行通信接口，软件上提供了各种操作系统和设备驱动程序，为应用系统实现人机对话、曲线显

示与打印及多机通讯提供了良好条件。因此,采用通用微型计算机系统并利用其系统板提供的I/O扩展槽扩展相应的前向通道和后向通道,可以较为容易地实现本例题各项设计任务和扩展功能要求。图5-47是采用通用微型计算机系统实现的水温控制系统原理框图,其中虚线部分是系统中需要设计的部分。

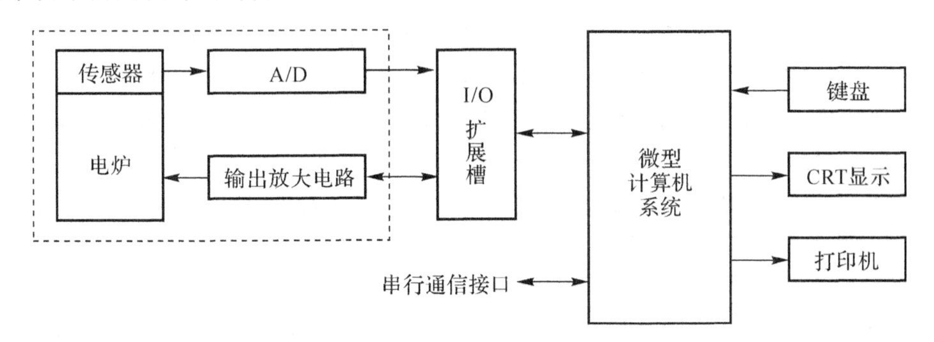

图5-47　采用通用微型计算机系统实现的水温控制系统

5.3.3.2　智能型出租车计价器的设计

(1)设计任务与要求

设计一个智能型的出租车计价器,要求该计价器具有以下几个功能:

①计价功能

※ 起步价　顾客上车,显示起步价 Z,行车距离在5km以内。

※ 里程价　每0.5km R 元,少于0.5km不计。

※ 误时价　车速低于5km/h计算误时,误时价每10s N 元,少于10s不计。

②显示功能

※ 显示时间　可显示北京时间和总的误时时间。北京时间可以进行校正,误时时间人工不能修改。

※ 显示计价　可显示总价,范围 Z～999元。

※ 显示营业额　可显示车主总营业额信息。

③刷卡功能

※ 顾客能在指定点购买一定额度的“顾客IC卡”,乘车后可用IC卡付账,付账是否成功有相应的提示。

※ 车主可定期将总营业额写入“车主IC卡”中,并据此IC卡向所属公司领取报酬。

④打印功能

※ 顾客付费后可打印发票,打印内容包括车主信息和车费信息等。

※ 可打印车主总营业额信息。

(2)总体论证

①总体方案

出租车计价器的基本功能是将顾客上车后的行车里程换算为车费信息。要实现该基本功能,出租车计价器至少应包括里程信号产生电路、里程信号处理电路和车费信息输出电路三个部分,如图5-48所示。

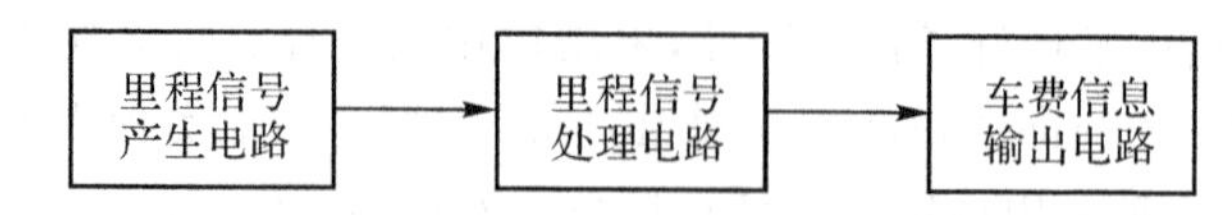

图 5-48 出租车计价器基本功能电路

出租车计价器的基本功能电路中，里程信号处理电路是系统的核心部分。这部分电路可以采用常规数字逻辑电路实现（如本书第 2 章例题），也可以采用单片微型计算机实现。相比而言，采用单片机实现信号的输入、处理与输出不仅可简化硬件电路、降低硬件成本、提高系统可靠性，而且车费的计算方式可通过程序改变，使系统更具有灵活性和通用性。另外，由于单片机系统可以方便地实现信息加密和各种功能扩展，如显示功能、刷卡功能、打印功能等，因此本例将以单片机系统为核心，设计一个智能型的出租车计价器。

②系统组成

以单片机系统为核心的智能型出租车计价器的总体框图如图 5-49 所示，其工作过程简述如下：

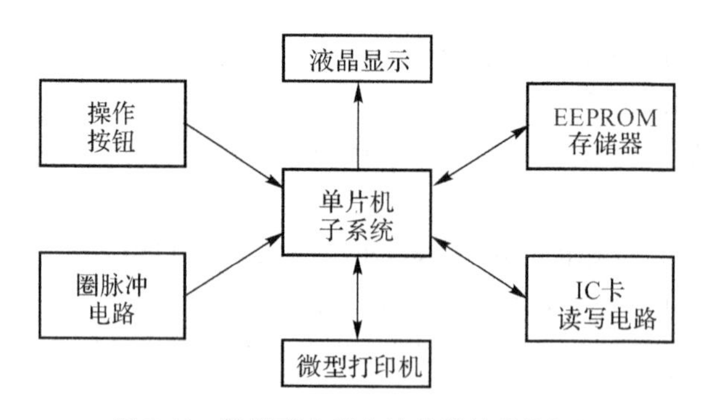

图 5-49 智能型出租车计价器的总体框图

※ 里程传感器安装在车轮上，车轮每转一圈产生一个脉冲，经圈脉冲电路处理后送入单片机子系统，作为车辆行驶信号。

※ 操作面板中“空车”牌翻下，指示单片机系统对行程和误时时间进行累计。

※ 单片机系统将行程和误时时间按一定规律换算为车费信息，并通过液晶显示器显示。

※ 停车后将操作面板中“空车”牌翻起，指示单片机系统停止计价，液晶显示器仅显示北京时间。

※ 按下“＋”或“－”键，液晶显示器可在“无价格显示”、“显示计价金额”和“显示总营业额”之间轮换。

※ 由操作面板输入打印指令，单片机系统控制微型打印机打印顾客发票或车主总营业额信息。

※ 由操作面板输入校正指令，可对系统时钟进行校正。

※ 在 IC 卡读写器中插入“顾客 IC 卡”，系统显示卡中余额。按下“结账”键，系统从 IC 卡中自动扣除应付款项，然后再显示卡中余额，并将本次营业额与总营业额累计，经加密后存入 EEPROM 存储器。

※ 在 IC 卡读写器中插入“车主 IC 卡”，系统显示总营业额信息。按下“结账”键，系统将

加密后的车主信息及营业总额信息写入车主IC卡中，车主可凭此IC卡向所属公司领取报酬。

(3)系统设计

①软、硬件功能划分

在行车过程中，设最高车速为100km/h，车轮周长为2m(概略值)，则圈脉冲的最短间隔为

$$\Delta T=2/100000\times3600=0.072(s)=72(ms)$$

可见，在每个圈脉冲到来后，单片机有足够的时间用于信号的输入、处理与输出。依照“根据应用系统速度要求来划分软、硬件功能”的原则，系统中所有信号的处理功能及输入、输出控制均可由软件完成，以充分提高系统的性价比。

②系统功能划分与指标分配

根据系统总体方案，系统可由5个主要功能模块组成：

(a)操作面板

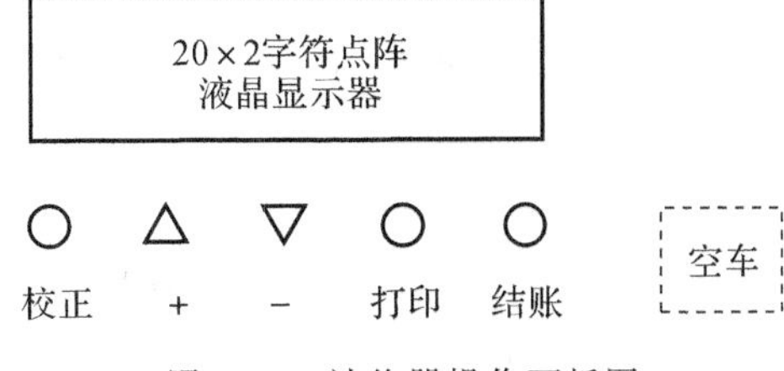

图5-50　计价器操作面板图

如图5-50所示，操作面板由显示器和若干个操作按钮组成，功能如下：

※ 显示器用于各类信息的显示，包括日期、北京时间、误时时间、计价金额、IC卡余额、总营业额和操作提示信息等。其中日期的显示形式为YY:MM:DD(年:月:日)；北京时间和误时时间的显示形式为HH:MM:SS(时:分:秒)；计价金额和IC卡余额的显示形式为XXX(元)；总营业额的显示形式为XXXXX(元)；操作提示主要是IC卡的操作提示，如“IC invalid(IC卡失效)!”,“pay succeed(付账成功)!”,“pay failed(付账失败)!”等。

※ “校正”及“+”、“−”按钮用于校正时钟显示值。在不使用“校正”按钮时，单独使用“+”、“−”按钮可用于切换计价金额和总营业额显示。

※ “打印”按钮用于执行打印操作。当面板显示计价金额时，可打印顾客发票；当面板显示总营业额时，则打印车主总营业额信息。

※ “结账”用于执行对IC卡的存取操作。当IC卡插入读写器时，系统能自动分辨IC卡是否有效，以及分辨IC卡的类型。对于有效的顾客IC卡，按下“结账”键，系统将执行扣款操作；对于有效的车主IC卡，系统将执行写入总营业额操作。

※ “空车”牌内藏一开关，当“空车”牌翻下时开关闭合，计价器开始计价，直到“空车”牌翻起，开关断开，停止计价。

(b)单片机子系统

单片机子系统是智能型计价器的核心，计价器的所有功能都是在单片机子系统的控制下完成的，其中主要包括以下几个功能：

※ 监控面板状态，输入面板操作信息。

※ 计价开始后输入圈脉冲信号及开始计时,并将行程和误时时间按一定规律换算为车费信息。

※ 控制显示器,按需要显示各类信息。

※ 控制 IC 卡的读写操作。

※ 控制有关数据的加密存取操作。

※ 控制信息的打印过程。

(c)圈脉冲输入电路

圈脉冲输入电路产生与里程相关的脉冲信号,并送入单片机系统进行处理。

(d)微型打印机

微型打印机用于打印顾客发票,打印内容应包括车主代号、特征图形、日期、行车里程、误时时间和总计金额等。车主还可打印总营业额信息,打印内容应包括计算总营业额的起止日期和总营业额等。

(e)IC 卡读写电路

IC 卡读写电路用于完成对 IC 卡的读写操作,IC 卡的自动识别、信息加密、解密及存取操作是在单片机的控制下完成的。

(4)硬件开发

智能型出租车计价器电路原理如图 5-51 所示,它由单片机基本系统、操作面板输入、圈脉冲输入、液晶显示器输出、微型打印机输出及 IC 卡读写电路等 6 个部分组成。

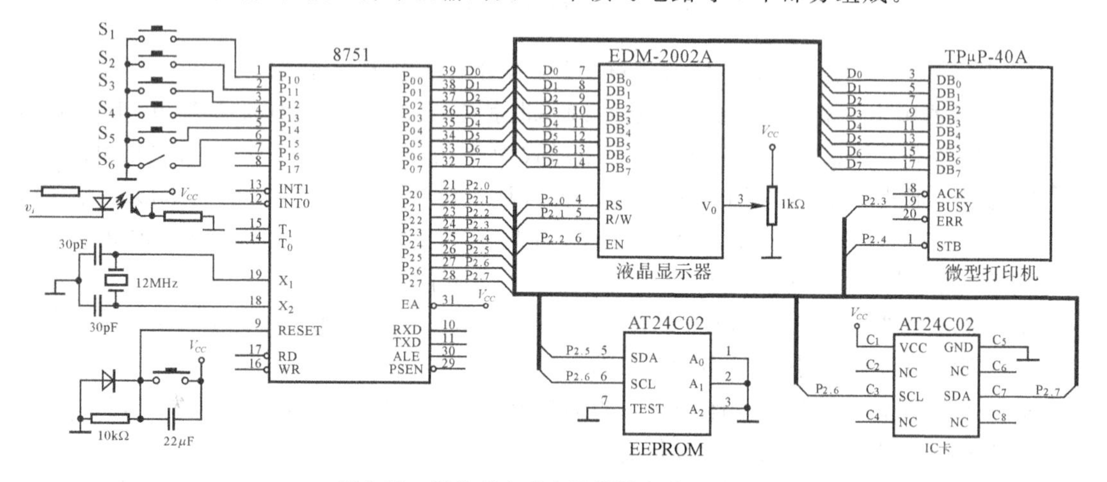

图 5-51 智能型出租车计价器电路原理图

①单片机基本系统

(a)CPU

为了减小系统体积、加强程序和数据的保密性,并提供较多的 I/O 口,可采用内带 4K 字节 EPROM 的 MCS-51 系列单片机 8751。

(b)程序存储器

对于出租车计价器的功能要求,4KB 程序存储器已够用,无需再扩充程序存储器。

(c)数据存储器

由于需处理的数据不是很多,8751 内部 128 个字节的 RAM 也已够用,不必再扩充数据存储器。

(d)EEPROM 存储器

为了存放车主信息、计价参数和营业额等信息，可以采用掉电保护的 EEPROM 存储器 AT24C02。它是一个 256×8 位的两线串行 EEPROM 芯片，具有高可靠性和低成本的特点，可将要存放的信息经加密后存放于此芯片内，以防私自改变其中内容。

如图 5-51 所示，8751 的 $P_{2.5}$ 和 $P_{2.6}$ 分别与 AT24C02 的串行数据输入/输出端(SDA)和串行时钟输入端(SCL)相连，单片机系统通过软件实现对 EEPROM 的数据存取操作。

两线串行 EEPROM 芯片 AT24C02 的读写过程与单片机串行口工作于同步方式时类似，SDA 引脚用于双向传送串行数据，SCL 引脚用于同步时钟信号的输入。SCL 上升沿时数据输入 EEPROM 器件，SCL 下降沿时数据从 EEPROM 器件输出。

AT24C02 的串行链接通信协议中一般包括开始位、设备寻址码、读/写操作选择位、确认位和停止位，根据操作模式不同，协议中还可能包括字节地址码和 8 位数据。图 5-52 是对 AT24C02 进行随机地址读、写时的串行链接通信协议格式，具体情况参见手册中有关该器件操作时序的说明。

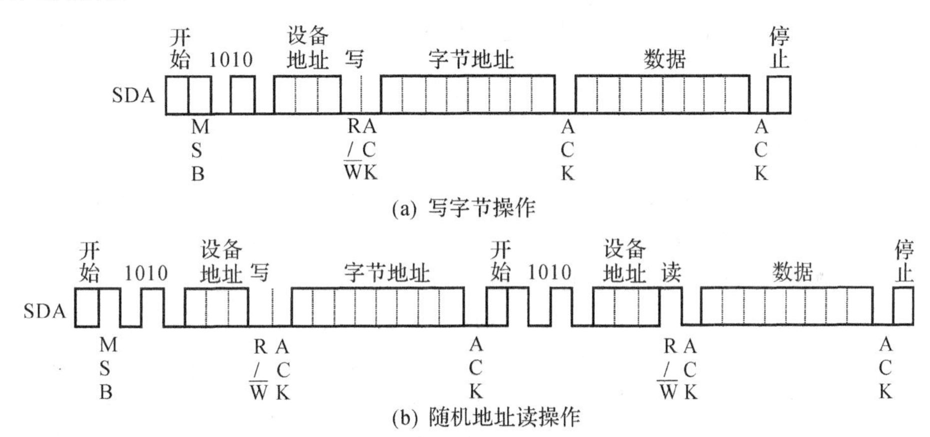

图 5-52　AT24C02 串行链接通信协议格式

(e) I/O 口

由于 CPU 采用了 8751，而单片机子系统又不需扩展程序存储器和数据存储器，因而 CPU 本身就可提供 4×8 位的 I/O 口线。这些 I/O 口可分别用于对液晶显示器组件、面板按钮、EEPROM、微型打印机及 I/C 卡存储芯片的连接。

(f)时钟电路

单片机的时钟信号由外接晶体产生，单片机可利用此时钟脉冲进行定时操作。当系统采用 12MHz 晶体时，定时器的计数频率为 1MHz。由于可以利用单片机内部的定时器进行定时操作，因而无需另加定时模块即可实现时钟计时和测速的功能。

②操作面板输入电路

如图 5-51 所示，操作面板的输入信息通过 8751 的 I/O 口($P_{1.0}$～$P_{1.5}$)输入单片机内部。由于 8751 的 I/O 口内部含有上拉电阻，因此各输入线可通过按键直接接地。各按键标号及输入通道对应关系如表 5-6 所示。

表 5-6 操作面板各按键标号及输入通道对应关系表

按　键	校　时	+	−	打　印	结　账	空　车
标　号	S_1	S_2	S_3	S_4	S_5	S_6
输入通道	$P_{1.0}$	$P_{1.1}$	$P_{1.2}$	$P_{1.3}$	$P_{1.4}$	$P_{1.5}$

③圈脉冲输入电路

用霍尔器件 6846 安装在车轮上，车轮每转一圈产生一个脉冲信号，此脉冲信号经电平转换和光电耦合隔离后接入单片机外部中断输入口 INT_0。具体电路参见图 5-51 和本书第 2 章“数字系统设计”例题。

④液晶显示器

液晶显示器可用 EDM2002A 字符点阵液晶显示器组件，该组件可显示 2 行信息，每行包含 20 个字符。上一行显示时钟（北京时间）和使用 IC 卡时的操作提示，下一行显示总价和误时时间，或显示车主总营业额信息。

液晶显示器组件与单片机的连接也是通过 I/O 口实现的，如图 5-51 所示。8751 的 $P_{0.0}$～$P_{0.7}$ 提供数据信号，$P_{2.0}$～$P_{2.2}$ 提供控制信号，液晶显示器组件与单片机的时序配合由软件完成。

⑤微型打印机

配置微型打印机主要是为了打印发票和总营业额信息，这里选用 TPμP-40A 主要基于以下两点考虑：一是 TPμP-40A 可以每行打印 40 个字符，或打印 8×240 点阵图案（汉字或图案点阵），能满足发票中打印汉字、图标及打印宽度的要求；二是 TPμP-40A 采用 centronic 并行接口标准，便于微型打印机与单片机通过 I/O 口（而不是总线）进行连接。

如图 5-51 所示，8751 的 $P_{0.0}$～$P_{0.7}$ 与 TPμP-40A 的数据口 DB_0～DB_7 相连，而 $P_{2.3}$ 和 $P_{2.4}$ 则分别与 TPμP-40A 的状态线 BUSY 和数据选通线 $\overline{STB}$ 相连，配合时序由软件实现。

打印时一般需先测试打印机状态，若 BUSY 信号有效（高电平），表示打印机正忙于处理数据，此时单片机不得使用 $\overline{STB}$ 信号向打印机送入新数据。反之，若 BUSY 信号无效，则单片机可通过 P_0 口输出数据，并利用 $\overline{STB}$ 信号的上升沿将数据写入打印机中锁存。

TPμP-40A 具有较丰富的打印命令，命令代码均为单字节，格式简单，其中代码 00H 无效；代码 01H～0FH 为打印命令；代码 10H～1FH 为用户自定义代码；代码 20H～7FH 为标准 ASCII 代码；代码 80H～FFH 为非 ASCII 代码，其中包括少量汉字、希腊字母、块图图符和一些特殊字符。

⑥IC 卡读写电路

IC 卡由一个或多个集成电路芯片组成，并封装成便于人们携带的卡片。它具有暂时或永久性的数据存储能力，其内容可供外部读取或供内部处理、判断；还具有逻辑和算术运算处理能力，用于识别和响应外部提供的信息和满足芯片本身的处理需要。

IC 卡从芯片功能上可分为存储器 IC 卡、智能 IC 卡和超级智能 IC 卡。虽然通用存储器 IC 卡的功能较为简单、没有或很少有安全保护措施，但因其价格便宜、开发应用相对简单，因此在 IC 卡的应用初期及某些较为简单的场合有大量应用。然而，在采用存储器 IC 卡的同时，还必须在软件上考虑信息的加密安全措施。

本例采用以 AT24C02 为存储器芯片的 IC 卡，可以方便硬件的连接与软件设计。如图 5-51 所示，IC 卡读写电路提供 IC 卡读写所需的电源及信号。当 IC 卡插入读写器机械卡座时，电源及信号与 IC 卡中的存储芯片接通，系统在软件的控制下可对 IC 卡中的信息进行存取操作。

(5)软件设计

这里介绍几个主要程序的流程图。

①主循环程序流程图

根据系统功能要求，主循环程序流程如图 5-53 所示。

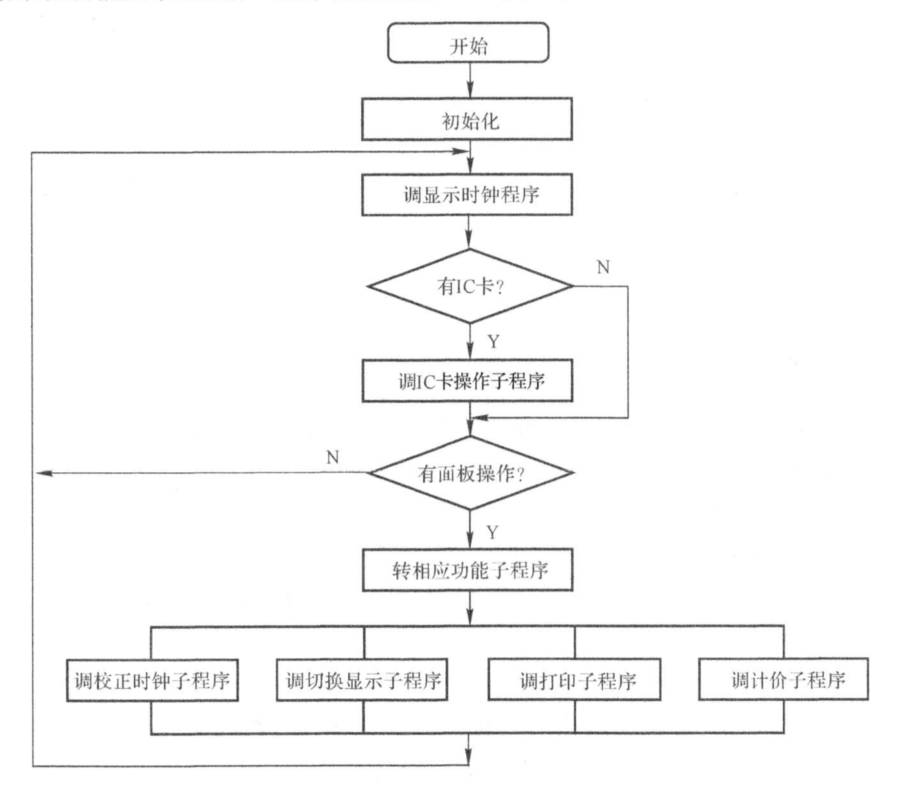

图 5-53　主循环程序流程图

②定时中断服务程序

主程序初始化时定时器 0 被设定为工作方式 2——自动装载的 8 位计数器方式，设定高位计数器的计数值为 TH0＝6，则定时器 0 的中断间隔为(256－6)×1＝250(μs)。内部 RAM 中可用 5 个字节分别表示时、分、秒、1/100 秒和 1/4 毫秒的计数值。

如图 5-54 所示，定时中断服务程序中除了对时钟值进行修正以外，还对是否需要计算误时时间进行判断，并在需要时($F_W \neq 0$)对误时时间进行累计。

③圈脉冲中断服务程序

圈脉冲信号从 INT_0 输入，行车约 2m 产生一次 INT_0 中断。按计价显示范围(Z～999 元)估算，若里程价为每千米 2 元，则一次计价的最大行车距离约为 500km。为计算方便起见，里程计数以 0.5km 为计算单位，则

$$行车千米数\ L＝里程计数值×0.5(km)$$

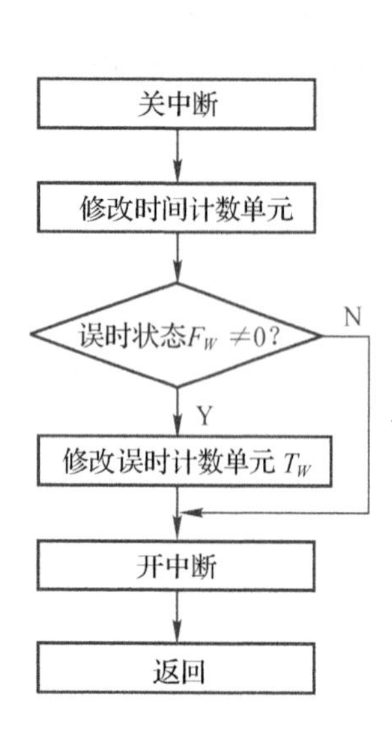

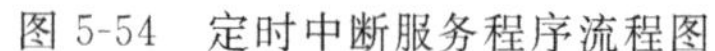
图 5-54 定时中断服务程序流程图

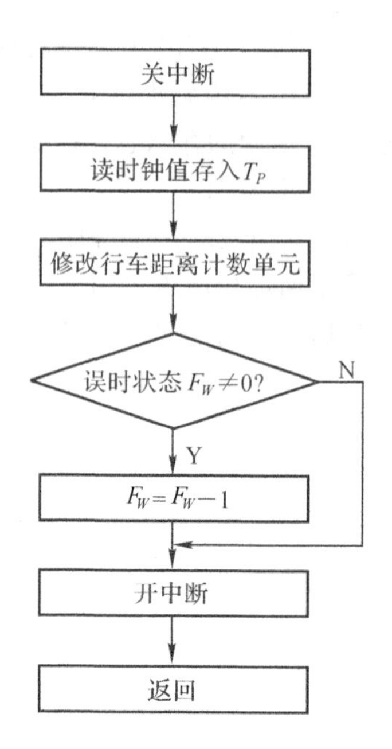

图 5-55 圈脉冲中断服务程序流程图

若内部 RAM 中用 2 个字节存放里程计数值，则相应行车千米数为 0～32767.5km，可以满足一次计价的最大行车距离约为 500km 的要求。

由于行车距离约 2m 产生一个圈脉冲，可用 1 个字节对圈脉冲进行计数，当计满 250 个圈脉冲后，行车距离为 0.5km，里程计数值加 1，圈脉冲计数值复 0。

圈脉冲中断服务程序流程如图 5-55 所示，程序中还包括对误时状态 F_W 的修改，具体说明参见计价子程序。

④计价子程序

误时时间的计算方法如下：在圈脉冲中断服务程序中，圈脉冲到达时刻已记录在 T_P 中，在计价子程序中先读取现在时刻 T_N，它们的差值为 $\Delta T = T_N - T_P$。按题意，车速低于 5km/h 时应计算误时时间，此时车速相当于两次圈脉冲时间间隔大于 1.44s。即当 $\Delta T > 1.44$s 时可设置误时标志 $F_W = 2$，定时中断服务程序根据 F_W 状态确定是否计算误时时间。F_W 标志的清除是在圈脉冲中断服务程序中实现的，如果连续 2 个圈脉冲的时间间隔小于 1.44s，说明车速已高于 5km/h，可将 F_W 标志清除。每次圈脉冲中断服务程序将 F_W 减 1，2 次圈脉冲后 $F_W = 0$，通知定时中断服务程序可以取消误时计算。计价子程序流程如图 5-56 所示。

⑤打印子程序

打印子程序完成发票或总营业额信息的打印功能，其程序流程如图 5-57 所示。

⑥切换显示子程序

在操作面板中按“＋”或“－”可切换显示内容，每次按键使液晶显示器第 2 行的显示内容依次在“显示计价金额”、“显示总营业额”和“无价格显示”三种状态之间轮换，并将显示状态记录下来供打印子程序判断使用。系统初始化时显示处于“无价格显示”状态。切换显示子程序流程如图 5-58 所示。

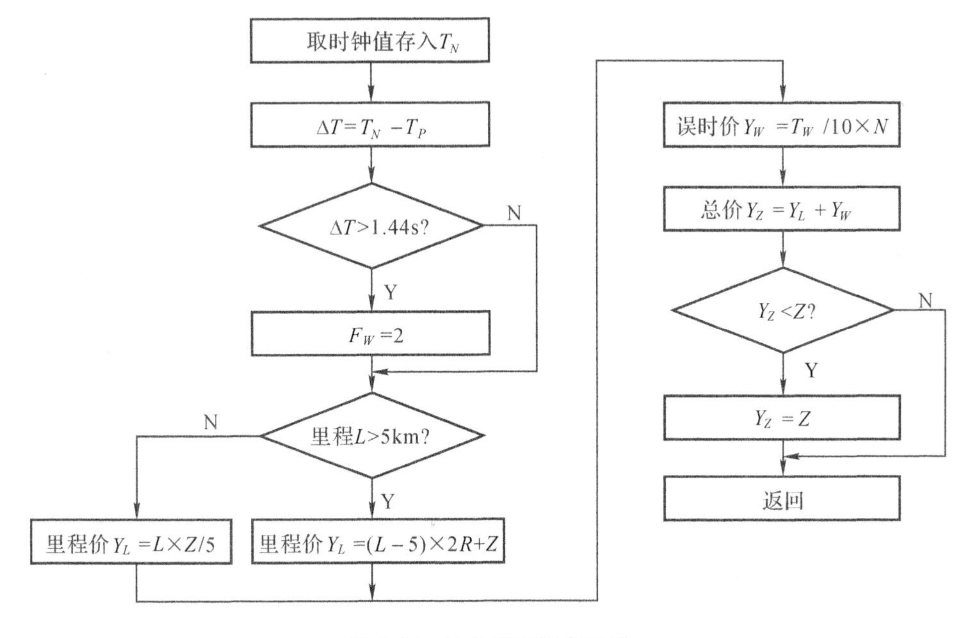

图5-56　计价子程序流程图

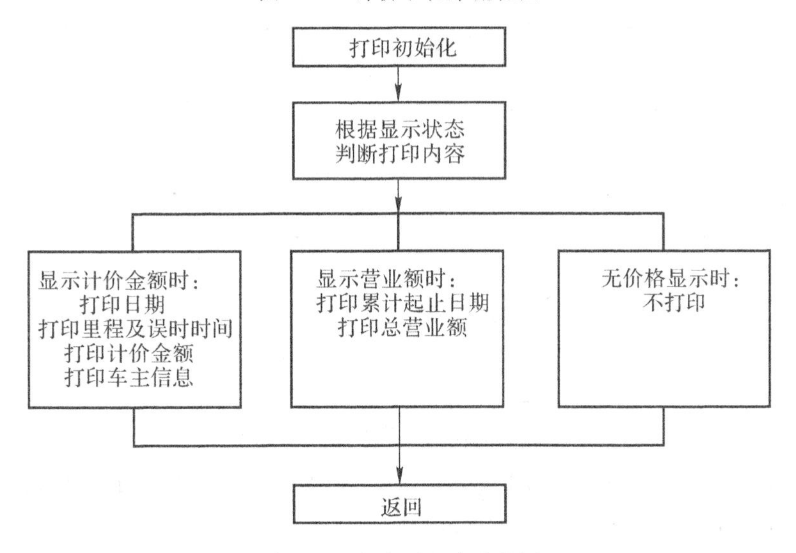

图5-57　打印子程序流程图

⑦校正时钟子程序

在操作面板中按下“校正”键时系统进入校正时钟子程序，以后每按一次“校正”键可对年、月、日、时、分、秒进行依次校正。校正某个内容(年、月……)时，该内容闪烁，此时按“+”或“-”键可使相关数据加1或减1。再次按“校正”键可进入下一数据校正。“秒”数据校正时按“校正”键将使系统退出校正时钟子程序，程序流程图如图5-59所示。

⑧IC卡操作子程序

IC卡操作子程序完成对IC卡的识别和数据存取操作，并有相应提示，程序流程如图5-60所示。

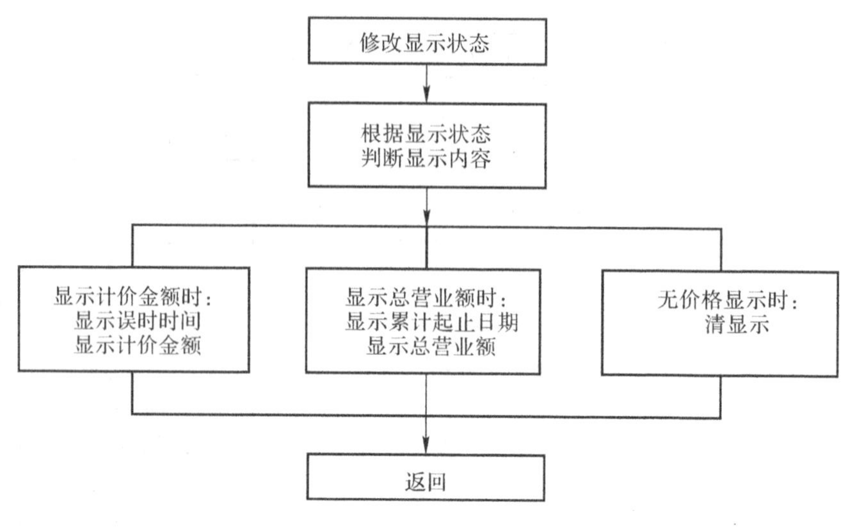

图 5-58　切换显示子程序流程图

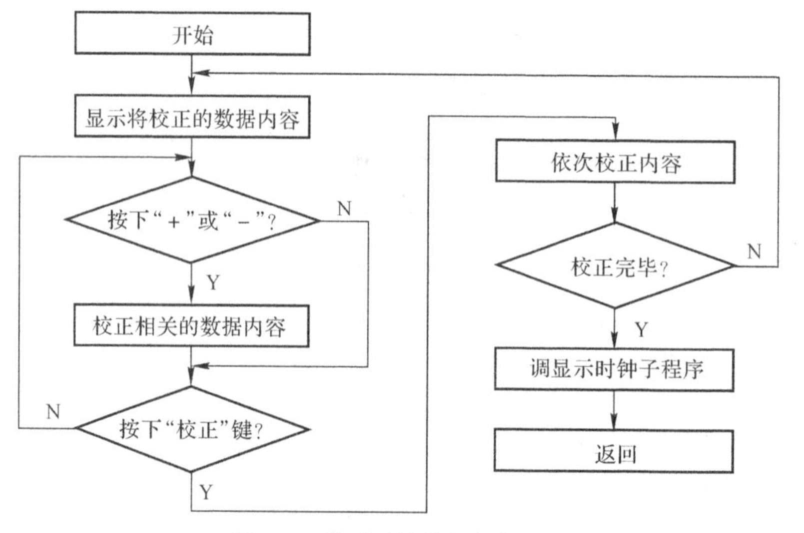

图 5-59　校正时钟子程序流程图

为了防止对信息的私自改动，EEPROM 和 IC 卡中的信息都经过加密，加密的结果使直接取自 EEPROM 和 IC 卡中的信息具有不可读性。

数据加密的方法有许多，概括起来现代密码可以分为序列密码、分组密码及公共密钥密码三种类型。例如，数据加密标准 DES 密码就是 1977 年由美国国家标准局公布的第一个分组密码。DES 算法对数据和密钥采用 16 次迭代运算，每一次迭代都用替代法和换位法对上一次迭代的结果进行加密变换，使最后输出的密码文与原始输入的明码文没有明显的函数关系。DES 密码的解密算法与加密算法相同，仅密钥的使用顺序相反而已。

在对车主 IC 卡进行操作时，子程序完成对车主 IC 卡的信息写入操作，信息包括车主信息、计价参数和营业总额等，这些信息也必须经加密后存入 IC 卡中。但由于 EEPROM 中已存放了完整的加密后的各种信息，且 EEPROM 与车主 IC 卡采用同一类型的存储器芯片，因此只需将 EEPROM 中的信息完整拷入车主 IC 卡中即可，程序相当简便。

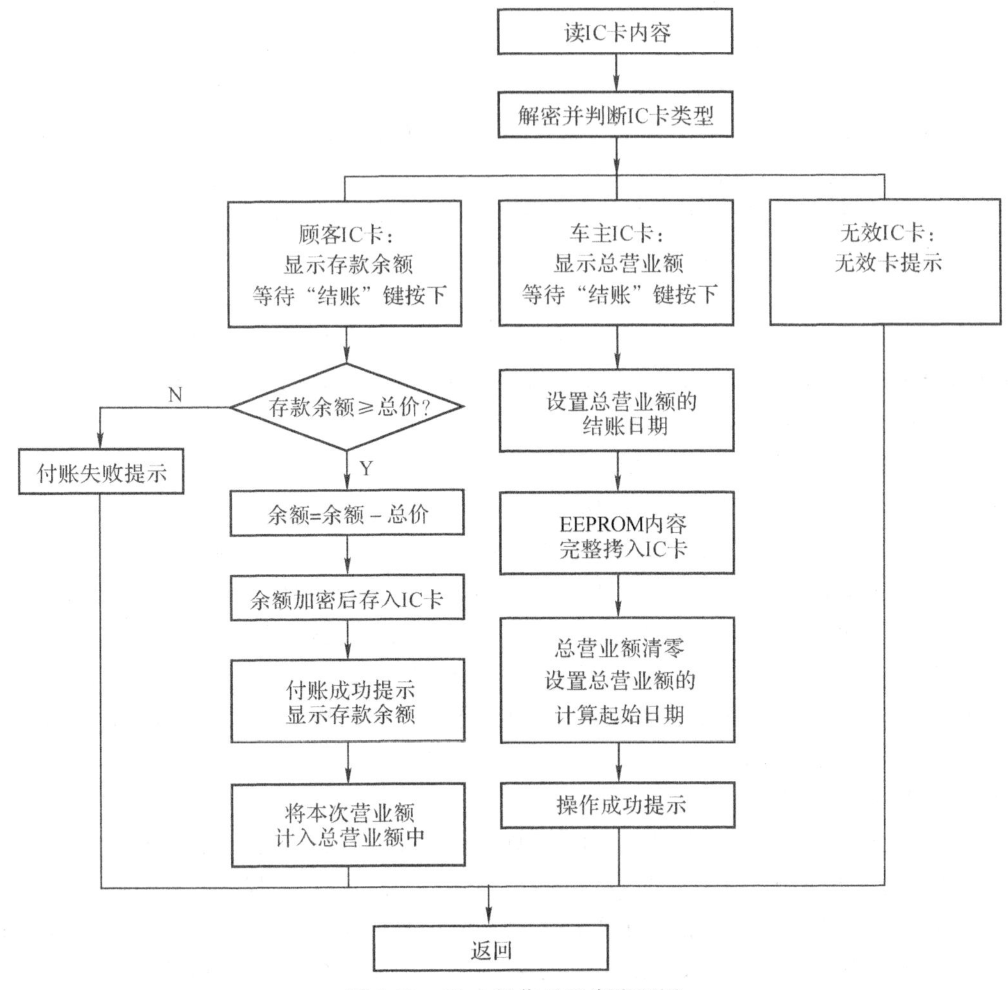

图5-60 IC卡操作子程序流程图

(6)系统调试

①硬件调试

在硬件电路设计、制作完成后即可进行硬件电路调试工作，硬件电路的调试可以分块进行。

(a)单片机基本系统调试

将仿真器通过仿真插头与用户系统相连，测试用户系统的晶振电路与复位电路，仿真器应不会出现死机现象，并可由用户系统的复位电路实现复位操作。

(b)操作面板输入电路调试

将操作面板中各输入键依次按下，从仿真器读取 $P_{1.0}$～$P_{1.5}$ 状态，对应的I/O口输入状态应为“0”，其余为“1”，否则需检查按键输入电路。

(c)液晶显示器调试

※ 等待操作　将 $P_{2.2}$ 置低，液晶显示器处于非选中状态。

※ 清显示　将 $P_{2.0}$、$P_{2.1}$ 置低，从 P_0 口输出指令01H，在 $P_{2.2}$ 上输出一个正脉冲(先置高然

后置低),则显示内容全部被清除,光标回到原位。

※ 设置显示 RAM 地址 将 $P_{2.0}$,$P_{2.1}$置低,从 P_0 口输出指令 80H,在 $P_{2.2}$上输出一个正脉冲,则显示 RAM 地址被设为 00H。

※ 写显示字符码 将 $P_{2.0}$置高,$P_{2.1}$置低,从 P_0 口输出要显示的字符码,在 $P_{2.2}$上输出一个正脉冲,则在设定位置出现字符显示。

※ 重复设置显示 RAM 地址和写显示字符码两步操作,在液晶显示器不同位置上显示不同字符,测试整个显示器工作情况。

(d)圈脉冲输入电路调试

在霍尔传感器有信号输出和没有信号输出时分别测试圈脉冲输入电路各点电位情况,并从仿真器读入 INT_0 输入端(即 $P_{3.2}$)的状态,其状态应与传感器所处位置对应一致。

(e)微型打印机调试

按下列步骤向微型打印机输入打印命令或打印字符:

※ 将 $P_{2.4}$置高,打印机处于等待操作状态。

※ 从 $P_{2.3}$读出打印机状态(BUSY),若 $P_{2.3}$为高则需等待打印机内部操作完成。

※ 若 $P_{2.3}$为低,则在 P_0 口上输出打印命令代码或字符数据代码。

※ 在 $P_{2.4}$上输出一个负脉冲(先置低再置高),完成数据传送过程。

按步骤 1 向微型打印机输入命令、字符数据串,观察打印结果。例如,连续送入 08H,01H,44H,61H,74H,65H,3AH,0DH,则打印机相应动作依序为换行,打印开始,打印字符“D”、“a”、“t”、“e”、“:”,回车。

(f)EEPROM 与 IC 卡读写电路调试

由于 EEPROM 与 IC 卡存储器采用同一型号的芯片,所以它们的调试方法完全一样,但在进行 IC 卡读写电路调试时需将 IC 卡插入读写器方可开始调试过程。

EEPROM 与 IC 卡读写电路的调试方法是:按时序要求向存储器某一单元写入测试数据,读出这一单元的内容并与写入数据比较,如果数据不等则需检查电路连线和读写时序。

②软件调试

对于时钟显示子程序、校正时钟子程序、打印子程序、IC 卡操作子程序等可以在设定相关信息数据后,利用仿真器提供的单步、断点和跟踪等功能,按照程序流程图进行调试。对于计价子程序可在调试过程中按需要修改里程、误时时间和计价参数等,并检查程序运行结果是否符合预计值。定时中断和圈脉冲中断服务程序的执行过程可由断点或单步方式检查,但对于误时状态 F_W 的设置与清除、计算里程和定时的精度情况,必须在程序连续全速运行一定时间后用夭折方式使程序停止运行,才能检查相关的运行结果。

③联机调试

在上述各子程序调试完成后,用断点或全速方式运行主程序,并观察系统在操作按键的控制下各项功能的实现情况。

(7)指标测试与软件固化

在系统调试完成后应对系统的各项功能及计算里程与定时的精度作最后测试,指标合格后可将系统软件通过编程器固化到 8751 单片机中。将 8751 插入用户系统,再一次脱机运行整个系统,以检验软件固化后的系统能否正常工作。

5.4 以嵌入式微处理器为核心的智能型电子系统的设计

5.4.1 嵌入式系统概述

嵌入式系统(Embedded System)是以应用为中心,以计算机技术为基础,软、硬件可裁剪,适用于应用系统对功能、可靠性、成本、体积、功耗有严格要求的专用计算机系统。它一般由嵌入式微处理器、外围硬件设备、嵌入式操作系统以及用户的应用程序等四个部分组成,用于实现对其他设备的控制、监视或管理等功能。简单地讲嵌入式系统就是把处理器嵌入到各种电子设备内部,实现设备的智能化。

嵌入式处理器是嵌入式系统的核心部件。嵌入式处理器与通用处理器的最大不同点在于嵌入式 CPU 大多工作在为特定用户群设计的系统中。它通常把通用 CPU 中许多由板卡完成的任务集成在芯片内部,从而有利于嵌入式系统设计趋于小型化,并具有高效率、高可靠性等特征。

嵌入式处理器可分为低端的嵌入式微控制器、中高端的嵌入式微处理器、常用于计算机通信领域的嵌入式 DSP 处理器和高度集成的嵌入式 SoC(System on Chip)。现今市面上有1000 多种嵌入式处理器芯片,其中以 ARM,PowerPC,MC68000,MIPS 等使用得最为广泛。

大多数操作系统至少被划分为内核层和应用层两个层次。嵌入式操作系统采用了微内核结构,内核只提供基本的功能,比如任务的调度、任务之间的通信与同步、内存管理、时钟管理等。其他应用组件,比如网络功能、文件系统、图形用户接口系统等均工作在用户状态,以系统进程或函数调用的方式工作。因而系统都是可裁剪的,根据需要选用相应的组件。

从 20 世纪 80 年代末开始,陆续出现了一些嵌入式操作系统,比较著名的有 Vxwork,pSOS,Neculeus 和 Windows CE。这些专用操作系统源代码的封闭性大大限制了开发者的积极性。

Linux 为嵌入式操作系统提供了一个极有吸引力的选择,它是一个和 Unix 相似、以核心为基础、完全内存保护、多任务多进程的操作系统。支持广泛的计算机硬件,包括 X86,Alpha,Sparc,MIPS,PPC,M68K,NEC 和 MOTOROLA 等现有的大部分芯片。程式源码全部公开,任何人可以修改并在通用公共许可证 GNU(General Public License)下发行,Linux 用户遇到问题时可以通过 Internet 向网上成千上万的 Linux 开发者请教,这使最困难的问题也有办法解决。Linux 带有 Unix 用户熟悉的完善的开发工具,几乎所有的 Unix 系统的应用软件都已移植到了 Linux 上。Linux 还提供了强大的网络功能,有多种可选择窗口管理器(X Windows)。很容易得到其强大的语言编译器 gcc,g++等。

嵌入式应用软件是针对特定的实际专业领域的,基于相应的嵌入式硬件平台的,并能完成用户预期任务的计算机软件。用户的任务可能有时间和精度的要求。有些嵌入式应用软件需要嵌入式操作系统的支持,但在简单的应用场合下不需要专门的操作系统。

本节介绍基于 ARM9 微处理器和嵌入式 Linux 操作系统。

5.4.2 ARM处理器系列

ARM即Advanced RISC Machines的缩写。

1985年4月26日，第一个ARM原型在英国剑桥的Acorn计算机有限公司诞生，由美国加州SanJose VLSI技术公司制造。

20世纪80年代后期，ARM很快开发成Acorn的台式机产品，形成英国的计算机教育基础。

1990年成立了Advanced RISC Machines Limited(后来简称为ARM Limited，ARM公司)。

20世纪90年代，ARM 32位嵌入式RISC(Reduced Instruction Set Computer)处理器扩展到世界范围，占据了低功耗、低成本和高性能的嵌入式系统应用领域的领先地位。ARM公司既不生产芯片也不销售芯片，它只出售芯片技术授权。采用ARM技术IP核的微处理器遍及消费电子、工业控制、海量存储、网络、图像、安保和无线通信等各类产品市场。目前，基于ARM技术的处理器已经占据了32位RISC芯片75%的市场份额。可以说，ARM技术几乎无处不在。

ARM处理器目前包括ARM7系列、ARM9系列、ARM9E系列、ARM10E系列、Secur Core系列、Intel的Xscale以及其他厂商实现的基于ARM体系结构的处理器。

(1) ARM7系列

ARM7系列处理器是低功耗的32位RISC处理器。最高运算能力可以达到130 MIPS。ARM7系列处理器支持16位的Thumb指令集，使用Thumb指令集可以用16位的系统开销得到32位的系统性能。

ARM7系列包括ARM7TDMI，ARM7TDMI-S，ARM7EJ-S和ARM720T等4种类型。

ARM7系列处理器具有以下主要特点：成熟的大批量的32位RICS芯片，其最高主频达到130MIPS，功耗很低，代码密度很高，与16位微处理器兼容；得到包括Window CE，Palm OS，SymbianOS，Linux等操作系统广泛支持；具有众多的开发工具、EDA仿真模型及优秀的调试机制。众多领先的IC制造商生产这类芯片，提供0.25μm，0.18μm及0.13μm的生产工艺；代码与ARM9系列、ARM9E、ARM10E兼容。

(2) ARM9系列

ARM9系列处理器使用ARM9TDMI处理器核，其中包含了16位的Thumb指令集，ARM9系列包括ARM920T，ARM922T和ARM940T等3种类型。

S3C2410X是一款基于ARM920T内核的16/32位RISC嵌入式微处理器。该处理器主要面向于手持式设备以及高性价比、低功耗的通用应用。图5-61为ARM920T的结构框图，图5-62为S3C2410X在内核外所集成资源的功能框图。

ARM920T由ARM9TDMI核、存储管理单元MMU和高速缓存3部分组成，MMU可以管理虚拟内存，高速缓存由独立的16K地址和16K数据高速Cache组成。ARM920T有2个内部协处理器：CP14和CP15。CP14用于调试控制，CP15用于存储系统控制以及测试控制。

S3C2410X集成了一个LCD控制器(支持STN和TFT带有触摸屏的液晶显示屏)、SDRAM控制器、3个通道的UART、4个通道的DMA、4个具有PWM功能的计时器和1个

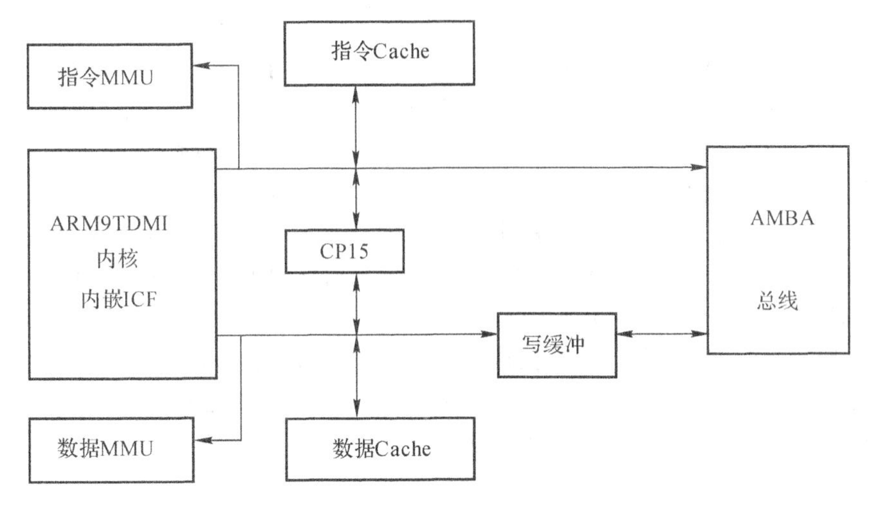

图 5-61　ARM920T 结构框图

内部时钟、8 通道的 10 位 ADC。S3C2410X 还有很多丰富的外部接口，例如触摸屏接口、I2C 总线接口、I2S 总线接口、两个 USB 主机接口、一个 USB 设备接口、两个 SPI 接口、SD 接口和 MMC 卡接口。S3C2410X 集成了一个具有日历功能的 RTC 和具有 PLL(MPLL 和 UPLL)的芯片时钟发生器。MPLL 产生主时钟，能够使处理器工作频率最高达到 203MHz，这个工作频率已能够使处理器轻松运行 WinCE，Linux 等操作系统以及进行较为复杂信息处理。UPLL 产生实现主从 USB 功能的时钟。

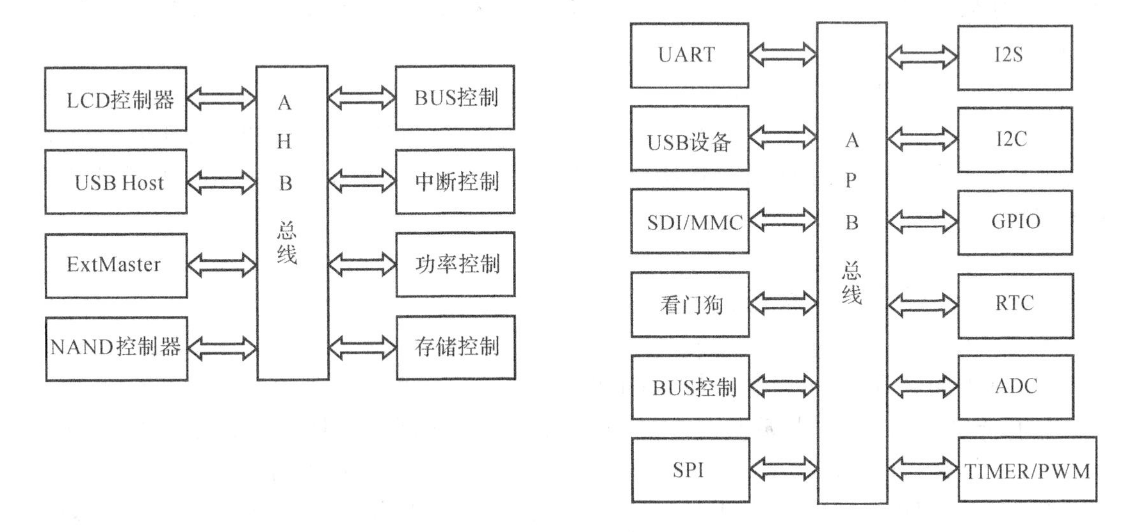

图 5-62　S3C2410X 集成资源功能框图

S3C2410X 将系统的存储空间分成八个 bank，每个 bank 的大小是 128M 字节，总共 1G 字节。bank0 到 bank5 的开始地址是固定的，用于 ROM 或 SRAM。bank6 和 bank7 用于 ROM，SRAM 或 SDRAM，这两个 bank 的大小是可编程的，并且这两个 bank 具有相同的大小。bank7 的开始地址是 bank6 的结束地址，是灵活可变的。所有内存块的访问周期都是可编程的，外部

Wait 扩展了访问周期。S3C2410X 采用 nGCS[7：0]8 个通用片选线来选择 8 个 bank 区。

S3C2410X 支持 NAND 闪存 boot load，NAND 闪存具有容量大，比 NOR 闪存更具竞争力的价格等特点，系统设计者采用 NAND 闪存和 SDRAM 组合可以获得非常高的性价比。

S3C2410X 具有 3 种 boot 方式，由 OM[1：0]管脚来选择：00 时，处理器从 NAND 闪存 boot；01 时从 16 位宽的 ROM boot；10 时从 32 位宽的 ROM boot。用户将 bootload 代码和操作系统镜像放在外部的 NAND 闪存，采用 NAND 闪存 boot。处理器上电复位时，通过内置的 NAND 闪存访问控制接口将 bootload 代码自动加载到内部的 4K SRAM(此时该 SRAM 定位于的起始地址空间 0x00000000)并且运行，在 boot SRAM 运行的 bootload 程序将操作系统的镜像加载到 SDRAM，之后操作系统就能够在 SDRAM 运行起来。启动完毕后，4K boot SRAM 就可以用作其他用途。如果从其他方式 boot，boot ROM 就要被定位于内存的起始地址空间 0x00000000，处理器直接在 ROM 上运行 boot 程序，此时 4K boot SRAM 被定位于内存地址 0x40000000 处。

S3C2410X 对于片内的各个部件采用了独立的电源供给：内核采用 1.8V 供电；存储单元采用 3.3V 独立供电，对于一般 SDRAM 可以采用 3.3V，对于移动 SDRAM 可以采用 VDD 等于 1.8/2.5V，VDDQ 等于 3.0/3.3V；I/O 采用独立 3.3V 供电。

(3)ARM10E 系列

ARM10E 系列处理器有高性能和低功耗的特点。它所采用的新的体系使其在所有 ARM 产品中具有最高的 MIPS/MHz。ARM10E 系列处理器采用了新的节能模式，提供了 64 位的读/写模式，支持包括向量操作的满足 IEEE754 的浮点运算协处理器，系统集成更加方便。拥有完整的硬件和软件开发工具。ARM10E 系列包括 ARM1020E，ARM1022E 和 ARM1026EJ-S 等 3 种类型。

(4)X-scale 处理器

X-scale 处理器是基于 ARMv5TE 体系结构的解决方案，是一款全性能、高性价比、低功耗的处理器。它支持 16 位的 Thumb 指令和 DSP 指令集，已用于在数字移动电话、个人数字助理和网络产品等。

5.4.3 以 ARM 为核心的嵌入式系统

一个典型的以 ARM 处理器为硬件核心的嵌入式系统如图 5-63 所示。

图中，嵌入式系统的硬件是嵌入式软件环境运行的基础，它提供嵌入式系统软件运行的物理平台和通信接口；嵌入式系统的软件结构一般包含 4 个层面：从低到高依次为驱动层、嵌入式操作系统层、应用程序接口(API)层、应用程序层。嵌入式操作系统和嵌入式应用程序则是整个系统的控制核心，控制整个系统的运行，提供人机交互的信息等。

嵌入式系统的开发要明确系统的功能，选择适当的 CPU 芯片和操作系统，Linux 操作系统为开放源代码系统，ARM 处理器比较适用提供控制功能，本书围绕基于 ARM9 的 Linux 嵌入式系统的开发。开发步骤大致分为：

①在 PC 主机上建立开发环境，编译、安装 ARM 交叉编译器。

②在 ARM 芯片上通过开发板或目标板建立 Linux 操作系统内核。

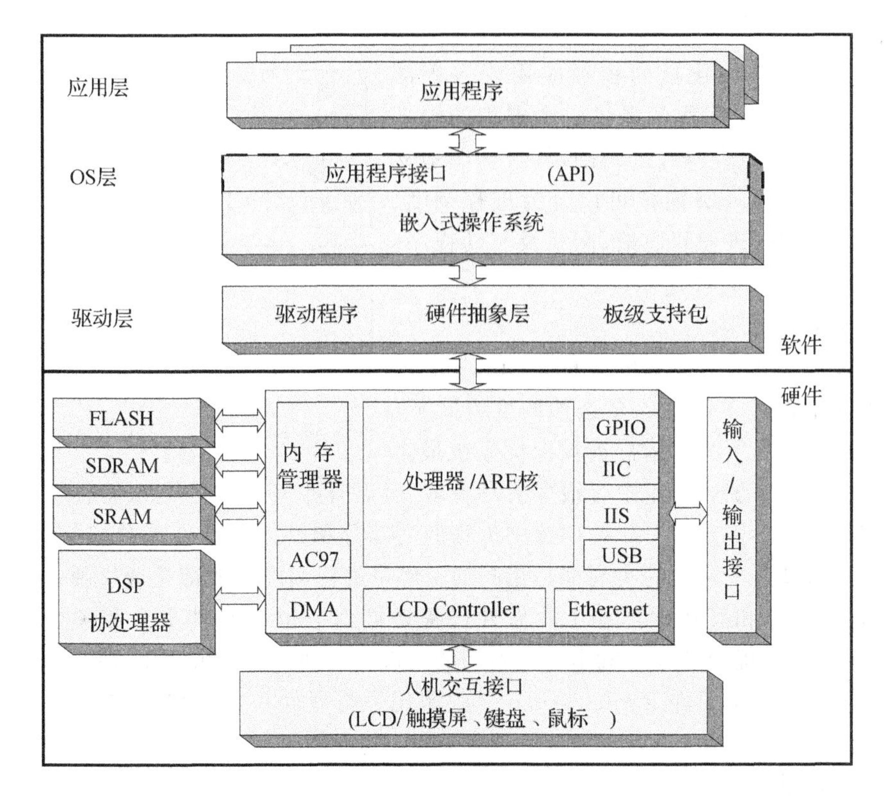

图 5-63　典型的以 ARM 处理器为硬件核心的嵌入式系统

③编写设备驱动程序。

④将驱动程序加载到内核。

⑤编写应用程序，调用驱动程序的设备文件。

5.4.4　嵌入式系统软件的层次结构

(1)驱动层

驱动层程序是嵌入式系统中不可缺少的重要部分，使用任何外部设备都需要相应驱动层程序的支持，它为上层软件提供了设备的操作接口。上层软件不用理会设备的具体内部操作，只需调用驱动层程序提供的接口即可。驱动层程序一般包括硬件抽象层 HAL、板级支持包 BSP 和设备驱动程序。其中，设备驱动程序是我们研究的重点，系统中安装设备后，只有在安装相应的设备驱动程序后才能使用。设备驱动程序是操作系统内核和机器硬件之间的接口，为应用程序屏蔽了硬件的细节，这样在应用程序看来，硬件设备只是一个设备文件，可以像操作普通文件一样对硬件设备进行操作。

(2)嵌入式 Linux 操作系统层

Linux 是一个支持多用户、多进程、多线程、实时性较好的功能强大而稳定的操作系统，最初是 1991 年由一名芬兰学生 Linus Torvalds 开发的，由于内核的所有源代码都采取开放源码的方式，吸引了大批软件编程人员，形成了大量开发、应用群体，使 Linux 内核不断完善，成为稳定、成熟的操作系统。

嵌入式 Linux 系统包括内核和应用程序等部分。内核(kernel)为应用程序提供一个虚拟的硬件平台,以统一的方式对资源进行访问,并且透明地支持多任务。嵌入式 Linux 内核可以分为进程调度、内存管理、文件系统、进程间通信、网络及驱动程序。这几部分的关系如图 5-64 所示。

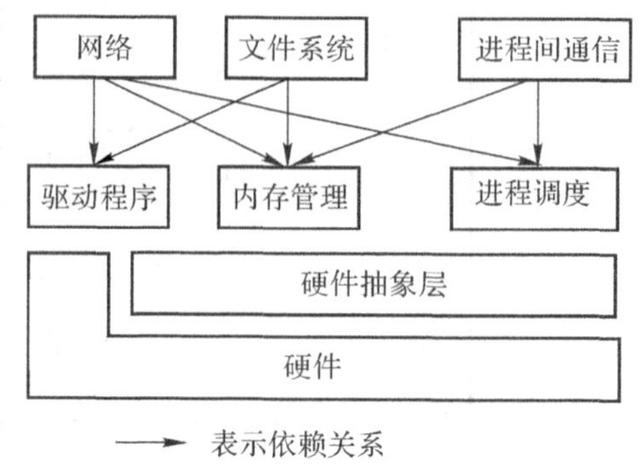

图 5-64 Linux 内核各部分的关系

①进程调度控制

进程调度控制 CPU 资源的分配。Linux 实现基于优先级的抢占式多任务。在这种调度方式下,系统中运行的进程是所有可运行进程中优先级最高的那个。在嵌入式系统的应用中有很多实时需求,所以有些嵌入式的 Linux 通过改变进程调度来实现实时调度。嵌入式 Linux 内核中进程调度部分和具体的硬件平台相关性不大,因为调度算法在所有硬件平台上的实现都是相同的。但是进程调度一般都是通过硬件的时钟中断来实现的,这一部分和具体硬件相关。另外进程切换部分也和硬件平台相关,比如 i386 和 ARM 两种体系下进程切换方法就是完全不同的。进程切换部分一般用汇编语言实现。

进程调度的代码主要在 kernel/sched. c 中实现。与硬件相关的代码在 arch/arm/kernel 目录下。

②内存管理系统

内存管理系统管理计算机的内存资源。Linux 内存管理部件(MMU)支持虚拟内存,使用了硬件提供的分页机制。Linux 内存管理实现了进程之间的内存保护、内存共享和内存管理。内存管理分为硬件相关和硬件无关两部分。硬件相关部分对内存初始化、处理缺页中断,把硬件提供的分页机制抽象成三级页面映射。硬件无关部分提供内存分配、内存映射等功能。有些嵌入式设备采用的 CPU 不具有 MMU,在这种设备里,需要把标准 Linux 系统的虚拟内存管理系统去掉。uClinux 就是专门为没有 MMU 的 CPU 改造的 Linux 系统。与硬件无关的内存管理代码在 mm/目录下,与硬件相关的部分在 arch/arm/mm 目录下。

③Linux 文件系统

Linux 文件系统的结构和 Unix 系统类似。系统首先具有一套虚拟文件系统(VFS)接口,访问文件系统都使用这样一套接口。所有真正的文件系统都挂接在虚拟文件系统下。通过这种方式,Linux 可以使用统一的接口对所有类型的文件系统进行访问;可以很方便地在一个运行系统中支持多个文件系统,并且可以支持一些特殊的文件系统(比如 proc 文件系统)。

一个文件系统又可以分为逻辑文件系统和设备驱动程序两部分。嵌入式 Linux 中文件系统都是建立在块设备上,典型的块设备是磁盘。闪存和内存也可以以块设备的形式存取。在一个块设备上可以建立任何逻辑文件系统,比如 ext2,fat,minix,jffs 等。虚拟文件系统的代码在 mm/vfs/目录下,各种逻辑文件系统在 mm/目录下。

④进程间通信(IPC)

一般情况下,进程在自己的地址空间运行,不会互相干扰。但有很多应用要求进程间传递信息,Linux 也提供 Unix 系统中常用的进程间通信机制。主要的进程间通信方式有管道

(pipe)、文件锁、System V IPC、信号(signal)及共享内存。因为 Linux 支持网络,所以还可以使用网络接口进行进程间通信。Linux 进程间通信机制和硬件体系无关。大多数的平台上都支持同样的方式。

⑤网络及驱动

Linux 是在互联网环境下产生的操作系统,所以它天生具有对网络的良好支持。Linux 内核支持多种网络协议,如 IP,IPv6,IPX,Apple talk 及 Bluetooth;并且支持路由、防火墙过滤等网络设备功能;提供标准的 BSD socket 编程接口。很重要的一点是,在 Linux 系统上有大量网络应用,所有常用的基于 IP 的应用在 Linux 世界里都可以以 GPL 方式获得。嵌入式系统日益被应用在网络的环境下,越来越多的嵌入式设备都集成一个通信接口和一个通信协议栈。Linux 内核网络代码和硬件体系无关。

网络代码在 net/目录下,按照协议分成多个子目录。

Linux 中除 CPU 和内存以外的资源都用驱动程序的形式管理。内核源代码的绝大部分都是各种驱动程序,并且随着系统支持的硬件的增加,代码增加量最大的也是驱动程序。

(3)应用程序接口(API)层

应用程序接口(Application Programming Interface)是一系列复杂的函数、消息和结构的集合体。很多通过硬件或外部设备去执行的功能,可以调用操作系统或硬件预留的标准指令实现。软件人员不必重新编制程序,只需按系统或某些硬件事先提供的 API 调用即可完成功能的执行。因此,在操作系统中提供标准的 API 函数,可简化用户应用程序的编写。

(4)应用程序层

用户应用程序主要通过调用系统的 API 函数对系统进行操作,完成用户应用功能开发。在用户的应用程序中,也可创建用户自己的任务。任务之间的协调主要依赖于系统的消息队列。

5.5　Linux 设备驱动程序

进行嵌入式系统的开发,很大一部分的工作是为各种设备编写驱动程序,除非系统不使用操作系统,程序直接操纵硬件。Linux 系统中,内核提供保护机制,用户空间的进程一般是不能直接访问硬件的。和其他 Unix 系统一样,Linux 中设备被抽象出来,所有设备都被看成文件。设备的读写和普通文件一样。用户进程通过文件系统的接口访问设备驱动程序。设备驱动程序主要完成以下这些功能:

※ 探测设备和初始化设备。

※ 从设备接收数据并提交给内核。

※ 从内核接收数据送到设备。

※ 检测和处理设备错误。

Linux 设备驱动程序在 Linux 的内核源代码中占有很大的比例,从 2.0,2.2 到 2.4 版的内核,源代码的长度日益增加,主要是驱动程序的增加。所有设备的驱动程序都有一些共性,在写所有类型的驱动程序时都通用,操作系统提供给驱动程序的支持也大致相同。这些特性包括:

(1)读/写

几乎所有设备都有输入和输出。每个驱动程序要负责本设备的读写操作。操作系统的其他部分不需要知道对设备的具体读写操作怎样进行,这些都被驱动程序屏蔽掉了。操作系统定义好一些读写接口,由驱动程序完成具体的功能。在驱动程序初始化时,需要把具有这种接口的读写函数注册进操作系统。

(2)中断

中断在现代计算机结构中具有重要的地位。操作系统必须提供驱动程序响应中断的能力。一般是把一个中断处理程序注册到系统中去,操作系统在硬件中断发生后调用驱动程序的处理程序。Linux 支持中断的共享,即多个设备共享一个中断。

(3)时钟

在实现驱动程序时,很多地方会用到时钟。如某些协议里的超时处理、没有中断机制的硬件的轮询等。操作系统应为驱动程序提供定时机制,一般是在预定的时间过了以后回调注册的时钟函数。

嵌入式 Linux 系统驱动程序开发和普通 Linux 没有区别。由于嵌入设备的硬件种类非常丰富,所以在缺省的内核发布版中不一定有所有驱动程序。可以在硬件生产厂家或者 Internet 上寻找驱动程序。如果找不到,可以根据一个相近的硬件的驱动程序来改写。这样开发速度就会加快。

(4)内核模块

Linux 的内核是一个整体式程序(Monolithic kernel),与之对应的是微内核(Micro kernel),即所有的内核功能是连接在一起,在同一个地址空间执行的。但完全这样做会带来很多不便和浪费。如果新添加一个硬件,就需要重新编译内核;如果去掉一个硬件,若这个硬件已经被编译进内核,这种驱动程序就是浪费。Linux 操作系统提供了解决这种不便和浪费的机制——内核模块。可以根据需要在不需要重新编译内核的情况下,把模块插入内核或者从内核卸掉。

模块是内核的一部分,而且都是设备驱动程序,但是它并没有被编译到内核里去,它们被分别编译和链接成目标文件,这些文件能被载入正在运行的内核,或从正在运行的内核中卸载。根据需要动态载入模块可以保证内核达到最小,并且具有很大的灵活性。内核模块一部分保存在 Kernel 中,另一部分在 Modules 包中。用命令 insmod 把一个模块插入到内核中;用命令 rmmod 卸载一个模块。在 Linux 内核中,以下内容一般编译成模块:

大多数的驱动程序,包括:SCSI 设备、CD-ROM、网络设备及不常用的字符设备,如打印机、Watchdog 等。

大多数文件系统,理论上除了根文件系统不能是模块,其他文件系统都可以是模块。嵌入式 Linux 常用文件系统有 cramfs,ramfs,jffs 及 proc 等。

5.5.1 Linux 设备与设备文件

Linux 系统把设备分成 3 种类型:字符型设备、块设备和网络设备。字符型设备的读写以字节为单位,存取时没有缓存。块设备的读写以块为单位,存取时有缓存支持以提高效率。典型的字符型设备包括鼠标、键盘及串行口等。本书的驱动编程仅介绍字符型设备相关内容。

字符型设备以字节为单位进行数据处理，一般不使用缓存技术。字符设备驱动程序通常需要实现 open，close，read 和 write 系统调用。字符设备可以通过文件系统节点（如/dev/tty0等）来访问，它和普通文件之间的唯一差别在于，对普通文件的访问可以前后移动访问指针，而大多数字符设备是只能顺序访问的数据通道。

块设备主要包括硬盘、软盘、CD-ROM 等。一个文件系统要安装进入操作系统必须使用块设备。网络设备用于通信，网络设备在 Linux 里作专门的处理。Linux 的网络系统主要基于 BSDUnix 的 Socket 机制。在系统和驱动程序之间定义有专门的数据结构（sk_buff）进行数据的传递。系统里支持对发送数据和接收数据的缓存，提供流量控制机制，提供对多协议的支持。

设备驱动程序是操作系统内核和机器硬件之间的接口。这样在应用程序看来，硬件设备只是一个设备文件，应用程序可以像操作普通文件一样对硬件设备进行操作。例如，系统调用一般有 open，close，read，write，ioctl 等驱动程序实现作用于实际设备的操作方法。内核初始化一个刚刚加载的模块时，设备驱动程序向内核注册自己的设备接口实现（即设备的操作方法），完成系统调用和设备的操作方法之间的映射。应用程序通过系统调用，实现对设备的操作。

由于引入设备文件这一概念，Linux 为文件和设备提供了一致的用户接口。对用户来说，设备文件与普通文件并无区别。与普通文件相比，设备文件的操作要复杂得多，不可能简单地通过 read，write 和 seek 等来实现。所有其他类型的操作都可以通过 VFS 的 ioctl 调用来执行，为此，只需要在驱动程序中实现 ioctl 函数，并在其中添加相应的 case 即可。通过 cmd 区分操作，通过 arg 传递参数和结果。

用户可以打开和关闭设备文件，可以读数据和写数据。在使用驱动程序前，必须为设备创建设备文件，用于标识设备的驱动程序。通过设备文件名，应用程序才可向设备驱动程序发出请求。利用 Linux 命令 mknod 可以在/dev 目录下生成该设备对应节点：

mknod /dev/<dev_name> <type> <major_number> <minor_number>

其中，参数 dev_name 是这个设备文件的名称；type 为 c 表示字符设备，为 b 表示块设备；major_number，minor_number 分别表示主次设备号。

2.4 版本内核引入了设备文件系统（devfs）的概念，大大简化了设备文件的管理。如果 devfs 已经在系统中正常应用，就不必手动创建设备节点（即通过 mknod），在 devfs 的挂载点之下，驱动程序安装的过程中已经为用户创建好文件节点了。

在用户的应用程序中，当需要访问该设备时候，只需要采用通常的文件操作函数即可对该设备进行访问。首先采用 open 函数打开该设备，获得文件指针。然后利用该文件指针进行的 read，write，ioctl 等操作，实际上已经完全对应到设备的操作了。

（1）主设备号和次设备号

访问字符设备要通过文件系统内的设备名称进行，称为设备文件，通常位于/dev 目录中。传统方式的设备管理中，内核需要一对参数（主、次设备号），才能唯一标识设备。主设备号（major number）标识设备对应的驱动程序；次设备号（minor number）由那些主设备号已经确定的驱动程序使用，为驱动程序提供一种区分不同设备的方法。

（2）设备驱动程序接口

驱动程序提供了对设备操作的接口，即结构 file_operations{}。内核使用 file_operations 结构访问驱动程序的函数（即物理设备的操作方法）。file_operations 结构定义在<linux/fs.h>

中，下面列出了应用程序可以在某个设备上调用的常用操作：

```
struct file_operation{
struct module *owner;
ssize_t (*read) (struct file *, char *, size_t, loff_t *);
ssize_t (*write) (struct file *, const char *, size_t, loff_t *);
int (*ioctl) (struct inode *, struct file *, unsigned int, unsigned long);
int (*open) (struct inode *, struct file *);
...}
```

这个结构中的每一个字段都必须指向驱动程序中实现特定操作的函数，例如某个字符设备驱动程序只实现必需的设备方法，驱动程序中应该包含一个这样的函数——采用标记化格式声明它的 file_operations 结构：

```
static struct file_operations mydriver_fops = {
    read:     mydriver_read,
    write:    mydriver_write,
    ioctl:    mydriver_ioctl,
    open:     mydriver_open,
    };
```

内核初始化一个刚刚加载的模块时，初始化代码向内核注册设备驱动程序接口——file_operations 结构，完成系统调用和设备的操作方法之间的映射。当我们对某个字符设备文件进行操作(例如 open，read 等)，内核将从 file_operations 结构中找到并调用正确的函数(即设备的操作方法)。

设备驱动程序只需要定义对自己有意义的接口函数。例如一个纯输出设备可能只有一个 write 函数。设备驱动程序设计者的工作就是决定需要用哪些接口函数操作设备，编写所需的代码，然后用定义好的函数创建一个 file_operations 结构的实例。

5.5.2 Linux 模块调用

应用程序与内核的区别就是，应用程序从头到尾完成一个任务，而内核则是为以后处理某些请求进行注册，完成这个任务后，它的“主”函数就立即中止了。换句话说，模块入口点 init_module()的任务就是为以后调用模块的函数做准备；对于模块的第二个入口点 cleanup_module()，仅当模块被卸载前才被调用，这个函数的功能是取消 init_module()所做的事情。模块的作用就是扩展内核的功能、运行在内核中模块化的代码。

图 5-65 详细表示了 Linux 模块调用过程，图中 insmod 命令运行后系统调用 init_module() 函数，完成驱动模块的初始化工作。rmmod 命令运行后系统调用 cleanup_module()函数，完成驱动模块卸载时的清除工作。

当模块调入内核时调用关键函数 init_module()，它在内核中注册一定的功能函数，如图 5-65 所示中的功能 1、功能 2、功能 3。在注册之后，如果有程序访问内核模块的某个功能，如功能 1，内核将查表获得功能 1 在 Module 中的位置，然后调用功能 1 的函数。

当模块从内核中卸载时调用关键函数 cleanup_module()，它把以前注册的功能函数卸

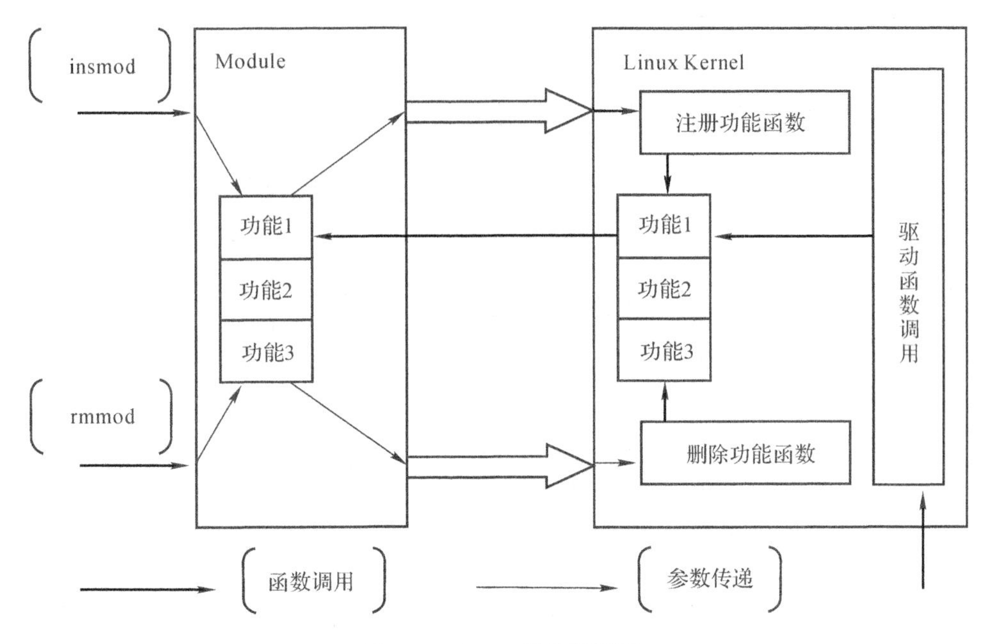

图5-65　Linux模块调用图

载。cleanup_module()函数必须把init_module()函数在内核中注册的功能函数完全卸载，否则，在此模块下次调入时，将会因为有重名的函数而导致调入失败。

在2.3版本以后的Linux内核中，提供了一种新的方法来命名这两个函数。例如，可以定义mydriver_init()函数来代替init_module()函数，定义mydriver_cleanup()函数来代替cleanup_module()函数，在源代码文件末尾使用下面的语句：

```
int init_module(void){ return mydriver_init(); }
void cleanup_module(void){ mydriver_cleanup(); }
```

注意：此时在源代码文件中必须包含"#include <linux/init.h>"语句。这样做的好处是每个模块都可以有自己的初始化和卸载函数的函数名，多个模块在调试时不会有函数重名问题。

5.5.3　Linux设备驱动程序的编写

根据功能划分，设备驱动程序的代码有以下几个部分：驱动程序的注册与注销、设备的打开与释放、设备的读写操作、设备的控制操作与设备的中断和轮询处理。下面只对驱动程序的注册与注销做个介绍，其他部分将在下节的驱动程序实例中介绍。

设备驱动程序可以在系统启动时初始化，也可以在需要时动态加载。动态加载，即模块(包括驱动程序)可以由insmod命令动态地链接到正在运行的内核，也可以由rmmod程序解除链接。

加载一个模块时，将对驱动程序进行初始化，通常由init_module()函数来完成。每个字符设备的初始化函数都要完成向内核注册的工作。

传统的主、次设备号管理方式中，注册工作由以下函数完成：

```
int register_chrdev(unsigned int major, const char * name,struct file_operations * fops);
```

该函数的主要功能是向系统登记设备的操作函数接口 struct file_operations * fops，即将指定的 fops 结构挂接到由 major 指定的 device_struct{}结构中，同时填充 name 字段。图 5-66为注册函数完成工作的示意图。

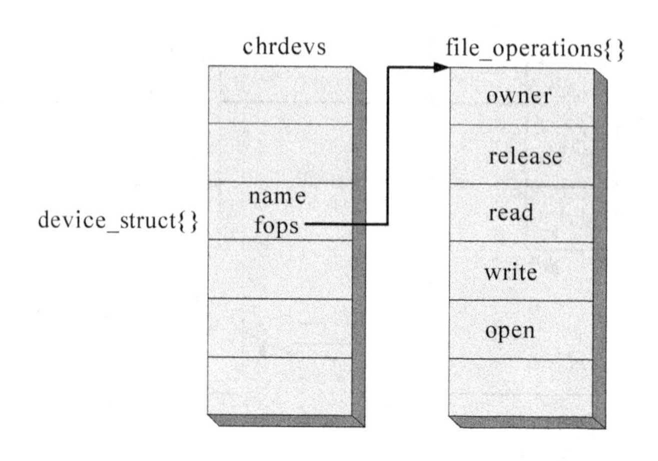

图 5-66 注册函数完成工作的示意图

Linux 通过全局数组 chrdevs[ ]组织起 255 个 device_struct 结构，其主要功能是记录相关设备的名称以及其对应的设备操作函数接口(fops)，major 编号就是对应结构的数组下标。

当用 rmmod 命令删除一个模块时，将调用 cleanup_module()函数，再在该函数内调用 unregister_chrdev()函数进行注销工作，删除字符设备的操作函数接口 fops 在内核中的记录。

采用设备文件系统(devfs)后，传统的主、次设备号管理方式依然可以使用。但为了适应两者并存的环境，需要做小的改动：过去的 register_chrdev()函数改为devfs_register_chrdev()函数；卸载函数 unregister_chrdev()改为 devfs_unregister_chrdev()函数。

(1)定义驱动设备文件接口

首先在驱动程序中定义驱动设备(mydriver)文件接口：

```
static struct file_operations mydriver_fops =
{
    owner:    THIS_MODULE,
    read:     mydriver_read,
    write:    mydriver_write,
    ioctl:    mydriver_ioctl,
    open:     mydriver_open,
    release:  mydriver_release
};
```

①注册与注销

将模块初始化函数命名为 mydriver_init，将清除函数命名为 mydriver_cleanup，则使用下面两行来进行标记：

```
module_init(mydriver_init);
```

module_exit(mydriver_cleanup);

用 insmod 加载模块，内核将调用 mydriver_init 进行初始化工作。初始化函数的主要工作是向内核注册设备。

注册时，考虑到两种管理方式（传统方式与 devfs 方式）的兼容性，对于 2.4 版本的内核，可以同时用两种方法初始化驱动程序避免条件编译，mydriver_init 函数如下所示：

```
...
Major = devfs_register_chrdev(0, EMIFDEV_NAME, & mydriver_fops);
  if (Major < 0) { return Major;}
devfs_handle=devfs_register(NULL, EMIFDEV_NAME, DEVFS_FL_DEFAULT,
                Major, 0 ,S_IFCHR|S_IRUSR|S_IWUSR,
                &emifdev_fops, NULL);
...
```

函数中的 devfs_register_chrdev()是对 register_chrdev()的封装，如果使用 devfs，则不作任何处理，直接返回；否则使用传统方式进行管理，即调用 register_chrdev()。

如果使用 devfs，将使用 devfs_register()进行注册；否则，不做任何处理。

使用 rmmod 卸载模块，内核将调用清除函数 mydriver_cleanup()进行注销的工作，如下所示：

```
...
devfs_unregister_chrdev(Major, EMIFDEV_NAME);
devfs_unregister(devfs_handle);
...
```

需要注意的是在卸载驱动程序后要删除设备节点。如果采用 devfs，设备文件的创建与删除将自动完成。但传统方式产生的动态设备文件必须手动或者使用脚本从/dev 删除，否则可能造成不可预期的错误。

②打开与释放

打开设备是由 open()完成的。在驱动程序中，mydriver_open()函数完成以下工作：递增使用计数，防止模块在设备关闭前被注销（卸载），因为在设备忙时不能卸载；如果设备是首次打开，则对其进行初始化，包括分配内存、设置 GPIO 口、注册中断处理函数等；设置忙标志位 Device_Open。

```
static int mydriver_open(struct inode * inode, struct file * filp)
{
  ...
  if (Device_Open)
    return -EBUSY;
   encode_data = (char * )_get_free_pages(GFP_KERNEL, 6);
  ...
  initGPIO();
  if(ret = request_irq(mydriver.read_irq, mydriver_interrupt, SA_INTERRUPT, "mydriver",
     NULL))
   {
```

```
    free_irq(mydriver.read_irq, NULL);
    return ret;
   }
  Device_Open++;
  MOD_INC_USE_COUNT;
  ...
}
```

下面对用到的几个关键函数做一下解释。

使用 Device_Open 来判断设备是不是第一次被打开，确保驱动程序只被一个应用程序使用。

使用_get_free_pages 分配若干(物理连续的)页面，并返回指向该内存区域第一个字节的指针，但不清零页面。

initGPIO()函数将 GPIO[21]设置为普通 IO 口，输出高电平。此 GPIO 口用来发送中断信号。设置如下：

```
GAFR0_U &= ~0xc00; //set gp21 as normal gpio
GPDR0 |= 0x200000; //set gp21 as output
GPSR0 |= 0x200000; //set gp21 output high
```

request_irq()用来注册中断处理函数。函数中 mydriver.read_irq 为请求的中断号；mydriver_interrupt 为要安装的中断处理函数的指针；SA_INTERRUPT 表明这是一个"快速"的中断处理函数；"mydriver"为传递给 reguest_irq 的字符串，用来在/proc/interrupts 中显示中断的拥有者。注册以后，当 DSP 端中断信号到来，CPU 就会响应中断，并调用驱动的中断处理函数。

MOD_INC_USE_COUNT 为当前模块计数加 1。确保模块能够安全卸载。

release 方法的作用正好与 open 相反，完成下面的任务：递减使用计数；清零忙标志位 Device_Open；注销中断处理函数，释放内存等；在最后一次关闭操作时关闭设备。需要注意的是，并不是每个 close 系统调用都会引起对 release 方法的调用，内核维护一个 file 结构被使用多少次的计数器，只有在 file 结构的计数归 0 时，close 系统调用才会执行 release 方法，从而保证模块使用计数的一致。

```
static int mydriver_release(struct inode *inode, struct file *filp)
{
...
  free_irq(mydriver.read_irq, NULL);
  free_pages(encode_data, 6);
  Device_Open --; /* We're now ready for our next caller */
  MOD_DEC_USE_COUNT;
...
}
```

③设备的读写操作

read 操作实现从设备拷贝数据到用户空间，write 操作从用户空间拷贝数据到设备上。这两个设备方法相关的主要问题是，需要在内核地址空间和用户地址空间之间传输数据。不能用通常的办法例如指针或 memcpy 来完成这样的操作。内核空间和用户空间都有自己的内存映射，即自己的地址空间，不能在内核空间中直接使用用户空间的地址。

在用户地址空间和内核地址空间之间进行整段数据的拷贝。这种能力由下面的内核函数提供，也是每个 read 和 write 方法实现的核心部分：

```
unsigned long copy_to_user(void * to, const void * from, unsigned long count);
unsigned long copy_from_user(void * to, const void * from, unsigned long count);
```

设备驱动的 read 使用 copy_to_user()函数来实现。图 5-67 为 read 方法的实现原理。write 方法的实现与 read 类似。

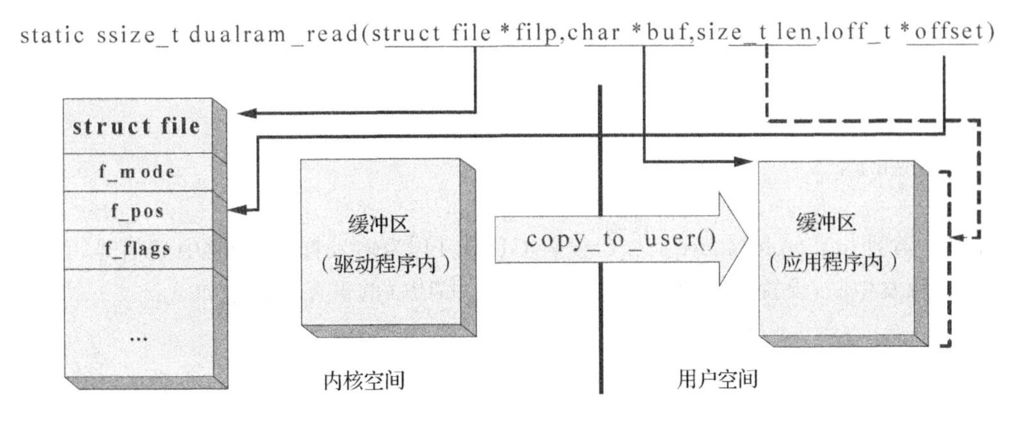

图 5-67 read 方法的实现原理

④设备的控制操作

除了读写操作，有时还需要控制设备，这些控制操作一般通过 ioctl 方法来支持。ioctl 系统调用为设备驱动程序执行“命令”提供了一个设备特定的入口点，它允许应用程序访问被驱动硬件的特殊功能，如配置设备等。

设备驱动程序的 ioctl 方法的原型为：

```
int ( * ioctl) (struct inode * inode, struct file * filp, unsigned int cmd, unsigned long arg);
```

inode 和 filp 两个指针的值对应于应用程序所传递的文件描述符 fd；参数 cmd 即“命令号”，表示应用程序要传递什么命令给驱动程序；arg 为可选参数。

在编写驱动的 ioctl 方法前，需要选择对应不同命令的编号“cmd”。创建唯一的 ioctl 命令号，可以使用包含在<linux/ioctl. h>之中的头文件<asm/ioctl. h>中定义的构造命令号的宏：_IO(type,nr)，_IOR(type,nr,dataitem)，_IOW(type,nr,dataitem)和_IOWR(type,nr,dataitem)。其中每个宏对应一个数据传输方向；type 为幻数，选择一个字符(8bit)，并在整个驱动中使用；nr 为序数，8bit；size 表示用户数据的大小，由 sizeof(dataitem)获得。

驱动的 ioctl 的具体实现，包括一个 switch 语句根据 cmd 参数选择对应的操作。例如，IOCTL_SET_INT_STAT 命令要实现：查询信箱中地址 A 的第 31bit 位是否为“1”；如果为“1”，则设置某个 GPIO 口为中断源，中断使能，接收来自 DSP 的中断信号。部分 ioctl 程序如下：

```
static int mydriver_ioctl(struct inode * inode, struct file * filp, unsigned int cmd, unsigned long param)
{
    switch(cmd)
      {
```

```
        case IOCTL_SET_INT_STAT:
          {
            if((*(P_U32)(ADDR_RW_STAT)) & 0x80000000 )
              { init_gpio14_irq_reg();
                enable_irq(mydriver.read_irq);
                ...
                return 0;}
            else
              return 1;
            }
          ...
        }
      return 1 ;
    }
```

程序中函数 init_gpio14_irq_reg()设置 GPIO[14]为输入管脚，接收中断信号，且检测上升沿有效，触发中断，设置相应的中断控制寄存器。GPIO 的寄存器设置如下：

```
GPDR0 &= ~(0x4000);    //set gp14 as input
GRER0 |= 0x4000;       //rising edge detected mode on gp14
GFER0 &= ~(0x4000);    //ignore falling edge on gp14
ICMR |= 0x400;         //gpio2-63 interrupt unmask
ICCR |= 0x1;           //only unmasked interrupts cause the processor to exit from idle mode
```

在 open 操作中注册了中断处理函数，一旦中断到来，CPU 会调用这个中断处理函数。enable_irq()启用中断报告。

在用户空间调用 ioctl 函数的原型如下：

```
ioctl(fd , IOCTL_SET_INT_STAT);
```

fd 为打开设备时得到的文件描述符：

```
fd= open("/dev/mydriver", O_RDWR);
```

(2)驱动的编译和使用

对驱动进行交叉编译，通常编写 Makefile 来完成编译工作。在主机端交叉编译后产生模块文件 mydriver_driver.o，在开发板上通过 NFS 挂载，调试驱动。先执行 module 的插入操作：

```
# insmod mydriver_driver.o
```

如果设备文件系统(devfs)已经使用，此时在/dev 目录下可以找到 mydriver_driver 设备文件。否则，需要手动(使用 mknod)为设备添加设备文件节点。

这样，就可以对设备进行 open，close，read，write，ioctl 等操作了。通过编写应用程序，通过驱动，可以驱动所需设备，当不需要对设备进行操作时，可用以下命令卸载 module：

```
# rmmod mydriver_driver
```

Linux 硬件驱动的过程大致如图 5-68 所示：首先，用 insmod mydriver_driver.o 命令将硬件驱动模块.o 文件加载到内核，驱动程序根据设备类型(字符设备类型或块设备类型，例如鼠标就是字符设备而硬盘就是块设备)向内核注册，注册成功后反馈一个唯一标识的主设备号，可用命令 ls-l /dev/had 看到主设备号。接着 mknod 命令据此主设备号创建一个放置在/dev

目录下的设备文件根。通过 open,read,write 等命令,驱动程序对硬件模块中的相应函数进行操作。

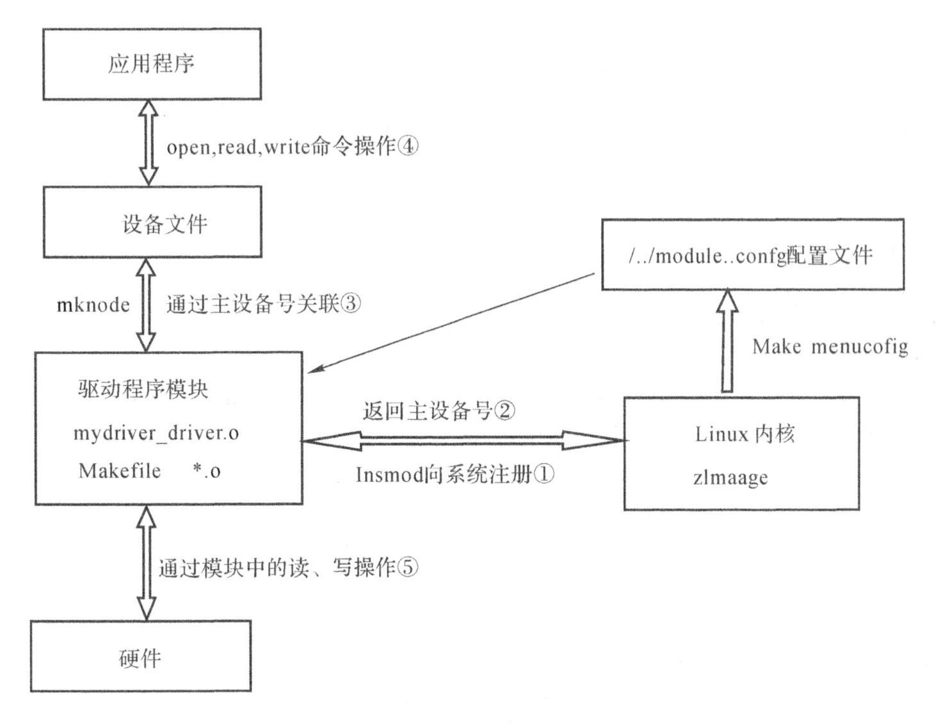

图 5-68　Linux 硬件驱动过程

5.5.4　嵌入式 Linux 字符型设备驱动程序框架

根据上述嵌入式 Linux 设备驱动程序编写说明,本节给出嵌入式 Linux 字符型设备驱动程序 mydriver. o 的框架和驱动程序加载到 Linux 内核的过程。驱动程序包括编译文件时用到头文件、定义设备号函数声明、变量的声明、模块函数和内核函数的映射及函数的实现。在初始化函数 mydriver_init()中,由定义在<linux/fs. h>中的函数:

```
register_chrdev(MYDRIVER_MAJOR,"mydriver",&mydriver_fops)
```

向系统注册一个新的驱动程序,为 mydriver 分配一个设备号,参数 MYDRIVER_MAJOR 为主设备号,mydriver 为设备名称,该名称在编译后出现在/. /devices 目录中,&mydriver_fops 是指向函数指针数组的指针,打开的设备在内核中用 file 结构描述,内核用 file_operations 结构访问驱动程序的函数,file_operations 结构或指向这类结构的指针为 * fops,file_operations 结构是由标记化定义的。

一旦驱动程序注册到内核成功,它的操作就和指定的主设备号对应,对与主设备号对应的设备进行某种操作时,内核从 file_operations 结构中找到并调用正确函数。

mydriver. c 的框架如下:

```
mydriver. c
/* 包含头文件和宏定义 */
```

```
#include <linux/kernel.h>
#include <linux/module.h>
#include <linux/init.h>
#include <linux/errno.h>
#include <linux/sched.h>
#define MYDRIVER_MAJOR 125          /* 定义主设备号 */
#define COMMAND1 1                  /* 命令 1 */
#define COMMAND2 2                  /* 命令 2 */
/* 函数声明 */
static int mydriver_init(void);
static int mydriver_open(struct inode *inode,struct file *file);
static int mydriver_close(struct inode *inode,struct file *file);
static sszie_t mydriver_read(struct file *file,char *buf,size_t count,loff_t *offset);
static int mydriver_ioctl(struct inode *inode,struct file *file,unsigned int cmd,unsigned long arg);
static void mydriver_cleanup(void);
/* 全局变量定义 */
int mydriver_param = 9;
static int mydriver_initialized = 0;
static volatile int mydriver_flag = 0;
static struct file_operations mydriver_fops = {
#if LINUX_KERNEL_VERSION >= KERNEL_VERSION(2,4,0)
    owner: THIS_MODULE,
#endif
    llseek: NULL;
    read:   mydriver_read;         /* 读数据 */
    write:  NULL;                  /* 写数据 */
    ioctl:  mydriver_ioctl;        /* 控制模块的设置 */
    open:   mydriver_open;         /* 在任何操作前打开模块 */
    release:mydriver_close;        /* 操作后关闭模块 */
};
/* mydriver_init()函数的实现 */
static int mydriver_init(void){
    int i;
    /* 确定模块以前未初始化 */
    if(mydriver_initialized == 1) return 0;
    /* 分配并初始化所有数据结构为缺省状态 */
    i = register_chrdev(MYDRIVER_MAJOR,"mydriver",&mydriver_fops);
    if(i < 0){
        printk(KERN_CRIT "MYDRIVER: i = %d\n",i);
        return -EIO;
        }
        printk(KERN_CRIT "MYDRIVER: mydriver registered successfully \n");
```

```
        /* 请求注册 */
        mydriver_initialized = 1;
        return 0;
}
/* mydriver_open()函数的实现 */
static int mydriver_open(struct inode * inode,struct file * file){
    if(mydriver_flag == 1) return -1;      /* 检查驱动是否忙 */
    /* 可以初始化一些内部数据结构 */
    printk(KERN_CRIT "MYDRIVER: mydriver device open \n");
    MOD_INC_USE_COUNT;
    mydriver_flag = 1;
    return 0;
}
/* mydriver_close()函数的实现 */
static int mydriver_close(struct inode * inode,struct file * file){
    if(mydriver_flag == 0) return 0;
    /* 可以删除一些内部数据结构 */
    printk(KERN_CRIT "MYDRIVER: mydriver device close \n");
    MOD_DEC_USE_COUNT;
    mydriver_flag = 0;
    return 0;
}
/* mydriver_read()函数的实现 */
static ssize_t mydriver_read(struct file * file,char * buf,size_t count,loff_t * offset){
    /* 检查是否已有线程在读数据,返回 error */
    printk(KERN_CRIT "MYDRIVER: mydriver is reading,mydriver_param = %d \n",mydriver_
param);
    /* 通常返回成功读到的数据 */
    return 0;
}
/* mydriver_ioctl()函数的实现 */
static int mydriver_ioctl(struct inode * inode,struct file * file,unsigned int cmd,unsigned long arg){
    if(cmd == COMMAND1){      /* 命令 1 的处理 */
        printk(KERN_CRIT "MYDRIVER: set command COMMAND1 \n");
        return 0;
        }
        if(cmd == COMMAND2){       /* 命令 2 的处理 */
            printk(KERN_CRIT "MYDRIVER: set command COMMAND2 \n");
            return 0;
        }
        printk(KERN_CRIT "MYDRIVER: set command WRONG \n");
        return 0;
```

```
}
/* mydriver_cleanup()函数的实现 */
static void mydriver_cleanup(void){
    /* 确保要清掉的模块是已初始化的 */
    if(mydriver_initialized == 1){
        /* 禁止中断,释放该模块的中断服务程序 */
        unregister_chrdev(MYDRIVER_MAJOR, "mydriver");
        mydriver_initialized = 0;
        printk(KERN_CRIT "MYDRIVER: mydriver device is cleanup \n");
    }
    return;
}
/* 初始化/清除模块 */
#ifdef MODULE
MODULE_AUTHOR("DEPART 901");
MODULE_DESCRIPTION("MYDRIVER driver");
MODULE_PARM(mydriver_param,"i");
MODULE_PARM_DESC(mydriver_param,"parameter sent to driver");
int init_module(void){ return mydriver _init(); }
void cleanup_module(void){ mydriver_cleanup(); }
#endif
/* 程序结束 */
```

5.6 以嵌入式微处理器为核心的智能型电子系统的设计举例

设计一个可适用于无线可视电话、无线视频聊天和普通的无线视频监控的无线摄像系统,设计要求如下:

①显示屏 3.5 英寸。

②分辨率>200ppi。

③传输方式:无线局域网方式 IEEE802.11b。

④能够以 Web 模式工作,后端可用 PC 机上的通用 Web 浏览器浏览监控现场情景。

⑤省电、便宜、适于民用场合。

5.6.1 无线摄像系统方案论证

①根据分辨率指标图像取 640×480 的 VGA 格式,即每行 640 个像素(Pixel),每帧 480 行,像素为 307200,即 30 万,取 3.5 英寸屏,长为 74.9mm,宽为 56.2mm,点距为 74.9/640=0.117mm,每英寸像素分辨率为 25.4/0.117=217ppi。另外,对于运动图像根据国际标准为 29.97 帧/s,传输率为 307200×30=9.216Mpixel/s,图像取样 Y∶Cr∶Cb 为 4∶2∶2,每个像

素亮度取8比特，色度取16比特，比特率为8×1.5×9.216Mpixel/s ＝110.592Mbps，远超过USB1.0的传输速度12Mbps，因而必须进行压缩编码。常用的压缩编码方式有JPEG，H264，MPEG4等，JPEG压缩比较简单，压缩比在10～40之间。压缩后的图像传输率在1.2～4.8Mbps之间，经过压缩编码摄像头传输速率可以采用USB1.0接口传输。

摄像头有电荷耦合器（Charge Coupled Device，CCD）图像传感器和互补金属氧化物半导体（Complementary Metal-Oxide-Semiconductor，CMOS）图像传感器的区分，CMOS图像传感器比CCD图像传感器小得多，造价低，响应速度快，其功耗要低于CCD传感器，但目前提供的图像质量较差。CMOS已经成为手机及视频会议使用的PC摄像机、扫描仪、条形码阅读机和安全摄像机的支柱。为了满足用户对拍摄的需要，成像质量较好的CCD摄像头开始流行，一般的说法是CCD成像像素高、清晰度高、色彩还原系数高、夜拍能力强，但价格比CMOS贵一半以上，而且体积较大，更耗电。

根据上述分析，选30万像素带压缩编码的具有USB接口CMOS摄像头作为图像采集模块。图像采集模块由CMOS图像传感器和视频控制器组成。CMOS图像传感器功能为图像采集，视频控制器负责将采集到的信号进行颜色处理、图像压缩和USB接口控制器。

②无线局域网传输，选取IEEE802.11b标准对采集到的图像信号进行传输，IEEE802.11b标准的基带传输速率为11Mb/s，根据传输信道的状态自适应调整传输速率，正常情况下大于压缩后的图像传输率。射频为2.4GHz，由IEEE802.11b无线网卡实现。无线网卡由基带处理部分、媒体访问控制部分、调制解调部分和射频部分组成，完成IEEE802.11b标准规定的功能。常见的IEEE802.11b无线网卡接口主要有PC机内存卡国际联合会（Personal Computer Memory Card International Association，PCMCIA）接口、通用串行总线（Universal Serial Bus，USB）接口和CF接口等几类。

PCMCIA接口分两类：一类为16位的PCMCIA，另一类为32位的CardBus。CardBus是一种用于笔记本计算机的新的高性能PC卡总线接口标准，CardBus快速以太网PC卡的最大吞吐量接近90 Mbps，而16位快速以太网PC卡仅能达到20～30 Mbps。CardBus总线自主。可以独立与计算机内存间直接交换数据。

USB接口设备安装简单并且支持热插拔。USB设备一旦接入，就能够立即被计算机所承认，并装入任何所需要的驱动程序，而且不必重新启动系统就可立即投入使用。

压缩闪存（Compact Flash，CF）卡最初是一种用于便携式电子设备的数据存储设备。作为一种存储设备，它使用了闪存。当前，它的物理格式已经被多种设备所采用。从外形上CF无线网卡可以分为两种：CF Ⅰ型卡以及稍厚一些的CF Ⅱ型卡。两者的规格和特性基本相同。CF型无线上网卡主要应用在个人数字助理（Personal Digital Assistant，PDA）等设备中，本方案考虑到体积和功耗以及适于民用场合，采用CF无线网卡。CMOS摄像头采集到的图像经CF无线网卡上网传输，传输过程由嵌入式系统控制。

任何微处理器MPU或者微控制器MCU（常称的单片机）都可以作为嵌入式系统的核心。本例的嵌入式系统，需要接收来自USB的CMOS摄像头的图像信号，控制无线网卡的工作，对无线网卡收到的远端压缩的图像解压缩，解压后的图像信号送给液晶显示器（Liquid Crystal Display，LCD）实时显示，因而要求处理器速度快、存储容量大、输入输出功能强、功率损耗低以及实时响应快等。ARM芯片是当前世界上最为流行的一种嵌入式处理器，考虑到速度和要完成的功能，采用基于 ARM920T 内核的 16/32 位 RISC 嵌入式微处理器。

③在应用层加入相关的软件就能够以 Web 模式工作，后端可用 PC 机上的通用 Web 浏览器浏览监控现场情景，达到设计要求。

根据上述的论证，可以得到无线摄像系统的方框图如图 5-69 所示。由图 5-69 可看出系统的硬件部分由 USB 接口的 CMOS 图像采集模块（CMOS 摄像头）、无线网卡传输模块（CF 无线网卡）和嵌入式系统控制模块三部分组成。后续的工作将根据模块的指标和功能，选取符合要求的部件，细化相关的电路并编制相应的驱动软件。

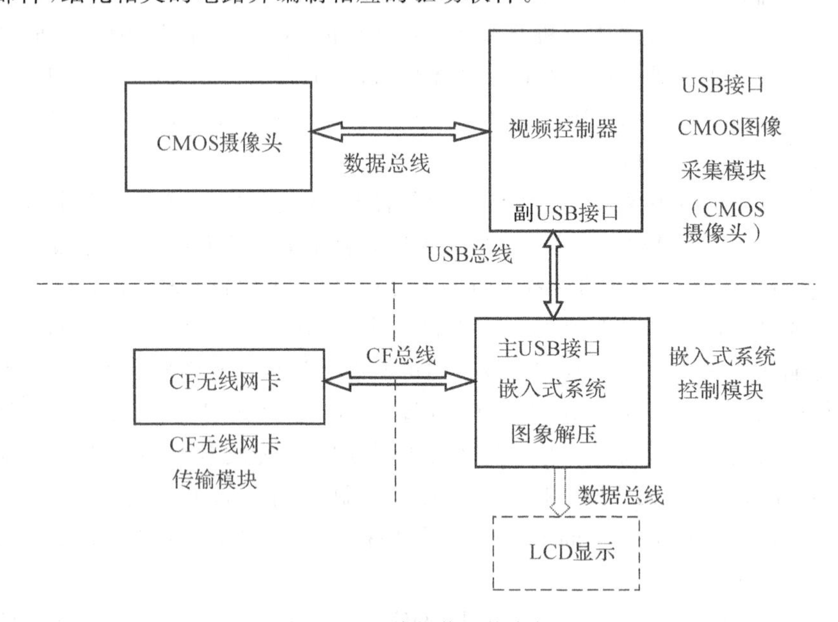

图 5-69 无线摄像系统方框图

5.6.2 无线摄像系统电原理图设计

无线摄像系统的 USB 接口图像采集模块主要由 CMOS 图像传感芯片 OV7640 和 SN9C101 组成。OV7640 是高度集成的彩色摄像芯片，可带 1/4″镜头，支持多种格式。内设的串行摄像机控制总线（Serial Camera Control Bus，SCCB）接口，提供简单控制方式。通过该接口，可以对 OV7640 芯片内部所有寄存器值进行修改，从而完成对 OV7640 的控制。另外，OV7640 内置了 640×480 分辨率的镜像阵列、A/D 转换器，并支持外部水平、垂直同步输入格式，外部微控制器和 RAM 界面、数字视频输出、增益控制以及自平衡等在内的控制寄存器功能模块。OV7640 需要 2.5V 和 3.3V 的电压输入，可通过电平转换芯片进行转换得到所需要的电压。OV7640 数据线和 SN9C101 相连，SN9C101 对 OV7640 图像数据进行采集，然后进行相应的处理和识别。OV7640 包含 8 位数据 $D_0 \sim D_7$，同步信号 VSYNC，HREF，PCLK，这些信号需要送给 CPU 来读取图像数据和保证同步；另一方面，由于 OV7640 默认帧频为 30Hz。在此帧频下的图像数据输出为 30Hz×307.2K=9.216Mbytes/s。QVGA 方式的数据率为 30Hz×76.8K=2.3Mbytes/s，在不考虑同步的情况下已远远超过 I/O 口的响应速度，因此必须重新设置以降低帧频。从信号的使用角度来说，需要用到OV7640的8位数据线D_0～D_7（双向），同步信号VSYNC，HREF，PCLK（单向，供控制器读），SCCB总线SIO～C（单向）、SIO～D（双向）。

SN9C101是视频单芯片摄像头控制器为搭配CIF格式的CMOS图像传感器而设计的。该芯片包含基本颜色处理引擎、图像压缩引擎和USB接口控制器。SN9C101不需额外的存储设备支持就可以直接将图像数据传入USB端口。其特别设计可以应用在极低成本的摄像头上。SN9C101在CIF模式下最大达到30fps的速度，提供两个可编程I/O管脚，支持USB1.1和待机模式，SN9C101所需晶振频率为12MHz，电压仅为3.3V。

无线网卡使用PRISM2.5芯片组，完成基带处理、中频调制解调、射频收发的工作。

嵌入式系统芯片选用S3C2410X，其时钟可以达到200MHz，处理速度为390MIPS，能实现图像信号的软件解压缩和显示。

图5-70为无线摄像系统电原理图。CMOS摄像头与CF无线网卡为功能部件，S3C2410X嵌入式控制系统根据嵌入式系统的构架和推荐的范例，按所需的功能适当裁剪，可得到详细的电原理图，这里不深入展开。

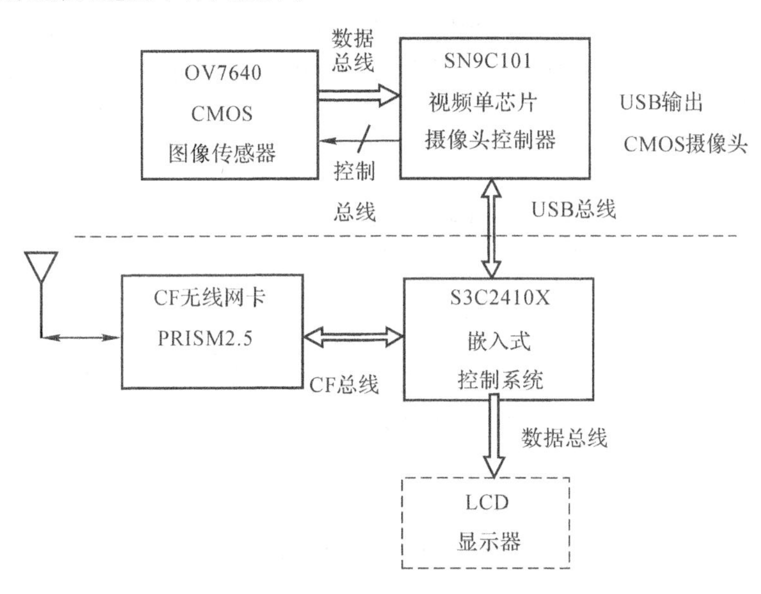

图5-70　无线摄像系统电原理图

图5-70中，来自USB接口的压缩图像信号直接接入S3C2410X的主USB接口上，S3C2410X软件驱动程序驱动CMOS摄像头与CF无线网卡工作，应用程序通过USB接收原始的奇数场和偶数场图像数据，等接收完奇数场和偶数场图像数据后，把它们组成完整的一帧图像，然后进行图像的无线传输。接下来在应用层根据设计要求编制应用程序，通过应用程序接口，进入操作系统层，实现无线摄像系统所需的功能。

5.6.3 CMOS摄像头驱动

当CMOS摄像头接入S3C2410X主USB接口，S3C2410X通过USB协议感知USB设备的存在。USB是一种分层总线结构，由一个主机(Host)来控制。主机用主/从(Master/Slave)协议来和外部USB设备通信。USB上的通信主要有两个方向，分别是主机到设备的下行方向(downstream)和设备到主机的上行方向(upstream)，不支持设备之间的直接通信。

每个USB设备都会有一个或者多个逻辑连接点，称为端点(endpoint)。每个端点有四种传输方式：控制传输、等时传输、成批传输和中断传输。但是端点0缺省用来传送配置和控制信息。

同样性质的一组端点的组合叫作接口(interface)，而同种类型的接口组合称为配置(configuration)。不同配置用于改变整个设备的设置，比如电源消耗等。每次只能有一个配置处于激活状态，一旦某个配置被激活，里面的接口和端点都可同时使用。配置、接口和端点的信息存放在称为描述符(descriptor)的数据结构中。

USB驱动程序由主控制器驱动、USB核心驱动和USB设备驱动程序组成。通常操作系统本身带有前面两个驱动程序，而开发者只需完成USB设备驱动程序的开发工作。它们之间的层次关系如图5-71所示。

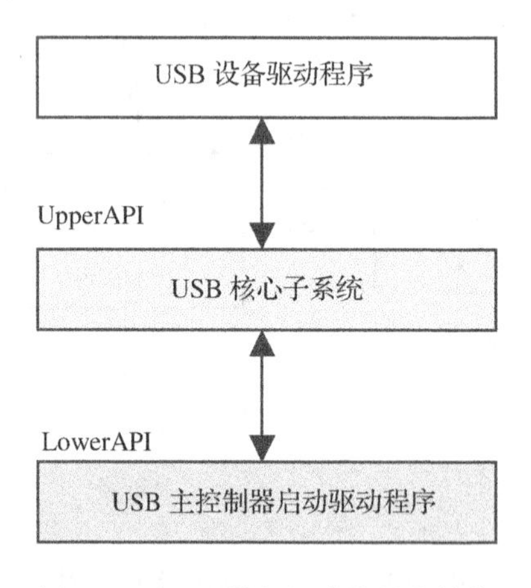

图5-71 USB设备驱动的层次结构

USB核心子系统连接USB设备驱动和主控制器驱动，它通过定义一些数据结构、宏和功能函数来抽象下层硬件设备。USB核心子系统为硬件处理提供下层接口(LowerAPI)，同时通过上层接口(UpperAPI)为USB设备驱动提供服务。下层接口包括读取并解析USB设备描述符，配置描述符，为USB设备分配唯一的地址，使用默认的配置来配置设备；上层接口则包括USB命令请求，连接设备与相应的驱动程序，转发设备驱动程序的数据包等。

5.6.3.1 USB设备驱动程序编写

USB设备驱动程序在驱动模块加载的时候，向USB核心子系统注册，而在卸载模块的时候注销。

USB设备驱动程序向USB核心子系统注册时，通过数据结构usb_driver告诉子系统，本驱动支持哪些设备，当获得支持的设备插入或者拔出的时候，调用哪些功能，等等。以骨架驱动(usb-skeleton)为例，usb_driver结构如下：

```
static struct usb_driver skel_driver = {
    .name          = "skeleton",
    .probe         = skel_probe,
    .disconnect    = skel_disconnect,
    .fops          = &skel_fops,
    .minor         = USB_SKEL_MINOR_BASE,
    .id_table      = skel_table,
};
```

USB设备驱动调用usb_register函数进行注册，该动作在初始化函数中完成。

```
static int_init usb_skel_init(void)
{
    int result;
    /* register this driver with the USB subsystem */
    result = usb_register(&skel_driver);
    if (result < 0) {
        err("usb_register failed for the "_FILE_"driver."
            "Error number %d", result);
        return -1;
    }
    return 0;
}
module_init(usb_skel_init);
```

当驱动模块从系统卸载，调用注销函数usb_unregister：

```
static void_exit usb_skel_exit(void)
{
    /* deregister this driver with the USB subsystem */
    usb_deregister(&skel_driver);
}
module_exit(usb_skel_exit);
```

5.6.3.2　摄像头驱动程序

摄像头驱动程序比USB驱动复杂，首先考察其层次结构，如图5-72示。

图中，usb-ohci-S3C2410是USB主控制器驱动，usbcore为USB核心子系统，usbvideo和webcam都属于USB设备驱动程序。usbvideo是一个中间驱动，它封装了usbcore模块和videodev模块，简化了USB设备驱动的开发工作。

usbcore前面已有介绍，这里介绍一下videodev模块。

V4L，也就是Video for Linux。它是一个在Linux环境下控制视频捕捉卡的API。捕捉卡的驱动控制视频捕捉，给系统提供一个半标准的接口。V4L利用这个接口，增加一个额外

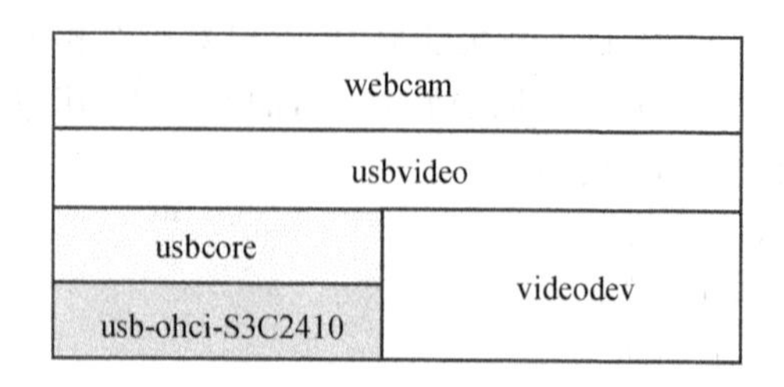

图 5-72 摄像头驱动层次结构

的功能，同时向外提供了一个属于自己的 API。这个 API 支持各种捕捉卡，例如电视卡、射频卡(Radio Card)等。如果 V4L 和捕捉卡的驱动已经安装好，那么应用程序开发者可以抛开底层硬件细节，只需使用 V4L 的 API。

类似 usbcore，videodev 也提供一个注册函数 video_register_devcie 和一个注销函数 video_unregister_device。上层模块主要通过这两个函数使用 videodev 提供的功能。

usbvideo 是离开发的驱动模块最近的一个模块，它封装了底层的 usbcore 和 videodev 两个子系统。需要开发的驱动模块强烈依赖于 usbvideo，下面分析 linux-2.4.22 内核源代码带有的 usbvideo.c 和 usbvideo.h 两个文件。如果将 usbvideo 中的函数归类，可以分为以下几类：

(1)虚拟内存分配和释放函数

负责虚拟内存的分配、初始化以及使用后的释放。这类函数包括 usbvideo_rvmalloc()，usbvideo_rvfree()等。

(2)循环队列操作函数和宏

usbvideo 模块内部维护着一个长度为 RING_QUEUE_SIZE 的循环队列，这里存放着从 USB 设备接收过来的 ISO(Isochronous)数据。循环队列的操作包括入队、出队、队列搜寻等。这一类别包括函数 RingQueue_Dequeue()、函数 RingQueue_Enqueue()、宏 RING_QUEUE_DEQUEUE_BYTES、宏 RING_QUEUE_PEEK 等。

(3)标准 V4L open/close/write/read/ioctl/mmap 处理函数

对设备文件/dev/video0 操作的时候，会调用到这些函数，包括 usbvideo_v4l_open()，usbvideo_v4l_close()，usbvideo_v4l_read()，usbvideo_v4l_write()，usbvideo_v4l_ioctl() 和 usbvideo_v4l_mmap()等。

(4)图像捕捉启动和停止函数

捕捉图像之前，要调用 usb_set_interface()函数设置接口，往设备发送启动和初始化设置指令，填充 urb 结构并提交等；捕捉结束后，要释放已分配的 urb 数据结构，往设备发送通信结束指令。所有这些工作，都在这类函数中完成，包括 usbvideo_StartDataPump()，usbvideo_StopDataPump()等。

(5)屏幕透明覆盖函数

调用这类函数，使得调试信息能在图像上面同步显示。包括 usbvideo_OverlayChar()，usbvideo_OverlayStats()，usbvideo_OverlayString()等。

(6)子系统注册和注销函数

usbvideo 模块提供两个子模块(usbcore 和 videodev)的注册和注销函数，包括 usbvideo_

register ( ), usbvideo_deregister ( ), usbvideo_RegisterVideoDevice ( ), usbvideo_CameraRelease()等。

可以看到,事实上,usbvideo已经完成了整个设备驱动的框架搭建以及大部分的操作,并通过usbvideo_cb这个回调函数结构,留给开发者操作特定硬件(通过probe(),VideoStart(),VideoStop(),adjustPicture())和对原始数据进行特定处理(通过processData(),postProcess())的空间。usbvideo构成了USB设备驱动的主干,驱动开发者编写的驱动只是这个主干上的枝叶,成为一个名副其实的迷你驱动(minidriver)。

5.6.3.3　摄像头驱动实现

摄像头驱动程序webcam.c的代码基本上由上面提到的六个函数组成,当然还有一些数据结构的释放和usbvideo子系统的注册注销函数,由于相对简单,这里就略去了。

(1) webcam_probe(struct usb_device * dev, unsigned int ifnum, const struct usb_device_id * id)函数

驱动模块在加载初始化的时候,向系统注册了生产厂商号码(Vendor ID)和产品号(Product ID)。当USB设备连接到主机上,系统会检测它的Vendor ID和Product ID,如果与驱动模块的注册内容匹配,则将该驱动程序与设备挂接起来,并调用probe函数。参数dev指定了设备信息,参数ifnum是当前活动接口的序号,参数id包含了USB设备的生产厂商号码和产品号信息。probe函数验证所有可选配置的有效性,并调用usbvideo模块的usbvideo_RegisterVideoDevice()函数向videodev系统注册。

(2)webcam_video_start(struct uvd * uvd),webcam_video_stop(struct uvd * uvd)和webcam_adjust_picture(struct uvd * uvd)函数

这些函数用于向设备发送指令,以启动、停止或者更改图像特性。参数uvd包含了当前使用的摄像头信息。

(3)webcam_process_isoc(struct uvd * uvd, struct usbvideo_frame * frame)函数

参数frame包含图像帧信息。从摄像头采集过来的原始数据,每个像素点只有一个原色值,要么是R(Red),要么是G(Green)或者B(Blue),当采用的图像格式是RGB24,也就是说

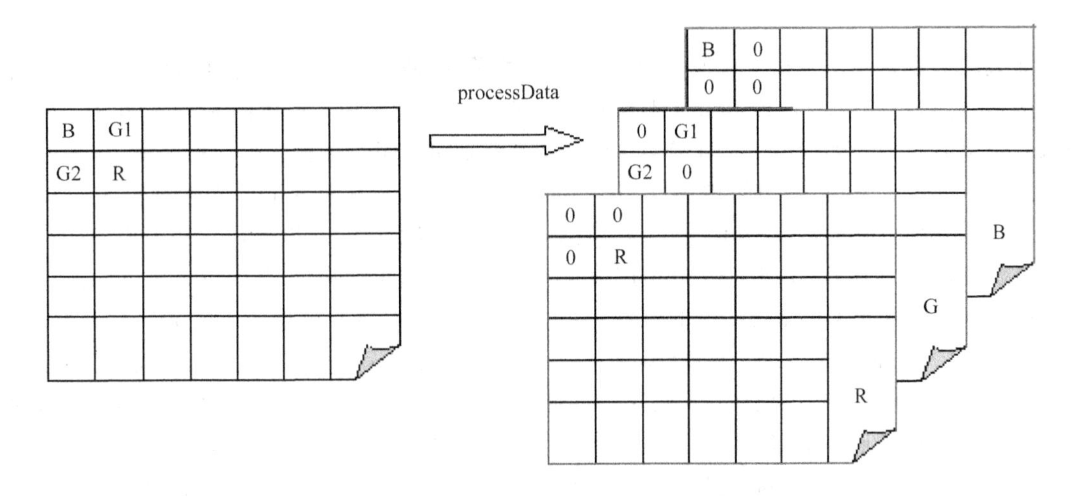

图5-73　webcam_process_isoc()函数的处理过程

每个像素点用三个字节表示，因此 webcam_process_isoc()函数的处理方法是先将缺少的颜色补上 0 值，后续处理在 webcam_post_process()函数完成。webcam_process_isoc()函数的处理过程可以用图 5-73 来表示。

usbvideo 函数在进行如图 5-73 所示的处理之前，先检测循环队列中是否包含帧头。帧头是 7 个特殊的字节序列，每帧都以帧头开始。如果检测出帧头在循环队列中的偏移量 header_offset 大于 0，表明循环队列中已存在一帧数据，则启动图 5-73 的处理过程。然而如果处理进行中，有新的图像数据进入循环队列，一旦数据量比较大，会覆盖当前的有用数据，而且造成队列长度的不稳定变化。嵌入式模块的 CPU 频率仅为 200MHz 左右，速度较慢，处理数据的时候，经常有新数据进入队列。当队列的写指针到达队列末端，然后折返队列首，造成数据覆盖和队列长度变化，最终的结果是图像数据的丢失。

解决这个问题有多种方法，一种是一旦检测到 header_offset 符合条件，立刻将数据复制出队列缓存起来，然后慢慢处理；也可以先禁止入队操作，直到数据处理完毕。不过最简单的方法是扩充循环队列长度 RING_QUEUE_SIZE，确保队列在数据处理完成前，就算有数据写入，写指针也还没移动到队列末尾。本应用中采用这种方法。

(4)webcam_post_process(struct uvd * uvd, struct usbvideo_frame * frame)

本函数一方面将参数 frame 中的图像数据从 RGB 格式转储为 BGR 格式，另一方面通过插值算法，补上因为采样而丢失的原色值。这里采用的插值算法的基本思想是通过附近像素点的平均来填充中心像素的缺色。R,G,B 的插值矩阵 M_r,M_g,M_b 如下：

$$M_r = M_b = \begin{bmatrix} 1/4 & 1/2 & 1/4 \\ 1/2 & 1 & 1/2 \\ 1/4 & 1/2 & 1/4 \end{bmatrix}, \quad M_g = \begin{bmatrix} 0 & 1/4 & 0 \\ 1/4 & 1 & 1/4 \\ 0 & 1/4 & 0 \end{bmatrix}$$

每次进行插值运算，首先找出相邻的 8 个像素点，构成一个 3×3 矩阵，然后乘上权重再求和，作为中心点的原色值。对应位置的权重由上面的矩阵元素给出。

5.6.4 CF 无线网卡的驱动

无线网卡发送端基带信号调制到射频经天线发送，接收端从接收到的射频信号中恢复出基带信号，传输过程遵循 IEEE802.11b 协议。通常由一组大规模集成电路芯片来实现。要使嵌入式系统能够控制无线网卡的工作，必须安装网卡驱动程序。在安装驱动程序前，应该先得到无线网卡的信息，包括使用何种芯片和网卡的 manfid；在开发平台上插入无线网卡，Linux 的启动信息中即能显示这些信息。无线网卡使用 PRISM2.5 芯片，manfid 为 0x0274，0x1612。在网上下载 PRISM2.5 芯片的 Linux 驱动程序，这里使用的是 orinoco-0.13e。

嵌入式 Linux 下 CF 无线网卡的驱动程序的移植，由 WLAN 分层结构实现。图 5-74 为 Linux 下 WLAN 的层次结构。WLAN 网卡处于模型最底层，是通信的物理实现层。固件层向驱动程序层屏蔽具体的物理细节，提供访问底层的接口。驱动程序层是整个模型的关键，它向 WE 层提供访问底层的接口。WE 为中间层，是个通用的 API，向用户空间提供一个统一的 Linux 用户接口，用以访问、配置无线网卡。配置程序 WT 通过 WE 对无线网卡的相关参数进行配置。用户或应用程序通过 WT 完成网络配置。

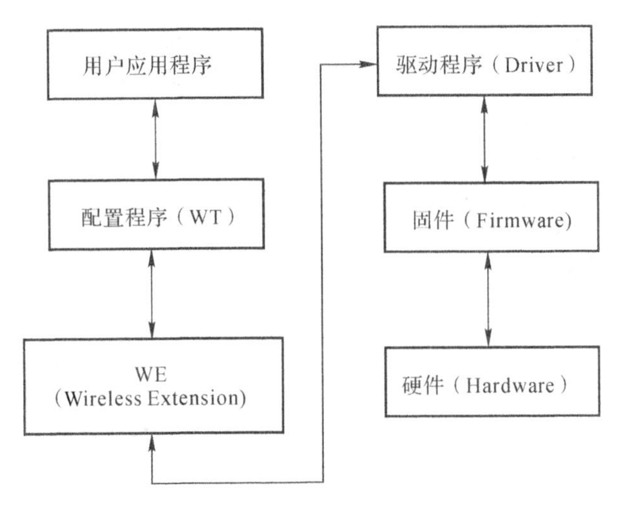

图 5-74　Linux 下 WLAN 的层次结构

针对不同的嵌入式平台，需要将驱动程序及各种配置文件进行相应的修改。

系统对 CF 无线网卡的控制，是通过 ARM9 处理器中集成的 PCMCIA/CF 控制器实现的。CF 接口无线网卡的属性存储空间（Attribute Memory）保存着配置注册信息和描述符信息。系统通过读取属性存储空间中的信息识别网卡。

识别过程如下：当插入 CF 卡时，产生"卡插入"事件，内核中卡服务进程调用驱动程序中的 PCMCIA 事件处理程序，读取卡属性存储空间的信息，并将信息向上传送到 cardmgr，cardmgr 将在/etc/pcmcia/hermes. conf 文件中匹配属性存储空间中的 manfid，从而绑定适当的设备驱动程序。

5.6.5　嵌入式系统控制模块实现与软件移植

根据设计要求，以 S3C2410X 为核心的嵌入式系统一方面接受本地 USB 接口的 CMOS 摄像头信号，将数据搬移至 CF 端口，然后由 CF 无线网卡发送；另一方面对来自无线网卡的远端图像解压缩并经 LCD 实时显示。参照推荐的实例，嵌入式系统由 S3C2410X、Flash 闪存、SDRAM、LCD 显示屏及相关的接口构成，本例有 CF 接口和 USB 接口等。据此可以画出电原理图和 PCB 版图，安装元器件，得到系统的目标硬件平台。

为了方便嵌入式系统的开发，目前一般采用的方式是先使用评估板做开发，当在评估板上开发、运行、调试成功之后，再根据评估板使用的硬件，剪裁掉在开发过程中需要而一般应用中不需要的硬件，在目标硬件平台上建立系统软件开发环境。

（1）嵌入式系统开发环境建立

由于嵌入式系统是一个资源受限的系统，直接在其上进行编程显然是不合理的。一般采用跨平台开发的方法，嵌入式软件开发和调试由主机（Host）和目标板（Target）互相合作完成。如图 5-75 所示，主机 Host 和目标板 Target 利用串口和网口进行交互。开发流程为：先在主机 Host 端编辑程序；然后用交叉编译工具链对源程序编译、链接成在目标平台上运行的可执行文件；最后将程序下载到目标平台上，运行、调试。对于兼容性强的程序，可以先在主机上调试基本功能，待通过后再下载到目标机上进一步调试，以提高效率。也可以采用网络文件系统(Network File System，NFS)方式调试应用程序，避免烧写 Flash。

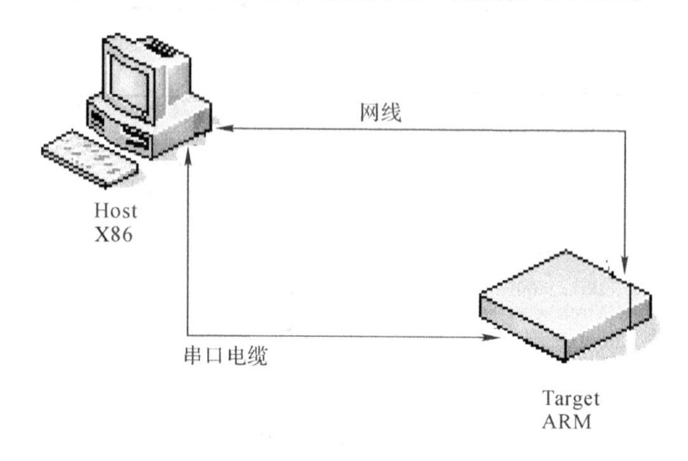

图 5-75　基于 ARM 的交叉开发环境

从调试方法来说，可以分为软件调试和硬件调试两种方法。硬件调试可获得比软件调试功能强大得多的调试性能。

主机 Host 通常基于 X86 体系结构的计算机，作为例子选择运行的操作系统为 Linux 的 Fedora Core 4 发行版。FC4 的内核版本为 2.6.11，gcc 版本为 4.0.0。

目标板 Target 提供了串口、网口、JTAG 口 3 个可以和主机相连接的接口。

①主机安装交叉编译器

主机和目标板处理器的体系结构不同(如主机为 X86 系列，目标板为 ARM 系列)，因此在 Host 端，需要有一个能够将程序编译成 Target 端运行的目标代码的编译器，即交叉编译器，若目标机为 ARM 处理器，则交叉编译器一般为 arm-linux-gcc。

在主机上编译、安装交叉编译器一般采用 gcc，它可以支持多种交叉平台的编译器。在 X86 的 Linux 平台上建立面向 ARM 的开发平台，大致步骤如下：

※ 下载需要的文件包，包括 binutils，gcc，glibc 和 gdb 等。

然后，按顺序对编译器、连接器和函数库进行编译和安装，在配置时需要使用-Target＝arm-linux 选项指定开发环境的目标平台。

※ 将从网上下载的交叉编译器 arm-linux 文件夹复制到/usr/local 目录下，然后在 linux 下/etc/profile 文件中寻找 pathmunge /usr/local/sbin，在下面添加一行 pathmunge /usr/local/arm-linux/bin，注销以后重新登录，则交叉编译器安装完成。除了 arm-linux-gcc，交叉编译器同时还安装了 arm-linux-ld(链接器)和 arm-linux-ar(汇编器)等工具。

②硬件开发板上 Linux 内核的移植

Linux 操作系统嵌入式微处理器运行最少需要有 3 个基本的组件：BootLoader，kernel (Linux 内核)，root filesyestem(根文件系统)。

系统加电复位后，几乎所有 CPU 都从复位地址上取指令。一般复位地址设为 0x00000000，嵌入式系统一般将固态存储设备(如 Flash，ROM 等)映射到该地址上。图 5-76

为 Flash 的典型空间分配结构图。

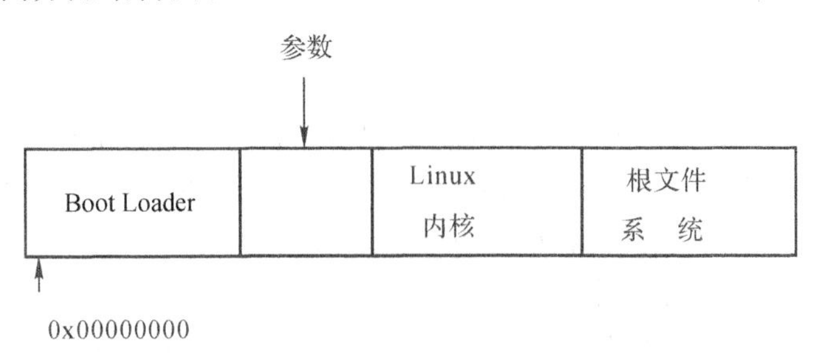

图 5-76　Flash 的典型空间分配结构图

对于 PC 机，其开机后的初始化处理器配置、硬件初始化等操作是由 BIOS 完成的，但嵌入式系统一般没有 BIOS，要自行编写完成这些工作的程序，即 BootLoader。系统加电复位后，首先运行 BootLoader，进行硬件设备初始化，建立内存空间的映射图，加载内核映象和根文件系统映象，设置内核的启动参数，最后跳到 Linux 内核的启动代码的第一个字节引导内核。

大多数 BootLoader 都包含两种操作模式：启动加载模式和下载模式。启动加载模式是指 BootLoader 从固态存储设备上将操作系统加载到 RAM 中运行，这是 BootLoader 的正常工作模式；下载模式是指 BootLoader 通过串口或以太网等通信手段从主机（Host）下载文件（如内核映象和根文件系统映象等），下载的文件先保存在目标板（Target）的 RAM 中，然后再被 BootLoader 写到 Flash 等固态存储设备中。这种模式通常在第一次安装内核与根文件系统时被使用。此外，有的 BootLoader 还支持从网络下载内核并启动的方式，减少烧写 Flash 次数，方便开发。通常在 Host 端需要开 tftp 和 nfs 服务，进行一定的配置。

Linux 内核是 Linux 系统中最关键的部分，为了在一个基于 ARM 体系结构的硬件上运行 Linux 系统，需要对内核源代码进行移植。一般来说，移植过程和硬件相关，许多开发板供应商都提供与硬件相关的 Linux 内核，方便用户开发。移植内核一般步骤如下：

首先，需要下载一个内核源代码，从 www.kernel.org 上下载（目前最新的稳定版本是 2.6.20.7）。解压后得到 Linux 内核，对于 ARM 体系结构，可能还需要打相应的补丁程序才可以正确运行。

根据硬件资源对源代码做必要修改，主要的改动包括：修改根目录下的 Makefile 文件，指定目标平台为 ARM，“ARCH：=arm”，指定交叉编译器，“CROSS_COMPILE=arm-linux-”；修改 arch 目录中的文件，Linux 的 arch 目录存放与硬件相关的内核代码，需要有针对性的修改。

编译内核。首先运行命令：

#make mrproper

该命令确保源代码目录下没有不正确的.o 文件以及文件的互相依赖。

为了适应不同的应用场合，需要对嵌入式操作系统进行定制，在编译的过程中按需要的功能进行配置，将有用的功能留下，冗余的功能删除。配置内核，可以使用命令：

#make menuconfig

配置完成后，必须重新编译内核，编译步骤如下：

```
#make clean
#make dep
#make zImage
```

这样，就得到了编译好的内核映象 zImage，可以通过 BootLoader 烧入 Flash。

在这个内核基础上，添加外设的驱动程序。Linux 提供了相当丰富的外设驱动，对于用户而言，只需略加修改，然后编译到内核就可以运行起来。

根文件系统提供给内核第一个进程的程序，同时也提供了基本的工具。Linux 内核启动后，通过内核启动参数找到根文件系统。把根文件系统存放到 Flash，需要在 Flash 上创建一个文件系统。Linux 支持多种 Flash 文件系统，其中 romfs 和 cramfs 是只读的文件系统，jffs2 支持对 Flash 的直接读写。如采用 JFFS2 文件系统，把根文件系统利用 mkfs.jffs2 这个软件打包成一个 jffs2 的文件系统的镜像，然后通过 BootLoader 烧入到 Flash 指定位置。

(2)设备驱动程序对嵌入式 Linux 内核的加载

嵌入式 Linux 设备驱动程序编写完成后，需要将驱动程序加到内核中。这要求修改嵌入式 Linux 的源代码，然后重新编译内核。具体步骤如下：

①将设备驱动程序文件(如 mydriver.c)复制到/linux/drivers/char/目录下。

该目录保存了 Linux 下字符设备的设备驱动程序。修改该目录下 mem.c 文件，在 int chr_dev_init()函数中增加如下代码：

```
#ifdef CONFIG_MYDRIVER
device_init();
#endif
```

其中，CONFIG_MYDRIVER 是在配置 Linux 内核时赋值的。

②在/linux/drivers/char/目录下 Makefile 中增加如下代码。

```
ifeq($(CONFIG_MYDRIVER),y)
L_OBJS += mydriver.o
endif
```

如果在配置 Linux 内核时选择了支持新定义的设备，则在编译内核时会编译 mydriver.c 生成 mydriver.o 文件。

③修改/linux/drivers/char/目录下 config.in 文件。

在 comment character devices 语句下面加上 bool support for mydriver CONFIG_MYDRIVER

这样，若编译内核，运行 make config、make menuconfig 或 make xconfig，在配置字符设备时就会有选项：

```
support for mydriver
```

当选中这个选项时，设备驱动就加到内核中了。

④重新编译内核。

在 shell 中当前 Linux 目录下，执行以下代码：

```
#make menuconfig
#make dep
#make
```

在配置选项时，要注意选择支持用户添加的设备。这样，得到的内核就包含了用户的设备驱动程序。

Linux通过设备文件来提供应用程序和设备驱动的接口，应用程序通过调用标准的文件操作函数来打开、关闭、读取和控制设备。查看Linux文件系统下的/proc/devices/，可以看到当前的设备信息。如果设备驱动程序已被成功加进，这里应该有该设备对应的项。/proc/interrupts/记录了当时中断情况，可以用来查看中断申请是否正常；对于DMA和I/O口的使用，在/proc/下都有相应的文件进行记录；还可以在设备驱动程序中申请在/proc/文件系统下创建一个文件，该文件用来存放与设备相关的信息，这样通过查看该文件就可以了解设备的使用情况。

(3)摄像头驱动程序的移植和测试

为便于测试，摄像头驱动先移植到三星公司的SMDK2410开发板，该开发板有较为完备的调试接口，如串口、网口和一些上传和下载的工具，有利于调试和测试。SMDK2410的CPU型号为S3C2410X，它支持两个USB host接口，兼容OHCI 1.0和USB 1.1协议，可挂接低速或高速设备。

驱动模块单独编译。建立好交叉编译环境后，使用如下脚本编译驱动：

```
/opt/host/armv4l/bin/armv4l-unknown-linux-gcc-I/usr/src/linux-2.4.18-rmk7/include-march = armv4-mtune=arm9tdmi -DMODULE -D_KERNEL_ -c -o webcam.o webcam.c
```

然后使用ztelnet软件，通过网络接口将webcam.o下载到目标系统中，加载运行。

Linux环境下访问外围设备相当方便。只要操作设备文件/dev/video0就能完成摄像头的访问控制。测试程序主要通过文件操作命令中的ioctl命令进行访问，V4L子系统负责应答ioctl的请求。测试程序的基本架构如下，注释指明了使用的请求类型。

```
    int main(int argc , char * * argv)
{
    ...// 命令行参数处理
    grab_init();   // ioctl(...,VIDIOCGCAP,...),获取设备类型及处理能力信息
    ...            // ioctl(...,VIDIOCGPICT,...),获取正在使用的调色板信息
    ...
    set_picture(); // ioctl(...,VIDIOCSPICT,...),设置调色板
    ..
    grab_one();    // ioctl(...,VIDIOCMCAPTURE,...),捕捉图像
    ...            // ioctl(...,VIDIOCSYNC,...),刷新图像数据
}
```

(4)CF无线网卡移植和测试

首先进行交叉编译。在主机端，修改orinoco-0.13e中的makefile文件，将KERNEL_SRC改为目标板内核的路径，并加上语句：CC= arm-linux-gcc，执行make，生成一系列 *.o文件。需要以下3个文件：hermes.o，orinoco_cs.o，orinoco.o。

将上述3个.o文件下载到目标板的/lib/modules/$(CURR_VERSION)/pcmcia/目录下，将源码包解压后生成的目录中的hermes.conf文件下载到/etc/pcmcia/目录下。在hermes.conf文件中，根据manfid添加如下代码：

```
card "Bromax OEM 11Mbps 802.11b WLAN Card (Prism 2.5)"
```

```
    manfid 0x0274, 0x1612
    bind "orinoco_cs"
```

这样，cardmgr 程序在 hermes.conf 文件中与属性存储空间中的 manfid 进行匹配，绑定 orinoco_cs 驱动程序。插入卡或重启目标板，新的驱动程序将被加载，执行 ifconfig 命令，就可以看到无线网卡的信息，包括 MAC 地址：00:01:36:07:C0:E9。

驱动绑定成功之后，将自动执行/etc/pcmcia/network 脚本。该脚本首先输出一个 ADDRESS 变量，作为被驱动设备的标志：

```
ADDRESS="$SCHEME,$SOCKET,$INSTANCE,$HWADDR"
```

其中，HWADDR 为被绑定无线网卡的 MAC 地址。这个 ADDRESS 变量将是系统应用层所有脚本对此设备进行操作的标志。

之后，network 脚本将调用 wireless 脚本，对无线网卡的 ESSID、工作模式、传输速率、工作频率等 WLAN 参数进行初始化。初始化参数保存在配置文件/etc/pcmcia/wireless.opts 中，从代码中可以看出，wireless.opts 通过 ADDRESS 变量来匹配被驱动的无线网卡设备。通常，可以使用 ADDRESS 变量中的 MAC 地址的前半部分，其他部分用通配符“*”表示，如“*,*,*,00:01:36:*”，以匹配相同系列的无线网卡。因此，修改 wireless.opts 文件中属于 PrismII 芯片的 ADDRESS，增加无线网卡的前 3 个字节(00:01:36)，即可实现匹配。相关代码如下：

```
case "$ADDRESS" in
...
# some other PrismII cards
*,*,*,00:01:36:*|*,*,*,00:02:78:*)
    INFO="Samsung MagicLan example (Samsung default settings)"
    ESSID="any"
    MODE="Managed"
    CHANNEL="4"
    RATE="auto"
...
```

最后，network 脚本继续对 IP 地址、子网掩码、DNS 服务器地址等一系列网络参数进行初始化。初始化参数保存在配置文件/etc/pcmcia/network.opts 中，该脚本也通过 ADDRESS 变量来匹配设备，这里使用通配符(*,*,*,*)，即所有无线网卡设备设置相同。在脚本中设置 IPADDR，NETMASK 等。

这样，只要修改 network.opts 中的相应参数，系统在每次插入无线网卡、进行网络参数初始化时自动按修改好的设置配置网络，避免每次都要手动配置网络参数。经过以上设置，无线网卡就可以正常驱动了。

S3C2410X 自带 LCD 的驱动和图像的播放，将有关的软件下载到内核可以实现图像的实时显示。

本例是一个典型的电子系统设计实例。它介绍了首先根据设计指标自上而下地进行方案论证并构成总体方框图，再自下而上地细化每一个子方框图，最后构成系统电路图。其中包括硬件平台实现的考虑、软件开发环境的建立、硬件平台上 Linux 操作系统内核的移植、CMOS

摄像头 USB 驱动软件的编写及硬件平台上的移植、CF 无线网卡的移植原理及网络参数绑定。嵌入式系统的调试是一个反复的过程，在烧写好内核的基础上，通过设置断点、观察特殊寄存器的数据，观察硬件监测点的波形，跟踪地址的跳转，一步步地接近目标。使 USB 接口图像采集模块设备驱动程序和 CF 无线网卡传输驱动程序协调工作。实现无线摄像系统间 Ad-hoc 传输，或经过 AP 组网传输。

5.7 嵌入式多核系统简介

5.7.1 嵌入式多核系统概述

通信、多媒体等应用的数字处理往往分为计算密集型和控制密集型两类。DSP 具备高效的数字运算单元和为数据处理优化的寻址模式与指令，能够快速完成计算密集型任务。RISC 处理器具有通用的编程模型，能够连接各种外设和运行复杂操作系统，适用于完成控制密集型任务。由 RISC 和 DSP 组成的片上多核构架结合了两者的优点，能够实现多种复杂应用。

多核处理器就是在一个处理器基板上集成多个处理器核，即将多个物理处理器核整合入内核中。多核技术的引入是提高处理器性能的行之有效的方法。由于生产技术的限制，传统通过提升工作频率来提升处理器性能的方法目前面临困难，高频 CPU 的耗电量和发热量越来越大，已经给整机散热带来十分严峻的考验。多核技术可以很好地避免这一点。增加一个内核，处理器每个时钟周期内可执行的单元数将增加一倍。

存在两种不同类型的多核系统，其中一种是资源可以共享的，叫作资源共享的多核系统。另一种是资源不共享的，即处理器之间相互独立的，叫作独立的多核系统。独立的多核系统中的各个处理器不参与其他处理器的运算，这是一种非常简单的多核系统，只是在系统中多添加几个处理器，其所能提高的系统性能有限。

资源共享的多核系统共享资源能被一个以上的处理器访问。决定系统中的哪些资源被共享，以及不同处理器之间如何共享这个资源是非常关键的问题。共享资源分为存储器共享和外设共享，多核系统中外设的共享有相当的难度，最大的问题就是外设的中断问题。例如，当外设能够中断所有的处理器时，就没有一个可靠的办法来保证哪个处理器最先做出中断响应并进入中断服务程序。而且，当外设被用作输入设备，就很难决定选用哪个处理器来接收输入的数据。需要非常复杂的握手系统来处理此类情况。

在资源共享的多核系统中，存储器是最常见的共享资源。存储器的共享既能在多个处理器之间进行简单的状态通信，也能同时被多个处理器共同进行复杂的数据结构运算。多个处理器之间共享存储器数据时，必须谨慎地进行操作，因为数据是可以读也可以写的。如果一个处理器在对存储器的某一地址写数据的同时，另一处理器也在对同一地址进行读写操作的话，那么就可能发生数据冲突，进而导致程序错误，严重的会造成系统的崩溃，必须使用一种机制来告知其他的处理器，以免发生冲突。系统中的硬件互斥核能满足这个要求。已经面世的有 Intel— Xeon 5100、TMS320DM6446 等双核系统和 Intel — Xeon L5300 四核系统。

TMS320DM6446是存储器共享的双核芯片系统。下面简要介绍这种RISC内核和DSP内核组成的嵌入式双核系统芯片。TMS320DM6446芯片具有高性能的32位TMS320C64xDSP处理器内核和ARM926EJ-S内核，其中ARM926EJ-S内核采用管道化流水线的32位RISC处理器，同时配备Thumb扩展。它能够处理32位或16位的指令和8位、16位、32位的数据。通过使用协处理器CP15和保护模块使体系结构得到增强，并提供数据和程序内存管理单元(MMU)。MMU具有两个64项的转换旁路缓存器用于指令和数据流，每项均可映射存储器的段、大页和小页。有16KB指令和8KB数据Cache。工作频率高达297MHz。ARM处理器负责配置和控制器件，包括DSP子系统、视频处理子系统、外设和外部存储器。

DSP处理器内核支持多媒体处理技术，DSP内核构建在VelociTI2体系结构的基础上，是VelociTI2体系结构的进一步增强，以其C64X内核的先进超长指令字结构，获得当前应用设备所需要的极高性能。具有32KB程序RAM/Cache、80KB数据RAM/Cache及64KB未定义RAM/Cache。有256MB的32位DDR2，SDRAM存储空间及128MB的16位FLASH存储空间。工作频率高达594MHz，TMS320DM6446的结构图如图5-77所示。

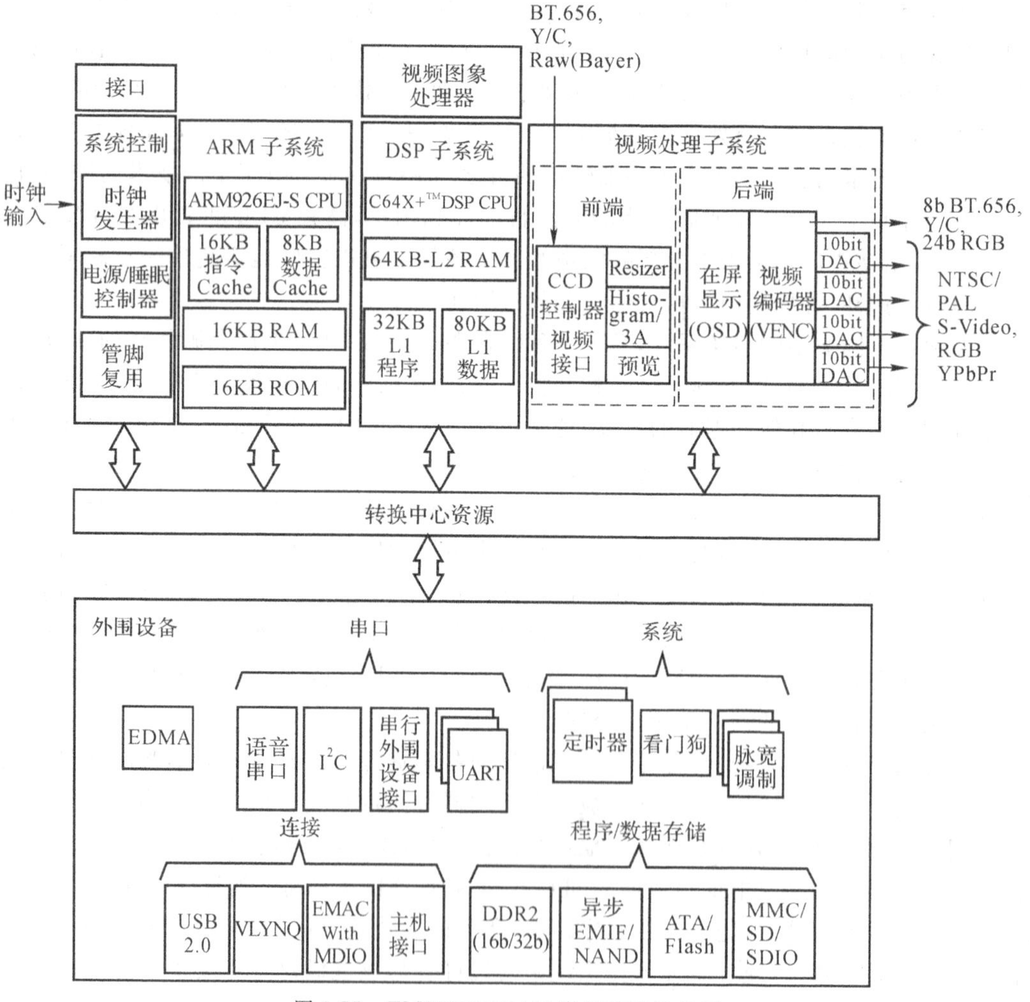

图5-77　TMS320DM6446微处理器结构图

5.7.2 嵌入式多核系统软件设计

嵌入式多核系统中软件设计与单处理器系统并没有什么太大的差别，主要需要考虑以下几点：

(1)程序存储器

在多核系统中，基于每个处理器的软件设计必须拥有自己独有的一段存储空间，而这些存储空间又必须同时存放在同一个物理存储设备上。例如，在一个双核系统中，两个处理器都运行在SDRAM上，对于第一个处理器的软件设计需要128K的程序空间，对于第二个处理器的软件设计需要64K的空间，这时，第一个处理器可以使用SDRAM中0x0到0xlFFFF之间的地址空间，第二个处理器可以使用0x20000到0x2FFFF之间的地址空间。Builder提供了一个简单的存储分配原则来满足上述要求，这个分配原则使用异常地址来决定运行哪个处理器上的软件设计。编译器最终链接处理器的软件并映射到存储器中，为每个处理器提供相应的段空间来运行软件。如果两个处理器的软件映射到同一个物理存储设备上，此时用每个处理器的异常地址决定哪一个处理器的软件能占据空间的基地址。对任何一个单处理器或多处理器系统来说，有五个主要的代码段需要映射到存储器的固定地址中，这些代码段是：

. text——存放实际的执行代码。

. rodata——存放实际执行代码中所使用的常量。

. rwdata——存放读/写变量和指针。

. Heap——自动分配的空间。

. stack——存放函数调用的参数和其他临时的数据。

在多处理器系统中，可能仅需要使用一个存储器来存放每个处理器的所有代码段。此时，每个处理器的异常地址就可用来指定各个处理器之间的边界。

(2)启动地址

在多处理器系统中，每个处理器必须从自己的程序段中启动，对于一个非易失性存储器的同一地址空间上的可执行代码，不可能启动多个处理器。启动存储器和程序存储器一样也能被分区，但是段空间的概念和映射就不一样了，启动代码通常只需要把程序代码拷贝到所映射的存储器中，然后跳转到程序代码就可以了。在同一个非易失性存储器设备的不同段空间上启动多处理器，需要在存储器上简单地设置每个存储器的复位地址。

(3)多处理器间的通信

多处理器间的通信一般采用三种方式，即邮箱方式、共享存储器方式和DMA方式。邮箱中含有多核共享数据和内核私有的控制/状态寄存器，内核之间通过共享数据寄存器存取传递数据，通过访问控制/状态寄存器获得进程同步。共享存储器方式中各内核包含一个程序存储器、数据寄存器和SDRAM，每个内核通过桥接器可以直接存取这些片上的寄存器数据或交换数据，内核间通过信号量保证进程同步。DMA方式中DMA控制器能够在两个存储设备间搬运数据，在搬运过程中不需处理器干预。DMA控制器中包含数据缓冲器和FIFO及地址发生器，DMA控制器先从一端将数据读入DMA控制器的FIFO中，然后将数据从FIFO写到另一端。当要传送数据时，CPU将要发送的数据存储到片外存储器，然后配置DMA控制器，将消息数据的源地址、目的地址和消息长度等信息写入DMA控制器的配置寄存器，并使DMA控制器传送数据。完成数据传输后，通过状态寄存器告知CPU。

随着电子系统的不断发展，系统的规模越来越大，功能越来越复杂，嵌入式单核系统已不能适应需要。因此，嵌入式多核系统日益得到发展和应用。这值得读者予以充分注意。

参考文献

[1] 王福瑞. 单片微机测控系统设计大全[M]. 北京：北京航空航天大学出版社，2002.

[2] 何立民. MCS-51系列单片机应用系统设计系统配置与接口技术[M]. 北京：北京航空航天大学出版社，2002.

[3] 孙涵芳，徐爱卿. MCS-51，96系列单片机原理及应用[M]. 北京：北京航空航天大学出版社，1999.

[4] 王幸之，王雷，王闪，等. 单片机应用系统电磁干扰与抗干扰技术[M]. 北京：北京航空航天大学出版社，2006.

[5] 窦振中. PIC系列单片机原理和程序设计[M]. 北京：北京航空航天大学出版社，2000.

[6] 钟华，缪磊，褚祎楠，等. 富士通16位微控制器开发与应用[M]. 北京：机械工业出版社，2006.

[7] 余永权. ATMEL89系列单片机应用技术[M]. 北京：北京航空航天大学出版社，2002.

[8] 徐爱钧，彭秀华. Keil Cx51 V7.0单片机高级语言编程与μVision 2应用实践[M]. 北京：电子工业出版社，2004.

[9] 于宏军，赵东艳. 智能(IC)卡技术全书[M]. 北京：电子工业出版社，1996.

[10] 余永权，李小青，陈林康. 单片机应用系统的功率接口技术[M]. 北京：北京航空航天大学出版社，1992.

[11] 方建淳. MCS-96系列8098单片机原理与应用技术[M]. 天津：天津科学技术出版社，1990.

[12] [美]Intel公司. 常用单片微计算机手册. 顾良士等译[M]. 上海：上海科学普及出版社，1989.

[13] 郑子礼. 单片微机及外围集成电路技术手册[M]. 上海：上海实用计算机自动控制工程公司，1989.

[14] 董渭清，王换招. 高档微机接口技术及应用[M]. 西安：西安交通大学出版社，1995.

[15] 张仰森. 微机常用软硬件技术速查手册[M]. 北京：北京希望电脑公司，1991.

[16] http://www.samsung.com/Products/…/S3C2410X/.

[17] Alessandro Rubini and Jonathan corbet "Linux Device Drivers" Seconed Edition[M]. 魏永明等译. 北京：中国电力出版社，2002.

[18] Neil Matthew等. Linux程序设计[M]. 北京：机械工业出版社，2002.

[19] Booting ARM Linux. http://www.arm.linux.org.uk/developer/booting.php.

[20] Intel：Multi-Core Processors white paper.
[21] 崔坤，王滨，张文明．基于 NiosII 双核系统的设计与实现．电子技术，2007，6.
[22] 杨建，阳晔，严晓浪，等．片上双核通信机制的设计与应用．微电子学，2007，1(37).

第 6 章

电子系统综合设计举例

学过了数字系统、模拟系统以及智能型电子系统的设计之后，本章将通过综合性的实用电子系统的设计，进一步介绍电子系统的设计方法、步骤以及综合性实用电子系统设计的特点，使广大读者可以进一步掌握所学知识。第一方面的例题是信号源的设计，第二方面的例题是数据采集系统的设计。这两方面的例题都是实用性很强、内容丰富的设计范例，为全面掌握电子系统的设计方法、进一步巩固已学知识提供了很好的机会。

6.1 实用信号源的设计

信号源是电子系统设计、测试、维修所必需的仪器。它的性能、指标、使用方法对于广大电子线路工作者的工作有着重大影响。因此，掌握信号源的组成并亲自设计与装配一个高指标的信号源，对广大读者来讲也是一个很有意义的学习机会。

例 6.1 设计一台实用信号源，要求如下：

(1)信号频率范围为 20Hz～20kHz。

(2)频率可预置。

(3)频率实现步进调节，调整步距为 1Hz。

(4)用 5 位十进制数显示输出信号频率。

(5)频率稳定度不劣于 10^{-5}。

(6)信号源的输出阻抗为 75Ω。

(7)输出信号的峰峰值以 0.1V 为步距，在 0.1～3.0V 的范围内实现步进调节。

(8)峰峰电压值用 2 位十进制数显示。

(9)信号波形的要求：

①正弦波信号　要求输出信号的非线性失真系数 $\gamma \leqslant 3\%$。

②三角波信号　要求三角波为等腰三角形，波形的非线性系数≤2%。

③方波信号　方波的上升时间和下降时间小于 1μs；方波的平顶降落≤5%；方波的占空比以 2%为步距，在 2%～98%的范围内实现步进调节。

6.1.1 审题

在这个题目中，所有的技术指标可以分解为振荡部分指标、频率调节与指示部分指标、输出波形部分指标、输出信号幅度调节与指示部分指标和输出电路部分指标。

6.1.1.1 振荡部分技术要求

(1)输出信号的频率范围为20Hz～20kHz。

(2)频率的稳定度不劣于10^{-5}。

6.1.1.2 频率调节和指示部分技术要求

(1)输出信号的频率单位为Hz。

(2)输出信号的频率可预置。

(3)频率调节的步距为1Hz。

(4)用5位十进制数显示输出信号的频率。

6.1.1.3 输出波形部分技术要求

(1)输出正弦波，要求非线性失真系数$\gamma \leqslant 3\%$。

(2)输出三角波，要求波形为等腰三角波，波形的非线性系数$\leqslant 2\%$。

(3)输出方波，要求：

①输出信号的上升时间和下降时间小于$1\mu s$。

②输出信号的平顶降落小于5%。

③占空比调节步距为2%。

④占空比调节范围为2%～98%。

6.1.1.4 输出信号幅度调节与指示部分技术要求

(1)输出信号幅度的调节步距为0.1V，可以在0.1～3.0V的范围内实现步进调节。

(2)用2位十进制数显示输出信号的峰峰值。

(3)单位为V。

(4)中间有一个小数点。

6.1.1.5 输出电路部分技术要求

(1)放大器的输出阻抗等于75Ω。

(2)输出信号峰峰值的最大值不小于3V。

(3)波形参数满足要求。

根据以上分析，整个系统可以表示为如图6-1所示的原理框图。

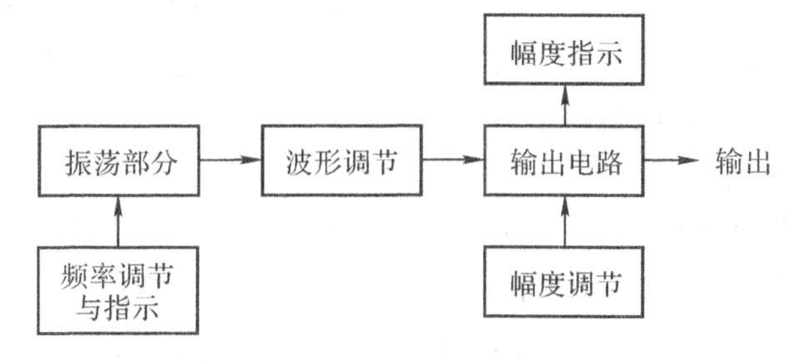

图6-1　实用信号源的原理框图

6.1.2 方案论证

对方案影响最大的指标是频率稳定度和输出波形，首先讨论这两个问题。

6.1.2.1 信号源频率稳定度

可以产生周期性信号的振荡电路有很多种，例如：RC 移相振荡器，文氏电桥振荡器，高精度的 V/F 变换器，利用运放产生三角波、方波信号的电路，利用专用集成函数发生器 ICL8038 产生方波、三角波、正弦波信号，用频率合成方法产生可变频率信号，利用直接数字合成(Direct Digital Synthesis，DDS)的方法得到可变频率信号，利用单片机产生信号波形，利用数字比例乘法器 CD4527 产生可变频率信号等方法。

但在这个设计实例的技术指标中，由于频率稳定度这一项技术指标要求比较高，所以振荡电路不能选用 RC 移相振荡器、文氏电桥振荡器和由集成运放构成的方波、三角波振荡器。要达到频率稳定度不劣于 10^{-5}这项指标就必须具有以晶振作基准或参考的各种电路。因此论证的重点只能是与频率合成技术有关的电路。

频率合成器是能够产生大量与基准参考源有同样精度和稳定度的离散频率信号的振荡源。频率合成技术利用了锁相环电路产生振荡。锁相环电路由参考振荡源、鉴相器(PD)、环路滤波(LF)、压控振荡器(VCO)和分频系数为 N 的反馈分频回路所组成。电路的原理框图见图 6-2。

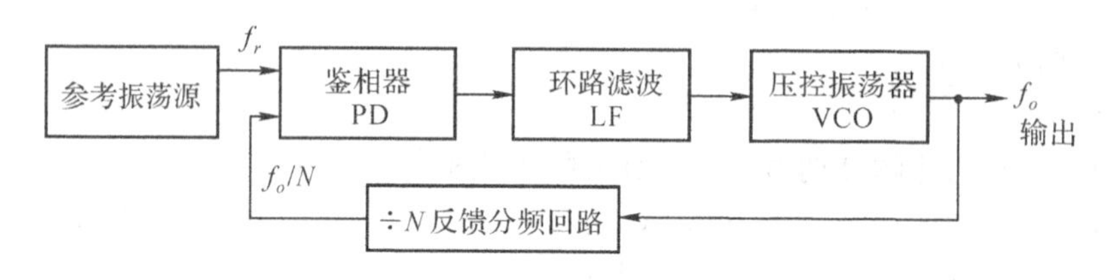

图 6-2 锁相环电路原理框图

在相位锁定的情况下，参考频率 f_r 与压控振荡器输出信号 f_o 的 N 次分频信号的频率相同，即

$$f_r=\frac{f_o}{N} \tag{6-1}$$

或 $$f_o=Nf_r$$

因此输出信号的频率 f_o 与基准参考信号 f_r 及反馈回路的分频系数 N 成正比。只要基准参考源采用晶体振荡，就能保证设计所要求的频率稳定度。改变 N 值即可调整输出信号的频率，f_r 的值等于输出信号频率调整的步距。

6.1.2.2 输出波形部分

一般的压控振荡器只能输出单一波形，如方波或正弦波。为实现本例设计要求中的输出正弦波、方波、三角波多种波形，必须探讨产生多种输出波形的方法。

(1)应用集成函数发生器 ICL8038 作压控振荡器产生三种波形

ICL8038 是一块集成函数发生器，其内部结构如图 6-3 所示。它采用对外接定时电容 C_0

恒流充放电来回切换的方式，产生三角波和方波输出。并用三极管开关和分流电阻构成折线近似，实现正弦波变换电路，把三角波转换成正弦波输出。振荡频率可以从 0Hz 变到 300kHz。所输出的正弦波的非线性失真系数小于 0.5%。频率基本上不受电源电压的影响，而主要取决于外接定时电容 C_0 和流入器件④脚和⑤脚的电流。改变外接电容 C_0 可实现对频率的粗调，改变④脚和⑤脚的注入总电流可实现对频率的细调。

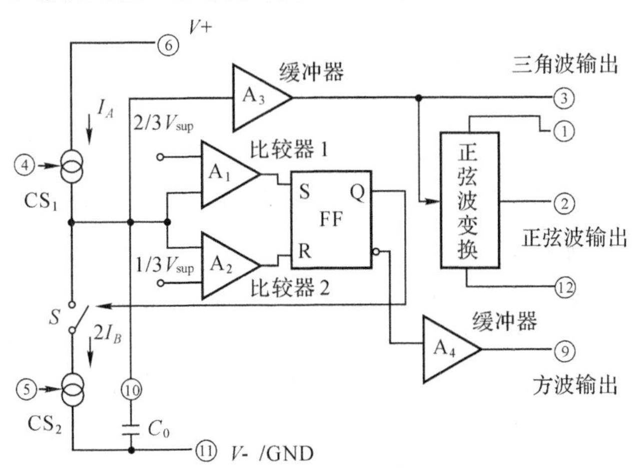

图 6-3　ICL8038 内部功能原理框图

将 ICL8038 作为锁相频率合成器的压控振荡器，构成如图 6-4 所示电路。为了实现环路对 ICL8038 频率的控制，图中采用了一个差分放大器接入④脚和⑤脚。用环路滤波器的输出电压控制差分放大器的总电流，也即改变了馈入 ICL8038④⑤脚的电流，因此 ICL8038 的频率受环路控制。环路锁定时，输出频率 $f_o=Nf_r$，改变分频比即可改变输出信号频率。由于设计目标要求频率变化的步进为 1Hz，因此锁相环的输出参考频率 $f_r=1\text{Hz}$，也即鉴相器的鉴相频率是 1Hz。当采用频率为 $f=32768\text{Hz}$ 的晶振时，必须先经过 $M=32768$ 倍分频后作为锁相环的输入参考频率。图 6-4 中由模拟开关选择不同的输出波形。若要改变方波的占空比，可用一占空比调节电路，改变差分对放大器两管基极电位的对称性，即改变了差分放大器的总电流在两管间的分配，从而改变了馈入④脚和⑤脚的电流比例，改变了输出方波的占空比。

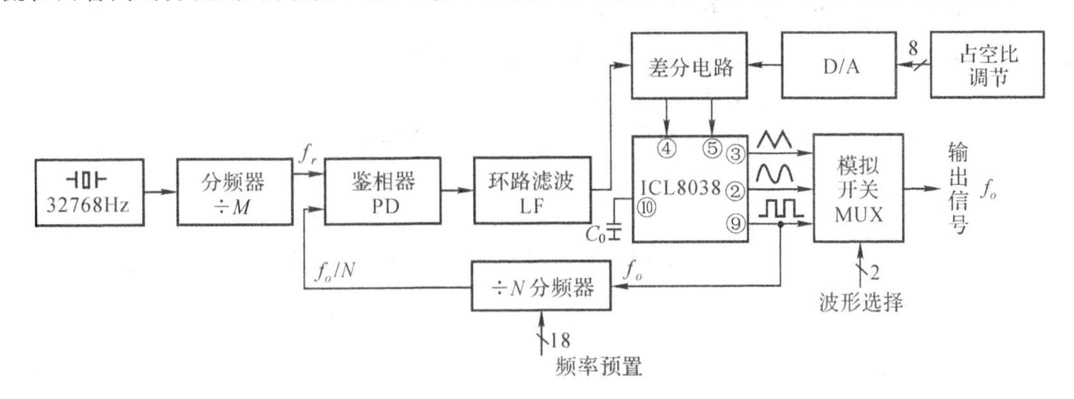

图 6-4　ICL8038 作压控振荡器的频率合成器结构

此方案的一个致命弱点是鉴相器的工作频率太低，只有 1Hz。鉴相器后接的环路滤波器必须滤除鉴相过程中产生的高次谐波，并让反映相位差的平均分量通过。太低的鉴相频率使后接低通滤波器的实现相当困难。同时，由于环路的锁定时间 T_L 一般是鉴相器输入信号周期的 20～30 倍，即 $T_L \approx \frac{20\sim30}{f_{PD}}$，$f_{PD}$ 是鉴相器工作频率。由此可见，太低的鉴相频率必然会大大增加频率变化时环路的锁定时间。因此本方案不是一个好的方案。

(2)采用查表方法获得多种输出波形

为了获得正弦波、方波、三角波等多种输出波形，可以将这些波形的数值信息存放在 ROM 中。例如，要输出正弦波，将正弦波一周 2π 划分为 2^n 个等分，每一份对应的角度为 $\Delta\theta=\frac{2\pi}{2^n}$，如图 6-5(a)所示，把与角度从 0°～360°且以 $\Delta\theta$ 角度递增对应的正弦波幅度的离散值存放在 ROM 中，然后周期性地反复读出这些采样点的值，这就是查表方法。再将这些数值经过D/A变换输出并滤波，即可得到一个平滑的正弦波。同样，如果 ROM 中存放了方波和三角波的幅度值，也就输出了方波和三角波。该方案的方框图如图 6-5(b)所示。图中将存放输出波形幅度值的 ROM 称为角度/幅度变换器，而地址产生器的输出即对应变化的角度。

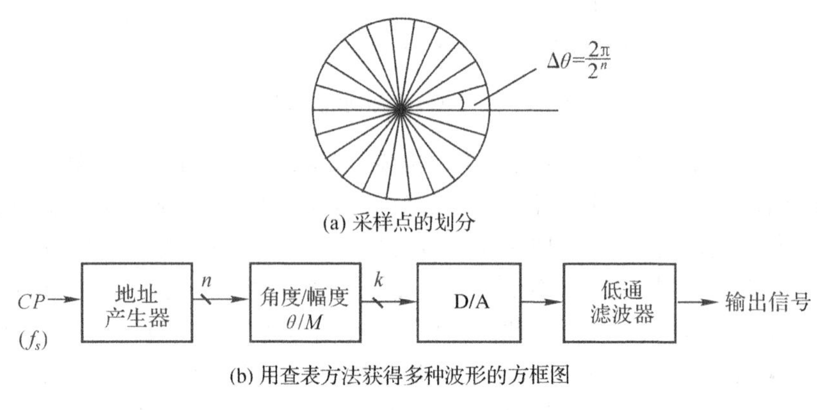

(a) 采样点的划分

(b) 用查表方法获得多种波形的方框图

图 6-5

采用此方案可以有两种方法改变输出信号频率。一是改变 ROM 的地址产生器的时钟 CP 的频率，读取的速度改变了，输出信号的频率也将发生变化。二是时种 CP 频率不变，即读点的速度不变，但改变一周内读取采样点的个数，输出信号的频率也将发生变化。如图 6-5(a)所示，当每点都读时，即角度间隔为 $\Delta\theta$，而隔点读时，角度间隔为 $2\Delta\theta$。由于读点速度不变，而后者一周(2π)读的点数少了一半，因此频率比前者增大一倍，这就是直接数字频率合成(DDS)法的思路。

由于查表法是基于对正弦波的数字采样，理论上 D/A 变换器输出信号的频谱如图 6-6 所示，图中 f_s 为采样频率[即图 6-5(b)中地址产生器的时钟频率]，f_{out} 为所需的输出信号。输出信号的频谱中除了有用信号 f_{out} 外，在采样频率 f_s 及它的每个谐波点上均有一对频率为 $Nf_s \pm f_{out}$ 的镜频响应(Images Responses)，它们的幅度变化是 $A=\frac{\sin(\pi f/f_s)}{(\pi f/f_s)}$($A$ 是归一化的输出幅度)。因此，在 D/A 变换器后，必须采用低通滤波器将这些镜频响应滤除。根据奈奎斯特理论，为了恢复所需的正弦波，每个周期至少有两个采样点，因此，查表法可输出信号的带宽为直流至 $f_s/2$。但随着采样点的减少，D/A 变换器正确恢复正弦波的难度增大，对滤除镜频响应的低通滤波器的要求也更高。同时也应注意到，由于输出信号幅度随频率的增大而变化，当用此查表法作为一个频带较宽的信号发生器时，为了保证D/A变换器输出信号幅度的一致，应在D/A变换器前插入一个反SINC函数的数字滤波器，以补偿幅度 $A=\frac{\sin(\pi f/f_s)}{(\pi f/f_s)}$ 的变化。

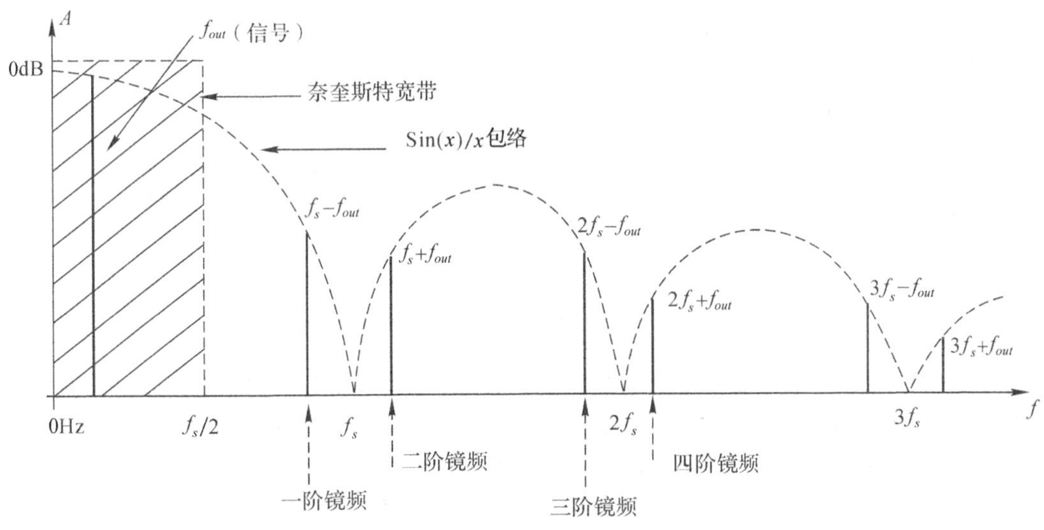

图6-6　查表法中D/A变换器理论上输出频谱

D/A变换器的分辨率、各种非线性误差以及交流特性（如摆率、过冲脉冲、建立时间等）都会影响查表法的输出信号频谱，如图6-7所示。D/A变换器这些参数变差，会产生更大的噪声、产生输出信号的谐波以及这些谐波的镜频响应，从而影响输出信号的频谱纯度、频率稳定度以及无寄生输出的动态范围SFDR(Spurious Free Dynamic Range)等项指标。因此在采用查表法制作信号源时，为了保证输出信号的各项指标良好，应选择合适的时钟、D/A变换器并很好地设计滤波器。

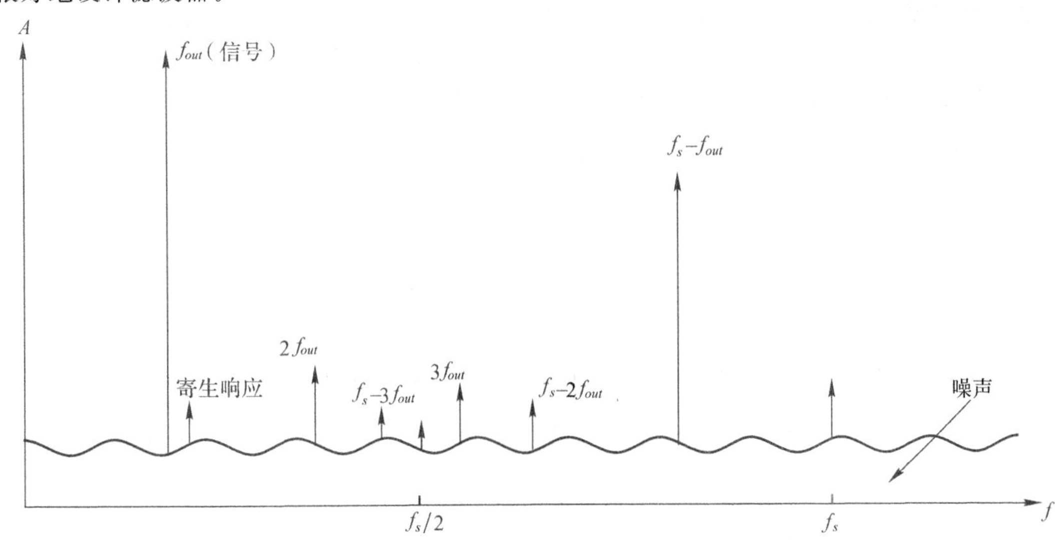

图6-7　查表法中D/A变换器实际输出频谱

6.1.3 方案细化

6.1.3.1 产生振荡信号的几种方案

(1)以ICL8038集成函数发生器为核心产生振荡信号

以ICL8038集成函数发生器为核心产生振荡信号的设计方案如图6-4所示，不再详述。

(2)直接数字频率合成(DDS)方法产生振荡信号

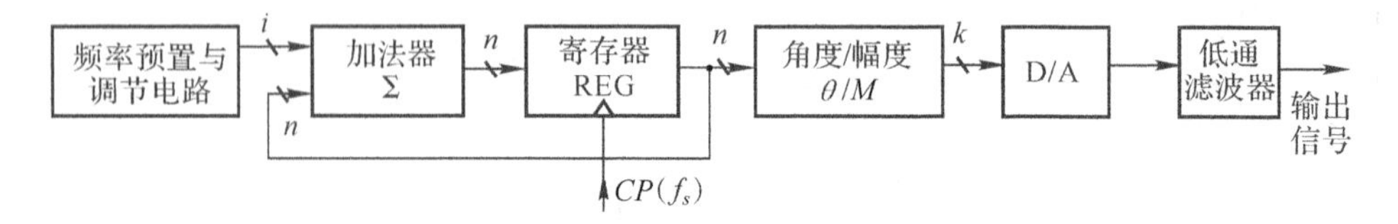

图6-8 直接数字频率合成(DDS)方法产生信号的原理框图

利用DDS技术产生信号波形的原理框图如图6-8所示。在这个电路中有加法器、寄存器、角度/幅度变换器和D/A变换器。加法器与寄存器构成一个累加器，它作为角度/幅度变换器ROM的地址产生器。若累加器的位数为n位，则此角度/幅度变换器ROM中共有2^n个字。累加器每累加一次的时间是寄存器的时钟周期T_s，每次累加递增的数值是i(i是一个以n位二进制表示的值)，i称为频率控制字。当频率控制字$i=1$时，在时钟CP的作用下，累加器每次以1递增，ROM中2^n个字的每一字均被读到，因此输出信号的周期为$T=2^nT_s$，输出信号频率为$f=\frac{1}{2^nT_s}=\frac{f_s}{2^n}$，这是DDS输出的最低频率值$f_{min}$。

随着i的增加，累加的步距增大，读取表ROM中的点以i间隔变化，一周内取样点数减少为$\frac{2^n}{i}$。由于时钟CP周期不变，因此输出信号周期为$T=\frac{2^n}{i}T_s$，信号频率为$f=\frac{1}{T}=i\frac{f_s}{2^n}$。因此，通过改变频率控制字$i$的值，DDS技术能够十分方便地调整输出信号的频率。

下面将有关直接数字频率合成技术的基本参数归纳如下：

※ 时钟周期T_s(频率f_s) 每累加一次所需的时间。

※ 频率控制字i的位数n 把一个周期分为2^n等分，最小的累加步长$\Delta\theta=\frac{2\pi}{2^n}$。

※ 最低频率f_{min} DDS技术可实现的最低频率为$f_{min}=\frac{1}{2^n}f_s$。

※ 最高工作频率f_{max} 以一个正弦波采样4点为限，则$f_{max}=\frac{1}{4}f_s$。

※ 频率控制字i 当累加器以频率控制字i累加时，则DDS输出频率为$f=i\frac{1}{2^n}f_s$。

※ 最小频率间隔Δf_{min} DDS可实现的最小频率间隔等于其可实现的最低频率，即$\Delta f_{min}=\frac{1}{2^n}f_s$。

在本例中，为了保证信号源输出信号的频谱纯度、输出信号幅度的一致性以及减少滤波器的制作难度，设定最少采样点为200，D/A变换器为8位，下面根据设计要求确定其余器件参数。

①确定时钟频率 f_s

现假设每个周期至少采样200点，由于DDS改变频率是用变化采样点来实现的，因此最少的采样点200一定对应了最高输出频率20kHz，此时的信号周期 $T=\frac{1}{20\times10^3}=200T_s$。可得时钟频率 $f_s=\frac{1}{T_s}=200\times20\times10^3=4\text{MHz}$。

②根据最小频率步进要求确定累加器位数 n

本设计要求频率以1Hz步进，由DDS理论可知，频率间隔与时钟频率 f_s 及累加器位数 n 的关系式 $\Delta f_{\min}=\frac{1}{2^n}f_s$。令 $\Delta f_{\min}=1\text{Hz}$，可得 $n\geqslant22$。若取 $n=22$，且严格要求最小频率间隔为1Hz，则时钟频率应为 $f_s=2^{22}=4.194304\text{MHz}$。

为了方便，本例选择地址线为18位的256K存储单元作角度/幅度变换器的EPROM(其中12位作角度/幅度变换，另外6位作波形选择，分析见后)。由于EPROM地址线较之累加器位数减少，必然会引入舍取误差，但直接数字频率合成技术的最小频率间隔(即频率精度)$\Delta f_{\min}$仍是由累加器的位数 $n=22$ 决定，而相位精度 δ 则由EPROM的地址线位数决定，即 $\delta=\frac{2\pi}{2^{12}}$。

由于DDS电路是一个开环系统，其频率转换速度极快；DDS的最低输出信号频率以及最小频率间隔可以做得极小(由 f_s 和 n 决定)，克服了小频率间隔锁相频率合成技术的难点；DDS的最高工作频率也可达几十兆赫(由时钟频率 f_s 决定)；可以输出各种需要的波形，可以实现各种调制，因此得到广泛的应用。目前有大量的DDS专用芯片产品。配上单片机作控制电路，利用DDS芯片作为信号发生器，将是一种不错的选择，本章将在第二个例题中详细加以介绍。

(3)锁相频率合成技术方案

与DDS相同，本方案仍是以查表的方法获得各种输出波形。但与DDS不同的是，现采用改变ROM地址产生器的时钟 CP 的频率来改变输出信号的频率，而且时钟信号是来自锁相环路VCO的输出。其结构方框图如图6-9所示。

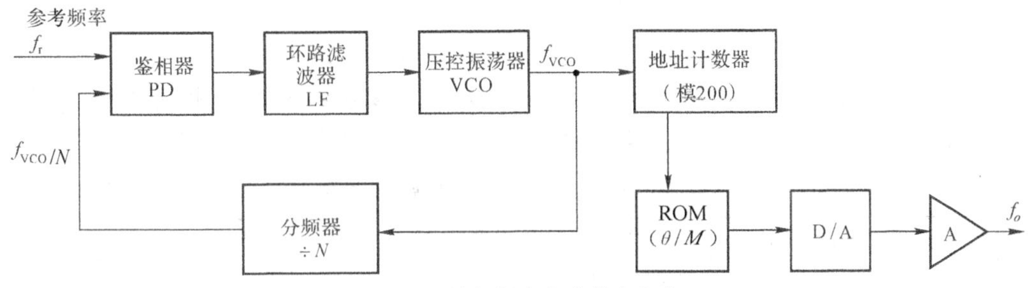

图6-9 锁相频率合成技术方案

按照前面的设定，D/A变换器选8位，采样点数为200，因此在图6-9中，选用模200的地址计数器。在图6-9中，$f_{\text{VCO}}=Nf_r$，输出频率 $f_o=\frac{f_{\text{VCO}}}{200}$，改变分频数 N，即可改变输出信号频率。为达到输出信号频率1Hz步进，可得 $f_r=200\text{Hz}$。

下面根据设计要求细化方案。

①VCO 的频率变化范围及分频比 N

VCO 输出作为 ROM 地址计数器的时钟，由于一周至少采样 200 点，而输出信号的频率范围为 20Hz～20kHz，因此 VCO 的频率变化范围为：$f_{\text{VCOmin}}=20\times200=4000\text{Hz}$，$f_{\text{VCOmax}}=20\text{kHz}\times200=4\text{MHz}$，频率覆盖系数为$\frac{4\times10^6}{4000}=1000$。

当 $f_r=200\text{Hz}$ 时，环路的分频比 N 为

$$N_{\min}=\frac{4000}{200}=20,N_{\max}=\frac{4\times10^6}{200}=20\times10^3,\frac{N_{\max}}{N_{\min}}=1000$$

覆盖系数为 1000，这么宽的频率变化范围，一般 VCO 是做不到的。若选用单片集成锁相环 74HC4046，其 VCO 的最高工作频率可达 30MHz，频率覆盖系数为 10。同时，频率合成器电路的分频比 N 也不能变化这么大，因为锁相环的阻尼系数 ξ 和自然振荡角频率 ω_n 均与分频比 N 有关[见式(3-30)]。当 N 变化使 ξ 太小时，环路会因为过小的阻尼而发生振荡。当 N 变化使 ξ 太大时，环路又会因为过大的阻尼而变得迟滞。一般 N 变化 10 倍是允许的。鉴于以上两个原因，必须将系统分成三个波段。

②划分波段及相应参数

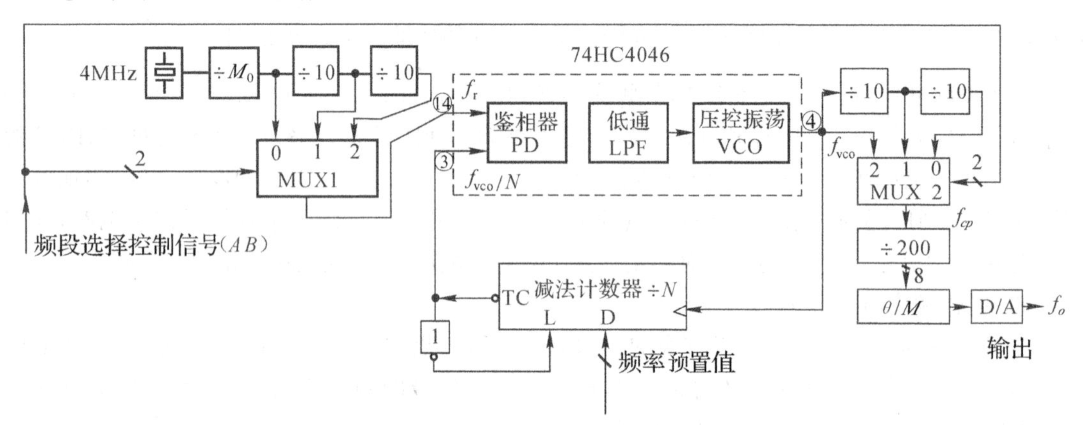

图 6-10 图 6-9 分为三波段的细化方案

波段划分方案如图 6-10 所示。为使电路调试方便，图 6-10 中选用一块集成锁相环 74HC4046，其 VCO 工作频率为 $f_{\text{VCO}}=0.4\sim4\text{MHz}$，而将参考频率 f_r、分频比 N 和 ROM 的地址计数器的时钟 CP 均分成三个波段。各波段对应器件的频率分配见表 6-1。

表 6-1 锁相频率合成方案的波段分配表

波段	输出信号频率 f_o	参考频率 f_r	分频比 N	f_{cp}
2 波段	2～20kHz	$f_{r_2}=200\text{Hz}$	2000～20000	$f_{cp_2}=400\text{kHz}\sim4\text{MHz}$
1 波段	200～1999Hz	$f_{r_1}=2000\text{Hz}$	200～1999	$f_{cp_1}=40\sim399.8\text{kHz}$
0 波段	20～199Hz	$f_{r_0}=20000\text{Hz}$	20～199	$f_{cp_0}=4\sim39.98\text{kHz}$

由上表可知，在此方案中，锁相环反馈支路中的分频比 N 恰好与输出信号的频率相同，因此分频比 N 可以从该信号源的频率预置电路中获取。分频比 N 采用异步置数的十进制减法计数器。把要输出的频率预置值置入计数器后，计数器即做减法计数。计数器减到 0 时，送出

借位脉冲，将这个代表 VCO 分频了 N 倍的脉冲信号送去与参考信号鉴相，同时计数器又重新置数，进行一个新的减法计数循环。为了实现三个波段不同的参考频率 f_r，图中可选一块 4MHz 的晶体，通过 $M_0=200$ 分频后进入波段选择。

(4)用单片机产生信号波形

单片机内部有功能很强的算术逻辑单元(ALU)，并且具有许多接口，因此具有使用灵活、适应性强的优点。用单片机可以产生任何波形的数字信号，可以实行系统的有效控制，可以方便地接上各种显示电路。但是，由于单片机运算速度不很高，运算的精度不能达到直接数字合成的需要，不可能实时地用单片机实现 DDS 技术，因此必须在单片机的外围用 RAM 存储单片机计算得到的输出信号的数据，然后周期地读取 RAM 中的数据，经 D/A 变换，就可以得到所需的输出信号。

改变输出信号频率的方法有三种：第一种方法是在一定的时钟频率下，增减一周波形的样元数。与 DDS 相似，一周的样元数越多，输出信号的频率越低。第二种方法是切换 RAM 地址计数器的工作频率，工作频率越高，在相同的样元数情况下，输出信号的频率也越高。但是由于计数器时钟频率变化步距较大，例如以 100kHz，1000kHz，10MHz 进行切换时，在 10MHz 时如果每周的样元数 $N=500$，输出的频率正好是 $10^7/500=20000$Hz。如果要得到 19999Hz 的信号，则 $N=500.025$ 点，四舍五入以后，仍用 500 点则无法得到 19999Hz 这个频率。第三种方法可以用吞脉冲技术改变每秒的脉冲个数，这种方法可以实现频率的调整，但是在吞掉了若干个主振脉冲以后，必然会在这些被吞脉冲的位置留下空缺，使脉冲之间的间隔变得不均匀，从而产生信号的相位抖动，影响信号的稳定度。所以用单片机进行数据计算和控制产生信号的波形不是一种理想的方案。图 6-11 是用单片机产生信号波形的原理框图。但如果用集成锁相环或用 DDS 方法产生主振信号，用单片机作系统的控制电路，这样的结构还是十分有效的。

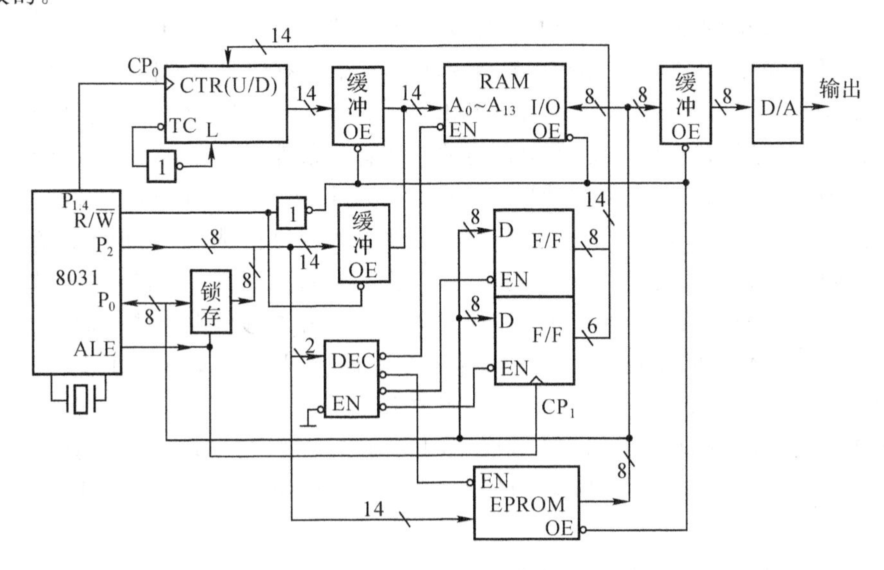

图 6-11　用单片机产生信号波形的原理框图

(5)用数字比例乘法器 CD4527 产生振荡信号

当一个比例乘法器置入某个数值以后，每输入 10 个时钟脉冲，数字比例乘法器就输出等于所置入数值的脉冲数，脉冲的相对位置与原输入的脉冲位置相同，减少的脉冲都被比例乘法器吞掉了。把 CD4527 级联起来，就可以产生任何频率的时钟信号，经分频、角度/幅度变换和 D/A 变换就可以得到所需的输出波形。这个电路的频率调节和显示十分方便，但是由于在输入数据为 3,4,6,7,8,9 时，每 10 个时钟脉冲被吞掉 7,6,4,3,2,1 个脉冲，这将引起脉冲之间的间隔不均匀。特别是多级比例乘法器置入像 6666 这样的数据以后，将使输出信号的相位产生严重跳动，影响输出信号的稳定，所以这个方案也不是一个理想的方案。图 6-12 是使用数字比例乘法器产生信号波形的原理框图。

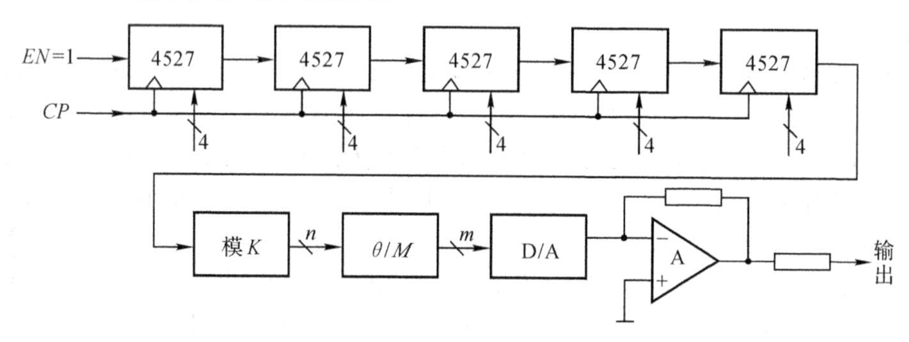

图 6-12 用数字比例乘法器 CD4527 产生信号波形的原理框图

综上所述，以上各种电路都可以得到所需的输出信号，但是电路的性能和复杂程度各不相同。用集成锁相环 74HC4046 产生信号波形的电路可以有稳定的频率、稳定的边沿，具有易预置、易调节的优点，控制和调节电路都是数字电路，工作稳定可靠。此电路的关键是锁相环的锁相特性，环路滤波器既要保证有很好的滤波特性(以保证输出信号的频率稳定性)，又要求它能够使锁相环有很快的捕捉速度，电路的复杂程度中等。带锁相环的集成函数发生器 ICL8038 产生信号波形电路的结构相对来说略为复杂，由于有较多的模拟电路，调试比较麻烦一些，设计的工作量稍大。但由于各种波形都由 ICL8038 产生，不必作其他的变换，外加的锁相环电路保证了信号的频率稳定度，所有的电路都在音频条件下工作，所以数字电路都可以用 CMOS 器件，这可以大大降低电路的功耗。应用直接数字频率合成(DDS)的方法产生信号波形的电路可以保证输出信号的频率稳定性，可以方便地调节、预置频率，波形变换方便，频率和波形的切换响应快，无过渡过程，电路结构简单，工作稳定可靠。其主要缺点是在输出信号频率较高时，方波信号的边沿会产生抖动。用单片机产生信号波形的电路能够简化部分电路结构，但必须配有一定数量的辅助电路，否则频率的步进调节困难，难以实现本设计所提出的全部技术要求，所以在后面不作进一步讨论。应用数字比例乘法器 CD4527 产生信号波形电路结构简单，工作稳定可靠，很容易调试，成本很低，但由于本例中要求频率的稳定度达 10^{-5} 以上，在工作频率与 3,4,6,7,8,9 有关时输出信号的相位会出现明显的跳动，所以这个电路将不作进一步的考虑。

6.1.3.2 频率预置、步进调节与显示电路

(1)频率预置与显示电路

频率预置、步进调节与显示部分的电路原理图如图 6-13(a)、(b)和(c)所示。图中

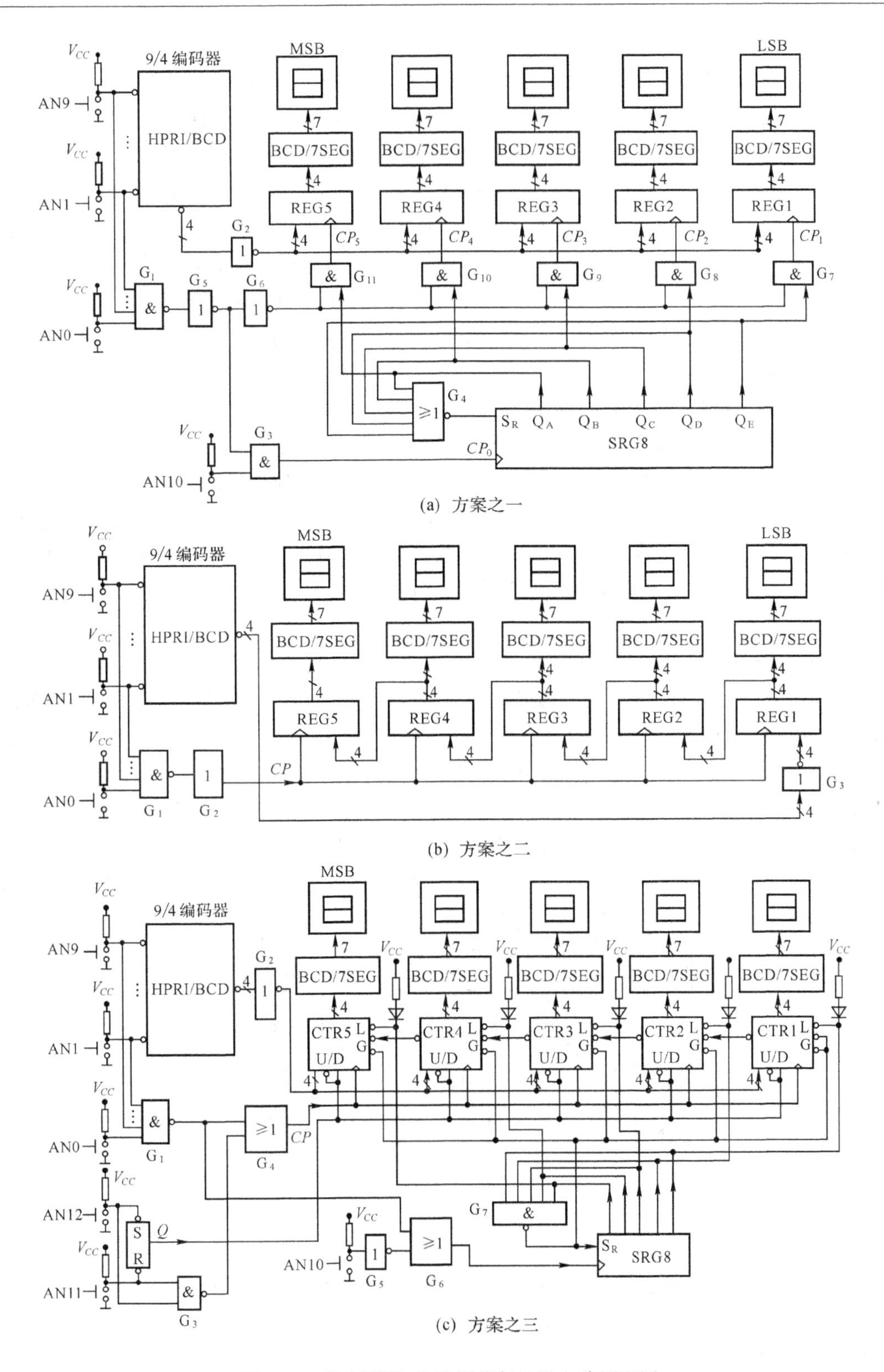

(a) 方案之一

(b) 方案之二

(c) 方案之三

图 6-13　频率预置、步进调节与显示电路原理图

AN1～AN9是编码器输入控制按钮，AN0 是 0 输入控制按钮，这些按钮的控制信号同时又是与非门 G_1 的输入信号，G_1 的输出经时钟分配电路的控制产生 REG1～REG5 的时钟信号。AN10 是置数选择控制按钮。（实用的设计见图 6-26 所示电路及与此有关的说明）

在图 6-13(a)中，SRG8 为串入/并出移位寄存器（利用前 5 位），或非门 G_4 使 SRG8 产生 00000，10000，01000，00100，00010，00001 的序列，SRG8 相应的高电平输出控制 G_1 输出的时钟信号，使 REG1～REG5 中相应的寄存器接收编码器的输出数据，同时还可以通过 LED 指示将要置数的数据位（未画出）。G_5 输出至 G_3 输入的目的是实现置数后自动右移置数位的功能。

在图 6-13(b)中，REG1～REG5 五个寄存器接成了串行移位寄存器的形式，因此该电路可以不用时钟分配电路。但是在操作时，每修改一次数据，必须从高位到低位输入一次全部数据。

在图 6-13(c)中，由于用可逆计数器替换了寄存器，因此当利用计数器的预置功能时，可以实现频率的预置；当利用计数器的加/减功能时，可以实现频率的加 1 或减 1 步进调节。该电路中串入/并出移位寄存器 SRG8 和与非门 G_7 构成计数器置数选择控制电路，同时用 LED 指示要置数据位，每按一次数字键（0～9 任一数字），即置入一组 BCD 码，然后移位寄存器 SRG8 向右移一位。当移位寄存器输出 11111 时，所有的计数器都处于计数状态，这时可以按 AN11 或 AN12，每按一次 AN11 或 AN12，所显示的数据加 1 或减 1。在这个电路中，计数器必须选择具有同步置数和同步计数功能的可逆计数器，例如 74HC668。

（2）频段选择电路

频段选择控制信号（图 6-10 中数据选择器 MUX 的控制信号）与设置的频率值有关。当设置的频率值大于 1999Hz 时，频段选择控制信号（AB）应为 $(10)_2$，对应于 2 波段；当设置的频率值小于 2000Hz 而大于 199Hz 时，频段选择控制信号应为 $(01)_2$，对应于 1 波段；当设置的频率值低于 200Hz 时，频段选择控制信号应为 $(00)_2$，对应于 0 波段。这可以通过置入频率值的最高位 BCD 码的 4 位码元与次高位 BCD 码的高 3 位码元作或运算产生控制信号的高位（A）；次高位 BCD 码的最低位码元与第三位 BCD 码的高 3 位码元作或运算同时与 $\overline{A}$ 作或运算产生控制信号的低位（B），由此可以实现正确的频段选择。频段选择控制信号产生电路见图 6-14。

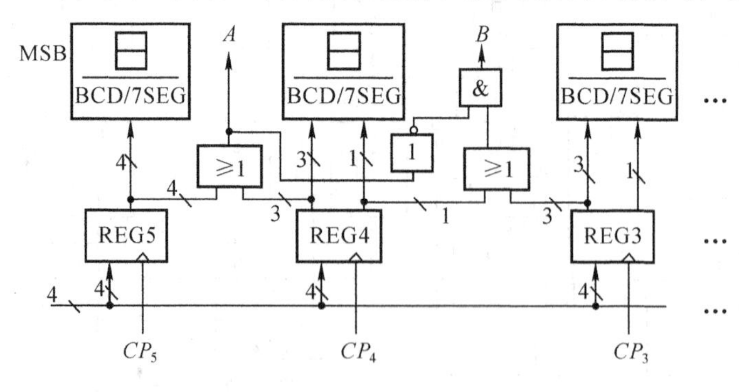

图 6-14 频段选择控制信号产生电路

添加频率预置及显示后的 DDS 方案及锁相频率合成技术方案的方框图分别如图 6-15 和图 6-16 所示。注意，在 DDS 方案中并不需要分波段。

6.1.3.3 输出波形调节电路

在采用集成函数发生器 ICL8038 的波形发生电路中，该电路能同时产生所需的三种波

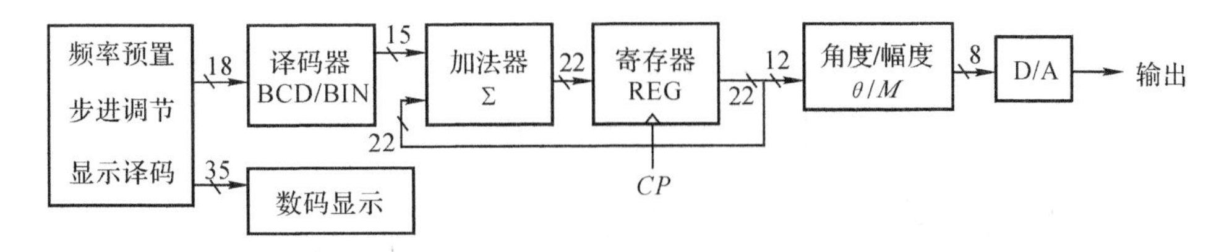

图 6-15　具有频率预置、步进调节与显示功能的采用 DDS 方法的实用信号源原理框图

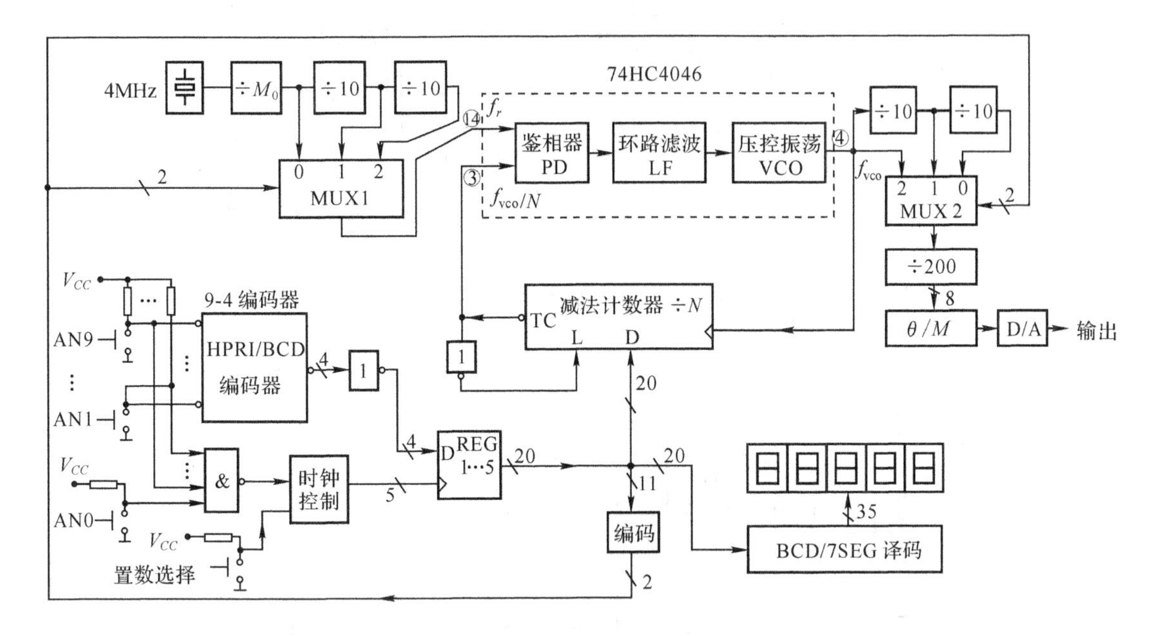

图 6-16　采用集成锁相环 74HC4046 作主振电路的频率预置、
步进调节与显示电路的原理框图

形，即②脚输出正弦波，③脚输出三角波，⑨脚输出方波，因此可以用模拟开关进行切换。方波的占空比调节可用可逆计数器和 D/A 变换器通过调节差分电路电流分配的方法来实现。ICL8038 输出波形调节电路如图 6-17 所示。可逆计数器的输出通过译码显示电路可以指示方波的占空比。在实际应用 ICL8038 时，其方波占空比的调节和频率的调节是互相有关联的，因此真正实现此方案还需仔细调节。

在采用集成锁相环和直接数字合成技术的信号发生器中，都采用 EPROM 作角度/幅度变换，因此任何形状的波形都可以利用这个变换电路来实现。在这个系统中，由于有三角波、正弦波和占空比从 2%到 98%的方波共 51 种，所以 EPROM 应该再增加 6 位控制波形的地址。在集成锁相环电路中，由于每周信号只平分 200 等分，因此角度只需 8 位地址，加上 6 位的波形选择位，只需 14 位地址，因此可以选用 27128 完成角度/幅度和波形的变换。在应用 DDS 方法的系统中，前面已经提到，用 12 位的角度地址和 6 位的波形选择地址，共需 18 位地址，因此必须选用 27C240A。DDS 方法产生振荡信号的波形调节电路如图 6-18 所示。

6.1.3.4　输出电路

按照输出电路的技术要求，输出放大器必须在额定的输出阻抗下，以一定的步距调节输出

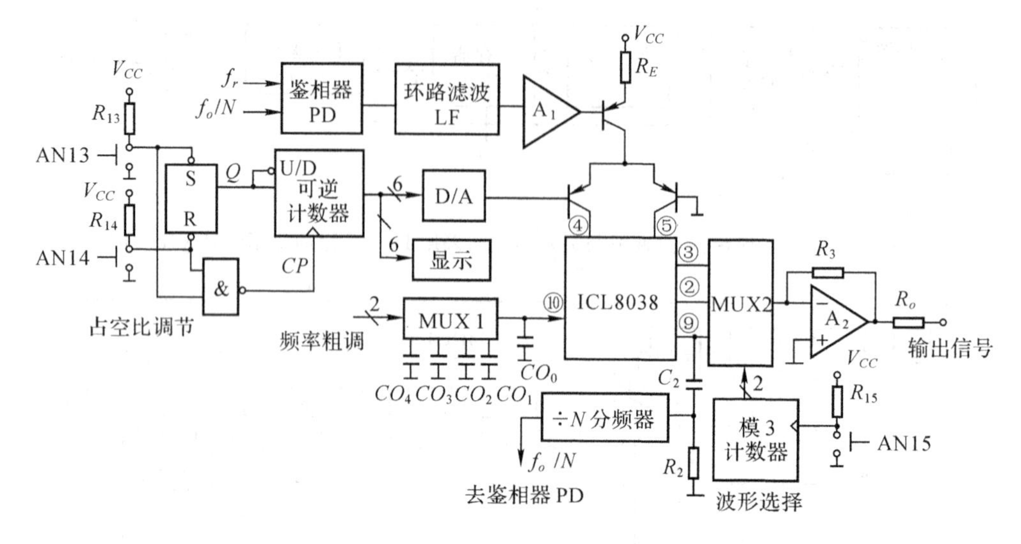

图 6-17 ICL8038 为主振电路的波形调节电路(局部)

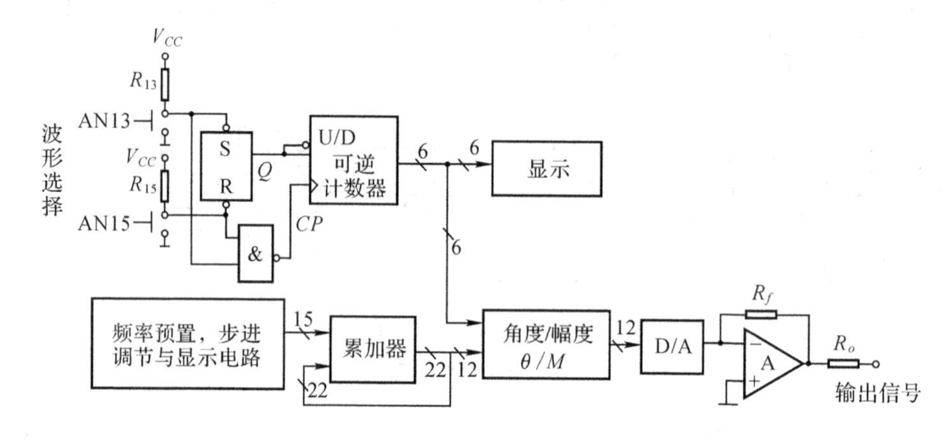

图 6-18 DDS 方法产生振荡信号的波形调节电路

信号的幅度，并保证最大输出幅度峰峰值大于 3V。因此输出电路必须是以步进方式调节输出的具有 75Ω 输出阻抗的有一定输出能力的放大器。

首先考虑输出幅度的步进调节电路。实现步进调节的方法有很多种，常用的可以有如下几种方案：

①用电阻网络以多级衰减器的方式控制输出幅度。

②用调节输出放大器增益的方法调节输出幅度。

③用调节 D/A 变换器基准电压源或电流源的方式调节输出电压(在应用角度/幅度变换电路中有 D/A 变换器的场合)。

④在具有角度/幅度变换电路的方案中，用调节 EPROM 的输出数据的方法改变输出幅度。

⑤调节放大器输入信号的幅度。采用类似调节放大器增益的方法，在输出放大器的输入端接上可以实现步进调节的衰减电路，以得到所需的幅度步进调节。

综观以上几种方法可以看到，在输出阻抗匹配的场合下，第一种方法在常规的信号发生器中经常用到，但是由于电阻元件数量较多，输出幅度的步进调节比较难实现，输出幅度与负载电阻关系密切，只有在阻抗完全匹配时输出信号与衰减器的衰减量才有精确的比例关系。第二种方法和第五种方法比较容易实现数字方式的步进调节，输出信号的幅度与放大器的增益或与输入信号的幅度成正比，改变负载的大小，不会影响输出放大器的增益和输入信号的大小，因此衰减电路的衰减比例保持不变，输出信号幅度比例保持不变。第三种方法与第二种方法的调节功能十分相似，调节方便，电路简单。第四种方法能够实现输出信号的幅度调节，但是为了保证输出信号在幅度较小时也能保持足够的精度，必须增加输出数据的字长，而且为了保证在 0.1～3.0V 范围内以 0.1V 为步距调节输出幅度，EPROM 要额外增加 5 位调节幅度的地址位，这显然是不现实的。

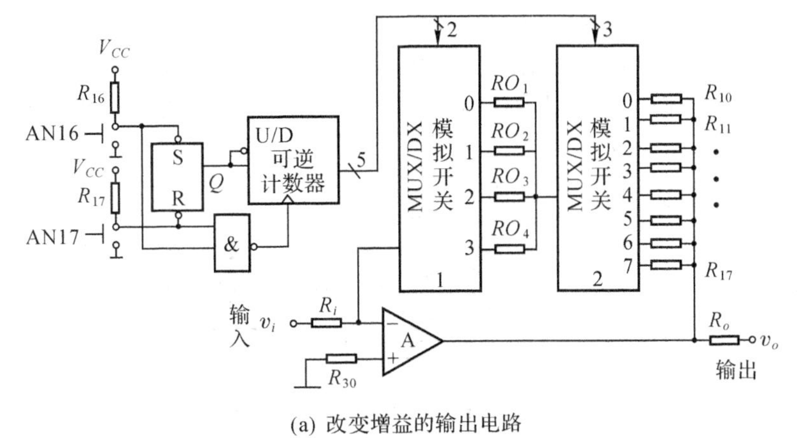

(a) 改变增益的输出电路

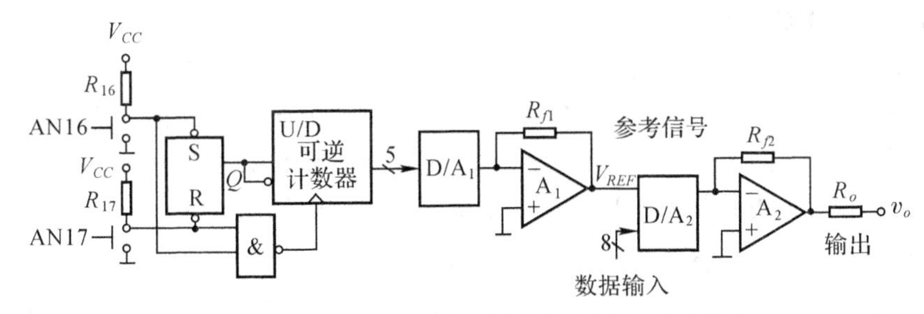

(b) 用改变D/A_2的基准电源的方法改变输出信号幅度

图 6-19　具有幅度步进调节功能的电路

综上所述，比较理想的具有幅度步进调节功能的电路为第二种、第三种和第五种方法。前两种方法的电路原理图如图 6-19(a)和(b)所示。第五种方法与第二种类似不再重复。但第二种方法和第五种方法中模拟开关的导通电阻有温度系数，在不同的温度下，开关的导通电阻的变化会使放大器的增益发生变化，这是这两种电路的主要缺点。要消除这个问题，开关必须用继电器接点，或用导通电阻为零的元件。

方波上升和下降时间的要求可以转换为对电路上限频率的要求，根据两者的关系式

$$f_H=\frac{0.35}{t_r} \tag{6-2}$$

可以得到本例的 $f_H=350\text{kHz}$，因此在这个电路中，要求 D/A 变换器、与 D/A 变换器相连的运放和输出放大器都必须有足够的速度、有足够大的增益带宽积。方波平顶降落这个技术指

标也可以转换为对放大器下限频率的要求，由于已选定的方案中都是直流放大电路，所以电路不可能产生平顶降落现象，这个指标一定能满足要求。

6.1.3.5 输出幅度指示电路

由于所设计的信号源的输出电路是在额定的输出阻抗下进行工作的，当负载电阻与电路的输出阻抗相匹配时，输出信号的峰峰值与步进调节的控制信号有直接的关系。如果对步进调节控制信号进行编码，使它与输出信号的峰峰值相对应，用数码管显示这些控制码，就可以指示负载匹配时的输出信号的幅度。

但是在负载阻抗不等于输出电路的输出阻抗时，用这种方法指示的输出幅度数据会大大偏离实际值，所以最好的幅度指示方法是用取样保持电路对实际的输出信号进行幅度取样，经A/D变换，显示A/D变换后的数字量。由于输出信号的指示范围为0.1～3.0V，共30步，所以用6位的A/D变换器即可以满足设计的要求。图6-20是输出幅度指示电路的原理框图。

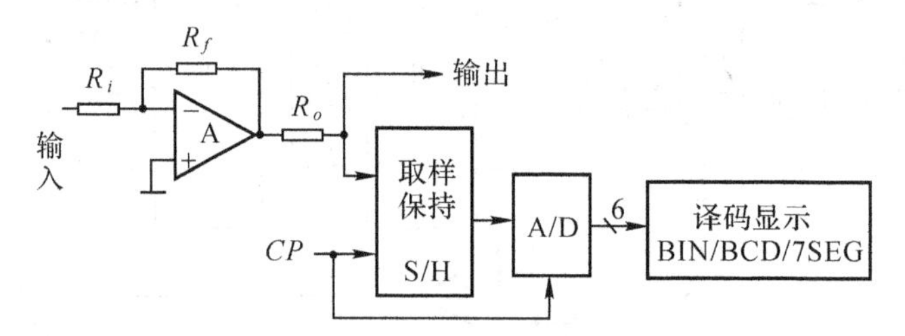

图6-20 输出幅度指示电路的原理框图

6.1.3.6 备选系统方案

综上所述，经过比较详细的分析可以得出以下三种备选系统方案：

①用集成锁相环74HC4046作主振电路，用反馈回路分频系数的预置值指示信号频率，用EPROM作角度/幅度的波形变换，用改变D/A变换器基准电压的方法调节输出电压的幅度，用A/D变换器和有关电路指示输出幅度。系统的原理框图见图6-21。

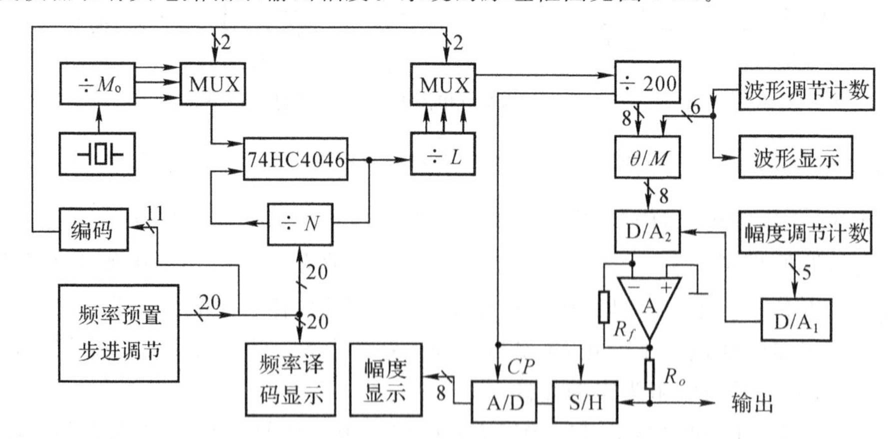

图6-21 以集成锁相环74HC4046为主振电路的信号源原理框图

②用集成函数发生器ICL8038作主振电路，应用锁相环稳定工作频率，用锁相环反馈回路分频系数的预置值指示信号频率，用模拟开关切换三种波形，用改变差分电流比例的方法调

节方波的占空比，用步进控制增益的方法改变输出信号幅度，用 A/D 变换器和有关的电路指示输出信号幅度。系统的原理框图见图 6-22。

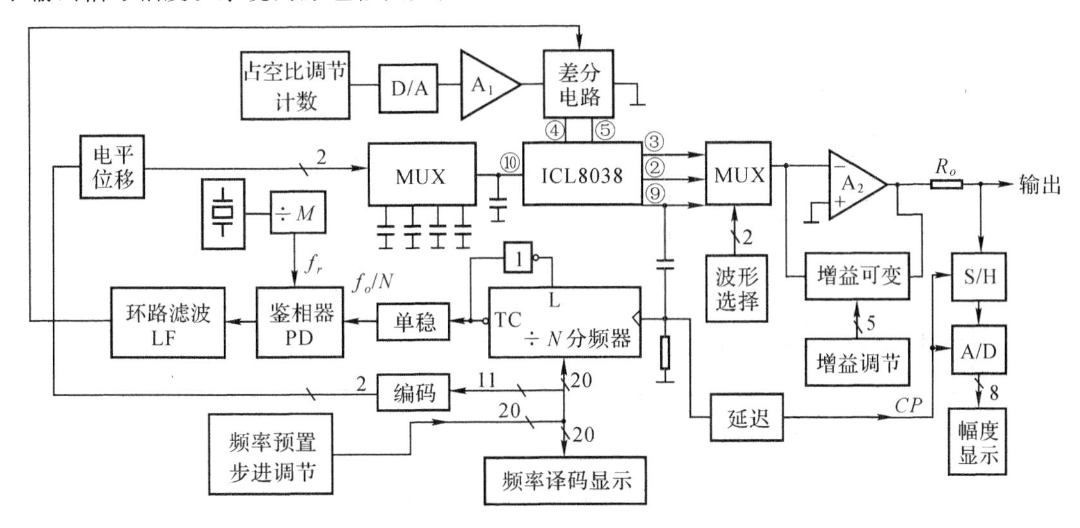

图 6-22　带锁相环的采用集成函数发生器 ICL8038 作主振电路的信号源原理框图

③用直接数字频率合成（DDS）方法获得所需信号的相位数据，用 EPROM 作角度/幅度变换和波形变换，用加法器的输入数据指示信号频率，用步进调节 D/A 变换器基准电压的方法调节输出信号的幅度，用 A/D 变换器和有关电路指示输出幅度。系统的原理框图见图 6-23。

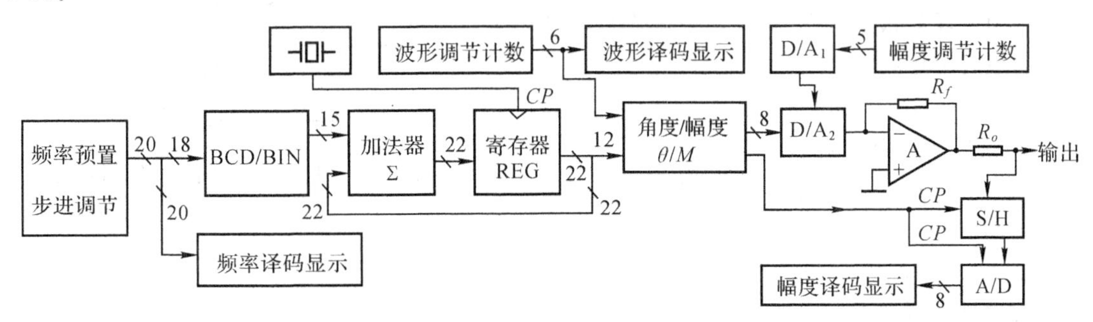

图 6-23　用直接数字频率合成（DDS）方法产生信号的信号源原理框图

6.1.4　方案实现

6.1.4.1　以集成块为中心，计算外接元件值

经过方案论证，得到了值得进一步深入讨论的系统方案，但电路中有些部分是用方框表示的部件，还不是完整可行的电路，例如集成锁相环 74HC4046 电路，集成函数发生器 ICL8038 的频率粗调、频率细调和占空比调节电路，DDS 方法中的累加电路和 BCD/BIN 译码电路等。因此必须进一步把这类电路细化，使整个系统成为一个完整的可实现的电路。现以锁相频率合成器方案为例，对集成块 74HC4046 的外围元件进行选择与计算。

在确定 74HC4046 的外围元件参数时，必须根据器件有关的技术资料，确定各个元件的数值。图 6-24 是 74HC4046 的有关图表*。根据这些图表，可以确定 R_1，C_0，R_2 的数值，根据锁相环的性能要求，可以计算出 R_3，R_4 和 C_1 的值，并能够计算出锁相环相关的性能参数。下面对 74HC4046 的电路参数和性能数据作系统的分析与计算。图 6-25是 74HC4046 外围电路连接图。

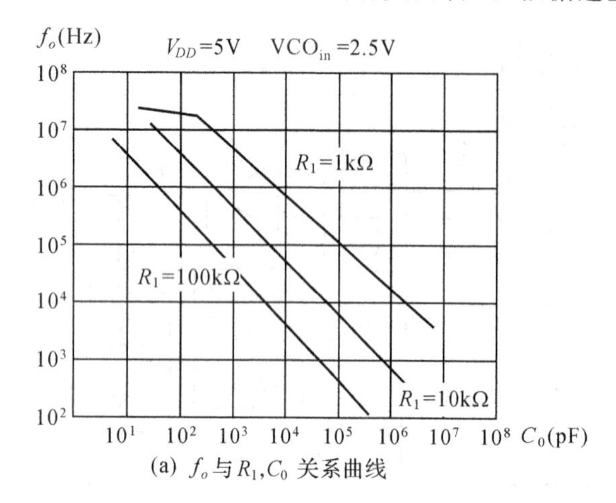

(a) f_o 与 R_1,C_0 关系曲线

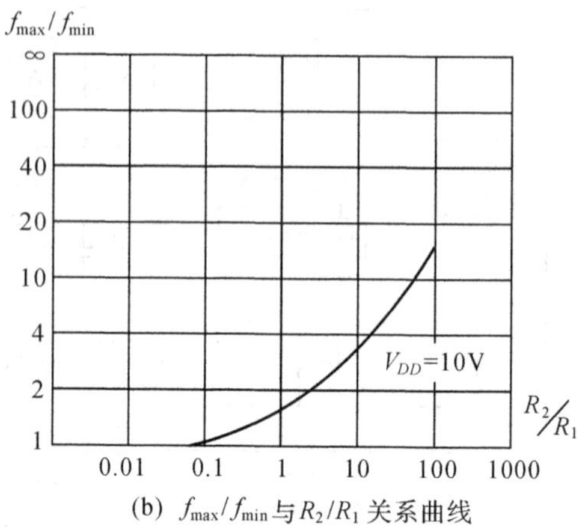

(b) f_{max}/f_{min} 与 R_2/R_1 关系曲线

图 6-24 74HC4046 应用设计图表

图 6-25 74HC4046 外围电路连接图

锁相环的参数计算：

①锁相环的最高工作频率 根据设计要求，锁相环的最高工作频率

$$f_{max} = 4\text{MHz}$$

② 锁相环的中心频率

$$f_{VCO} = f_{max}/2 = 2\text{MHz}$$

③ 最高工作频率与最低工作频率之比

$$f_{max}/f_{min} = 10$$

④ 环路直流增益

$$A_{\Sigma 0} = \frac{A_o A_d A_F(0)}{N} \tag{6-3}$$

式中，A_o 为 VCO 的压控灵敏度；A_d 为鉴相灵敏度；$A_F(0)$ 为环路滤波器的直流增益；N 为反馈回路分频系数。对于 74HC4046，A_o 和 A_d 分别为(取 $V_{DD} = 5\text{V}$)

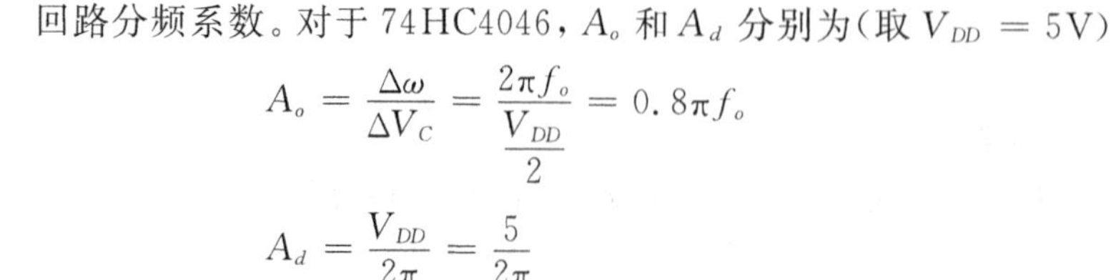

$$A_o = \frac{\Delta\omega}{\Delta V_C} = \frac{2\pi f_o}{\frac{V_{DD}}{2}} = 0.8\pi f_o$$

$$A_d = \frac{V_{DD}}{2\pi} = \frac{5}{2\pi}$$

---

* 图 6-24(a)是作者用实验方法测试得到的关系曲线，图(b)是应用 MC14046 得到的关系曲线。

对于 RC 积分滤波器和无源比例积分滤波器

$$A_F(0) = 1$$

$$N = 20 \sim 20000$$

⑤鉴相器特性 74HC4046 的 PDⅠ是异或门鉴相器，在稳定时，输入参考信号与回路反馈信号的相位差可以在 0°～180°的范围内变化；PDⅡ是数字式鉴频/鉴相器，在稳定时，两者的相位差可以保持在 0°左右。本锁相环将使用 PDⅡ数字式鉴频/鉴相器。

⑥鉴相器输入参考信号频率

在 2000～20000Hz 频段，f_r =200Hz；

在 200～2000Hz 频段，f_r =2000Hz；

在 20～200Hz 频段，f_r =20000Hz。

⑦环路参数的确定 因为 f_{max} 较大，所以 R_1 的值宜适当取小一些，这里取 R_1 =1kΩ；因为 $f_{max}/f_{min} \geqslant 10$，并保证振荡器各频段间有一定的频率覆盖能力，近似地根据图 6-24(b)的关系曲线，取 $R_2/R_1 = 100$，即 R_2 =100kΩ；在 R_1 =1kΩ 的情况下，由于图 6-24(a)的条件是压控振荡器的输入电压 VCO_{in} 是中点电压($V_{DD}/2$)，所以选 f_o 为最高工作频率的一半，即 f_o = 2MHz，可以查出 C_0 =2000pF。

⑧环路性能参数的计算 为了保证可靠捕捉，本例将采用无源比例积分滤波器，如图6-25所示电路，R_3，R_4 和 C_1 组成一个无源比例积分滤波器，设 $\tau_1 = R_3C_1$，$\tau_2 = R_4C_1$，$\tau = \tau_1 + \tau_2$，则环路的自由振荡角频率 ω_n 可表示为

$$\omega_n = \sqrt{\frac{A}{\tau}}, \quad A = A_o \cdot A_d/N \tag{6-4}$$

环路的阻尼系数

$$\zeta = \frac{1}{2}\sqrt{\frac{A}{\tau}}(\tau_2 + \frac{1}{A}) \tag{6-5}$$

在输入相位发生突变以后，环路有一个捕捉输入相位的过程，经过一定时间以后，系统重新进入相位的锁定状态，环路的建立时间 t_s 与环路自由振荡角频率 ω_n 和阻尼系数 ζ 的关系如下

$$t_s = \frac{4}{\zeta\omega_n} \tag{6-6}$$

对于信号源而言，建立时间 t_s 不必取得太小，可取 $t_s \leqslant 1$s，同时取阻尼系数 $\zeta = 0.707$，则

$$\omega_n \geqslant 4\sqrt{2}(\mathrm{s}^{-1})$$

根据公式，可以算出 $A = 200\mathrm{s}^{-1}$，其中 N 取 20000。

把 ω_n 及 A 代入式(6-4) 及式(6-5)，得

$$\tau = \frac{A}{\omega_n^2} = 6.25(\mathrm{s})$$

$$\tau_2 = \frac{2\zeta}{\omega_n} - \frac{1}{A} = 0.245(\mathrm{s})$$

取 R_3 =100kΩ，则 C_1 =62.5μF，取 C_1 =68μF。可得 R_4 =3.9kΩ。

6.1.4.2 时序分析

时序问题是电子系统的关键问题之一。在电路功能(逻辑)设计完成以后应进行时序分

析。但对于一个实际的系统，不必对系统的所有环节都进行分析，只需找到关键部位的关键元器件，分析它们可能分配到的运算时间，然后根据速度要求进一步确定电路的结构和器件的系列。例如在集成锁相环 74HC4046 作主振电路的电路中，锁相环的最高工作频率达 4MHz 以上，所以与锁相环有关的前后级电路的最高工作频率 f_{max} 必须大于 4MHz。这样，这些电路不能选用低速的 CD4000 系列的器件，如果仍选用 CMOS 器件，则必须选用 74HC 系列的器件。其他电路由于工作速度很低，不必对它们的速度作严格的规定，所以这些电路可以选用 CD4000 系列的器件。

除了分析关键部件的时序以外，还必须进一步分析部分电路的工作过程。例如在频率预置、步进调节与显示电路中，为了保证寄存器或计数器能够可靠地置入编码器输出的数据，寄存器的时钟脉冲或计数器的置数时钟脉冲的有效边必须滞后于数据信号一段时间，以保证数据有足够的建立时间。因此图 6-13(a)，(b)，(c)所示电路中与时钟信号有关的电路必须加上一些延时电路，以保证数据的可靠置入。同时为了防止按钮的接触噪音，时钟电路必须具有很好的消噪性能。考虑了这些要求以后，图 6-13(a)，(b)，(c)中的有关电路可以修改为图 6-26 的形式。图中 G_2 和 G_3 以及 G_7 和 G_8 构成单稳态触发电路，它可以有效地消除按钮的抖动噪音，$R_{11}C_1$ 和 $R_{12}C_2$ 的时间常数约为 0.8s。G_4，G_5 和 G_6 能对时钟信号作适当的延迟以保证数据的可靠置入。加至移位寄存器的 CP_0 与 G_6 输出的信号反相，以保证移位寄存器的数据移动发生在数据置入之后。

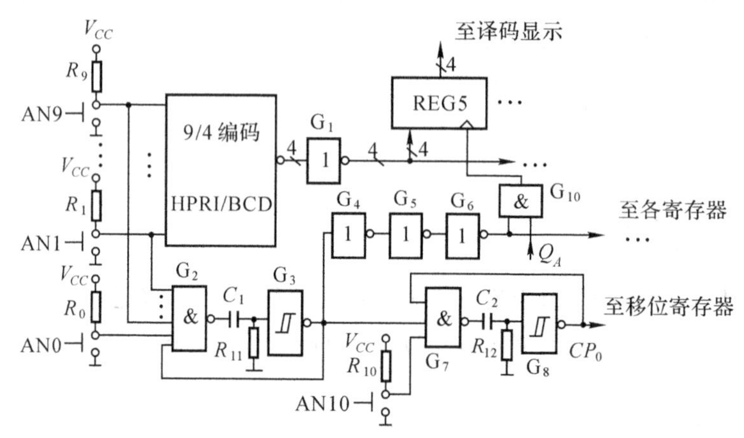

图 6-26　频率预置电路的数据置入电路原理图

6.1.4.3　器件的选择

应首先根据电路的功能要求选择合适的电路模块，然后根据电路的时序要求选用合适的电路系列。能够选用普通 CD4000 系列的地方就不选用其他系列的器件。对于有特殊要求的部分电路，必须按要求选择合适的集成电路型号和合适的电路系列。确定了整个电路的全部器件以后，还要注意核对各种电路之间的对接关系、输入与输出之间的要求。例如，在以 ICL8038 为核心部件的电路中，ICL8038 的电源电压取 0～－15V，因此与该集成函数发生器有关的电路必须考虑电平配合问题，特别是在频率预置、步进调节和显示电路中电源电压为＋5V，而控制 ICL803810脚外接电容容量的模拟开关的电源电压与 ICL8038 一样为 $V_{DD}=0\text{V}$，$V_{SS}=-15\text{V}$，因此两者电平有很大差异。编码以后控制模拟开关的信号必须配上电平转换电路。

经过审题、方案论证和方案实现等环节的讨论，得到了若干个可以实现的电路方案，但是究竟哪个方案的性价比最好？哪个方案更容易实现呢？到目前为止还不能给出确切的结论。必须对各方案进行电路模拟、安装和调试，经过比较后才能选定一个最终方案。当然，如果只作为设计练习，不计成本，不计难易，则以上各方案均可考虑选用。在具体实现以上方案时，模拟电路部分将可能带来不少困难，例如锁相环性能等，甚至一些简单的放大电路，由于实际问题考虑不周都可能带来不少麻烦。还应强调的是，为了提高系统可靠性，应将系统的数字电路部分尽可能地集成在可编程逻辑器件中，为实用化打下良好的基础。

最后要指出的是，在以上的设计方案讨论中肯定还会有不全面、不准确的地方，甚至还可能发现错误。但是通过本设计举例全过程的学习，可以学会电子系统设计的基本思路、方法和步骤，为今后的学习与工作打下一个基础。

6.2 正弦信号发生器的设计

例 6.2 设计一个正弦信号发生器，其主要技术指标如下：

(1)正弦波输出频率范围：1kHz～10MHz。

(2)具有频率设置功能，频率步进，步距 100Hz。

(3)输出信号频率稳定度：优于 10^{-4}。

(4)失真度：用示波器观察时无明显失真。

(5)采用 DDS 器件 AD9850 和 PLD 器件 ispLSI1032E 芯片实现设计。

6.2.1 分析设计要求

由于设计任务要求采用 DDS 专用芯片 AD9850 实现正弦波输出，因此首先检查 AD9850 的性能参数是否能满足本设计任务的技术指标。

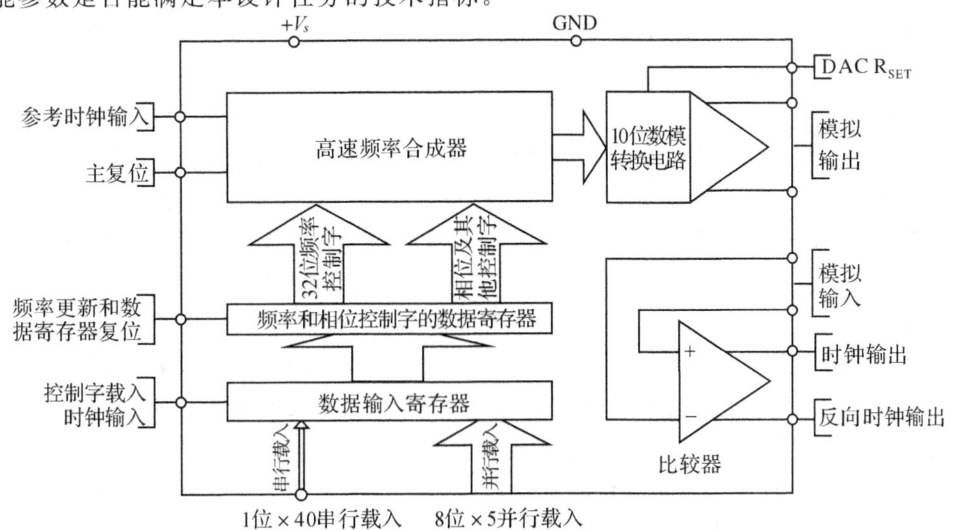

图 6-27 AD9850 内部结构框图

AD9850 内部结构框图如图 6-27 示，其中高速频率合成器包含了一个可查表的 ROM（内装有正弦波离散幅度值）和它的地址产生器。AD9850 的频率控制字为 32 位，其最高时钟频率可达 125MHz。根据 DDS 工作原理，AD9850 输出的正弦波最低频率为

$$f_{\min}=\frac{f_{时钟}}{2^{32}}=\frac{125\times10^{6}}{2^{32}}=0.0291(\text{Hz})$$

输出正弦波的最高频率若以 $\frac{1}{4}$ 时钟频率为限，则 $f_{\max}=31.25\text{MHz}$。当频率控制字以最小单位步进时，其输出频率的分辨率为 0.0291Hz。按照 AD9850 的这些性能指标，完全可以满足本设计任务的输出频率范围为 1kHz～10MHz、频率步进步距为 100Hz（误差为 ±0.0291Hz）的要求。如果 AD9850 时钟采用晶振，则必然也可满足频率稳定度优于 10^{-4} 的设计要求。

6.2.2　确定系统方案

6.2.2.1　结构方框图

根据设计要求，可以将系统划分为正弦波产生器、控制器、键盘输入和频率显示四大部分，如图 6-28 所示。其中正弦波产生器以 AD9850 为核心，控制器以可编程逻辑器件 ispLSI1032E 为核心。下面详细分析在该结构中，对两块主要芯片功能的要求。

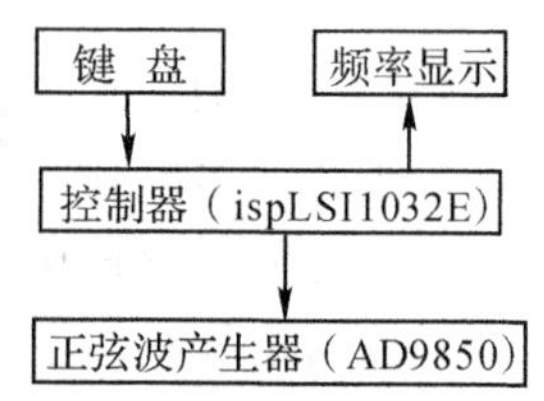

图 6-28　正弦信号发生器结构方框图

6.2.2.2　芯片 AD9850 的三要素

可以将 DDS 芯片 AD9850 工作归纳为以下三要素：时钟、频率字、输出连续正弦波。下面对每一点进行分析。

（1）时钟选择

AD9850 最高时钟频率限制为 125MHz，本任务要求输出的最高频率是 10MHz，根据 DDS 器件输出最高频率一般限制为时钟频率的 $\frac{1}{4}$ 为宜，可以选择时钟频率为 40MHz。为了进一步抑制采样过程中混迭频谱的干扰，并减小 AD9850 外接低通滤波器制作的复杂性和成本，本例题将时钟频率选为 100MHz。

（2）输入频率字

AD9850 输出正弦波的频率是由其内部 32 位的频率控制字寄存器的值决定的。每当需要改变频率时，外界应向其输入一个 32 位的频率控制字，并存入寄存器，经过 18 个参考时钟周期后，输出频率即相应改变（参见图 6-30）。AD9850 输出正弦波不仅频率可控，其相位也可控。在其内部还设有一个 5 位的相位控制字寄存器，使输出信号相位变化增量为 180°，90°，45°，22.5°，11.25°或其任意的组合。若相位不受调制，则相位控制字寄存器的值均设为 0。AD9850 的所有这些控制字可以采用串行输入方式，也可以采用并行输入方式，当采用并行输入时，分时每次输入 8 位。因此在 AD9850 内部又设置了一个 2 位的输入方式寄存器，当并行输入控制字时，设置其值为 00；当串行输入控制字时应设置为 11。本例题拟采用并行输入方式。同时 AD9850 还设置了一个 1 位的寄存器以控制器件是断电模式还是工作模式（1 为断电模式）。归纳起来，工作时 AD9850 共有 40 位的控制字需要输入，其规定格式如表 6-2 所示。AD9850 的引脚图如图 6-29 所示，每只引脚的说明如表 6-3 所示。

表 6-2　8 位并行载入的频率数据及控制字的功能分配

字	第 7 位	第 6 位	第 5 位	第 4 位	第 3 位	第 2 位	第 1 位	第 0 位
W0	相位位 4（最高位）	相位位 3	相位位 2	相位位 1	相位位 0（最低位）	断电位（Power-Down）	控制位	控制位
W1	频率位 31（最高位）	频率位 30	频率位 29	频率位 28	频率位 27	频率位 26	频率位 25	频率位 24
W2	频率位 23	频率位 22	频率位 21	频率位 20	频率位 19	频率位 18	频率位 17	频率位 16
W3	频率位 15	频率位 14	频率位 13	频率位 12	频率位 11	频率位 10	频率位 9	频率位 8
W4	频率位 7	频率位 6	频率位 5	频率位 4	频率位 3	频率位 2	频率位 1	频率位 0（最低位）

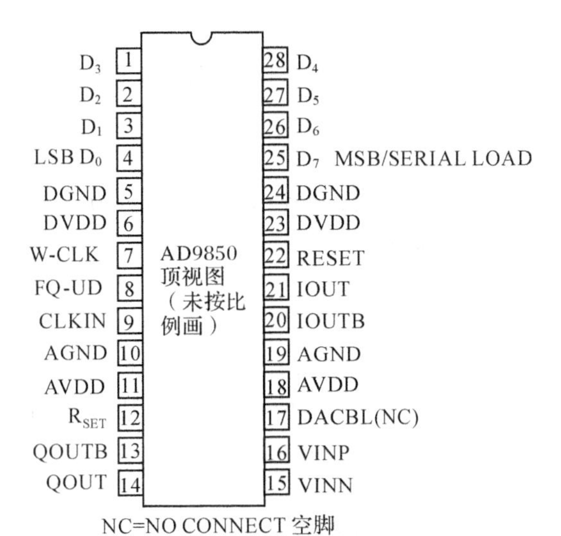

图 6-29　AD9850 引脚分布

表 6-3　AD9850 主要引脚功能说明

引　脚	标记符号	功　能
4～1，28～25	D_0～D_7	8 位数据输入，这个 8 位数据的功能是通过反复操作载入 32 位频率控制字和 8 位的相位及其他控制字，D_7＝MSB，D_0＝LSB。D_7（25 脚）同时也是 40 位串行数据载入的输入端
7	W_CLK	字载入时钟。用于载入频率或相位或其他控制字
8	FQ_UD	频率更新时钟。在这一时钟的上升沿处，DDS 将从其内部数据输入寄存器中载入新的数据来更新输出频率、相位，然后将字地址指针复位至 W0
9	CLKIN	参考时钟输入。它可以是一个连续的 CMOS 电平脉冲串，或是一个直流偏置为电源电压一半的正弦信号。该时钟的上升沿初始化该芯片的工作
20	IOUTB	DAC 的模拟电流输出的补码
21	IOUT	DAC 的模拟电流输出

(3)输出连续正弦波

DDS器件AD9850通过其内部的10位D/A变换器输出模拟正弦波,DAC输出为电流型,外接一低通滤波器以滤除各种干扰。若需电压输出,可外接一运算放大器。AD9850内部还有一个高速比较器,可将输出正弦波转换为方波,因此可用AD9850来产生高速时钟。本例只需输出正弦波,因此不用此比较器。

6.2.2.3 控制器(ispLSI1032E)功能

控制器的功能主要有以下5点。

(1)接受键盘输入

设计任务要求,输出频率范围为1kHz～10MHz,并具有频率设置及频率步进功能。为简单起见,本方案规定键盘输入方式为:

初始化(复位)后,频率设置为1kHz。

频率步进方式为6档:100Hz,10kHz,1MHz,分别递增和递减。

按此方式,共需7个键盘按钮。

(2)产生所需要的频率字

将键盘的输入指令转变为相应的频率字并存储。为与AD9850相匹配,因此在ispLSI1032E内需要设置一个40位的寄存器。

(3)控制AD9850

对AD9850的控制分3层。

①输出频率字。

由于采用并行方式载入,每次8位,40个控制字分5次完成,因此ispLSI1032E内的40位寄存器应该是移位寄存器,并需要一个移位指针i。

②产生频率字载入时钟信号W_CLK。

当ispLSI1032E内40位寄存器的频率字数据稳定后,为将频率字载入AD9850,则需要时钟信号。每载入8位频率控制字,需要一个字载入时钟W_CLK,载入40位的控制字,共需5个W_CLK脉冲。对W_CLK时钟的要求见图6-30及表6-4。

③产生频率更新时钟信号FQ_UD。

当40位控制字由时钟信号W_CLK分5次载入AD9850后,延迟一定时间后,需要一个

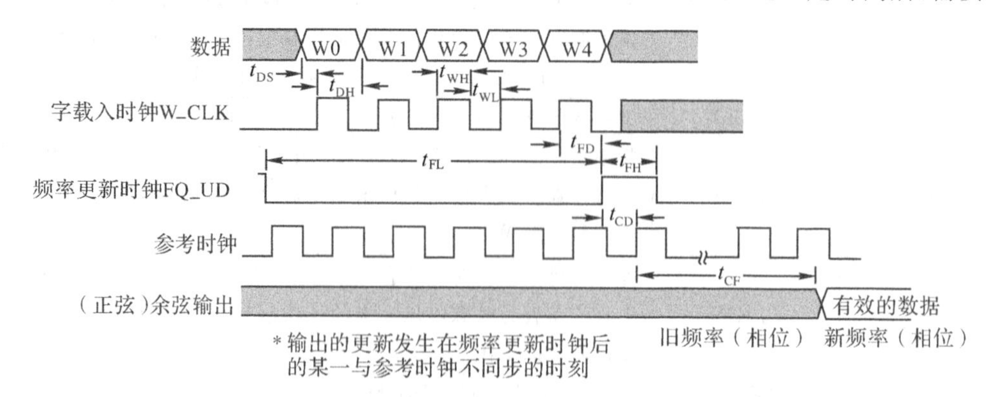

图6-30 AD9850并行载入数据时的时序波形

频率更新时钟信号 FQ_UD,其时序关系见图 6-30 及表 6-4。

表 6-4　图 6-30 中各个时间参数的名称及意义

符　号	定　义	最小值
t_{DS}	数据建立时间	3.5ns
t_{DH}	数据保持时间	3.5ns
t_{WH}	W_CLK 高电平持续时间	3.5ns
t_{WL}	W_CLK 低电平持续时间	3.5ns
t_{CD}	参考时钟信号相对于 FQ_UD 的延时	3.5ns
t_{FH}	FQ_UD 的高电平持续时间	7.0ns
t_{FL}	FQ_UD 的低电平持续时间	7.0ns
t_{FD}	FQ_UD 相对于 W_CLK 的延时	7.0ns
t_{CF}	在 FQ_UD 之后输出更新的延迟时间	
	频率改变	18 个参考时钟周期
	相位改变	13 个参考时钟周期

(4) 控制频率值显示

由于输出频率范围为 1kHz～10MHz,最小频率步进为 100Hz,若频率显示精度为 1Hz,则需 8 位数码管显示。每按一次键盘,由控制器 ispLSI1032E 改变显示值。

(5) 频率范围溢出指示

当用户设置的输出频率小于 1kHz 或超过 10MHz 时会出现报警提示(红灯亮);正常设置时绿灯亮。

根据上述分析,可将系统结构细化为图 6-31。

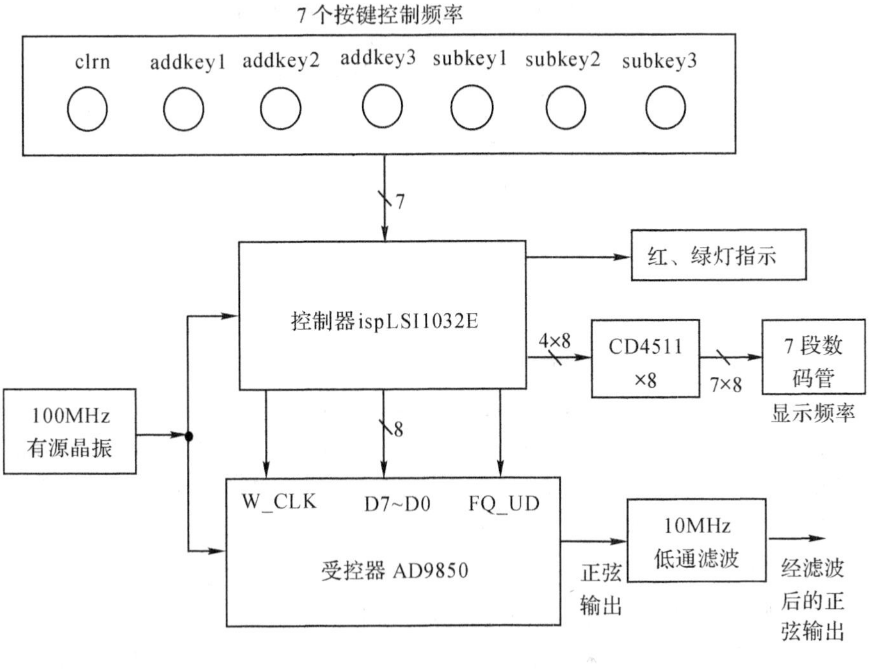

图 6-31　正弦信号发生器详细结构方框图

6.2.3 方案流程图

根据系统结构与工作原理，系统流程如图 6-32 所示。

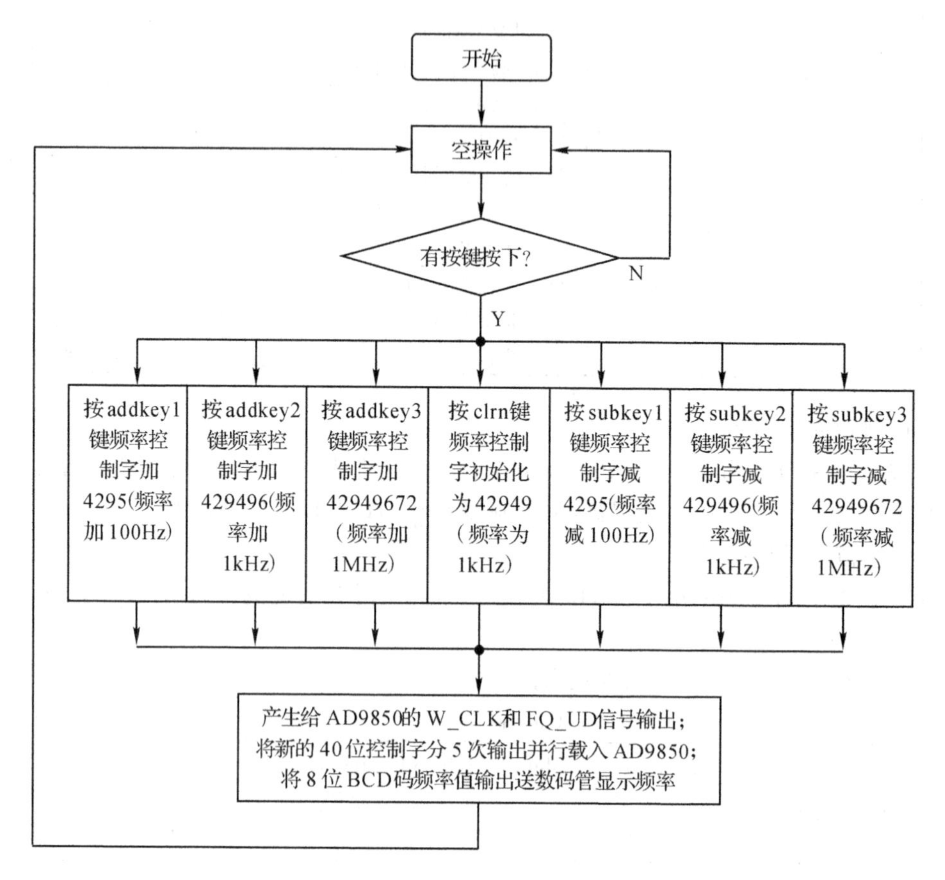

图 6-32 系统流程图（图中数字说明见 6.2.4.5 节）

6.2.4 方案实现

6.2.4.1 ispLSI1032E 芯片简介

ispLSI(系统在线可编程大规模集成)器件是最早问世的、最具代表性的 ISP 逻辑器件。Lattice 半导体公司的缩写为 ispLSI 系列器件是一种结合了 CPLD 的易用性、高性能和 FPGA 的灵活性、高密度的可编程逻辑器件。其中，ispLSI1032E 是基本系列 1000 中的一款比较常用的器件，它可以在高速率下完成控制、译码和总线管理等功能。

ispLSI1032E 有 32 个万能逻辑块，64 个 I/O 单元，输出信号电平与 TTL 电平兼容，4 个专用时钟输入引脚。图 6-33 为 ispLSI1032E 功能方框图。有关引脚功能说明如表 6-5 所示。在本例中，对 ispLSI1032E 编程采用的是 ispLEVER 6.1 SP1 版本软件，其中编程所用的 HDL 语言采用的是 Verilog 语言。

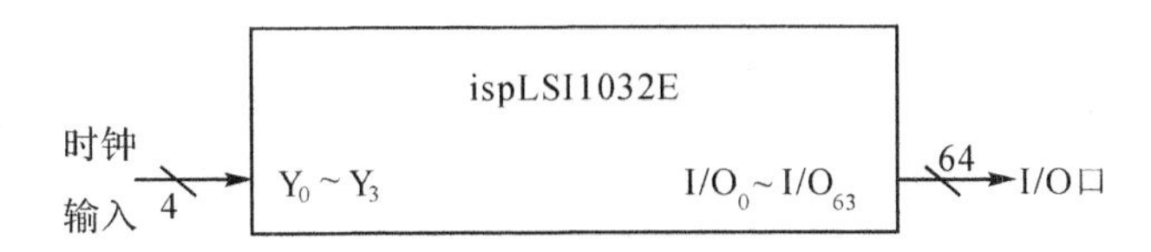

图 6-33 ispLSI1032E 功能方框图

表 6-5 ispLSI1032E 主要引脚功能说明

引 脚	标记符号	功 能
26～41,45～60,68～83,3～18	$I/O_0 \sim I/O_{63}$	I/O 口,这些是常规的 I/O 口,用于逻辑信号的输入输出
20,66,63,62	$Y_0 \sim Y_3$	专用时钟输入口,它们连接在时钟网络上,可以用于任意一个 I/O 口的时钟输入

6.2.4.2 系统时钟

时钟的选择考虑两点,一是 AD9850 与 ispLSI1032E 是否取同一个时钟,二是时钟取多大合适。由分析知,AD9850 所需的 W_CLK 和 FQ_UD 信号都是由 ispLSI1032E 产生并输出的,它们都依赖于 ispLSI1032E 的时钟源,而同时它们两者与 AD9850 的参考时钟源之间的关系又必须满足 AD9850 的时序关系要求,所以为了便于处理、确保本系统中各信号间的时序关系,应该让 AD9850 和 ispLSI1032E 采用同一个时钟源。前面已分析,从输出波形纯度及滤波器制作简单出发,AD9850 的时钟选用 100MHz,而 ispLSI1032E 也有多种型号支持高达 100MHz 的系统时钟(如 ispLSI1032E-100LJ84, ispLSI1032E-125LJ84, ispLSI1032E-125LT100,ispLSI1032E-150LT100),只要正确选择器件型号,就能够满足本设计任务中取 100MHz 为时钟源的方案需求(为便于系统扩展以及提高系统性能,如果有条件的话,建议选择更高密度的 ispLSI 2000/3000/5000/6000/8000 等系列器件,但要注意其是否支持 100MHz 高频系统时钟)。

下面检查 100MHz 的时钟,是否能满足图 6-30 和表 6-4 中 AD9850 并行载入数据时的时延要求。在图 6-30 和表 6-4 中,最小的时延要求大于 3.5ns。当采用频率 100MHz 的时钟,其周期是 10ns,半周期是 5ns,满足大于 3.5ns 的要求。

6.2.4.3 消除键盘抖动

为避免按键抖动引起的输入不稳定的情况,在 ispLSI1032E 软件源程序中加入了消抖电路的设计,消抖电路的时钟 clk2 是 100Hz,其源程序如下(以读初始化键盘 clrn 为例):

```
always @(posedge clk2)
    begin
        clrndata<=clrn; //简单的消抖处理
    end
```

6.2.4.4 ispLSI1032E 中的控制寄存器

通过编程实现一个 40 位的移位寄存器(sreg40)用于存储控制字。键盘每按动一次,当检测到消抖信号 clrndata=1(以初始化为例)时,寄存器的数据发生相应变化。寄存器的时钟为 100MHz 的系统时钟,i 为移位指针。

6.2.4.5 频率字产生

共有 7 个按钮预置频率，它们分别是复位按钮 clrn、加 100Hz 按钮 addkey1、减 100Hz 按钮 subkey1、加 1kHz 按钮 addkey2、减 1kHz 按钮 subkey2、加 1MHz 按钮 addkey3、减 1MHz 按钮 subkey3。

根据 DDS 输出频率计算公式

$$f_{out}=N\frac{f_{CP}}{2^{32}}=N\frac{100\times10^{6}}{2^{32}} \tag{6-7}$$

式中，N 是频率字。当按下复位按钮 clrn 时，设置系统输出最低频率为 1kHz。由式(6-7)可知，此时对应的 32 位频率字 $N_0=42949$，转化为二进制数 1010011111000101(高位用 0 补全到 32 位)。因为没有相位调制、非断电工作模式、并行输入，因而 40 位寄存器的第一个 8 位字 W0(功能说明见表 6-2)全是 0。

当按下按钮 addkey1 时，频率递增 100Hz，由式(6-7)得，频率字增量变化为 $\Delta N=4295$，对应的二进制值是 1000011000111(高位用 0 补全到 32 位)。则新的频率字是 $N=N_0+\Delta N$，将新的频率字置入 ispLSI1032E 的寄存器。当其余的按键被按下时，同样可由式(6-7)计算出频率字的相应增量，则根据 $N=N_0\pm\Delta N$ 可求出新的频率字。

6.2.4.6 产生频率字载入时钟信号 W_CLK

分析图 6-30 可知，分 5 次载入 5 个频率字 W0 至 W4，需要 5 个字载入时钟脉冲 W_CLK，并且此时钟脉冲 W_CLK 的高低电平的最小持续时间必须大于 3.5ns。本方案先产生一个时间宽度等于 5 个系统时钟周期的门信号 a，再将此门信号 a 和系统时钟相与，得到 5 个字载入时钟信号 W_CLK。为了保证数据稳定时间 t_{DS}大于 3.5ns(见图 6-30 和表 6-4)，在此将控制器 ispLSI1032E 的控制字移位寄存器 sreg40 的时钟有效边沿取自系统时钟的下降沿，而且门信号 a 也与系统时钟的下降沿同步，如图 6-34 所示。由于 100MHz 的半周期是 5ns，所以也必然满足图 6-30 和表 6-4 中要求的数据保持时间 t_{DH}大于 3.5ns 以及时钟信号 W_CLK 的高低电平的最小持续时间必须大于 3.5ns 的要求。

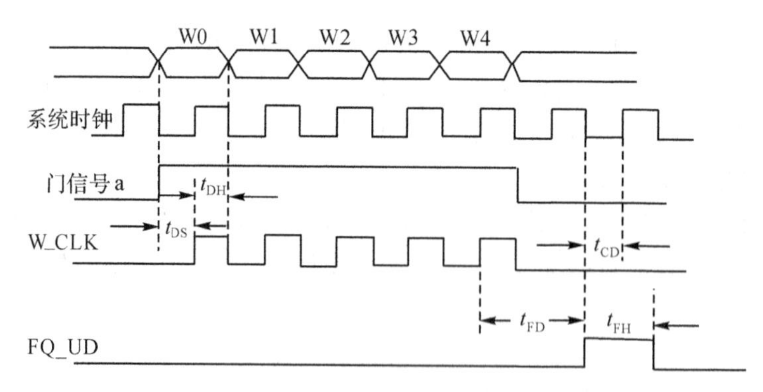

图 6-34 产生字载入时钟 W_CLK 及频率更新时钟信号 FQ_UD

6.2.4.7 产生频率更新时钟信号 FQ_UD

分析图 6-30 及表 6-4 可知，频率更新时钟信号 FQ_UD 的上升沿对应于最后一个字载入时钟的上升沿的延迟时间 t_{FD}应大于 7ns。现取最后一个 W_CLK 脉冲输出后的下一个系统时钟的下降沿作为输出给 AD9850 的频率更新时钟信号 FQ_UD 的上升沿。FQ_UD 的持续时间为一个系统时钟周期的宽度，如图6-34所示。这样设置AD9850的频率更新时钟FQ_UD，一定满足DDS器件AD9850对t_{FD}，t_{FH}，t_{CD}的时序要求。

6.2.4.8　频率显示控制

在控制器ispLSI1032E中通过编程设置一个32位的寄存器pl32，用来寄存键盘预置的频率值。该寄存器的数据每4位输出对应给一个译码驱动器CD4511，32位输出给8个译码驱动器，最后驱动数码管显示对应频率值，如图6-31所示。

以初始化（复位键clrn）为例，控制器ispLSI1032E实现以上各项功能的编程的源代码表述如下：

```
always @(posedge clk)
  begin
    if(clrndata)
      begin
        pl32[31：0]<=32'b00000000000000000001000000000000;
        //在频率数码管上显示的8位BCD码频率值为1000,初始频率为1kHz
        sreg40[39：0]<=40'b0000000000000000000000001010011111000101;
        //初始频率控制字为42949
        red<=0;green<=1;
      end
  end

always @(negedge clk)
  begin
    if(clrndata==1)
//要求按键长度大于7个clk时钟周期,否则无法得到完整的W_CLK和FQ_UD信号
//在这里完全可以满足这一点,因为1个clk时钟周期为10ns
begin
                if(i==0)
                    q<=sreg40[39：32];
                else if(i==1)
                    q<=sreg40[31：24];
                else if(i==2)
                    q<=sreg40[23：16];
                else if(i==3)
                    q<=sreg40[15：8];
                else if(i>=4)
                    q<=sreg40[7：0];
                if(i<5)
                    begin i=i+1;fqud<=0;a<=1; end
                else if(i==5)
begin i=i+1;fqud<=0;a<=0; end
                else if(i==6)
```

```
                begin i=i+1;fqud<=1;a<=0; end
            else
                begin fqud<=0;a<=0; end
        end
    else
        begin i=0;fqud<=0;a<=0; end
end

always @(a or clk)
    begin
        clkout<=(a && clk);
    end
```

其中，clk 是 ispLSI1032E 的系统时钟(这里取与 AD9850 相同的 100MHz)；clk2 是消抖电路使用的时钟(一般取 100Hz 左右)；clrndata 为按键信号 clrn 经过消抖以后的信号；sreg40 为要送给 AD9850 的 40 位控制字；pl32 为在频率显示数码管上显示的频率值(8 位 BCD 码)；q 为 8 位的控制字输出(从 ispLSI1032E 输出送到 AD9850 的 $D_7 \sim D_0$ 端)；i 用作目前指向第几个 8 位控制字寄存器的指针，初始指向 W0，即 i 初始值为 0；clkout 为输出给 AD9850 的字载入时钟信号 W_CLK；fqud 为输出给 AD9850 的频率更新时钟信号 FQ_UD；a 为产生 clkout(W_CLK)的门信号；red 和 green 分别为报警用的红灯和绿灯信号(见 6.2.4.9)。

6.2.4.9 红灯报警控制

设计方案中规定，如果设置频率高于 10MHz 或低于 1kHz，则报警。控制器通过判断频率显示寄存器 pl32 的数值，确定是否报警。报警时，红灯亮；正常工作时，绿灯亮。对应的编程源代码表述如下：

```
if(pl32[31:0]>32'b00010000000000000000000000000000 || pl32[31:0]<16'b0001000000000000)
    begin red<=1;green<=0; end
else
    begin red<=0;green<=1; end
```

6.2.5 硬件实现

本设计任务的硬件电路主要分为三部分：ispLSI1032E 控制电路、DDS 波形产生电路及频率显示电路、滤波电路。

第一部分是 DDS 波形产生电路，主要包括 AD9850 芯片和 100MHz 有源晶振电路，这是整个系统中实现正弦波输出的核心芯片。

第二部分是 ispLSI1032E 控制电路，主要包括主控制芯片 ispLSI1032E 及其外围电路。其中按键电路用于调整输出波形的频率值；频率显示部分包括 8 个 MC14511(CD4511)、7 段显示译码驱动器及 8 个用于显示输出正弦波的频率值的 LED 数码管。

第三部分是用于输出信号滤波的低通滤波器，该低通滤波器的通带应是 0～10MHz。滤波器的元件数值是通过电路仿真软件 Multisim 10 的滤波器设计向导 Filter Wizard 自动生成的，再在实验中进行调整。也可以后接一个带宽为10MHz的运算放大器，将输出电流转换为电压，同时也进行了滤波。

硬件电路印刷电路板的设计按高频高速电路印刷电路板的设计原则进行，请参阅第7章有关部分。

6.2.6 附录：控制器的编程源代码及仿真

6.2.6.1 源程序代码

ispLSI1032E主控制模块Verilog源程序如下所示（以clrn按键和addkey1按键为例，其他按键的操作略；其中信号名称定义见6.2.4.8）：

```
module controller(clk,clk2,clrn,addkey1,q,clkout,fqud,pl32,red,green);
input clk,clk2,clrn,addkey1;
output[7:0] q;
output[31:0] pl32;
output clkout,fqud,red,green;
reg[7:0] q;
reg[31:0] pl32;
reg clkout,fqud,red,green;
reg clrndata,adddata1; //adddata1为addkey1按键信号经过消抖之后的信号
reg flag; //用于判断决定每次按键最多只加减一次频率及控制字的标志信号
reg[39:0] sreg40;
reg a;
reg[2:0] i;

initial begin
        clrndata=0;
        adddata1=0;
        flag=0;
        pl32[31:0]=0;
        sreg40[39:0]=0;
    end

always @(posedge clk2)
    begin
        clrndata<=clrn;
        adddata1<=addkey1;
    end

always @(posedge clk)
    begin
        if(clrndata)
```

```
            begin
               pl32[31:0]<=32'b00000000000000000001000000000000;
               sreg40[39:0]<=40'b0000000000000000000000001010011111000101;
               red<=0;green<=1;
            end
        else if(adddata1)
            begin
                if(flag==0)
                 begin
if(pl32[31:0]>32'b00010000000000000000000000000000 || pl32[31:0]<16'b0001000000000000)
                        begin red<=1;green<=0; end
                    else
                        begin
                            red<=0;green<=1;
                            if(pl32[11:8]==9)
                                if(pl32[15:12]==9)
                                    if(pl32[19:16]==9)
                                        if(pl32[23:20]==9)
                                            if(pl32[27:24]==9)
                                                begin
                                                    if(p132[31:28]==0)
                                                        begin
                                                            pl32[31:28]<=1;
                                                            pl32[27:8]<=0;
                                                        end
                                                    end
                                                else
                                                    begin
                                                    pl32[27:24]<=pl32[27:24]+1;
                                                    pl32[23:8]<=0;
                                                    end
                                            else
                                                begin
                                                    pl32[23:20]<=pl32[23:20]+1;
                                                    pl32[19:8]<=0;
                                                end
                                        else
                                            begin
                                                pl32[19:16]<=pl32[19:16]+1;
                                                pl32[15:8]<=0;
                                            end
                                    else
```

```
                                    begin
                                        pl32[15：12]<=pl32[15：12]+1;
                                        pl32[11：8]<=0;
                                    end
                        else
                                pl32[11：8]<=pl32[11：8]+1;
sreg40[39：0]<=sreg40[39：0]+40'b0000000000000000000000000001000011000111;
                        end
                    flag=1;
                end
            end
        else
            flag=0;
    end

always @(negedge clk)
    begin
        if(clrndata==1 || adddata1==1)
            begin
                if(i==0)
                    q<=sreg40[39：32];
                else if(i==1)
                    q<=sreg40[31：24];
                else if(i==2)
                    q<=sreg40[23：16];
                else if(i==3)
                    q<=sreg40[15：8];
                else if(i>=4)
                    q<=sreg40[7：0];
                if(i<5)
                    begin i=i+1;fqud<=0;a<=1; end
                else if(i==5)
                    begin i=i+1;fqud<=0;a<=0; end
                else if(i==6)
                    begin i=i+1;fqud<=1;a<=0; end
                else
                    begin fqud<=0;a<=0; end
            end
        else
            begin i=0;fqud<=0;a<=0; end
    end
```

```
always @(a or clk)
    begin
        clkout<=(a && clk);
    end

endmodule
```

6.2.6.2 软件仿真结果及其分析

本程序的逻辑比较复杂，这里仍以复位键 clrn 和按键 addkey1 的仿真为例进行分析。

对这两个按键的仿真结果如图 6-35 所示。注意：波形查看器的仿真结果图中信号名不分大小写。文中以及源程序中各符号与图 6-35 中各符号的对应关系如下：

W0～W4—五次输出信号 q[7:0]，其值从左至右依次为 10100111，00000000，10111000（图 6-35 波形中未标明）

系统时钟—clk

门信号 a—D^AZ0(因其为内部寄存器变量)

W_CLK—clkout

FQ_UD—fqud

clrndata—D^CLRNDATA

adddata1—D^ADDDATAZ0Z1

flag—D^FLAGZ0

i—D^I，其值从左至右依次为 0，1，2，3，4，5，6，7(图中未标明)

sreg40[39:0]—D^SREG40[39:0]，其值从左至右依次为 40 位全 0，0000000000000000000000001010011111000101(图 6-35 波形中未标明)

pl32[31:0]—其值从左至右依次为 32 位全 0、00000000000000000001000000000000(图 6-35波形中未标明)

复位键 clrn 用来初始化 AD9850 的输出频率为 1kHz，此时对应的 40 位控制字为 42949（即 sreg40＝0000000000000000000000001010011111000101）。控制器 ispLSI1032E 通过五个字载入时钟 clkout 从当前的 40 位控制字寄存器 sreg40 中分五次依次读出 8 位控制字数据（分别为 00000000，00000000，00000000，10100111，11000101），然后分五次将这五组 8 位控制字通过输出信号 q[7:0]送出去并行载入到 AD9850 的 D_7～D_0。这些时序关系可从图 6-35 中看出。

按键 addkey1 用来控制 AD9850 的输出频率增加 100Hz。按键 addkey1 被按下之后，此时的控制字为 42949＋4295＝47244（假设原来的频率为 1kHz，则相应的 40 位控制字信号 sreg40 由原来的 0000000000000000000000001010011111000101 变成了现在的 0000000000000000000000001011100010001100）。控制器通过五个字载入时钟 W_CLK 使用输出信号 q[7:0]分别送出五组 8 位控制字数据（分别为 00000000，00000000，00000000，10111000，10001100）并行载入 AD9850。这些时序关系可从图 6-35 中看出。

注意：图中 clk 和 clk2 信号未按实际中两信号的比例绘制，因为两者之间并无直接联系，

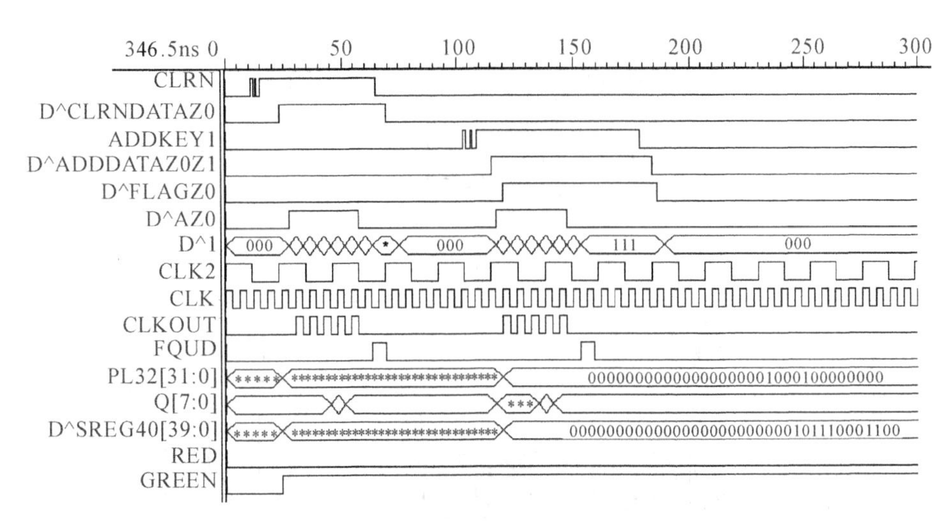

图 6-35　复位键 clrn 和按键 addkey1 的仿真波形图

所以并不影响仿真结果；图中 clrn 和 addkey1 信号的波形前面的毛刺用于模拟实际按键的抖动。其余五个按键的仿真过程和仿真结果同理可得，这里不再赘述。

最后还应指出的是，由于 DDS 器件内部还有一个高速比较器，可以将输出正弦波转换为方波，改变比较电压可以改变方波的占空比。因此本例题实际上可扩展为标准信号发生器，可输出正弦波及占空比可变的方波，不再详述。

6.3　脉冲信号发生器的设计

例 6.3　设计一个脉冲信号发生器，其主要技术指标如下：

(1) 脉冲重复周期 T 可用波段设置，为 0.1μs，1μs，1ms 三个波段，并有相应数字显示。

(2) 第 1 波段：脉冲占空比在 1/10～9/10 之内，以 10^{-1} 为步进单位可调。

第 2 波段：脉冲占空比在 1/100～99/100 之内，以 10^{-2} 为步进单位可调。

第 3 波段：脉冲占空比在 1/100000～99999/100000 之内，以 10^{-5} 为步进单位可调。

如果设置的占空比大于 1，显示错误。

(3) 输出信号振幅为伏特级、边沿小于 10ns。

6.3.1　方案论证

本例特点是设计一个智能型脉冲信号发生器，脉冲信号发生器重复周期最高为 0.1μs，相当于 10MHz，速度比较高。脉冲宽度 T_p 以 0.01μs 为单位可调。接口转换部分具有 TTL 电平，产生伏特级的电压输出，智能控制部分提供键盘电路和显示部分，键盘控制脉冲宽度 T_p 即控制脉冲占空比，波段设置脉冲重复频率，总体结构如图 6-36 所示。

脉冲信号发生器的面板设计见图 6-37。

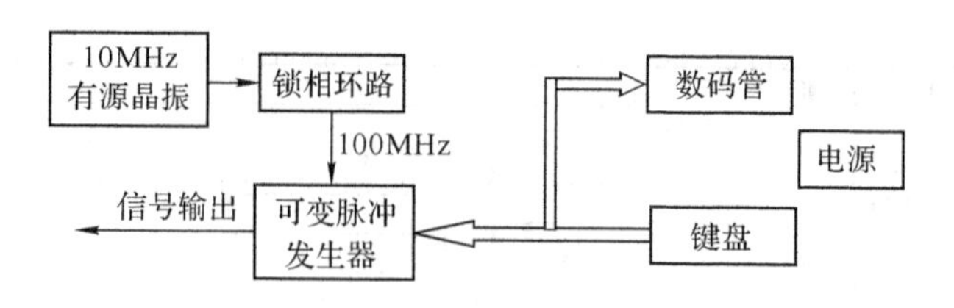

图 6-36 系统总体结构图

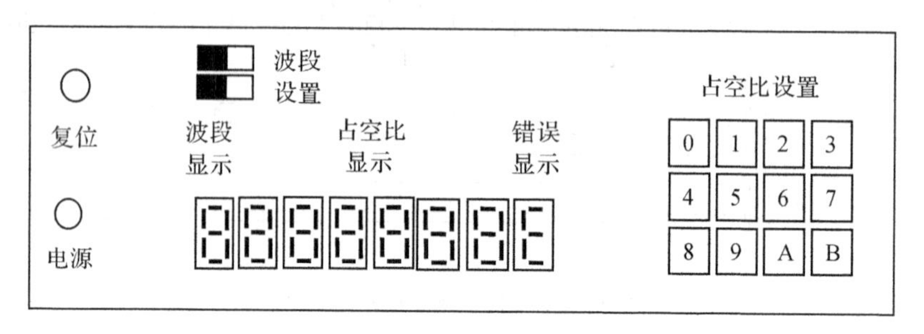

图 6-37 脉冲信号发生器面板图

占空比可变的重复周期可设置的矩形脉冲的产生方法很多,各种方法产生的脉冲性能各不相同。根据本题目的要求,可供选择的实现方案归纳为以下几种。

(1)模拟法

其原理框图如图 6-38 所示,由可变频率模拟振荡器产生任意周期的模拟信号,通过基准电压可变的电压比较器,即可得到脉冲宽度、周期、幅度可变的矩形脉冲。此方法原理简单易懂,由于模拟电路的控制精度不如数字电路强,要想使误差控制在 5% 以内,实现比较困难。但我们可以采用数字方法控制周期,仍然可以得到合乎要求的波形。实际上,上一节的例子就是一个实现的方案,在此不再讨论。

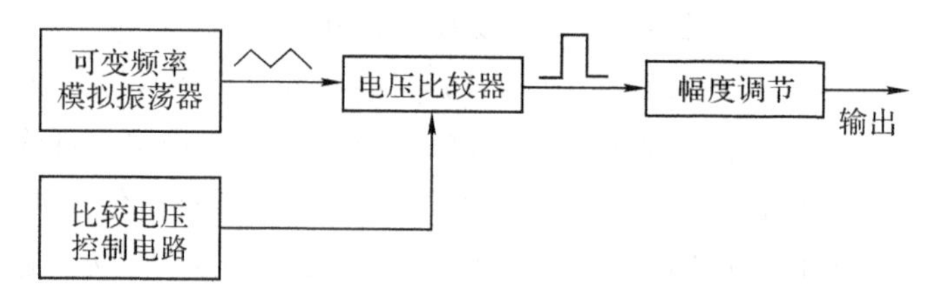

图 6-38 模拟法矩形信号发生器原理框图

(2) 查表法

根据所需的脉冲宽度和重复周期,将输出信号编制好表格,预先把输出数据存入 RAM 存储单元,控制地址对 RAM 进行读出。

(3) 脉冲计数法

在一闸门周期脉冲内对高速脉冲计数,当计数值达到预置值脉冲宽度 T_p 时,停止计数,产生输出信号。改变预置值能方便地调整脉冲宽度 T_p 或占空比。脉冲计数法控制精度较高。

现场可编程逻辑器件 FPGA 是现代数字电路设计的主流方向,通过 Verilog 语言可便捷地配置 FPGA 芯片内部的资源,利用 FPGA 的高速特性来计数并输出高低电平,可实现题目要求的技术指标,利用 FPGA 内部锁相环、RAM 以及众多逻辑单元,可以实现控制和显示功能,可以充分发挥 FPGA 的作用,同时简化了电路的设计程序。

综上所述,模拟法原理较简单,但产生的矩形脉冲的性能不是很理想。查表法对读写地址的产生要求较高,外围电路比较复杂,RAM 写入需要专用工具,一旦写入,数据更改需要人工干预。采用单片 FPGA 可实现智能脉冲信号发生器,FPGA 能根据键盘输入和波段设置产生不同波段的占空比可调整的输出信号,并显示相应的脉冲占空比和波段。因而本例采用单片 FPGA 实现此脉冲信号发生器。

6.3.2　脉冲信号发生器硬件设计

6.3.2.1　脉冲信号发生器的总体设计

脉冲占空比定义为一个周期内脉冲所占宽度与脉冲重复周期之比。因而改变脉冲宽度可以改变脉冲占空比,这可由脉冲计数法实现。其基本原理是根据波段设置值,产生 0.1μs,1μs 及 1ms 闸门周期脉冲。然后用闸门周期脉冲触发 100MHz 高速计数器并对 100MHz 高速脉冲进行减法计数。根据用户要求,用键盘值设置脉冲占空比(根据波段可换算出脉冲宽度)作为计数器预置值。脉冲个数的计数值未达到预置值时,计数器输出维持高电平,当输入计数脉冲个数达到预置值时,计数器停止计数,输出负跳变。此后,100MHz 的输入计数脉冲对计数器输出值不影响,继续维持低电平。直到下一闸门脉冲触发计数器重新计数,计数器输出返回到高电平。控制计数器的预置值,改变了输出脉冲的宽度,可以方便地调整脉冲占空比。

根据方案论证,脉冲信号发生器总体结构如图 6-39 所示。由一片 EP1C3T100C8 FPGA 芯片外加一个独立的电源实现。整个工程中 FPGA 芯片完成锁相环路、键盘接口电路、显示接口电路及可变脉冲发生电路功能。对于这 4 个功能,用 Verilog 语言建立锁相环路模块、键盘接口模块、显示接口模块和占空比可变脉冲发生器模块。FPGA 的工作速度为 8ns,满足边沿 10ns 的工作要求。

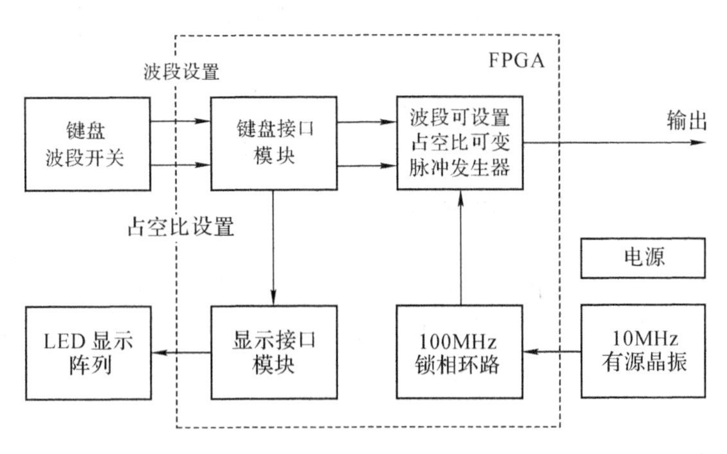

图 6-39　脉冲信号发生器总体结构

波段选择根据两位开关的不同位置组成 4 种状态,根据这些状态,在发光 LED 阵列第一位显示波段数 1,2,3,对应于 0.1μs,1μs 及 1ms 重复周期。键盘接口由 7 根键盘输入数据线组成，7 根键盘线中有 3 根接行线、4 根接列线，组成 3×4 的键盘，根据键盘值，在一个周期内可选择不同占空比。占空比可变脉冲发生电路由 FPGA 自带的锁相环路和可控计数器组成，显示接口根据液晶或数码管设计，由于液晶和数码管显示机制不同，需要分别考虑，这里以数码管为例。

脉冲信号发生器 Verilog 程序主要模块有键盘接口电路模块 module key_interface、显示接口电路模块 module display 和可变脉冲发生器 module generalator。锁相环电路模块由 MEGAWIZARD 软件内部配置生成。其 Verilog 工程图如图 6-40 所示。

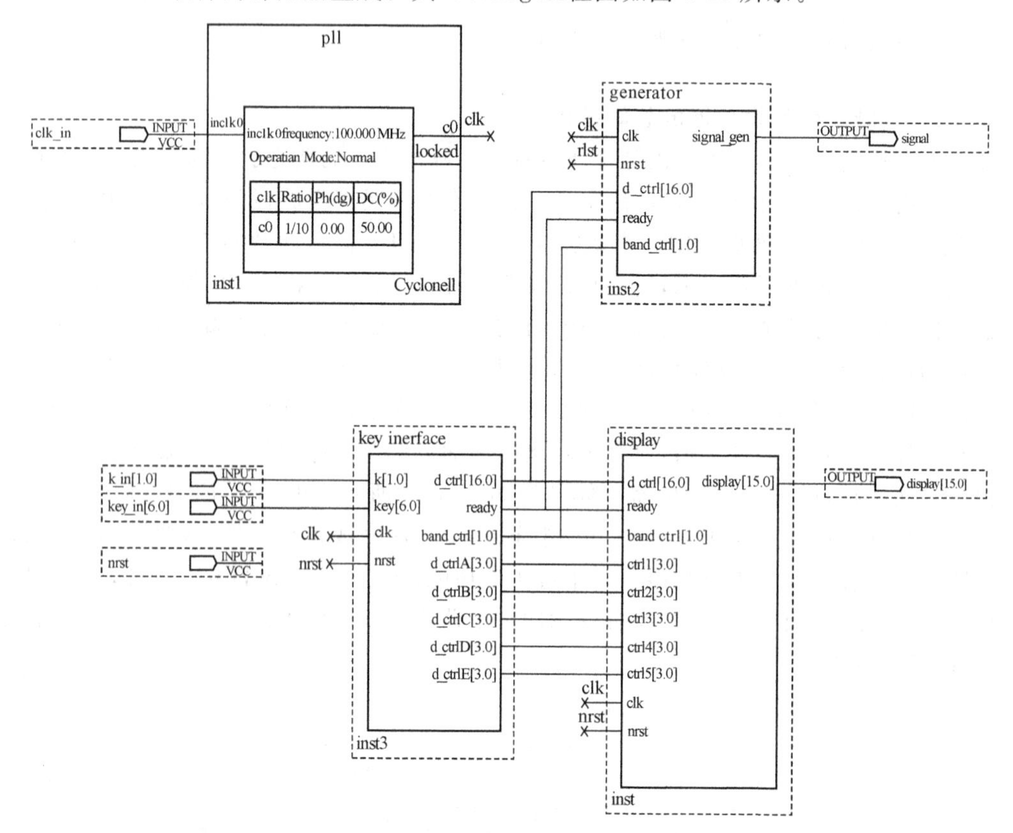

图 6-40 脉冲信号发生器 Verilog 工程图

6.3.2.2 脉冲信号发生器单元电路的设计

(1)锁相环路 PLL 的设计

根据方案论证结果，FPGA 内部自带锁相环路其输入时钟 10MHz，产生锁定 100MHz 的振荡频率输出，可满足边沿为 10ns 的要求。利用 QUARTUS 工具自带的 MEGAWIZARD 软件进行内部配置，倍乘因子(锁相环输入与输出频率之比)为 1/10，取占空比为 50%，锁相环路符号如图 6-40 所示。

(2)键盘接口电路设计

键盘接口电路分为波段识别和键盘接口两部分，为了判别每一次按键的操作，将键盘接口又分解为键值读取和按键识别。

波段识别原理为时钟脉冲对两根波段线 k[1:0]进行扫描，如果为 00，表示初始状态；01

为 10MHz,对应于 0.1μs 的闸门时间;10 为 1MHz,对应于 1μs 的闸门时间。11 为 1kHz,对应于 1ms 的闸门时间。然后将 k[1：0]转换成 band_ctrl[1：0]。

键值的读取由时钟脉冲对键盘输入的行和列线扫描实现。由于键盘接成 3×4 的形式,FPGA 的 3 根 I/O 线和键盘的行线相连,FPGA 的另外 4 根 I/O 线和键盘的列线相连,根据键盘的工作原理,低电平时为 0,高电平时为 1。当按下某一键,比如 0 键,7 根线上的电压为 0010001,16 进制数为(11)h,用 Key[6：0]表示这些值。再根据按键动作识别结果,如果识别结果是 10000,则转换到脉冲占空比设置值 d_ctrl[16：0]的 10000,如果是 01000,转换到 d_ctrl[16：0]的 1000,以此类推,对 d_ctrl[16：0]进行锁存,作为脉冲占空比设置信号。表 6-6 给出键盘扫描和键值的数字编码,括号内数为 16 进制值。键盘接口电路框图如图 6-40 所示。

表 6-6　键盘扫描和键值的数字编码

键盘扫描值 key[6..0]	键　值	键盘扫描值 key[6..0]	键　值
001 0001 (11)h	0	010 0100 (24)h	6
001 0010 (12)h	1	010 1000 (28)h	7
001 0100 (14)h	2	100 0001 (41)h	8
001 1000 (18)h	3	100 0010 (42)h	9
010 0001 (21)h	4	100 0100 (44)h	A 确认
010 0010 (22)h	5	100 1000 (48)h	B 弹起

按键的识别用到有限状态机的概念。每一次按键过程可分解为键盘的按下和弹起,设按下状态为 n,相继的弹起状态为 $n+1$,n 到 $n+1$ 状态的转移表示一次按键。每一波段内 5 次按键和一次确认动作配合来实现脉冲占空比设置。规定确认的键值为 A,弹起的键值为 B。下面给出占空比设置过程举例：

※ 波段设置为 00(初始状态),系统做好准备等待接收占空比设置。

※ 波段设置为 01(第 1 波段),此时占空比值只可能是 00001～00009。假设欲获得 7/10 的占空比,则应依次按下 0,0,0,0,7 键,再按一次 A 键,占空比显示为 00007,即占空比为 7/10。再按一次 B 键,系统返回初始状态。

※ 波段设置为 10(第 2 波段),此时占空比值只可能是 00001～00099。若要获得 64/100 的占空比,则应依次按下 0,0,0,6,4 键,再按一次 A 键,则占空比显示为 00064,即占空比为 64/100。再按一次 B 键,系统返回初始状态。

※ 波段设置为 11(第 3 波段),此时占空比值只可能是 00001～99999。若要获得 99000/10000的占空比,则应依次按下 9,9,0,0,0 键,再按一次 A 键,则占空比显示为 99000,即占空比为 99000/10000。再按一次 B 键,系统返回初始状态。

在以上三个波段的占空比设置中,如果不遵守第 1 波段按 0000X(X 代表读取键值),第 2 波段按 000XX,第 3 波段按 XXXXX 设置,则会出现设置错误,系统将给出错误指示并返回初始状态。图 6-41 给出了键盘接口状态转移过程图。

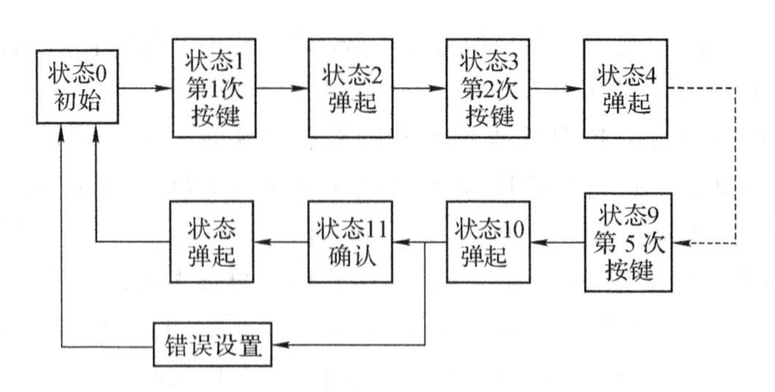

图 6-41 键盘接口状态转移过程图

(3)显示接口电路的设计

①显示接口电路原理

用 8 个 LED 发光数码管组成 LED 显示阵列,从左边开始排序。LED 发光数码管有共阴极和共阳极两种连接方式,对于共阳极显示,逻辑 1 笔画发光,逻辑 0 笔画不发光。本例采用共阳极显示。根据笔画和数据线的连接情况进行编码,表 6-7 给出了 LED 的数字编码表。

表 6-7 LED 数字编码表

字符	共阳极显示码	字符	共阳极显示码
0	A0H	8	80H
1	F9H	9	98H
2	A4H	A	88H
3	B0H	B	83H
4	99H	C	C6H
5	92H	D	A1H
6	82H	E	86H
7	F8H	F	8EH

②显示接口电路模块程序设计思想

显示模块根据波段选择的值和键值作相应的显示。如果波段 band_ctrl[1∶0]=1,LED 发光数码管阵列第 1 位显示 1,根据键值第 6 位显示 X 键值,X 表示键值,表示在0.1μs内可以填入 1~9 个 100MHz 脉冲,否则第 8 位显示错误指示 E。如果 band_ctrl[1∶0]=2,LED 发光数码管阵列第 1 位显示 2,根据键值第 5、6 位显示 XX,或 X,表示在 1μs 周期内可以填入 1~99个 100MHz 脉冲,否则第 8 位显示错误指示 E。如果 band_ctrl[1∶0]=3,LED 发光数码管阵列第 1 位显示 3,根据键值第 2 位~第 6 位显示 XXXXX、XXXX、XXX、XX 与 X 位键值,表示在 1ms 周期内可以填 1~99999 个 100MHz 脉冲,否则第 8 位显示错误指示 E。8 个 LED 发光数码管占用 16 根 FPGA 器件 I/O 线,高 8 位代表 8 个 LED 片选信号,低 8 位显示数码。显示接口电路方框原理图如图 6-40 所示。

(4) 占空比可变脉冲发生器的设计

①占空比可变脉冲发生器的设计思想

占空比可变脉冲发生器设置 3 个计数器(counter),计数器 1、计数器 2、计数器 3。

计数器 1(counter1[3:0])对应于第一波段,闸门周期时间为 0.1μs,键盘预置值表示脉冲计数,根据计数可以得到占空比为 1/10,2/10,…,9/10 的脉冲。

计数器2(counter2[6:0])对应于第二个波段,闸门周期时间为1μs,根据键值可以预置计数脉冲,设置占空比为1/100,2/100,…,99/100的脉冲。

计数器3(counter3[16:0])对应于第三个波段,闸门周期时间为1ms,根据键值,设置占空比为1/100000,2/100000,…,99999/100000的脉冲。

根据波段的状态,从signal1,signal2,signal3中选择信号作为最终的信号输出signal_gen。占空比可变脉冲发生器的方框符号图见图6-40。

②占空比可变脉冲发生器模块 module generator

```
module generator(clk,nrst,d_ctrl,ready,band_ctrl,signal_gen);
input clk,nrst,ready; //接口定义
input [16:0] d_ctrl;
input [1:0] band_ctrl;
output signal_gen;
reg signal_gen;

reg unsigned [3:0] counter1;     //设置计数器1,闸门为0.1μs
reg unsigned [6:0] counter2;     //设置计数器2,闸门为1μs
reg unsigned [16:0] counter3;    //设置计数器3,闸门为1ms
reg signal1,signal2,signal3;     //与3个计数器对应的3个输出信号

reg [16:0] number;               //计数器键盘预置值
always @(posedge clk)            //时钟正跳沿工作
if(! nrst)
number<=#2 0;                    //如果按复位键,计数器预置值赋零
else
  if(ready)
  number<=#2 d_ctrl;             //如果预置正确,读取预置值
  else
  number<=#2 number;             //否则,键盘计数器预置值保持不变

always @(posedge clk)            //时钟正跳沿工作
if(! nrst)
counter1<=#2 4'd0;               //如果按复位键,计数器1清零
else if(counter1! =10)
counter1<=#2 counter1+4'd1;      //闸门触发,继续计数
else
counter1<=#2 1;                  //闸门时间到,计数器1值为1

always @(posedge clk)            //时钟正跳沿工作
if(! nrst)
counter2<=#2 7'd0;               //如果按复位键,计数器2清零
else if(counter2! =100)
counter2<=#2 counter2+7'd1;      //闸门触发,计数器2继续计数
```

```
else
counter2<= #2 1;                  //闸门时间到,计数器 2 值为 1
always @(posedge clk)             //时钟正跳沿工作
if(! nrst)
counter3<= #2 17'd0;              //如果按复位键,计数器 3 清零
else if(counter3! =100000)
counter3<= #2 counter3+1'd1;  //闸门触发,继续计数
else
counter3<= #2 1;                  ///闸门时间到,计数器 3 值为 1

always @(posedge clk)             //时钟正跳沿工作
if(! nrst)
signal1<= #2 0;                   //如果按复位键,计数器输出信号 1 复位
else
  if(counter1<=number)            //计数器 1 设置键盘计数器预置值
  signal1<= #2 1;                 // 计数器 1 输出信号高电平
  else
  signal1<= #2 0;                 //否则,计数器 1 输出信号低电平
always @(posedge clk)             //时钟正跳沿工作
if(! nrst)
signal2<= #2 0;                   //如果按复位键,计数器输出信号 2 复位
else
  if(counter2<=number)            //计数器 2 设置键盘计数器预置值
  signal2<= #2 1;                 //计数器 2 输出信号高电平
  else
  signal2<= #2 0;                 //否则,计数器 2 输出信号低电平

always @(posedge clk)             //时钟正跳沿工作
if(! nrst)
signal3<= #2 0;                   //如果按复位键, 计数器输出信号 3 复位
else
  if(counter3<=number)            //计数器 3 设置键盘计数器预置值
  signal3<= #2 1;                 //计数器 3 输出信号高电平
  else
  signal3<= #2 0;                 //否则,计数器 3 输出信号低电平

always @(posedge clk)             //时钟正跳沿工作
begin
case(band_ctrl)          //根据波段设置值,选 3 个输出信号之一,赋给输出 signal_gen
2'b01 : signal_gen<= #2 signal3;
2'b10 : signal_gen<= #2 signal2;
2'b11 : signal_gen<= #2 signal1;
```

```
endcase
end
endmodule
```

通过对本例的学习，应该注意到本节的内容重点不在于完整地介绍一个脉冲信号发生器的设计，而是企图通过这个例题的讨论，介绍一些设计方法和技巧。本例采用硬件和软件协同设计实现系统的各子模块的功能。键盘的键值读取和按键识别是关键，键值的读取由对键盘的扫描完成，按键的识别根据有限状态机的状态转移实现。占空比可变的脉冲采用脉冲计数法实现。软件编制 Verilog 系统程序时，应关注系统硬件的构架，在同步工作状态下，各模块由统一时钟驱动，事件是并发的，程序的编制要充分注意并发性这一特点。

脉冲信号发生器 Verilog 工程的键盘接口与显示接口程序见附录。

6.3.3 附　录

(1)键盘接口(module key_interface)程序

```
module key_interface(k,key,clk,nrst,d_ctrl,ready,band_ctrl,
                     d_ctrlA,d_ctrlB,d_ctrlC,d_ctrlD,d_ctrlE
                    );
input [1 : 0] k;
input [6 : 0] key; //3 * 4
input nrst;
input clk;
output unsigned [16 : 0] d_ctrl;
reg      unsigned [16 : 0] d_ctrl;
output ready;
reg      ready;
output unsigned [1 : 0] band_ctrl;
reg      unsigned [1 : 0] band_ctrl;

output unsigned [3 : 0] d_ctrlA;
output unsigned [3 : 0] d_ctrlB;
output unsigned [3 : 0] d_ctrlC;
output unsigned [3 : 0] d_ctrlD;
output unsigned [3 : 0] d_ctrlE;
reg unsigned [3 : 0] d_ctrlA;
reg unsigned [3 : 0] d_ctrlB;
reg unsigned [3 : 0] d_ctrlC;
reg unsigned [3 : 0] d_ctrlD;
reg unsigned [3 : 0] d_ctrlE;
reg ready1;
reg ready2;
reg ready3;
```

```
reg ready4;
reg ready5;

reg unsigned [3:0] d_ctrl_temp;      // 行:0 1 2 3 列:4 5 6
always @(posedge clk)
if(! nrst)
d_ctrl_temp<=#2 11;
else
  begin
    case(key)
    7'b001_0001: d_ctrl_temp<=#2 4'd0;
    7'b001_0010: d_ctrl_temp<=#2 4'd1;
    7'b001_0100: d_ctrl_temp<=#2 4'd2;
    7'b001_1000: d_ctrl_temp<=#2 4'd3;
    7'b010_0001: d_ctrl_temp<=#2 4'd4;
    7'b010_0010: d_ctrl_temp<=#2 4'd5;
    7'b010_0100: d_ctrl_temp<=#2 4'd6;
    7'b010_1000: d_ctrl_temp<=#2 4'd7;
    7'b100_0001: d_ctrl_temp<=#2 4'd8;
    7'b100_0010: d_ctrl_temp<=#2 4'd9;
    7'b100_0100: d_ctrl_temp<=#2 4'd10;  //回车确认
    7'b000_0000: d_ctrl_temp<=#2 4'd11;  //弹起
    default:  d_ctrl_temp<=#2 d_ctrl_temp;
    endcase
end

always @(posedge clk)
if(! nrst)
band_ctrl<=#2 0;
else
band_ctrl<=#2 k;

reg unsigned [4:0] state_cnt;
reg done;
always @(posedge clk)
if(! nrst)
begin
state_cnt<=#2 4'd0;
d_ctrl<=#2 17'd0;
ready1<=#2 0;
ready2<=#2 0;
ready3<=#2 0;
```

```
ready4<=#2 0;
ready5<=#2 0;
done<=#2 0;
end
else
  begin
    case(state_cnt)
    0: begin
      d_ctrl<=#2 17'd0;
      ready<=#2 0;
      if(d_ctrl_temp! =4'd11)
         begin
         state_cnt<=#2 state_cnt+1;
         done<=#2 1;
         ready1<=#2 1;
         d_ctrlA<=#2 d_ctrl_temp;
         end
      end
    1: begin
      if(done)
         begin
         done<=#2 0;
         d_ctrl<=#2 d_ctrl_temp*10000;
         end
      if(d_ctrl_temp==4'd11)
         state_cnt<=#2 state_cnt+1;
      end
    2: begin
      if(d_ctrl_temp==4'd11)
         state_cnt<=#2 state_cnt;
      else
         begin
         state_cnt<=#2 state_cnt+1;
         done<=#2 1;
         ready2<=#2 1;
         d_ctrlB<=#2 d_ctrl_temp;
         end
      end

  3: begin
      if(done)
         begin
```

```
            done<=#2 0;
            d_ctrl<=#2 d_ctrl_temp*1000+d_ctrl;
            end
        if(d_ctrl_temp==4'd11)
            state_cnt<=#2 state_cnt+1;
        end
    4: begin
        if(d_ctrl_temp==4'd11)
            state_cnt<=#2 state_cnt;
        else
            begin
            state_cnt<=#2 state_cnt+1;
            done<=#2 1;
            ready3<=#2 1;
            d_ctrlC<=#2 d_ctrl_temp;
            end
        end

    5: begin
        if(done)
            begin
            done<=#2 0;
            d_ctrl<=#2 d_ctrl_temp*100+d_ctrl;
            end
        if(d_ctrl_temp==4'd11)
            state_cnt<=#2 state_cnt+1;
      end
    6: begin
        if(d_ctrl_temp==4'd11)
            state_cnt<=#2 state_cnt;
        else
            begin
            state_cnt<=#2 state_cnt+1;
            done<=#2 1;
            ready4<=#2 1;
            d_ctrlD<=#2 d_ctrl_temp;
            end
        end

    7: begin
        if(done)
            begin
```

```
            done<=#2 0;
            d_ctrl<=#2 d_ctrl_temp*10+d_ctrl;
            end
        if(d_ctrl_temp==4'd11)
            state_cnt<=#2 state_cnt+1;
        end
    8: begin
        if(d_ctrl_temp==4'd11)
            state_cnt<=#2 state_cnt;
        else
            begin
            state_cnt<=#2 state_cnt+1;
            done<=#2 1;
            ready5<=#2 1;
            d_ctrlE<=#2 d_ctrl_temp;
           end
        end

    9: begin
        if(done)
            begin
            done<=#2 0;
            d_ctrl<=#2 d_ctrl_temp+d_ctrl;
            end
        if(d_ctrl_temp==4'd11)
            state_cnt<=#2 state_cnt+1;
      end
  10: begin
        if(d_ctrl_temp==4'd11)
            state_cnt<=#2 state_cnt;
        else
            state_cnt<=#2 state_cnt+1;
      end

  11: begin
        if(d_ctrl_temp==4'd10)
        ready<=#2 1;
        else if(d_ctrl_temp==4'd11)
        state_cnt<=#2 0;
        else
            begin
            ready<=#2 1;
```

```
            d_ctrl<=#2 17'd0;
            end
        end
endcase
    end
        endmodule
```

(2)显示接口电路 module display 程序

```
module display(d_ctrl,ready,band_ctrl,display,
                ctrl1,ctrl2,ctrl3,ctrl4,ctrl5,
                clk,nrst
                );
input [16:0] d_ctrl;
input ready;
input [1:0] band_ctrl;
input unsigned [3:0] ctrl1;
input unsigned [3:0] ctrl2;
input unsigned [3:0] ctrl3;
input unsigned [3:0] ctrl4;
input unsigned [3:0] ctrl5;

reg ready1;
reg ready2;
reg ready3;
reg ready4;
reg ready5;
reg ready6;
reg ready7;
reg ready8;
input clk,nrst;

output unsigned [15:0] display; //高8位表示片选
reg unsigned [15:0] display; //低8位LED显示数码
reg unsigned [2:0] counter;
always @(posedge clk)
if(! nrst)
counter<=#2 0;
else
   if(counter! =6)
   counter<=#2 counter+1;
   else
   counter<=#2 1;
```

```
always @(posedge clk)
if(! nrst)
begin
ready1<=#2 0;
ready2<=#2 0;
ready3<=#2 0;
ready4<=#2 0;
ready5<=#2 0;
ready6<=#2 0;
ready7<=#2 0;
ready8<=#2 0;

end
else
begin
case(counter)
1:{ready1,ready2,ready3,ready4,ready5,ready6,ready7,ready8}<=#2 8'b1000_0000;
2:{ready1,ready2,ready3,ready4,ready5,ready6,ready7,ready8}<=#2 8'b0100_0000;
3:{ready1,ready2,ready3,ready4,ready5,ready6,ready7,ready8}<=#2 8'b0010_0000;
4:{ready1,ready2,ready3,ready4,ready5,ready6,ready7,ready8}<=#2 8'b0001_0000;
5:{ready1,ready2,ready3,ready4,ready5,ready6,ready7,ready8}<=#2 8'b0000_1000;
6:{ready1,ready2,ready3,ready4,ready5,ready6,ready7,ready8}<=#2 8'b0000_0100;
7:{ready1,ready2,ready3,ready4,ready5,ready6,ready7,ready8}<=#2 8'b0000_0010;
8:{ready1,ready2,ready3,ready4,ready5,ready6,ready7,ready8}<=#2 8'b0000_0001;

endcase
end

reg correct;
always @(posedge clk)
if(! nrst)
correct<=#2 0;
else
   if(ready&&(d_ctrl==0))
   correct<=#2 0;
   else
   correct<=#2 1;

always @(posedge clk)
if(ready1)
begin
case(ctrl1)
```

```
0:display<=#2 16'b0100_0000_1010_0000; //A0
1:display<=#2 16'b0100_0000_1111_1001; //F9
2:display<=#2 16'b0100_0000_1010_0100; //A4
3:display<=#2 16'b0100_0000_1011_0000; //B0
4:display<=#2 16'b0100_0000_1001_1001; //99
5:display<=#2 16'b0100_0000_1001_0010; //92
6:display<=#2 16'b0100_0000_1000_0010; //82
7:display<=#2 16'b0100_0000_1111_1000; //F8
8:display<=#2 16'b0100_0000_1000_0000; //80
9:display<=#2 16'b0100_0000_1001_1000; //98
endcase
end

always @(posedge clk)
if(ready2)
begin
case(ctrl2)
0:display<=#2 16'b0010_0000_1010_0000; //A0
1:display<=#2 16'b0010_0000_1111_1001; //F9
2:display<=#2 16'b0010_0000_1010_0100; //A4
3:display<=#2 16'b0010_0000_1011_0000; //B0
4:display<=#2 16'b0010_0000_1001_1001; //99
5:display<=#2 16'b0010_0000_1001_0010; //92
6:display<=#2 16'b0010_0000_1000_0010; //82
7:display<=#2 16'b0010_0000_1111_1000; //F8
8:display<=#2 16'b0010_0000_1000_0000; //80
9:display<=#2 16'b0010_0000_1001_1000; //98
endcase
end

always @(posedge clk)
if(ready3)
begin
case(ctrl3)
0:display<=#2 16'b0001_0000_1010_0000; //A0
1:display<=#2 16'b0001_0000_1111_1001; //F9
2:display<=#2 16'b0001_0000_1010_0100; //A4
3:display<=#2 16'b0001_0000_1011_0000; //B0
4:display<=#2 16'b0001_0000_1001_1001; //99
5:display<=#2 16'b0001_0000_1001_0010; //92
6:display<=#2 16'b0001_0000_1000_0010; //82
7:display<=#2 16'b0001_0000_1111_1000; //F8
```

```
8:display<= #2 16'b0001_0000_1000_0000; //80
9:display<= #2 16'b0001_0000_1001_1000; //98
endcase
end

always @(posedge clk)
if(ready4)
begin
case(ctrl)
0:display<= #2 16'b0000_1000_1010_0000; //A0
1:display<= #2 16'b0000_1000_1111_1001; //F9
2:display<= #2 16'b0000_1000_1010_0100; //A4
3:display<= #2 16'b0000_1000_1011_0000; //B0
4:display<= #2 16'b0000_1000_1001_1001; //99
5:display<= #2 16'b0000_1000_1001_0010; //92
6:display<= #2 16'b0000_1000_1000_0010; //82
7:display<= #2 16'b0000_1000_1111_1000; //F8
8:display<= #2 16'b0000_1000_1000_0000; //80
9:display<= #2 16'b0000_1000_1001_1000; //98
endcase
end

always @(posedge clk)
if(ready5)
begin
case(ctrl5)
0:display<= #2 16'b0000_0100_1010_0000; //A0
1:display<= #2 16'b0000_0100_1111_1001; //F9
2:display<= #2 16'b0000_0100_1010_0100; //A4
3:display<= #2 16'b0000_0100_1011_0000; //B0
4:display<= #2 16'b0000_0100_1001_1001; //99
5:display<= #2 16'b0000_0100_1001_0010; //92
6:display<= #2 16'b0000_0100_1000_0010; //82
7:display<= #2 16'b0000_0100_1111_1000; //F8
8:display<= #2 16'b0000_0100_1000_0000; //80
9:display<= #2 16'b0000_0100_1001_1000; //98
endcase
end

reg unsigned [3:0] state_cnt;
always @(posedge clk)
if(! nrst)
```

```
    begin
    display<=#2 16'd0;
    state_cnt<=#2 0;
    end
  else
    if(! correct)
    display<=#2 16'b0000_0001_01000_1100;      //显示 E
    else if(ready6)
    begin
    if(band_ctrl==1) //波段 1
        begin
        case(state_cnt)
        0:begin
          display<=#2 16'd0;
          state_cnt<=#2 state_cnt+1;
          end
        1:begin
          display<=#2 14'b1000_0000_1111_1001; //显示 1
          state_cnt<=#2 1;
          end
        endcase
        end
  else
    if(band_ctrl==2) //波段 2
        begin
        case(state_cnt)
        0:begin
          display<=#2 16'd0;
          state_cnt<=#2 state_cnt+1;
          end
        1:begin
          display<=#2 16'b1000_0000_1010_0100; //显示 2
          state_cnt<=#2 1;
          end
        endcase
        end
  else
    if(band_ctrl==3) //波段 3
        begin
        case(state_cnt)
        0:begin
          display<=#2 16'd0;
```

```
          state_cnt<=#2 state_cnt+1;
          end
        1:begin
          display<=#2 16'b1000_0000_1011_0000; //显示 3
          state_cnt<=#2 1;
          end
        endcase
        end
    end
endmodule
```

6.4　数据采集系统的设计

数据采集系统主要是指这样的系统，它具有将模拟量(例如温度、压力、位移、语音、图像等)变为数字量，然后经计算机进行适当的处理后，再配以显示、记录等功能。典型的数据采集系统框图如图 6-42 所示，图中各单元的功能如下：

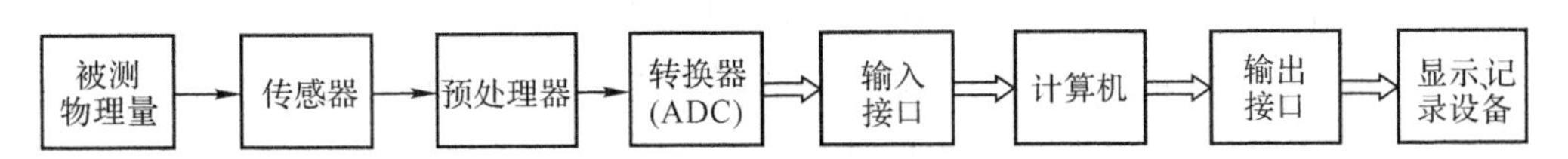

图 6-42　数据采集系统框图

※ 传感器　将输入的物理量转换成相应的电信号输出，实现非电量到电量的变换。传感器的精度和灵敏度将直接影响整个系统的性能，所以其是系统中一个重要的部件。

※ 预处理器　传感器的输出信号一般不适合直接被转换成数字量，通常要进行放大、特性补偿、滤波等环节的预处理，即由预处理器来完成。

※ 模拟/数字转换器　实现将模拟量转换成数字量，转换精度和速度是其主要性能指标。

※ 计算机(微型机、嵌入式系统或单片机)　目前的数据采集系统功能和性能日趋完善，因此主控部分一般都采用单片机、嵌入式系统或微型机来实现。为了使外部设备与计算机能协调工作，因此配置了输入和输出接口。

※ 显示、记录设备　常用的显示器有发光二极管、7 段数码管、CRT 显示器等，记录设备有打印机、绘图仪等。

当采集多个模拟信号时，一般用多路模拟开关以巡回检测的方式来实现。采集高速信号时在逐次逼近式 ADC 的前端还要加接取样/保持(S/H)电路。

综上所述，设计数据采集系统时，在硬件方面的工作主要是根据系统要求，合理选好各单元器件及相互连接，以及完成输入、输出接口的设计。而数据采集系统的软件设计是根据系统要实现的功能，经接口对各部分进行控制：例如对模拟多路输入通道的选择以保证选择正确的通道；又如在正确的时刻取样和保持以使 ADC 能正确完成转换；对输入的数字信息进行运算处理；为了显示、记录和传输，对信息还须作格式变换等工作。这些大都通过编制程序来实现。

上述是针对利用微型机来实现数据采集时的软件考虑。如果系统设计是从 CPU 级开始或用单片机来组成采集系统，此时通常还要设计专用的监控程序，以完成人机对话功能。下面将通过实例的具体设计过程加以介绍。

6.4.1 设计任务与要求

例 6.4 设计一个四路数据采集系统。

6.4.1.1 基本要求

(1)各路输入信号性能

①第一路 单次阻尼振荡波形，持续时间为 0.1～0.4s；阻尼振荡频率 $f_0 \approx 500\text{Hz}$。输出振幅峰峰值 $V_{P\text{-}P} \leqslant 0.5\text{V}$。

②第二路 来自某一热电偶输出，温度范围为 0～400℃，相应热电偶输出数值为 0～25mV，温度最小区分度为 0.2℃；工作环境下有 0.2V 共模噪声。

③第三路和第四路为一个 0～5V 的可调的直流电源输出。

(2)输出信号的显示方式

①对于第一路单次信号，从示波器上显示出衰减的振荡波形，显示精度达到 5%。

②对于第二路信号，用十进制数码管显示实测温度值。

③对于第三、第四两路信号，用十进制数码管显示实际的输出电压值。

④每个通道 LED 显示持续时间为 1～10s。

(3)运行方式

①单次信号瞬时采集后送至示波器连续显示。

②其他各路信号可以“选择”采集和显示或“循环”采集和显示。

6.4.1.2 扩展要求

①采集通道数的扩充。

②采集数据的速度和精度的提高。

③单次信号采集功能的扩充。

6.4.2 总体方案的确定

6.4.2.1 任务分析

(1)控制方法

由于本任务要求的功能较多，输入信号有单次阻尼振荡波形和小信号的慢变化信号，输出有数字显示和波形显示。所以从当前技术水平来看，以计算机作为主控较为合适。常用的有个人计算机、嵌入式系统和单片机，但由于本任务对采集信息的计算、处理等工作量不多，用个人计算机、嵌入式系统作主控机是大材小用，因此采用单片机较合理。

(2)对单次信号采集和显示功能的分析

为了显示单次信号，常用的方法有模拟和数字两种手段，模拟方法由于精度低和存储时间有限等缺点而很少采用，因此通常采用数字方法，即首先以适当的取样频率对模拟信号进行取样，量化并存在存储器中（例如 RAM），然后以一定的显示频率和顺序把存储器中的数字信号取出，经 DAC 还原成模拟信号。如果重复进行操作就可得到一个形状与原来单次信号一样的重复（周期）信号，因此就可用一般示波器来显示单次信号，这就是数字存储示波器的基本原理。由上分析可以得出实现单次信号显示的基本框图，如图 6-43 所示。

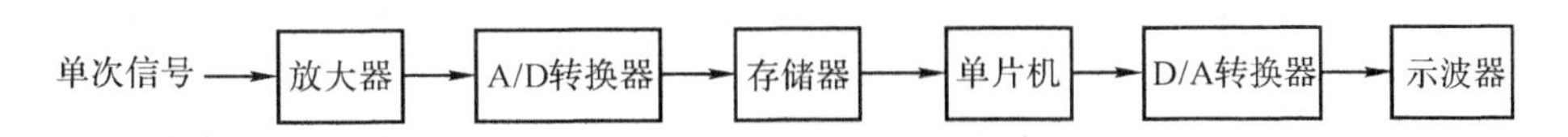

图 6-43　单次信号显示框图

(3)对第二路输入信号的分析

由于是热电偶输出，所以是一个慢变化信号，但温度区分度较高，为$\frac{0.2}{400}=\frac{0.5}{1000}$，因此至少要用 12 位以上的 A/D 转换器。而且，输入信号较小且工作环境有 0.2V 共模信号，所以从热电偶输出要配接数据放大器或隔离放大器。除了能放大信号外，还要求能抑制共模信号。

(4)第三、第四两路输入信号为 0～5V 可变的直流电压。通常希望输入到 A/D 转换器的信号能接近 A/D 转换器的满量程以保证转换精度，因此在直流电源输出端与 A/D 转换器输入之间应接入程控放大器以满足要求。在本例中为简化设计，假定直流电源输出电压比较大（例如 3V 以上），故可以省去程控放大器，而把电源输出直接连接到 A/D 转换器的输入端。

(5)其他一些功能分析

对于慢变和直流信号，要求能用数码管实时地进行十进制显示，由于分辨率要达到 0.5/1000，所以要用 4 只数码管表示 4 位十进制数，而用两只数码管表示通道数。为了能有选择取样频率和显示频率以及采集方式（“选择”采集和“循环”采集）等功能，所以必须有键盘来实现人机对话操作，因此应配置键盘、显示器接口芯片（如 8279）。由此可以得出整个系统的原理框图如图 6-44 所示。

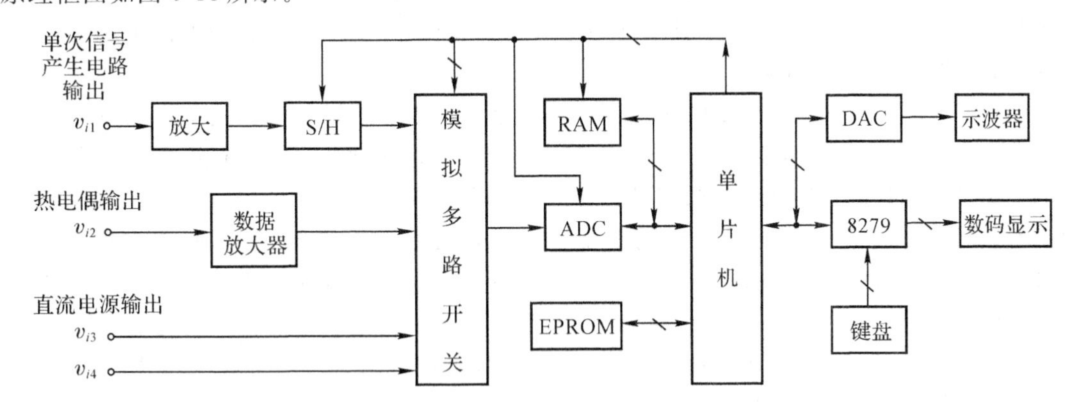

图 6-44　数据采集系统原理框图

6.4.2.2　系统组成

图 6-44 是根据基本要求得出的系统框图，系统核心是以单片机、EPROM 和 RAM 组成的单片机系统，其中 EPROM 用于存放系统的控制程序，RAM 用于存放采集的数据等。前向通道以 A/D 转换器为核心，配以数据放大器、多路模拟开关和取样/保持电路。因为第一输入通

道的单次信号的阻尼振荡频率约为500Hz，根据3.2.3.3的讨论，为保证一定的采集精度，必须在A/D转换器前加接取样/保持电路。由于有四路输入信号，为节省硬件，可共用一个A/D转换器，所以在A/D转换器和输入信号之间要配接多路模拟开关。

人机通道由键盘和LED显示器等组成，用于接收命令和输出显示结果。为减轻单片机软件编制工作量，提高灵活性、可靠性，在人机通道中采用了可编程键盘、显示控制器8279，并以中断方式与单片机进行联络。

图6-44中用了两个放大器，因为根据第二输入通道的信号，要求该通道的放大器应选用具有较高共模抑制比能力的数据放大器。而第一通道的放大器只需用一般通用运算放大器即可满足要求。

6.4.3 系统硬件设计

作为一个实用系统，总是希望有尽可能高的性价比，因此只要系统的工作速度容许，一般希望尽量以软件换取硬件电路的简化，这样既可降低成本，又可使系统具有灵活性。由于本系统的第一输入通道是一单次信号，应满足能实时捕捉其所有信息。因此，对RAM容量的考虑、控制功能等的实现将可能会依赖于硬件电路。

6.4.3.1 取样频率的确定

在一个数据采集系统中，采样速度表示了采集的实时性能，取样频率由采集的模拟信号的带宽及每个信号周期的采集点数来决定。

根据奈奎斯特(Nyquist)取样定理，取样频率 $f_s > 2f_{imax}$。为保证精度和便于波形的复现，通常取 $f_s \geqslant (7 \sim 10) f_{imax}$。所以对于第一通道信号而言，可选择 $f_s = 10 \times 500 = 5\text{kHz}$，即最大采集周期为 $T_s = 1/f_s = 0.2\text{ms}$。由于其他三路通道都是慢变化信号，因此系统的高端取样频率可选取5～10kHz。当单次信号持续时间较短时，可以用较高的频率来采集，使采集的信息量多些。其他三路为慢变化信号，其取样频率可视要求而定。取样频率的改变由单片机控制。

6.4.3.2 单片机子系统

图6-45为单片机子系统的组成原理图。单片机子系统以MCS-51系列单片机8031为核心，外扩8K×8的EPROM2764和8K×8的RAM6264，这两种芯片都具有较高的性价比，同时也能满足存储控制程序和采集数据量的要求。从采集数据量来看，最大数据量发生在第一通道的衰减振荡持续时间为最长时的情形下。为保证精度和波形的复现，当取样频率为5kHz时，对于持续时间为0.4s的衰减振荡，为采集其完整的信号则需要采集2000点。若每点用8位来量化，则要求RAM至少应大于2K字节容量。其他三路信号是慢变化信号，而且有数码管实时显示，所以占用RAM的容量很少。因此选用6264完全能满足要求，并留有适当的余量以便今后进一步扩展功能。

8031单片机采用的是二维存储空间系统，其中程序存储器为一独立的64K存储空间，地址编号(0000H～FFFFH)虽然和数据存储器地址重叠，但由于两者所用控制信号不同，所以互相不占用。故在采用单片EPROM时，可直接将其片选 $\overline{CS}$ 接地，也可以用地址线选择。RAM与8279、A/D转换器等共同占用64K的外部数据存储器空间。RAM以 $P_{2.5}$ 作为片选信号，占用地址范围为C000～DFFFH。

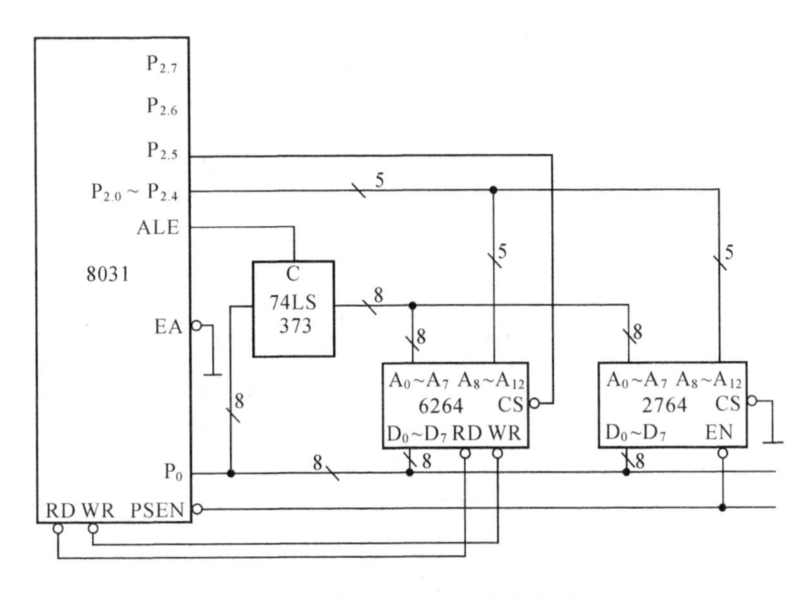

图 6-45　单片机 8031 子系统原理图

6.4.3.3　前向通道

前向通道是数据采集系统的一个重要组成部分，它的组成与被检测对象的特性和所处环境有密切关系。通常要考虑的有通道结构、传感器的选择、信号的模拟处理、A/D 转换器的选用以及抗干扰等问题。本系统的前向通道的框图，如图 6-43 中被检测信号源到 A/D 转换器这部分，这里选择了共用一个 A/D 转换器的通道结构。对于多路信号的采集是分时进行，所以必须配置多路模拟开关，由单片机对多路开关的转换进行控制。为了减少多路开关引入的误差，所以一般是将它置于放大器之后。在第一输入通道的放大器与多路模拟开关之间还应接入取样/保持电路。

(1)A/D 转换器的选择

A/D 转换器品种繁多，性能各异，选择的原则应从转换精度、转换速度、模拟信号的输入通道数以及成本、供货来源等全面考虑。当然必须满足本系统的各项要求。

①转换时间或转换速率的选取

A/D 转换器的转换时间应小于最小的采集周期，即前述的最大取样频率的倒数。一个采集周期中，除了 A/D 转换时间外，还包含多路开关的转换时间、放大器的建立时间等。一般分配给 A/D 转换时间最多，因此可选本系统中 A/D 转换时间小于 100μs($T_s=200\mu s$)。

②A/D 转换器的位数选择

A/D 转换器的位数，决定着信号采集的精度和分辨率。对于第二通道的输入信号，要求其分辨率为$\frac{0.2}{400}=\frac{2}{4000}$。一个 12 位的 A/D 转换器其分辨率为 $1LSB=\frac{1}{4096}$。若再考虑到其他一些单元的误差，取 12 位的 A/D 转换器是比较合适的。为此可以选 AD574A 芯片，它是美国模拟器件公司 12 位逐次逼近式 A/D 转换器，内部有三态数据输出锁存器，线性误差小于 $\pm\frac{1}{2}$LSB，一次转换时间为 25μs。由于芯片内部比较器的输入回路接有可变量程的电阻(5kΩ

或 5kΩ+5kΩ）和双极性偏置电阻，因此 AD574A 的输入模拟信号量程范围有0～+10V，0～+20V，－5～+5V 和－10～+10V 四档，因本系统第二通道是一个微弱信号，对分辨率和精度要求比较高，第一通道虽是双极性信号，但仅要求显示精度为 5%，比较宽松。因为所有输入通道共用一个 A/D 转换器，故从精度出发，首先要满足第二通道的要求，因此 AD574A 接成0～10V的单极性输入。而对于第一通道的信号，将来可用电平移位来解决。AD574A 的内部结构框图和外接电路如图 6-46、图 6-47 所示。

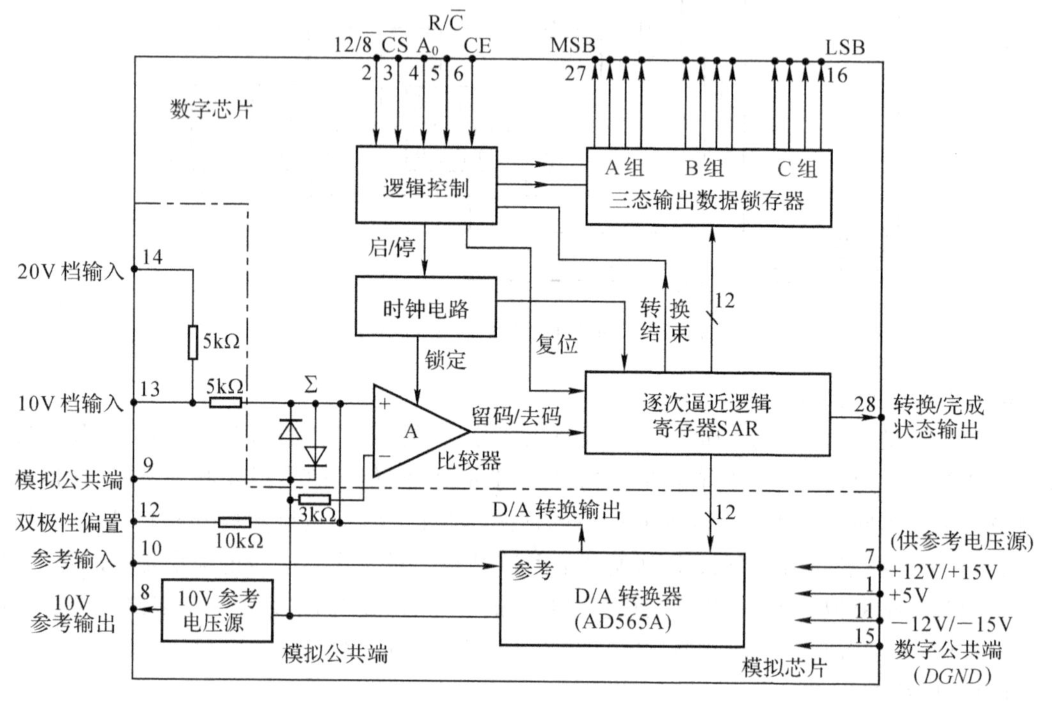

图 6-46 AD574A 内部结构框图

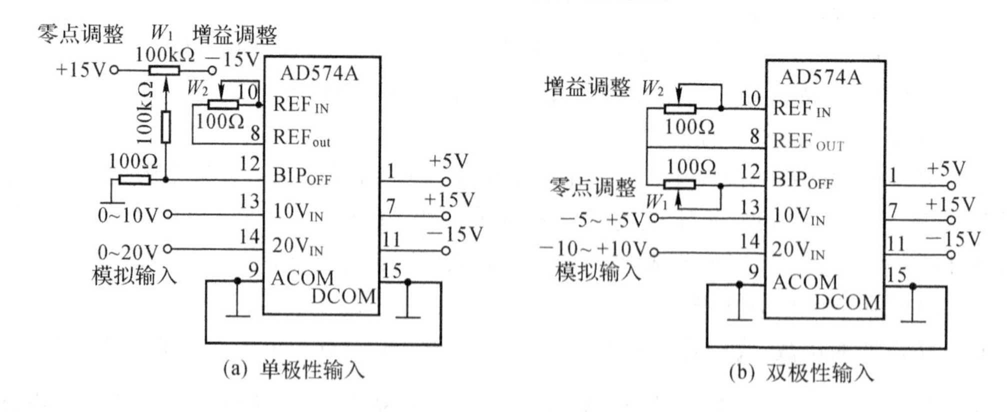

图 6-47 AD574A 的输入电路与参考电源的外部接法

③A/D 转换器与单片机接口

因为 AD574A 片内有三态输出锁存器，故与单片机相连比较简单。图 6-48 是 AD574A 和 8031 的接口电路，图中$\overline{CS}$，CE，R/$\overline{C}$ 分别是片选、片使能、数据读/启动信号。A_0 和 12/$\overline{8}$ 信号是用于控制一次输出数据的长度的，这些信号的组合功能可参阅表6-8。

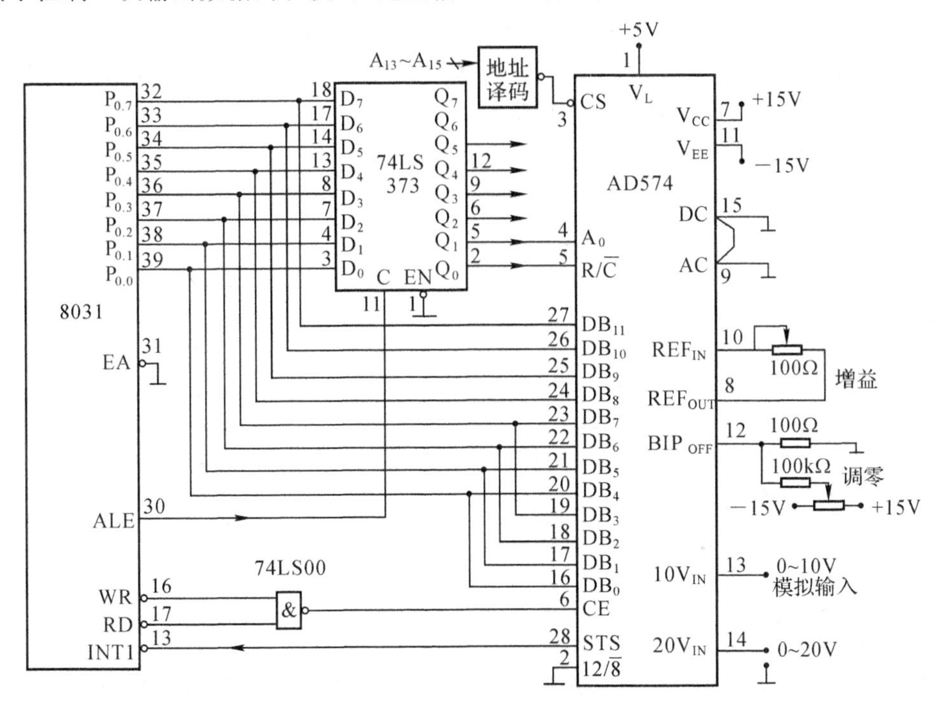

图 6-48　AD574A 与 8031 的接口电路

表 6-8　AD574A 逻辑控制真值表

CE	$\overline{CS}$	R/$\overline{C}$	12/$\overline{8}$	A_0	工作状态
0	×	×	×	×	禁止
×	1	×	×	×	禁止
1	0	0	×	0	启动 12 位转换
1	0	0	×	1	启动 8 位转换
1	0	1	接 1 脚(+5V)	×	12 位并行输出有效
1	0	1	接 15 脚(0V)	0	高 8 位并行输出有效
1	0	1	接 15 脚(0V)	1	低 4 位加上尾随 4 个 0 有效

当$\overline{CS}$=0，CE=1 同时满足时，AD574A 才处于工作状态，这时，若 R/$\overline{C}$=0，启动 A/D 转换，而 R/$\overline{C}$=1 允许数据(转换结果)读出。进行 A/D 转换时，A_0=0，实现 12 位转换；A_0=1，则进行 8 位转换。当 AD574A 处于数据读出时，A_0 和 12/$\overline{8}$ 成为输出数据格式控制端，若 12/$\overline{8}$=1，对应 12 位并行输出；12/$\overline{8}$=0，则对应 8 位双字节输出，其中 A_0=0 时，输出高 8 位，A_0=1，输出低 4 位并以 4 个 0 补足尾随的 4 位。应该指出，12/$\overline{8}$ 端与 TTL 电平不兼容，所以要直接接+5V或 0V。

STS 是状态输出端，STS=1，AD574A 处于转换状态；STS=0，表示转换完成。此信号可以向单片机申请中断或作查询信号。在此利用它向8031申请中断，其中断入口地址为0013H。

图6-49为AD574A的启动与转换和转换结果输出的时序图，无论是启动转换还是结果输出，都要保证CE端为高电平。故8031的$\overline{WR}$，$\overline{RD}$端通过与非门与AD574A的CE端相连。转换结果分高8位和低4位与P_0口相连，故$12/\overline{8}$端接地。$\overline{CS}$，A_0，$R/\overline{C}$在读取转换结果时，应保持相应电平，故用74LS373锁存后接入。

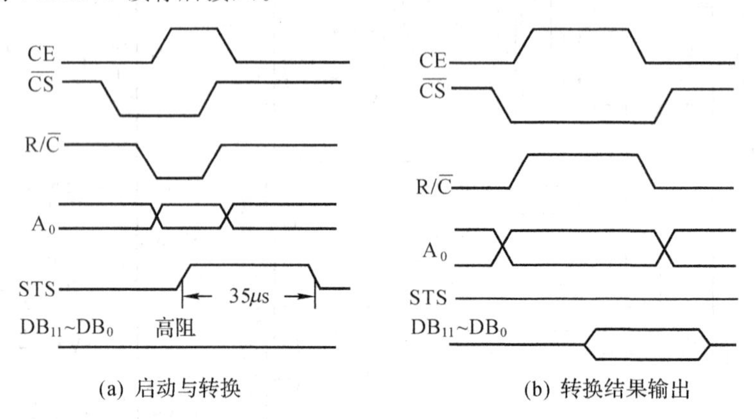

图6-49　AD574A控制时序

(2)多路模拟开关

多路模拟开关常采用集成电路多路模拟开关，例如CD4052B，它是两组四选一模拟开关，其主要参数如下：导通电阻$R_{on}=200\sim300\Omega$，开关接通电流$I_c\leqslant30\text{mA}$，漏电流$I_s\leqslant20\text{nA}$，转换时间$T_{open}\leqslant40\text{ns}$，开关接通延迟时间$T_{on}\leqslant40\text{ns}$，显然可以满足本系统的速度和精度的要求。该芯片的通道选择端与单片机$P_{1.0}\sim P_{1.1}$相连，由软件控制通道间的转换。

(3)取样/保持电路

众所周知，取样/保持电路的功能是减少A/D转换器在转换中的孔径误差，或者说，是在同样精度下提高输入信号的变化速率。在本系统中，由于第一路输入信号为一衰减阻尼振荡，已知其振荡频率约为500Hz，显示精度要求达到5%。若分配给A/D转换器的精度为2%，则A/D转换器应有6位以上的精度，但为了共用一块ADC芯片，所以选用AD574A。已知AD574A的转换时间$T_{conv}=25\mu\text{s}$，根据式(3-11)可得容许输入正弦信号的最高频率

$$f_{\max}\leqslant\frac{1}{\pi2^NT_{conv}}$$

其中$N=12$，可得$f_{\max}\leqslant10^6/\pi\times2^{12}\times25=3.11\text{Hz}$，小于500Hz，故本系统的第一路输入信号在A/D转换器前应接入取样/保持电路。

取样/保持电路可选常用的通用型LF398，其孔径时间$T_{AP}\leqslant40\text{ns}$。若保持电容取100pF，当捕获时间$T_{AC}\leqslant6\mu\text{s}$时，芯片精度可达±0.1%，足以满足本例要求。LF398外接线图如图6-50所示。

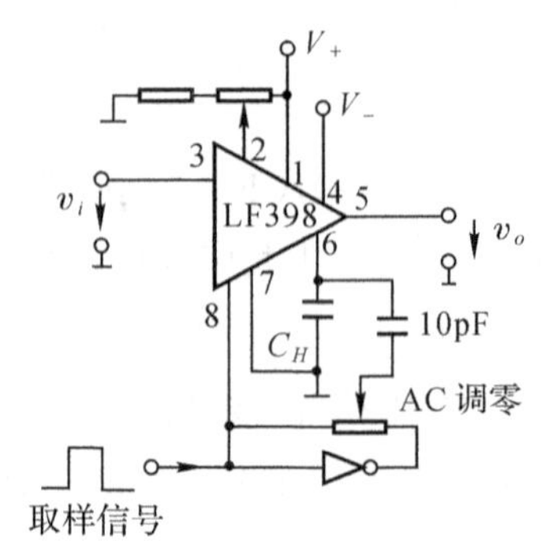

图6-50　LF398外部联线图

取样/保持芯片LF398的逻辑控制端(8脚)与单片机的$P_{1.3}$相连，用于控制取样和保持状态之间的切换。

(4)放大器的选择

①数据放大器的选择

由于第二路输入信号较弱而且工作环境中存在共模噪声电压，所以一般要接入数据放大器。选择原则如下：

(a)放大器共模抑制比的要求

由于要分辨的最小信号为 $0.2\times\frac{25\text{mV}}{400}=12.5\mu\text{V}$，通常要求由共模干扰引入的等效噪声电压应比信号小若干倍，若取最小信号的一半，则由共模干扰折合到输入端的等效噪声电压为 $\frac{12.5\mu\text{V}}{2}=6.25\mu\text{V}$，由此要求放大器的共模抑制比[参阅式(3-6)]

$$\text{CMRR}\geqslant 20\lg\frac{0.2\text{V}}{6.25\mu\text{V}}\approx 90\text{dB}$$

(b)放大器闭环增益的要求

因为选取 AD574A 的满量程为 10V，一般从充分利用 A/D 转换器的精度来考虑，总是尽量使最大输入信号达到 A/D 转换器的满量程，所以闭环增益 $A_{vf}=\frac{10\text{V}}{25\text{mV}}=400$ 倍。

(c)放大器带宽的要求

由于热电偶输出的是一个缓慢变化的信号，因此其对放大器的带宽没有多大要求，一般都能满足。由此可选用 INA102 高精度放大器。采用相应的引脚连接或外接电阻，可使增益在 1～1000 范围内选择。其主要特性如下：

静态电流 $<750\mu\text{A}$　　共模抑制比 90dB

内部增益 1～1000　　输入阻抗 $>10^{10}\Omega$

非线性为 0.01%

此外，偏移、漂移都很小，同时还可利用引脚⑧来微调，进一步提高共模抑制比。

图 6-51(a)是 INA102 的简化电路，它的构成原理已在第 3 章中介绍过，是由三运放组成的数据放大器。图 6-51(b)是 INA102 的基本电路接法，增益可通过引脚②～⑦的连接来选择，如表 6-9 所示。若要求非十进制整数增益时，可外接电阻 R_G'(图 6-52)来调整，此时增益 $A_f=1+\frac{40\text{k}\Omega}{R_G(\text{k}\Omega)}$，式中 R_G 是输入运算放大器两个同相端间的总电阻。图 6-52 是本系统中放大器与热电偶(冷端补偿)的连线图，图中 100kΩ 电位器用于调零，10kΩ 电位器用来调节信号幅度，二极管 D 用于冷端补偿。

表 6-9　INA102 增益选择的引脚连接方法

增　益	引脚连接方法	非整 10 进制增益的计算
×1	6－7	$A_f=1+(\frac{40\text{k}\Omega}{R_G(\text{k}\Omega)})$
×1～10	6－R_G'－2	
×10	2－6－7	
×10～100	6－R_G'－3	
×100	3－6－7	
×100～1000	6－R_G'－4	
×1000	4－7，5－6	

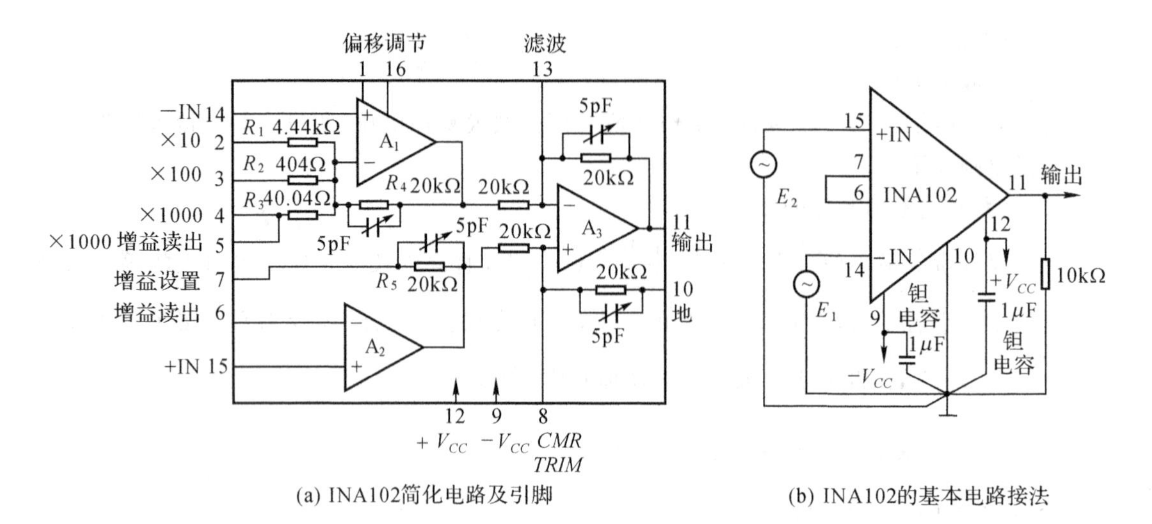

(a) INA102简化电路及引脚　　(b) INA102的基本电路接法

图 6-51　INA102 放大器简化电路

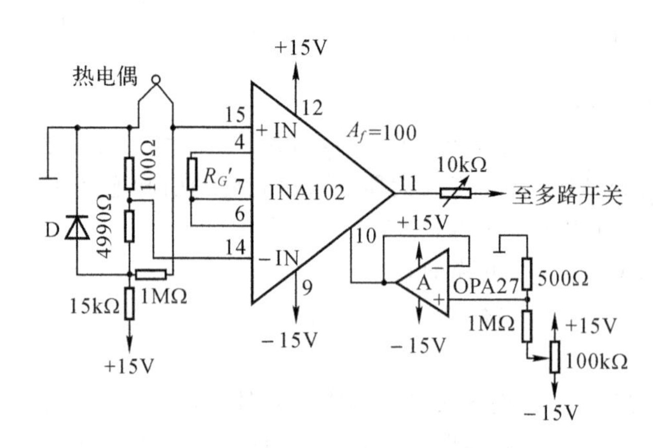

图 6-52　有冷端补偿的热电偶放大器

②运算放大器的选用

由于第一路输入信号是一个近似 500Hz 的正弦衰减振荡，其幅值 $V_{P\text{-}P}\leqslant 0.5$V，所以将一般的通用运算放大器接成闭环增益为 20 倍的放大器即可。根据式(3-3)，要求运放的摆率 $S_R\geqslant 2\pi f V_{om}=0.016\text{V}/\mu\text{s}$，所以可取最常用的通用运算放大器，例如 F007 等。

由于衰减振荡近似为一个对称波形，因此其经放大后的输出最大幅值为±5V，而我们的A/D转换器是接成单极性形式(因为后三路输入信号都是单极性的慢变信号)的，所以运放应接成静态时有+5V 输出电位，即将输出信号偏移到 0～10V 的振荡波形，而在 D/A 转换时，减去+5V 电位而还原成原来波形(参见图 6-55 及图 6-57 有关电路)。

6.4.3.4　人机对话通道

人机对话通道是操作者对系统发布命令和系统输出显示测量结果的通道。主要由键盘和LED 显示器组成。对于简单的系统，键盘扫描输入和显示器的扫描输出都可以直接由单片机承担。但考虑到本系统实际情况，为减少单片机与键盘、显示器的 I/O 口数目和提高单片机工作的效率，所以在组成人机通道时用了可编程键盘、显示接口芯片 8279。

8279 是用于键盘、显示的专用控制芯片，有能对显示器和键盘自动扫描、识别键盘按键的键号和自动消抖处理等功能，可以完成键盘输入和 LED 显示控制两种功能。从而大大减轻了单片机的工作负担。

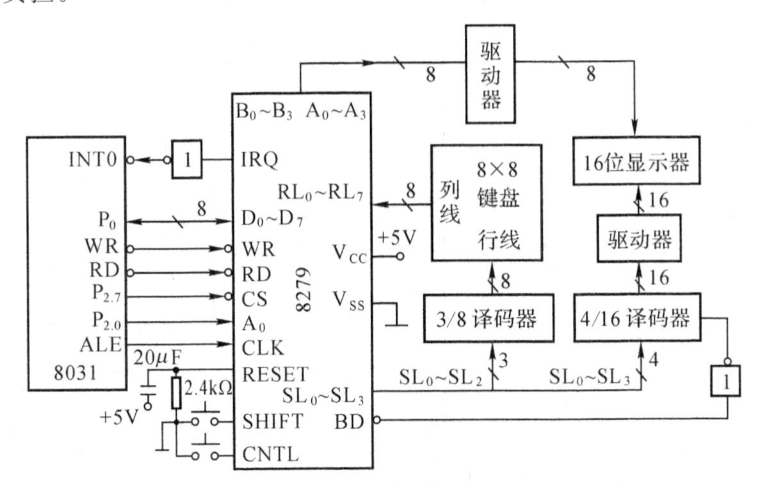

图 6-53　8279 的键盘、显示电路与 8031 接口

图 6-53 为 8031 与 8279 键盘、显示电路的一般连接方法。8279 最大能配置 8×8 个键，由扫描线 $SL_0\sim SL_3$ 通过 3/8 译码器提供，接入键盘行线；查询线由反馈输入线 $RL_0\sim RL_7$ 提供，接入键盘列线。8279 显示器最大能配置 16 位显示，位选线由扫描线 $SL_0\sim SL_3$ 经 4/16 译码器、驱动器提供；段选线由 $B_0\sim B_3$ 和 $A_0\sim A_3$ 通过驱动器提供。$\overline{BD}$线可用来控制译码器，实现显示器的消隐。

8279 与 8031 连接部分非常简单如图 6-53 所示，P_0 口、$\overline{WR}$、$\overline{RD}$可直接相连，$\overline{CS}$ 由 8031 地址线选择。A_0 线也可由地址线选择。RESET 按图中连接为上电复位方式。8279 的中断请求线 IRQ 经反相器与 8031 的$\overline{INT0}$ 相连。ALE 可直接与 8279 的 CLK 相连以提供时钟，由 8279 设置适当的分频数，分频至 100kHz。

根据本系统要求，键盘可取 2×8 行列(10 个数字键和 6 个功能键)，显示器可取 6 位，其中 4 位作数值显示，二位用作通道号显示。因此译码电路可以简化，实际连线如图 6-54 所示。

6.4.3.5　后向通道

后向通道的结构与输出对象和任务有密切联系。本任务除了通过 8279 对第二到第四输入通道的信号值用数码管显示外，更主要的是将第一输入通道采集的数据以波形方式在示波器上显示出来，所以必须要用 D/A 转换器把数字量转换成模拟量，并变换成合适的电压输入到示波器的 Y 轴去显示。因此选择合适的 D/A 转换器、放大器等外围电路是本通道的主要任务。

(1)D/A 转换器的选择

主要考虑的是精度和转换时间。精度一般来说可用位数表示，而转换时间常用建立时间来表示。实际情况是 D/A 转换器的输出常接运算放大器，计算时也应把放大器的建立时间一并考虑进去。由于本任务只要求显示精度达到 5%。所以可选择 8 位 D/A 转换器。转换时间的考虑如下：因为要在示波器上稳定显示输出波形，要求每秒至少有 50 次扫描整个波形，根

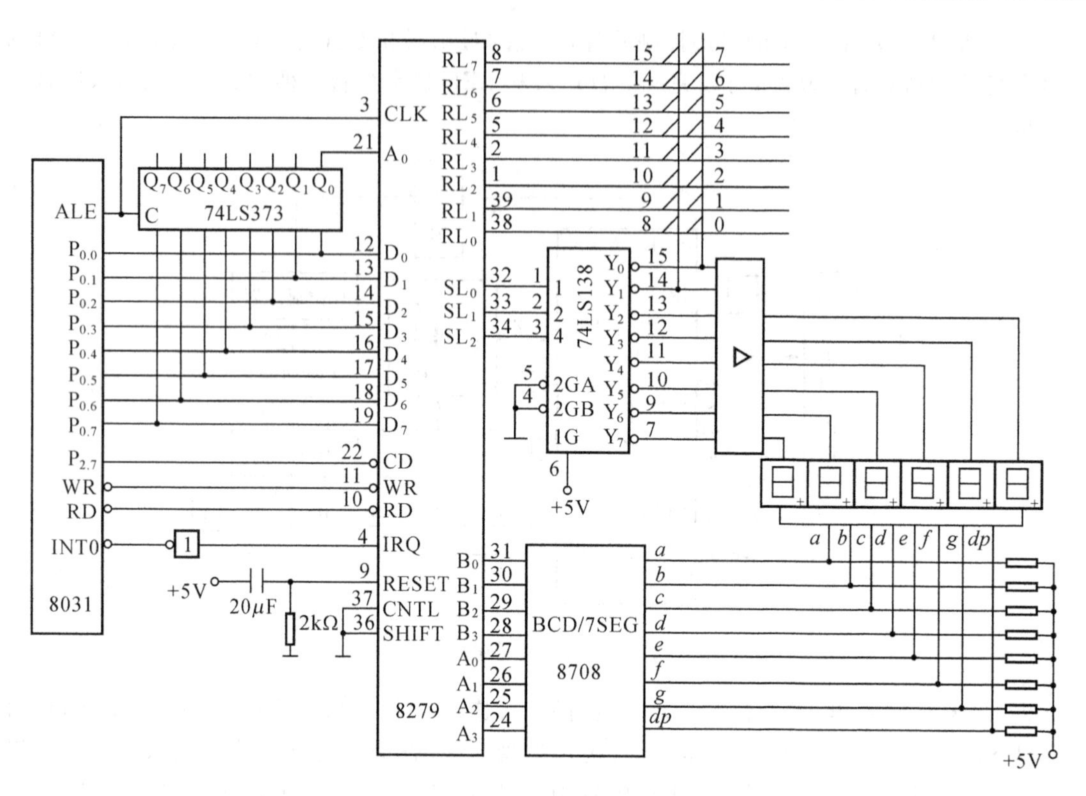

图 6-54 实际的 8279 键盘、显示器接口电路

据前面讨论，最大采集信息量为 2000 点，所以显示频率为 2000×50＝100kHz，故要求 D/A 转换器(含放大器)的建立时间小于 10μs，可选 0832 D/A 转换器，它的建立时间小于 1μs。DAC0832 是与微处理器兼容的 D/A 转换器，故可充分利用微处理器的控制能力对芯片的$\overline{CS}$，$\overline{WR_1}$，$\overline{WR_2}$，$\overline{XFER}$，ILE 引脚进行控制。由于 0832 为电流输出型 D/A 转换器，要获得电压输出时，一般要通过运算放大器进行转换。根据前面的讨论，还要将运放输出的直流电位向下偏移 5V，才可得到双极性的输出波形。具体接法如图 6-55 所示。由图 6-55 可见，从 b 点输出双极性的模拟电压。

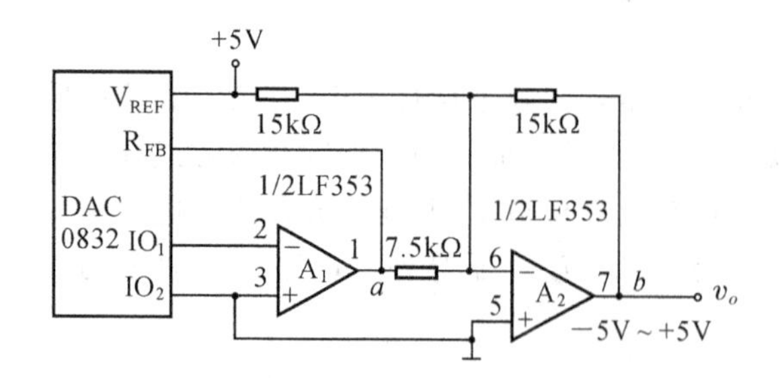

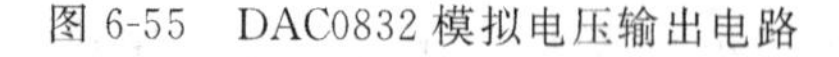

图 6-55 DAC0832 模拟电压输出电路

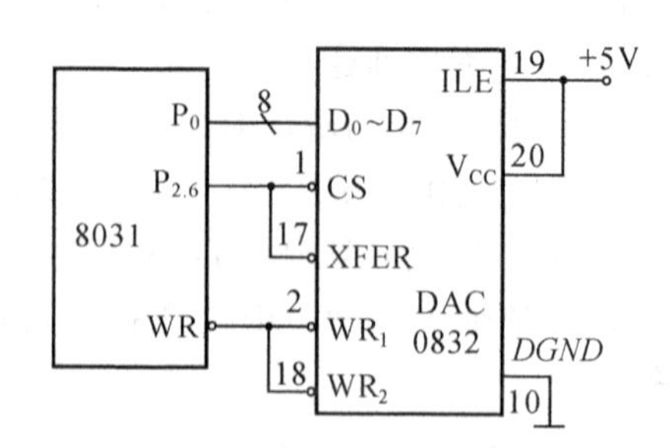

图 6-56 DAC0832 的单缓冲器方式接口电路

(2)运算放大器的选择

由图 6-55 可见，运算放大器是处在大信号输入的情况，所以主要考虑的指标是摆率 S_R 。由于显示频率为 100kHz，而一个正弦振荡取 10 点，所以显示信号的一个正弦周期为 0.1ms，

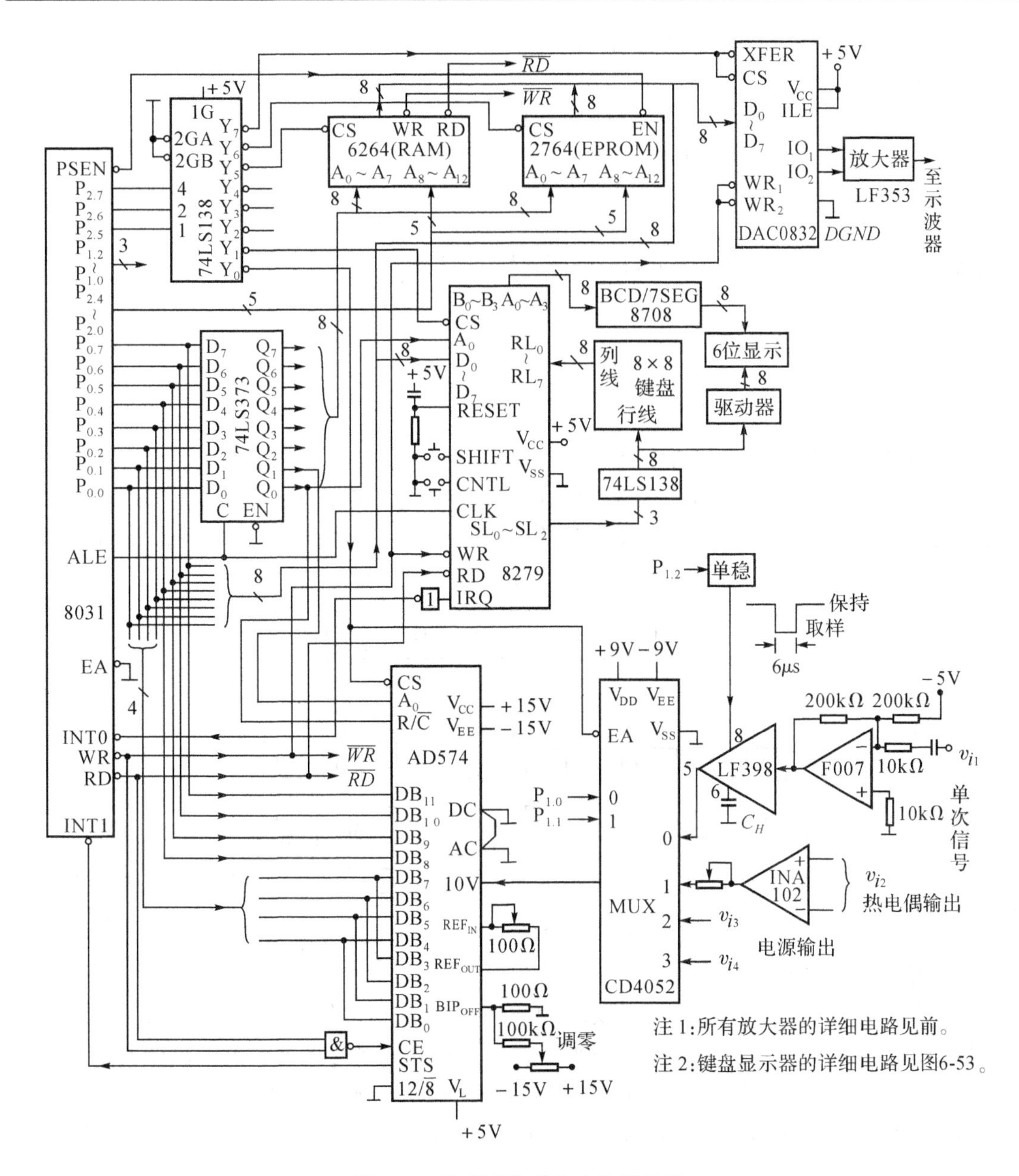

图 6-57　数据采集系统电路原理图

即正弦频率为 10kHz,而输出幅度为±5V,所以

$$S_R \geqslant 2\pi f V_{om} = 2\pi \times 10^4 \times 5 = 0.32(\mathrm{V}/\mu\mathrm{s})$$

此值比较宽松,一般的通用运放都能达到。

(3)DAC0832 与单片机的连接

在本系统中只有一路 D/A 转换器,则可采用单缓冲器方式连接,如图 6-56 所示(模拟电压输出电路部分可见图 6-55),ILE 接+5V,$\overline{CS}$及$\overline{XFER}$接地址选择线 $P_{2.6}$,两级寄存器的写信号$\overline{WR_1}$,$\overline{WR_2}$都与 8031 的$\overline{WR}$端相连。当地址线选择 0832 后,$\overline{WR}$控制信号控制 DAC0832 完

成数字量的输入锁存和 D/A 转换输出，$\overline{WR}$为 0 时，完成数字量的输入；$\overline{WR}$=1 时，完成 D/A 转换并输出。

执行下面几条指令就能完成一次 D/A 转换：

```
MOV   DPTR， #BFFFH；  指向 0832
MOV   A，# data；      数字量先装入累加器
MOV   @ DPTR，A；      使 P2.6 和 WR 有效，完成对 D/A 的输入
```

至此可以画出本数据采集系统的电路原理图如图 6-57 所示。

6.4.4 系统软件编制

6.4.4.1 概述

在编制系统软件前，首先归纳一下本系统的操作和功能。

键盘设置 16 个键，其中 10 个为数字键，6 个为功能键。显示方式除了第一输入通道的单次信号用示波器显示其波形外，其余的都用 LED 显示结果。共设置 6 个数码管，其中两位为通道号显示，4 位为实测结果显示，其面板布置如图 6-58 所示。

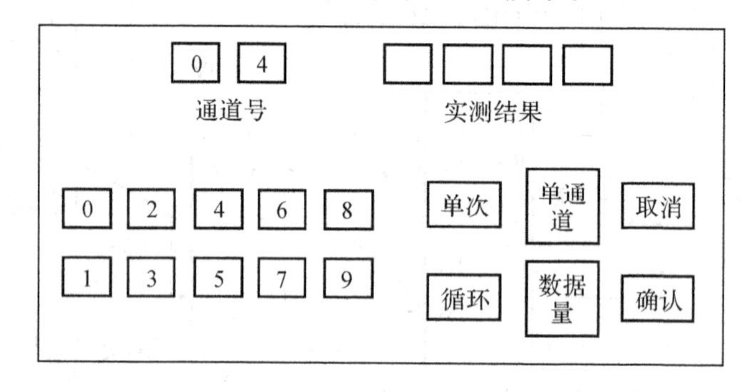

图 6-58 系统面板布置图

(1)“单次”采集键

适用于第一路输入通道，因为它要求采集一个完整的单次信号，并且一帧信息采集完毕后，就自动地转到示波器上进行显示。同时也能将已保存在帧存储器中的信息随时调出来显示。在操作时，按下“单次”键后，再按数字键，若数字键为 1，则表示要重新采集，若数字键为“0”，则只是将存在帧存储器(RAM)中的信息取出并显示。

(2)“单通道”采集键

此键与数字键配合可任意选择某一输入通道(第一通道除外)，在按下“单通道”键以后，再按下数字键(0～9)，则此数表示要采集的某一通道序号。

(3)“循环”采集键

此键配合数字键可对某几个通道进行循环采集(第一通道除外)。

在后两种采集方式中，利用“数据量”键和数字键来设定要采集数据的次数。同时在定时中断下(例如 1s)可用 LED 实时显示采集结果。对应单通道采集，左边 2 位显示数表示通道序号，右边 4 位显示数表示测量结果。对应循环采集，右边的 4 位显示结果与左边 2 位显示的通道序号是相对应的。

6.4.4.2　划分程序模块,编写程序流图

根据上述的系统功能与操作过程,可把软件分成主程序(初始化和监控模块)、键盘输入中断服务程序、运行子程序(单次采集与显示程序、单通道采集、循环采集以及 LED 显示程序)、定时中断服务程序等。

(1)主程序

本程序主要完成以下工作,其流程图如图 6-59 所示。

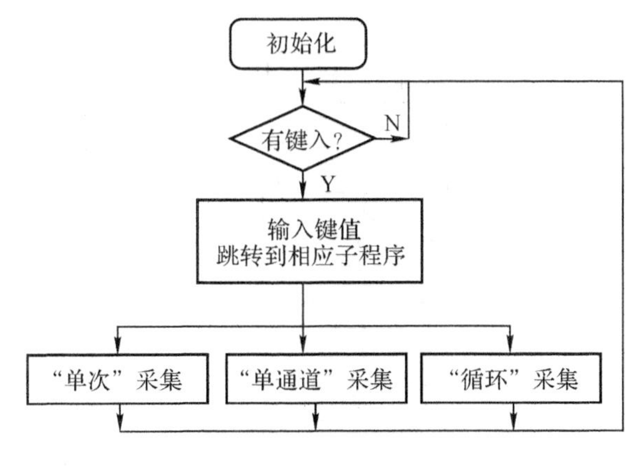

图 6-59　主程序流程

①对可编程芯片 8279 及一些硬件电路的初始化,设定工作方式或初始状态。

②在有键入操作时,读取键盘和相应的设定参数,在按“确认”键后,跳转到相应功能的子程序。

③当要更改功能时,可按“取消”键,则可退出运行的子程序,返回主程序。

(2)键盘输入中断服务程序

当有键入操作时,8279 通过 INT0 引发 8031 的外部中断 0 的中断服务程序,中断服务程序流程图如图 6-60 所示。

(3)运行子程序

①“单次”采集运行子程序

这是一个比较粗的流程图。进入该子程序后,首先初始化,紧接着进入“等待”状态。此时 A/D 转换器已自动地进行转换并把转换结果送入帧存储器(RAM 芯片 6264),由于这时单次信号还未曾发生,所以存入的数据一般都为零。正如前面讨论中指出的,规定一帧容量为 2K 字节,若存满,则地址指针又重新回到起始地址,用新转换的数据去代替原先存在 RAM 中的数据,周而复始地进行,所以这种状况也可称作“循环复写”状态。实际上这时是在等待触发信号(单次信号的发生时刻)的到来。当触发信号到来后,再连续采集一帧数据就自动转到显示状态。这时在帧存储器中存的是单次信号发生后采集到的有用信息。因此程序就进入到显示框。在显示框中的工作主要是把存在 RAM 中的数据依次地取出来并送到 D/A 转换器,变成模拟信号后送至示波器。这时程序执行的是连续从 RAM 中读出数据操作,只要不按下“取消”键,则重复进行,由此在示波器上可看到一个稳定的被测波形。“单次”采集子程序流程图如图 6-61所示。

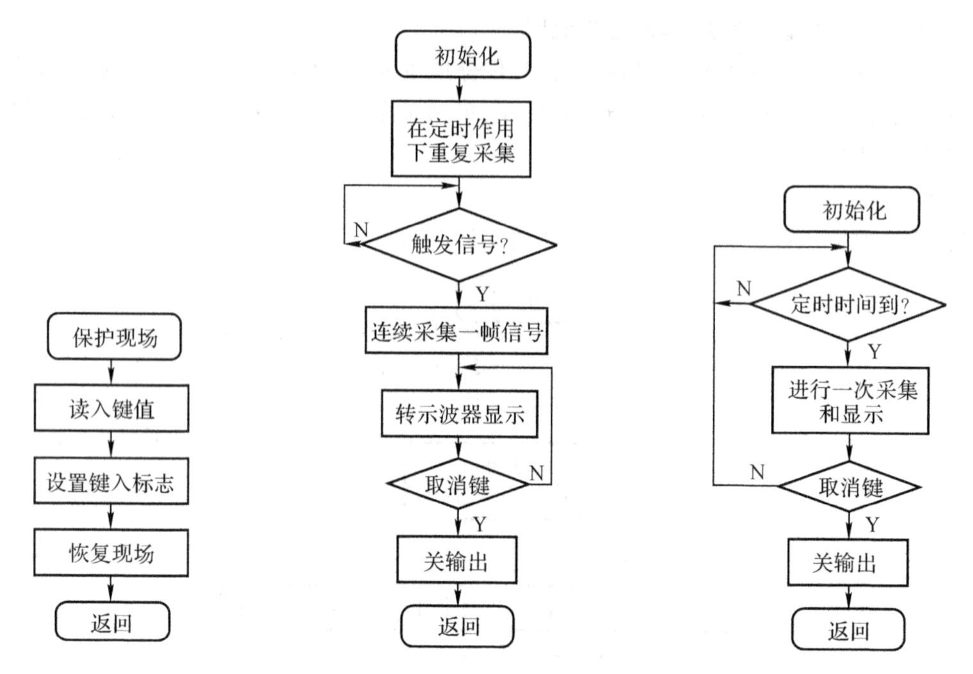

图 6-60 中断服务程序流程图　图 6-61 “单次”采集子程序流程图　图 6-62 “单通道”采集子程序流程框图

②“单通道”采集运行子程序

按下“单通道”采集的功能键后，紧跟着按下的数字键表示要采集的通道号。再按下“数据量”键，紧跟着按下的数字键表示要采集的次数，这时采集的数据都存在帧存储器 RAM 中，相应的子程序的流程框图如图 6-62 所示。

③“循环”采集运行子程序

按下“循环”采集功能键后，紧跟着按下的第一个数字键代表循环开始通道号，再次按下的数字键代表循环结束通道号，再按下“数据量”键，紧跟着按下的数字键代表循环的次数，相应的程序流程框图如图 6-63 所示。

④定时中断服务程序

采样定时由定时器 1 的定时操作完成，定时器 1 的溢出时间与采样、显示时间有关，可根据要求设定。由 T_1 溢出引发的中断服务程序用于设置定时标志，相应的流程框图如图 6-64 所示。

6.4.5 系统改进措施及功能扩展的讨论

上述方案可以实现任务的基本要求，为了进一步实现功能的扩展，可以对上述系统作如下改进。

6.4.5.1 增加数据采集的通道数

多路数据采集系统的一个重要指标是采集通道的数目。如果本系统要增加采集的通道数目，则通常只要对多路模拟开关作些变动即可。本系统采用的多路模拟开关是 CD4052B，它最多可接入 8 路信号，如要再增加，则用 CD4067 可使接入通道数增加到 16。

在增加系统的通道数目同时，也应增加地址选择线，如果系统原有地址选择线不够用，则要对地址译码电路作些改动，以满足对地址选择线的要求。通道数的增加，会使系统的循环采集的周期增加。如果增加的输入信号是慢变化信号，对于本系统而言，由于A/D转换速度快，所以还有很大的潜力。但如果增加的输入信号不是慢变化信号，则应该对前向通道有关技术指标重新论证。

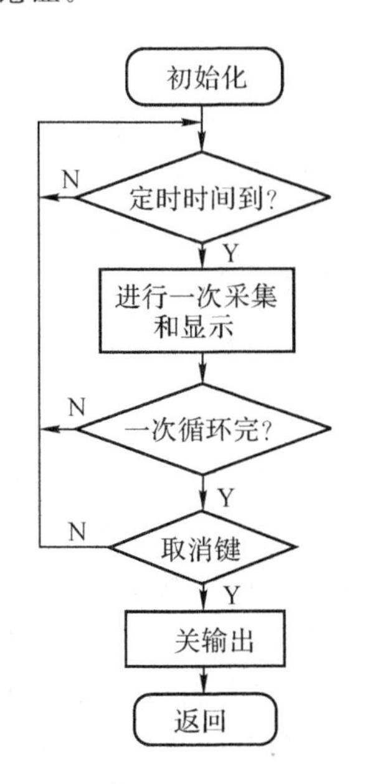

图6-63　“循环”采集程序流程框图

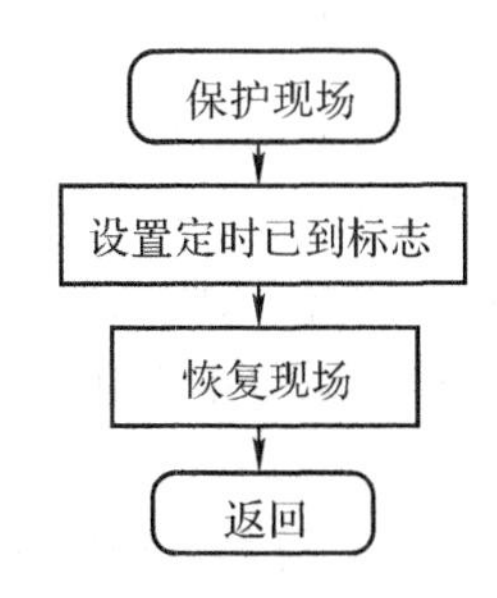

图6-64　定时中断程序流程框图

6.4.5.2　采集速度和精度的提高

由于本系统用单片机中的定时器来控制通道转换时间，所以只要改变设置的定时参数，就可以改变采集、显示的周期，因此比较灵活。对于单次信号的采集是实时的连续采集，其采集速度主要取决于A/D转换器的速度（多路开关、S/H电路一般占用时间较小），由于本系统中的A/D转换器（AD574）的转换时间为25μs，所以最高取样频率可接近40kHz。但还要考虑单片机传送和处理数据所需时间，取决于两者时间较长者。对于慢变信号的循环采集，为了能实时地稳定地显示出每一通道的数据，可以设定每秒采集、显示一个通道的速率是比较合理的。

数据采集的精度主要取决于前向通道中各单元（A/D转换器、多路开关、数据放大器等）的误差合成和工作环境。在本系统中，第二通道的分辨率为0.05%，若要获得相应的精度，这是一个比较高的要求。为此对该通道的误差情况作进一步分析。影响该通道的误差主要来自：①多路模拟开关的漏电流和导通电阻的不确定性；②放大器的偏移和漂移；③A/D转换器的误差；④系统受到的干扰和噪声。由这些因素形成的总误差要求小于给定的值（即该通道的精度）。因此在设计中首先要合理地把总的误差分配到各个单元，一般原则是最贵的单元分配的容许误差可大一些，这样对降低成本有利。因为本通道要求的分辨率为$\frac{5}{10000}$，若精度与其相应，则总的容许误差为$\frac{5}{10000}$。各单元误差分配如下：A/D转换器容许误差为$\frac{2}{10000}$，数据放大器为$\frac{2}{10000}$，多路模拟开关为$\frac{1}{10000}$，据此我们可去选择各有关单元的精度指标。例如A/D

转换器，选择12位AD574A，在正常工作条件下其总误差可小于$\frac{1}{4096}$。数据放大器的误差主要是其零点偏移和漂移。尽管零点偏移可用调零来消除，但由于偏移大的运放，其漂移(温漂)也大，引起漂移的主要是失调电压和失调电流的温漂。由于输入电压的最小分辨率为12.5μV，所以一定要选用高精度低漂移的数据放大器，使其总的漂移电压≪12.5μV，对于选用的INA102放大器，其漂移电压经过挑选可小于1μV/℃，这样基本能满足要求。对于多路模拟开关CD4052B，其导通电阻在200～300Ω之间，漏电流I_s<20nA。漏电流是开关断开时的泄漏电流。在多通道采集时，它会在接通一路的信号源内阻上产生压降(误差)，为此希望信号源内阻愈小愈好，这就要求减小放大器的输出阻抗。对于一般加有电压负反馈的运算放大器和数据放大器而言，其输出阻抗可小于1Ω。在此情况下，模拟开关的漏电流带来的误差甚少。为减少导通电阻不确定性带来的误差，希望负载电阻尽可能大，本例中导通电阻变化最大值为100Ω，要使其带来的误差小于$\frac{1}{10000}$，则要求负载电阻值大于$100\Omega\times10^4=1M\Omega$。如果多路开关的负载电阻是A/D转换器的输入电阻，一般A/D转换器的输入电阻只有几千欧姆至几十千欧姆，为此可接入一个有高输入电阻的跟随器来减少此误差。对于系统的干扰和噪声，若是外来干扰可用屏蔽、隔离等措施，若是内部干扰和噪声则要从布线、接地、器件质量等方面着手。在微弱信号采集中常遇到的共模干扰信号比信号大得多，例如本例中假设了0.2V共模电压，而信号最大值为25mV。这种情况都是利用数据放大器对共模信号的抑制能力来解决的，正如本例中算得共模抑制比至少要大于90dB。作为一个精密的数据采集系统，除了设计合理外，实际制作中的结构、器件布置、走线、屏蔽、调试等有着非常重要的作用。如果要再提高本通道采集精度，除了要提高A/D转换器的位数外，对数据放大器、多路开关等都应有相应要求，特别还应注意传感器(热电偶)的精度。同时还可利用软件进行一些特性校正、补偿等处理。

随着对系统的精度和速度要求的提高，其价格就会迅速上升，作为一个工程产品设计来讲，我们必须关注成本和效益，对此必须有一个统一考虑。

6.4.5.3 在PC系列总线上实现数据采集

目前PC系列微机已广泛用于各个领域，因此以这种通用微型计算机系统为基础，通过在母板上的I/O扩展槽，插入自制的数据采集卡就可以组成一个操作方便、功能齐全的数据采集系统，特别适合于大容量的数据存储、处理、显示等功能。实现这种类型的数据采集系统可充分利用通用微机的本身配置和软件功能，明显地缩短开发时间和降低成本。

图6-65给出了用AD574A等构成的16路数据采集板。由PC系列总线来的D_0～D_7，A_0～A_9，$\overline{IOR}$，$\overline{IOW}$与AEN等信号经8255接口芯片和74LS688恒等比较器组合后，控制AD574A和模拟多路开关CD4051。AD574A工作在双极性偏置方式，输入模拟电压为−5～+5V，−10～+10V两种形式，由CD4052控制选择。A/D转换器的输出连接8255的PA口与PC口，启动A/D转换器和读数由PB_7控制，A/D的状态信号STS由PC_7查询。

6.4.5.4 单次信号采集功能的扩展

正如在总体方案论证中所提及的，显示一个单次信号的波形是数字存储示波器的一个基本功能。作为实际情况，当然不希望数字存储示波器只能显示一个特定的波形，而应具有一定的通用性。为此通常对以下三方面的功能加以扩展。

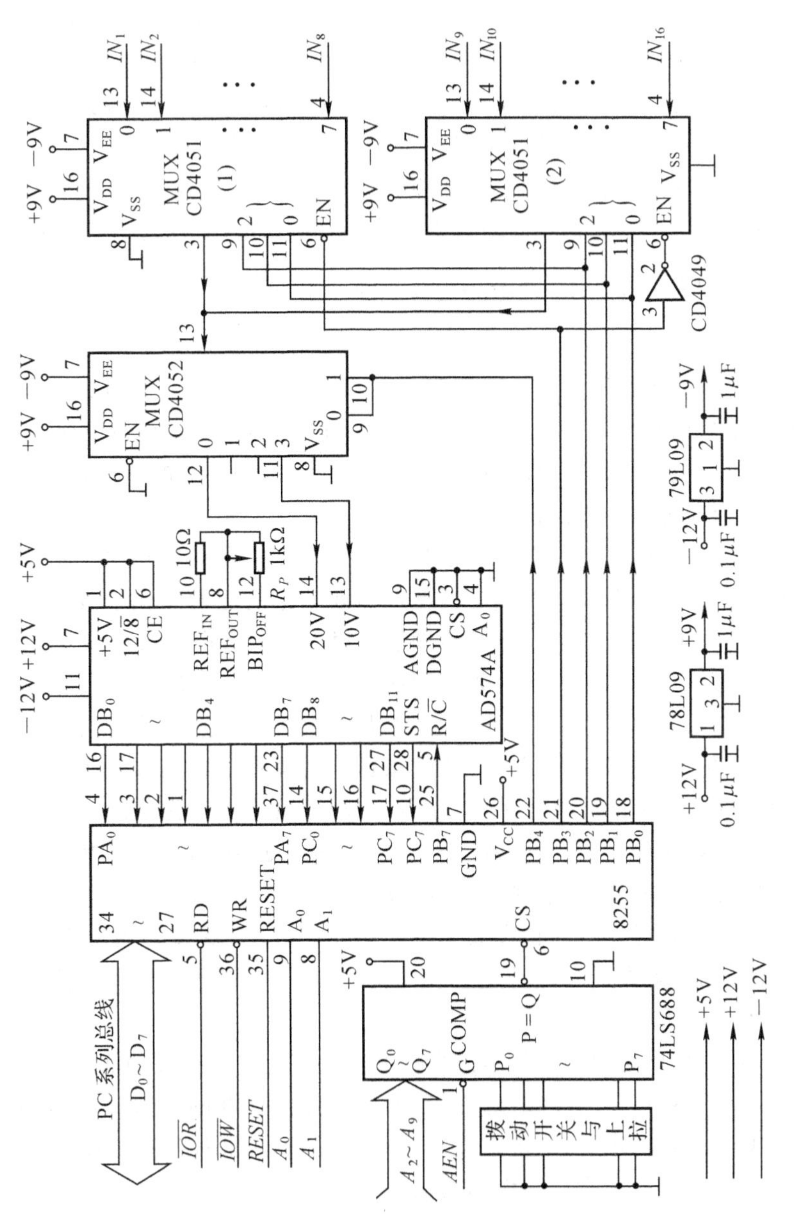

图 6-65　由AD574A构成的16路A/D卡线路

(1)被测信号的持续时间可有一定的变化范围

众所周知,取样频率和帧存储器的容量决定了被测信号的最大和最小持续时间,当帧存储器容量固定后,一般是用改变取样频率来适应被测信号的持续时间。而系统的最高取样频率主要取决于A/D转换器的速度。对于本系统而言,若最高取样频率取20kHz,帧存储器最大容量为8K字节,每一采样值量化为8位,则在最高取样频率下,被测信号的最大允许持续时间 $T_{max}=0.4s$。当被测信号持续时间超过0.4s,则可降低取样频率或增大存储器容量来采集。如果取样频率降为5kHz,则允许被测信号的最大持续时间为1.6s。

被测信号的持续时间愈小,则采集点数愈少。为有较好的显示效果,一般总是希望在整个持续时间内至少能采集8~10点信息。所以对应最小持续时间则应该用最高频率来采集。例如本系统的最高取样频率为20kHz,则最小持续时间 $T_{min}=\frac{10}{f_s}=0.5ms$。

(2)提高抗干扰性措施

起动采集信号可以人工控制产生,也可根据输入信号的瞬时幅值超过某一电平后产生一触发信号作为起动采集信号。但是当输入信号中存在干扰信号时,就会造成误动作,因此可以用一迟滞比较器来提高抗干扰性,并设置阈值电平可调装置(例如电位器等)。

(3)采集的起始点应能在触发点前后选择

通常采集的起始点就是触发点,在触发信号作用下开始采集一帧信息。但是在某些场合下,需要了解在触发信号发生前某一时刻的情况或需要采集的起始点比触发信号的发生时刻滞后一段时间。这就要求能有这样一个功能,即能在触发点前后进行选择。

根据"单次"采集运行程序的分析,在采集程序中要设定两个寄存器,一个存放采集的数据量(称数据量寄存器),对于单次采集,这个数据量就是一帧的信息量(例如上述的2K字节);另一个寄存器作为采集地址指针。复位后,地址指针指着帧存储器的起始地址,每采集一次,地址加1,采集满一帧后回到起始地址,周而复始,如同计数器的工作情况。当触发信号发生后,使数据量寄存器开始工作,每存一个数就自动减1,一直减到0,一帧采集结束。现在为了使采集的数据能在触发点前后可变,则只要对数据量寄存器再加/减一预置数。例如减去100,则在程序执行中,只在触发点后再存放2048－100＝1948个采集点就结束,所以在这一帧的信息中有100个数据是触发信号之前的。反之加100,则采集到的数据是比触发信号延迟100个采集点时间的一帧信息。

以上这些扩展功能也就是数字存储示波器的基本功能。对于扩展功能2可通过增加简单的硬件电路来实现,对于扩展功能1和3则必须通过键盘设置新的参数。例如,通过"取样频率"键来设定取样频率,通过"预置数"键来设定预置值,这些在原来系统中未曾考虑,因此要实现这些功能,则要对本系统的程序作较大的改动。

参考文献

[1] 何小艇.电子系统设计[M].3版.杭州:浙江大学出版社,2004.

[2] 郝鸿安.常用模拟集成电路手册.北京:人民邮电出版社,1991.

[3] 谢嘉奎. 电子线路(非线性部分)[M]. 4版. 北京:高等教育出版社,1999.

[4] 童乃文,程勇. 数据采集与接口技术[M]. 杭州:浙江大学出版社,1995.

[5] 沈德金,陈粤初. MCS-51系列单片机接口电路与应用程序实例[M]. 北京:北京航空航天大学出版社,1990.

[6] 沈兰孙. 高速数据采集系统的原理与应用[M]. 北京:人民邮电出版社,1995.

[7] A technical tutorial on direct digital synthesis, Analog Devices, 1999.

[8] David Buchanan. Choosing DACs for direct digital synthesis. AN-237 Application note, Analog Devices Inc 1993.

[9] 严新忠,郭略,杨静,等. 基于AD9850的可编程信号发生器的设计. 计算机测量与控制,2006,9:1272-1274,2005.

[10] 齐立荣,陈彬,李景文. 基于AD9850的正弦信号发生器. 中国期刊全文数据库,2005.

[11] CMOS. 125MHz Complete DDS Synthesizer AD9850. Analog Devices Inc,1999.

第7章

电子系统的实现

7.1 概 述

前面已经介绍了电子系统的理论设计部分，人们按照设计要求设计出了“满足要求”的电子系统。但是这个电子系统仍是纸面上的东西，有待予以实现。从理论设计到符合要求的实际装置还要经过一系列的工作。在当前的实验室条件下，这一系列工作包括：模拟仿真—部分电路的可编程器件实现（任选）—硬件安排、印刷电路板设计—部件的安装与调试（包括硬件和软件）—修改、重新审定某些部件的方案—系统联调—修改、重新审定系统方案—指标测试—撰写设计总结报告。对于一个准备投产的正式产品，以上设计过程还只是整个设计过程的一小部分，也就是在编写完设计总结报告以后，还必须进行草样评审—修改设计的技术要求和系统方案—重新进行电路板的修改—安装、调试各部件—系统联调—进行各种例行试验，测试系统在极限条件下的各项指标—完成正样评审设计报告—正样评审—小批量生产的技术准备—小批量生产。经过若干批产品的试生产后才逐步进行大批量生产。以上过程是一个反复实现的过程，是一个不断发现问题、解决问题的深化过程。每一个环节都必须认真对待，不可掉以轻心。模拟仿真能保证系统的逻辑功能，使总体功能符合设计要求。但模拟仿真的通过并不能保证系统的性能一定能达到设计的技术要求。因为模拟的系统与实际的系统还有许多差别，由于模型的不完备，有些分布参数的无法计算性，有些参数的随机性，特别是有些干扰源的不可模拟性，使实际系统的性能有可能达不到设计的技术要求。如果由于条件的限制，对已设计完的电子系统不能先进行模拟仿真，则整个系统有可能出现较多的问题，有可能出现逻辑性错误、功能性错误，性能有可能达不到设计要求，因而在调试过程中可能要花费更多的精力。硬件安排、印刷电路板的设计及电路的装配对系统的性能都会有很大的影响，如果设计时考虑不够全面、设计不够合理有可能产生灾难性的后果，必须充分关注这些实际问题，特别是在微弱信号、高频高速信号、宽带信号的处理电路以及微波电路中尤其要有充分的考虑。软硬件的测试可保证系统的物理基础及运行，是电子系统联试的基础。在软硬件测试中必须注意测试方法及步骤，以保证全面测试及安全可靠。系统联试是验证电子系统是否合乎要求的最后环节。系统能否通过完全取决于联试中所得到的各项指标。但联试方法、仪器使用以及测试环境是否得当也会影响最后结果，甚至会得出错误的结论。总结报告是对整个设计过程的总结和文字资料的整理，为以后的开发、维修提供完整的档案。同时不能忽视的一点就是，在总结报告中还可能进一步发现设计中的不足、错误以及需要改进的地方,这是一个再认识的过程。整个电子系统设计就是一个由理论到实践,再由实践回到理论的一个螺旋式上升的认识过程,人们通过这个过程将对客观世界有更深刻的理解与认识,为今后的工作积累知识和经验,为走向成熟迈出必要的一步。

那么理论和实际的差别究竟表现在什么地方?在实现时应如何解决呢?首先表现在理论计算中的公式有一些有近似或限制的条件,以及某些器件或电路的模型因简化而与实际不完全相符,从而得出的结果与实际不完全符合。其次是许多实际器件的参数与手册中的平均参数有一定差别。更重要的是因为客观世界存在电场、磁场和交变电磁场的干扰,其是以分布电容、分布电感以及交扰(串扰)和空间干扰等形式出现的,另外还有公共回路阻抗耦合造成的干扰,其表现形式主要是通过电源内阻、电源线及地线阻抗上的耦合造成的干扰,以及信号传输时由于传输线特性引起的信号畸变、衰减、交扰以及迟延等影响。客观世界的这些干扰与影响无处不在,它们对不同的电子系统、同一电子系统的不同部位影响也不一样,必须对具体问题进行具体分析与解决。

本章将分为四大部分:第一部分是电子系统的硬件实现。它包括元件选择、系统布局(整机结构、面板安排、连接方法)、印刷电路板设计、系统硬件基本功能检测。第二部分是电子系统的动态检查与调试。它包括系统软件调试、软硬件联合调试、软件抗干扰措施。第三部分是电子系统的指标测试。第四部分为设计报告与总结报告的编写。根据本书的定位,本章将主要涉及中、低速小电子系统的实现。对于含有频率高于 35MHz 的模拟电路以及时钟频率高于 45MHz 的数字电路的高速系统将不详细讨论。

7.2 电子系统的硬件实现

7.2.1 元件选择

在前面的理论设计中,绝大部分电路元件,包括各种模块电路和主要的电路元件,如电阻、电容和电感的数值均已确定。但它们的规格可能尚且待定。其次,构成一个系统还有许多元、器件如滤波电容、旁路电容、电位器、接插件、开关、键盘、数码管等需要确定。一方面是因为实现系统的必需,另一方面是因为在使用印刷电路板设计软件(例如常用的 Protel 99)时,必须事先建好待用的元器件库。

7.2.1.1 电 阻

常用的电阻有贴片电阻、碳膜电阻、金属膜电阻和线绕电阻等。用得最多的是贴片电阻、碳膜电阻。它们的分布参数较小,正确选用瓦数即可。金属膜电阻主要用于大功率、高精度及低频电路中。线绕电阻多用于大功率低频电路中。电位器有精密电位器、碳膜电位器及线绕电位器,应根据频率特性、功率、调节精度以及体积来选用。

7.2.1.2 电 容

常用的电容有电解电容、钽电容、陶瓷电容等。电解电容多用于旁路电容、储能电容,容量为几微法拉至几百微法拉，应正确选择耐压、容量及体积。陶瓷电容多用于振荡电路、滤波电路，容量多为几十皮法拉至几百皮法拉，注意选择分布参数小、损耗小的产品。

7.2.1.3 通用元件

常用的通用元件有接插件、开关、键盘、数码管等。注意选用与系统相适应的通用元件，如尺寸、容量等。

7.2.2 系统布局

不同性质、不同规模的电子系统决定了不同的系统结构。硬件实现的第一步必须先确定它的整机结构。

7.2.2.1 整机结构

对于比较大的电子系统而言，整机结构可能不是1～2块印刷电路板就可以实现的。应该按照功能将系统划分成若干子系统，并用多块印刷电路板来实现。这就要求有机架、面板等结构。例如一个自动控制系统，它包括微弱信号传感及放大子系统、控制子系统、单片机子系统、大功率驱动子系统与执行机构(如电动机、继电器等)、电源等。显然应该将它们分成3～4块印刷电路板，因而又必须考虑整机连线问题。对于一个比较小的电子系统而言，可能1～2块印刷电路板就可以实现。此时主要应考虑印刷电路板的分配问题。例如将微弱信号电路、高频信号电路与数字电路、控制电路及电源分开，恰当地解决印刷电路板之间的连接方法及必要的外部接口电路即可。整机结构应考虑机械安装尺寸、实用、装配检修测试方便、走线合理、屏蔽、抗干扰等。印刷电路板分配的原则应该是性质相同的电路安排在一块板上；模拟电路或小信号电路安排在一块板上或是在一块板上相对集中；大功率电路、高压电路、发射电路等单独配置，甚至安排必要的屏蔽盒、绝缘盒、散热装置以及保护装置。切忌强/弱信号电路、低压/高压电路、数/模电路交叉混在一起。

7.2.2.2 面板安排

在原理图设计时已经初步考虑过面板的安排。在实际硬件实现时应考虑面板上各个零件的规格、尺寸、安装等问题。其中最重要的是各个零件的电气性质，诸如耐压(流)、抗干扰、屏蔽、阻抗匹配、分布参数对电路的影响、与主机连接方式、走线等问题。

7.2.2.3 连接方法

将系统的各个部分组成一个完整的系统，需要将各个独立部件(印刷电路板、面板上的部件等)连接起来。正确选择连接方法、连接线等将是十分重要的问题。选择连接方法及连接线应考虑信号延迟、交互干扰、导线内阻(直流内阻、交流内阻)、屏蔽、阻抗匹配、接触电阻、检修方便等各方面因素。例如，高频信号的传输主要应考虑干扰、抗干扰及阻抗匹配问题。强信号线主要应考虑干扰、耐压(流)、匹配、接触电阻等问题。电源线及地线主要应考虑直流电阻问题。重要的时序信号线应考虑延迟问题。通常，高频信号及微弱信号之间的连接应使用电缆。在距离较长时应进行匹配，如图7-1(a)所示。对于频率较低的微弱信号长距离传输，根据电路特点还可使用双绞线匹配传输方式，如图7-1(b)所示。更多内容请参阅参考文献[2]。

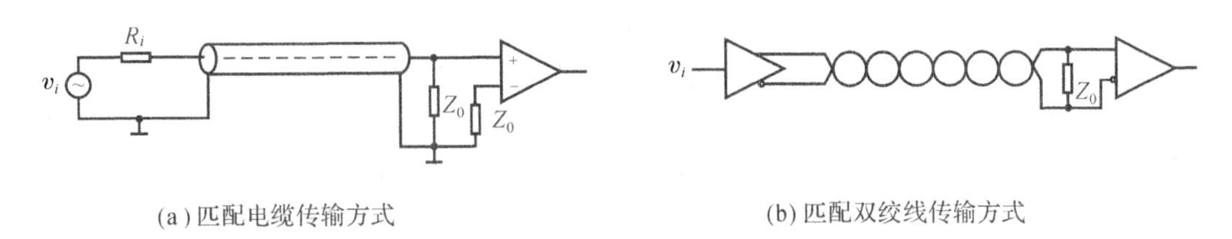

(a) 匹配电缆传输方式　　(b) 匹配双绞线传输方式

图 7-1　信号传输方式

7.2.3　印刷电路板的设计

由于电子技术的发展，大量高集成度器件的使用，使得一块小小的印刷电路板上安装了大量元器件，其中不乏高速数字电路、高频振荡电路以及微弱信号处理电路等。由于安装的高密度，使得各器件之间的距离越来越近，线条越来越细，线条之间的间隔越来越小，器件之间的相互干扰越来越严重。如果不妥善解决，系统将无法正常工作。根据干扰发生的机理，可将干扰产生的途径分为两大类：第一类为传导耦合——各器件共用一个负载阻抗回路，例如公用电源供电。公用电源有内阻，馈电电源线及地线有阻抗，各器件通过共用负载阻抗产生电耦合，因而产生干扰，这被称为传导耦合，多发生于低频领域。第二类为空间耦合，又可分为电场耦合、磁场耦合和电磁场耦合。不同电位的导线之间有分布电容，因而产生电场耦合，可用分布电容描述。当有电流流过时，两条并行线条之间有磁场耦合，可用分布电感描述。当高速时钟信号或高频信号通过线条传输、高频振荡源振荡或是瞬态功率器件（放电器、高速开关等）动作时，它们将向附近空间辐射电磁波，从而产生干扰，这被为电磁场耦合。

对于传导耦合，通常采用电源滤波、降低线路阻抗、正确的接地技术、分别供电等方法消除传导耦合产生的条件。总之是在电源、电源线、地线以及供电回路上下功夫。

对于空间耦合，通常采用屏蔽干扰源、加大印刷电路板上线条的间隔，使用匹配技术、电缆屏蔽。恰当的硬件布局，使易受干扰的灵敏元件远离干扰源。恰当地选择线条形状及走向安排以及必要的隔离措施等以降低空间耦合的程度。由于电路的不同特点，对印刷电路板的技术要求大不相同，因而设计印刷电路板的技术也相差甚远。本章将重点放在 35MHz 以下的高频信号、45MHz 以下的时钟信号电路的印刷电路板的设计上。虽然中、低速电路对印刷电路板的设计要求降低很多，但设计原则、工具和方法基本相同，它为今后高速电路印刷电路板的设计打下了基础。

7.2.3.1　印刷电路板的布局

印刷电路板的功能是在它上面装上电路所需的元器件，按照要求将它们连成一个可以正常工作的系统。因此设计印刷电路板的第一步就是印刷电路板的布局——印刷电路板上元器件的位置安排。元器件位置摆放的原则是：同一单元电路的元器件尽量放在一起，以减少连线长度；不同性质的电路放在不同区域，以减少相互干扰；便于与外部电路的连接；适当地安排必要的跳线插孔，以利于调试。顺利进行布局的条件是建立好所有要使用的元器件库。布局的第一步是用手工方式将元器件库中实现本电路的关键元器件，如核心模块电路、大型元器件（如变压器、风扇、散热器）以及可能的屏蔽装置等，按照电路功能放在印刷电路板的不同区域。在划分电路的区域时应考虑到各电路中的元器件的数量、尺寸以及必需的连线通道，从而初步划出一个个电路的“领地”。第二步是将必需的接口电路、插头座、键盘、指示器等大型元器件放置在印刷电路板四周，并与相关电路相邻。第三步是将电路图中所有元器件逐电路地摆放在它们的预留“领地”。特别应注意将旁路电容、滤波电容放在有关器件的附近，以减少分布参数的影响，直至电路的所有元器件都有了自己的位置。同时注意在必要的地方，例如多级放大器级间留有跳线插孔，以备调试之用。在布局时应反复使用屏幕放大功能，以便细致地看清细节，例如有的元器件间预留的间隔是否太小，可能为下一步布线带来麻烦。第一次布局结束后，应从整体上检查全板的安排情况是否合理、美观。几经反复调整后，即可获得印刷电路板布局的文件，为下一步布线做好准备。布局是布线的基础，是质量的保证。

7.2.3.2 印刷电路板的布线

印刷电路板的布线就是将已完成布局的印刷电路板上的各个元器件用线条连接起来，保证系统正常工作。布线的好坏直接影响系统的性能。为了提高布线的质量，减少返工，通常采用手工布线。本章只讨论双面印刷电路板的设计。在双面板的情况下，通常总是将印刷电路板的一面主要用作接地板，信号线与电源线则主要分布在印刷电路板的另一面，以提高抗干扰性能。

(1)电源布线

一个印刷电路板上可能有几组电源，分别供给不同电路使用。首先必须在靠近每个电源最近的地方给它们分别配置旁路电容与去耦电容。对于中、低速电路而言，所有电源可共用同一地线。对于高速电路而言，每个电源应有自己的地线。在条件允许的情况下，地线的线条应尽量宽。但最少不得小于 1.5mm，以减少地线中的噪声耦合。

(2)接地技术

①分区域接地技术

在布局中已经将高频振荡电路、微弱信号处理电路等模拟电路作了特别照顾，将它们放在印刷电路板的某个角落。因此这些模拟电路可共用一块接地板，称之为模拟地。而将数字电路、控制电路等大信号电路集中在另一块接地板上，称之为数字地。对于高速电路而言，这两块接地板只能在一点相连(见图 7-2)，以防止模拟电路遭受大信号的干扰。可将这个公共地点与机壳、机架的地相连，即为全机地。

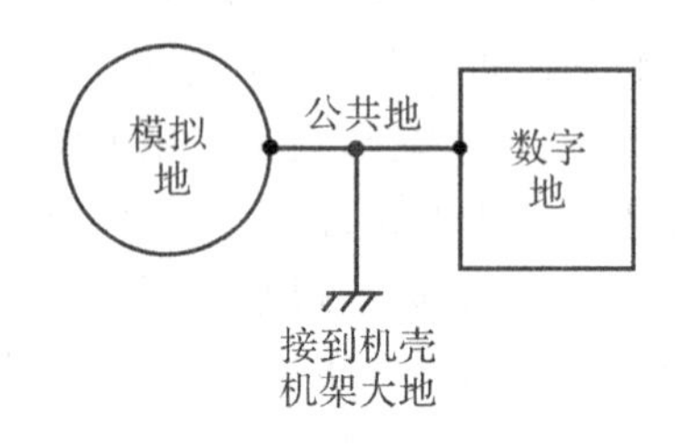

图 7-2 分区域接地

对于中、低速电路则不作严格要求。如果印刷电路板上装有屏蔽盒(内装高频信号源等)，则内部电路与屏蔽盒共用一个局部接地板，并通过穿心孔与主地板相连。

②单元电路接地方式

单元电路有单点接地、多点接地方式，有串联接地、并联接地方式。在不同场合应选用不同的方式。单点接地方式如图 7-3(a)，(b)所示。多点并联接地方式如图 7-4 所示。还可以有分组单点并联方式，如图 7-5 所示。

单点并联方式可以防止地线中的噪声干扰，防止产生寄生振荡。分组单点并联方式可以较好地防止干扰及寄生振荡。多点并联接地方式特别适用于有较好接地板的电路中，它可以缩短各单元电路的接地引线，可使相互耦合及产生寄生振荡的可能性降到最小。对于中、低速电路而言，在保证地线有足够宽度、单元电路引线尽量短的情况下，单元电路接地方式对系统影响不太大。但倾向于单点并联接地。以上两个问题集中解决的是降低传导耦合，防止公共

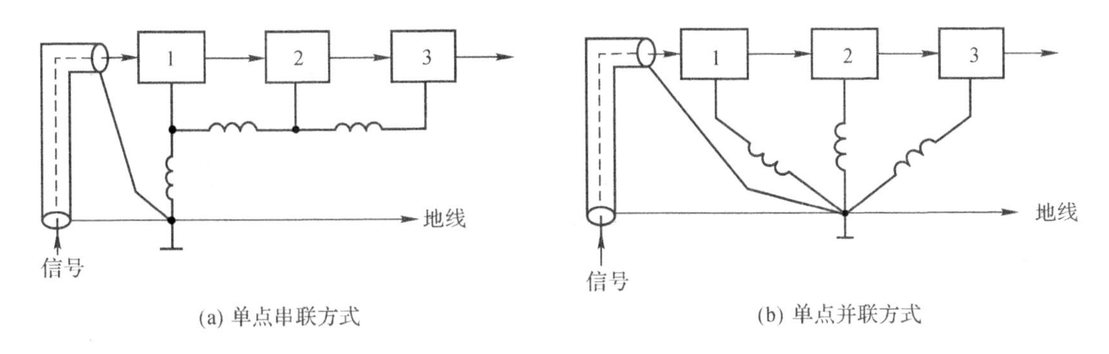

(a) 单点串联方式　　(b) 单点并联方式

图 7-3　单点接地方式
(图中电感表示连线分布阻抗)

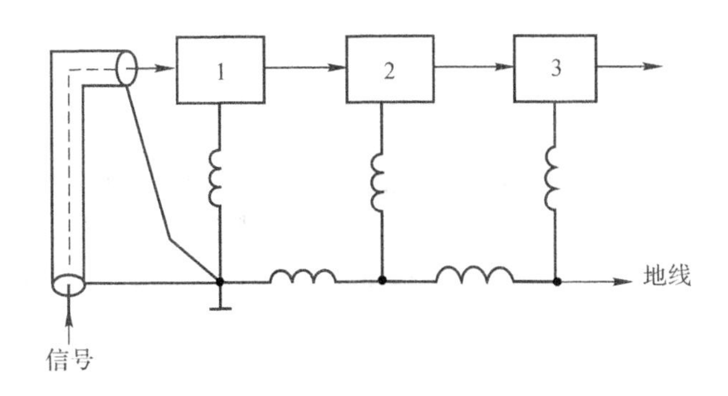

图 7-4　多点并联接地方式

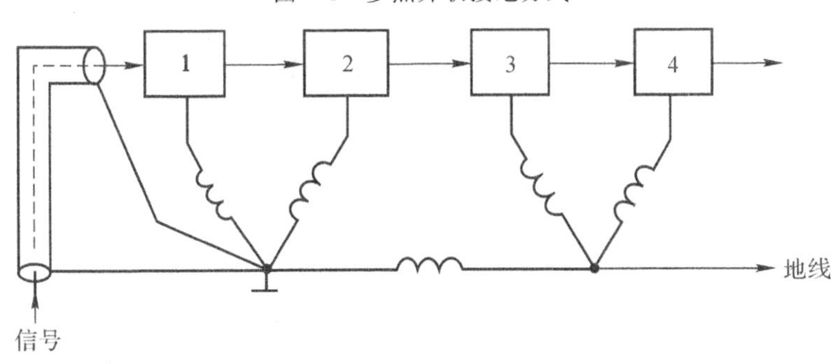

图 7-5　分组单点并联方式

回路阻抗的影响。

(3)布线规则

布线是印刷电路板设计中最为细致、烦琐的工作。它不单单反映在能否将各个节点正确无误地连接起来上,而且还将决定系统能否正常可靠地工作。特别是在高速、高频电路中空间耦合问题十分严重,必须在布线中予以极大的关注。

①交扰现象

首先介绍平行线条之间的干扰—交扰(串扰)现象及解决的办法。图 7-6(a)给出了印刷电路板上两条平行线条的结构示意图。其中 1 线加有高速信号,称为激励线。2 线为两端匹配的线条,称为感应线。假设线条足够长。图 7-6(b)给出了两条线条之间的电磁耦合示意图及

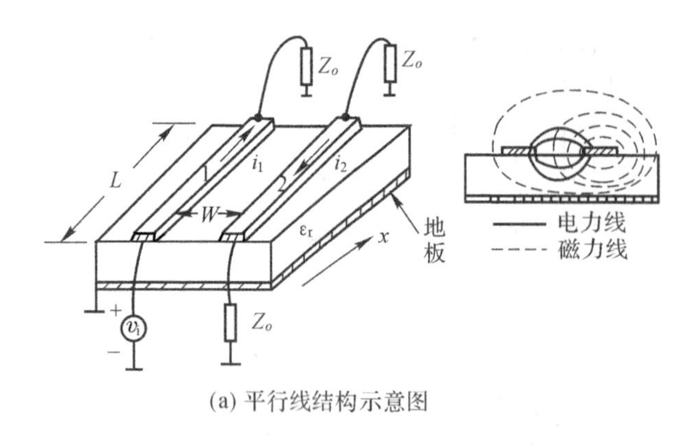

(a) 平行线结构示意图

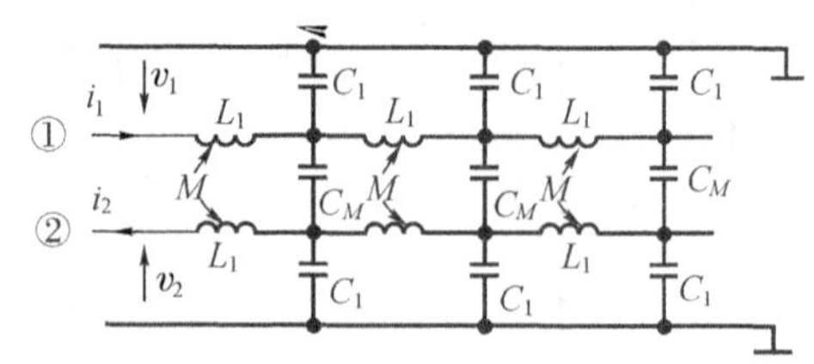

(b) 两线条间电磁耦合示意图及平行线等效电路

C_l, L_l—线条单位长度分布电和电感

C_M—两线条之间的单位长度互电容

M—两线条之间单位长度互感

图 7-6 平行线条之间的干扰

平行线等效电路。当在 1 线输入端加入高速信号时，由于其谐波成分十分丰富。因此两线之间产生电磁耦合，其强度与两线之间隔 W 成反比，间隔越小、耦合越强、相互影响越大。图 7-7(a)给出了当在激励线输入端加入快速阶跃信号时，两线沿线条分布的波形。

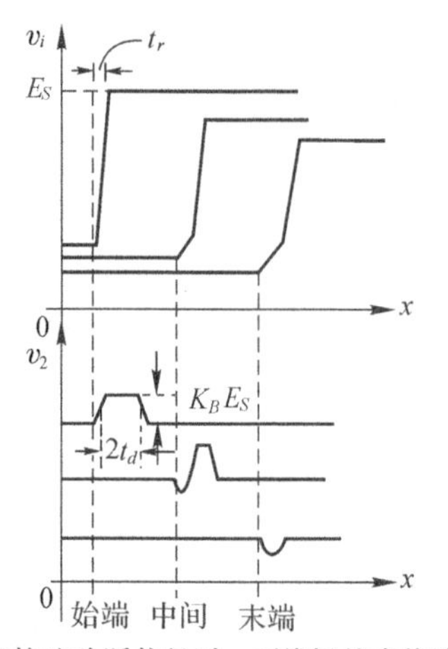

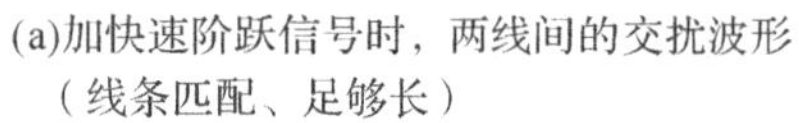

(a)加快速阶跃信号时，两线间的交扰波形（线条匹配、足够长）

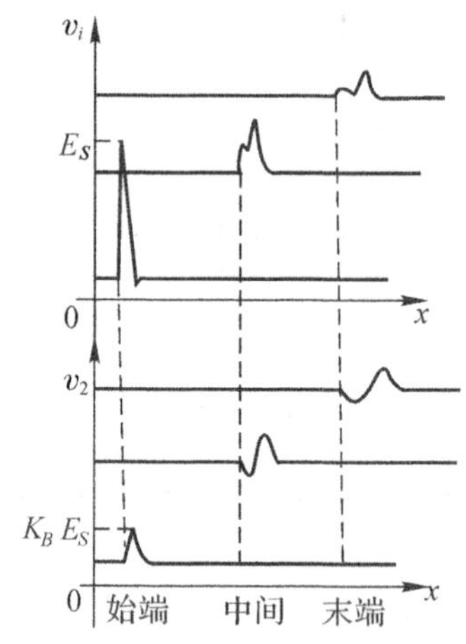

(b) 加入脉冲信号时，两线间的交扰波形（线条匹配、足够长）

图 7-7 加入快速阶跃信号时两线间的交扰波形

t_d—耦合线段的单程延迟时间，$t_d = T_d L$；T_d—耦合线单位长度延迟；

L—耦合线长度；K_B—交扰系数与 W 成反比；W—两线间隔

由图可见，空间耦合产生干扰—交扰的结果是激励线信号波形变坏。如果是时钟脉冲，则时钟脉冲产生畸变，严重时可能使系统不能正常工作。而感应线上则被感应出干扰信号，严重时可能产生错误动作。产生这种干扰的原因之一是磁耦合。激励信号在激励线 1 产生激励电流 i_1，它所产生的磁场在感应线 2 产生感应电势 $e_{M2} = -M\mathrm{d}i_1/\mathrm{d}t$，并在 2 线上产生感应电流 i_2，其方向与 i_1 相反。感应线上产生了传播方向与激励信号相反的、极性与激励信号相同的干扰信号。随着激励信号向激励线终点传播，干扰信号则不断地向感应线始端传播。在感应线始端的干扰信号宽度为耦合线段的单程延迟时间 t_d 的两倍。由于这种干扰的传播方向与激励信号相反，故称之为反向交扰。反向交扰信号的幅值 $K_B \cdot E_S$ 与线条间隔 W 成反比，其最大值可达 $E_S/2$。空间耦合的另外一种形式是电耦合。线条间的分布电容 C_M 在感应线上产生的交扰信号的幅值与位移电流 $C_M \cdot \mathrm{d}v_1/\mathrm{d}t$ 及线长 X 成正比，但其极性与 $\mathrm{d}v_1/\mathrm{d}t$ 相反，交扰信号的传播方向与激励信号的传播方向相同，故称由电耦合产生的交扰为正向交扰，如图 7-7 所示中的负脉冲。通常正向交扰的影响小于反向交扰，所以一般讨论交扰问题时多以反向交扰信号为讨论依据。如果耦合线段 L 减小，则反向交扰信号变窄。当阶跃信号上升沿 $t_r=2t_d$ 时，交扰信号就变成一个脉冲，随着 L 进一步地减小，交扰信号也将减小，线条之间的相互耦合作用可以忽略不计。因此，我们把 $t_r=2t_d$ 作为判断线条有无传输线效应(空间耦合)的标准。式中 t_r 为激励信号波形上升沿，$t_d=T_dL$，T_d 为耦合线单位长度延迟时间，与印刷电路板的介质和结构有关。例如，同轴线的 $T_d=3.3(\mu_r\varepsilon_r)^{1/2}$($\mu_r$ 为介质相对磁导率；ε_r 为介质相对介电常数)。而微带线(更接近于印刷电路板上线条的情况)的 T_d 中的相对介电常数近似为 $(\varepsilon_r+1)/2$。当 $t_r\leqslant 2t_d$ 时，该线条具有传输线效应，称之为长线。反之，当 $t_r\gg 2t_d$ 时，可视该线条为普通导线段，不必考虑空间耦合，称之为短线。由此可见，一段线条的物理性质(长度、材料、结构等)一定后，它是长线还是短线则取决于使用此线条的激励信号。如果被确定为长线，则各种传输线效应都应该考虑。

②减少交扰的措施

印刷电路板布线中最重要的措施之一就是减少交扰。根据产生交扰的机理，可以很容易得出减少交扰的措施，那就是：加大线条之间的间隔 W；隔离受干扰的线条；匹配；调整布局，减少平行走线，注意线条结构，防止不规则形状变化；从电路设计上着手，如降低驱动电平等。下面从布线角度来讨论减少交扰的措施。

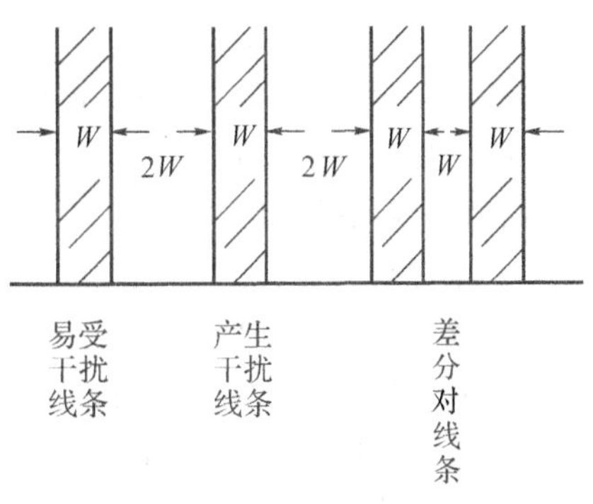

图 7-8　3W 原则

(a)加大线条间隔 W　在条件允许的情况下还是很有效的。对易于产生干扰的信号线与易于受干扰的感应线之间的布线规则执行 3W 原则，如图 7-8 所示。

(b)隔离受干扰线条　将激励线 1 与感应线 2 之间加入一条地线 3，如图 7-9 所示。

在 1 线与 2 线之间加入一条地线 3，可以大大减少交扰影响。因为在 3 线中的感应电流方向与 1 线中的电流相反，因此 1 线和 3 线在 2 线中的感应电势方向相反，则 2 线中的干扰大大降低。当然这也是靠牺牲空间换来的。这种加隔离线条的方法比单纯加大间隔的效果要好。3 线接地的方法是沿 3 线均匀地打穿心孔，并与反面的地板相连。还可以用匹配同轴电缆传送那些可能造成干扰的信号，如图 7-1(a)所示。

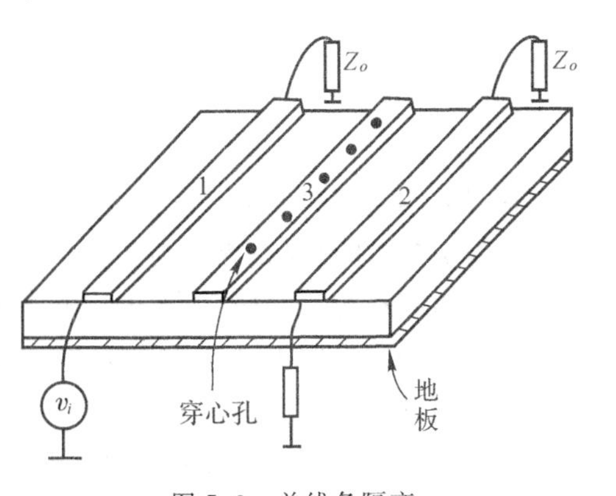

图 7-9　单线条隔离

(c)匹配　当高速信号通过不匹配传输线传输时，由于不匹配而产生反射，从而造成更多的干扰。为此，对于长线而言，一般应该给它端接匹配电阻。

(d)调整布局、减少平行走线，注意线条结构、防止不规则变化　调整布局、减少平行走线，是布局布线中可能的多次反复过程。注意印刷电路板上线条的结构，对于总线线条应保证始终平行，结构相同。防止其中某根线条形状变化，造成分布参数变化，从而引起不必要的干扰。在线条拐弯处要避免直角，减少边缘效应，其结构如图 7-10(a)，(b)所示。对于扁线插头线条同样要注意保持平行，必要时可在插头中布置一些地线以起到隔离作用。

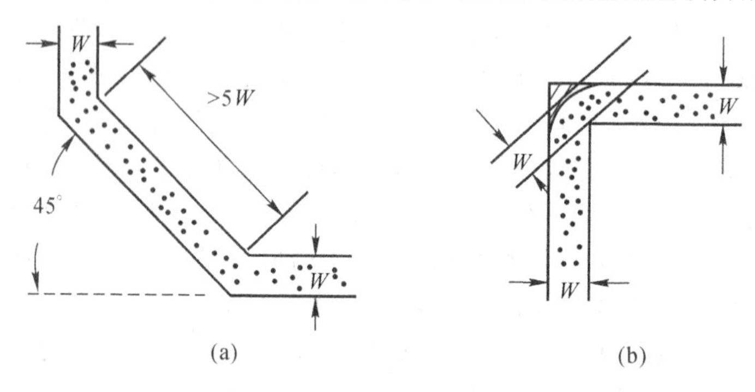

图 7-10　减少边缘效应的方法

(4)设计结果的检查

初步设计好的印刷电路板必须进行检查。检查应主要集中在以下几个方面：

①元器件安装位置是否合适？有无可能造成短路？例如，由于电位器、插座等尺寸不合适，而造成线条被短路。

②电源线、地线的布线是否符合要求？线条宽度是否满足要求？能否进一步改进？

③模拟地与数字地处理是否恰当？屏蔽盒、散热装置接地是否合理？

④对关键信号是否采取了隔离、保护措施？

⑤各线条间的距离是否合理？穿心孔落实否？尺寸是否合适？

⑥对一些不理想的线条进行必要的修改，如形状、宽窄等。

⑦有无留有必要的跳线插孔？

最后将设计文件存档，并送去制作印刷电路板。

7.2.4　硬件基本功能检测

硬件基本功能检测的目的是为系统提供一个正常工作的硬件环境，为动态联试做好准备。

7.2.4.1　印刷电路板的装配

印刷电路板加工完毕后，在进行电路装配前应首先对印刷电路板及待用元器件进行检查。首先应检查印刷电路板是否合乎要求，有无短路、断路现象以及穿心孔是否导通。然后检查元器件数值及规格是否正确，性能是否完好。在焊接前应做好元器件的清洁工作、镀锡等环节(如有必要)。在焊接时注意防止过热而损坏元器件及印刷电路板(触点氧化、热击穿、印刷电路板线条脱落等)。注意有正负方向要求的元器件的焊接，如电解电容器等。焊接时注意元器件排列整齐，文字面朝上，引线尽量短。焊接完毕后，注意检查焊接质量，有无虚焊、错焊，尤其是大规模集成电路的管脚有无相互短路。

7.2.4.2　静态检查

静态检查的目的是保证全机各电路板及整机直流电路处于正常状态。确认装配完毕的电路板完全无误后可进行静态检查。首先，分块进行静态检查。电路板先不插器件，加上外接电源（有电压、电流指示）检测有无短路及半短路现象（电源电流不合理的大）。其次，分别在各电路板上插上电源模块（如果有），检查各模块的输出是否正常。然后分批插入器件（注意：插器件时应关掉电源），依次检查电源的电压及电流有无异常。还要注意电路板上有无异常现象（发热、冒烟、打火、异味等）。直至全部器件插入，各电压、电流值正常，电路板上无异常现象为止。如果系统较大（有多块印刷电路板及机架、面板），则还应单独检查机架及面板（例如加入必需的电源）。合格后才能插上各印刷电路板，再次进行静态检查，直至无误为止。

7.2.4.3　硬件基本功能检测

硬件基本功能检测的目的是使全机各硬件子系统处于正常运行状态，主要技术指标基本达到预定要求，保证以后的系统联调及指标测试可以顺利实现。硬件基本功能检测应分不同子系统进行。

（1）数字子系统基本功能检测

数字子系统可分为数据子系统和控制子系统两大部分。首先应检查控制子系统部分。控制子系统都是时序电路，因此检测控制子系统的内容与方法就是检测时序电路的内容与方法。检测时序电路的内容就是检测时序电路是否按预定的状态图（流程图）要求，在时钟脉冲及输入信号作用下完成预定的状态转换及输出控制信号。可用双踪示波器、逻辑分析仪观察电路的状态变量及输出变量的波形并与要求相比较。同时还应利用系统的显示部分作辅助检测电路。为了便于检查和分析，还可降低时钟信号频率或采用单步时钟的方法进行。系统钟电路的稳定工作是检测的基础。在检测中应特别注意时钟脉冲、状态变量以及输出变量的时间关系。以时钟脉冲有效边沿作同步信号，分别检查其他变量的变化边沿，找出并消除不能允许的延迟、毛刺以及竞争现象或错误的状态转换。控制子系统正常工作后可进行数据子系统时检测。应该按照各模块电路的功能，逐块地检测它们的逻辑功能（波形、电平）。检测时注意保证电路正常工作条件及输入信号正确。数字子系统全部电路连通后，应进行数字子系统的基本功能检测。正确设置输入信号条件，检查数字子系统的输出指示（指示灯、数字显示）及波形。如果数字子系统的受控对象不单单是指示灯、显示器等，在检查中最后应接上全部受控对象，并检查这些对象动作的正确性。

（2）模拟子系统基本功能检测

模拟子系统基本功能检测的特点是一般应该逐级检测各单元电路，检测时多级电路应断开，系统闭环电路应开环。如果被检测的单元电路有程控功能，在单元电路检测时应作初始设置。检测由输入级开始，外加额定信号检测该级输出（增益、带宽、波形等）。依次逐级进行直至输出级。测试中应注意各级技术指标是否合乎要求，有无寄生振荡、有无干扰、信噪比情况等。如果发现有寄生振荡，应设法排除。排除寄生振荡的原则是逐一排除可能造成寄生振荡的因素，如工作点不合适、电源滤波不佳（高、低频）、接地点质量不好、接地点位置不对、电路元件位置、屏蔽情况、走线情况等，直至最后排除。排除寄生振荡后应设法再恢复寄生振荡以证实产生的原因，从而彻底解决问题，切不可有侥幸心理。对于干扰及噪声问题的解决可采取类似的步骤。噪声来源还可能来自电路元件虚焊及器件本身质量问题，可更换器件或重焊检查之。单元电路合格后，应依次将可能有的多级电路或系统闭环电路接通，再次检查多级电路或系统闭环电路工作情况（总增益、带宽，系统稳定情况、有无振荡、能否锁定、工作指标等）。多级电路及系统闭环电路可能产生振荡的排除是调整多级电路及系统闭环电路的首要任务。应首先从增益、滤波特性等入手。模拟子系统的基本功能检测可能比数字子系统困难，产生问题的原因相互交错，必须细心、耐心地逐一解决，直至整个模拟子系统工作正常、指标合格为止。切不可马虎凑合，否则在以后的系统联调、指标测试时会遇到莫明其妙的现象，浪费大量时间。

(3)单片机子系统基本功能检测

在排除造成硬件永久性损坏故障存在的情况下，就可进行单片机子系统基本功能检测环节。在进行功能检测时应逐级进行，与检测无关的电路可暂不接入（芯片不插入），以保证检测顺利有序地进行。单片机系统本身没有自开发能力，需借助仿真器进行检测工作。检测时，将仿真器与单片机系统通过仿真插头连接起来，就可进入调试状态。

检测包括测试和调整两个方面。测试是在安装后对电路的参数及工作状态进行测量，调整是在测试的基础上对电路的参数进行修正，使之能满足设计要求。

比较理想的检测顺序是按照信号的流向进行的，这样可以把前面检测过的输出信号作为后一级的输入信号，为最后的联调创造条件。

在进行单片机子系统基本功能检测时，一般要进行以下几个方面的功能检测：

①晶体振荡器电路和复位电路

在连接仿真器进行调试的状态下，一般开发装置中均有晶体振荡器选择开关。如果使用仿真器提供的时钟信号开发装置能够正常工作，而使用试验样机提供的时钟信号就不能正常工作，则说明试验样机晶体振荡器电路有故障。这时，应检测石英晶体、电容与 CPU 时钟输入引脚的连接是否正确，器件参数选择是否恰当。

按下试验样机复位按钮或给试验样机重新加电，应使开发装置复位，否则试验样机复位电路有故障，或者是复位电路的电阻、电容参数选择不当。

②片外程序存储器

用读出片外程序存储器中的内容是否正确来检测试验样机的程序存储器，如果检测不正常，应考虑以下几方面因素：程序存储器芯片损坏；程序机器码未烧入程序存储器，或是数据线、地址线、片选线或$\overline{RD}$控制线有错位、开路、短路或连接不正确。

③片外数据存储器

将一批数据写入片外数据存储器中，然后再读出其中内容。若对数据存储器任意区域的读出和写入内容一致，则表示该存储器无故障，否则有故障。故障的原因与程序存储器类似，区别仅在数据存储器有$\overline{WR}$控制信号线的连接。

④I/O 接口和 I/O 设备

对于 I/O 接口，有只读的输入口和只写的输出口，也有可编程的 I/O 接口。

对于输入口，可用读命令检查读入结果是否和所连接的设备的输出状态相同；对于输出口，可用写数据到输出口，观察输出口与所连设备的状态；对于可编程接口，先将控制字写入接口控制寄存器，再用读/写命令来检查对应状态。

如果I/O接口不正常，须进一步检查CPU、I/O接口及外部设备的连接是否正常。对可编程I/O口还要检查控制字。

7.3 电子系统的动态调试

电子系统的动态调试是在基本功能检测完毕的基础上进行的。动态调试的方法是在电路的输入端接入适当频率和幅值的信号，并循着信号的流向逐级检测各点的状态。在动态调试过程中，不能单凭感觉和印象，要始终借助于仿真器、万用表、示波器、逻辑分析仪等仪器进行观察，并把各种测量仪器及系统本身显示部分提供的信息与设计指标逐一对比，找出问题，然后进一步修改电路的参数，直到完全符合设计要求为止。

动态调试除了要检测系统的功能外，还要检测输出信号的各种指标是否满足设计要求。对于模拟信号而言，主要检测信号的幅值、波形的形状、相位关系、频率特性、放大倍数、输入阻抗、输出阻抗、输出动态范围等。对于数字信号，则主要检测信号的波形、幅值、脉冲宽度、逻辑关系和时序关系等。

值得注意的是，在智能型电子系统中，许多功能的实现是与软、硬件密切配合分不开的，因此，智能系统的动态调试是对软、硬件的综合调试。一方面要排除软件错误，同时要进一步解决硬件部分的遗留故障。在调试中遇到故障时应注意识别造成故障的原因，一般的方法是先排除明显的硬件故障，再进行软、硬件的综合调试。只有排除了软、硬件各方面的故障，才能使系统正确无误地完成所要求的功能。

7.3.1 系统软件调试

智能系统的软件调试一般要借助于仿真器提供的调试手段，各种类型的仿真器可能提供了不尽相同的调试命令，但归纳起来可分为六大类：状态和工作方式转换命令、信息传送命令、读出检查命令、读出修改命令、外部设备操作命令、运行控制命令。

软件的调试运行可分为单步、跟踪、断点、连续四种方式。在系统软件的动态调试过程中，往往要根据具体情况选择不同的调试方式。以SPICE-Ⅳ型单片机仿真器为例，四种运行控制命令的使用方法如下：

(1)单步运行命令 S n〈CR〉

它启动用户系统执行地址n处的一条指令，执行完毕后返回监控状态。这是系统调试时用来定位故障的最基本方法。

由于每次执行一条指令后停止，因而用户可对执行后的现场进行检查，检查与这一条指令运行有关的寄存器、内部RAM、数据存储器以及I/O口和设备的情况。全部正确时，可继续执行下一条指令，再返回监控状态检查运行后的现场。若某状态或数据与指令应达到的目的不符，则说明这一指令或相关硬件有问题，需根据情况对故障进行定位处理。

值得注意的是，单步命令不适用于诸如定时、中断响应、串行通信和I/O口实时控制等有时序要求的程序调试，因为程序的时序要求不能得到满足，有可能导致控制失步或输入、输出数据的丢失现象。

(2)跟踪运行命令 T n1,n2,n3〈CR〉

它启动用户系统从 n1 开始逐条执行用户程序,直到 n3 次遇到地址 n2 为止,即 n1 为开始地址,n2 为断点地址,n3 为断点次数。若缺省 n3,则第一次遇到断点 n2 时停止。

在跟踪运行时,每执行一条指令,仿真器显示相关寄存器内容,用户可用特定命令暂停跟踪运行,以便观察程序的执行情况。

由于跟踪运行命令等效于单步运行命令的连续重复执行,因而可以加快调试过程。与单步运行命令类似,跟踪运行命令也不能用于有时序要求的程序调试。

(3)断点运行命令

一套应用系统软件,甚至是某一模块,往往也有成百上千条语句,若全用单步或跟踪方法调试显然是不现实的。为了加快程序的调试过程,迅速通过已调试完毕的程序段而达到未调试部分,可以采用断点方式调试程序,即在程序中设置断点。程序从起始处运行到断点时停止,然后调试者可以检查执行后的现场状态。根据该功能段应达到的要求判断该程序段有无问题,或在断点处用单步、跟踪或断点运行命令继续调试断点后的程序段。

断点运行命令分为非全速和全速两种方式。非全速断点运行命令采用 BK n1,n2,n3〈CR〉格式,其中 n1 为开始地址,n2 为断点地址,n3 为断点次数。执行此命令,用户程序从 n1 处开始执行,当发生 n3 次遇到地址 n2 时则停止运行,返回监控状态。由于执行非全速断点运行命令,用户程序的运行时间比实际指令运行时间长,故该命令也不能用来调试有时序要求的程序,而主要用来排除用户系统中软、硬件的静态性错误。

全速断点运行命令采用 G n1,n2,n3〈CR〉格式,其中 n1,n2 同非全速断点运行命令,n3 不是断点次数,而是断点处的中断状态。

全速断点运行命令是以用户系统的实际运行速度执行程序段指令的,因而可以提高调试速度,也可以对各种有时序要求的程序段进行调试。

(4)连续全速运行命令 EX n〈CR〉

执行该命令后,用户程序从地址 n 处连续地全速运行,这时运行不受仿真器监控程序的控制,只有按下仿真器的复位键或夭折键(某些仿真器具有夭折功能),才能使系统返回监控状态。执行连续全速运行命令,一般是在排除了用户系统各种软、硬件故障后才使用的,主要用于全面测试用户系统的技术指标。

上述智能系统的软件调试方法都是在仿真器上进行的。除此之外还有一种在计算机上用模拟调试软件来调试系统软件功能的方法。这种方法可以在没有仿真器和目标系统的情况下,开发调试一些比较简单的产品,尤其适合于通用硬件系统中应用软件程序的开发。关于这种模拟调试软件的使用方法可阅读各类模拟调试软件的产品使用说明。

7.3.2 软、硬件联合调试

在单元功能调试过程中,通过逐步扩大调试范围,实际上已经完成了某些局部联调工作。在做好各功能模块之间接口电路的调试工作后,再把全部电路连通,就可以实现整机系统的软、硬件联合调试。

整机联调只需观察动态结果，就是把各种测量仪器及系统本身显示部分提供的信息与设计指标逐一对比，找出问题，然后进一步修改电路的参数，直到完全符合设计要求为止。

系统软、硬件联合调试的方法与步骤是按照系统要求，由简入繁地逐项检查系统功能，发现问题逐个解决，直到系统全部功能均可实现为止。在检查系统功能的同时应注意监测系统的主要技术指标，例如频率、功率、带宽、信噪比、灵敏度等，以便判断系统的工作情况是否处于预定的工作状态。因为主要技术指标不合基本要求的功能是没有意义的。联试中发现问题应进行处理，直至基本上符合要求为止。

7.3.3　软件抗干扰措施

在电子系统中，大量的干扰源并不能造成硬件系统的损坏，但它常常使电子系统不能正常运行。虽然系统硬件抗干扰措施能够消除大部分干扰，但它不可能完全消除干扰。因此，电子系统的抗干扰设计必须把硬件抗干扰和软件抗干扰结合起来。软件抗干扰问题的研究已愈来愈引起人们的重视。在电子系统中常用的软件抗干扰措施有以下几种：

(1)数字滤波

干扰侵入电子系统前向通道时，叠加在信号上的干扰使数据采集的误差加大，特别是前向通道的传感器接口是小电压信号输入时，干扰现象尤为严重。抑制干扰常用的方法是采用硬件电路进行滤波。要获得较好的抑制效果，所加的硬件电路十分复杂。采用软件实现滤波则是当前干扰抑制技术中的一种新技术。数字滤波常用的方法有以下几种：

①程序判断滤波

这种滤波方法是根据人们的经验，确定出两次采样输入信号可能出现的最大偏差 δ_y，若本次输入信号与上次输入信号的偏差超过 δ_y，就放弃本次采样值，仅当小于此偏差值时才作为本次采样值。程序判断滤波又可分为限幅滤波和限速滤波两种。

②中值滤波

对一个采样点连续采集多个信号，取其中间值作为本次采样值。

③算术平均滤波法

对一个采样点连续采样多次，计算其平均值，以其平均值作为该点采样结果，即

$$\bar{Y}(k) = \frac{1}{N}\sum_{i=1}^{n} X(i)$$

式中，$\bar{Y}(k)$ 为第 k 次 N 个采样值的算术平均值；$X(i)$ 为第 k 次采样点的第 i 次采样值；N 为每一个采样点的采样次数。

④ 比较舍取法

当系统测量结果中有个别数据存在偏差时，为了剔除个别错误数据，可采用比较舍取法，即对每个采样点连续采样几次，剔除个别不同的数据，取相同的数据为采样结果。例如“采三取二”即对每个采样点连续采样三次，取两次相同的数据为采样结果。此法特别适用于数字信号输入的情况。

⑤ 一阶递推数字滤波

这种方法是利用软件完成 RC 低通滤波器的算法，实现用软件方法替代硬件 RC 滤波器。

一阶递推数字滤波公式为

$$\overline{Y}(k)=(1-Q)\overline{Y}(k-1)+QX(k)$$

式中：Q 为滤波平滑系数，取值范围为 $0<Q<1$；$X(k)$ 为本次采样值；$\overline{Y}(k-1)$ 为上次滤波结果输出值；$\overline{Y}(k)$ 为本次滤波结果输出值。

⑥ 加权平均滤波

有时为了消除采样值中的随机误差，同时又不降低系统对当前输入信号的灵敏度，可将各采样点的采样值与邻近的采样点作加权平均，即

$$\overline{Y}(k)=\frac{1}{N}\sum_{i=-m}^{n}C_{k+i}X(k+i)$$

式中：$\overline{Y}(k)$ 为第 k 次采样值的加权平均值；$X(k+i)$ 为与第 k 次相邻的采样点的采样值；C_{k+i} 为各采样点的采样值加权平均系数，它满足 $\sum_{i=-m}^{n}C_{k+i}=1$。C_{k+i} 的取值可根据具体情况决定，一般采样点越靠近第 k 点，取的系数比例越大，这样可增加第 k 点的采样值在平均值中的比例。

所以，这种方法可以根据需要突出信号的某一部分，抑制信号的另一部分。

⑦复合滤波

为了提高滤波效果，往往将两种以上的滤波方法结合在一起使用，即复合滤波。例如将中值滤波与算术平均值滤波方法结合在一起，将采样点的最大值与最小值去除，然后求出其余采样值的算术平均值，则可取得较好的滤波效果。

(2)设置自检程序

在软件中加设自检程序，在系统运行前和运行中不断循环测试电子系统内部特定部位的运行状态，对出现的错误状态进行及时处理，以保证系统运行的可靠性。

(3)软件冗余

对于条件控制系统，将对控制条件的一次采样、处理、控制输出改为循环采样、处理、控制输出。这种方法对于惯性比较大的控制系统具有良好的抗偶然因素干扰作用。

(4)设置监视定时器

这是一种使用监视定时器中断来监视程序运行状态的抗干扰措施。定时器的定时时间稍大于主程序正常运行一个循环的时间，在主程序中加入对定时器时间常数刷新操作，只要程序正常运行，定时器就不会出现定时中断。当程序失常时，定时器因不能得到刷新而导致定时中断，利用定时器中断产生的信号将系统复位，或利用定时器中断服务程序作相应的处理，使系统恢复正常运行。

(5)设置软件陷阱

当系统受到干扰侵害，导致程序指针改变时，往往造成程序运行失常。如果程序指针超出应用程序代码区而进入数据区，将造成程序盲目运行，最后由偶然巧合进入死循环。在这种情况下，只要在非代码区设置拦截程序措施，使程序进入陷阱，然后可以迫使程序进入初始状态，或进入错误处理程序。

软件陷阱的设置方法是在数据区的前后都设置相当数量的空操作代码，并最后加入一条转向错误处理程序的指令代码。其中空操作指令代码的长度应保证在任何情况下程序进、出数据区都能执行到其后的跳转指令，一般为指令系统中占字节数最多的指令代码长度。

(6)利用复位指令

有的微处理器系统有复位指令,如 MCS-96 系列单片机。将复位指令代码填满程序存储器中没有使用的区域,当程序指针受到干扰而进入这些区域时系统执行复位指令,使系统回到复位状态。

另外,在有复位指令的微处理器系统数据总线上接入 100kΩ 的电阻到电源或地,在系统受到干扰进入未扩充的程序存储区时也能获得复位指令,并执行复位操作,使系统迅速退出错误状态。

以上介绍了一些常用的软件抗干扰措施,它与硬件抗干扰措施相比,可以不增加任何硬件设备,既降低了系统成本又提高了系统的可靠性。同时,由于软件抗干扰措施增减方便,并且可以随时改变选择的算法或参数,因此在电子系统中得到了广泛使用。但是,由于软件抗干扰措施需要增加 CPU 的运行时间,因此在某些对速度要求较高的应用场合往往不能采用或很少采用。同时,软件抗干扰措施对于某些干扰也难以奏效,不可能完全取代硬件抗干扰措施,因此设计者应根据实际情况权衡利弊,选择使用各种软、硬件抗干扰措施。

7.4　电子系统的指标测试

电子系统的指标测试是在系统功能联试之后,技术指标与功能基本满足要求的条件下进行的。指标测试的目标是正确测量出系统的各项指标,并与设计要求相对比,以检查是否达到设计要求。如果在某些方面与要求有些差距,则应该调整电路参数,使之完全满足要求。否则应该修改设计直至合格为止。进行指标测试,首要的是确定测试方法(测试电路图)。根据待测指标,拟订出测试方法,画出测试电路图,其中应包括:输入信号(指标);测试环境(测试条件,例如温度、电磁屏蔽等,系统配置,负载情况);测试点以及使用的仪器(性能、指标、型号);预期的结果(数据、波形);可能的调整点等。其次是正确选择测量仪器及测量方法,只有合格的测量仪器及正确的测量方法才能保证得到可信的结果。还应该强调的问题是必须保证在真实的系统配置及符合实际工作的环境下进行测试,否则结果也是不真实的。下面分别讨论几个问题:

(1)输入信号的保证

输入信号有电信号与非电信号两种。非电信号又有多种形式,诸如光、磁、热、力、声、位移(直线、角度)等。输入信号又可分为定量信号及非定量信号(功能信号)两种。对于非定量信号而言,由于要求条件比较宽松,因此比较容易获得,但也应恰当地选择,而且应该调整方便。对于定量信号而言,则必须认真加以选择,主要是如何定量的问题。电信号的定量一般比较容易,高档信号源本身配备的指示仪表(经过校订的)即可定量,而且便于调节,正确选择信号源的功能及精度即可实现。对于非电的定量信号,必须解决测量仪器问题,其中包括仪器的精度、调整范围、使用条件等。

(2)输出信号的测量

输出信号的测量与保证输入信号所要求的条件相仿,关键是正确选择测量仪器。其中包括:

①仪器的精度　必须比待测信号精度高一个数量级,测出的数据才有可信度。

②测量仪器对被测电路的影响　如果测量仪器接入后对被测电路有影响，结果同样是无效的。

③测量仪器的使用范围　由于输出信号一般比较大，调整或使用不当很可能超出仪器使用范围而损坏仪器，操作中除特别注意外，还应有保护措施。

(3) 信号的同步

时序关系是电子系统的重要问题之一，必须予以关注。在指标测试、功能检查时，必须保证观察到(测量到)正确时序关系的波形。一般波形观察可使用脉冲示波器(双踪)、逻辑分析仪等。正确选择同步信号及同步边沿是观测好波形的基础。选用外同步、边沿触发方式，可以比较方便地观察不同观测点波形，而不必经常调整示波器工作情况。同步信号的选择也是非常重要的，一般选择具有最大周期的时序信号作为同步信号，有时用时钟脉冲可能比较方便。同样要注意同步信号的取用对被测电路的影响。

(4) 系统配置及负载情况

指标测试时必须保证系统处于实际配置及工作状态下，否则测出的结果是无用的。这个问题在测试中经常出现，而且很容易被忽视。例如，测量功率放大器时没有带上假负载，电子系统没有按要求接上全部终端(打印机、磁卡机、磁盘、运程终端等)，从而造成测试结果不真实。

(5) 测试环境的保证

必须保证正常的环境温度、系统通风、市电电网稳定、接地线可靠、电磁屏蔽合格(如果有要求的话)等。如果要求在恶劣工作环境下系统可以正常工作，则应该在指标测试中模拟恶劣工作环境。如市电电网波动、强电干扰(电动工具启闭)、高温等。

(6) 注意系统工作情况

注意利用系统面板上的开关、旋钮、数字显示、仪表等进行测量。

(7) 测试中注意分析、整理数据

在指标测试的过程中要认真记录测试数据、测试条件及所用仪器(序号)并随时进行分析判断，判断所测结果是否真实可靠。切不可因得到满意的结果而沾沾自喜，不再去分析它。实际上它可能是测量中的失误(如忘记加上负载等)，最后不得不再次返工重作。对于不合格的指标，千万不能盲动，不加仔细思索地大范围地调整电路参数，结果可能使系统处于更加混乱的状态，越发不可收拾。分析判断时，不仅要考虑电路、系统可能存在的问题，也要考虑测量方法、测量环境、仪器使用(如探头衰减挡使用不正确或刻度失调，造成结果偏大偏小等或仪器有故障)以及测试条件等。应该看到，指标测试也是一次全面检查自己的理论知识、实际测试能力、工作条理性、分析判断能力以及理论联系实际能力的环节，应该通过这个环节体会到由理论到实践，再由实践上升到理论的认识过程的重要性，使自己有一个认识上的飞跃。

7.5 设计报告与总结报告的编写

设计报告与总结报告的编写是培养学生的科学性、系统性及正确表达与概括能力的不可缺少的过程，是科技论文写作训练的重要环节。设计报告是设计工作的起点，又是设计全过程的总结；是设计思想的归纳，又是设计结果的总汇。它全面反映了设计人员的设计思路与设计深度、广度以及优劣情况。从设计报告中可以看出设计人员的知识水平和层次。所以，对一个设计来讲，设计报告的编写是一个至关重要的问题。从另一个方面来讲，通过设计报告的编写还可以进一步发现前一阶段设计中的缺点及错误，从而找到进一步提高设计质量的途径。

关于总结报告，顾名思义可知它是整个设计（文字、图表及实物）工作的总结。总结报告应该是真实工作的写照，是工作过程的记录，并具有对今后工作的展望。

7.5.1　设计报告的编写

设计报告是设计全过程的总结，因此设计报告编写的内容次序应与设计过程相一致。它们可能是：审题，选方案，细化方框图，设计关键单元电路，画出受控模块框图，设计控制电路，设计外围电路，编写应用程序及管理程序，全机时序设计、关键部位波形分析以及计算机辅助设计成果，画出整机电路图、面板图以及必要的波形图，列出参考资料目录。根据不同设计内容可编写不同报告，如对于纯硬件电路就不必编写有关软件内容。再譬如整个电路的速度较低时，则可以不作时序设计等。下面对有关内容分别加以简单说明。

（1）审题

理解题意，分析要求，确定总体方框图及必须完成的技术指标，为选方案提供可靠的依据。其中应特别注意的是通过审题所确定的每一个技术指标都必须有依据、合理，不能带有随意性。

（2）选方案

根据总体方框图及各部分分配的技术指标，找出可以实现的不同方案。从可能性、性价比、繁简程度、可靠性、通用性等各方面进行分析、计算、比较，有理有据地选定方案。

（3）细化方框图

根据选定方案，画出实现此方案的细化方框图，找出关键单元电路及关键模块电路。

（4）设计关键单元电路

根据所选关键模块电路，构成关键单元电路，核定技术指标，进行必要的分析，计算出关键单元电路的外接元件，提出对外围电路的要求。

（5）画出受控电路模块框图

根据细化方框图、关键单元电路以及分配的技术指标要求，画出以通用模块电路（名称、型号）为基础的受控电路模块框图，确定对控制信号的要求。

（6）设计控制电路

根据流程图（MDS 图）及受控电路对控制信号的要求，选用模块电路构成实用控制电路，画出以通用模块电路为基础的控制模块框图。如果是软、硬件结合的智能系统，则应画出包含 CPU 接口以及外围电路的完整硬件电路图。

（7）设计外围电路

根据关键单元电路对外围电路的要求，设计外围电路。画出外围电路图。

（8）编写应用程序及管理程序

应有流程图及详细程序的打印件。

(9) 全机时序设计、关键部位波形分析以及计算机辅助设计成果

对于速度要求较严格的电路必须进行时序设计。发现问题后应修改设计,包括更换元器件、电路结构,甚至方案。关键部位的波形分析应在已选元器件、电路结构条件下,根据已知器件极限参数画出关键部位波形,以便确定严格的时序关系。如果使用了计算机辅助设计及分析,则应附上辅助设计及分析的结果以及修改后的电路及参数。

(10) 画出整机电路图、面板图及必要波形图

电路图必须实用化,严格按图形符号及国际标准绘制,如果用方框图绘制,则方框中的文字应与图形符号相一致。图中应注明必要的测试点、与面板图对应的点。

(11) 参考资料目录

应包括参考资料作者姓名、参考资料名称、出版地、出版社、出版日期等。

在编写中应掌握关键,强调设计思路、整体指标、电路结构选择依据等。电路设计应给出关键计算公式,省略详细计算过程,注意辅以局部电路、局部波形等以加强可读性。要防止主次不分,眉毛胡子一把抓,使人不得要领。各部分名称代号、定义、变量名等应该前后一致,防止混乱。在使用可编程器件时,应首先设计出可编程器件将要实现的功能电路图,给出可编程器件的各个引脚与电路图的对应关系等。在整机电路图中可用虚线方框标出可编程器件,其各引脚标号应与单元电路相同。至于可编程器件的写入过程则可以从简或忽略。

7.5.2 总结报告的编写

总结报告是在完成样机测试并合格后进行的工作总结,是理论与实际相结合的产物。因此总结报告与设计报告的主要差别是它应概括实际测试的全过程。总结报告的内容包括测试方法的选择、测试数据及结果的分析与处理、电路或系统方案修改的说明、最后结果(电路图、文字、图表、曲线、程序及测试结论)、系统功能改进方向,等等。

(1) 测试方法的选择

根据系统功能及指标,拟定系统功能及指标的测试方案(详见指标测试一节)。

(2) 测试数据及结果的分析与处理

设计要求中应满足的功能及技术指标都必须一一测试。应列出全部测试仪器的名称、型号、序号、设置条件以及测试电路图。测试结果一般应列表示出,必要时画出曲线。对照设计要求与测试结果,找出存在问题,改进电路及测试方法。

(3) 电路或系统方案修改的说明

根据测试中找出的问题,修改电路设计,甚至修改设计方案。说明理由,给出必要的设计资料。

(4) 最后结果

应包括合乎设计要求的实际电路图、面板图、配置图、实用程序清单以及全部实测的功能及技术指标。

(5) 系统功能改进方向

根据要求及实测结果找出系统存在的不足之处,提出系统可能的改进方案,提出对设计要求改进的方向等。

总结报告必须真实可靠，来不得半点虚假。鼓励大胆发表个人见解和意见，提倡实事求是的学风。

通过设计报告与总结报告的编写，设计人员可在理论上进一步提高，发现不足并纠正缺点，也为他人使用或修改提供完整的第一手资料。因此这是整个设计中不可缺少的环节，千万不可忽视。

如果只要求提供一本报告，则应提供最后的实际成果报告，不必提及修改说明等，但应指出存在问题及改进方向。

参考文献

[1] [美] Howard Johnson，Martin Graham. 高速数字设计[M].（英文版）. 北京：电子工业出版社，2003.

[2] 何小艇. 高速脉冲技术[M]. 杭州：浙江大学出版社，1990.

[3] [日]山崎弘郎. 电子电路的抗干扰技术[M]. 姜德华，赵秀芬，译. 北京：科学出版社，1991.

[4] 陈粤初. 单片机应用系统设计与实践[M]. 北京：北京航空航天大学出版社，1991.

[5] 范寿康. 单片微型计算机的应用开发技术[M]. 北京：人民邮电出版社，1993.

[6] Mark I. Montrose. 电磁兼容和印刷电路板——理论、设计和布线[M]. 刘元安，李书芳，高攸纲，译. 北京：人民邮电出版社，2002.

[7] 吴建辉. 印刷电路板的电磁兼容设计[M]. 北京：国防工业出版社，2005.

[8] 何小艇. 电子系统设计[M]. 3 版. 杭州：浙江大学出版社，2004.

附 录

电子系统设计题选

在本附录中给出了若干道电子系统设计题。应该说明的是其中有些题目并未经过实践验证,它们只能作为一个想法被提供给广大读者在实践中作参考。

一、有关数字电路方面

1. 电子密码锁的设计

基本要求:

(1)密钥容量大于 6×10000。

(2)便于预置、更换密码,使用方便。

(3)连续三次输入错误密码即产生报警信号。报警信号有两种:声光报警、向物业管理中心发出报警信号(联网)。

(4)有备用电池,在主电源断电时自动接入。

发挥部分:

紧急处置方案的研究。一旦发生断电、电池失效、地震、火灾等情况或是不能确定密码的情况,设计一个妥善解决方案。

2. 电子秤的设计

基本要求:

(1)重量显示——单位 g,最大秤重 10kg,重量误差不大于 10g。

(2)单价金额及总金额显示——单价金额单位为角,最大金额 9999.9 元,单价误差不大于 0.1 元。

(3)有去皮、累计运算功能。

发挥部分:

(1)全部数据可以传输到管理中心,传输距离不大于 500m。

(2)管理中心可以检测 16 个电子秤的数据。

(3)管理中心具有统计、报表、打印功能。

3. 市内电话计费电路的设计

设计一个家庭用监测电话费开支的检测电路。

基本要求:

(1)通信检测功能——检测本电话打出的有效电话次数及时间。

(2)每次通话以 3min 为计时单位,不满 3min 以 3min 计算。

(3)计费装置——可置入计费标准并可显示每次通话的单价(以 3min 为单位),可显示一个月的总费用,最多不超过 9999.9 元。

(4)每日凌晨 0 时至 7 时半价计费。

发挥部分:

(1)长话电话费计费功能同上。

(2)长话计费与市话计费分别显示(可选择)并可累计总费用。

4. 音乐演奏器的设计

设计一个可以演奏乐曲的远程音乐演奏器。

基本部分:

(1)用 16 位键盘演奏乐曲,键盘与主机的距离大于 5m。

(2)乐曲的音阶限于 12 个音阶内,C 调 2/4、4/4 拍,节拍频率为 1Hz,C 调音阶频率表见附表 1。

(3)一次演奏可以重放。

(4)音阶准确,提供音阶检测方法。

(5)功率放大器满足以下要求:

①额定功率 P 大于 10W(在负载电阻为 8Ω 或 4Ω 条件下)。

②带宽 BW 大于 50～3000Hz(在负载电阻为 8Ω 或 4Ω 条件下)。

③在额定功率及带宽范围内无明显失真(目测)。

发挥部分:

(1)可以演奏有特色的乐曲,如音阶超过 12 个;有不同节奏,如可以有华尔兹、探戈、迪斯科等;有不同音色,如小提琴、单簧管、吉他等;以及其他的打击配音,如低音鼓、沙锤等。

(2)建议选用草原晨曲或军港之夜为基本演奏乐曲。

附表 1　C 调音阶频率表

音　阶	频率(Hz)	音　阶	频率(Hz)	音　阶	频率(Hz)
$\dot{7}$	1661.22	7	830.61	$\underset{\cdot}{7}$	415.31
$\dot{6}$	1479.98	6	739.99	$\underset{\cdot}{6}$	370
$\dot{5}$	1318.52	5	659.33	$\underset{\cdot}{5}$	329.63
$\dot{4}$	1174.66	4	587.33	$\underset{\cdot}{4}$	293.67
$\dot{3}$	1108.73	3	554.37	$\underset{\cdot}{3}$	277.19
$\dot{2}$	987.76	2	493.88	$\underset{\cdot}{2}$	246.94
$\dot{1}$	880	1	440	$\underset{\cdot}{1}$	220

二、有关遥控方面

1. 小汽车自动驾驶仪

设计制作一个小汽车自动驾驶仪，可以自动操纵小汽车的运行。

基本要求：

(1)红灯自动刹车。

(2)绿灯自动启动。

(3)灯光自动转换系统——对面汽车灯光超过一定强度时，本车可自动由大灯转换为小灯。并可在无对方大灯照射下，延迟 2s 后自动转为大灯。

(4)防碰撞系统——汽车前方有阻挡物体(大型)时，汽车自动刹车。阻挡物体移去后汽车可自动启动。

(5)手动、自动可控。

发挥部分：

汽车前方有小型物体时，防碰撞系统仍可正常工作。

2. 航海模型模拟驾驶仪

设计制作一个可以模拟驾驶航海模型的驾驶仪。

基本要求：

(1)有遥控驾驶与自动驾驶两种模式。

(2)模拟驾驶遥控项目：前进、后退、左转、右转、转圈、停车、加速、前灯控制、后灯控制、汽笛。

(3)自动驾驶项目：按预先设定的可以充分体现航海模型功能的表演程序，在水池中自动航行表演。

(4)自动避让功能：白天障碍物、夜间船舶。

发挥部分：

现场任意设置表演项目及次序。

3. 会议大厅电器遥控系统的设计

设计一个用遥控方式控制各种电器设备的中央控制系统。

基本要求：

(1)中央控制系统与受控电器之间用无线遥控方式进行联系。

(2)受控电器有开关类(灯、风扇、空调等)、连续操作类(窗帘拉开、关闭，并有快拉、慢拉之分)。其中有大功率(中心大灯、空调等 10 组)、中功率(30 组)、小功率(50 组)。

(3)中央控制器可以对每一个电器进行单独控制，也可以对每一类电器同时控制。

发挥部分：

(1)受控电器为舞台灯光设备，控制方式除开、关以外，还有渐亮、渐暗操作。

(2)比较遥控传输方式(微波、红外、超声)，确定一个你认为最理想的方案。

三、有关遥测定位方面

1. 汽车倒车雷达

设计并制作一台汽车倒车雷达装置(距离检测设备)。不允许使用现成产品。

基本要求:

(1)使用数码显示器显示距离。

(2)距离测量范围为5～100cm。

(3)距离检测误差≤±3cm。

(4)测距响应时间≤1s。

发挥部分:

(1)可设置报警距离,当小于该距离时报警并指示。

(2)距离测量范围扩大到1～500cm。

(3)距离检测误差≤±1cm。

2. 仿真缉毒犬

设计制作一个仿真缉毒犬,模拟缉毒犬搜索毒品的过程。

基本要求:

(1)仿真缉毒犬由缉毒警员牵去现场搜索。在没有发现"毒品"前,仿真缉毒犬完全受警员控制(有线控制)。

(2)当仿真缉毒犬嗅到一定强度的"毒品"气味后,仿真缉毒犬开始独立自主地向"毒品"藏匿点方向搜索。警员此时失去对仿真缉毒犬的控制能力。

(3)当仿真缉毒犬搜寻到"毒品"后发出报警信号。

(4)"毒品"可以是某种具有特殊气味的物品。

发挥部分:

提高搜索灵敏度(在同样强度的"毒品"条件下),扩大发现"毒品"的距离。

3. 独居老人生活状况有线巡回检测系统

设计并制作一个作为物业管理检测本物业区内独居老人日常生活状态的有线巡回检测系统,其结构框图如下。

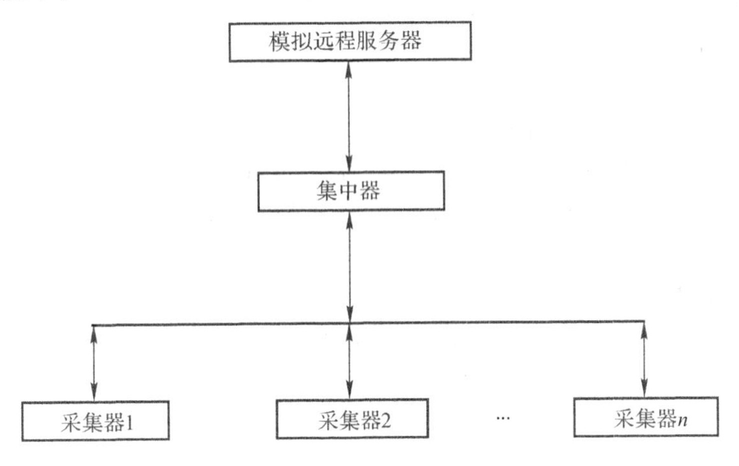

基本要求：

(1)采集器检测本物业区内独居老人的日常生活状况(以一日用水量为依据，采集器的传感器可用仿真传感器实现)。

(2)集中器能与8个采集器进行通信，通信距离10m以上。

(3)集中器能与模拟远程服务器进行通信，将各老人的用水情况进行显示。

(4)发现异常及时报警。

(5)接收老人求助电铃信号。

发挥部分：

(1) 检测系统有学习功能。根据多次(10次以上)接收到的独居老人一日用水量，检测系统能自动统计分析出该独居老人的一段时期的正常一日用水量。

(2) 对于每一个独居老人，系统都有对应的数据库，其中包括每日正常用水量及独居老人用电话报告的外出计划(日期)，可更新。

(3) 接收并存储老人语言求助信号，有回放功能。

四、有关测量方面

1. 气象仪的设计

设计并制作一个气象仪，其主要功能模块如下：

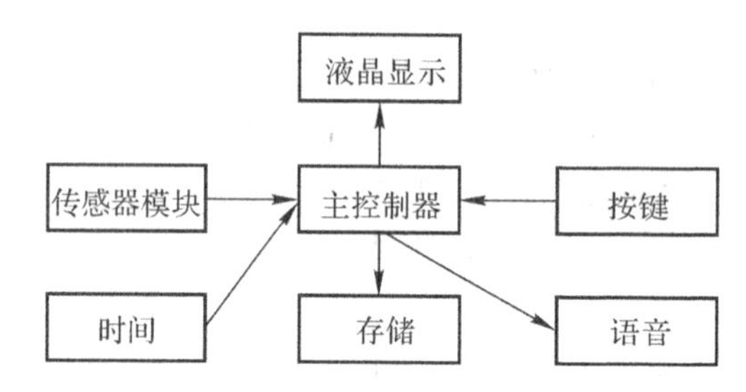

基本要求：

(1)温度测量范围为－40～60℃，精度为0.5℃。

(2)相对湿度测量范围为10％～90％。

(3)风速测量范围为1～10m/s。

(4)风向测量精度：小于2°。

发挥部分：

(1)通过语音，实现上述数据的播放。

(2) 有存储功能，至少可存储一周信息(年、月、日及气象信息)。

(3)能按照选定日期显示最高温度、最低温度、平均温度、最大风速及其风向、最大相对湿度等气象参数。

2. 超声波声源方向角测量仪

设计并制作一个可以测量约40kHz超声波声源方向角的测量装置。

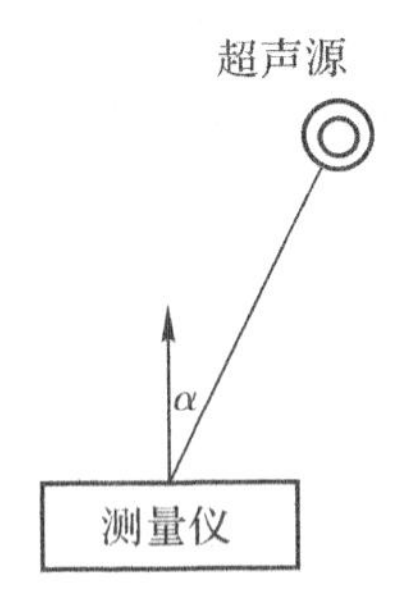

基本要求：

(1)测量从测量装置前方某一个角度传来的约 40kHz 的超声源的方向角 α。

(2)测量角度范围不小于±25°。

(3)分辨率不小于 2°。

(4)测量距离大于 10m。

(5)测量误差小于 5%。

(6)响应速度不低于 0.5s。

发挥部分：

(1)进一步扩大方向角测量范围。

(2)在能正确显示角度值的前提下，尽量扩大测量距离。

3. 国土防空测量站

设计制作一个作为国土防卫体系中的防空测量站模拟装置。该测量站配置于沿海一线。监测由海上飞来的目标，跟踪并向总站报出该目标的方位角及高低角。

基本要求：

(1)被监测目标由点光源构成，在方位角及高低角二维空间任意移动，目标直线距离不大于 2m。

(2)在方位角上测量站以中心点为基准，在±60°范围内作匀速扇形往复扫描。

(3)在高低角上测量站接收器在 20°～70°之间作匀速扇形往复扫描。

(4)完成一次水平扫描的时间约为 6min，完成一次高低角扫描的时间约为 30s。

(5)发现目标后应能迅速跟踪并锁定目标，同时向总站报出目标的方位角及高低角(+60°～−60°，顺时针为正方向；20°～70°)。

(6) 锁定时间小于 1s。目标慢速移动时测量站可在有效范围内跟踪并锁定目标。

发挥部分：

(1)提高高低角扫描速度，一次扫描时间减少到 10s。

(2)目标距离大于 2m。

(3)提高对快速目标的反应能力。

4. 竞赛用自行车测速仪

设计制作一个用于群众性自行车比赛运动的自行车测速仪。

基本要求：

(1)遥控启动与终止仪器测速。

(2)测量并显示本次比赛的各种数据：里程、时间、平均时速、最高时速。

(3)可置入车手号码及赛车的轮径参数。

(4)通过串行总线输出选手的各种数据:选手号码、时间、里程、最高时速、平均时速。

(5)适用于24寸、26寸、28寸不同尺寸的自行车。

(6)轻便、省电、防震。

(7)不得使用商业专用产品及芯片。

发挥部分:

自拟。

五、有关无线通信方面

1. 单路语言处理与传输系统

单路语音处理与传输系统示意图如下:

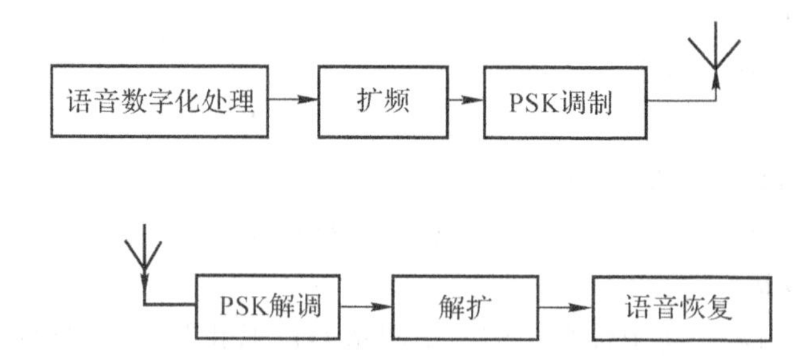

基本要求:

(1)语音数字化处理后速率要求为4～13Kbps,扩频序列的本原多项式为 $X^{15}+X+1$,扩频码片速率为1.25Mbps,PSK调制,载波频率为60MHz。

(2)载波发射功率为100mW。

(3)语音质量可达平均意见得分MOS(Mean Opinion Score)3分以上 。

发挥部分:

(1)接收端测量并显示信号强度。

(2) 扩频码的捕获和跟踪性能分析。

2. 具有跳频保密功能的调频对讲机系统

具有跳频保密功能的调频对讲机系统的方框示意图如下:

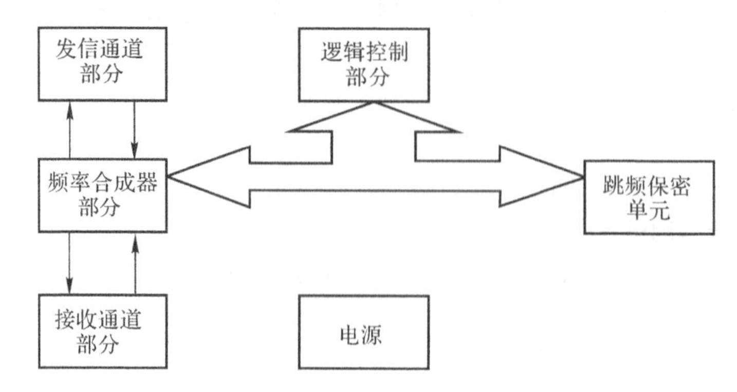

基本要求：

(1)实现语音调频对讲功能。

(2)载波可调范围为30～88MHz。

(3)载波频率稳定度优于10^{-3}。

(4)发射机输出功率大于100mW(50Ω)。

(5)接收机灵敏度小于1mV。

(6)可实现输出频率步进，步进间隔为1MHz。

发挥部分：

(1)采用锁相环进一步提高输出频率稳定度，输出频率步进间隔为100kHz。

(2)收发能同时顺序步进改变载波(移频速率大于1步/s)，要求语音通信无明显“断续”。

(3)选用合适的信道，改用63位m序列的“跳频图案”来控制跳频保密通信(跳频速率大于1跳/s)，要求语音通信无明显“断续”。

(4)实时轮流显示“频率序号”和“频率值”(显示载波频率的误差≤5kHz)。

(5)可以手动设置“固定载波通信”、“顺序移频通信”和“乱序跳频通信”等状态。

说明：

(1)题目的难点在于对调频概念的理解以及相关参数要求，需要对器件参数做综合考虑。

(2)注意收发同时顺序步进改变载波时的同步性实现。

(3)注意高跳频速率下语音通信质量的保证。

3. 无线报警系统

本系统适用于物业管理系统，本系统有1个接收站(放在物业管理中心)，接收本区16户住户的报警。要求设计一个住户的发射机及接收站。

基本要求：

(1)各住户的发射机可发出火警、匪警、盗警、求助、求医报警信号以及住户号码。

(2)接收站可以接收各住户发出的报警信号及住户号码，可以轮流显示。

(3)发射频率为业余频段。

(4)发射功率小于500mW。

(5)报警范围大于25m。

发挥部分：

(1)增加语言报警功能。

(2)增加对讲功能。

六、有关信号源方面

1. 占空比可调的矩形信号发生器

基本要求：

(1)脉冲宽度t_p及重复周期T的数值可用键盘输入，并有相应的数字显示。时间量纲分0.1μs，1μs，1ms三档。有效数字为4位。显示值与实测值之间的误差≤±5%。

(2)输出波形脉冲上升边t_r、脉冲下降边t_f均应小于脉冲宽度t_p的10%。

(3)输出正极性矩形脉冲,可以外同步工作。幅度可连续调节,最大幅度 $V_{m\max} \nless 6V$,输出阻抗约为 75Ω。

(4)电源电压为±6V。

发挥部分:

(1)输出幅度 V_m 值可用键盘输入,并有相应数字显示。可从 0.1V 变化到 5.5V,以 0.1V 步进。显示值与实测值之间的误差≯±5%。

(2)自拟其他功能,要求实用有特色有创新。

2. 心电信号发生器

设计制作一个心电信号发生器,可以产生近似模拟心电信号,供运动式心电监护器调试时使用。

基本要求:

(1)产生一个类似正常心电信号(以 R 波为主),R 波输出幅度为 mV 级可调,有数值显示。

(2)正常心率为 40~100 次/min,最低心率可达 10 次/min 以下,最高心率可达 200 次/min。心率可设置,并有数值显示。

(3)产生非正常心电信号。

期前收缩及停搏信号——正常心电信号序列中周期地去掉 N 个 R 波(N 由 1 至几十)。N 可设置并显示数值。

房颤信号——R 波减小至正常情况下的几分之一、可调,心率加快到正常心率的几倍、可调。设置值均可显示。

(4)使用电池供电。

发挥部分:

(1)输出心电信号伴有 50Hz 干扰(约占 R 波的十分之几)。

(2)提供心电信号显示功能。

七、有关模拟电路方面

1. 单次波形数据采集与观测电路的硬件设计

单次波形的数据采集与观测电路已在本书第 6 章的 6.4 节作过详细介绍。本题要求用硬件实现该设计要求。

基本要求:

(1)单次阻尼振荡波形参数如下:

①单次阻尼振荡波形持续时间为 0.4~1s。

②阻尼振荡频率约为 500Hz。

③输出幅度 $V_{P\text{-}P}$ 小于 0.5V。

(2)用示波器连续观测。

发挥部分:

(1)持续时间可变。

(2)采集的起始点可在触发点前后选择。

(3)当输入为200Hz正弦波交流信号时,输出波形的失真度不大于5%。

2. 微弱信号(微伏级)数据采集系统

设计一个测量温度的高精度数据采集系统。

基本要求:

(1)输入信号来自8路热电传感器,其输出电压为0～25mV。

(2)温度测量范围为−40～500℃。

(3)温度测量分辨率为0.2°。

(4)巡回检测速度为一个通道/s。

(5)工作环境有10V共模干扰电压。

(6)系统数据输出至PC机保存。

(7)设计符合要求的印刷电路板,装配并测试全部性能指标。

发挥部分:

讨论实际电路中的各种干扰及解决办法。讨论印刷电路板的各种抗干扰措施及其效果。

八、有关实用电路方面

1. 电缆监测器

设计并制作一个能测出电缆被盗地点并报警的仪器。

基本要求:

(1)电缆被剪断后立刻报警。

(2)显示电缆被剪断地点,误差小于1m。

(3)仪器不占用电缆资源。

发挥部分:

同一台监测器可以监测多条电缆。

2. 自行车保护神

设计制作一个实用的保护自行车不被偷窃的设备。

基本要求:

(1)只有同时使用自制密码卡及车钥匙才能打开车锁。

(2)自行设计密码卡及解码控制电路,并安装在车上。

(3)安装有保护神设备的自行车上锁后,车锁有自锁功能。此时即使去掉保护神电路仍无法开锁。

(4)自行车停车X秒后(X可设置)仍未上锁时,保护神将发出语言提示信号(请上锁,取走车钥匙)。

(5)对于短暂停车,用户可中止提示信号。当再次行驶时,提示功能自动恢复。

(6)设备简单、实用,性能价格比高。

(7)实物现场表演。

发挥部分：

其他实用保护措施。

3. 自动电梯控制系统的设计

设计一个居民楼(8 层)自动电梯控制系统。

基本要求：

(1)按照实用要求拟定电梯配置及运转规则。

(2)要求使用方便、安全、可靠。

(3)电梯最大载重 10kg，超载报警。

(4)电梯内有电话、各种指示灯模拟各种状态。

发挥部分：

使用传感器检测位置并控制电梯的运行。

九、有关嵌入式系统方面

1. 现场数据采集 PDA 系统

个人数字助理是一个由微处理器、交互设备和通信接口等组成的一个移动性很强的数字系统，广泛应用于工业、商业等领域中。本题目基于单片机设计一个简单的 PDA 系统，用于现场数据的采集，系统原理框图如图所示：

现场数据采集PDA系统

基本要求：

(1)每个数据源中有 2～3 个不同类型传感器，各传感器的不同的物理量转变成电量，A/D 变换后组成串行数据序列，通过红外通信将数据序列传输给 PDA。

(2)PDA 具有数显功能，显示并查询采集到的数据源的消息。

(3)PDA 存储的信息通过串行通信将数据源消息发送到 PC 机，PC 机能显示数据源的消息。

发挥部分：

(1)PDA 能分别采集到多个数据源的消息。

(2)PC 机能对不同编号的数据源进行查询。

(3)数据采集 PDA 系统能按照时分方式存储不同数据源消息。

(4)PDA 系统的人机界面美观大方。

试题分析：

(1)个人数字助理(PDA)一般是由较高级的处理器(如 ARM9 或者带特殊功能的 ARM7)来完成的。本题目的 PDA 系统是基于单片机加上液晶显示、按键、红外通信等外设来完成的。

(2)题目的考察点是单片机系统的软、硬件设计和 PC 机的软件设计，人机接口软件设计上应该考虑美观大方，操作方便。

2. 超声波距离测量装置

设计一个全天候超声波距离测量装置,用以测量从发射点至障碍物之间的距离。

(1)超声波测距原理

测出超声波从发送点到反射回来的时间间隔 Δt,根据式(附-1)可测出超声波发射点到障碍物之间的距离 s

$$s=c\Delta t/2 \tag{附-1}$$

式(附-1)中,c 为超声波在介质中的传播速度。由于超声波的声速 c 受环境温度的影响,c 和环境温度 T 的关系

$$c=334.1+0.61T \quad (\mathrm{m/s}) \tag{附-2}$$

使用超声波测量距离时应该采用温度补偿的方法对式(附-1)中的声速值加以校正。

(2)系统组成

系统由超声波收、发电路、最小嵌入式系统、温度补偿电路、显示电路和键盘组成,如图所示。

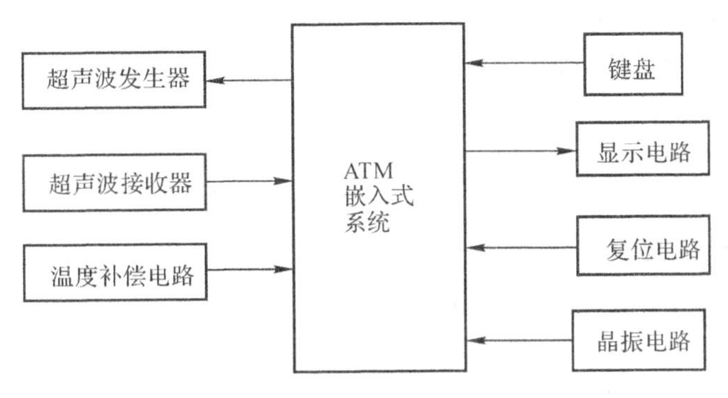

超声波距离测量装置

基本要求:

(1)超声波发射频率为 40kHz,有效测量距离 1.5m,超声波换能器的型号推荐为(CSB40T)。

(2)超声波接收电路推荐采用集成电路 CX20106A,或类似的红外遥控信号接收集成电路。

(3)装置温度工作范围为－20～50℃。

(4)温度检测电路推荐采用 DALLS 公司的总线器件 DS18B20 数字温度传感器。

(5)测距误差不大于 2cm。

(6)用 ARM7 作为嵌入式系统芯片。

发挥部分:

(1)提高测量精度。

(2)用触摸屏实现软键盘并显示测量数据。

十、有关电力电子方面

1. 单相正弦波变频电源

设计并制作一个单相正弦波变频电源。

(1)基本要求：

①输入交流电压220VAC。

②输出电压范围为18～36VAC可调。

③输出频率范围为5～60Hz可调。

④最大负载电流有效值不小于2A。

⑤当输入电压在±10%范围内变化时，输出电压保持稳定。

⑥当输入电压在额定值时，负载电流在小于额定电流值范围内变化时，输出电压保持稳定。

⑦输出电压波形应尽量接近正弦波(示波器观察)。

⑧有欠电压、过电压、过载保护及报警功能。

(2)发挥部分：

①对该单相变频电源有效率要求。

②其他。

2. 三相异步电动机软启动器

设计并制作一个三相异步电动机软启动器。

(1)基本要求：

①能实现软起动、软停车。

②能设置3种以上的起动方式。

③具有过载保护功能、缺相保护功能、过热保护功能。

(2)发挥部分：

①能实现恒流起动。

②能实现轻载节能运行。

③其他。